Oracle公有云实用指南

A Practical Guide to Oracle Public Cloud

肖宇　刘晓宇　洪俊　杜平　编著

清华大学出版社

北　京

内容简介

本书首先简要介绍云计算技术发展历史与现状，以及Oracle公有云的总体框架、组成部分和主要特点。然后按照层次关系，分章节逐步深入介绍各类Oracle具代表性的云服务，包括Oracle计算云、存储云、数据库云、Java云、管理云、容器云、移动云、嵌套虚拟化云，其中前四个是重点。每一章都会结合丰富的示例促进读者对Oracle云计算概念、技术架构和应用场景的理解。

本书面向的读者主要为关注公有云技术和架构，特别是Oracle公有云（包括数据库云、Java云、计算云、存储云等），希望利用云计算实现技术和业务创新的企业架构师、IT管理和运维人员以及开发人员。

图书在版编目（CIP）数据

Oracle公有云实用指南/肖宇等编著. —北京：清华大学出版社，2019
ISBN 978-7-302-52139-6

Ⅰ. ①O… Ⅱ. ①肖… Ⅲ. ①关系数据库系统－云计算－指南 Ⅳ. ①TP311.132.3-62
②TP393.027-62

中国版本图书馆CIP数据核字（2019）第010572号

责任编辑： 王　芳　李　晔
封面设计： 傅瑞学
责任校对： 胡伟民
责任印制： 李红英

出版发行： 清华大学出版社
　网　　址： http://www.tup.com.cn，http://www.wqbook.com
　地　　址： 北京清华大学学研大厦A座　　**邮　　编：** 100084
　社 总 机： 010-62770175　　**邮　　购：** 010-62786544
　投稿与读者服务： 010-62776969，c-service@tup.tsinghua.edu.cn
　质量反馈： 010-62772015，zhiliang@tup.tsinghua.edu.cn
　课件下载： http://www.tup.com.cn，010-62795954
印 装 者： 清华大学印刷厂
经　　销： 全国新华书店
开　　本： 185mm×260mm　**印　张：** 30.25　**字　　数：** 755千字
版　　次： 2019年6月第1版　**印　　次：** 2019年6月第1次印刷
定　　价： 89.00元

产品编号：076955-01

前言

一直以来，在传统数据中心领域，Oracle 始终为企业级用户提供了诸多优秀的、功能丰富的产品，如 Oracle 和 MySQL 数据库、WebLogic 应用服务器、数据集成和 Exadata 工程整合数据库云平台等。随着云计算技术的不断发展和成熟，公有云逐渐被用户认可并广泛采用，以降低 IT 建设成本，提升资源供应速度，实现业务敏捷和创新。利用在企业级 IT 领域的经验和长期积累，Oracle 公司也毅然决然地投入云计算的大潮中，将公有云作为未来发展的首要战略。

如今，对用户而言，是否选择公有云已不成问题。面对众多的公有云厂商，纷繁复杂、不断涌现的云服务产品，如何根据企业现状和未来发展做出适当的选择，才是用户真正关心的问题。作为 Oracle 公司的一员，伴随着云计算发展的大潮，作者也同样经历了从最初的迷茫困惑、逐渐清晰到深刻理解的过程。正确的选择需基于透彻的理解，撰写此书的初衷，正是为了让读者对于 Oracle 公有云的体系和架构有一个基础的了解，并充分认识 Oracle 公有云服务的特色和精髓，从而将 Oracle 公有云技术完美融合到用户的 IT 架构中，为企业的 IT 建设与发展带来切实的价值。

本书适合于不同类型的读者。对于云架构师，可以充分了解典型的 Oracle 公有云服务及其特点，在不同的应用场景下选用适合的云服务搭建全新的纯云架构，或与用户现有的数据中心基础设施和平台结合，实现混合云架构；对于云管理和运维人员，可以全面掌握 Oracle 公有云的图形化和命令行管理工具，快速搭建云基础设施和平台服务，实现资源的手工和自动化创建、调配，进行全生命周期管理；对于云应用开发人员，可以利用 Oracle 公有云服务提供的标准 API 和 SDK，结合 Oracle 丰富的基础设施和平台云服务，快速开发出企业级的业务应用，或利用 Oracle 提供的开发云平台，实现从代码开发、测试、执行到版本迭代的全生命周期管理。对于读者而言，阅读本书的唯一先决条件是对通用的 IT 技术有基础的了解，包括计算、网络和存储。如果曾使用过 Oracle 的产品，如 Oracle 数据库或 WebLogic 应用服务器等，对于理解相应的数据库云服务和 Java 云服务将非常有益。本书配备了大量的示例，以加深用户对概念的理解，并提供了部分章节示例的源代码，读者可以扫描封底相应二维码进行下载。作为 Oracle 公有云的实用指南，边学边做是阅读本书的最佳方式，建议读者从 Oracle 官方网站申请免费试用账号以配合本书的学习。

由于公有云涉及的技术和服务领域非常广泛，本书将关注点集中在基础设施即服务

(IaaS)和平台即服务(PaaS)两方面,并挑选了其中最具代表性的服务进行重点介绍。由于IaaS是PaaS的基础,因此本书首先对Oracle的两类IaaS体系进行了介绍,即第2和第3章的传统基础设施即服务OCI-C和第4章的新一代基础设施即服务OCI。后续章节介绍的PasS大多基于OCI-C构建。OCI中的PaaS还在不断发展中,因此本书并没有涉及OCI中的PaaS,但其概念、技术实现和供应方式可以通过阅读基于OCI-C的相应平台即服务章节得到借鉴。因此从阅读顺序上,建议用户先阅读第2和第3章,然后再阅读后续的PaaS章节,包括数据库云服务、Java云服务等。部分章节介绍的云服务自成体系,与其他章节没有关联,包括第4章"新一代云基础设施——OCI"、第5章"Ravello云服务"和第11章"管理云服务",这些章节可以跳过前序部分直接阅读。

第1章首先介绍了目前业界普遍认可的云计算特征和优势,以及按照不同划分标准进行分类的方式;然后重点介绍了Oracle公有云的整体架构全景图及其独特的云计算战略,不仅有支持传统的云基础设施OCI-C,而且还推出一款全新设计的高性能云基础设施OCI,在IaaS、PaaS和SaaS三个层面为企业级客户提供全面、安全、开放、灵活的高性能云解决方案;最后介绍了申请Oracle公有云账号的步骤和注意事项等。

第2章介绍了Oracle传统基础设施即服务OCI-C中与存储相关的云服务,包括存储云服务、存储云网关、数据库备份云服务。本章也是第3章的基础。通过阅读本章,读者可以了解云存储服务的基本概念,学习通过图形界面、命令行和API管理云存储服务,掌握存储云网关和数据库云备份模块的配置,实现将云中存储以网络文件系统的方式提供给本地用户访问,或将本地数据库备份到公有云。

PaaS是建立在IaaS基础之上,而计算云服务又是IaaS的核心,因此第3章是本书的重点,也是阅读后续章节的前提。本章首先介绍了计算云服务的架构、基本概念和管理工具。然后重点介绍了存储卷管理、映像管理、网络管理、实例管理和编排管理。其中网络管理部分涉及共享网络和IP网络两种方式,编排管理部分涉及了版本v1和版本v2两种编排格式,是实现资源供应自动化的有效手段。

OCI是Oracle第二代云基础设施,采用全新的体系架构搭建。第4章涵盖了OCI的架构、基本概念和管理工具,并重点介绍了其中的身份与访问管理服务、网络服务、存储服务、计算服务、负载均衡服务和审计服务,并在最后一节列举了OCI相关学习资源,以便读者更进一步地学习。

Ravello是Oracle独立的云服务产品,与传统的开发测试基于单纯的基础设施即服务不同,Ravello为用户提供了使用简便和功能丰富的开发、测试及培训平台,并可以实现数据中心VMware和KVM应用向云端的平滑迁移。第5章介绍了Ravello云服务的架构、基本概念和管理工具,并结合示例介绍了如何创建与发布Ravello应用,以及如何在Ravello界面中进行应用设计,包括界面布局、虚拟机设置和网络设计。最后一节列举了Ravello相关学习资源,以便用户进一步学习和掌握。

Oracle数据库是应用最为广泛的企业级数据库,在公有云中的Oracle数据库云服务也为Oracle数据库赋予了新的活力。第6章首先介绍了数据库云服务的种类以及支持的版本和服务包,然后介绍了如何在OCI和OCI-C中创建、连接和管理数据库云服务,以及数据库云服务的备份和恢复,最后重点介绍了云中的Oracle数据库的高可用性和安全性。

当前企业级应用大多采用主流的Java语言开发运行。Oracle的Java云服务为主流应用上云提供一个成熟健壮、稳定可靠的Java应用运行环境。第7章首先介绍Java云服务的环境构成以及相关软件部署架构，然后介绍Java云服务的核心软件——WebLogic的配置，最后介绍了大规模部署的高性能应用不可或缺的负载均衡和分布数据缓存等功能。通过详细的示例，读者不但可以了解创建、使用和运维管理Java云服务，还可了解如何使用Java云服务提供的工具将已有应用平移到Java云服务环境中。

互联网应用的崛起改变了企业应用的技术架构和运行环境。互联网应用不再是由单一语言实现的单体应用，而其所依赖的微服务和容器技术促进了互联网应用向企业级应用的渗透。第8章全面介绍了Oracle公有云支持的容器技术，其中重点介绍了如何使用面向IaaS层的容器云服务以及面向PaaS层的应用容器云服务的各种功能。

无论是在用户私有数据中心还是在公有云运行的应用，大多数用户应用并非孤立运行，因此需要通过应用集成实现业务的整合。第9章重点介绍了集成云服务和SOA云服务，它们为企业应用提供了基于Web服务的SOA集成、基于消息的异步数据交换、基于RESTful API的服务集成等功能，可以全面实现分布在公有云和私有云上的各种企业应用的集成需求。

高效的协作开发、持续的代码集成和测试、自动化部署运行是当今快速迭代的互联网应用的广泛要求。第10章介绍了Oracle开发者云服务的主要功能，并通过示例详细说明如何使用开发者云服务实现分布团队协作、服务快速开发、自动化功能测试、代码持续集成、应用持续部署和交付的过程。

第11章介绍Oracle管理云服务的相关概念、各类服务套件功能及其应用场景，并结合具体示例，详细介绍了如何使用应用性能监控云服务对存在性能隐患的应用程序进行快速识别、诊断并最终解决其性能问题的方法。

由于Oracle公有云涉及的技术领域非常广泛，为保证此书的质量，本书由肖宇、刘晓宇、杜平和洪俊共同编写，每人负责其擅长的领域。其中第1章和第11章由洪俊撰写，我负责撰写第2～5章，第6章由杜平和肖宇共同撰写，刘晓宇撰写了第7～10章。合作著书对我们来说都是第一次，过程中的沟通与协作都是全新和独特的体验，本书是我们共同努力的结果。

衷心感谢所有同事在写作过程中给予的指导和帮助。感谢清华大学出版社的王芳编辑，这是我和王芳老师的第二次合作，王老师严谨的审核，专业、中肯的建议，使得本书逐步趋于完善，并保证了最终交付的质量。感谢父母一直以来对我的教导，我的每一点成就都离不开父母为我建立的基础，包括良好的阅读习惯，严谨的工作态度，以及面对困难时积极乐观的心态。最后是我们4位作者的共同心声，感谢我们各自的家人。由于撰写此书，我们减少了陪伴家人的时间，感谢他们的容忍与大度，本书的出版也有他们的功劳。

肖　宇

2018年6月于北京

目录

第1章

Oracle公有云综述

目前业界普遍认为，继计算机、互联网以来，云计算已经成为IT第三次革命浪潮。它颠覆了传统的IT认知，正通过一系列技术改变着人们的生活方式，同时也相应变革着社会价值取向。毫无疑问，无论是新兴的虚拟现实、人工智能、区块链，还是物联网、云计算、大数据等，近年来都取得了飞速的发展，而其中作为IT基础服务的云计算服务更是迎来了爆发的春天。对用户而言，云计算所带来的效益已不再是虚无缥缈的，而是真实的、可落地、可运营、可盈利的。云时代已经全面到来！

1.1 云计算概述

目前业界对云计算的定义有多种解释。现阶段广为接受的是美国国家标准与技术研究院(NIST)的定义：云计算是一种按使用量付费的模式，这种模式提供可用的、便捷的、按需的网络访问由可配置的计算资源构成的共享池(资源包括网络、服务器、存储、应用软件、服务等)，这些资源通常只需很少的管理工作或无须与服务供应商进行过多交互就能被快速地提供给客户。所以我们也可以这样理解："云"是一种可以自我维护和管理的虚拟计算资源，它采用计算机集群构成数据中心，并以服务的形式交付给用户，使得用户可以像日常生活中使用水和电一样，按需购买所需要的云计算资源。

1. 云计算特征

云计算具有如下的一些特征：

(1) 超大规模。规模越大，云计算的优势体现得越明显，这样"云"才能赋予用户前所未有的计算能力。因此一个公有云数据中心可以运行几十万甚至上百万台服务器，即使是规模较小的私有云，通常也有数百台服务器。

(2) 虚拟化。虚拟化是云计算中的核心技术。虚拟化允许IT部门任意增加、减少相应的硬件和软件。虚拟化为企业带来灵活性,从而改善IT运维和减少成本支出。这样,云计算就能支持用户在任意位置、使用各种终端获取所需服务,甚至包括超级计算这样的服务,而无须考虑到底是哪些硬件和软件提供了这些服务。

(3) 高可靠性。高可靠性是指系统能够在更长的时间间隔内无故障地持续运行。云计算通常会通过数据多副本容错、计算节点同构可互换等措施保障服务的高可靠性,使得云计算比传统的数据中心更可靠。

(4) 高可扩展性。高可扩展性即高可伸缩性,云计算通过资源动态伸缩的方式来满足应用和用户规模增长的需要,自动适应业务负载的动态变化。良好的弹性伸缩可以帮助用户避免因为服务器负荷过重而导致的服务质量下降或由于服务器冗余而导致的资源浪费。

(5) 按需服务。云计算以服务的形式为用户提供应用程序、数据存储、基础设施等资源,并像用水、用电或打电话一样按照用户的使用情况计费。这种用多少、付多少的使用和支付模式可为用户节省使用费用,因此用户无须再为一个非长时间运行的应用而投入大量成本,而只须按照使用量订阅这些资源即可。

(6) 极其廉价。这是云计算的规模运行、按需服务、共享资源所产生的结果。云服务供应商可以采用廉价的节点实现云,而云计算的自动化集中式管理则使大量企业无须负担数据中心日益高昂的管理成本。

2. 云计算分类

以云计算提供的服务作为划分标准,云计算通常可以分为三类,如图1-1所示。

图1-1 云计算服务类型

(1) 基础设施即服务(Infrastructure-as-a-Service,IaaS):通俗的讲法就是将硬件外包出去。IaaS公司会提供场外服务器、存储和网络硬件,用户则以订阅的方式租用硬件设备,这样可以极大地节约硬件维护成本和办公场地。IaaS云除了为用户提供计算和存储等基础功能外,不提供任何其他服务。另外,由于IaaS云为用户提供的是底层的服务接口,用户要获得计算、存储和网络资源运行应用,还需要安装适当的软件。尽管IaaS非常自由灵活,但不会降低软件的维护工作量。

(2) 平台即服务(Platform-as-a-Service,PaaS):可通俗地称之为基础软件平台服务。所有的应用都可以在这一层提供的标准环境中被开发和运行,能极大地节省用户供应和维护资源的时间。不过由于PaaS提供了标准化环境,因此应用开发和部署必须遵守平台约定的规则和限制，如编程语言、开发框架和数据存储模型等。一旦用户的应用开发完成并部署到云平台上，则无须复杂操作即可完成专业的运维管理工作，如动态资源调整、升级、备份和打补丁等，而这一切在后台则是都将由平台服务负责。

(3) 软件即服务(Software-as-a-Service，SaaS)：一种通过互联网提供应用软件的服务模式，此时用户不用再一次性购买软件版权，而改向服务提供商租用软件，且后续也无须对软件进行维护。对于企业用户来说，SaaS 消除了购买、安装和维护基础设施、中间件及应用程序的投资环节。而从技术方面看，企业也无须再配备专业技术人员进行管理，同时又能得到最新、最成熟的应用功能。

所以可以这样通俗地形容云计算的三种服务模式：如果把云计算比喻成一个计算机，那么 IaaS 就是硬件，用户要自己写代码研发系统才能用；而 PaaS 就是硬件＋系统，用户要实现什么功能还是要装各种应用软件；SaaS 就是硬件＋系统＋应用软件，用户要干什么一句话就能解决。

若以云计算的运行部署模式为划分标准，则云计算可分为 3 类，如图 1-2 所示。

图 1-2 云计算部署分类

公有云(Public Cloud)：由若干企业和用户共同使用的云环境。所有的云功能是以服务的方式通过互联网提供给外部用户，用户无须具备针对该服务在技术层面的知识，无须雇佣相关的技术专家，无须拥有或管理提供服务的 IT 基础设施。

私有云(Private Cloud)：由某个企业独立构建和使用的云环境，通过企业内部网，在防火墙内以服务的形式提供给企业内部用户。私有云是企业或组织所专有的云计算环境，其所有者不会与其他企业共享资源。

混合云(Hybrid Cloud)：整合了公有云与私有云所提供服务的云环境。用户根据自身因素和业务需求选择合适的整合方式，制定其使用混合云的规则和策略。

目前，那些对安全性、可靠性及 IT 可监控性要求高的公司或组织(金融机构、政府机关等用户)更倾向使用私有云。这些用户通常都拥有自己的数据中心，因此只须进行少量的投资和改造就可以更加安全地享受云计算带来的灵活与高效等优势。当然，他们还可能选择混合云，即将敏感数据和关键任务系统部署在私有云上，而将对安全性和可靠性需求相对较低的应用部署在公有云上，这样既保证了私有云的安全性，又享受了公有云的高弹性和扩展性等优势。毫无疑问，混合云模式是近年来云计算领域的主要模式和发展方向。

1.2 Oracle 公有云

Oracle 是一家能同时提供 SaaS、PaaS、IaaS 在内的云服务的厂商，并提供能够通过公有云、私有云、混合云之间灵活部署、无缝迁移的全面云战略，可以帮助企业顺利迁移至云端，简化其混合云部署，促进企业的数字化转型。

1.2.1 公有云整体架构

Oracle 是全球业内最大的企业级软件公司，同时也是业内为数不多的可同时提供 IaaS、PaaS 和 SaaS 的公有云厂商。Oracle 公有云为用户上云提供了各种云服务，其公有云功能架构如图 1-3 所示。

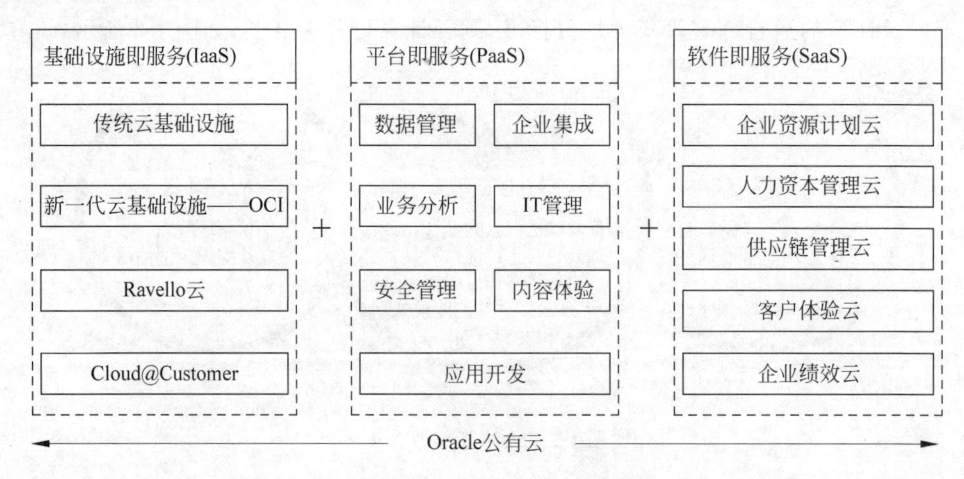

图 1-3 Oracle 公有云功能架构

Oracle 提供全面的 SaaS、PaaS 和 IaaS 三层云堆栈及其全面集成的产品，在 IaaS 方面提供了功能强劲的基础设施平台，除了提供计算、存储、网络方面的服务，而且创新性地提供了"第二代 IaaS""把公有云搬回家(Cloud@Customer)""Ravello 应用胶囊"等云服务，帮助企业便捷登云；在 PaaS 方面有数据管理、应用开发、集成管理等 40 多种云服务，提供一个强大的技术平台帮助用户实现业务创新；在 SaaS 方面有以客户体验云、企业资源计划云等为代表的多达 60 多种云服务，能基于业界的最佳实践，助力企业重构业务、流程和体验。这些全面而集成的 SaaS、PaaS、IaaS 服务为企业级客户搭建了一个完整的、集成的、开放的、安全的云平台，可以轻松助力企业进行数字化的变革，全面且平滑地实现云转型，确保了更快的响应速度、更低的成本和风险，最终提升企业的核心竞争力。

1.2.2 IaaS 云

现今企业在决定未来采用什么应用组合时通常都面临着艰难的抉择，包括在哪里运营？如何在日益增长的预算压力下实现现代化和规模化？如何实现高稳定性、高性能、自动故障隔离、完善的安全保障以及低成本等都是他们需要重点考虑的。借助 Oracle，用户无须考虑太多与业务无关的因素，只须按原样将其整个应用组合迁移到云中，而无须做任何架构上的更改，即可在云中构建和运行应用。不仅如此，用户还可以在高度灵活的同一网络中构建其新的云原生应用，并享受出色的性价比。Oracle 公有云在设计时遵循多功能性、高性能、便于监管和价格可预测等核心原则，能够真正满足企业战略目标和需求。

Oracle IaaS 公有云包括计算云服务、网络云服务、存储云服务、Ravello、Cloud@Customer、FastConnect 等十几种云服务。尽管在此领域 Oracle 起步较晚，但起点更高，不仅提供了高质量的计算云服务、存储云服务、网络云服务等基础服务，而且还提供很多面向高性能和安全可靠的服务及解决方案。Oracle IaaS 的最大优势是面向企业级用户，保证企业用户可顺利运行那些负载繁重且要求苛刻的应用。Oracle IaaS 云包括以下云服务：

(1) Oracle 裸机云服务(Oracle Bare Metal)，裸机计算采用的服务器具有 36 个处理器内核以及 IOPS(Inpnt/Output operations per second)高达数百万次的 NVMe SSD，以此提供高性能、高可用性和经济高效的计算服务。另外，裸机云服务还提供了与用户数据中心相同的细粒度控制、安全性和可预测的性能。

(2) Ravello 云服务，通过几个简单的步骤就能将现有的基于 VMware 或 KVM 的虚拟机按照原样无缝部署到 Oracle 云基础设施、AWS 或 Google Cloud Platform 上。由于在迁移 VMWare 和 KVM 虚拟过程中无须重新部署或是对 VM、网络或存储进行任何修改，因此客户可在几分钟内就将现有环境迁至公有云，极大地缩短了环境迁移和部署的时间。

(3) Cloud@Customer(“将公有云搬回家”)，即在客户的数据中心中提供 Oracle 云服务。该服务完全由 Oracle 管理，这样就既能享用 Oracle 云的敏捷性、创新性和基于订阅的定价策略等优势，还能让应用享有更安全的运行环境。

(4) Oracle 容器云服务，提供一个容器原生的平台，专为 DevOps 团队使用开源工具构建、部署和运行基于容器的微服务及无服务器应用程序而设计，同时提供端到端的容器生命周期管理服务，用于创建和管理面向容器的 Kubernetes 服务以及用于自动化管理 CI/CD 服务。

(5) Oracle FastConnect 云服务，提供一种利用互联网将客户的网络与 Oracle 云基础架构连接起来的解决方案。与传统的基于互联网的连接相比，FastConnect 通过一种更加简单、有弹性和经济的方式创建具有更高带宽的专用连接，可提供更可靠和一致的用户体验。

2017 年初，Oracle 发布并定义了 IaaS 2.0，即专注于企业级的 IaaS。我们可以用一个形象的比喻来形容 IaaS，即“群租房”，当租客不多时，一切正常；但在租客爆满时，可能会存在拥挤、杂乱和服务质量低的问题。而 Oracle 推出的 IaaS 2.0 为 IaaS 服务定义了新的标准，在技术上真正解决了企业使用 IaaS 的痛点，以便能充分享受公有云优势。因此它更像是“酒店式公寓”，可凭借过硬的设施、舒心的服务和极高性价比以及与 Oracle PaaS 的无缝融合，为用户提供真正的企业级解决方案：更高性能的卓越体验；安全可靠的企业级防护；无须任何改变，一键上云；更低总体拥有成本，更高性价比，等等。除此之外，Oracle 更是凭借 IaaS 三大黑科技保证了核心功能运行：①利用 Oracle 裸机云服务保证应用高性能；②利用 Ravello 应用胶囊服务迁移应用，增强混合云能力；③利用 Cloud@Customer 真正地把“公有云搬回家”。以此“赋能”广大企业用户，帮助他们轻松进行云转型。

1.2.3 PaaS 云

Oracle PaaS 云平台共有包括数据库云服务、Java 云服务、集成云服务在内的 65 种云服务，它们可以分为五大类，即开发和部署、集成和扩展、发布和体验、分析和预测、安全和管理。各类云服务之间相互集成、相互衔接，共同搭建起一个功能强健的 PaaS 云平台，使 IT 人员和业务人员能在云中方便地使用平台软件开发、测试和部署应用，加快其业务上市速度。

1. 开发和部署

在此领域共包含数据库云服务、Java 云服务、应用容器云服务、移动和聊天机器人云服务等十几种云服务，能帮助客户快速迁移本地应用到云端，同时也能在云上进行云原生应用的开发。

(1) 数据库云服务(Database Cloud Service)：为企业应用开发、测试和生产部署提供了具有弹性的数据库服务。企业可以通过其简单易用的 Web 控制台和 REST API 配置和管理数据库云服务中的 Oracle 数据库。在 2018 年 Oracle 推出全球首款自治式数据库云服务(Oracle Autonomous Database Cloud)，即 Oracle Database 18c，通过底层的人工智能技术支撑，无须人为介入即可在数据库运行的情况下实现自动升级、微调、修补、更新、维护数据库以及自行调整计算和存储资源。

(2) 数据库备份云服务(Database Backup Cloud Service)：提供了可靠且可扩展的对象存储解决方案，能帮助企业将其不断增长且需备份的数据安全、完整地存储到 Oracle 云中。

(3) Java 云服务(Java Cloud Service)：是一个基于企业级中间件 WebLogic Server 的云服务，用于构建、部署、运行和管理 Java EE 应用程序。使用 Java 云服务+数据库云服务提供的典型环境能将本地应用快速迁移到云端。

(4) 移动和聊天机器人云服务(Mobile and Chatbots Cloud Service)：为用户的移动战略提供了一个企业级的云服务平台，包括前端移动应用、云端用户行为分析等，能快速、安全、轻松地构建及部署移动应用和智能聊天机器人，并将其连接到任何后端系统。

(5) 开发者云服务(Developer Cloud Service)：提供了一个应用程序开发基础云平台，能帮助开发团队轻松实现代码管理、CI/CD、团队协作。

(6) 应用容器云服务(Application Container Cloud Service)：提供了一个易于使用、高度可伸缩、基于 Docker 容器的云平台，支持 Java SE 和 Node. js 以及 PHP 等多种应用程序。

(7) 消息云服务(Messaging Cloud Service)：提供一个异步消息通信平台，帮助企业以灵活、可靠、安全的方式连接云上的基于互联网的应用和设备。

(8) 可视化构建器云服务(Visual Builder Cloud Service)：提供一个基于页面拖曳的低代码开发应用的云平台，能在现今主流的浏览器中，使用可视化开发环境快速地创建和开发应用，从而极大地提高工作效率。

(9) API 目录云服务(API Catalog Cloud Service)：提供一个 API 的注册、查询和发现的云平台，促进在 Oracle 公有云中的应用之间实现功能共享和访问。

(10) AI 平台云服务(AI Platform Cloud)：提供了一个完整的云端机器学习的环境，为机器学习从业人员和数据科学家提供了一种简单而快速的人工智能平台。

(11) 区块链云服务(Blockchain Cloud):是一个全面的分布式分类账云平台。区块链云服务提供区块链网络,可快速集成现有或新的基于云或本地应用程序,支持可靠地共享数据并与供应商、银行等进行信任交易。

2. 集成和扩展

在此领域包含集成云服务、SOA云服务、数据集成云服务、IoT云服务、API平台云服务、流程云服务等云服务,能帮助客户快速解决云端之间以及云端与本地应用端的系统集成问题。

(1) 集成云服务(Oracle Integration Cloud Service):提供一个基于适配器的、拖曳式方式快速应用集成的云平台,通过使用预构建的集成、50多种SaaS和应用适配器等极大地简化云端应用之间以及云和本地应用之间的集成。

(2) SOA云服务(Oracle SOA Cloud Service):提供一个完整的SOA应用集成平台,可以将用户现有数据中心的SOA集成环境和应用集成成果快速迁移到Oracle公有云上;可对云端应用之间以及云端与本地应用之间进行集成。

(3) 数据集成云服务(Data Integration Cloud Service):提供一个实现数据迁移、复制、转换和集成的云平台,可帮助用户全面实现数据治理。

(4) IoT云服务(Internet of Things):提供一个从物联网设备收集数据并进行分析、最后集成到企业端的业务流程和应用程序的云平台。

(5) API平台云服务(API Platform Cloud Service):提供一个安全的API网关平台以及优秀的API管理解决方案,支持敏捷API开发、监控和管理API生命周期中每个阶段,帮助企业进行快速数字化转型。

(6) 流程云服务(Process Cloud Service):一个简单、可视化、低代码的流程云平台,让员工、客户与合作伙伴随时随地在任何设备上协作,简化了日常工作并助力企业提高其业务敏捷性。

3. 发布和体验

在此领域包含内容与体验云服务、WebCenter门户云服务和DIVA云服务,解决了客户全渠道内容一致性的需求。

(1) 内容与体验云服务(Content and Experience Cloud Service):提供了一个基于云的内容管理平台,能进行全渠道内容管理并提升用户体验与交付。

(2) WebCenter门户云服务(WebCenter Portal Cloud Service):提供一个基于云端的门户管理平台,能帮助企业快速集成多个系统门户,通过多个渠道向员工、合作伙伴和客户提供无缝且一致的数字化体验。

(3) DIVA云服务(DIVA Cloud Service):提供了一个专为数字媒体资产而设计的云平台,能保护资产文档、简化数字化资产流程并加快协作效率。

4. 分析和预测

在此领域中包括大数据云服务、商务智能云服务、分析云服务等十几种云服务,借助机器学习和大数据挖掘,深入分析来自应用程序、数据仓库和数据湖的数据的相关性,帮助客户快速得出对未来业务的趋势判断。

(1) 大数据云服务(Big Data Cloud Service)：提供一个基于 Hadoop、Spark 等软件的安全、自动化的高性能平台，能与 Oracle 数据库和 Oracle 应用中的现有企业数据完全集成。

(2) 商务智能云服务(Business Intelligence Cloud Service)：提供一个成熟的、敏捷的商务智能云平台，能够创建功能强大的商务智能应用，为企业的所有用户提供支持。

(3) 分析云服务(Analytics Cloud Service)：提供了一个集中式的、全面的云端分析功能平台，可支持整个企业在任意环境中通过任意设备访问并展现任意数据的相关问题。

5. 安全和管理

在此领域包括身份云服务、CASB、应用性能监控云服务、日志分析云服务等十几种云服务。通过新一代的安全和管理平台帮助企业统一并安全地管理用户身份、提高安全防御，同时也能通过一系列的管理云服务帮助用户提高 IT 稳定性、防止应用中断并提高运维敏捷性。

(1) 身份云服务(Identity Cloud Service)：提供了一个全面的安全的身份认证云平台，能统一管理云端应用的用户身份并提高应用安全防御能力。

(2) CASB(Cloud Access Security Broker)：提供了一个云访问的安全代理云平台，能赋予企业监控整个云堆栈的能力，保障云端数据安全并进行主动威胁防护，能快速进行威胁检测并产生预测分析。

(3) 应用性能监控云服务(Application Performance Monitoring Cloud Service)：提供了一个专为应用程序和高性能 DevOps 团队而设计的云平台，能保证客户在系统真正受到影响之前快速地识别、隔离、分类、诊断并最终解决其应用程序问题，以此减少修复问题的平均时间，消除开发和运营团队之间的障碍，并确保关键业务应用程序有更好的用户体验。

(4) 日志分析云服务(Log Analytics Cloud Service)：一个基于日志深度分析的云平台，为开发和运营团队提供了监视、汇总和分析各种日志数据、更快地排除系统问题所需的各类信息。所有最终用户和应用程序性能信息(以及相关的应用程序日志)都会集中到 Oracle 管理云服务的安全、统一的大数据平台中。

Oracle PaaS 云平台主要具有如下的特点和优势：

(1) 综合全面、高度集成。凭借其强大的 PaaS 产品组合，Oracle 为用户提供了丰富的技术集成平台解决方案，旨在提高敏捷性、降低成本以及 IT 复杂性。用户可以快速集成业务数据、流程和应用程序，将工作负载一键式迁移到云中，并实施统一的管理。

(2) 开放且基于标准。Oracle PaaS 云平台支持多种开放标准(如 SQL、HTML5、REST 等)、开源解决方案(如 Kubernetes、Hadoop 和 Kafka 等)以及各种编程语言、数据库和集成框架，能帮助用户轻松地在云中构建、部署、集成和扩展应用程序，并提供多样化的选择和充分的灵活性，以适应快速变化的业务需求，提高互操作性。

(3) 更低的总拥有成本。Oracle PaaS 云平台提供了开发、集成、安全及管理等全生命周期的自动化功能，包括预配置、打补丁、备份、优化、扩展等功能，极大地提升了员工的生产力，降低了企业的总拥有成本。

(4) 轻松集成和 SaaS 扩展。现今企业的业务流程复杂多变，通常都会是跨多个 SaaS 及本地应用的，此时 Oracle PaaS 云平台能通过其预置近百个开箱即用的适配器和连接器轻松集成 Oracle SaaS、第三方 SaaS 以及本地应用程序之间的数据和流程，从而消除了应用程序孤岛，以满足业务不断变化的需求，同时也避免了因为 SaaS 应用程序的升级所造成的影响。

(5) 出色的安全性、可扩展性。Oracle 云平台运行在先进的 Oracle 云基础架构上，并能基于整个混合云环境提供一个统一的身份和安全管理，同时具有多层安全性、数据加密和先进的数据中心，因此能提供给客户无与伦比的安全性、可扩展性、可用性和高性能，能支持客户部署高性能的关键任务应用程序。

(6) 自由部署选择。针对政府机关、金融机构等数据敏感度比较高的行业，由于政策法规的限制，公有云可能不太适合，在这种情况下，Oracle PaaS 云平台可部署在客户的数据中心内。此时，Oracle 仍然会为客户提供公有云的全部云服务和基于订阅的定价，并全面承担管理和维护工作。

总之，Oracle PaaS 云平台是一个全面的、基于标准和完全集成的综合平台，它结合了 Oracle 自身研发的技术和流行的开源技术，可以在云中以非常低的运营成本构建、部署、迁移和管理各种不同的应用程序。而对于数据保密、合规性或延迟有苛刻要求的企业，Oracle 云平台也可以运行在用户数据中心内部，并由 Oracle 进行完全的运维管理，从而构建一种混合云的环境，用户可以充分利用 Oracle 云平台的敏捷性、创新性和基于订阅的定价模式等优势。

1.2.4 SaaS 云

现今，SaaS 这种通过互联网提供软件的服务模式，已被市场广为接受，并展现出前所未有的强劲发展势头。用户不用再一次性购买软件，而是根据自己的实际需求向服务提供商租用软件，且无须对软件进行维护，服务提供商会全权管理和维护软件。

Oracle SaaS 云具有功能全面、富有创新且技术成熟等特点。Oracle SaaS 云包括客户体验云服务、企业资源计划云服务、人力资本管理云服务、供应链管理云服务等在内的 60 多种“现代云”服务，可以为现代企业的数字化业务转型提供有力支持，帮助打造与众不同的产品和服务、提升业务敏捷性、简化业务流程、打入新市场并快速响应全球需求；在提升客户满意度的同时以更低的成本、更简单的架构为业务和 IT 运营带来自适应智能和标准化的业务流程，助力企业在数字化时代的顺利转型并取得长久发展和成功，最终打造一个更强劲的整体商业生态环境。

(1) 客户体验云服务(Customer Experience)：为企业在整个客户交互过程中提供出色的客户体验，帮助他们通过有形渠道和数字渠道有效地吸引客户，从而大幅提升客户保留率、促进销售和改善品牌宣传效果等。

(2) 人力资本管理云服务(Human Capital Management)：采用以人为本、以消费者为导向的策略，利用先进技术为相关人员提供富有远见卓识、极具吸引力的协作式移动化体验，从而让企业脱颖而出。

(3) 企业资源计划云服务(Enterprise Resource Planning)：能简化企业的业务流程，应用其财务、采购、项目组合管理等模块，可以帮助企业提高生产效率、降低成本并加强企业内部控制等。

(4) 供应链管理云服务(Supply Chain Management)：完全基于云和现代供应链理念构建，其功能包括产品创新、战略性物料寻源、生产外包、一体化物流、全渠道履行以及一体化需求和供应规划，提供了创建企业自己的智能供应链所需的可见性、洞察力和各种功能，支持企业以更小风险和更低成本的增量方式部署功能，并持续进行相关功能创新。

1.2.5 Oracle 云市场

Oracle 云市场①(Oracle Cloud Marketplace)是在线的一站式商店,在里面销售大量的业务应用程序及专业服务,有助于更方便快捷地进行 Oracle 云实施。目前 Oracle 云市场中所提供的应用程序和服务均由认证专家合作伙伴和开发人员提供,充分保障应用程序和服务的质量水平。当然,这些提供的应用程序和服务均必须经过 Oracle 的严格审查后才能上市,其基本流程如图 1-4 所示。

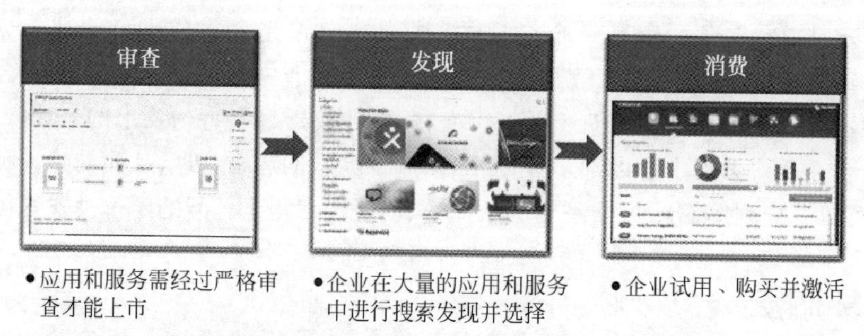

图 1-4　云市场基本流程

Oracle 云市场具有如下特点:

(1) 在许多业务类别中提供大量值得信赖和创新的应用程序,包括市场营销、销售、客户服务、社交和人才管理。

(2) 如同附加软件或插件软件,这些应用程序为现有的 Oracle 云实施提供增强功能或自定义功能。

(3) 提供各种配套服务,如咨询、实施、集成和培训,以帮助过渡到云并改善公司的成功运营。

Oracle Cloud Marketplace 是查找 Oracle 云解决方案的业务应用程序的好地方,它提供了包括销售、服务、市场营销、人才管理和人力资本管理等最全面的应用程序列表。目前,Oracle 云市场提供了 4000 多个 Oracle 合作伙伴的应用程序和服务,而且每天都有更多的合作伙伴正在增加他们的应用程序和服务。Oracle 云市场致力于将 Oracle 合作伙伴提供的云业务应用程序和专业服务直接推广到 Oracle 广阔的全球客户群。

1.2.6 Oracle 云战略

现代化企业需要的是现代化的云,它能帮助用户提升业务服务水平和敏捷性,并有效减少企业成本,这正是 Oracle 不同于其他云厂商的优势。Oracle 一直在大力推进现代云的建设,其云发展战略是以客户的需求为导向,通过最先进的科技,为客户提供从公有云、私有云到混合云的全面解决方案。主要体现在如下几个方面:

(1) 全面集成。Oracle 所提供的云服务涉及 IaaS、PaaS 和 SaaS 各个层面,可从硬件到

① https://cloudmarketplace.oracle.com/marketplace/en_US/homeLinkPage。

软件的各个层级支持云计算，帮助企业顺利迁移至云端，简化其云部署。

(2) 相同架构。Oracle 提供了业界独有的混合云解决方案，无论是公有云还是私有云，都使用相同的标准、相同的架构、相同的产品和相同的技术，同时还保持"开放"的状态，使得公有云与私有云相互融合。

(3) 自由迁移。"单程票"问题是现今很多用户在上云过程中普遍面临的一个问题。当用户将应用迁移到云上并完成应用的开发、测试和运行，但若有一天，由于公司战略或者国家政策、法律法规的要求，企业又需要把应用迁移到本地数据中心运行时，用户要经历一个"回迁"的痛苦过程。大多数云无法做到无缝平滑地迁移，而 Oracle 则在公有云和私有云之间提供了"双程票"，凭借在公有云和私有云上使用相同的产品或技术架构，使得无须应用系统做任何修改就能在公有云和私有云之间自由地迁移应用和数据。

(4) 两翼齐飞。这是一个形象的比喻，Oracle 的云服务有独特的两"翼"，一"翼"是 Oracle 提供的公有云部署，用户以订阅的方式获得服务；另一"翼"则是 Oracle 推出的 Cloud@Customer，它是一个可以放在用户数据中心运行的公有云。Cloud@Customer 主要面向对数据安全性和性能高度敏感的客户。由于设备位于客户自己的数据中心，用户完全可以对其数据的安全放心。同时，设备的硬件采购和运维又都交由 Oracle 负责，客户不用再担心设备的运维问题。这样，客户既解决了数据安全问题，又享受到了公有云带来的便利和快捷。

(5) 安全保障。在确保业务连续性和安全性方面，Oracle 最大限度地减少了系统停机时间，并确保所有类型灾难情况下的数据快速恢复。同时，Oracle 将利用现代化的安全技术和多层次的安全保护用户的数据，例如在传输或存储过程中利用高级数据加密功能来防止安全漏洞，以此最大程度地保障用户的系统及数据安全。

(6) 专注企业级。Oracle 最大的竞争优势之一是其在企业级应用市场多年的用户积累，其数据库、中间件都是企业级用户耳熟能详的软件，特别是在数据库市场，Oracle 数据库拥有超过 50%的市场占有率。这些企业都将是 Oracle 云服务最强大的支持后盾。

总之，横向对比各云服务厂商，Oracle 云不仅是自动化程度最高的产品，而且是业界使用最广泛、集成度最高的云，用户本地部署的应用无须做任何修改，即可以无缝迁移到云上，实现公有云的部署。而且 Oracle 云的 IaaS、PaaS 和 SaaS 提供了同类最佳的服务功能，通过提高敏捷性和降低 IT 复杂性，帮助企业推动创新和业务转型。

1.3 注册账号

读者可根据本书章节内容在 Oracle 公有云环境中进行各种操作，因此建议提前注册开通两个账号：一个是 Oracle 云账号，另一个是 Oracle 账号。

(1) Oracle 云账号是用来访问 Oracle 公有云服务的账号。使用该账号用户可免费试用 Oracle 公有云的服务。在用户刚注册云账号后它只是试用账号，即 Oracle 为用户提供了 30 天的试用期和 300 美元的试用额度(与所有订阅模式的公用云一样，Oracle 公有云也是按使用情况计费的)。当过了 30 天试用期或使用完 300 美元试用额度后，用户可决定是否将试用账号转成付费账户以继续使用 Oracle 公有云服务。

(2) Oracle 账号主要是用来下载 Oracle 软件、访问 support. oracle. com 技术支持等网站的账号。使用除 Oracle 公有云以外的其他 Oracle 资源都需要使用这个账号。

1.3.1 注册 Oracle 公有云账号

注册 Oracle 公有云账号可以遵循如下步骤：

1. 打开 Oracle 云官网地址

在浏览器中打开 Oracle 云官网地址[①]，进入如图 1-5 所示的试用 Oracle 云界页面，然后单击 Create a Free Account 按钮。

图 1-5 试用界面

如果以下步骤中出现页面项目显示不正常的情况，可能是由于浏览器版本较老，可更换其他浏览器或升级浏览器。和 Oracle 云服务兼容的浏览器见表 1-1。

表 1-1 Oracle 云服务兼容浏览器

浏 览 器	兼容版本
Internet Explorer	11 及以后版本
Mozilla Firefox	52 及以后版本
Google Chrome	63 及以后版本
Apple Safari	10 及以后版本

2. 填写账号信息

在页面中首先填写如图 1-6 所示的第一部分内容：账号详细信息。其中需要注意：

(1) 加 * 的项目必填。

(2) Account Type 接受默认 Personal Use。

(3) Cloud Account Name 只能是小写字母和数字的组合。

(4) Default Data Region 选择 North America。

(5) Email Address 建议填写读者所在公司邮箱。

(6) Country/Territory 选择 China。

(7) 其他项目填写与读者相关的信息即可。

---

① https://cloud.oracle.com/en_US/tryi。

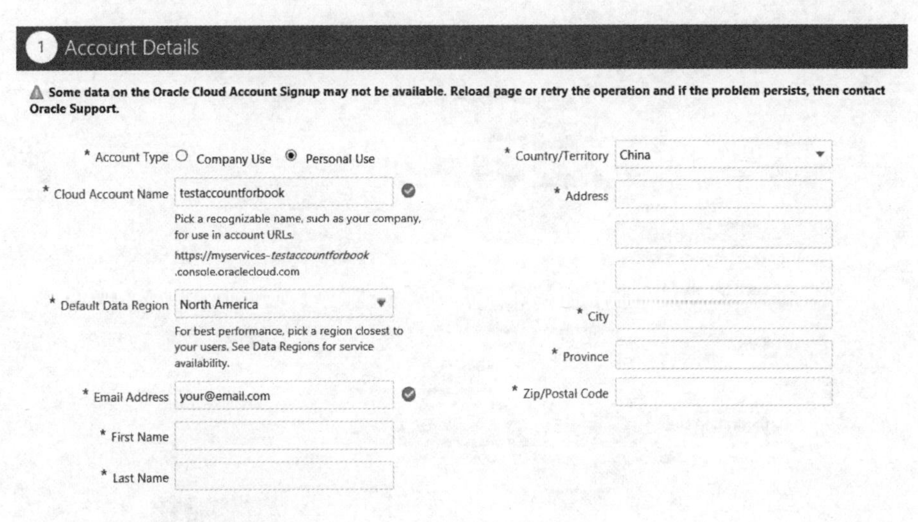

图 1-6　填写账户详细信息

3. 填写验证码

填写如图 1-7 所示的第二部分内容：验证码。在填写完手机号后单击 Request Code 按钮，然后把短信中收到的验证码填到 Verification Code 中，单击 Verify 按钮。

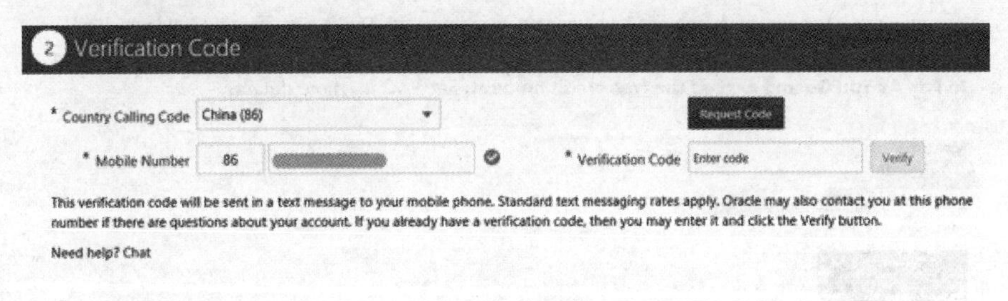

图 1-7　验证码

4. 填写信用卡详细信息

填写如图 1-8 所示的第三部分内容：信用卡详细信息。在账号还在免费试用阶段，不会从信用卡中扣款。但当账号已经过了免费试用阶段，若还想继续使用，则 Oracle 将对用户使用云服务进行计费，然后通过第三方支付渠道并使用云账号对应的信用卡支付费用。

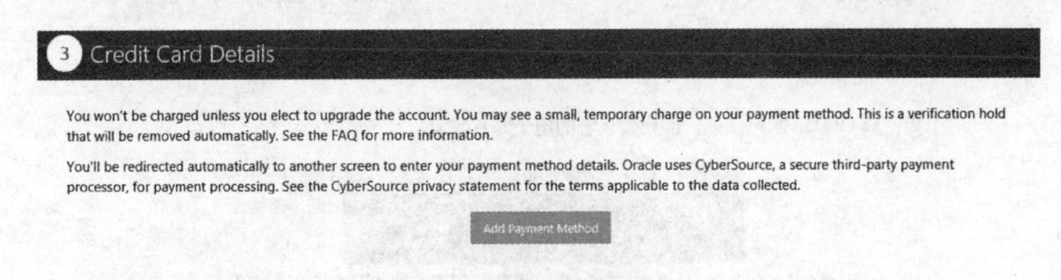

图 1-8　信用卡详细信息

(1) 在页面中单击 Add Payment Method 按钮。

(2) 提供用来支付 Oracle 云服务使用费用的信用卡信息，然后单击 Finish 按钮，如图 1-9 所示。

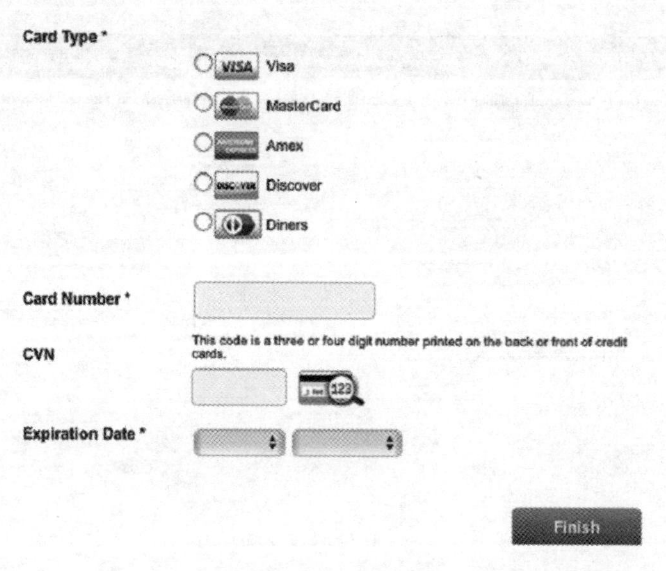

图 1-9　添加支付方式

（3）页面显示提示，如图 1-10 所示。为了验证信用卡有效，支付平台将从信用卡扣款 1 美元。

You may see a temporary charge of $1 on your payment method. This is a verification hold which will be removed automatically. **Your payment method will not be charged unless you select to convert to Pay As You Go and exceed the free credit amount.** See FAQ for more details.

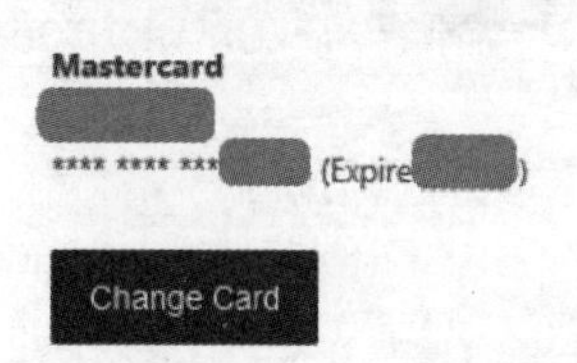

图 1-10　支付提示说明

（4）账户创建成功后，系统提示注册的电子邮箱中将会收到一封确认邮件。收到确认邮件后，单击“确认电子邮件地址”按钮，如图 1-11 所示。

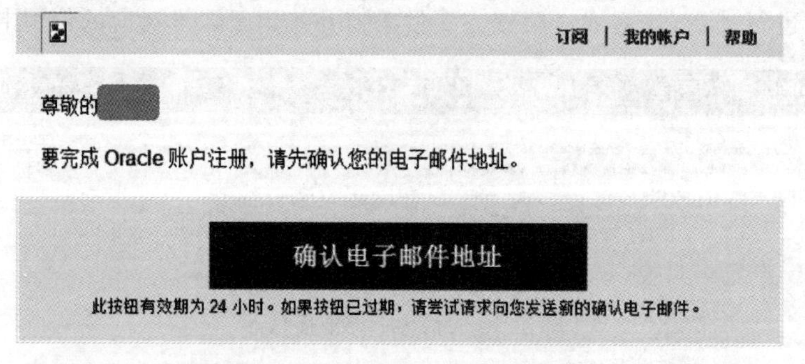

图 1-11　确认邮件

（5）在图 1-12 中选择确认条款选项，然后单击 Complete 按钮完成。

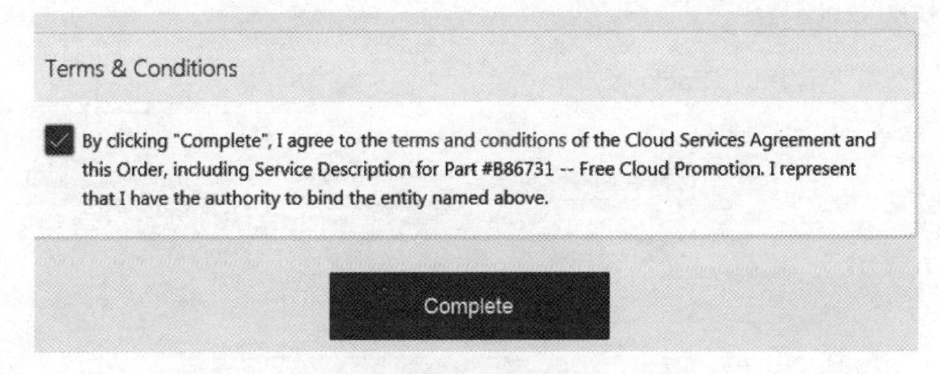

图 1-12　确认条款

（6）最后显示确认信息，如图 1-13 所示，提示已成功注册试用账户。

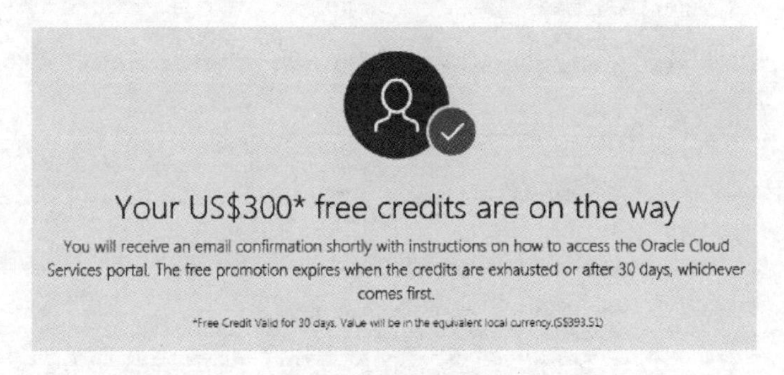

图 1-13　确认页面

1.3.2　注册 Oracle 网站账号

注册 Oracle 网站账号可以遵循以下步骤：

（1）用浏览器打开 Oracle 官网[①]页面，如图 1-14 所示，先单击 Sign In 按钮，然后单击 Oracle Account 下面的 Create an account 链接。

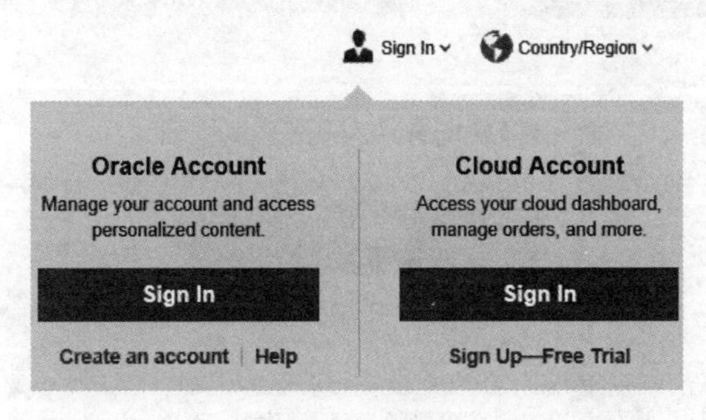

图 1-14　账号

① https://www.oracle.com。

（2）此时页面将显示创建 Oracle 账户需要的详细信息，如图 1-15 所示。填完后单击“创建账户”按钮。

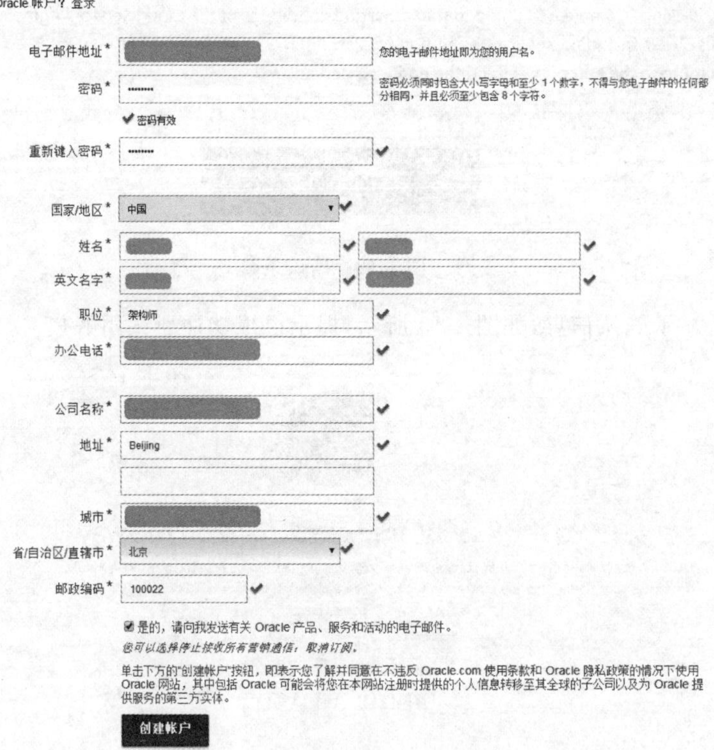

图 1-15　Oracle 账户详细信息

（3）完成后页面将提示注册的电子邮箱中将会收到一封确认邮件。打开收到的确认邮件，见图 1-16，单击“确认电子邮件地址”按钮。

（4）此后页面会出现账户创建成功的提示。

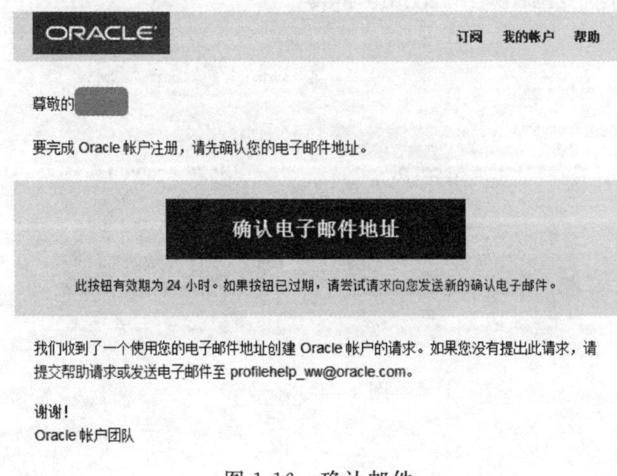

图 1-16　确认邮件

第2章

Oracle云存储服务

2.1 Oracle 云存储概述

2.1.1 Oracle 云存储服务一览

Oracle 云存储服务是指 Oracle 在公有云中提供的存储服务。目前，Oracle 提供 4 种云存储服务，即 Oracle 存储云服务(Storage Cloud Service)、Oracle 数据库备份服务(Database Backup Cloud Service)、Oracle 存储云网关(Storage Cloud Software Appliance)和公有云数据传输服务(Bulk Data Transfer Services)。

Oracle 存储云服务只涉及对象存储，块存储服务包含在计算云服务中。数据库备份服务支持将 Oracle 数据库备份到云中的对象存储。存储云网关可以将对象存储以文件系统的形式提供给客户端访问。公有云数据传输服务利用移动硬盘或 NAS 设备将 TB 级的用户数据安全快速地迁移到 Oracle 存储云。

1. Oracle 存储云服务

Oracle 存储云服务是一种安全、高可用、可扩展、按需供应的云存储解决方案，其架构如图 2-1 所示。用户可以选择跨云数据中心的数据复制，在云数据中心内部，数据以对象的形式存储，多个对象可以集中存放于容器中，所有的对象都复制多份并存放在云数据中心的多个存储节点上。用户可以为对象和容器定义元数据以实现特定的应用场景。

Oracle 存储云服务提供多种集成手段，用户可以使用 Oracle 提供的 REST API、JAVA API 或 FTM CLI 访问云存储，也可以通过 Service Console 图形界面管理存储云服务。存储云服务还支持第三方的备份软件，存储网关或云存储客户端，以方便客户既有解决方案与

Oracle 云存储的集成。

Oracle 存储云服务中提供两种级别的存储服务，即对象存储和归档存储服务。前者提供更高的服务水准；后者提供更优的成本，适合于访问频度较低、保留期限更长的数据。结合这两种类型的存储服务，还可以实现按策略的分层存储。

用户可以选择在客户端或云端加密数据，数据在网络传输过程中自动通过 SSL 加密，从而保证了端到端数据的安全性。

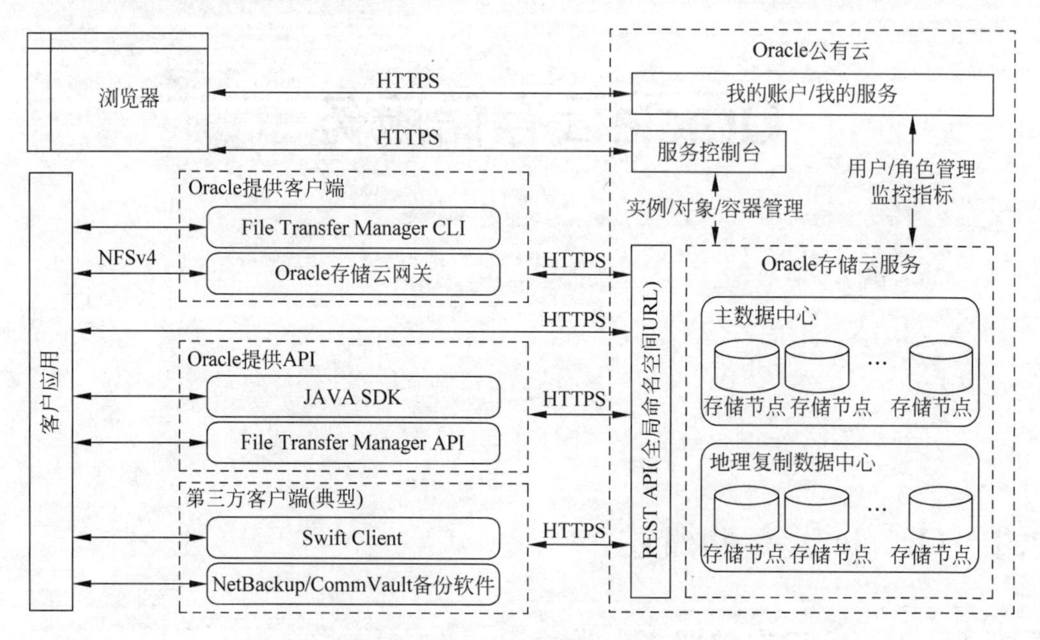

图 2-1　Oracle 存储云服务架构

2. Oracle 数据库备份服务

Oracle 数据库备份服务是在对象存储基础上封装的服务，为 Oracle 数据库提供了安全可靠、容量按需使用和无限扩展的云中备份。用户无须投资硬件即可享用基于云的数据库备份服务，并且可以在任何时间和地点访问数据库备份。

Oracle 数据库备份服务通常作为传统数据中心备份的补充，通过提供额外的数据库备份，可防止数据中心整体失效，并可通过在云中恢复备份构建云中的数据库灾备系统。

通过在用户数据中心内的数据库服务器上安装 Oracle 数据库云备份模块，即可与 RAMN 集成将 Oracle 数据库备份到公有云。所有的备份都是强制加密的，可以保证数据在网络传输过程中的安全性，同时用户可选择不同的数据压缩级别，以充分利用网络带宽和提升备份速度。云中的备份被复制到云数据中心内的多个存储节点，以防止数据损坏和硬件故障。

3. Oracle 存储云网关

Oracle 存储云网关是一种软件装置，使用 Oracle 存储云网关，用户可以仍使用熟悉的文件系统接口，无须改变现有的使用习惯或改造现有的应用，无须使用复杂的 REST API，即可方便快速地访问 Oracle 存储云服务。

Oracle 提供两种形式的存储云网关，即公有云版存储云网关和数据中心版存储云网关。前者以虚拟机映像方式提供,可为Oracle公有云中的客户端提供存储云服务;后者以Docker映像方式提供,可为数据中心内的客户端提供存储云服务。两者均可将存储云中的容器配置为文件系统,并以通用的NFS协议将文件系统呈现给客户端,然后客户端可以挂接文件系统,并使用传统的文件系统方式对文件进行读写操作和权限管理。

存储云网关可以实现基于客户端的加密,数据在存储云网关中自动加密并传输到云,数据下载时自动解密并以明文格式返还到客户端。存储云网关还可以实现分层存储,用户可选择将常用的数据存入对象存储,而将访问频度较低的数据存入成本更低的归档对象存储。

存储云网关可配置磁盘缓存,常用的数据被置于磁盘缓存中以提升访问性能,这对于归档存储尤为重要。存储云网关支持大对象,可自动将大文件分割为多个小文件并行上传,下载时可自动合成并还原文件。

4. 公有云数据传输服务

为充分享受云存储服务的好处,用户通常希望将现有数据中心内的数据迁移到云中。当数据量较大时,有限的网络带宽或昂贵的带宽租赁费用使数据迁移几乎无法实现。例如,使用OC3线路(155Mb/s),100TB的数据传输到云中至少需要62天。

Oracle公有云数据传输服务通过物理数据搬迁的手段实现大规模数据向云的迁移,Oracle为用户提供两种数据导出的手段,即存储设备导入和硬盘导入。存储设备导入是指Oracle为用户临时提供一台ZFS存储设备,然后用户通过NFS方式将数据复制到此设备,最多支持400TB数据量。数据采用AES-256密钥加密,设备在运输前,加密密钥会从存储设备上移除,保证了数据在运输途中的安全性。存储设备返还到Oracle公有云数据中心后,Oracle会通过安全通道获取用户提供的密钥,并在最低权限模式下完成数据的解密和恢复。如果通过硬盘导入,用户可自行提供最多12块3.5英寸硬盘或一个USB外置硬盘,用户负责将数据复制到硬盘,并通过dm-crypt和LUKS磁盘加密工具对数据进行加密。用户通过安全通道将AES-256密钥上传到存储云账户下,然后Oracle在最低权限模式下将数据加密并恢复。

2.1.2 Oracle云存储服务基本概念

1. 复制策略与全局命名空间URL

在开始使用存储云服务之前,用户必须选择复制策略。复制策略指定了用户的主数据中心,以及是否需要将数据复制到另一地理位置的从数据中心。如果用户指定了从数据中心,数据写入主数据中心时,将异步复制到从数据中心并保证最终一致性。主、从数据中心间的复制将产生网络传输费用和双倍的存储容量费用。复制策略一旦选定则不能修改。

用户可以使用全局命名空间URL或数据中心URL访问云存储服务。全局命名空间URL将自动导向当前提供服务的数据中心。例如,当主数据中心失效时,全局命名空间URL将指向从数据中心,此时读取请求正常处理,但所有的写请求将失败。主数据中心恢复后,全局命名空间URL将重新指回主数据中心。

全局命名空间URL和数据中心URL统称为REST端点(REST Endpoint),REST端点目前有两种版本,即最初的传统版本和17.4.2版本之后的GUID版本,后者将逐渐取代前者。REST端点在存储云服务中非常重要,所有对存储云服务的访问都需要通过REST端点或由其衍生出的URL进行访问。REST端点信息可以在“我的服务”页面中服务概要标签页找到，或服务控制台的REST端点描述中找到，格式如表2-1所示，其中<ID_DOMAIN>表示身份域，<GUID>为32B的全球唯一标识符。GUID版本包括两种格式，推荐使用永久格式，这是由于永久格式中并不包括身份域，只需要使用GUID就可以唯一标识云租户，这实际上为未来租户在云数据中心间的迁移提供了方便。

表2-1 REST端点版本及格式

REST端点版本	REST端点格式
传统	https://<ID_DOMAIN>.storage.oraclecloud.com/v1/Storage-<ID_DOMAIN>
GUID	https://Storage-<ID_DOMAIN>.storage.oraclecloud.com/v1/Storage-<GUID>
GUID(永久)	https://Storage-<GUID>.storage.oraclecloud.com/v1/Storage-<GUID>

2. 块存储与对象存储

块存储(Block Storage)是应用最常用的存储形式，文件或数据被切分为固定大小的块存储在逻辑或物理卷中，每一个块都有独立的地址，但无须额外的元数据信息来描述块中所存储的信息。主机的本地存储或SAN环境下的共享存储均基于块存储，块存储由主机的操作系统控制，通常通过FC或iSCSI协议访问。由于块存储可以以磁盘的形式被操作系统直接访问，因此具备良好的性能和灵活性，非常适合于数据库、虚拟机或其他需要高I/O能力的应用。

对象存储将数据作为对象存储，每一个对象都包含数据、对象ID和元数据。通过简单的对象ID哈希计算，可以很方便地确定对象存储位置。与块存储的文件系统以目录结构组织不同，所有的对象都是平级的，没有层次结构。对象可以定义丰富的元数据，元数据的数量没有限制，这使得应用可以方便地搜索、分析和管理对象。例如，许多图片分享网站都以对象形式存储数据，并可定义丰富的元数据，通常包括作者、主题、标签甚至版权信息，通过这些元数据用户可以快速找到感兴趣的内容。Oracle存储云服务为用户提供对象存储，底层基于OpenStack Swift实现，因此具备良好的可扩展性并可提供近乎无限的容量。

块存储支持细粒度的数据操作，例如POSIX的read、write和seek操作，可以读写文件的某一部分。对象存储只能对整个对象进行操作，通过HTTP的PUT或GET实现。对象存储的底层存储管理比较简单，使用场景比较单一；而块存储由于历史悠久，访问和管理手段更为丰富。

对象存储的出现主要是为了解决社交化、移动化和大数据趋势下的海量数据存储问题，但对象存储并非是块存储的替代。对象存储成本较低，扩展性更好，适合于存储视频、图像、备份等非结构化数据，这类数据的特点是一次写入，多次读取，也就是存储后几乎很少改动。对象存储底层通过分布式的廉价硬件实现，每一份数据都有多份拷贝存在不同物理位置，因此具有很高的可用性。块存储性能更好，并且数据是强一致性的，这与对象存储的最终一致性不同，因此对于要求强一致性或性能的交易型应用，块存储更适合。

3. 对象存储与归档存储

Oracle存储云提供两种级别的服务，即对象存储和归档存储服务。在云中创建容器时，对象存储为默认的存储级别。归档存储主要用于存放访问频度较低的大容量数据集，例如历史邮件、数据库备份和存档视频文件等。从归档容器中下载数据时，必须先对对象进行恢复，根据对象的大小恢复时间最长不超过 4h。

归档存储的优势在于其单位成本远低于对象存储。归档存储也存在一些限制，例如不支持批量上传和删除；另外，即使设置了复制策略，归档容器中的数据也不会复制到从数据中心。

4. 大对象支持

在 Oracle 存储云服务中，存储的单个对象被限制为不超过 5GB，下载时对象大小没有限制。但多个对象可以以分段的形式拼接在一起以支持大于 5GB 的文件，此即大对象支持。对于小于 5GB 的大文件，如虚拟机映像、视频文件等，通常也会利用大对象技术分段存储，以实现并行高速上传和下载。描述各分段大小、位置和拼接顺序的文件称为 manifest 文件。下载文件时，根据 manifest 即可将各分段组装并还原文件。

大对象分为动态大对象(DLO)和静态大对象(SLO)两种。SLO 的各分段在上传后不再改变，这也是其称为静态的原因。SLO 的 manifest 文件需用户提供，各分段可以位于不同的容器。DLO 无须用户提供 manifest 文件，各分段必须位于同一容器，并具备相同的对象名前缀，对象名排序顺序即为拼接顺序。SLO 在实际应用中更为常见，Oracle 存储云只支持 SLO。

在上传大对象时，manifest 文件和对象的分段分别存放在不同的容器，分段存放的默认容器名为<Container>_segments。每一个分段对象的命名格式依工具不同而各异，对于 Swift 客户端，格式为<name>/<timestamp>/<size>/<segment_size>/<segment>，例如：

```
$ swift list SLOContainer_segments
largefile/slo/1503157602.266128/4194304/1048576/00000000
largefile/slo/1503157602.266128/4194304/1048576/00000001
largefile/slo/1503157602.266128/4194304/1048576/00000002
largefile/slo/1503157602.266128/4194304/1048576/00000003
```

如果是 FTM CLI 工具上传，格式为<name>/<timestamp>/<segment>，例如：

```
$  $ FTMCLI list SLOContainer_segments
largefile/_segment_/1503162702903/00000001
largefile/_segment_/1503162702903/00000002
largefile/_segment_/1503162702903/00000003
largefile/_segment_/1503162702903/00000004
```

5. 容器与对象

对象是 Oracle 云存储服务中的最小存储单位。与文件系统的目录结构不同，对象之间没有层次关系，也就是说除了内容和大小不同，所有对象都是平等的。普通对象最大为 5GB，但多个对象可以作为分段组合成更大的文件，即大对象。大对象最多可有 2048 个分段，因此 Oracle 存储云服务中可上传的文件最大为 10TB。

容器非常类似于文件系统中的目录，但只是一个逻辑的概念，并且不能嵌套。对象存储在容器中，容器将多个对象组织在一起。在 Oracle 存储云服务中可以创建两类容器，在对象存储中创建的容器称为标准容器，在归档存储中创建的容器则称为归档容器；相应地，在标准容器和归档容器中存储的对象分别称为标准对象和归档对象。创建容器时需指定存储类型，默认为标准容器，此外还可以指定是否开启服务器端加密。

由于容器不支持嵌套，因此使用目录组织的文件上传到云端时或从云端下载时，命名方式需要做相应的转换，云存储通过将文件路径嵌入对象名中实现这一映射。例如，文件/usr/include/stdio.h上传到云后，对应的对象名称为usr/include/stdio.h，下载时即可通过解析对象名将文件还原到目录。对象名中还可以存储其他的信息，具体的解读依赖于存储云服务的实现。

6. 元数据

可以定义丰富的元数据为对象存储的一大特点，利用元数据，应用可以方便地对对象进行搜索、分类、权限控制以及执行应用特定的操作。对象在物理存储时只包含对象的ID和对象数据，实际的元数据存放其他的主机或数据库。这种元数据与实际数据分离的松耦合结构保证了对象存储的高可扩展性和灵活性。

Oracle存储云服务中可以为账户、容器和对象定义元数据，其中部分元数据由系统定义，具有特定的含义，用户也可以自定义元数据。元数据通过键值对形式定义，键为元数据的名称，值为实际存放的元数据。通常情况下，账户、容器和对象的系统元数据键名分别以X-Account-、X-Object-和X-Container-为前缀，自定义元数据分别以X-Account-Meta-、X-Object-Meta-和X-Container-Meta-为前缀。元数据的数量没有限制，用户可以通过2.2节中介绍的命令行或图形化工具创建、修改和删除元数据。

常见的账户、容器和对象元数据如表2-2所示。

表2-2 常用账户、容器和对象元数据

元数据键名	元数据类型	含 义
X-Account-Meta-Policy-Georeplication	账户	复制策略
X-Account-Meta-Policy-Archive	账户	是否支持归档存储
X-Account-Meta-Quota-Bytes	账户	存储空间限额，−1为无限制
X-Account-Container-Count	账户	账户下所有容器数量
X-Account-Object-Count	账户	账户下所有对象数量
X-Account-Bytes-Used	账户	账户使用的存储空间
X-Storage-Class	容器	容器类型、标准或归档
X-Container-Object-Count	容器	容器中对象数量
X-Container-Bytes-Used	容器	容器使用的存储空间
X-Container-Meta-Quota-Count	容器	容器可存储的对象数量限额
X-Container-Meta-Quota-Bytes	容器	容器可使用的存储空间限额
X-Container-Read	容器	容器的读访问权限
X-Container-Write	容器	容器的写访问权限
Content-Length	对象	对象大小
Content-Type	对象	对象类型
Etag	对象	对象MD5校验和
X-Delete-After	对象	在指定时间段后删除对象
X-Delete-At	对象	在指定时间点删除对象

7. 访问控制

访问控制包括对象和容器两个层面的控制。云存储中对象的访问控制是通过ACL(访问控制列表)实现的,ACL在容器一级设置,其中设定了用户或组针对容器所具有的操作权限,包括X-Container-Read读权限和X-Container-Write写权限。存储云服务接收到访问请求时,会将用户信息与ACL比较以决定是否允许访问。

ACL的格式为[item[,item...]],其中item可以是Oracle云服务中的系统角色<identity_domain>.<service>.<role>或用户自定义角色<identity_domain>.<role>,例如:

```
$ swift stat SLOContainer
...
Read ACL:
opcbook.Storage.Storage_ReadOnlyGroup,opcbook.Storage.Storage_ReadWriteGroup
Write ACL: opcbook.Storage.Storage_ReadWriteGroup
```

对于X-Container-Read读权限,item还可以设置另一种主机权限对格式.r:[-]value,其中-号表示拒绝访问,value的值可以使用通配符,例如*表示所有主机,.opcbook.com表示域。详细的格式说明可参见OpenStack文档[①]。

设置ACL可以通过Web控制台、REST API、FTM CLI或Swift客户端等各种命令行工具。

在容器一级,可以设置CORS(Cross-Origin Resource Sharing)控制。默认情况下,基于浏览器的程序(如JavaScript)只能访问程序所在域中的资源,称为同源策略。而CORS允许其他域中的浏览器或应用服务器跨域访问存储云服务中的资源。通过HTTP头部信息X-Container-Meta-Access-Control-Allow-Origin可开启CORS控制,其他相关HTTP头部信息为X-Container-Meta-Access-Control-Max-Age和X-Container-Meta-Access-Control-Expose-Headers。

2.2 访问Oracle存储云服务

Oracle存储云服务是最基础和最常用的云中存储服务,包括对象存储服务和归档存储服务。对象存储服务提供更优的服务水准,归档存储服务提供更优的成本。访问存储云服务可通过Web界面、命令行和API多种方式,在本章附件opcbook/ch02下提供了大量示例脚本,包括REST API、FTM CLI、Java API、Swift client等方式,使用这些脚本前必须在opcbook/ch02/init/ACCOUNT文件中填入云账户信息,以下为此账户文件的格式:

```
ID_DOMAIN = 身份域
OPCUSER = 用户名
OPCPWD = 口令
RESTEP = REST 端点
```

其中前3项信息可以从用户收到的欢迎邮件中找到,最后一项REST端点信息可以在登录存储云服务后从“我的服务”概览页面中直接复制。

为屏蔽不同REST端点版本带来的差异,在附件脚本中使用了全局环境变量,这些环

① https://docs.openstack.org/swift/latest/misc.html

境变量的取值随 REST 端点版本不同而不同，用户只需定义云账户信息中的变量即可。这些环境变量的设置参见表 2-3。

表 2-3 存储云服务附件脚本中引用的全局环境变量

全局环境变量	传统版本 REST 端点	GUID 版本 REST 端点
GUID	无	${RESTEP ## * Storage-}
TENANT_ID	$ID_DOMAIN	$GUID
SERVICE_NAME	Storage-${TENANT_ID}	Storage-${TENANT_ID}
AUTH_USER	${SERVICE_NAME}：${OPCUSER}	${SERVICE_NAME}：${OPCUSER}
AUTH_URL	从“我的服务”页面获取，例如：https://${ID_DOMAIN}. us. storage. oraclecloud. com/auth/v1. 0	从“我的服务”页面获取，例如：https://${ID_DOMAIN}. us. storage. oraclecloud. com/auth/v1. 0
SERVICE_URL	https://${TENANT_ID}. storage. oraclecloud. com	https://Storage-${TENANT_ID}. storage. oraclecloud. com

2.2.1 通过 Web 界面访问存储云服务

通过 Web 界面访问存储云服务主要有两个方面的作用：①首次使用存储云服务时，必须通过 Web 界面设置复制策略，复制策略一旦设定则不能修改；②可以获取 REST 端点和 SFTP 账户的信息。前者是访问存储资源包括容器和对象的根 URL，后者为应用之间交换数据提供了共享的 SFTP 服务器空间，口令可以在 Users 菜单中获取，如图 2-2 所示。

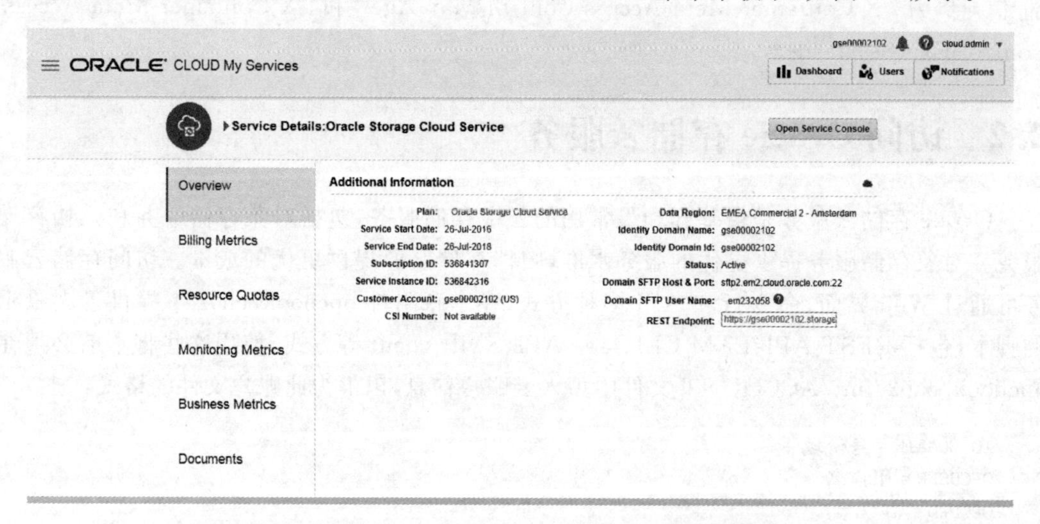

图 2-2 Oracle 存储云服务 Web 界面—我的服务

打开“服务控制台”，可以进行最基本的存储管理和操作，如图 2-3 所示。用户可以查询账户的概览信息，包括已使用空间、容器和对象数量、复制策略等。用户还可以查看、修改和自定义元数据。此外，还可以创建标准或归档容器，并指定服务器端加密。进入容器后，可以查看、删除和上传小于 10MB 的对象。

图 2-3 Oracle 存储云服务 Web 界面—服务控制台

2.2.2 通过 REST API 访问存储云服务

任何支持 HTTP 协议的应用都可以使用 REST API 访问存储云服务，REST API 是存储云提供对外服务最基础的接口，在后面涉及的 FTM CLI、Java API 和 Swift 客户端均基于 REST API。REST API 支持 HTTP 协议中的高级特性，包括 HTTPS 安全通信、HTTP Header、PUT 和 DELETE 操作。cURL 是最常用的支持 REST API 的应用，可通过发送 HTTP 请求调用 REST API。其他支持 REST API 的应用包括 Web 浏览器、Java、Perl、Ruby、PHP 和.NET。

账户、容器和对象都是存储云服务中的资源，如图 2-4 所示。容器是账户中的资源，对象是容器中的资源，三者之间为类似目录结构的层次关系，REST API 使用账户 URL、容器 URL 和对象 URL 定位这些资源。

图 2-4 中，<tenant-id>表示租户 ID，<service-id>为服务 ID，具体格式与 REST 端点版本相关。如果 REST 端点为传统版本，则租户 ID 和服务 ID 均等于身份域；如果 REST 端点为 GUID 版本，则租户 ID 等于 GUID，服务 ID 格式为 Storage-GUID。

使用 REST API 访问存储云服务的第一步是通过访问认证 URL 获取身份认证令牌(token)，认证 URL 的格式如图 2-4 所示。

```
$ . ./OPCINIT.sh
$ type get_auth_token
get_auth_token is a function
get_auth_token ()
{
    tmpfile=/tmp/$$.tmp;
    curl -v -s -w "\n" -X GET -H "X-Storage-User: Storage-${ID_DOMAIN}:${OPCUSER}" -H
"X-Storage-Pass: ${OPCPWD}" $AUTHURL > $tmpfile 2>&1;
    authtoken=$(grep X-Auth-Token $tmpfile | sed 's/^< X-Auth-Token: //' | tr -d "$\
r");
```

```
    echo $ authtoken;
    rm $ tmpfile
  }
  $ get_auth_token
  AUTH_tk00a50853f5169dc2b05873c9e12c14bf
```

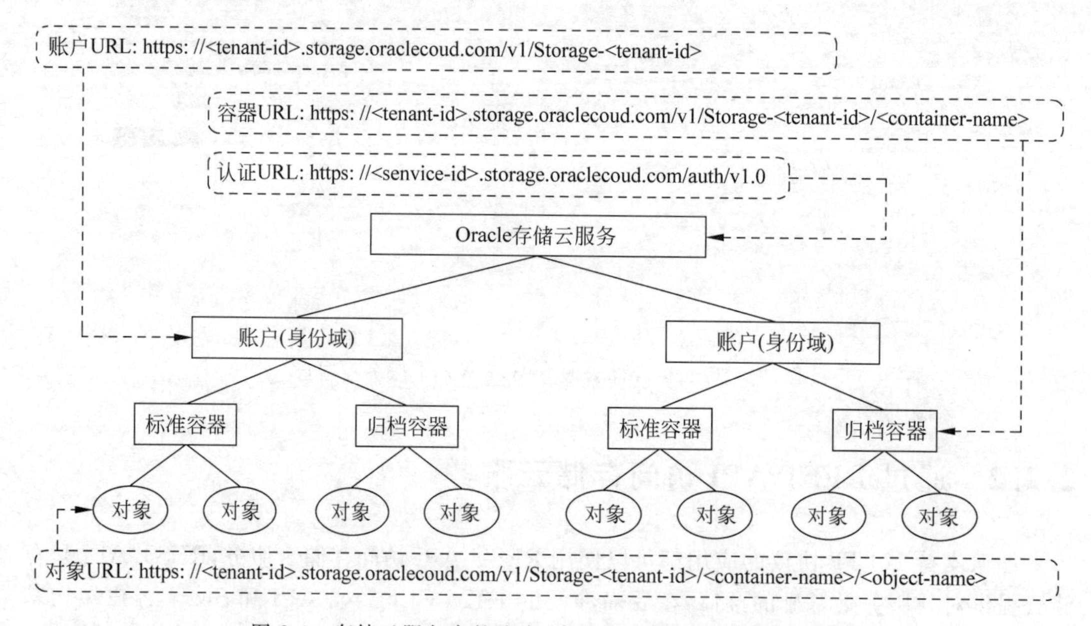

图 2-4 存储云服务中的账户、容器和对象层次关系及 URL

获取到身份认证令牌后，通过在 cURL 命令中使用-H " X-Auth-Token: ${AUTHTOKEN}"指定令牌即可与存储云服务间建立访问关系。注意身份认证令牌的有效期只有 30 分钟，过期后必须重新获取。

REST API 支持的 HTTP 操作如表 2-4 所示。在 cURL 命令中，通过-X 选项指定这些操作。

表 2-4 REST API 支持的 HTTP 方法

HTTP 操作	描　述
PUT	创建容器，上传或替换对象
HEAD	获取账户、容器和对象的元数据信息
GET	下载对象，获取账户、容器和对象的内容及元数据信息
POST	添加、修改或删除账户、容器和对象的元数据
DELETE	删除容器或对象。支持批量删除对象，但不支持删除非空的容器

Oracle 存储云服务支持对象存储和归档存储两种级别的服务，访问对象存储服务的 REST API 说明可参见官网链接①，归档存储的 REST API 说明可参见另一链接②。以下将选取其中最典型的操作进行说明。

① https://docs.oracle.com/en/cloud/iaas/storage-cloud/ssapi/toc.htm

② https://docs.oracle.com/en/cloud/iaas/storage-cloud/asapi/index.html

1. PUT 操作

PUT 操作可创建容器，上传和更新对象。如果是创建归档容器，必须通过-H "X-Storage-Class: Archive"指定容器类型，例如：

```
# 创建标准容器
curl -v -s -X PUT -H "X-Auth-Token: ${AUTHTOKEN}" ${RESTEP}/${container}
# 创建归档容器
curl -v -s -X PUT -H "X-Auth-Token: ${AUTHTOKEN}" -H "X-Storage-Class: Archive" ${RESTEP}/
${container}
```

上传文件的命令如下：

```
curl -v -X PUT -H "X-Auth-Token: ${AUTHTOKEN}" -T $filename ${RESTEP}/${container}/
$filename
```

完整的示例参见本章附件目录 opcbook/ch02/restapi 下的脚本文件 create_container.sh 和 upload_file.sh。

PUT 操作还可以实现服务端的复制，即可以将云中的对象复制到另一个容器中，并可以指定新的对象名，而无须下载后再上传。例如：

```
curl -v -X PUT -H \"X-Auth-Token: ${AUTHTOKEN}\" \
-H \"X-Copy-From: /${from_container}/${old_filename}\" \
${RESTEP}/${to_container}/$new_filename"
```

注意，目标容器必须预先存在。完整示例文件参见本章附件脚本 opcbook/ch02/restap/copy_object.sh。利用服务端的复制可实现对象在云中的重命名和移动操作。

2. HEAD 操作

HEAD 操作可获取账户、容器和对象的元数据信息，例如：

```
# 获取账户元数据
curl -v -s -X HEAD -H "X-Auth-Token: ${AUTHTOKEN}" ${RESTEP}
# 获取容器元数据
curl -v -s -X HEAD -H "X-Auth-Token: ${AUTHTOKEN}" ${RESTEP}/${container}
# 获取对象元数据
curl -v -X HEAD -H "X-Auth-Token: ${AUTHTOKEN}" ${RESTEP}/${container}/$object
```

完整的示例参见本章附件目录 opcbook/ch02/restapi 下的脚本文件 show_account_metadata.sh，show_container_metadata.sh 和 show_object_metadata.sh。

除获取元数据外，HEAD 操作还可以验证文件的一致性，在对象的 Etag 元数据中存放了其 MD5 校验和，例如：

```
MD5SUM=$(md5sum $filename | awk '{print $1}')
curl -i -H \"X-Auth-Token: ${AUTHTOKEN}\" -H \"If-None-Match: ${MD5SUM}\"
${RESTEP}/${container}/$filename
… HTTP/1.1 304 Not Modified …
```

完整的示例参见本章附件脚本 opcbook/ch02/restapi/verify_file.sh。

3. GET 操作

GET 操作可下载对象，列举账户下的所有容器或容器中的所有对象。如果指定-v 选项，还可以显示元数据信息。例如：

```
# 下载对象
curl -v -X GET -H "X-Auth-Token: ${AUTHTOKEN}" -o $filename ${RESTEP}/${container}/
${object}
# 列举账户下所有的容器
curl -s $verbose -X GET -H "X-Auth-Token: ${AUTHTOKEN}" ${RESTEP}
# 列举指定容器中所有的对象
curl -s $verbose -X GET -H "X-Auth-Token: ${AUTHTOKEN}" ${RESTEP}/${container}
```

完整的示例参见本章附件目录 opcbook/ch02/restapi 下的脚本文件 download_object.sh，list_container.sh 和 list_objects.sh。

4. POST 操作

POST 操作可用于添加、修改和删除账户、容器及对象的元数据，例如：

```
# 为账户添加元数据
curl -v -X POST -H "X-Auth-Token: ${AUTHTOKEN}" -H "X-Account-Meta-${metaname}:
${metavalue}" ${RESTEP}
# 为对象添加元数据
curl -v -X POST -H "X-Auth-Token: ${AUTHTOKEN}" -H "X-Object-Meta-${name}: ${value}"
${RESTEP}/${container}/$object
```

完整的示例参见本章附件目录 opcbook/ch02/restapi 下的脚本文件 update_account_metadata.sh 和 update_object_metadata.sh。

5. DELETE 操作

DELETE 操作可删除对象或内容为空的容器。如果容器非空，可利用批量删除操作清空容器中的对象，然后再删除容器。例如：

```
# 删除指定对象
curl -X DELETE -H "X-Auth-Token: ${AUTHTOKEN}" ${RESTEP}/${container}/$object
# 批量删除对象
curl -s -X DELETE -H "X-Auth-Token: ${AUTHTOKEN}" -H "Content-Type: text/plain" -T
$filelist ${RESTEP}/?bulk-delete
# 删除为空的容器
curl -X DELETE -H "X-Auth-Token: ${AUTHTOKEN}" ${RESTEP}/${container}
```

完整的示例参见本章附件目录 opcbook/ch02/restapi 下的脚本文件 delete_object.sh，delete_container.sh 和 empty_container.sh。

REST API 是访问 Oracle 存储云服务最基础和最全面的 API，但 REST API 格式较复杂，在绝大多数情况下无须直接使用 REST API，而建议使用对 REST API 进行封装的 Service Console 图形界面、FTM CLI 或 Swift 客户端实现更为简化的存储访问。这些封装的工具或客户端实现了 REST API 最常用和最重要的功能，而且形式更简洁，更易于使用。例如，都可以在身份认证令牌过期后自动重新获取；都隐藏了复杂的 HTTP 调用格式，使用更易于理解的命令行选项代替。

2.2.3 通过 FTM CLI 访问存储云服务

FTM (File Transfer Manager) CLI 也称为文件传输管理命令行接口，是基于 Java 的

Oracle 存储云服务命令行访问工具。与 REST API 访问工具相比，FTM CLI 提供了更高层次的抽象和封装，极大地简化了与 Oracle 存储云的交互过程。

FTM CLI 提供的主要功能包括：

(1) 下载和上传单个文件或整个目录；

(2) 查看和删除容器或对象；

(3) 从归档存储中恢复对象；

(4) 显示、设置和更新账户、容器或对象的元数据；

(5) 通过自动分段和并行传输实现优化上传与下载，以最大化网络效率和提高传输速度；

(6) 自动错误重试、传输校验和验证以及大文件断点续传。

1. FTM CLI 安装与配置

首先从 Oracle 官网[1]下载 FTM CLI 客户端介质，由于 FTM CLI 基于 Java，因此下载介质只有一个版本，对于底层平台的要求只限于 JRE 版本为 7 或以上。

```
$ ls -sh ftmcli_v2.2.5.zip                    # FTM CLI 客户端介质版本为 2.2.5,大小约 1.2M
1.2M ftmcli_v2.2.5.zip
$ java -version                               # JRE 的版本为 8,满足要求
openjdk version "1.8.0_131"
OpenJDK Runtime Environment (build 1.8.0_131-b11)
OpenJDK 64-Bit Server VM (build 25.131-b11, mixed mode)
$ unzip ftmcli_v2.2.5.zip                     # 解压安装介质
Archive: ftmcli_v2.2.5.zip
inflating: ftmcli_v2.2.5/ftmcli.jar
inflating: ftmcli_v2.2.5/ftmcli.properties
inflating: ftmcli_v2.2.5/README.txt
```

解压后得到 3 个文件，其中 ftmcli.jar 为可执行的 jar 包，即 FTM CLI 客户端文件，ftmcli.properties 为 FTM CLI 配置文件。FTM CLI 的配置参数可以在命令行、环境变量或配置文件中设置，取值优先级从高到低依次为命令行、环境变量或配置文件。换言之，如果某参数同时在命令行和配置文件中进行了设置，则命令行中指定的值将取代配置文件中设置的值。

配置文件的默认文件名为 ftmcli.properties，默认位置为与 FTM CLI 客户端同一目录。如果配置文件的文件名或所在位置为非默认值，则必须通过--properties-file 命令行选项指定其路径。配置文件的参数及设置说明如表 2-5 所示。

表 2-5 FTM CLI 配置文件格式说明

参数	必选	说明	命令行选项
rest-endpoint	是	存储云服务的 REST API 访问端点	-P
user	是	用户名，格式为 Storage-< identity-domain >: < user-name >	-U

[1] http://www.oracle.com/technetwork/topics/cloud/downloads/storage-cloud-upload-cli-3424297.html

续表

参　　数	必选	说　　明	命令行选项
storage-class		存储服务级别，设置为 Standard（对象存储云服务）或 Archive（归档存储云服务），默认为 Standard	-a
max-threads		并行传输线程数，可设为 1～100，默认为 15	-T
retries		发生错误时的重试次数，默认为 5	-R
segment-size		大文件进行分割时的区段大小，默认为 200MB	-G
segments-container		大文件切割后的分段上传时所存储的容器名称，默认为 all_segments	-C

FTM CLI 配置文件 ftmcli. properties 的最简形式只需设置 user 和 auth-url，具体格式与 REST 端点版本相关，详细设置可参照 2.2.7 节的表 2-6。

配置文件中并不能指定访问存储云服务的口令，用户可以选择在每一次命令执行时主动输入，或者通过指定--save-auth-key 选项将输入的口令以加密形式存储在配置文件中，后续命令则不必再输入口令。本章附件 ch02/ftmcli/demo01. sh 可自动生成配置文件并自动保存用户输入的口令。

所有 FTM CLI 命令产生的操作和错误信息都记录在日志文件 ftmcli. log 中。如果在命令的末尾添加-d 或--debug 选项，命令执行时会输出详细的调试信息，并记录在文件 ftmcli. trace 中。

2. 容器与对象基本操作

容器与对象最基本的操作包括容器的建立、查看、删除、文件上传和下载，FTM CLI 提供 list、upload、download 和 delete 命令支持这些操作。

以下通过示例了解容器和对象的基本操作。为简化起见，示例命令中以环境变量 $FTMCLI 代替 java -jar ftmcli. jar，完整的程序参见本章附件 ch02/ftmcli/demo02. sh。

1) Upload 操作

FTM CLI 并没有特定的创建容器的命令，容器在上传对象的过程中自动创建。上传操作同时也是更新操作，文件上传时若容器中对应对象已存在，upload 操作将直接覆盖此对象。

```
$FTMCLI upload standardContainer testfile
Uploading file: testfile to container: standardContainer
File successfully uploaded: testfile
Estimated Transfer Rate: -- KB/s
```

FTM CLI 支持批量上传目录中所有文件：

```
$FTMCLI upload standardContainer testdir
Uploading directory: testdir to container: standardContainer
File uploaded: 1.txt
File uploaded: 2.txt …
```

通过-N 选项还可支持对象更名：

```
$ FTMCLI upload -N testfile.new standardContainer testfile
```

通过-e 选项将文件上传到服务器端加密的容器：

```
$ FTMCLI upload -e encryptedContainer testfile
```

在上传操作时，有一点需要特别注意，即在指定上传文件名时，应尽量使用绝对路径而非相对路径，特别是不要使用“..”指定父目录，否则会导致容器中的对象无法命名。如果一定要使用相对路径，可以使用-N 指定对象名。此限制也同样适用于其他云存储客户端。

```
$ FTMCLI upload standardContainer ../B/testfile                    # 失败
$ FTMCLI upload standardContainer /A/B/testfile                    # 成功
$ FTMCLI upload standardContainer ../B/testfile -N A/B/testfile    # 成功
```

2）list 操作

list 操作可以查看所有的容器或容器中所有的对象列表：

```
$ FTMCLI list
encryptedContainer
standardContainer
$ FTMCLI list standardContainer
testdir/1.txt
testdir/2.txt
testfile
testfile.new
```

list 操作支持过滤显示，指定-X 或-D 选项将输出包括或排除指定前缀的容器或对象：

```
$ FTMCLI list -X standard
standardContainer
$ FTMCLI list -D standard
encryptedContainer
standard
```

3）download 操作

通过指定-O 选项，download 操作支持下载时更名或存放于其他目录，如果目标文件已存在则直接覆盖。目标目录不存在时会自动创建，例如以下命令中目录 new 事先并不存在：

```
$ FTMCLI download -O /tmp/new/1.txt standardContainer testdir/1.txt
Downloading file: testdir/1.txt
File successfully downloaded to: /tmp/new/1.txt
```

download 操作默认每次只能下载一个对象，通过指定--directory 选项可批量下载，以下命令批量下载容器 standardContainer 中前缀含 testdir 的对象：

```
$ FTMCLI download -O testnewdir --directory standardContainer testdir
Downloading files with path: testdir from container: standardContainer
File downladed: 1.txt
File downladed: 2.txt
Files Attempted: 2
```

```
Files Downloaded: 2
Files Failed: 0
Estimated Transfer Rate: -- KB/s
```

4）delete 操作

通过 delete 操作可以删除容器和对象，如果容器非空，可指定-f 选项强制删除，例如：

```
$ FTMCLI delete encryptedContainer testfile              # 删除单个对象
Object successfully deleted: testfile
$ FTMCLI delete encryptedContainer                       # 容器为空,可正常删除
Container successfully deleted: encryptedContainer
$ FTMCLI delete standardContainer                        # 容器非空,删除失败
ERROR:Exception: Container is not empty.
$ FTMCLI delete -f standardContainer                     # 强制删除容器
Container successfully deleted: standardContainer
```

3. 元数据操作

元数据是对象存储非常重要的特征，存储云服务中的账户、容器和对象都具有元数据，包括系统元数据和自定义元数据两类，以键值对的形式与主体关联。FTM CLI 提供 describe 和 set 操作支持元数据的查看、创建和更新，set 操作的-M 选项针对系统元数据，-C 选项针对自定义元数据。

账户的系统元数据包括复制策略、空间使用与限额、是否支持归档等。例如：

```
$ java -jar ftmcli.jar describe
                        Name: Storage-opcbook
           Container Count: 5
              Object Count: 11
                 Bytes Used: 626486257
              Bytes Quota: -1
           Archive Policy: arch-amsterdam
Georeplication Policy: em2
```

容器的系统元数据包括容器中的对象数量、占用的空间和容器类型等。例如：

```
$ java -jar ftmcli.jar describe standardContainer
                         Name: standardContainer
              Object Count: 4
                 Bytes Used: 30
              Storage Class: Standard
              Creation Date: Mon Jul 17 20:29:41 CST 2017
              Last Modified: Mon Jul 17 22:14:23 CST 2017

Custom Metadata
------------- ---
x-container-meta-policy-georeplication: em2
```

其他重要的容器元数据包括访问控制列表（ACL）和限额（Quota），前者控制用户和角色对容器的访问权限，后者可控制容器的最大占用空间以及存放对象的数量。下例将容器 standardContainer 的限额设置为最多存放 10 个对象，空间占用不超过 4MB。

```
$ FTMCLI set -M X-Container-Meta-Quota-Bytes:4194304 \
> -M X-Container-Meta-Quota-Count:10 standardContainer
                Name: standardContainer
        Object Count: 4
          Bytes Used: 30
       Storage Class: Standard
       Creation Date: Mon Jul 17 20:29:41 CST 2017
       Last Modified: Mon Jul 17 22:37:23 CST 2017

Custom Metadata
---------------
x-container-meta-policy-georeplication: em2
x-container-meta-quota-count: 10
x-container-meta-quota-bytes: 4194304
```

下例为对象添加自定义元数据，将 language 设置为 Chinese。

```
$ FTMCLI -C language:Chinese standardContainer testfile
         Name: testfile
    Container: standardContainer
         ETag: a3ebbf25440c476541338a4f411f0ae9
Content Length: 8
  Content Type: */*;charset=UTF-8
Last Modified: Tue Jul 18 12:00:06 CST 2017

Custom Metadata
---------------
x-object-meta-language: Chinese
```

4. 利用 FTM CLI 上传机器映像

Oracle 计算云服务支持由第三方提供或用户定制的机器映像，其中很重要的一步就是机器映像的上传。由于机器映像的大小通常在几百 MB 到几 GB，FTM CLI 可以将机器映像文件分割成多段并使用多线程并行传输，以充分利用网络资源和提高传输速度。

以下通过一个示例说明机器映像的上传过程，完整的代码参见本章附件 ch02/ftmcli/demo04.sh。

首先从 CentOS 网站下载支持 Oracle 云的 CentOS Linux 机器映像，约 585MB。

```
MACHINE_IMAGE=CentOS-7-x86_64-OracleCloud.raw.tar.gz
curl -O http://cloud.centos.org/centos/7/images/$MACHINE_IMAGE
ls -sh /mnt/CentOS-7-x86_64-OracleCloud.raw.tar.gz
585M /mnt/CentOS-7-x86_64-OracleCloud.raw.tar.gz
```

FTM CLI 支持将大文件分段后上传，在存储云服务中，compute_images 是默认的机器映像存放容器，compute_images_segments 是映像文件切割后各分段存放的目录，默认的分段大小是 200MB。

```
IMAGE_DIR=compute_images
IMAGE_SEGMENT_DIR=compute_images_segments
$ FTMCLI upload -C $IMAGE_SEGMENT_DIR $IMAGE_DIR $MACHINE_IMAGE
```

```
Uploading file: CentOS-7-x86_64-OracleCloud.raw.tar.gz to container: compute_images
File successfully uploaded: CentOS-7-x86_64-OracleCloud.raw.tar.gz
Estimated Transfer Rate: 7672KB/s
```

查看容器 compute_images 的元数据，发现其仅占用 732B 空间，而容器中映像的大小为 613 112 343B。注意到 SLO 属性为 True，说明其为静态大对象。也就是说，容器 compute_images 中仅存放 manifest 文件，manifest 文件记录了组成机器映像的区段以及各个区段存放的位置，在下载时即可将多个区段文件还原为单个文件。

```
$ FTMCLI describe compute_images
                Name: compute_images
        Object Count: 1
         Bytes Used: 732
            Storage Class: Standard …
$ FTMCLI describe $ IMAGE_DIR $ MACHINE_IMAGE
Content Length: 622441882
 Content Type: */*;charset=UTF-8
  Last Modified: Thu Aug 14 09:36:40 EDT 49519
           SLO: True
```

实际的区段文件存放在容器 compute_images_segments 中，通过脚本可查看各区段对象名称与大小。从输出可知机器映像文件以 200MB 为单位被分割为 3 个区段文件。

```
for segment in $($FTMCLI list $IMAGE_SEGMENT_DIR | sed 's/\r//'); do
      $FTMCLI describe $IMAGE_SEGMENT_DIR "$segment"
done
Name: CentOS-7-x86_64-OracleCloud.raw.tar.gz/_segment_/1500520794483/00000001
Content Length: 209715200
Name: CentOS-7-x86_64-OracleCloud.raw.tar.gz/_segment_/1500520794483/00000002
Content Length: 209715200
Name: CentOS-7-x86_64-OracleCloud.raw.tar.gz/_segment_/1500520794483/00000003
Content Length: 203011482
```

在 upload 操作中有两个选项可用于大文件上传时的优化，其中-G 选项设定每一个区段的大小，单位为 MB；-T 选项设定并行操作的最大线程数。这两个参数相互关联，例如当文件被分为 4 个区段时，将线程数设置为大于 4 的数就没有意义。

删除此机器映像时，相应的区段文件也一并被删除。

```
$ FTMCLI delete $ IMAGE_DIR $ MACHINE_IMAGE
Object successfully deleted: CentOS-7-x86_64-OracleCloud.raw.tar.gz
$ FTMCLI list $ IMAGE_SEGMENT_DIR | wc -l
0
```

5. 归档对象操作

存储容器包括标准和归档两种类型，分别对应对象存储和归档存储服务。归档对象只能存放于归档容器中；另外，归档对象必须从归档容器恢复到标准容器后才能下载。以下通过一个示例说明归档对象的上传、恢复和下载操作，完整的程序参见本章附件 ch02/ftmcli/demo03.sh。

首先上传文件，-a 选项指定容器为归档类型。

```
$ FTMCLI upload -a archiveContainer testfile
Uploading file: testfile to container: archiveContainer
File successfully uploaded: testfile
Estimated Transfer Rate: -- KB/s
```

当归档容器中的对象未恢复时禁止下载。

```
$ FTMCLI download -O /tmp/testfile archiveContainer testfile
Downloading file: testfile
ERROR:Exception: Object testfile is not in a restored state. Cannot download the object.
```

因此，必须先触发归档对象的恢复操作。

```
$ FTMCLI restore archiveContainer testfile
Restoring object: testfile
Restore Status: PROCESSING Restore Percentage: 0 %
```

恢复操作是在后台异步进行的，可以查询恢复状态，直到对象完全恢复。

```
while :; do
      progress=$($FTMCLI restore --status-only archiveContainer testfile)
      echo $progress
      if echo $progress | grep -q '100 %'; then
            break
      fi
      sleep 60
done
```

输出如下，进度为100%时完全恢复：

```
Restore Status: PROCESSING Restore Percentage: 0 %
Restore Status: PROCESSING Restore Percentage: 2 %
...
Restore Status: PROCESSING Restore Percentage: 96 %
Restore Status: PROCESSING Restore Percentage: 98 %
Restore Status: SUCCESS Restore Percentage: 100 %
```

此时下载归档对象成功。

```
$ FTMCLI download -O /tmp/testfile archiveContainer testfile
Downloading file: testfile
File successfully downloaded to: /tmp/testfile
Estimated Transfer Rate: -- KB/s
```

2.2.4 通过 Java API 访问存储云服务

Java 是一种普遍使用的计算机程序设计语言，广泛应用于企业级 Web 应用开发和移动应用开发。Oracle 提供两种 Java API，分别为 Java SDK 和 FTM API（文件传输管理 API），使得用户可以 Java 语言方便地访问 Oracle 存储云服务。

两种API的功能非常类似，都是使用REST API与存储云交互，Java SDK更底层，FTM API在Java SDK基础上做了封装，着重优化了文件传输功能，功能更强大。例如，文件批量上传下载、归档容器和断点续传功能，只有FTM API才能支持。详细的功能对比参见Oracle官方文档①。

两种API连接存储云服务时，都需要设置用户名、口令和存储服务的URL，具体的设置格式与REST端点的版本有关，详见表2-6。

1. Java SDK

Java SDK是通用的Oracle存储云访问API，可用于对象的上传和下载，容器和对象的建立、查看和删除，访问控制列表的定义，高级特性包括SLO支持和用户透明的客户端加密。JAVA SDK的最新版本为13.2.8，可以从Oracle官网②下载，Java SDK参考手册可在Oracle官网③在线查看。

本章附件ch02/java/sdk目录下附带了两个示例程序。第一个程序HelloWorld.java演示如何创建容器，上传和下载对象。第二个程序ClientEncryption.java演示了用户透明的对象加密，其中的关键代码如下：

```
1  KeyPairGenerator keyGen = KeyPairGenerator.getInstance("RSA");
2  keyGen.initialize(2048);
3  KeyPair keyPair = keyGen.generateKeyPair();
4  config.setKeyPair(keyPair);                    // 生成用于加密信封密钥的私钥
5
6  EncryptedCloudStorage connection = CloudSteFactory.getEncryptedStorage(config);
7  connection.createContainer(containerName);     // 创建容器
8
9  FileInputStream fis = new FileInputStream(fileName);
10 connection.storeObject(containerName, fileName, "text/plain", fis);
11 // 下载file1.txt并另存为file2.txt
12 StorageInputStream sis = connection.retrieveObject(containerName, fileName);
13 FileOutputStream fos = new FileOutputStream("file2.txt");
14
15 byte[]buffer = new byte[10 * 1024];
16 int bytesRead;
17 while ((bytesRead = sis.read(buffer)) != -1) {
18     fos.write(buffer, 0, bytesRead);
19 }
20 fos.close();
```

Oracle存储云服务通过启用加密的容器支持服务器端加密。与服务器端加密相比，客户端加密粒度更细，可单独对文件加密，并可充分利用客户端的能力。透明数字加密采用数字信封的机制，在Java客户端自动生成加密对象的对称密钥，然后使用用户提供的私钥加密，加密的对象和对称密钥均存放在存储云中。对象下载后，Java客户端利用私钥解开信

① https://docs.oracle.com/en/cloud/iaas/storage-cloud/cssto/tasks-supported-interfaces-object-storage-classic.html

② http://www.oracle.com/technetwork/topics/cloud/downloads/cloud-service-java-sdk-3711892.html

③ https://docs.oracle.com/en/cloud/iaas/storage-cloud/cssap/toc.htm

封得到对称密钥,将对象解密后以明文返回给用户。

编译和运行以上透明客户端加密程序,使用 Java SDK 上传和下载文件,源文件和下载文件完全相同,说明加密和解密对用户是透明的。然后使用 Swift 直接从容器下载对象,由于 Swift 并不会自动解密,因此下载的文件为加密形式,比较结果也显示源文件与下载文件不同。

```
$ ./prepare.sh                                          # 准备测试环境,生成测试文件 file1.txt
$ ./make.sh                                             # 编译 Java 程序
$ ./runClientEncryption.sh                              # 运行客户端加密示例程序
$ swift list opcbookContainer                           # 查看容器
file1.txt
# 查看随对象一起存放的对称密钥,也称为信封密钥
$ swift stat opcbookContainer file1.txt | grep Envelopekey
  Meta Envelopekey2: 32CE2B68AC8E3C01889ED5895D89…
  Meta Envelopekey1: 8B4B73E8670D54C4B8203B52D771…
$ diff -s file1.txt file2.txt                           # 两个文件相同
Files file1.txt and file2.txt are identical
# 利用 swift 直接从容器中下载对象,并另存为 file1.encrypted
$ swift download --output file1.encrypted opcbookContainer file1.txt
$ file file1.txt file2.txt file1.encrypted
file1.txt:      ASCII text
file2.txt:      ASCII text
file1.encrypted: data
$ diff -q file1.txt file1.encrypted                     # 比较结果也显示文件不同
Files file1.txt and file1.encrypted differ
$ ./cleanup.sh                                          # 清除所有临时文件、容器和对象
```

2. FTM API

FTM API 是优化的文件传输应用程序接口,功能比 Java SDK 强大,支持批量文件上传下载、断点续传、归档容器等高级功能。FTM API 和 FTM CLI 非常类似,2.2.3 节介绍的 FTM CLI 实际上就是用 FTM API 实现的命令行应用。FTM API 当前最新版本为 2.3.4,可从 Oracle 官方网站[①]下载。FTM API 参考手册可在 Oracle 官网[②]在线查看。

本章附件 ch02/java/ftmapi 目录下附带了程序 HelloWorld.java,展示了如何创建容器、上传文件以及设置对象和容器的元数据。

```
1 String containerName = "standardContainer";
2 String fileName = "ShapeOfMyHeart-Sting.mp3";
3 File file = new File(fileName);
4 UploadConfig uploadConfig = new UploadConfig();
5 uploadConfig.setOverwrite(true);
6 uploadConfig.setStorageClass(CloudStorageClass.Standard);
7 uploadConfig.setSegmentSize(1024 * 1024);                  //自动分段大小为 1MB
8 uploadResult = manager.upload(uploadConfig, containerName, null, file);
9 customMetadata.put("Singer", "Sting");                     //设置自定义元数据
```

① http://www.oracle.com/technetwork/topics/cloud/downloads/file-transfer-manager-2956858.html

② https://docs.oracle.com/en/cloud/iaas/storage-cloud/ftmap/toc.htm

```
10 customMetadata.put("Style", "Ballad");
11 systemMetadata.put("X-Container-Meta-Quota-Count", "10");  //系统元数据
12 systemMetadata.put("X-Container-Meta-Quota-Bytes", "104857600");
13 manager.setObjectMetadata(containerName, fileName, customMetadata, null);
14 manager.updateContainerMetadata(containerName, null, systemMetadata);
```

以上代码的3～8行演示上传文件到标准容器，其中指定了自动分段大小为1MB。9～14行演示设置容器的系统元数据和对象的自定义元数据。编译并运行此示例：

```
$ ./prepare.sh                # 生成待上传文件 ShapeOfMyHeart-Sting.mp3,大小约 4MB
$ ls -l ShapeOfMyHeart-Sting.mp3
-rw-rw-r-- 1 opc opc 4194304 Aug 3 20:02 ShapeOfMyHeart-Sting.mp3
$ ./make.sh                   # 编译 Java 示例程序
$ ./run.sh                    # 运行示例程序
```

运行结果显示创建了两个容器，其中standardContainer是程序指定的名字，另一个容器带segments后缀。

```
$ swift list
standardContainer
standardContainer_segments
```

查看两个容器的内容，发现standardContainer存放的是manifest元数据文件，而带后缀segments的容器存放的是实际的数据，即上传文件的各分段，每分段为1MB。

```
$ swift list standardContainer
ShapeOfMyHeart-Sting.mp3
$ swift list standardContainer_segments
ShapeOfMyHeart-Sting.mp3/_segment_/1501740175359/00000001
ShapeOfMyHeart-Sting.mp3/_segment_/1501740175359/00000002
ShapeOfMyHeart-Sting.mp3/_segment_/1501740175359/00000003
ShapeOfMyHeart-Sting.mp3/_segment_/1501740175359/00000004
$ swift stat standardContainer_segments \
> ShapeOfMyHeart-Sting.mp3/_segment_/1501740175359/00000001 | grep Length
          Content Length: 1048576
```

接下来查看容器和对象的元数据。可以看到，容器的对象数量限额和空间限额都已正确设置。另外，容器中只有一个对象，容器占用空间为924B，这也说明实际的数据文件并不在此目录中。

```
$ swift stat standardContainer
                 Account: Storage-opcbook
               Container: standardContainer
                 Objects: 1
                   Bytes: 924
        Meta Quota-Count: 10
        Meta Quota-Bytes: 104857600
                  Server: Oracle-Storage-Cloud-Service
         X-Storage-Class: Standard
            Content-Type: text/plain;charset=utf-8
```

查看对象的元数据，结果显示自定义元数据 Style 和 Singer 都已成功设置，并且此对象为静态大对象。

```
$ swift stat standardContainer ShapeOfMyHeart - Sting.mp3
...
          Content Length: 4194304
              Meta Style: Ballad
             Meta Singer: Sting
  X - Static - Large - Object: True
```

最后清除所有本地和存储云中的临时文件、容器和对象：

```
$ ./cleanup.sh
```

2.2.5 通过 OpenStack Swift 客户端访问存储云服务

Swift 是 OpenStack 提供的高可用、分布式对象存储，Oracle 存储云服务是基于 OpenStack Swift 标准实现的，因此使用 OpenStack Swift 客户端也可以与 Oracle 存储云服务交互。在介绍具体命令前，先了解 OpenStack Swift 的架构。

如图 2-5 所示，OpenStack Swift 架构中的关键组件为 Proxy Node、Ring、storage Node 和 Zone。Proxy Node 是面向用户的公共界面，负责处理所有的用户请求，Proxy Node 根据用户请求的 URL 定位并将请求路由到相应的存储节点。Proxy Node 作为用户与存储间的中间层，可以实现和扩展许多功能，如编码解码、加密解密、限额控制；此外，Proxy Node 还可以屏蔽后端错误，例如当数据所在的存储节点失效时可以重定向到冗余的节点。Proxy Node 采用无共享架构，因此可以很方便地横向扩展以应对不断增加的工作负载。Ring 是实体名称和数据存放物理位置的映射，每一个实体（账户、容器或对象）都有相应的 Ring。Proxy Node 与 Ring 通信以确定实体的物理位置。Storage Node 是存放对象数据的物理存储，每一份对象数据至少存在三份副本。Zone 是错误隔离区域，一个 Zone 中的错误不会影响到其他 Zone。Zone 可以是存储节点、机架甚至整个数据中心。例如，当上传对象时，负载均衡器将写请求转发到 Proxy Node，Proxy Node 根据请求 URL 得到账户、容器和对象信息，并通过查询 Ring 得到数据应存放的物理位置，数据被发往至少三个存储节点。下载对象时，Proxy Node 同样通过 Ring 得到对象数据所在的存储节点，当从一个存储节点读取失败时，Proxy Node 会重新发送请求到数据副本所在的其他节点。

OpenStack Swift 客户端的安装和运行依赖于 Python，版本要求在 2.7 以上，其简明安装过程如下，详细的安装说明请参见 Oracle OpenStack 文档[①]：

```
# python -- version                            # 确定版本在 2.7 以上
Python 2.7.5
# yum install gcc python - devel python - pip  # 安装 Python 开发工具和包管理工具
# pip install python - openstackclient         # 安装 OpenStack 客户端
# pip install python - swiftclient             # 安装 OpenStack 客户端中的 Swift 组件
```

① http://docs.oracle.com/cd/E78305_01/E78304/html/openstack-clients.html

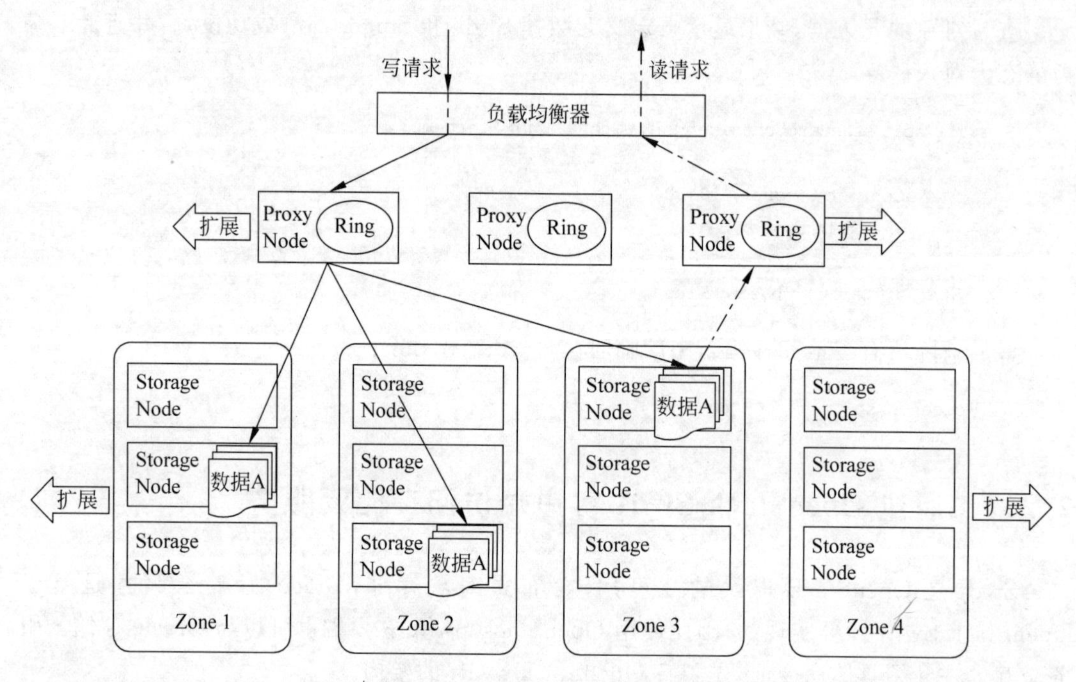

图 2-5　OpenStack Swift 架构

Swift 客户端的运行依赖于 ST_AUTH、ST_USER 和 ST_KEY 三个环境变量，其中 ST_AUTH 为 Swift 进行身份认证的端点，ST_USER 和 ST_KEY 分别为 Oracle 公有云账户的用户名和口令，它们的格式与 REST 端点版本相关，具体的设置参见表 2-6。

与 FTM CLI 一样，Swift 客户端命令包括元数据命令和对象及容器操作命令。swift stat 命令可以显示账户、容器和对象的元数据信息，swift post 或 swift copy 可以设置和更改元数据信息。swift capabilities 可以显示 swift cluster 的能力。

```
$ swift capabilities
 Core: swift
  Options:
  account_listing_limit: 10000
  container_listing_limit: 10000
  max_account_name_length: 256
  max_container_name_length: 256
  max_file_size: 5368709122                          # 支持的普通文件最大为 5GB
  max_header_size: 8192
  max_meta_count: 90
  max_meta_name_length: 128
  max_meta_overall_size: 4096
  max_meta_value_length: 256
  max_object_name_length: 1061
  strict_cors_mode: True
  version: Oracle Storage Service version: 3.18.12   # Oracle 存储服务版本
Openstack Swift version: 1.13.1                      # OpenStack Swift 版本
GIT Label: OPCSTORAGE_MAIN_GENERIC_963 - a216e5dbc0131aae929e35cae94017bc121ac95c
Additional middleware: accountStatus
```

```
Additional middleware: account_quotas
 Options:
  bytes_used_cache_seconds: 60
  quota_cache_seconds: 86400
Additional middleware: archive                              # 支持归档存储
  Options:
  archive_enabled: True
Additional middleware: bulk_delete                          # 支持批量删除
 Options:
  delete_retry_backoff: 1000
  max_delete_retries: 8
  max_deletes_per_request: 10000
  max_failed_deletes: 1000
Additional middleware: bulk_upload                          # 支持批量上传
 Options:
  max_containers_per_extraction: 10000
  max_failed_extractions: 1000
Additional middleware: commitService
 Options:
  commit_service_enabled: True
Additional middleware: container_quotas                     # 支持设置容器限额
 Options:
  quota_cache_seconds: 0
  usage_cache_seconds: 0
Additional middleware: encryption                           # 支持服务器端加密
 Options:
  encryption_enabled: True
Additional middleware: enso
 Options:
  enso_enabled: False
Additional middleware: georeplication                       # 支持复制
Additional middleware: metadataSearchService
 Options:
  metadata_search_enabled: False
Additional middleware: slo                                  # 支持静态大对象
 Options:
  max_manifest_segments: 2048
  max_manifest_size: 4194304
  min_segment_size: 1048576
Additional middleware: tagging                              # 支持标签
 Options:
  max_tag_signature_length: 1024
Additional middleware: tempurl                              # 支持临时下载链接
 Options:
  methods: [u'GET', u'HEAD', u'PUT']
```

从以上输出中可以查询 Oracle 存储云服务和底层 Swift 框架的版本，以及其支持的 middleware 服务与具体参数，包括加密、复制、批量上传/下载、容器限额设定和大对象支持等。需要指出，归档服务是 Oracle 存储云服务在 OpenStack 基础上扩展的服务。

Swift 客户端对象和容器操作包括 swift post 建立容器、swift list 显示容器中对象、

swift delete 删除容器或对象、swift upload 和 swift download 实现对象上传/下载、swift copy 复制对象。以下是 Swift 客户端典型容器和对象操作示例，完整的示例和输出参见本章附件 ch02/swift/demo01.sh。

```
$ swift post myMusic                                    # 建立容器 myMusic
$ swift upload myMusic ShapeOfMyHeart-Sting.mp3         # 上传文件到容器
$ swift copy --destination /yourMusic/ShapeOfMyHeart-Sting.mp3 \
myMusic ShapeOfMyHeart-Sting.mp3                        # 复制对象到另一个容器 yourMusic
$ swift list                                            # 显示所有容器
$ swift list yourMusic                                  # 显示容器 yourMusic 中的对象
$ swift stat yourMusic                                  # 显示容器 yourMusic 的元数据
$ swift stat yourMusic ShapeOfMyHeart-Sting.mp3         # 显示对象的元数据
$ swift download --output /tmp/somh.mp3 \
yourMusic ShapeOfMyHeart-Sting.mp3                      # 下载对象并更名
$ swift delete yourMusic                                # 删除非空容器及其中所有对象
$ swift delete myMusic ShapeOfMyHeart-Sting.mp3         # 删除容器中指定对象
$ swift delete myMusic                                  # 删除容器及其中所有对象
```

Swift 客户端支持生成具有有效期的临时下载链接，下例生成文件 ShapeOfMyHeart-Sting.mp3 的临时下载链接，有效期为 24 小时。

```
key=$(cat /dev/urandom | tr -dc 'a-zA-Z0-9' | fold -w 32 | head -n 1)
swift post -m "Temp-URL-Key:$key"
tempurl=$(swift tempurl GET 86400 /v1/${SERVICE_NAME}/myMusic/$testfile $key)
echo ${SERVICE_URL}/${tempurl}
```

其中 key 为用户指定的密钥，完整的示例和输出参见本章附件 ch02/swift/demo02.sh。

Swift 客户端支持静态大对象文件，即将一个文件分割为多段，然后通过 manifcst 元数据文件将多个段还原为一个文件。

```
$ ls -lh ShapeOfMyHeart-Sting.mp3
-rw-rw-r-- 1 opc opc 4.3M Jul 28 20:51 ShapeOfMyHeart-Sting.mp3
$ swift upload myMusic --use-slo --segment-size 1M ShapcOfMyHeart-Sting.mp3
ShapeOfMyHeart-Sting.mp3 segment 4
ShapeOfMyHeart-Sting.mp3 segment 1
ShapeOfMyHeart-Sting.mp3 segment 2
ShapeOfMyHeart-Sting.mp3 segment 3
ShapeOfMyHeart-Sting.mp3 segment 0
ShapeOfMyHeart-Sting.mp3
$ swift list myMusic
ShapeOfMyHeart-Sting.mp3
$ swift list myMusic_segments
ShapeOfMyHeart-Sting.mp3/slo/1500441511.272469/4436587/1048576/00000000
ShapeOfMyHeart-Sting.mp3/slo/1500441511.272469/4436587/1048576/00000001
ShapeOfMyHeart-Sting.mp3/slo/1500441511.272469/4436587/1048576/00000002
ShapeOfMyHeart-Sting.mp3/slo/1500441511.272469/4436587/1048576/00000003
ShapeOfMyHeart-Sting.mp3/slo/1500441511.272469/4436587/1048576/00000004
```

从以上输出可知，以 1MB 为单位，一个大小为 4.3MB 的文件被分为 5 段，manifest 文件存放于容器 myMusic 中，实际的段文件存放于容器 myMusic_segments。上例的完整脚本和输出参见本章附件 ch02/swift/demo03. sh。

与 FTM CLI 相比，Swift 客户端命令更加简洁。同时，Swift 客户端提供丰富的命令行选项，可以实现更为全面的存储服务控制，完整的 Swift 客户端命令说明可参见 OpenStack 帮助文档①。但 FTM CLI 也具有自己的特点，例如，服务器端加密和归档容器功能就无法通过 Swift 客户端操作。另外，对于大文件的多线程并发上传与下载、对于明码口令的加密保护也无法通过 Swift 客户端实现。

2.2.6 通过备份软件与设备访问存储云服务

在 Oracle 存储云服务认证的第三方产品中，绝大多数使用场景都是备份和归档。这是因为云存储与此类产品的集成非常简单，只需将存储云配置为备份和归档的目标端即可。传统的备份、归档解决方案与公有云结合的好处包括可获得近乎无限的存储容量，免于基础设施的投资和维护，基于订阅按需使用的模式，在本地数据备份之外补充额外的异地数据备份，提供更高的数据可用性。

这些第三方产品大致可分为三类。一类是云存储客户端与浏览器，例如 CloudBerry 和 CyberDuck，可以为用户提供访问 Oracle 存储云的接口，使得用户可以在本地、云存储以及多个云存储间传输文件。第二类产品为备份软件，例如 Veritas NetBackup 和 Commvault，可以在这些产品的备份界面中添加云存储，使其成为备份的目标存储。备份软件通常将本地存储作为在线备份目标，而将云存储作为近线备份目标。第三类为云存储网关，例如 NetApp AltaVault 和 iRODS，此类产品与 Oracle 存储云网关的作用类似，但作为收费产品，通常具有更强大的功能和更广泛的部署方式。例如，NetApp AltaVault 的部署方式包括硬件装置、虚拟装置和公有云部署三种。

基于云的特性，这三类产品都具有一些共同的特点：①这些产品都提供客户端压缩或重复数据删除功能，以充分利用带宽和加速数据在公有云中的传输，并提供数据加密以保证传输的安全性。②这些产品都支持多云操作，例如在 Google，AWS，Azure 和 Oracle 公有云之间交换数据。

2.2.7 访问存储云服务的认证方式与设置

以上介绍了访问 Oracle 存储云服务的不同方式与示例。由于 Oracle 存储云服务存在两种不同的 REST 端点版本，并且不同的访问方式认证手段也不尽相同，因此在表 2-6 中列出了 REST API、FTM CLI、Java API、Swift Client 等不同访问方式的认证设置，以方便用户速查使用。

---

① https://docs.openstack.org/python-swiftclient/latest/cli/index.html

表 2-6 访问存储云服务的认证设置

认证方式	传统版本 REST 端点	GUID 版本 REST 端点
RESTAPI	curl -v -X GET \ -H "X-Storage-User: Storage-${ID_DOMAIN}:${OPCUSER}" \ -H "X-Storage-Pass: ${OPCPWD}" \ https://Storage-${ID_DOMAIN}.storage.oraclecloud.com/auth/v1.0	curl -v -X GET \ -H "X-Storage-User: Storage-${GUID}:${OPCUSER}" \ -H "X-Storage-Pass: ${OPCPWD}" \ https://Storage-${GUID}.storage.oraclecloud.com/auth/v1.0
FTM CLI	# 账户设置文件 ftmcli.properties rest-endpoint = ${RESETUP} user = ${OPCUSER}	# 账户设置文件 ftmcli.properties rest-endpoint = ${RESETUP} user = ${OPCUSER}
JAVA SDK	config.setServiceName("Storage-${ID_DOMAIN}") .setUsername("${OPCUSER}") .setPassword("$OPCPWD") .setServiceUrl("https://${ID_DOMAIN}.storage.oraclecloud.com");	config.setServiceName("Storage-${GUID}") .setUsername("${OPCUSER}") .setPassword("$OPCPWD") .setServiceUrl("https://Storage-${GUID}.storage.oraclecloud.com");
FTM API	FileTransferAuth("Storage-${ID_DOMAIN}:${OPCUSER}", //用户名 "$OPCPWD", //口令 "https://${ID_DOMAIN}.storage.oraclecloud.com" // 服务 URL);	FileTransferAuth("Storage-${GUID}:${OPCUSER}", //用户名 "$OPCPWD", //口令 "https://Storage-${GUID}.storage.oraclecloud.com"// 服务 URL);
Swift Client	ST_AUTH = $AUTH_URL ST_USER = Storage-${ID_DOMAIN}:${OPCUSER} ST_KEY = $OPCPWD	ST_AUTH = $AUTH_URL ST_USER = Storage-${GUID}:${OPCUSER} ST_KEY = $OPCPWD

2.3 Oracle 存储云网关

用户通常不会直接与对象存储交互，而是需要通过各种类型的接口来间接对其访问。开发人员可以利用 API 开发应用程序访问 Oracle 存储云，系统管理人员可以通过合作伙伴提供的备份软件、管理软件使用 Oracle 存储云。而对于最终用户而言，对象存储只是一种底层的存储基础设施，用户更熟悉的存储访问方式仍是通过文件系统，如果能为用户提供传统的文件系统使用界面，同时底层又能提供无限的容量和极佳的可扩展性，这将为用户带来极大的便利。

2.3.1 存储云网关架构与特性

Oracle 存储云网关(Storage Software Appliance)作为客户端与云存储间的中介，为用户提供了一种直观和便捷的存储云服务访问方式,用户可以使用熟悉的接口,即广泛使用的NFS协议将应用连接到云存储。数据以文件形式进行传输,在云中自动转换为对象进行存储。存储云网关可以对上传文件进行选择性加密,下载时自动解密并返回用户。存储云网关通过端到端的"校验和"验证确保数据完整性,并可主动监视数据损坏情况以实现自我修复,当存储云网关发生故障时,可以通过产生新的实例实现快速恢复。存储云网关还可以通过磁盘高速缓存提升数据访问的性能。

如图2-6所示,Oracle提供两种发行版本的存储云网关,即数据中心版和公有云版,两个版本均以Linux软件设施(Software Appliance)的形式提供。数据中心版为位于用户数据中心内的客户机提供云存储访问接口;公有云版为位于Oracle计算云中的客户机提供云存储访问接口。虽然在技术层面上,位于客户数据中心内的客户机也可以使用公有云中的存储云网关访问云存储,但这可能带来严重的性能问题,因此应遵循客户机和存储云网关就近的原则。

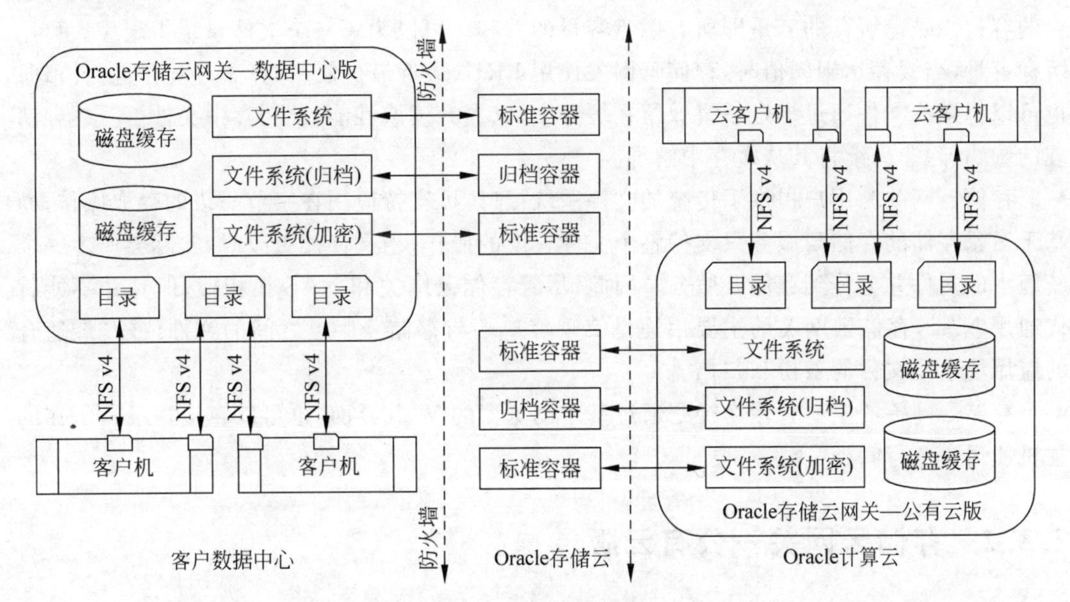

图2-6　Oracle存储云网关架构

存储云网关的使用首先从创建文件系统开始,每一个文件系统对应于Oracle存储云服务中的一个标准容器或归档容器。通常,文件系统概念是指操作系统管理磁盘文件的机制,而存储云网关中的文件系统实现了容器到目录的映射。存储云网关支持NFS v4协议,因此客户机可以通过mount命令挂载文件系统并实现本地访问。

存储云网关中可以创建多个文件系统,文件系统可对应多个存储云服务中的容器。反之,一个Oracle存储云服务也可以由多个存储云网关管理,但存储云中的单个容器在任一时刻只能有一个属主,即由一个存储云网关管理。与现有的存储云网关断开连接后,容器可以连接其他存储云网关,从而建立新的归属关系。

存储云网关支持文件系统一级的加密,此过程对用户是透明的,加密机制保证了文件在传输过程和云中存储的安全性。加密密钥为对称密钥,可以在存储云网关中生成或用户自备,与实际的数据文件是分离的。加密密钥通过非对称密钥加密后存放于数据库中,建议定期备份非对称密钥，以保证加密数据的正常恢复，否则密钥丢失将导致数据无法恢复。当文件上传到存储云网关时，首先以原始形式存放在磁盘缓存中，然后加密并上传到 Oracle 存储云服务。当文件从存储云服务下载时，数据被自动解密并置于磁盘缓存中。

当文件的大小超过存储云服务的限制时，云存储网关自动将文件分割为以 1GB 为单位的多个区段，每区段对应一个对象，区段的元数据信息被记录在数据库中，以便后期重新组装和还原。

通过配置磁盘缓存，存储云网关可提供近乎本地 NAS 的性能。磁盘缓存有两个作用，即文件上传缓冲区和读缓存。频繁访问的文件被缓存到磁盘缓存中。此外，应用更改文件时，数据首先置于上传缓冲区，然后异步上传到存储云服务。磁盘缓存使得与后端存储云服务的交互大幅减少，从而可大幅提升文件读取性能和上传吞吐量。特别是对于归档文件系统，读缓存一旦命中，将免除冗长的恢复过程，从而使用户可享受归档存储成本益处并获得更高的服务水准。磁盘缓存由用户指定的多个磁盘组成，后续可以添加磁盘以动态增加缓存的容量。磁盘缓存的容量即所有磁盘容量的总和。可以为每一个文件系统指定最大可用缓存容量，当缓存达到阈值时，存储云网关使用 LRU(最近最少使用)算法对缓存进行清理。也可以将某些文件通过绑定一直保留在缓存中，以提升读取性能，此缓存中文件不受缓存清理的影响，除非后续将其从缓存中解绑。

存储云网关为用户提供了传统的文件系统接口，可支持应用在字节一级的存取操作，而基于对象存储的存储云服务只支持整个文件粒度的操作，当文件被更改时，实际会产生一个新版本的文件并上传到存储云服务。因此，尽管存储云网关和 NAS 很相似，但其并不能替代通用 NAS，存储云网关的主要用途是实现客户端与存储云服务之间的文件传输，最适合的应用场景是文件的备份和归档。

存储云网关的主要管理途径是通过基于浏览器的 Web 界面，也可以直接登录其所在的主机使用命令行管理。

2.3.2 存储云网关—公有云版

存储云网关—公有云版专为 Oracle 计算云服务中的客户机提供存储云访问，设置和使用存储云网关的过程如下：

(1) 下载存储云网关映像文件，供应工具和配置模板；

(2) 准备 Oracle 计算云服务环境；

(3) 在 Oracle 计算云中创建存储云网关实例；

(4) 在存储云网关中创建文件系统；

(5) 在 Oracle 计算云中的客户机挂载文件系统。

1. 下载存储云网关安装包

存储云网关安装包可从 Oracle 官方网站[1]下载，当前最新版本为 16.3.1.2.1。安装包 OSCSA-CD-pkg-v16.3.1.2.1.tar.gz 中包含的主要组件如表 2-7 所示。

---

① http://www.oracle.com/technetwork/topics/cloud/downloads/index.html#storeapp

表 2-7 存储云网关—公有云版安装包组件

文 件 名	大小/B	用 途
OSCSA-CD-v16.3.1.2.1.tar.gz	2 524 795 632	存储云网关软件装置的机器映像,Oracle 计算云服务基于此机器映像创建实例
fscs_conf_template.yml	1820	YAML 格式的存储云网关配置文件,指定运行存储云网关公有云实例和存储云网关的相关配置参数
fscs.sh	53 332	供应存储云网关的 shell 脚本,以 YAML 格式的配置文件作为输入,在计算云服务中创建存储云网关并进行配置

2. Oracle 计算云服务环境准备

计算云服务环境准备包括以下三方面的工作:

(1) 将存储云网关机器映像上传到 Oracle 计算云。

(2) 生成 SSH 密钥对并上传公钥到 Oracle 计算云。

(3) 配置存储云网关的网络访问规则,开放以下 TCP/IP 端口并运行来自公网的访问:

① NFSv4 协议,2049 端口,用于来自客户端的 NFS 访问;

② HTTPS 协议,443 端口,用于存储云网关的 Web 管理;

③ SSH 协议,22 端口,用于直接访问计算实例进行命令行管理。

环境准备工作可以通过 Oracle 计算云服务中图形界面完成,也可以使用命令行实现环境准备工作的自动化和流程化,以下是环境准备工作中的关键命令,完整的脚本参见本章附件 ch02/oscsa/01_oscsa_prepare.sh。

```
MACHINE_IMAGE=OSCSA-CD-v16.3.1.2.1.tar.gz
# 上传存储云网关机器映像文件
$FTMCLI upload -C $IMAGE_SEGMENT_DIR $IMAGE_DIR $MACHINE_IMAGE --properties-file
$FTMCLIDIR/ftmcli.properties
# 在计算云中创建机器映像,对应上传的文件
opc compute machine-image add /Compute-${ID_DOMAIN}/${OPCUSER}/OSCSA-CD-image
$MACHINE_IMAGE
# 创建空的映像列表
opc compute image-list add \
/Compute-${ID_DOMAIN}/${OPCUSER}/OSCSA-Cloud-Distribution \
    \"OSCSA Cloud Distribution\"
# 在映像列表中添加条目,此条目关联之前建立的机器映像
opc compute image-list-entry add \
            /Compute-${ID_DOMAIN}/${OPCUSER}/OSCSA-Cloud-Distribution \
/Compute-${ID_DOMAIN}/${OPCUSER}/OSCSA-CD-image 1
# 上传公钥
add_public_key ../init/sshkey/opcbook-pkey.txt
# 为存储云网关创建安全列表
opc compute sec-list add /Compute-$ID_DOMAIN/$OPCUSER/OSCSA-seclist
# 为存储云网关开放 SSH 访问
opc compute sec-rule add /Compute-$ID_DOMAIN/$OPCUSER/ssh-secrule \
```

```
permit /oracle/public/ssh \
    seclist:/Compute- $ID_DOMAIN/$OPCUSER/OSCSA-seclist \
    seciplist:/oracle/public/public-internet
# 为存储云网关开放 NFS 访问
opc compute sec-rule add /Compute- $ID_DOMAIN/$OPCUSER/nfs-secrule \
permit /oracle/public/nfs \
seclist:/Compute- $ID_DOMAIN/$OPCUSER/OSCSA-seclist \
seciplist:/oracle/public/public-internet
# 为存储云网关开放 HTTPS 访问
opc compute sec-rules add /Compute- $ID_DOMAIN/$OPCUSER/https-secrule \
permit /oracle/public/https \
seclist:/Compute- $ID_DOMAIN/$OPCUSER/OSCSA-seclist \
seciplist:/oracle/public/public-internet
```

3. 创建存储云网关实例

创建存储云网关实例需要首先编辑 YAML 格式的配置文件，在本章附件 ch02/oscsa/fscs_conf_template.yml 中包含了配置模板，其中的环境变量 $SITEEP、$ID_DOMAIN 和 $OPCUSER 分别对应用户公有云账户的 REST 端点、身份域和用户名。

```
oracle-compute:
  endpoint: $SITEEP
  user:
    name: /Compute- $ID_DOMAIN/$OPCUSER
  orchestration:
    name: /Compute- $ID_DOMAIN/$OPCUSER/OSCSA
  vm:
    name: /Compute- $ID_DOMAIN/$OPCUSER/OSCSA-VM
    hostname: OSCSA-VM
    shape: oc1m
    image: /Compute- $ID_DOMAIN/$OPCUSER/OSCSA-Cloud-Distribution
    sshkeys: ["/Compute- $ID_DOMAIN/$OPCUSER/opcbook-pkey"]
    storage:
      - datadisk:
          name: /Compute- $ID_DOMAIN/$OPCUSER/OSCSA-datadisk1
          size: 10G
          property: /oracle/public/storage/default
      - datadisk:
          name: /Compute- $ID_DOMAIN/$OPCUSER/OSCSA-datadisk2
          size: 20G
          property: /oracle/public/storage/default
    networking:
      name: /Compute- $ID_DOMAIN/$OPCUSER/OSCSA-ipres
      model: e1000
      securitylists: ["/Compute- $ID_DOMAIN/$OPCUSER/OSCSA-seclist"]
      ippool: /oracle/public/ippool
```

以此配置模板为例，计算实例的配置为 OC1M，这是存储云网关的最低配置要求，主机名为 OSCSA-VM。配置中涉及的机器映像、公钥和安全列表需要预先建立，详细步骤可参见上节。storage 部分指定了磁盘缓存的配置，本例中使用两块磁盘建立了 30GB 的磁盘缓存。磁盘和公网 IP 保留无须预先配置，会在创建存储云网关的过程中自动建立。

配置文件编辑完成后，即可通过供应脚本 fscs.sh 在计算云服务中创建存储云网关。此脚本依据配置文件生成 3 个编排文件，然后上传到 Oracle 计算云中执行。

```
$ ls -1 *.json
fscs_boot_disk_plan.json          # 启动盘编排计划
fscs_data_disk_plan.json          # 数据盘编排计划
fscs_vm_plan.json                 # 虚拟机编排计划,其中引用了前两个编排计划
```

之所以分别建立三个编排计划而非一个，是因为当云存储网关发生异常时，可通过单独停止和启动虚拟机编排计划实现存储云网关的删除和重建，而不会影响启动盘和数据盘，从而保证启动盘中的配置信息和数据盘中的缓存信息不会丢失。

以下为创建存储云网关的简要过程，完整的脚本及输出信息参见本章附件 ch02/oscsa/02_oscsa_create.sh 和 02_oscsa_create.log。

```
# 替换模板配置文件中环境变量,形成实际配置文件
sed 's@$ID_DOMAIN@'"$ID_DOMAIN"'@g;s@$OPCUSER@'"$OPCUSER"'@g;s@$SITEEP@'"
$SITEEP"'@g' fscs_conf_template.yml > fscs_conf.yml
./fscs.sh -c fscs_conf.yml                  # 根据配置文件创建存储云网关
从供应脚本 fscs.sh 的执行输出中可了解存储云网关的创建过程:
Parsing fscs_conf.yml...
User name: /Compute-opcbook/cloud.admin
Password: *********
Validating user and password...
Validating image /Compute-opcbook/cloud.admin/OSCSA-Cloud-Distribution...
Validating shape oc1m...
Validating storage property /oracle/public/storage/default...
Validating storage property /oracle/public/storage/default...
Validating NIC model e1000...
Validating SSH key /Compute-opcbook/cloud.admin/opcbook-pkey...
Validating seclist /Compute-opcbook/cloud.admin/OSCSA-seclist...
Generating launch plans...
Generated fscs_data_disk_plan.json, fscs_boot_disk_plan.json, and fscs_vm_plan.json.
Creating boot disk...successful
Creating data disks...successful
Creating Storage Cloud Software Appliance instance ... successful
Extracting IP addresses ...
Private IP address: 10.16.217.30
Public IP address: 129.144.252.209
```

除创建存储云网关外，供应脚本 fscs.sh 可以实现的功能还包括以下方面：

(1) 重建存储云网关；

(2) 升级存储云网关；

(3) 删除存储云网关；

(4) 删除存储云网关及相关资源，包括启动盘、数据盘和公网 IP 保留；

(5) 添加数据盘以扩充磁盘缓存的容量；

（6）显示存储云网关的私有和公网 IP 地址。

本章附件 ch02/oscsa/03_oscsa_list. sh 为查询存储云网关配置信息的脚本，其中部分命令和输出如下所示：

```
$ ./fscs.sh - i fscs_conf.yml
Extracting IP addresses ...
Private IP address: 10.16.217.30
Public IP address: 129.144.252.209
```

其中的公网 IP 地址用于存储云网关的管理，而私有 IP 地址用于对外提供 NFS 服务。必须强调，由于存储云网关基于共享网络创建，如果重建存储云网关，私有 IP 地址可能会发生变化，此时在 NFS 客户端中引用的私有 IP 地址也必须做相应的调整。

4. 创建文件系统

存储云网关创建完成后，即可通过 https://<公网 IP 地址>访问管理界面创建文件系统，可创建的文件系统类型包括普通文件系统、归档文件系统和加密文件系统，如图 2-7 所示。

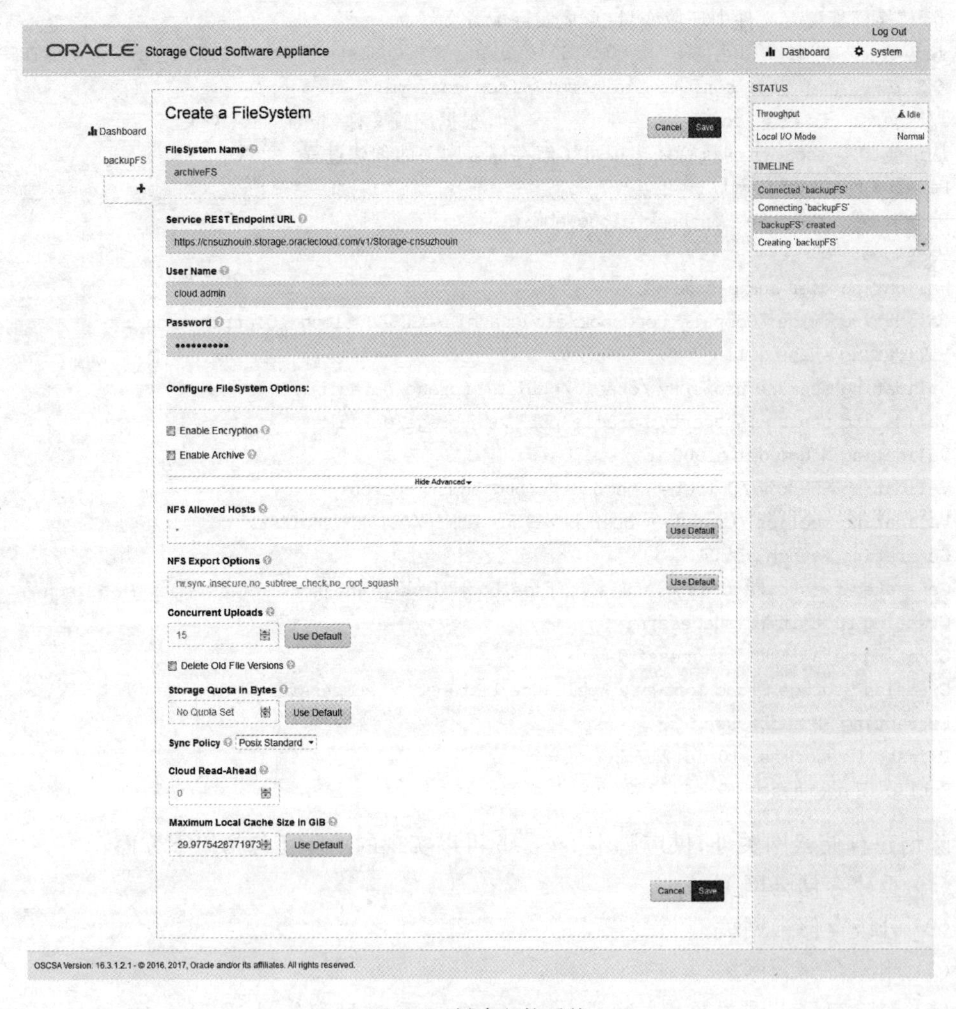

图 2-7　创建文件系统

创建文件系统需要首先提供存储云服务的 REST 端点 URL、用户名和口令，验证提供后即可创建文件系统。存储云网关会在存储云服务中创建与文件系统同名的容器，如果启用了归档，则对应的容器类型为归档容器，否则均为标准容器。此外，可以设置的文件系统参数还包括可允许访问的客户端主机、文件系统的存储限额、最大磁盘缓存空间等。

存储云服务中的容器只能属于一个存储云网关，当容器需要更换属主时，可通过断连操作取消与现有存储云网关的关联，然后在其他存储云网关中通过连接操作建立新的关联关系。

通过存储云网关管理界面还可以查看系统一级和文件系统一级的统计信息及使用情况。图 2-8 为系统级统计信息，其中包括存储云网关的配置、内存使用情况、可用的本地磁盘存储、用于上传缓冲区的磁盘容量、用于元数据和日志的缓存容量等。

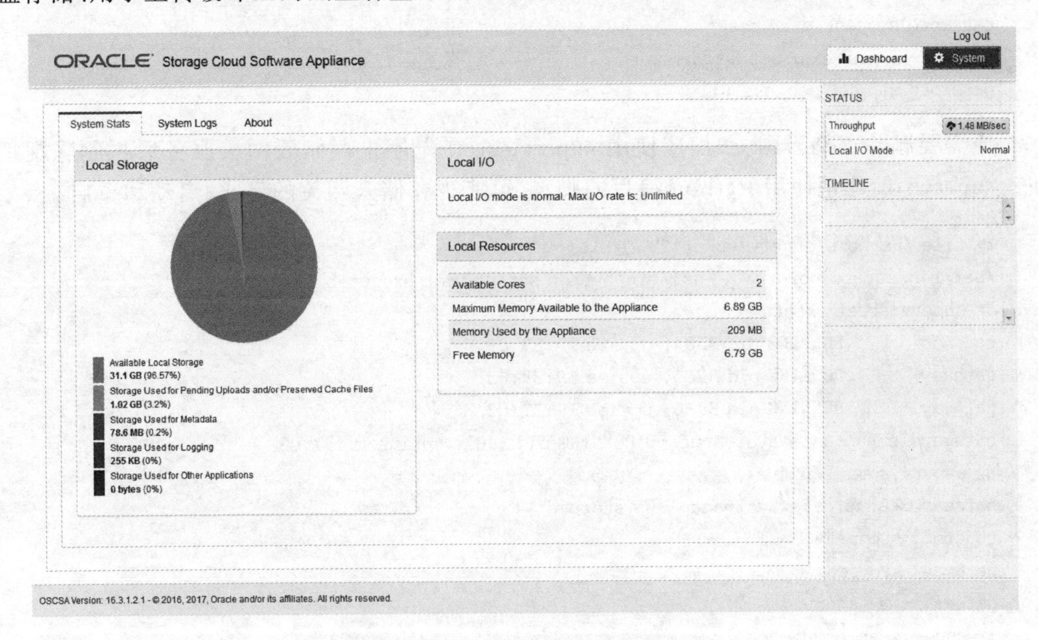

图 2-8 存储云网关系统级统计信息

绝大部分的配置和监控任务都可以通过 Web 图形界面完成，此外也可以使用 ssh 命令登录到存储云网关实例，通过命令行进行管理，例如可使用 exportfs 命令查看可供外部访问的文件系统，实际的配置信息存放在文件/etc/exports 中。

```
$ sudo exportfs -v
/mnt/gateway <world>(ro,wdelay,insecure,no_root_squash,no_subtree_check,fsid=0)
/mnt/gateway/archiveFS
    <world>(rw,wdelay,insecure,no_root_squash,no_subtree_check,fsid=6a396e10-7115……)
/mnt/gateway/backupFS
        <world>(rw,wdelay,insecure,no_root_squash,no_subtree_check,fsid=bc62ddd0-7114
-……)
/mnt/gateway/encryptedFS
    <world>(rw,wdelay,insecure,no_root_squash,no_subtree_check,fsid=5b3f6410-7038-
……)
```

使用命令行还可以查看磁盘缓存的信息，例如以下输出显示磁盘缓存由两块 10GB 和 20GB 的磁盘组成，这两块磁盘形成卷组 oracle_data_vg。当磁盘缓存扩容时，新增的数据盘也会添加到此卷组中。

```
# pvs
  PV   VG   Fmt Attr PSize PFree
  /dev/xvdc oracle_data_vg lvm2 a--  10.00g   0
  /dev/xvdd oracle_data_vg lvm2 a--  20.00g   0
```

首次登录 Web 图形界面时，用户必须设置访问口令。如果忘记口令，可以通过以下过程实现口令重置：

```
# cd /opt/oracle/gateway/gateway/admin/bin
# gateway password:reset
password successfully reset                    # 重置口令
# gateway password:set NewPassword             # 设置新口令
password was set successfully
```

当需要删除存储云网关时，应使用 supervisorctl 先停止存储云网关服务后再删除虚拟机。supervisorctl 是使用 Python 编写的脚本，可实现存储云网关的停止、启动和重启。

```
# file /usr/bin/supervisorctl
/usr/bin/supervisorctl: a /usr/bin/python script text executable
# supervisorctl status
couchdb          RUNNING pid 3384, uptime 19:37:03
gateway          RUNNING pid 3385, uptime 19:37:03
gateway-ui       RUNNING pid 3386, uptime 19:37:03
gatewaycleanup:gatewaycleanup-0 RUNNING pid 3383, uptime 19:37:03
# supervisorctl stop all
gatewaycleanup:gatewaycleanup-0: stopped
couchdb: stopped
gateway: stopped
gateway-ui: stopped
# supervisorctl start all
gatewaycleanup:gatewaycleanup-0: started
couchdb: started
gateway: started
gateway-ui: started
```

5. 挂载文件系统

文件系统建立后，Oracle 计算云中的实例即 NFS 客户端可通过私有 IP 地址访问存储云网关提供的 NFS v4 服务。NFS 客户端通过 mount 命令挂载文件系统后，即可进行传统的文件系统操作。

```
$ sudo yum install nfs-utils                   # 安装 nfs-utils 包以支持 mount 命令
$ ls /sbin/mount.*                             # 确认安装
/sbin/mount.nfs /sbin/mount.nfs4 /sbin/mount.tmpfs
$ mount.nfs4 10.16.217.30:/BackupFS /mnt/backupFS   # 挂载远程文件系统到本地
$ df -h |grep backupFS                         # 确认文件系统挂载成功
Filesystem              Size Used Avail Use% Mounted on
10.16.217.30:/archiveFS
                        50T 1.0M 50T 1% /mnt/archiveFS
```

如果希望在系统启动时自动挂载文件系统，可以在/etc/fstab中配置文件系统信息，本章附件ch02/oscsa/04_fstab.log可自动建立挂载目录和生成/etc/fstab文件中所需的挂载点信息。

```
$ ./04_fstab.sh
# 执行以下命令以生成挂载目录
mkdir /mnt/backupFS
mkdir /mnt/archiveFS
mkdir /mnt/encryptedFS
# 请将以下的内容追加到文件/etc/fstab
10.16.217.30:/backupFS /mnt/backupFS nfs vers = 4
10.16.217.30:/archiveFS /mnt/archiveFS nfs vers = 4
10.16.217.30:/encryptedFS /mnt/encryptedFS nfs vers = 4
```

最后，可通过本章附件ch02/oscsa/05_oscsa_delete.sh删除存储云网关并删除相关的资源，包括启动盘、数据盘、安全列表、安全规则、机器映像、公网IP保留等。

2.3.3 存储云网关—数据中心版

和存储云网关—公有云版一样，存储云网关—数据中心版也可以为客户端提供传统的文件系统接口，提供Oracle存储云服务中对象和文件之间的转换，客户应用无须通过HTTPS和REST API，可以直接使用文件系统操作访问Oracle云存储。不同的是，数据中心版只为用户数据中心内的客户机提供云存储网关服务；另外，在安装介质的形式上，公有云版将操作系统与云网关应用打包成机器映像，而数据中心版采用Docker容器的形式，需要预先安装操作系统。

除了服务的对象不一样，在功能和使用上，数据中心版云网关与公有云版式完全一致，此处不再赘述。

1. 准备安装环境

存储云网关—数据中心版的安装要求Linux 7以上版本，并且要求支持Docker的部署，因此安装前必须完成以下准备任务：

(1) 将操作系统升级到Oracle Linux 7 UEK R4以上。

(2) 安装Docker 1.12.6。

(3) 安装NFS v4支持包。

Oracle Linux 7U3是第一个包含UEK R4的发行版，如果当前操作系统核心为UEK3，可以采用以下的方法升级到UEK4。

编辑文件/etc/yum.repos.d/public-yum-ol7.repo，寻找[ol7_UEKR3]小节并替换成以下内容，如果不存在则添加以下内容：

```
[ol7_UEKR4]
name = Latest Unbreakable Enterprise Kernel Release 4 for Oracle Linux $releasever
($basearch)
baseurl = http://public - yum.oracle.com/repo/OracleLinux/OL7/UEKR4/$basearch/
gpgkey = file:///etc/pki/rpm - gpg/RPM - GPG - KEY - oracle
gpgcheck = 1
```

```
enabled = 1
```

然后将内核更新到最新版本，确认 UEK4 安装成功后，将旧的 UEK3 内核删除。

```
# yum update
# rpm -qa|grep kernel-uek-4
kernel-uek-4.1.12-94.5.7.el7uek.x86_64
# for k in $(rpm -qa|grep kernel|grep 3.8); do
> rpm -e $k
> done
```

生成新的启动引导菜单，并更新现有启动引导菜单。重新启动即可以看到新的含 UEK4 内核的启动选项。

```
# grub2-mkconfig > grub.cfg
# mv grub.cfg /boot/grub2
# shutdown -r now
```

第二步为安装 Docker。编辑文件/etc/yum.repos.d/public-yum-ol7.repo，寻找包含 ol7_addons 和 ol7_optional_latest 的小节，将其中的 enabled 属性设置为 1。

```
# export REPOFILE=/etc/yum.repos.d/public-yum-ol7.repo
# sed -i '/\[ol7_addons\]/,/^$/s/enabled=0/enabled=1/' $REPOFILE
# sed -i '/\[ol7_optional_latest\]/,/^$/s/enabled=0/enabled=1/' $REPOFILE
安装 Docker,确认 Docker 版本,然后重启主机.
# yum install Docker-engine
# Docker --version
Docker version 17.03.1-ce, build 276fd32
# shutdown -r now
配置 Docker 网络代理,然后启动 Docker.
# NO_PROXY=localhost,127.0.0.1/8,/var/run/Docker.sock
# no_proxy=$NO_PROXY
# systemctl start Docker                          # 启动 Docker 引擎
# systemctl enable Docker                         # 设置开机自动启动
最后安装 NFS v4 支持包,并启动 NFS 相关服务.
# yum install nfs-utils
# systemctl start rpcbind                         # 启动 rpcbind 服务
# systemctl start nfs-server                      # 启动 nfs-server 服务
# systemctl enable rpcbind                        # 设置服务开机自动启动
# systemctl enable nfs-server                     # 设置服务开机自动启动
# rpcinfo -p | grep nfs | grep "\<4\>"            # 确认支持 NFS v4 版本
    100003    4   tcp   2049   nfs
    100003    4   udp   2049   nfs
```

2. 安装存储云网关

整个安装过程可以使用 root 用户或具有 sudo 权限的普通用户进行，我们建议使用普通用户，因此必须赋予其 sudo 权限和操作 Docker 容器的权限。假设用户名为 opc，赋权命令如下所示：

```
# groupadd docker                                 # 新建用户组 docker
# usermod -a -G docker opc                        # 将用户 opc 加入 docker 用户组
```

```
# id opc
uid = 1001(opc) gid = 1001(opc) groups = 1001(opc),981(docker)
# echo 'opc ALL = NOPASSWD: ALL' >> /etc/sudoers # 赋予 opc 用户 sudo 权限
```

从 Oracle 官网[①]下载安装包,并解压。

```
$ tar - xvf oscsa - OnPrem - 16.3.1.2.1.tar.gz
./oscsa_gw:1.2.1.tar                          # 存储云网关 docker 映像文件
./oscsa                                       # 存储云网关控制程序
./oscsa - install.sh                          # 存储云网关安装脚本
...
```

确认 docker 引擎已启动。

```
$ sudo systemctl status docker
· docker.service - Docker Application Container Engine
Loaded: loaded (/usr/lib/systemd/system/docker.service; enabled; vendor preset: disabled)
  Drop - In: /etc/systemd/system/docker.service.d
       └—docker - sysconfig.conf
Active: active (running)…
```

存储云网关的安装使用脚本 oscsa-install.sh,安装时需要指定缓存数据、元数据和日志数据所在位置,因此需要提前建立这些目录。

```
$ sudo mkdir - p /oscsa/cache                 # 创建缓存数据目录
$ sudo mkdir - p /oscsa/metadata              # 创建元数据目录
$ sudo mkdir - p /oscsa/logs                  # 创建日志数据目录
$ sudo ./oscsa - install.sh - c /oscsa/cache - m /oscsa/metadata - l /oscsa/logs
```

确认存储云网关映像 oscsa_gw 已安装成功。

```
$ docker images
REPOSITORY       TAG       IMAGE ID          CREATED          SIZE
oscsa_gw         1.2.1     705b988f4cb1      4 weeks ago      924 MB
oraclelinux      7.3       62e4327762a5      3 months ago     225 MB
```

使用 oscsa 命令查询存储云网关 docker 容器的状态并启动。

```
$ sudo oscsa info
OSCSA is not running
$ sudo oscsa up
...
Applying configuration file to container
Starting OSCSA [oscsa_gw:1.2.1]
Setting up config file port with nfs
Setting up config file port with admin
Setting up config file port with rest
Management Console: https://localhost.localdomain:32769 …
```

① http://download.oracle.com/otn/java/cloud-service/oscsa-OnPrem-16.3.1.2.1.tar.gz

3. 配置和挂载文件系统

配置文件系统需要知道存储云网关的管理端口，挂载文件系统需要知道存储云网关提供 NFS 服务的端口，这些信息可以通过 oscsa info 命令得到。以下输出表明管理 IP 和 NFS 服务端口分别为 32769 和 32770，特别是 NFS 服务并未使用默认端口 2049，这是由于 Docker 容器寄生于宿主机，必须使用其他端口以避免与宿主机冲突。

```
$ oscsa info
Management Console: https://localhost.localdomain:32769          # 管理控制台 URL
...
NFS Port: 32770                                                  # NFS 服务端口
Example: mount -t nfs -o vers=4,port=32770 localhost.localdomain:/<OSCSA FileSystem name
>/local_mount_point
```

使用 docker ps 命令也可以得到 IP 地址信息，并且输出清楚地表明在宿主机上使用的端口最终被重定向到 Docker 容器的 2049、8080 等端口，这些端口是 NFS 和 HTTPS 对外服务的标准端口。

```
$ docker ps
CONTAINER ID        IMAGE          COMMAND           CREATED          STATUS          PORTS
   NAMES
b264bcd131a2        oscsa_gw:1.2.1        "/etc/init.d/ogwrun" 5 minutes ago        Up 5 minutes
       0.0.0.0:32770->2049/tcp, 0.0.0.0:32769->3333/tcp, 0.0.0.0:32768->8080/tcp
oscsa_gw
```

记录这些端口信息，并在宿主机上配置允许到这些端口的访问。

```
$ sudo firewall-cmd --state                          # 确认防火墙已运行
Running
$ sudo firewall-cmd --zone=public --add-port=32770/tcp --permanent
success
$ sudo firewall-cmd --zone=public --add-port=32769/tcp --permanent
success
$ sudo firewall-cmd --reload                         # 重新加载防火墙以使配置生效
success
```

网络配置完成后，即可访问管理控制台进行文件系统的创建、监控等管理工作。

如图 2-9 所示为文件系统仪表板，其中文件系统 backupFS 为已连接状态，表明存储云中的容器已建立并与此文件系统建立了对应关系。其他两个文件系统需要单击 Connect 按钮与后端存储云连接，只有连接成功后，才能为客户端提供服务。

数据中心版存储云网关中的文件系统管理和公有云版没有区别，详见 2.3.2 节。作为补充，以下通过一个归档文件系统示例说明存储云网关的一些重要概念和底层工作原理。

连接成功后，存储云网关会关联存储云中与文件系统同名的容器，如果容器不存在则自动创建。启用归档的文件系统会额外再创建一个带-archive 后缀的归档类型容器，实际上传的文件会存放于此容器中。

```
$ swift list
archiveFS                                  # 与文件系统同名的容器
archiveFS-archive                          # 带-archive 后缀的容器
```

```
$ swift stat archiveFS|grep X-Storage-Class
        X-Storage-Class: Standard                # 同名容器为标准类型容器
$ swift stat archiveFS-archive|grep X-Storage-Class
        X-Storage-Class: Archive                 # 带-archive 后缀容器为归档类型容器
```

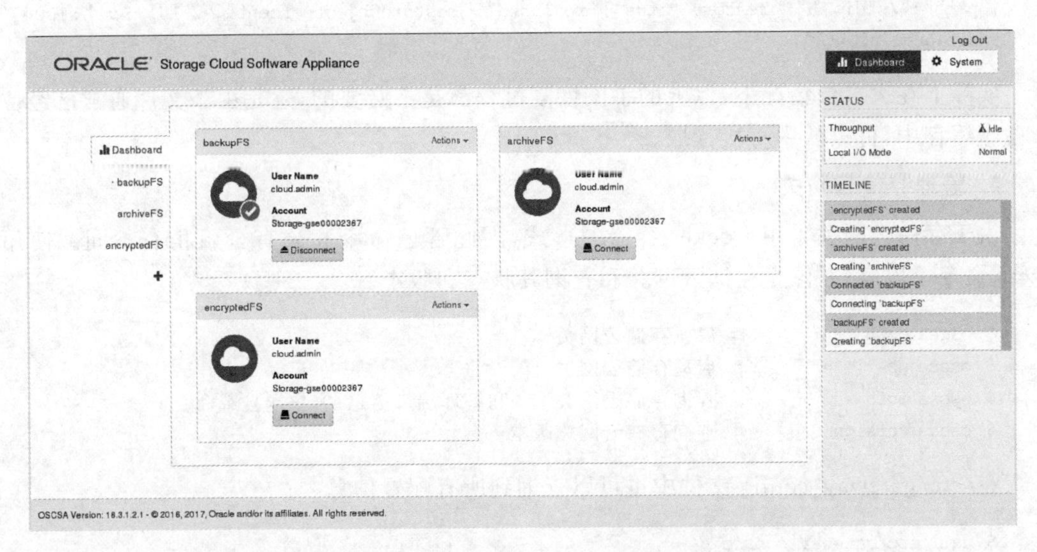

图 2-9 存储云网关—文件系统仪表板

启用归档的文件系统会将文件存放于到-archive 后缀的归档容器中，其他的文件系统则存放于与文件系统同名的标准容器中。对于所有的文件系统，与文件系统同名还有一个非常重要的作用，就是存放定期备份的文件系统元数据。

在客户机挂载文件系统，为了方便，我们将安装存储云网关的宿主机作为 NFS 客户端。手工挂载文件系统过程如下所示：

```
$ sudo mkdir /mnt/archiveFS                                       # 创建挂载点
$ sudo mount -t nfs -o port=32770 localhost: archiveFS /mnt/archiveFS   # 挂载文件系统
$ df -h /mnt/archiveFS                                            # 确认文件系统已挂载
Filesystem        Size Used Avail Use% Mounted on
localhost:/archiveFS  50T  0  50T  0% /mnt/archiveFS
```

当需要从归档容器中下载文件时，必须先对其进行恢复，恢复后的文件会自动存放在磁盘缓存中。

```
$ cp /usr/include/stdio.h /mnt/archiveFS                # 复制文件 stdio.h 到归档文件系统
$ cat /mnt/archiveFS/stdio.h:::archive:restore          # 启动恢复,失败
{"path":"/stdio.h","restoreStatus":"unknown","restoreObjectPercent":{},"additionalInfo":"
Object is not in OSCS yet"}
```

以上命令显示恢复状态为未知(unkonwn)，原因是文件在云存储(OSCS)中不存在。这也说明了文件虽已上传到存储云网关，但到后端云存储的传输是异步进行的。

```
$ cat /mnt/archiveFS/stdio.h:::archive:restore          # 启动恢复,成功
{"path":"/stdio.h","restoreStatus":"inprogress","restoreObjectPercent":{"101-v1":0},"
additionalInfo":""}
$ cat /mnt/archiveFS/stdio.h:::archive:restore          # 恢复进行中(inprogress),进度 16%
```

```
{"path":"/stdio.h","restoreStatus":"inprogress","restoreObjectPercent":{"101 - v1":16},"
additionalInfo":""}
...
$ cat /mnt/archiveFS/stdio.h:::archive:restore        # 完全恢复(restored),进度 100 %
{"path":"/stdio.h","restoreStatus":"restored","restoreObjectPercent":{"101 - v1":100},"
additionalInfo":""}
```

实际上在大多数情况下,以上的手工恢复过程都是不必要的,这是由于文件通常已经位于磁盘缓存中,可以从中直接读取。

4. 管理存储云网关

由于存储云网关采用 Docker 容器的形式,因此管理命令和公有云版稍有不同。使用 oscsa 命令可以启动/停止存储云网关和查询其状态和版本。

```
$ oscsa down          # 停止存储云网关
$ oscsa up            # 启动存储云网关
$ oscsa info          # 查询存储云网关 NFS 和管理端口信息,客户端挂载命令
$ oscsa version       # 查询存储云网关版本
```

在/etc/gateway_config 文件中也可以查询到所有配置信息。

```
$ cat /etc/gateway_config
DATASTORAGE = /oscsa/cache
MDSTORAGE = /oscsa/metadata
LOGSTORAGE = /oscsa/logs
PROXY =
USE_SSL =
MEMORY =
NETWORK = bridge
HTTP_FRAMEWORK =
ADMINPORT = 32769
NFSPORT = 32770
RESTPORT = 32768
```

配置文件中设定的网络端口可以通过 oscsa 命令改变,改变后必须重启存储云网关。例如,改变 NFS 网络端口为 34567 的过程如下所示:

```
$ sudo oscsa configure port nfs 34567
$ oscsa down; oscsa up
```

最后,卸载存储云网关的过程如下所示:

```
$ oscsa down                                          # 停止存储云网关
$ docker rm - v oscsa_data                            # 删除存储云网关容器
$ docker rmi $(docker images| grep oscsa_gw | awk '{print $3}')  # 删除存储云网关映像
$ sudo rm /usr/bin/oscsa*                             # 删除系统目录下所有 oscsa 执行文件
# 查询磁盘缓存、元数据和日志目录并删除
$ sed - n 's/DATASTORAGE = //p' /etc/gateway_config | sudo xargs rm - fr
$ sed - n 's/MDSTORAGE = //p' /etc/gateway_config | sudo xargs rm - fr
$ sed - n 's/LOGSTORAGE = //p' /etc/gateway_config | sudo xargs rm - fr
$ sudo rm /etc/gateway_config                         # 删除配置文件
$ sudo rm - rf /opt/oscsa_gateway                     # 删除存储云网关安装目录
```

2.3.4 存储云网关最佳实践

由于存储云网关中缓存了客户应用的数据，因此客户端应用不要绕过存储云网关，直接使用 REST API、Java 库或其他的客户端程序直接与映射到文件系统的容器交互，此类操作可能会导致数据不一致。对于映射到存储云网关文件系统的容器，可以通过权限设置保证只有存储云网关才能对这些容器进行访问。

存储云网关的性能依靠磁盘缓存保证，磁盘缓存包括上传缓冲区和读缓存，磁盘缓存的使用率不要超过 80%。磁盘缓存的容量应至少设置为希望缓存数据的 1.5 倍。例如，对于一个 50TB 的容器，如果希望将其中 10%的数据缓存在存储云网关中，磁盘缓存的容量最少应设置为 7.5TB。如果磁盘缓存的使用率超过 80%，应及时添加磁盘以扩充磁盘缓存的容量。

当文件系统包含的文件数量超过 500 万时，存储云网关所需的内存至少为 32GB；当文件数量超过 1000 万时，内存至少配置为 64GB，并建议将这些文件分布于多个文件系统。为减少容器中对象的数量，建议将多个小文件打包后再上传到云存储网关。

当创建加密的文件系统时，用户可以自行提供密钥对数据进行加密，由于密钥并非与存储云中的数据存放在一起，因此可以保证数据的安全性。必须妥善保存密钥并定期备份，否则密钥丢失将导致数据无法恢复。

存储云网关同时支持 NFS v4 的异步和 POSIX 同步模式，默认设置为 POSIX 同步模式。异步模式提供最佳性能，但由于是异步持久化，对于需要同步的文件操作可能会丢失数据。存储云网关最适合无须频繁访问数据的备份和归档应用，应尽量避免需要对文件频繁改动的应用，这是由于对象存储只支持对整个对象的操作，因此每一次文件的改变都会在云存储中生产新版本的对象并替代之前的对象，这将对应用的性能造成影响。基于以上原因，不建议在客户机挂载点目录下直接运行应用，因为这类应用通常会在目录下产生临时文件并频繁修改。

2.4 Oracle 数据库备份云服务

Oracle 数据库备份云服务是基于对象存储构建的服务，通过 Oracle 提供的云备份模块，使用传统的 RMAN 备份工具即可将用户数据中心内的数据库或者 Oracle 计算云上运行的数据库备份到云中。Oracle 数据库云和 Oracle Exadata 云服务中的数据库也可以使用 Oracle 数据库备份服务，云备份模块已经集成在服务中，无须额外安装。Oracle 数据库备份服务只能存储 Oracle 数据库备份，对于其他类型的数据，可以直接使用 Oracle 存储云服务。

利用数据库备份云服务，除了可以将数据中心内数据库直接备份到云，还可以实现先备份到磁盘然后备份到云、数据库向云中的迁移以及数据库在云中的灾备等场景。

备份到云的好处包括无须自行搭建备份基础设施，备份服务化简化了存储管理，按需容量获取，运维简化。

2.4.1 安装云备份模块

云备份模块是与 RMAN 集成的 SBT(System Backup to Tape)接口,此模块接收来自 RMAN 的数据,并分割为 100MB 的数据块,然后调用 REST API 传输到云。每一个数据块作为一个对象存放于云中的对象存储容器中,容器可以由系统自动生成或用户手工指定。默认的容器名以 oracle-data-storage 加身份域首字母为前缀。

安装云备份模块需要首先从 Oracle 技术网[①]下载数据库云备份模块安装程序,安装程序要求 JDK 版本 1.7 以上。云备份模块支持多种操作系统以及 10.2.0.5 以上标准版和企业版数据库,详细的支持列表可参见 Oracle 技术支持网站[②]。

首先运行本章附件脚本 opcbook/ch02/dbbcs/setup.sh,生成安装配置文件 args.txt,安装配置文件的格式如下,其中-container 指定备份的目标容器,如未指定,系统会自动创建和使用默认容器。目标容器只能是对象存储中的标准容器,不能设置服务器端加密。

```
cat << - EOF > args.txt
 - opcID $OPCUSER
 - opcPass $OPCPWD
 - serviceName Storage
 - identityDomain $ID_DOMAIN
 - libDir $ORACLE_HOME/lib
 - walletDir $ORACLE_HOME/dbs/opc_wallet
 - container DBBackupContainer
EOF
```

运行安装程序,安装程序会下载相应平台的库文件 libopc.so 并安装到-libDir 指定的目录下,并创建配置文件 opcorcl.ora 和密钥存储钱包(wallet)。如果用户指定了目标容器,安装程序会自动创建此容器。

```
 $ java - jar opc_install.jar - argFile args.txt
Oracle Database Cloud Backup Module Install Tool, build 2017 - 05 - 04
Oracle Database Cloud Backup Module credentials are valid.
Backups would be sent to container DBBackupContainer.
Oracle Database Cloud Backup Module wallet created in directory /home/oracle/app/oracle/
product/11.2.0/dbhome_1/dbs/opc_wallet.
Oracle Database Cloud Backup Module initialization file /home/oracle/app/oracle/
product/11.2.0/dbhome_1/dbs/opcorcl.ora created.
Downloading Oracle Database Cloud Backup Module Software Library from file opc_
linux64.zip.
Download complete.
```

查看配置文件内容,其中记录了存储云服务的 URL 即密钥钱包的位置。

```
 $ cat $ORACLE_HOME/dbs/opcorcl.ora
OPC_HOST = https://gse00002360.storage.oraclecloud.com/v1/Storage - gse00002360
```

---

① http://www.oracle.com/technetwork/database/availability/oracle-cloud-backup-2162729.html

② http://support.oracle.com/epmos/faces/DocumentDisplay? id=1640149.1

```
OPC_WALLET = 'LOCATION = file:/home/oracle/app/oracle/product/11.2.0/dbhome_1/dbs/opc_wallet
CREDENTIAL_ALIAS = alias_opc'
OPC_CONTAINER = DBBackupContainer
```

2.4.2 配置 RMAN

在实施备份前,需要正确配置 RMAN 备份工具,包括配置备份通道、设置自动备份系统文件、加密和压缩。在配置前确保 Oracle 数据库已启动并使用以下命令登录 RMAN:

```
$ rman target /
```

1. 配置备份通道

RMAN 默认的备份通道是磁盘,需要将其更改为正确的 SBT 驱动以备份到云:

```
RMAN > CONFIGURE CHANNEL DEVICE TYPE sbt PARMS = 'SBT_LIBRARY = /home/oracle/app/oracle/
product/11.2.0/dbhome_1/lib/libopc.so, SBT_PARMS = (OPC_PFILE = /home/oracle/app/oracle/
product/11.2.0/dbhome_1/dbs/opcorcl.ora)';
RMAN > SHOW CHANNEL;      # 确认备份通道已正确设置
```

2. 自动备份数据库系统文件

数据库系统文件包括控制文件和服务器参数文件,应自动备份这些文件以最大程度保证数据库的可恢复性。

```
RMAN > CONFIGURE CONTROLFILE AUTOBACKUP ON;
```

3. 配置 RMAN 加密

对于数据库备份云服务,RMAN 加密是强制的,以保证数据在网络传输中的安全性。加密的形式可以采取口令加密、透明数据加密(TDE)或两者的组合。以下为口令加密示例,其他加密设置参见数据库备份云帮助手册[①]。

```
RMAN > SET ENCRYPTION ON IDENTIFIED BY "myPassword" ONLY;      # 仅设置口令加密
```

4. 配置备份压缩

备份压缩是可选的,但建议启用压缩以节省带宽和加速备份。根据数据库版本不同,压缩支持 HIGH、MEDIUM、BASIC 和 LOW 四种级别。

```
RMAN > CONFIGURE COMPRESSION ALGORITHM 'HIGH';      # 设置 HIGH 压缩级别
RMAN > SHOW COMPRESSION ALGORITHM;                  # 查看当前的压缩级别
```

2.4.3 实施备份与恢复

正确配置云备份模块和 RMAN 后,除了备份目标为云以及必须强制加密外,实施备份和恢复和传统方式没有区别。

---

① https://docs.oracle.com/en/cloud/paas/db-backup-cloud/csdbb/backing-oracle-database-backup-cloud-service.html

下例为控制文件的备份和恢复：

```
RMAN> BACKUP CURRENT CONTROLFILE;
RMAN> SET DECRYPTION IDENTIFIED BY "myPassword";                # 设置解密口令
RMAN> RESTORE CONTROLFILE TO '/tmp/controlfile.tmp';
 $ ls - sh /tmp/controlfile.tmp
9.3M /tmp/controlfile.tmp
```

下例为数据库和归档日志的备份示例：

```
RMAN> BACKUP AS COMPRESSED BACKUPSET DATABASE PLUS ARCHIVELOG; # 启用压缩的备份
RMAN> CONFIGURE DEVICE TYPE SBT BACKUP TYPE TO BACKUPSET;      # 禁用压缩
RMAN> BACKUP DATABASE PLUS ARCHIVELOG;                         # 备份数据库及归档日志
```

2.4.4 备份管理与监控

Oracle 数据库云备份的管理和监控可以通过 RMAN 命令行、Oracle Enterprise Manager 图形界面和第三方工具等手段。可以利用操作系统定时任务工具，例如 Linux 下的 cron，结合 RMAN 备份脚本实现定时自动备份，RMAN 在执行过程中也提供了容量和备份时间等统计信息。Oracle Enterprise Manager 可以配置云备份模块并实施手工或自动备份和恢复。一些第三方工具如 CloudBerry 也提供图形化的管理和监控界面。

此外，通过前述的 REST API、FTM CLI 或 Swift 客户端命令行也可以直接访问存储云服务查看空间使用情况，当剩余空间不多时，应及时订阅更多的存储容量或删除不必要的备份。

例如，在上一节控制文件备份示例中，可以查看云端的存储使用情况：

```
$ FTMCLI describe DBBackupContainer
                Name: DBBackupContainer
        Object Count: 7
          Bytes Used: 10493191
       Storage Class: Standard
```

在 RMAN 中可以查看备份的概况。

```
RMAN> LIST BACKUP
BS Key  Type LV Size       Device Type Elapsed Time Completion Time
---------- -- ---------- ----------- ----------------------------
23       Full    9.50M      SBT_TAPE    00:00:40     18 - AUG - 17
        BP Key: 23   Status: AVAILABLE   Compressed: NO   Tag: TAG20170818T150201
        Handle:            c - 1457678466 - 20170818 - 00          Media: gse00002360.storage.
oraclecloud.com/v1/Storage - opcbook/DBBackupContainer …
```

以上信息显示，对于控制文件的备份，未启用压缩时，占用空间近 10MB，备份时间为 40s。

在执行备份时，数据库和归档日志备份集都会分配相应的标签，通过以下命令可以查询每一个备份集的大小和执行时间：

```
RMAN> LIST BACKUPSET TAG 'TAG20170818T162025';
```

以上节数据库和归档日志备份为例，不带压缩的备份占用空间1252.75MB，耗时68min。使用最高级别压缩的备份占用空间248.75MB，耗时13min，时间和空间都有显著节省。因此强烈建议备份时启用较高级别的压缩。

2.4.5 云备份最佳实践

数据库备份到云的最佳实践如下，其中一些也适用于数据中心内的非云备份：

(1) 为节省和充分利用网络带宽，应启用压缩和使用MULTISECTION并行备份。

(2) 以每周全备、每日增量备份作为基础备份策略，定期备份系统文件，如控制文件。

(3) 增加备份归档日志的频度以减少数据丢失。

(4) 定期更新云备份模块以使用最新的驱动及更新云账户口令。

(5) 定期检查和验证备份以确保数据文件的存在及有效性。

第3章

Oracle计算云服务

3.1 计算云服务架构

Oracle 计算云服务是一个基础设施即服务（IaaS）产品，可在 Oracle 云中提供灵活且可伸缩的计算、块存储和网络服务。用户可以使用自助式门户在云中设置及管理计算和存储负载，并可按需弹性扩展。Oracle 公有云采用了与传统数据中心相同的技术、架构和管理方式，因此用户可以无缝地将数据中心内部的应用迁移到云中。

图 3-1 为 Oracle 计算云服务架构。Oracle 计算云服务为用户提供计算资源池，订阅单位为 OCPU。一个 OCPU 等同于启用了超线程的 Intel Xeon 处理器的一个物理核，或两个硬件执行线程(vCPU)。Oracle 计算云服务包括专属计算和通用计算两种类型。专属计算是指为用户预留高性能的 X86 服务器或 SPARC 服务器，整个计算环境只有一个租户。专属计算可以保证物理隔离性和最高的性能，但专属计算有一定的容量要求，对于 SPARC 服务器，最少需要订阅 300 个 OCPU，对于 X86 服务器，最少需要订阅 500 个 OCPU，并以 500 个 OCPU 为增量，最多订阅 2000 个 OCPU。另一种服务类型称为通用计算或共享计算，物理服务器为多个租户共享，系统会在任何可用的物理服务器上创建计算资源。

当用户订阅了 Oracle 计算云服务后，用户实际获得的是一个共享资源池，用户可以灵活地组织这些资源。例如，若用户订阅了 10 个 OCPU，可以创建 10 个 1 OCPU 的虚拟机(也称为实例)，或者 5 个 2 OCPU 的虚拟机。Oracle 计算云服务支持云爆发(bursting)模式，最多可以超过订阅容量的 2 倍。例如，如果用户订阅了 5 个 OCPU，则最多允许使用 10 个 OCPU，超出容量按小时计费并每月记账。

与第 2 章介绍的对象存储不同，计算云服务使用传统的块存储，以保证最佳的性能和最广泛的应用支持。可以为存储卷创建快照，取决于快照的类型，快照数据可以使用块存储或者存储云服务中的对象存储。实例也可以创建快照，但要求实例的启动盘类型为 ephemeral，实例快照可以作为实例的备份或作为创建其他实例的模板。

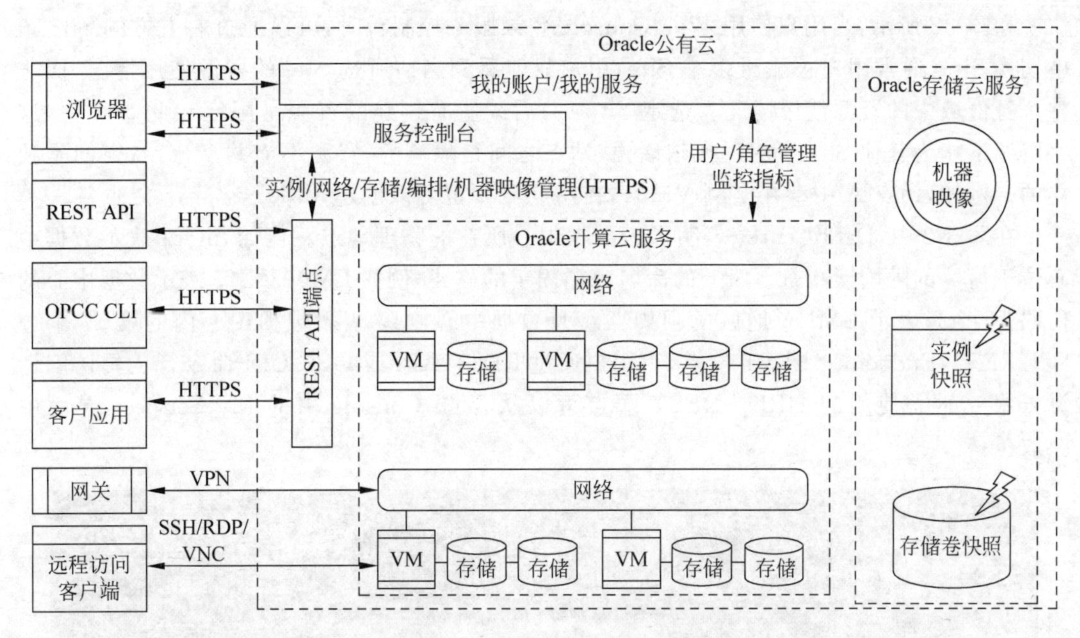

图 3-1 Oracle 计算云服务架构

3.2 基本概念

3.2.1 图形化与命令行管理

计算云服务管理工具包括图形化和命令行管理方式。图形化方式是最基本和最常用的管理方式，适合于普通用户，可以完成各类资源的基础管理和监控。在计算云服务中，图形化管理是通过 Web Console 实现的，在 Web Console 中选择相应的服务，即可进入"我的服务"(My Services)页面并显示服务的概要信息，进而可以进入"服务控制台"(Service Console)进行服务特定的操作。

命令行是另一种非常重要的管理手段，命令行的好处是便于将操作汇集为脚本，以便于反复执行和自动化执行。Oracle 计算云服务提供 REST API 和 OPC CLI 两种命令行管理方式，OPC CLI 基于 REST API 进行了封装，可涵盖大部分常用操作，其命令更简单易用，是首选的命令行使用方式。REST API 命令形式比较复杂，但支持的操作更全面，例如 REST API 支持编排 v2，而 OPC CLI 暂不支持，只有在这类情况下才需要考虑 REST API。

3.2.2 站点

站点(Site)指一组物理服务器及关联的存储和网络资源，是从云数据中心内部划分出的资源子集或分区(Zone)。每一个 Site 都有独立的 REST 端点，并且其网络与数据中心内其他 Site 隔离。如果订阅的是专属计算，则 Site 中的资源为用户独享；如果订阅的是通用计算，则 Site 中的资源为多个用户共享。

如图 32 所示，当用户使用 Web Console 登录服务控制台时，可以通过右上方的 Site 菜单切换 Site，通常用户被赋予多个 Site，用户只能看到当前所选 Site 的资源使用情况，而非整个身份域中的资源使用情况。选定 Site 后，后续所有创建的资源都限定在此 Site 中，这些资源不能为其他 Site 所用。换句话说，站点之间是隔离的，资源不能共享，命名空间是独立的。例如，站点 A 中存在实例 VM01，在站点 B 中也可以创建 VM01，名字不会冲突。

在图 3-2 中，Data Center 表明了云数据中心所在的物理地点。例如，nldc1 表示数据中心位于荷兰的阿姆斯特丹。Site 的命名遵循固定的格式，例如 EM002_Z17 表示数据中心的代码为 em2，表示 EMEA 地区的阿姆斯特丹数据中心，Z17 表示数据中心内的第 17 个分区。REST Endpoint (REST 端点)为用户通过 REST API 或 OPC CLI 命令行工具访问计算云服务时需使用的 URL。REST 端点可以从 Web Console 中的 My Services 界面中获取。

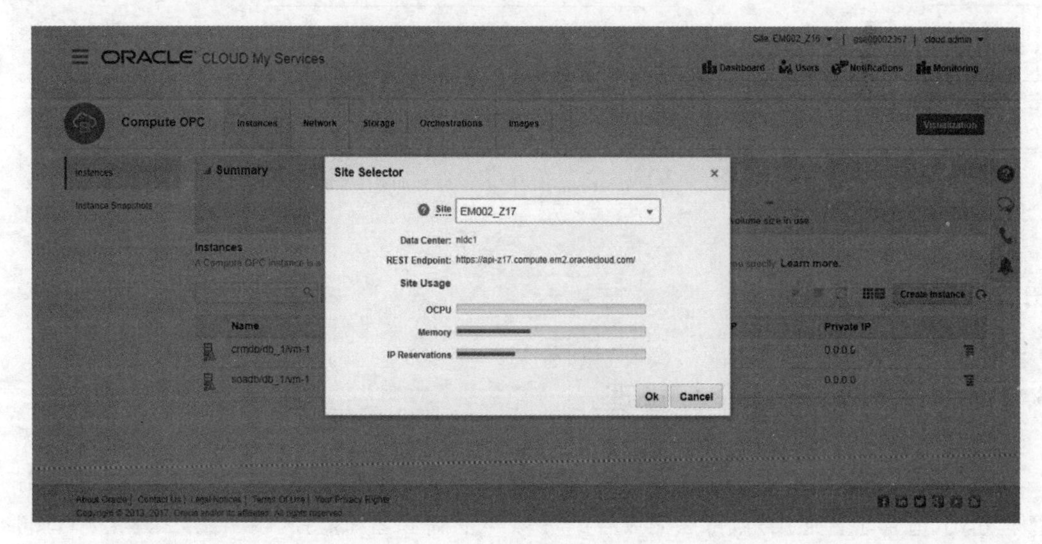

图 3-2 在服务控制台中切换 Site

3.2.3 机器映像与映像列表

机器映像(Machine Image)是安装了操作系统的虚拟硬盘。机器映像可作为模板用来在计算云服务中创建虚拟机实例，支持的操作系统为 Windows、Linux 和 Solaris。

机器映像必须组织成映像列表(Image List)才能为用户使用。映像列表是同一类机器映像的集合，集合中的每一个机器映像都有一个唯一编号。映像列表的作用在于版本控制，例如同一个操作系统可以在映像列表中创建多个条目，每个条目对应不同版本的机器映像。

目前 Oracle 计算云官方支持的操作系统如表 3-1 所示，其他的操作系统机器映像如 Centos、Redhat Linux、SUSE Linux 等必须由用户或第三方提供。Oracle 会不断丰富操作系统支持列表，对于某些较新但尚未纳入支持列表的操作系统，用户可以自行制作机器映像或通过已有映像升级支持，例如暂不支持的 Oracle Linux 7.3 版本可以通过升级已支持的 7.2 版本获得。

表 3-1 Oracle 计算云官方支持操作系统

操作系统	版本	核心(Kernel)
Oracle Linux	5.11	UEK R2
Oracle Linux	5.3	
Oracle Linux	6.4, 6.6, 6.7, 6.8	UEK R3/R4
Oracle Linux	7.1, 7.2	UEK R3/R4
Windows	2008 R2, 2012 R2	
Solaris	11.3	

3.2.4 实例与资源配置

实例是运行特定操作系统和指定了 CPU 及内存资源的虚拟机。实例包括两个重要特征,即机器映像和 Shape。机器映像确定了实例的操作系统,Shape 确定了实例可用的计算资源。目前 Oracle 计算云中的单个实例最多支持 32 个 OCPU 和 480GB 内存。每个实例最多可以挂载 10 块虚拟磁盘,每磁盘最大 2TB,因此实例最大支持的块存储容量为 20TB。单个实例最多支持 8 块虚拟网卡,因此最多支持 8 个公网 IP 地址。在计算云服务中,可以通过 Web Console、REST API 和 OPC CLI 命令行对实例进行管理。

资源配置(Shape)是固定配比的计算与内存资源的组合,指定了计算云服务中实例可用的 OCPU 和内存资源。计算云服务中包括 3 种资源配置:普通 Shape(General Purpose)、高内存 Shape(High Memory)和高 I/O Shape(High I/O)。普通 Shape 中每 OCPU 搭配 7.5GB 内存,高内存 Shape 中每 OCPU 搭配 15GB 内存,高 I/O Shape 除了每 OCPU 搭配 15GB 内存外,还会搭配一块 NVMe SSD 磁盘。Oracle 还提供 GPU Shape 以加速渲染等图形应用或计算生物学和密码学等领域的非图形应用。Oracle 计算云服务 Shape 的定义如表 3-2 所示,注意每个数据中心支持的 Shape 可能不同。

表 3-2 Oracle 计算云服务 Shape 定义

Shape	类别	OCPU 数量	内存/GB	SSD 磁盘容量/GB
OC3	普通	1	7.5	0
OC4	普通	2	15	0
OC5	普通	4	30	0
OC6	普通	8	60	0
OC7	普通	16	120	0
OC8	普通	24	180	0
OC9	普通	32	240	0
OC1M	高内存	1	15	0
OC2M	高内存	2	30	0
OC3M	高内存	4	60	0
OC4M	高内存	8	120	0
OC5M	高内存	16	240	0
OC8M	高内存	24	360	0
OC9M	高内存	32	480	0

续表

Shape	类　别	OCPU 数量	内存/GB	SSD 磁盘容量/GB
OCIO1M	高 I/O	1	15	400
OCIO2M	高 I/O	2	30	800
OCIO3M	高 I/O	4	60	1600
OCIO4M	高 I/O	8	120	3200
OCIO5M	高 I/O	16	240	6400
OCSG1-m60	GPU	3	60	375
OCSG2-m60	GPU	6	120	750
OCSG3-m60	GPU	12	240	1500

以下为一个使用 OCIO1M Shape 创建的 Linux 实例，其内存为 15037MB，约等于 15GB。尽管 OCIO1M 的 OCPU 数量为 1，但输出中 CPU 数量为 2，这是由于处理器开启了超线程，即一个 OCPU 等同于两个 vCPU。

```
$ free -m
             total       used        free      shared    buffers     cached
Mem:         15037       209         14828     0         7           41
-/+ buffers/cache:       160         14877
Swap:            0       0           0
$ lscpu
Architecture:            x86_64
CPU op-mode(s):          32-bit, 64-bit
Byte Order:              Little Endian
CPU(s):                  2
On-line CPU(s) list:     0,1
Thread(s) per core:      1
Core(s) per socket:      2
Socket(s):               1
NUMA node(s):            1
Vendor ID:               GenuineIntel
CPU family:              6
Model:                   79
Stepping:                1
CPU MHz:                 2195.158
BogoMIPS:                4390.31
Hypervisor vendor:       Xen
Virtualization type:     full
L1d cache:               32K
L1i cache:               32K
L2 cache:                256K
L3 cache:                56320K
NUMA node0 CPU(s):       0,1
```

然后查看其磁盘配置，其中 xvdb 为由机器映像创建的启动盘，xvdz 为 OCIO1M Shape 附带的 NVMe SSD 磁盘，大小为 400GB。

```
$ lsblk
NAME                                   MAJ:MIN    RM    SIZE    RO    TYPE MOUNTPOINT
```

```
xvdb                                202:16    0   12G     0    disk
├─xvdb1                             202:17    0   500M    0    part /boot
└─xvdb2                             202:18    0   11.5G   0    part
  ├─vg_main-lv_swap (dm-0)          251:0     0   4G      0    lvm
  └─vg_main-lv_root (dm-1)          251:1     0   6G      0    lvm /
xvdz                                202:6400  0   372.5G  0    disk
$ sudo fdisk -l /dev/xvdz
Disk /dev/xvdz: 400.0 GB, 400002383872 bytes
255 heads, 63 sectors/track, 48630 cylinders
Units = cylinders of 16065 × 512 = 8225280 bytes
Sector size (logical/physical): 512 bytes / 512 bytes
I/O size (minimum/optimal): 512 bytes / 512 bytes
Disk identifier: 0x00000000
```

通过 hdparm 工具简单地测试一下磁盘性能，可以看出 NVMe SSD 磁盘（xvdz）的吞吐量明显高于普通磁盘（xvdb），更复杂的场景可通过 fio 工具测试。

```
$ sudo yum install hdparm
$ sudo hdparm -t /dev/xvdz
/dev/xvdz:
 Timing buffered disk reads: 2680 MB in 3.00 seconds = 892.95 MB/sec
$ sudo hdparm -t /dev/xvdb
/dev/xvdb:
 Timing buffered disk reads: 1332 MB in 3.00 seconds = 443.88 MB/sec
```

3.2.5 持久化与非持久化磁盘

计算云服务中提供的块存储有两种形式，即持久化（persistent）磁盘与非持久化（non-persistent 或 ephemeral）磁盘。这里提到的持久化概念并非指数据是否能持久化到存储，而是指实例停止或重建时，用户对磁盘所做的更改是否保留。当实例被停止时，持久化磁盘中的数据不受影响，这块磁盘可以用于重建实例或挂载到其他实例。而非持久化磁盘是由黄金模板建立的快照，实例停止时快照被删除，重建实例时会生成新的快照，因此其中的数据无法永久保留。持久化磁盘适合存放需长期保留的数据，非持久化磁盘适合于存放临时数据，如中间结果、缓存文件等。由于每次重建都可以恢复最初的状态，因此非持久化磁盘也非常适合于开发测试环境，每一次测试完成后都可以通过重建实例将测试期间产生的数据或变化清除，并恢复到测试开始前的状态，以便开始下一轮测试。

计算云服务目前提供两种形式的非持久化磁盘，即非持久化启动盘和高 I/O Shape 附带的 NVMe 磁盘。在 Web Console 中创建实例时，默认提供的是持久化的启动盘，如果用户将此默认磁盘删除，系统将自动生成非持久化的启动盘。

3.2.6 实例快照与存储卷快照

快照是存储层面实现备份的重要手段，在 Oracle 计算云服务中支持存储卷快照和实例快照两种方式。实例快照是针对实例启动盘的快照，也可以认为是针对机器映像的快照。

实例快照的目的除了备份外,另外就是制作定制的机器映像。只有采用非持久化启动盘的实例才能生成实例快照。

存储卷快照是针对数据盘的快照,无论是持久化磁盘或是高 I/O Shape 中的 NVMe 非持久化磁盘都可以生成快照,存储卷快照的主要目的是备份。

备份最重要的目的是用于恢复,实例快照可以实现跨身份域和站点的恢复,存储卷快照可以实现跨站点的恢复。

3.2.7 共享网络与 IP 网络

无处不在的网络访问是云计算的五个基础特性之一。数据中心内的网络架构本身就有诸多变化,而云计算网络不仅沿袭了数据中心网络的特征,同时还需要考虑互联网带来的网络延迟和网络安全隐患。

Oracle 计算云中的网络包括两种类型,即共享网络(Shared Network)和 IP 网络(IP Network)。共享网络是计算云最初使用的网络类型,IP 网络则是后期出现的功能更完善、定义更灵活的网络,也称为软件定义的网络。目前这两类网络是共存的,同一个实例可以同时使用两种网络,但由于共享网络的局限性,同时 IP 网络几乎具备共享网络的所有功能,因此应尽可能使用 IP 网络。

和共享网络相比,IP 网络的先进性体现在可以按需灵活定义网络拓扑,支持的高级功能包括可定义 CIDR(Classless Inter-Domain Routing)格式网段,通过 IP 网络交换实现互联,可以指定私网 IP 地址,每实例可定义多达 8 块虚拟网卡以及更灵活和更细粒度的网络访问控制等。

3.2.8 编排

编排(Orchestration)指一组计算、网络和存储资源的定义及其之间的关系,是计算云服务中非常重要的特性。编排既可以定义单个实例涉及的资源,也可以用于定义业务架构中涉及的多个实例和资源。编排的主要目的是用于资源的全生命周期管理,包括自动供应与监控、配置与变更管理等。编排是实现云计算弹性可扩充特性的重要基础,用户可以通过修改编排中的 Shape 或在编排中添加实例实现应用的纵向和横向扩展。

编排使用 JSON 文件格式,语法上有两个版本,即编排 v1 和编排 v2。编排 v1 是最早出现的版本;编排 v2 在编排 v1 的基础上做了大幅改进,在计算云 17.3.6 版本后,编排 v2 成为默认格式。编排 v2 的优势主要体现在对资源的统一管理和监控、资源的动态调整和自动错误恢复、更细粒度的控制以及更简洁的语法。目前,编排 v1 和编排 v2 均可以支持,系统可自动识别导入的编排版本,但在 Web Console 中由系统创建的实例均采用编排 v2。

3.3 计算云服务管理工具

3.3.1 Web Console

Web Console 是管理计算云服务最常用和最方便的手段。Web Console 中包含两个主要的管理界面，即 My Service（我的服务）和管理控制台，前者提供了服务的账户信息、资源使用监控、计费信息等，后者提供了对计算云服务中的关键资源，包括实例、网络、存储、编排和映像的管理及监控。

1. My Services 页面

My Services（我的服务）页面的布局如图 3-3 所示，涵盖了计算云服务的账户信息、服务描述、监控和计费信息。以下将按照图中的标号逐项介绍其中的主要部件。

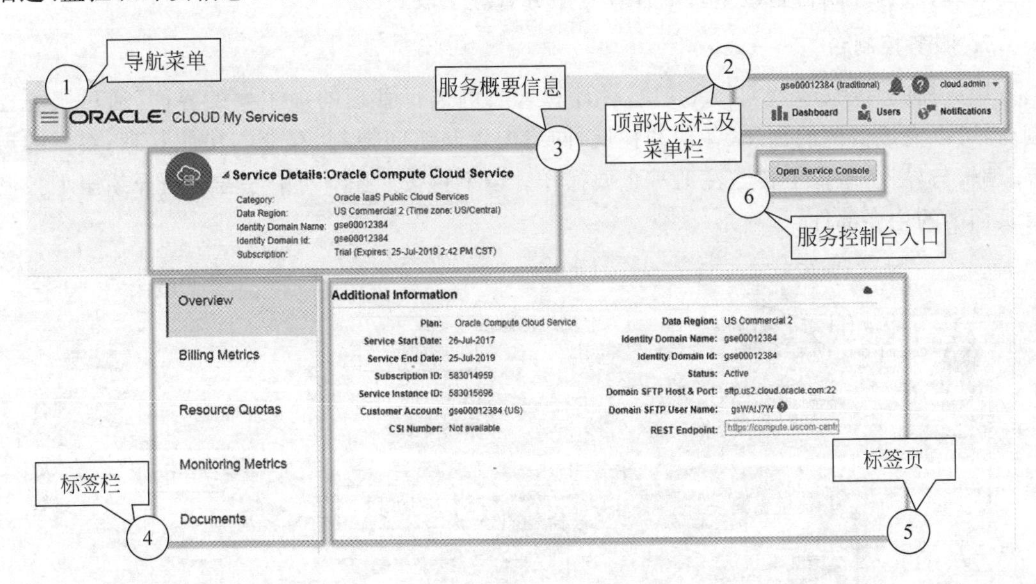

图 3-3 计算云服务—My Service 页面

(1) 导航菜单可方便地在用户订阅的所有服务间切换。例如，如果用户还订阅了存储云服务，则无须先回退到云服务仪表板中选择，可以在此菜单中直接切换。

(2) 顶部状态栏及菜单栏。顶部状态栏显示了当前登录的用户名及用户所在的身份域，以及警告信息。用户名右侧的下拉菜单可显示账户信息，语言和时区等偏好设置，帮助信息，云服务版本信息，切换到“我的账户”或云服务控制面板。下方的三个按钮菜单可切换到控制面板、用户管理或通知管理界面。

(3) 服务概要信息包含了服务所属的范畴(IaaS、PaaS 或 SaaS)、数据中心所在区域、身份域信息和服务订阅期信息。

(4) 标签栏。左侧的标签栏是此页面中最重要的部分，包括 Overview、Billing Metrics、Resource Quotas、Monitoring Metrics 和 Documents 五个固定的标签，单击标签后会在右侧

显示相应的标签页。Overview 标签页显示服务的概要信息，Billing Metrics 标签页按时间段显示资源的使用信息，此信息作为计费的标准。用户可以通过此信息了解资源的使用情况，或依据此信息判断资源是否充足并提前规划购买更多的资源。Resource Quotas 标签页显示了用户订阅的资源限额（最多可使用的资源）以及当前剩余的可用资源。Monitoring Metrics 标签页以图表的方式实时显示资源的使用情况，包括内存、CPU、I/O 和网络传输，并可以设置阈值以主动告警。Documents 标签页中可下载资源的用量使用报告或 Oracle 定期发布的公告信息。此外，根据服务使用情况，有可能生成额外的标签页，例如当用量超过限额时会生成 Quota Breaches 标签页，显示详细的超额使用信息。

(5) 标签页。标签页是与用户选择标签对应的信息显示区域。以图 3-3 为例，Overview 标签页包含的重要信息包括服务的起止日期、订阅 ID、客户服务 ID、服务状态、SFTP 服务的地址和用户，以及当前所在的 REST 端点信息。

(6) 服务控制台入口。单击此按钮可进入服务控制台进行实例、网络、存储、编排和映像的管理，服务控制台是最重要的计算云服务管理手段。

2. 服务控制台

服务控制台(Service Console)是对计算云实例进行管理的最主要的界面，通过服务控制台，可以完成实例的创建、备份和扩展，网络配置和访问控制，存储与快照管理，编排的启停、编辑与导入，映像上传与注册等重要操作。以下将按照图 3-4 中序号逐项介绍服务控制台页面中的主要部件。

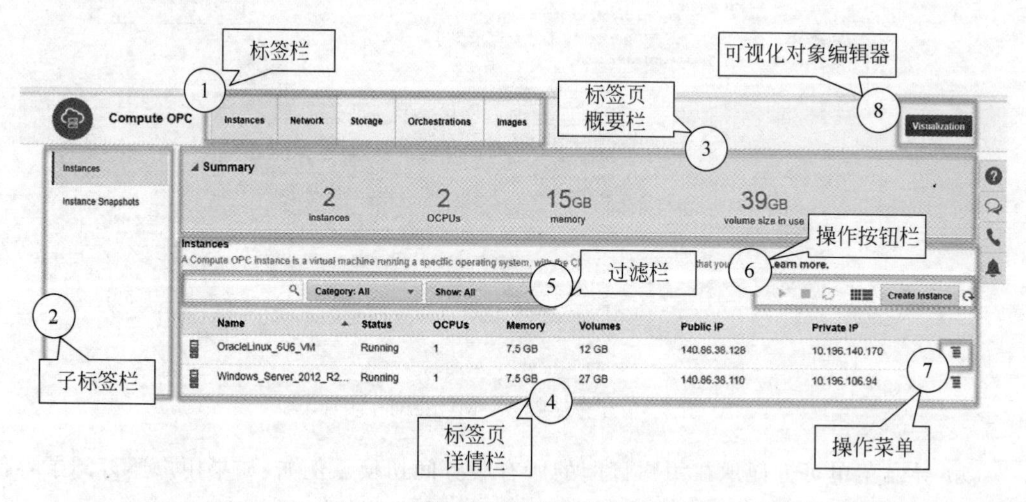

图 3-4 计算云服务—服务控制台页面

(1) 标签栏是服务控制台的一级菜单，包含 Instances、Network、Storage、Orchestration 和 Images 五个标签，分别表示实例管理、网络管理、存储管理、编排管理和映像管理，详细的介绍请参见 3.4 节至 3.8 节。

(2) 子标签栏是服务控制台的二级菜单，是一级菜单下的功能细分。根据功能的复杂程度，一些子标签栏中的标签可以继续向下展开，例如网络管理；而编排管理与映像管理功能较简单，则不具备子标签栏。不管是否具备子标签栏，当选择了最底层的标签后，会在右侧的标签页区域显示详细的信息，标签页区域包括概要栏和详情栏两部分。

(3) 标签页概要栏显示管理对象的概要信息。以图 3-4 为例，概要栏中显示了实例的数量、总计使用的 OCPU、内存和存储资源。

(4) 标签页详情栏包括过滤栏、操作按钮栏和对象列表显示区域。在对象列表显示区域中，每一个对象对应一行，称之对象条目。对象条目显示了对象的详细属性。

(5) 过滤栏可以按对象名称、服务类型和对象状态搜索，定位感兴趣的对象信息。服务类型包括 IaaS、PaaS 等。对象状态与对象类型有关，例如对于实例，可选的对象状态包括初始化、启动、运行和停止等。

(6) 操作按钮栏可以针对对象条目中的对象进行操作，最常见的操作是创建对象，具体的操作与对象类型有关。

(7) 在对象条目的最右侧是操作菜单，是针对单个对象可以进行的操作。根据对象当前的状态，操作菜单中的菜单项可能处于启用或禁止状态。例如，实例在运行状态时，可以使用 Stop 菜单项，而 Start 菜单项则是禁止的。

(8) 可视化对象编辑器以图形化的方式显示用户站点内的实例、存储和网络对象，可以直观地显示资源的整体布局以及对象之间的关系，用户可以用拖曳方式创建对象或与其他对象建立联系，也可以查看和更新已有对象。

3. 可视化对象编辑器

在计算云服务中，可以通过多种手段创建和管理对象，如利用服务控制台各标签栏中的管理菜单、创建对象向导或通过 REST API 和 OPC CLI 命令行。但这些手段均无法看到整体的视图，并且无法直观展示对象之间的关系。可视化对象编辑器是图形化工具，可以以直观的方式展示用户 Site 中的对象以及对象之间的关联关系。

通过单击服务控制台右上角的 Visualization 按钮，即可进入可视化对象编辑器，此界面的主体部分显示用户 Site 中创建的所有实例、存储卷和网络对象。例如，在图 3-5 中，显示的对象包括 VM01 和 VM02 两个实例，其中 VM01 配置一块虚拟网卡连接到共享网络，同时有两个存储卷；VM02 有两块虚拟网卡，分别连接到共享网络和 IP 网络。对象之间的连线表示其关联关系，将鼠标悬浮在连线上可显示更详细的信息。例如，将鼠标置于 ipnetwork1 与 VM02 之间的连线上会显示虚拟网卡的信息，包括 MAC 地址、从 IP 网络获取的 IP 地址等。将鼠标置于对象上可以获得对象的详细属性信息，如图 3-5 所示，将鼠标置于存储卷 datavol01 之上，可显示存储卷的容量、在线状态、是否可启动等属性。右击画面上的对象，即可显示和对象类型相关的上下文菜单，可以进行删除对象、修改对象和查看对象详细信息等操作。在界面的左上方，可通过 Category 和 Show 两个按钮对需显示的对象进行过滤，在右上方的操作菜单可以选择将此页面另存为图形文件。

在最左侧一栏显示的图标为对象编辑器中可以创建的对象，不同的云数据中心支持的对象也不一样。例如，具备基本 IP 网络支持的数据中心只支持 IP 网络、IP 网络交换和存储卷对象，具备完整 IP 网络功能的数据中心还会支持虚拟网卡集合、访问控制列表、安全规则等。将这些图标拖曳到中心区域即可自动创建对象，对象之间可通过连线建立联系。例如，可以将存储卷 datavol01 与实例连接起来以建立关联关系。

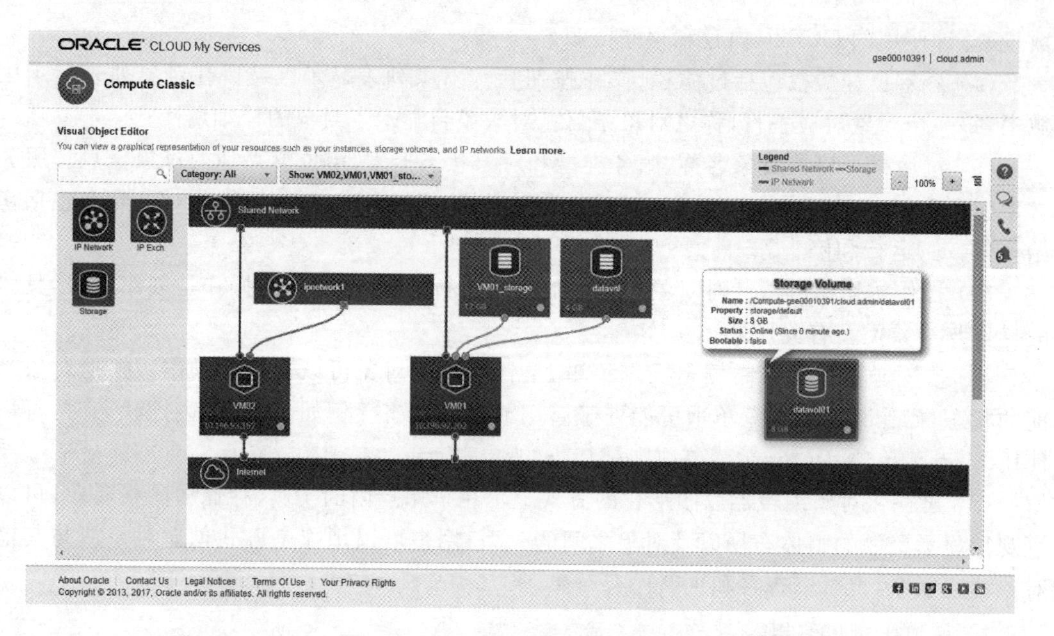

图 3-5 可视化对象编辑器

3.3.2 命令行工具

Oracle 计算云服务提供 REST API 和 OPC CLI 两种命令行工具。OPC CLI 实现了 REST API 的大部分功能,并且结构更清晰,形式更简洁,因此也更为常用。在本章后续段落,我们将结合大量命令行示例辅助对概念和原理的理解。为简洁和清晰起见,在这些示例中使用了一些全局环境变量,这些变量的格式和说明如下,在后续命令行脚本中将不再单独说明。

```
ID_DOMAIN = opcbook                                        # 你的云服务身份域
OPCUSER = cloud.admin                                      # 你的云服务用户名
OPCPWD = ********                                          # 你的云服务用户口令
OPCACCT = "Compute - ${ID_DOMAIN}/${OPCUSER}"              # 由两部分组成的云服务账户名
RESTEP = "compute.uscom - central - 1.oraclecloud.com"     # 你的 REST 端点
```

REST 端点可从 My Services 界面获得(见图 3-3)。此处设置的 RESTEP 需要去除头部的 https://前缀后尾部的/符号。

所有计算云服务中的资源都具有固定格式的 URI(Uniform Resource Identifier),使得 REST API 或 OPC CLI 都可以唯一定位这些资源。URI 的格式如下:

```
https://{REST 端点}/{资源目录}/{资源名称}
```

其中,{REST 端点}即为之前定义的 RESTEP 环境变量。资源目录与资源类型有关,例如 SSH 公钥的资源目录为/sshkey,完整的说明参见官方文档①。资源名称由账户名和对象

① https://docs.oracle.com/en/cloud/iaas/compute-iaas-cloud/stcsa/rest-endpoints.html

ID 组成，格式如下：

```
$ OPCACCT/{对象 ID}
```

在后续示例中使用的命令行脚本均可以在本章附件 ch03/opccli 和 ch03/restapi 目录下找到，同时在文件 ch03/init/OPC_ACCOUNT 定义了以上说明的全局环境变量，这些变量的值需要根据用户具体的云环境做相应修改。

1. REST API

REST API 是访问计算云服务资源最基础和最全面的应用编程接口，可以以命令行或脚本的方式管理计算云服务中的资源。每一个 REST API 调用对应于 HTTP 的 GET、POST、PUT 或 DELETE 请求，用以读取、添加、更新和删除计算云服务中的对象。REST API 必须通过 REST 端点访问计算云服务。REST API 的完整帮助参见 Oracle 官方网站[①]。

和存储云服务相同的是，使用 REST API 的第一步也是获取认证；不同的是，存储云服务使用的认证方式为令牌，而计算云服务是通过 Cookie。Cookie 是网站为了辨别用户身份、进行会话跟踪而存储在用户本地终端上的加密数据，在计算云服务中，认证 Cookie 的默认有效期为 30min，过期必须重新获取。获取认证 Cookie 的命令格式如下，输出中 Set-Cookie 部分即为 Cookie 的值，完整的代码参见本章附件 ch03/init/OPCINIT.sh 中的函数 get_auth_cookie：

```
$ curl -i -X POST -H "Content-Type: application/oracle-compute-v3+json" \
    -d '{"user":"/Compute-${ID_DOMAIN}/${OPCUSER}","password":"${OPCPWD}'\
       https://$RESTEP/authenticate/
HTTP/1.1 204 No Content...
Set-Cookie: nimbula
=eyJpZGVudGl0eSI6ICJ7XCJyZWFsbVwiOiBcImNvbXB1dGUtZW0yLXoxNlwiLCBcInZhbHVlX...
OHlIK2xnTXo0UEVTaHM4VUV2ZUlManhNY0RweWg3aWZlRnp0dTZ4S2pkbkdiZEt3PT1cIn0ifQ==; Path=/;
Max-Age=1800
```

将 Cookie 的值赋予环境变量 COMPUTE_COOKIE，然后在后续命令中通过 -H "Cookie: $COMPUTE_COOKIE"选项指定 Cookie 即可通过计算云服务的认证。例如，以下命令可获取 Shape 为 oc3 时的详细信息：

```
$ curl -X GET -H "Cookie: $COMPUTE_COOKIE" \
-H "Accept: application/oracle-compute-v3+json" https://${RESTEP}/shape/oc3
{"is_root_ssd": false, "name": "oc3", "placement_requirements": [], "ram": 7680, "cpus": 2.0,
"root_disk_size": 0, "uri": "https://api-z16.compute.em2.oraclecloud.com/shape/oc3", "io":
200, "gpus": 0, "ssd_data_size": 0, "nds_iops_limit": 0}
```

2. OPC CLI

OPC CLI 也称为 Oracle 公有云命令行接口，是除 Web Console 外另一个重要的计算云服务管理工具，开发者、系统管理员或运维人员可以利用 OPC CLI 管理 Oracle 计算云中的实例、存储和网络等资源。OPC CLI 支持几乎所有 REST API 可完成的操作，并且形式更

① https://docs.oracle.com/en/cloud/iaas/compute-iaas-cloud/stcsa/index.html

简洁，输出可读性更强。

目前 OPC CLI 只支持 Oracle Linux 6U3 以上版本，安装包可从 Oracle 官网[①]下载。安装包中包含 OPC CLI 可执行程序和 RPM 包：

```
$ unzip opc-cli.17.2.2.zip
Archive: opc-cli.17.2.2.zip
 inflating: README.txt                          # 说明文件
  creating: linux/
 inflating: linux/opc                           # OPC CLI 可执行程序
 inflating: opc-cli-17.2.2.x86_64.rpm           # OPC CLI RPM 包
 inflating: sample-profile                      # 示例配置文件
```

可以直接将可执行程序复制到用户目录下进行安装或者使用 RPM 包安装，例如：

```
$ sudo cp linux/opc /usr/local/bin              # 直接复制可执行文件安装
$ sudo rpm -ivh opc-cli-17.2.2.x86_64.rpm       # 通过 RPM 包安装
```

接下来需设置 OPC CLI 配置文件，参照安装包中的示例配置文件 sample-profile，将其中的 IDENTITY_DOMAIN 和 USERNAME 替换为自身云服务的身份域和用户名，将口令存放于 password-file 指定的文件中，并将 endpoint 修改为用户特定的 REST 端点。

```
{
  "global": {
   "format": "text",                          # 命令行输出格式，可以是文本(text),
                                              JSON 或表格(table)
   "debug-requests": false                    # 是否输出详细调试信息
  },
  "compute": {
   "user": "/Compute-IDENTITY_DOMAIN/USERNAME",   # 云服务账户
   "password-file": "~/.opc/password",            # 云服务口令存放文件
   "endpoint": "REST ENDPOINT"                    # 用户的计算云服务 REST 端点
  }
}
```

配置文件的默认文件名为 default，默认存放目录为～/.opc/profiles，编辑完成后即可测试 OPC CLI 与计算云的连通性。

```
$ cp sample-profile ~/.opc/profiles/default     # 将修改后的配置文件存入默认位置
$ echo $OPCPWD > ~/.opc/password                # 将口令存入指定的文件
$ chmod 600 ~/.opc/profiles/default ~/.opc/password# 确保配置文件和口令文件的安全性
$ opc compute shape list                        # 测试 OPC CLI 是否可与计算云服务正常
                                                交互
```

OPC CLI 的命令语法如下：

```
opc [全局选项...] compute [服务选项...] 资源名称 操作 [操作参数...] [操作选项...]
```

OPC CLI 的全局选项如表 3-3 所示，注意在命令行中指定的选项优先级高于环境变量。

① http://www.oracle.com/technetwork/topics/cloud/downloads/index.html#opccli

表 3-3 OPC CLI 命令全局选项

选　　项	说　　明	对应环境变量
--format 格式 或-f 格式	设定输出的显示格式，value 为 text、json 或 table，分别表示文本、JSON 和表格形式	OPC_FORMAT
-Ff_1，f_2，…，f_n 或--fields f_1，f_2，…，f_n	只显示指定的资源属性	OPC_FIELDS
--debug-requests	输出详细的调试信息	DEBUG
--profile 配置文件 或-p 配置文件	OPC CLI 配置文件名	OPC_PROFILE_FILE，如未设置则使用默认名称 default
--profile-directory 目录 或-pd 目录	OPC CLI 配置文件目录	OPC_PROFILE_DIRECTORY，如未设置则使用默认目录～/.opc/profiles

服务选项可用来指定 REST 端点、云服务用户名和口令文件，这些配置也可以通过环境变量 OPC_COMPUTE_ENDPOINT、OPC_COMPUTE_PASSWORD_FILE 和 OPC_COMPUTE_COOKIE 指定，不过仍建议使用配置文件统一进行设置。

资源名称指定了需要通过 OPC CLI 管理的对象，如实例、网络、存储等。使用以下命令可列出所有资源：

```
$ opc compute - h|awk '/RESOURCE/,/^ * $ / {print $1}'
accounts
acls
authentications
backup - configurations
...
```

针对资源的操作包括添加、删除、更新和列举，详见表 3-4。

表 3-4 OPC CLI 资源支持的操作

操　　作	说　　明
add	添加对象
delete	删除对象
discover	列举指定容器下的所有对象名称
get	返回指定对象的详细信息
list	列举指定容器下所有对象的详细信息，比 discover 输出更详细
update	更新指定对象的参数，可以通过 get 操作得到指定对象的参数

由于对象的差异性，相应的操作参数与操作选项也有所不同，可通过-h 命令得到具体的操作参数与选项，例如：

```
$ opc - h                                   # OPC CLI 语法帮助
$ opc compute - h                           # OPC CLI 所有资源与服务选项
$ opc compute instance - h                  # instances 资源的帮助
$ opc compute instance get - h              # instances 资源 get 操作的帮助
```

OPC CLI是非常重要的计算云服务管理工具，基于Web Console图形界面的复杂操作可以通过OPC CLI固化为自动化并可重复调用的脚本，此外还有助于了解计算云服务的基本概念和内部运行机理。OPC CLI可管理的资源多达41个，此处不再逐一叙述，详细的帮助文档参见Oracle官网[①]。在后续章节中，对于典型的资源管理操作将给出对应的OPC CLI实现。

3.3.3 远程访问工具

在Oracle计算云服务中，Windows和Linux是使用最普遍的操作系统。RDP(Remote Desktop Protocol)是从客户端访问云中Windows实例的标准协议，而SSH(Secure Shell)则是从客户端访问云中Linux实例的标准协议。

1. RDP

RDP是Microsoft开发的专有协议，使得用户通过图形界面访问网络上的Windows操作系统。RDP协议包括RDP客户端和RDP服务器两部分，RDP服务器已内嵌于Windows操作系统中，默认在3389端口监听。RDP客户端有多种版本，包括Windows、Linux和Unix等，在Windows操作系统中，RDP客户端也称为远程桌面，可执行程序为mstsc。

在远程桌面中，可以设置连接时启动程序，选择不同的连接速度来优化访问体验；另一项比较有用的功能是可以将驱动器、打印机等本地资源带入远端服务器，以便远端使用和交换数据。

2. SSH

传统的网络服务程序如Telnet和FTP，在网络中以明文传递数据、用户名和口令，存在潜在的安全风险。作为这些程序的替代，SSH为远程登录会话和其他网络服务提供了更安全的访问方式，SSH也是远程访问Linux系统的标准协议。最初的SSH协议由芬兰赫尔辛基大学的研究员Tatu Ylönen开发，后来由于加密算法及版权限制，更多的用户转向使用开源的OpenSSH。SSH协议以客户端/服务器模式下工作，在服务器端默认的监听端口为22。SSH自动加密和解密客户端与服务器之间交换的数据，并且还支持压缩以加速网络传输。

SSH协议支持口令登录和密钥登录两种方式，由于口令登录无法确定服务器的真实性，因此在Oracle云中默认采用密钥登录方式。密钥登录方式需要使用密钥对，包括公钥和私钥。公钥是公开的密钥，私钥由用户自己保存，不对外公开。用私钥加密的数据只有使用对应的公钥才能进行解密，反之亦然。在Oracle计算云中，公钥存放于实例操作系统中的~/.ssh/authorized_keys文件中。客户端使用SSH协议登录服务器的工作机制如图3-6所示，过程如下：

(1) 客户端将希望使用的公钥传递给服务器。

(2) 服务器确认此公钥在authorized_keys文件中存在，产生随机字符串发送给客

① https://docs.oracle.com/en/cloud/iaas/compute-iaas-cloud/stopc/toc.htm

户端。

(3) 客户端使用私钥加密随机字符串并发送给服务器端。

(4) 服务器端使用公钥解密,如果成功,则表示客户端是可信的,允许免密码登录。

(5) 认证通过后,生成基于会话的对称密钥用以加密后续通信的数据。

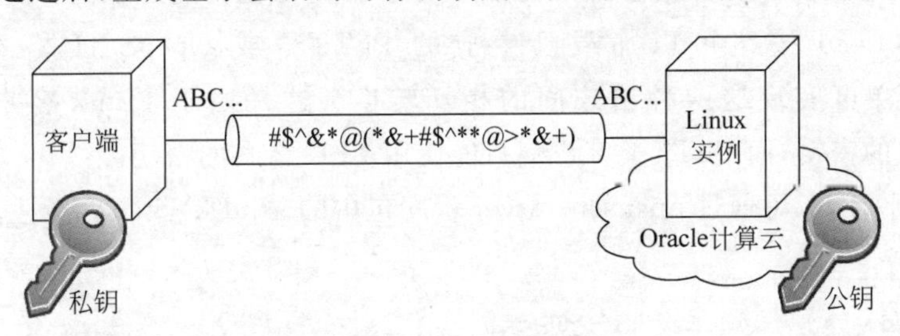

图 3-6 SSH 密钥登录

可以将同一个公钥存放于多个服务器端,这样一个客户端可以免密码登录多个服务器。也可以在一台服务器上存放多个公钥以允许多个不同客户端的访问,同时可以保证当其中某一密钥丢失时,用户仍可使用余下的密钥访问服务器。

在 Windows 平台,产生密钥对可以使用 PuTTY 程序包中的 puttygen 应用,在 Linux 平台下可以使用 OpenSSH 程序包。这两个应用都是开源的,前者可以通过 PuTTY 官网[①]下载,后者通常已包含在 Linux 操作系统中。

如图 3-7 所示,在 Windows 平台下生成 SSH 密钥的过程如下:

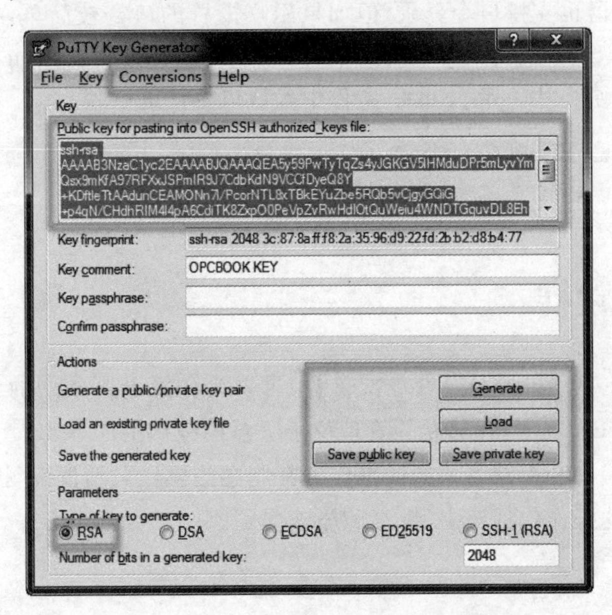

图 3-7 Windows 平台下生成 SSH 密钥

(1) 启动 puttygen 程序。

(2) 选择密钥的类型为 RSA(SSH v2 格式),然后单击Generate 生成密钥。

① http://www.putty.org/

(3) 上端信息框中的反显文字为OpenSSH使用的PEM格式公钥，实际上是一行数据，可以直接复制粘贴到Linux主机中的～/.ssh/authorized_keys文件中。

(4) 单击Save private key将私钥保存为PuTTY特定的PPK格式文件，例如opcbook.ppk。此私钥需妥善保存，客户端连接服务器时需要指定此私钥。

(5) 使用Load按钮可以加载已生成的PuTTY或OpenSSH格式密钥，通过Conversions菜单可实现这两种格式间的相互转换。这是由于Linux客户端必须使用OpenSSH格式的密钥，而PuTTY客户端只能使用PPK格式的密钥。

在Linux平台下，可通过openssh-server程序包中的sshd-keygen命令生产SSH密钥。

```
$ rpm -qa|grep openssh
openssh-clients-5.3p1-122.el6.x86_64
openssh-server-5.3p1-122.el6.x86_64
$ rpm -ql openssh-server-6.6.1p1-35.el7_3.x86_64 |egrep "sshd-keygen$"
/usr/sbin/sshd-keygen
$ ssh-keygen -t rsa -N "" -f opcbook-pkey
$ ll opcbook*
-rw------- 1 opc opc 1675  Sep  9 13:23  opcbook-pkey      # OpenSSH格式私钥
-rw-r--r-- 1 opc opc 407   Sep  9 13:23  opcbook-pkey.pub  # OpenSSH格式公钥
$ wc -l opcbook-pkey.pub                     #公钥文件只有一行,说明其是OpenSSH格式
1 opcbook-pkey.pub
```

虽然SSH服务器也支持口令登录，但如果用户设置的口令较简单，很容易被黑客工具在短时间内破解，而SSH私钥通常长度为数百到上千字节，因此在Oracle计算云中的实例默认只允许SSH登录。从sshd_config文件中确认口令认证已禁止。

```
# grep PasswordAuthentication /etc/ssh/sshd_config | grep -v "^#"
PasswordAuthentication no
```

3.4 存储卷管理

存储卷(Storage Volume)是一块虚拟磁盘，可以为计算云服务中的实例提供持久化的块存储。在Web Console中，存储卷的管理位于服务控制台中的Storage标签页下，用户可以在此页面进行存储卷和存储卷快照的操作。存储卷的操作包括创建、扩容、删除和关联到实例。存储卷快照的操作包括建立、恢复和删除快照。

3.4.1 存储卷

计算云服务中的存储卷是可持久化的块存储，具有以下属性：

(1) 容量。存储卷可定义的容量最小为1GB，最大2TB，并以1GB为增量。由于一个实例最多可以挂载10个存储卷，因此单个实例支持的最大存储容量为20TB。

(2) 可启动属性。可启动属性确定了存储卷的用途，具备此属性的存储卷可以作为实

例的启动盘，否则为数据盘，适用于存放数据库和文件等应用数据。

(3) 性能属性。计算云服务中提供 3 种性能属性，即 storage/default、storage/latency 和 storage/ssd/gp1，依次具有更低的延迟和更高的吞吐量。与 storage/default 相比，storage/latency 启用了 SSD 写缓存，在缓存命中时可显著增加性能。注意，并非所有的数据中心都提供 storage/ssd/gp1 性能属性。

(4) 实例关联属性。是指存储卷是否已分配给某一实例，一个存储卷最多只能关联一个实例，换言之，多个实例无法共享同一个存储卷。

(5) 状态属性。表示存储卷所处的物理状态，Initializing 表示存储卷处于初始化过程中；Online 表示存储已就绪，可以使用。

1. 创建和删除存储卷

图 3-8 为存储标签页下的存储卷管理页面，在此页面中可进行的操作包括创建存储卷、删除存储卷、存储卷扩容、建立和解除与实例的关联、创建即时或定期快照。

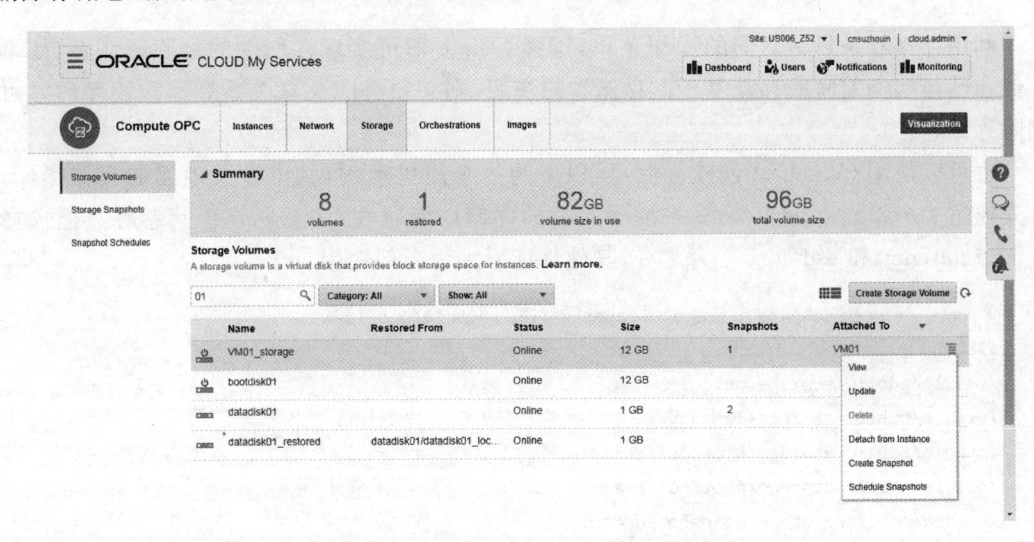

图 3-8　服务控制台存储卷管理页面

通过 Web Console 创建实例时，根据用户选定的映像，系统会自动创建实例名加_storage 后缀的启动卷，例如图 3-8 中的 VM01_storage。用户也可以在创建实例的同时添加数据卷。

另一种方式是通过 Create Storage Volume 按钮启动创建存储卷的界面，如图 3-9 所示。其中必须指定的属性如下：

(1) Name—— 存储卷名。

(2) Boot Image——下拉列表中包含所有的系统机器映像和私有机器映像。如果是创建数据存储卷，则选择 None；如果是可启动卷，则选择相应的映像列表。

(3) Size——存储的容量。如果是可启动卷，此属性会根据基础映像的容量自动填充，并且用户可以在此基础上增大容量，但不允许调小。

(4) Storage Property——存储性能属性，通常可启动卷选择 storage/default，数据卷选择性能更好的 storage/latency。

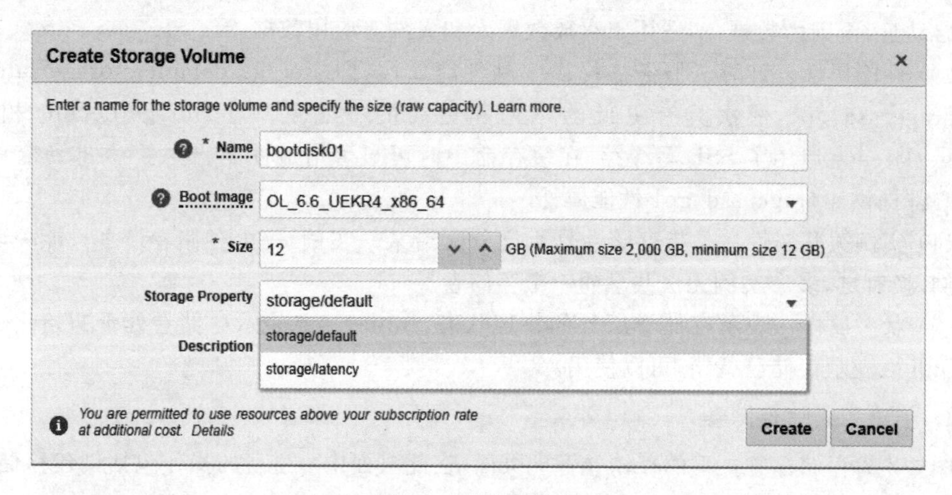

图 3-9 创建存储卷

利用存储卷条目最右侧的操作菜单，选择 Delete 即可实现存储卷的删除。注意，如果存储卷已与实例关联或存在基于此存储卷的快照，则必须解除关联关系和删除快照后才可删除存储卷。

也可以使用 OPC CLI 创建存储卷，以下为一个简单示例，其中涉及主要的存储操作。首先通过 storage-property 命令查询所支持的存储性能属性，注意创建存储卷时只能选择 default、latency 和 ssd/gp1 三者之一，其他性能属性为内部使用。

```
$ opc -f text compute storage-property list /oracle/public
NAME
/oracle/public/storage/default
/oracle/public/storage/latency
/oracle/public/storage/protocol/iscsi
/oracle/public/storage/protocol/nfs
/oracle/public/storage/snapshot/default
/oracle/public/storage/ssd/gp1
```

然后创建容量为 12GB 的可启动卷，关联的操作系统映像为 Oracle Linux 6.6。

```
$ opc compute storage-volume add $OPCACCT/bootdisk01 \          # 指定卷名称
/oracle/public/storage/default 12G \                             # 指定存储性能属性和容量
--bootable --imagelist /oracle/public/OL_6.6_UEKR4_x86_64 # 指定可启动并关联映像
```

下例为创建容量为 20GB，性能属性为 storage/latency 的数据卷：

```
$ opc compute storage-volume add $OPCACCT/datadisk01 \
/oracle/public/storage/latency 20G
```

显示所有的存储卷：

```
$ opc compute storage-volume list $OPCACCT
```

删除存储卷的命令如下，由于存在基于此卷的快照，因此删除失败。

```
$ opc compute storage-volume delete $OPCACCT/datadisk01
```

```
Status Code: 405 Method Not Allowed
{"message": "Volume (/Compute - opcbook/cloud.admin/datadisk01) has a collocated snapshot /
Compute - opcbook/cloud.admin/datadisk01/datadisk01_localsnapshot, cannot be deleted."}
```

2. 建立和解除实例关联关系

存储卷必须与实例建立关联关系后,实例才可以在操作系统层面识别到存储卷,然后进行分区和创建文件系统。每一个存储卷只能关联到一个实例。在计算云服务中,每一个实例最多可以关联 10 个存储卷,对应的序号为 1～10,在 Linux 实例中对应的设备名称为 xvdb、xvdc 一直到 xvdk,其中 xvd 表示 Xen Virtual Block Device。对于使用非持久化启动盘的实例,启动盘的设备名称为 xvda,序号为 0,还可以添加 10 块磁盘;而对于使用持久化启动盘的实例,由于启动盘的序号为 1,因此还可以添加 9 块磁盘。

在存储卷条目最右侧的操作菜单中,有 Attach to Instance 和 Detach Storage Volume 两个菜单项,可以建立和解除存储卷与实例的关联。以下通过一个示例说明建立和解除 Linux 实例与存储卷关联关系的简明过程。对于 Windows 实例,除了在操作系统中建立和挂载文件系统的操作外,其他过程都是相同的。通过 OPC CLI 的 storage-attachments 命令可以列出存储卷与实例的关联关系,注意输出中的 instance_name 和 storage_volume_name 显示了实例名称和关联的存储卷。

```
$ opc compute storage - attachment list /Compute - opcbook/cloud.admin
{
 "result": [
  {
   "account": null,
   "hypervisor": null,
   "index": 1,
   "instance_name": "/Compute - opcbook/cloud.admin/VM01/a9d51e3f - ...1b89",
   "name": "/Compute - opcbook/cloud.admin/VM01/a9d51e3f - ...1b89/2cc2...453d6",
   "readonly": false,
   "state": "attached",
   "storage_volume_name": "/Compute - opcbook/cloud.admin/VM01_storage",
   "uri": "https://api - z52. compute. us6. oraclecloud. com/storage/attachment/Compute -
opcbook/cloud.admin/VM01/a9d51e3f...1b89/2cc2...453d6"
  }
 ]
}
```

通过 OPC CLI 中的 storage-attachment 命令建立存储卷与实例的关联时,首先必须获取实例的内部名称。例如,以下为获取实例 VM01 的实例名称的过程:

```
$ opc - f text compute instance list $OPCACCT | grep "/VM01/"
/Compute - opcbook/cloud.admin/VM01/a9d51e3f - 2425 - 4425 - a905 - 5a89706a1b89
$ export INSTANCE_NAME = $OPCACCT/VM01/a9d51e3f - 2425 - 4425 - a905 - 5a89706a1b89
```

然后将存储卷 datadisk01 与实例 VM01 关联,index 为 2 表示是第二块磁盘。

```
$ opc compute storage - attachment add 2 $INSTANCE_NAME $OPCACCT/datadisk01
{
 "account": null,
```

```
  "hypervisor": null,
  "index": 2,
  "instance_name": "/Compute-opcbook/cloud.admin/VM01/a9d51e3f...1b89",
  "name": "/Compute-opcbook/cloud.admin/VM01/a9d51e3f...1b89/179327f1...",
  "readonly": false,
  "state": "attaching",
  "storage_volume_name": "/Compute-opcbook/cloud.admin/datadisk01",
  "uri":
"https://api-z52.compute.us6.oraclecloud.com/storage/attachment/Compute-opcbook/cloud.admin/VM01/a9d51e3f...1b89/1793...3764f"
}
```

此时查看所有的 storage-attachments,可以看到新生成的存储与实例关联关系。

```
$ opc -f text -F name,index,state compute storage-attachment list $OPCACCT
NAME INDEX    STATE
/Compute-opcbook/cloud.admin/VM01/a9d51e3f...1b89/...-5273a893764f   2   attached
/Compute-opcbook/cloud.admin/VM01/a9d51e3f...1b89/...-39b9a90453d6   1   attached
```

使用 SSH 登录到实例,可以查看到新增的 1GB 磁盘,设备号为 xvdc。

```
$ lsblk |grep disk
xvdb            202:16    0    12GB  0  disk
xvdc            202:32    0    1GB   0  disk
```

然后即可在其上建立文件系统并挂载到用户目录下使用。

```
$ sudo mkfs -t ext4 /dev/xvdc                    # 创建 ext4 文件系统
$ sudo mount /dev/xvdc /mnt                      # 挂载到/mnt 目录下
$ sudo lsblk -fs | egrep "NAME|xvdc"             # 查看设备上的文件系统及挂载点
NAME     FSTYPE      LABEL UUID                              MOUNTPOINT
xvdc     ext4        3e253187-d009-4918-9f7f-445539141397   /mnt
```

可以在实例处于运行状态时解除关联关系,但如果有挂载的文件系统,则必须将文件系统卸载后才可解除关联关系。

```
$ sudo umount /mnt                              # 卸载文件系统
# 解除存储卷与实例的关联关系
$ opc compute storage-attachment delete $OPCACCT/VM01/a9d51e3f...1b89/...-5273a893764f
```

在 Linux 操作系统中,确认 xvdc 设备已不存在:

```
$ lsblk |grep disk
xvdb            202:16    0    12GB  0  disk
```

3. 存储卷扩容

存储卷扩容可通过 Web Console 或 OPC CLI 进行。在 Web Console 的存储标签页中,选中需要扩容的存储卷,在最右侧的操作菜单中选择 Update 菜单项即可。存储卷的容量只允许增大。如果存储卷已关联到实例,实例可以自动识别存储卷的容量变化;如果设备上已建立文件系统并已挂载到用户目录,则可对文件系统进行在线扩容。

以下是一个利用 OPC CLI 进行存储卷扩容的示例,在扩容之前,实例 VM01 已经关联了一个1GB的存储卷，并建立了文件系统。

```
# 查询实例 VM01 关联的存储卷
$ opc -f text -F index,storage_volume_name compute storage-attachment list $OPCACCT/VM01
INDEX  STORAGE VOLUME NAME
1   /Compute-opcbook/cloud.admin/VM01_storage
2   /Compute-opcbook/cloud.admin/datadisk01
# 查询到存储卷 datadisk01 的容量为 1GB
$ opc -f text -F size,properties compute storage-volume list $OPCACCT/datadisk01
PROPERTIES  SIZE
["/oracle/public/storage/default"]  1073741824
# ssh 登录到实例内部，查询到对应的设备上已建立文件系统，并已挂载到目录/mnt 下
$ sudo lsblk -fs | egrep "NAME|xvdc"
$ df -h | egrep "Filesystem|xvdc"
Filesystem      Size  Used   Avail  Use%  Mounted on
/dev/xvdc       976M  1.3M   908M   1%    /mnt
```

通过storage－volumes update命令将datadisk01的容量增大到4GB：

```
$ opc compute storage-volume update $OPCACCT/datadisk01 \
   /oracle/public/storage/default 4G
```

通过resize2fs命令在线扩展文件系统：

```
$ sudo resize2fs /dev/xvdc
resize2fs 1.41.12 (17-May-2010)
Filesystem at /dev/xvdc is mounted on /mnt; on-line resizing required
old desc_blocks = 1, new_desc_blocks = 1
Performing an on-line resize of /dev/xvdc to 1048576 (4k) blocks.
The filesystem on /dev/xvdc is now 1048576 blocks long.
```

重新查询文件系统，确认其容量已扩充到4GB：

```
$ df -h | egrep "Filesystem|xvdc"
Filesystem        Size    Used    Avail   Use%   Mounted  on
/dev/xvdc         4.0G    2.0M    3.8G    1%     /mnt
```

3.4.2 存储卷快照

存储卷快照是存储卷在某一时间点的数据拷贝，可用于数据备份或以其为基础来创建新的存储卷。快照操作只能针对单个存储卷进行，但一个存储卷可以创建多个快照。存储卷的首个快照捕获此存储卷的所有数据，后续的快照采用增量方式，当增量快照的数量达到10个时，下一个快照仍采用全量的方式。这种全量与增量相结合的方式既可以从任意时间点恢复数据，也可以减少恢复时间和快照使用的存储容量。由于快照发生在存储层面，并不会捕捉上层操作系统或应用缓存的数据，因此在创建快照时，对于文件系统，应使用sync命令将缓存的数据冲刷到磁盘；对于数据库，应将数据库置于静默状态以保证数据的一致性。如果是可启动存储卷，在创建快照前应通过停止资源编排删除实例，使存储卷处于静止状态，以保证快照的数据完整性和一致性。

如图 3-8 所示，选定某存储卷，在最右侧的操作菜单中选择 Create Snapshot 菜单项，可创建此卷的快照。根据快照数据存储的位置，存储卷快照分为本地快照（Colocated Snapshot）和远程快照（Remote Snapshot）两种类型，默认为远程快照。本地快照将快照数据存储在与存储卷相同的物理位置，使用的是块存储；而远程快照则存放在计算云关联的存储云服务中，使用的是对象存储。显然，建立远程快照或从远程快照恢复需要更长的时间，好处是对象存储成本较低，并且快照数据与源存储卷数据分离存放可防止两份数据同时失效。

使用 OPC CLI 中的 storage-snapshot 命令也可以管理快照，以下为创建和查看快照的命令示例。

```
# 为存储卷 datadisk01 创建本地快照
$ opc compute storage-snapshot add $OPCACCT/datadisk01 --name $OPCACCT/datadisk01_localsnapshot --property /oracle/private/storage/snapshot/collocated
# 为存储卷 datadisk01 创建远程快照
$ opc compute storage-snapshot add $OPCACCT/datadisk01 --name $OPCACCT/datadisk01_remotesnapshot
# 为实例 VM01 的启动卷创建远程快照
$ opc compute storage-snapshot add $OPCACCT/VM01_storage --name $OPCACCT/VM01_storage_remotesnapshot
$ opc compute storage-snapshot list $OPCACCT                # 查看生成的 3 个快照，输出已简化
{
 "result": [
  {
  "machineimage_name": "/oracle/public/OL_6.4_UEKR4_x86_64-17.2.2-20170405-223255",
  "name": "/Compute-opcbook/cloud.admin/VM01_storage_remotesnapshot",
  "parent_volume_bootable": "true",
  "platform": "linux",
  "property": "/oracle/public/storage/snapshot/default",
  "size": "12884901888",
  "snapshot_timestamp": "2017-09-18T00:38:13Z",
  "status": "completed",
  "volume": "/Compute-opcbook/cloud.admin/VM01_storage"
  },
  {
   "machineimage_name": null,
   "name": "/Compute-opcbook/cloud.admin/datadisk01_localsnapshot",
   "parent_volume_bootable": "false",
   "platform": null,
   "property": "/oracle/private/storage/snapshot/collocated",
   "size": "4294967296",
   "snapshot_timestamp": "2017-09-18T00:36:25Z",
   "status": "completed",
   "volume": "/Compute-opcbook/cloud.admin/datadisk01"
  },
  {
  "machineimage_name": null,
  "name": "/Compute-opcbook/cloud.admin/datadisk01_remotesnapshot",
  "parent_volume_bootable": "false",
```

```
    "platform": null,
    "property": "/oracle/public/storage/snapshot/default",
    "size": "4294967296",
    "snapshot_timestamp": "2017-09-18T00:37:12Z",
    "status": "initializing",
    "volume": "/Compute-opcbook/cloud.admin/datadisk01"
    }
  ]
}
```

所有的快照都可以在 Storage 标签栏下的 Storage Snapshots 子标签栏下查看，如图 3-10所示。

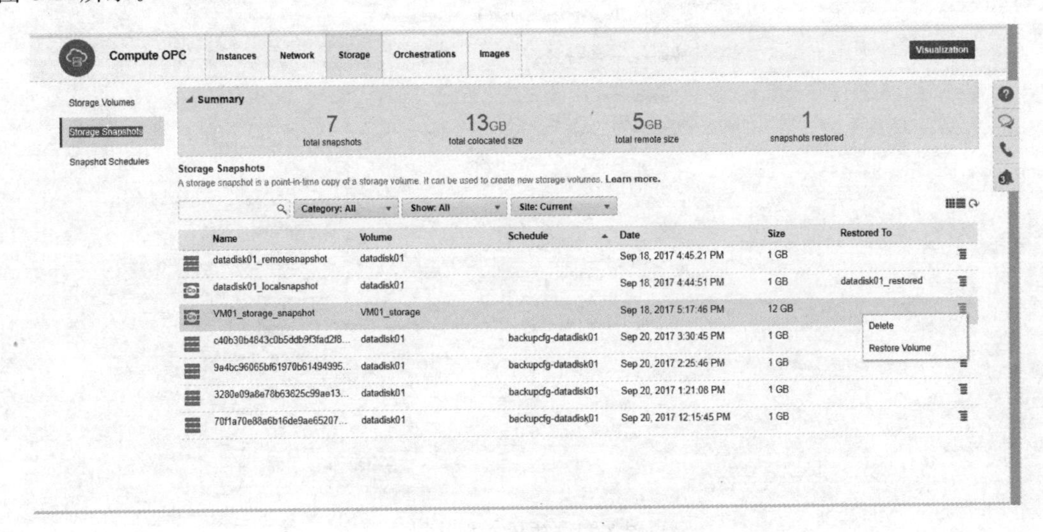

图 3-10　存储卷快照管理

选择某一快照，在最右侧的操作菜单中选择 Restore Volume 菜单项，即可基于此时间点快照恢复存储卷。注意，如果已存在基于快照恢复的存储卷，快照将无法删除，例如：

```
$ opc compute storage-snapshot delete $OPCACCT/datadisk01/datadisk01_localsnapshot
Status Code: 405 Method Not Allowed
{"message":          "Storage             snapshot (/Compute-opcbook/cloud.admin/
datadisk01/datadisk01_localsnapshot) has cloned volumes, cannot be deleted"}
```

删除基于快照恢复的存储卷后，即可成功删除快照：

```
$ opc compute storage-volume delete $OPCACCT/datadisk01_restored
$ opc compute storage-snapshot delete $OPCACCT/datadisk01_localsnapshot
```

在计算云服务中，可以建立备份计划定期自动对存储卷建立快照，备份计划生成的快照只支持远程快照，即必须使用关联的存储云服务。在图 3-8 中，选定某存储卷，在最右侧的操作菜单中选定 Schedule Snapshots 菜单项即可进入备份计划的配置界面，如图 3-11 所示，其中需要定义的属性如下：

(1) Name——备份计划的名称。

(2) Enable——备份计划是否立即生效。

(3) Retention Count——需要保存的快照数量。当新快照生成时,如果发现快照的数量超出此值,则最老的快照被删除。

(4) Interval——备份生成周期,Weekly(按周)或 Hourly(按小时)。

(5) Every——如果选择 Weekly,则必须指定一周七天中的某几天和生成快照的时间;如果指定 Hourly,则必须指定快照生成的频率,即每隔多少小时产生一次快照。

(6) At——指定在一天中生成快照的时间,只有选择 Weekly 时才会显示此选项。

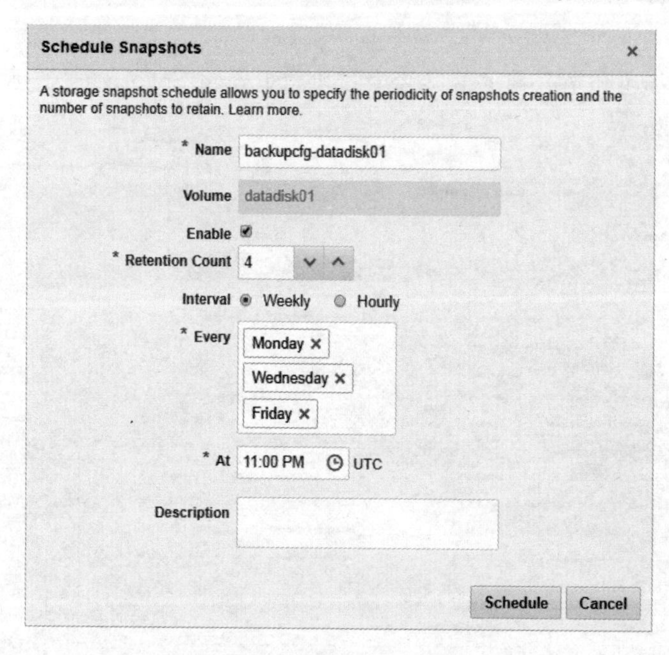

图 3 11 生成备份计划

备份计划定义完成后,备份周期和需要保存的快照数量均可以修改。

在 OPC CLI 中,与备份计划相关的命令为 backup-configurations 和 backups,前者即图 3-11的命令行实现。例如,以下创建的备份计划每 1 小时为存储卷 datadisk01 生成一次快照,并保留最近的 4 次快照。

```
$ opc compute backup - configuration add $OPCACCT/backupcfg - datadisk01
https://compute. uscom - east - 1. oraclecloud. com/storage/volume/ $OPCACCT/datadisk01
hourly -- hourly - interval 1 -- backup - retention - count 4
```

通过 backup-configurations 产生的备份任务可以通过 backup 命令查询,例如:

```
$ opc - f text compute backup list                # 列出所有的备份任务
NAME
/Compute - opcbook/cloud.admin/backupcfg - datadisk01/3c097951 - b576 - 4784 - ...
# 查询某一备份任务
$ opc compute backup get $OPCACCT/backupcfg - datadisk01/3c097951 - b576 - 4784 - ...
{
 "backupConfigurationName": "/Compute - opcbook/cloud.admin/backupcfg - datadisk01",
 "snapshotSize": "1073741824b",
 " snapshotUri ": "/storage/snapshot/Compute - opcbook/cloud. admin/datadisk01/
3280e09a8e78b63825c99ae13790dbd18f3f5548678b0e92562c5d0968fe7200 - us2",
```

```
"state": "COMPLETED",
...
}
```

在备份任务的输出中，比较有用的信息包括备份计划的名称、快照占用的存储空间、快照 ID 和备份完成的状态。通过快照 ID 可以进一步查询快照生成的时间。

backup 命令还有一个作用是立即运行备份任务而无须等到下一个运行周期，例如：

```
$ opc compute backup add $OPCACCT/adhoc_backup $OPCACCT/backupcfg-datadisk01
```

可以直接从快照恢复存储卷，另一种方式是通过备份计划生成的备份任务或临时执行的备份任务进行恢复，例如：

```
$ opc compute restore add $OPCACCT/adhoc_snapshot /storage/volume/$OPCACCT/adhoc_vol
```

3.4.3 跨站点的存储快照恢复

在一个身份域下通常有多个站点(Site)，虽然站点内的资源是隔离的，但如果用户订阅了存储云服务，则多个站点间可以共享存储云服务中的对象存储，这也为数据交换提供了一个中转站。例如，通过存储云服务，可以实现跨站点的存储快照恢复。在以下的示例中，身份域 opcbook 下拥有两个站点，分别为 uscom-central-1 和 uscom-east-1，我们将在站点 uscom-central-1 中建立快照，然后将其恢复到另一个站点 uscom-east-1 中。

首先在服务控制台中将 Site 设置为 uscom-central-1，以下的操作都将基于此站点进行。然后通过 Web Console 创建一个测试实例 VM01，并创建一个 2GB 的存储卷 datadisk01 并挂接到 VM01。

```
$ opc compute storage-volume add $OPCACCT/datadisk01 /oracle/public/storage/latency 2G
$ INSTANCE_NAME=$(opc -f text compute instances list $OPCACCT | grep "/VM01/")
$ opc compute storage-attachment add 2 $INSTANCE_NAME $OPCACCT/datadisk01
```

通过 SSH 登录 VM01，在操作系统中格式化新挂载的磁盘，建立文件系统，并写入标记文件。文件写完后需要运行 sync 以保证缓存总的数据已写入磁盘。

```
VM01$ lsblk |grep disk
xvdb            202:16    0    12GB  0  disk
xvdc            202:32    0    2GB   0  disk
VM01$ sudo mkfs -t ext4 /dev/xvdc
VM01$ sudo mount /dev/xvdc /mnt
VM01# echo "before snapshot" > /mnt/mark; sync; sync
```

接下来创建存储卷 datadisk01 的快照 datadisk01_remotesnapshot，快照类型为远程快照，以保证快照数据写入共享的对象存储。

```
$ opc compute storage-snapshot add $OPCACCT/datadisk01 --name $OPCACCT/
datadisk01_remotesnapshot
```

远程快照建立是一个异步的过程，由于整个源存储卷都会复制到对象存储，因此存储卷容量越大，建立快照的时间就越长。如果在复制过程中，源存储卷中的某数据块发生了修改,则修改前的数据块会先复制到临时缓存区,即在本站点内临时分配的一块存储区域,后续对此数据块的修改不会再复制到缓存区,这就是通常所说的COW(Copy-On-First-Write),即快照工作的基本原理。

反复查询快照,直到其状态变为完成(completed),并记录快照ID。

```
$ opc -f text -F snapshot_id,status compute storage-snapshot list $OPCACCT/datadisk01_remotesnapshot
SNAPSHOT ID    STATUS
53f862dea83c1adc69aa98e8408764a55dd6e8489de4ffa1b703be698a8b9d9d-us2  completed
```

此时可以查看对象存储中有何变化,利用Swift Client查询存储云服务中的容器,其中三个容器与远程快照有关。

```
$ swift list
OracleReservedBlockStorageSnapshot-Data-uscom-central-1-us2        # 快照数据容器
OracleReservedBlockStorageSnapshot-Manifests-uscom-central-1-us2   # manifest 容器
OracleReservedBlockStorageSnapshot-snapshot_id_index-us2           # 快照 ID 容器
```

查询快照ID容器,可以发现快照ID文件,这与我们之前记录的快照ID是一致的。

```
$ swift list OracleReservedBlockStorageSnapshot-snapshot_id_index-us2
53f862dea83c1adc69aa98e8408764a55dd6e8489de4ffa1b703be698a8b9d9d-us2
```

查询快照数据容器,可以发现多个数据分段文件。

```
$ swift list OracleReservedBlockStorageSnapshot-Data-uscom-central-1-us2
zfssend/53f862dea83c1adc69aa98e8408764a55dd6e8489de.../data/segment-00000001
zfssend/53f862dea83c1adc69aa98e8408764a55dd6e8489de.../data/segment-00000002
zfssend/53f862dea83c1adc69aa98e8408764a55dd6e8489de.../data/segment-00000003
zfssend/53f862dea83c1adc69aa98e8408764a55dd6e8489de.../data/segment-00000004
```

原存储卷为2GB,而此快照数据容器占用空间仅为105MB,这是由于压缩的缘故。

```
$ swift stat OracleReservedBlockStorageSnapshot-Data-uscom-central-1-us2
...
Objects: 4
Bytes: 105261384
...
```

重新登录实例VM01,并在原存储卷中的标记文件中添加一行:

```
VM01# echo "after snapshot" >> /mnt/mark; sync; sync
```

接下来的快照恢复操作将切换到另一个站点uscom-east-1中进行,快照恢复最简单的方法是通过Web Console,如图3-12所示。第一步是选择当前站点,即远程快照希望恢复的目标站点uscom-east-1;第二步则是选择原始快照所在的站点,即uscom-central-1;最后选择快照datadisk01_remotesnapshot并在操作菜单中选择恢复,然后指定恢复存储卷的名称为datadisk01。注意在图3-12中,datadisk01_localsnapshot并没有操作菜单,这是因为本地快照的数据无法在站点间共享,因此也无法在另一个站点恢复。

除了图形界面,以下的OPC CLI命令也可以实现同样的功能,其中需要指定快照ID:

```
$ opc compute storage-volume add $OPCACCT/datadisk01 /oracle/public/storage/default 2G --
snapshot-id 53f862dea83c1adc69aa98e8408764a55dd6e8489de4ffa1b703be698a8b9d9d-us2
```

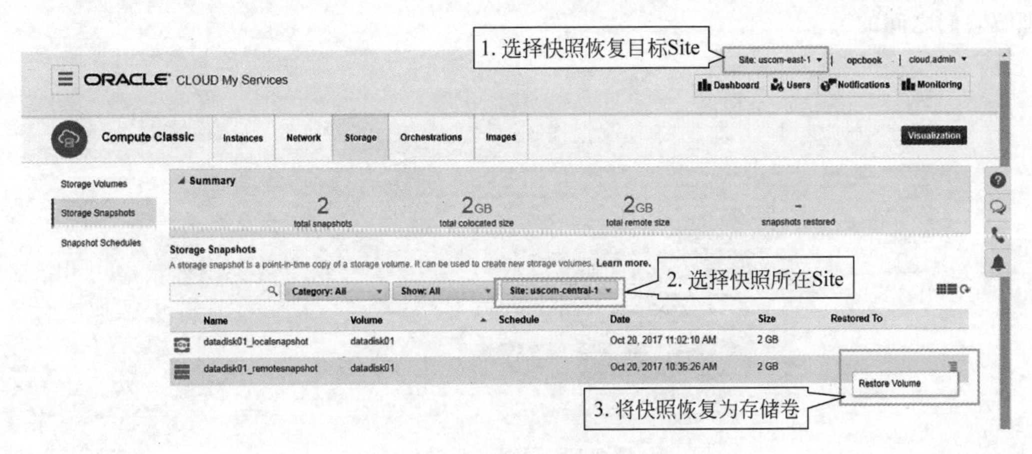

图 3-12 从其他站点恢复快照

最后在站点 uscom-east-1 中建立虚拟机 VM02，并将恢复的快照卷 datadisk01 挂接到 VM02 上。然后 SSH 登录实例，由于此卷已经格式化，因此只需 mount 即可，查询标记文件的内容，仅有快照建立时的数据，可验证此存储卷的数据即为快照时间点的数据：

```
$ sudo mount /dev/xvdc /mnt
$ cd /mnt
$ cat /mnt/mark
before snapshot
```

3.5 映像管理

机器映像也称为映像，是一块包含了操作系统的可启动磁盘，可作为创建虚拟机实例的模板。Oracle 计算云服务中的机器映像包括两种类型，即系统机器映像和私有机器映像。

系统机器映像是由 Oracle 计算云服务提供的机器映像，支持的操作系统包括 Oracle Linux 和 Oracle Solaris。私有机器映像是由用户或第三方制作，或是在 Oracle 云应用市场（MarketPlace）中提供的映像。例如，在系统机器映像中并不包含 RedHat Enterprise Linux，用户可以自行创建并上传到计算云服务中。云应用市场中的机器映像的机器映像包括 Microsoft Windows Server 2008 R2 标准版和 Microsoft Windows Server 2012 R2 标准版。

机器映像可以用 Web Console 图形界面或 OPC CLI 管理。在 OPC CLI 中，映像管理涉及三个概念，即机器映像（Machine Image）、映像列表（Image List）和映像列表条目（Image List Entry）。映像列表由多个映像列表条目组成，每一个条目包含一个机器映像和数字形式的版本号，而机器映像是实际的物理映像文件。

如图 3-13 所示，在计算云服务控制台中，创建实例的第一步即为选择机器映像，用户可以从 Oracle Images 中选择系统映像，从 Private Images 中选择私有映像，或从 MarketPlace 中安装由第三方提供并由 Oracle 云应用市场认证的私有映像，安装后的映像也会出现在 Private Images 中。

在图 3-13 中，OL_6.6_UEKR4_x86_64 实际是映像列表的名称，下拉框中的 4 个选项为机器映像条目，每一个条目对应一个物理的机器映像文件。通过 OPC CLI 可以更清楚地理解它们之间的关系。

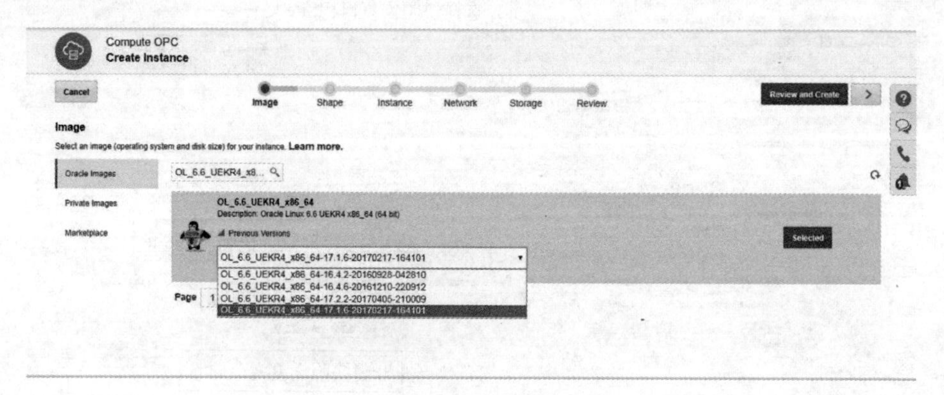

图 3-13　选择机器映像

如图 3-14 所示，通过 OPC CLI 命令查询映像列表 OL_6.6_UEKR4_x86_64，其中包含 4 个条目，版本分别为 4、3、5 和 6，默认的版本为 6。

```
$ opc -f table compute image-lists get /oracle/public/OL_6.6_UEKR4_x86_64
+-----------------------------+--------------------------------------------------------------------------------------------+
| default                     | 6                                                                                          |
| description                 | Oracle Linux 6.6 UEKR4 x86_64                                                              |
|                             | (64 bit)                                                                                   |
| entries/0/imagelist         |                                                                                            |
| entries/0/machineimages     | ["/oracle/public/OL_6.6_UEKR4_x86_64-16.4.2-20160928-042810"]                              |
| entries/0/uri               | https://compute.uscom-east-1.oraclecloud.com/imagelist/oracle/public/OL_6.6_UEKR4_x86_64/entry/4 |
| entries/0/version           | 4                                                                                          |
| entries/1/imagelist         |                                                                                            |
| entries/1/machineimages     | ["/oracle/public/OL_6.6_UEKR4_x86_64-16.4.6-20161210-220912"]                              |
| entries/1/uri               | https://compute.uscom-east-1.oraclecloud.com/imagelist/oracle/public/OL_6.6_UEKR4_x86_64/entry/3 |
| entries/1/version           | 3                                                                                          |
| entries/2/imagelist         |                                                                                            |
| entries/2/machineimages     | ["/oracle/public/OL_6.6_UEKR4_x86_64-17.2.2-20170405-210009"]                              |
| entries/2/uri               | https://compute.uscom-east-1.oraclecloud.com/imagelist/oracle/public/OL_6.6_UEKR4_x86_64/entry/5 |
| entries/2/version           | 5                                                                                          |
| entries/3/imagelist         |                                                                                            |
| entries/3/machineimages     | ["/oracle/public/OL_6.6_UEKR4_x86_64-17.1.6-20170217-164101"]                              |
| entries/3/uri               | https://compute.uscom-east-1.oraclecloud.com/imagelist/oracle/public/OL_6.6_UEKR4_x86_64/entry/6 |
| entries/3/version           | 6                                                                                          |
| name                        | /oracle/public/OL_6.6_UEKR4_x86_64                                                         |
| uri                         | https://compute.uscom-east-1.oraclecloud.com/imagelist/oracle/public/OL_6.6_UEKR4_x86_64   |
+-----------------------------+--------------------------------------------------------------------------------------------+
```

图 3-14　通过 OPC CLI 查询映像列表

接下来查询其中某一机器映像 OL_6.6_UEKR4_x86_64-17.1.6-20170217-164101 的信息，输出如图 3-15 所示，其中包含映像文件名、操作系统平台、上传映像文件的大小及解压后的文件大小。

```
$ opc -f table compute machine-images get /oracle/public/OL_6.6_UEKR4_x86_64-17.1.6-20170217-164101
+-----------------------+---------------------------------------------------------------------------------------------+
| account               | /root/object_store                                                                          |
| audited               |                                                                                             |
| description           |                                                                                             |
| error_reason          |                                                                                             |
| file                  | OL_6.6_UEKR4_x86_64-17.1.6-20170217-164101.tar.gz                                           |
| hypervisor/mode       | hvm                                                                                         |
| image_format          | raw                                                                                         |
| name                  | /oracle/public/OL_6.6_UEKR4_x86_64-17.1.6-20170217-164101                                   |
| no_upload             | true                                                                                        |
| platform              | linux                                                                                       |
| quota                 |                                                                                             |
| signature             |                                                                                             |
| signed_by             |                                                                                             |
| sizes/decompressed    | 1.1274289152e+10                                                                            |
| sizes/total           | 7.83193011e+08                                                                              |
| sizes/uploaded        | 7.83193011e+08                                                                              |
| state                 | available                                                                                   |
| uri                   | https://compute.uscom-east-1.oraclecloud.com/machineimage/oracle/public/OL_6.6_UEKR4_x86_64-17.1.6-2 |
|                       | 0170217-164101                                                                              |
+-----------------------+---------------------------------------------------------------------------------------------+
```

图 3-15　通过 OPC CLI 查询机器映像

3.5.1 系统机器映像

系统机器映像是指由 Oracle 官方制作并发布的映像，用户无法对其进行修改和删除。所有系统机器映像或映像列表都位于路径/oracle/public 下，可通过 OPC CLI 列出所有的机器映像列表和机器映像。

```
$ opc -f text compute image-list discover /oracle/public | grep OL_6.6_UEKR
/oracle/public/OL_6.6_UEKR3_x86_64
/oracle/public/OL_6.6_UEKR4_x86_64
/oracle/public/OL_6.6_UEKR4_x86_64-17.1.2-20170118
/oracle/public/OL_6.6_UEKR4_x86_64_GGCS
$ opc -f text compute machine-image discover /oracle/public | grep OL_6.6_UEKR
/oracle/public/OL_6.6_UEKR3_x86_64-16.3.6-20160903-000928
/oracle/public/OL_6.6_UEKR3_x86_64-16.4.2-20161027-154836
/oracle/public/OL_6.6_UEKR3_x86_64-16.4.6-20161210-215912
/oracle/public/OL_6.6_UEKR3_x86_64-17.2.2-20170405-205909
/oracle/public/OL_6.6_UEKR4_x86_64-16.3.6-20160903-002138
/oracle/public/OL_6.6_UEKR4_x86_64-16.4.2-20161027-183835
/oracle/public/OL_6.6_UEKR4_x86_64-16.4.6-20161210-220912
/oracle/public/OL_6.6_UEKR4_x86_64-17.1.2-20170118
/oracle/public/OL_6.6_UEKR4_x86_64-17.2.2-20170405-210009
/oracle/public/OL_6.6_UEKR4_x86_64_GGCS
```

系统机器映像主要包含两种类型：一类是通用的操作系统，如 Oracle Linux 和 Oracle Solaris；另一类中则安装了应用或平台软件，如 Oracle 存储云网关，Oracle Database 11g、12c 等。后者用户不能直接选择，而是通过对应的平台云服务中间接使用。Oracle 会定期发布新的系统机器映像，用户也可以选择自行定制私有机器映像。

3.5.2 私有机器映像

私有机器映像是指由用户或第三方组织创建的机器映像以及 Oracle 提供的一些免费工具类映像。第 2 章介绍的 Oracle 存储云网关也属于私有机器映像的范畴。

用户可定制私有机器映像并上传到计算云服务，由第三方制作并通过 Oracle 认证的机器映像可以在 Oracle 云应用市场中直接安装。在计算云服务控制台中的 Images 标签页中可查看已成功安装的私有机器映像，如图 3-16 所示，CentOS-7-x86_64 为 CentOS 官方提供的机器映像[①]，Microsoft_Windows_Server_2008_R2 和 Microsoft_Windows_Server_2012_R2 为云应用市场中提供的机器映像，OL6U6_Customized 为用户定制的私有机器映像，详细的制作过程可参见 3.3 节。

1. 上传与注册私有机器映像

通过 Upload Image 按钮可以上传用户制作的机器映像，由于私有机器映像存放在对象

① https://cloud.centos.org/centos/7/images/

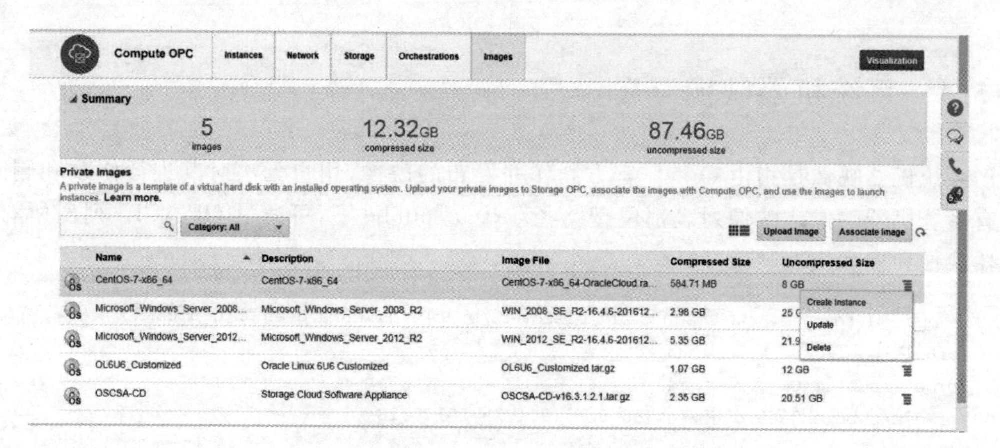

图 3-16　私有机器映像

存储中，因此用户必须订阅 Oracle 存储云中的对象存储服务。由于机器映像文件通常较大，因此会以 SLO 形式自动分段上传，manifest 文件的默认存放目录为 compute_images，分段文件的默认存放目录为 compute_images_segments。上传机器映像也可以通过 FTM CLI 等命令行工具实现，详见 2.2.3 节。

机器映像上传后，必须在计算云服务中进行注册，然后 Images 标签页下才会生成实际的条目。通过 Associate Image 按钮可进行注册操作，如图 3-17 所示。

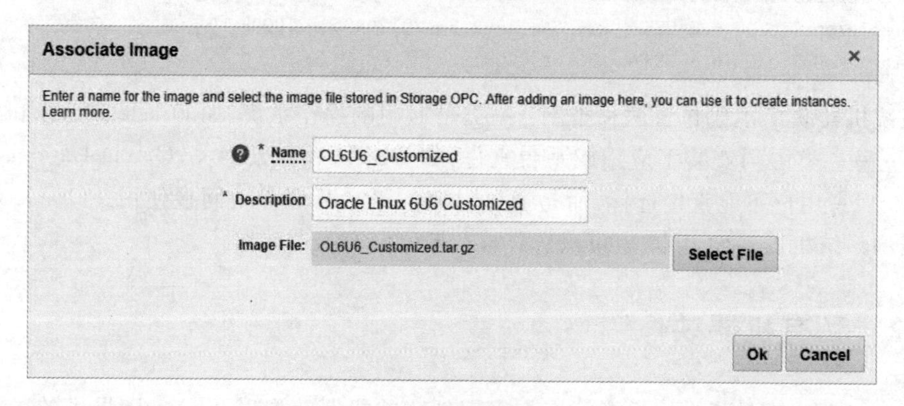

图 3-17　注册机器映像

注册机器映像实际上包含了 3 个步骤，即创建机器映像列表、创建机器映像、创建机器映像列表条目并关联机器映像及机器映像列表，以下 OPC CLI 命令说明了注册机器映像的实际过程：

```
$ export IMAGE_FILE = "OL6U6_Customized.tar.gz"
$ export IMAGEV_ERSION = 1
# 创建机器映像列表
$ opc compute image - list add $OPCACCT/OL6U6_Customized 'Oracle Linux 6U6 Customized'
# 创建机器映像
$ opc compute machine - image add $OPCACCT/OL6U6_Customized_image $IMAGE_FILE
# 创建机器映像列表条目并关联机器映像及机器映像列表
$ opc compute image - list - entry add $OPCACCT/OL6U6_Customized \
    $OPCACCT/OL6U6_Customized_image $IMAGE_VERSION
```

如图 3-16 所示，在私有映像条目最右端的操作菜单中，Create Instance 可以直接基于映像创建实例，Update 只能更新映像的描述，Delete 将映像在计算云服务中注销，但不会删除上传的机器映像文件，后续可通过 Associate Image 按钮再行注册。

2. 通过 MarketPlace 安装私有机器映像

Oracle MarketPlace 是由 Oracle 维护的一站式云应用商店，包含由合作伙伴提供的大量应用与服务，可极大补充和丰富用户的云部署及解决方案。

创建实例的第一步即选择机器映像，选择 Marketplace 子标签，可以浏览或搜索云应用市场中的应用与服务。图 3-18 显示当类型(Category)为 Virtual Machines 时的所有应用，单击 Select 按钮即可将选定的应用下载并安装到计算云服务中。

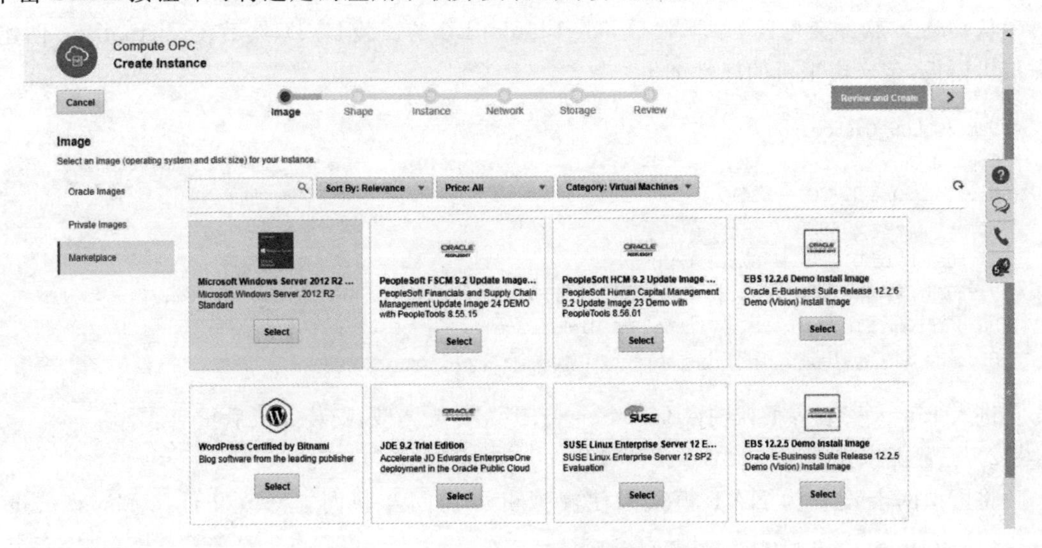

图 3-18 安装云应用市场私有机器映像

应用安装完成后，即可在 Private Images 子标签中查看，如图 3-19 所示。后续可以从中选择私有映像并创建新的实例。

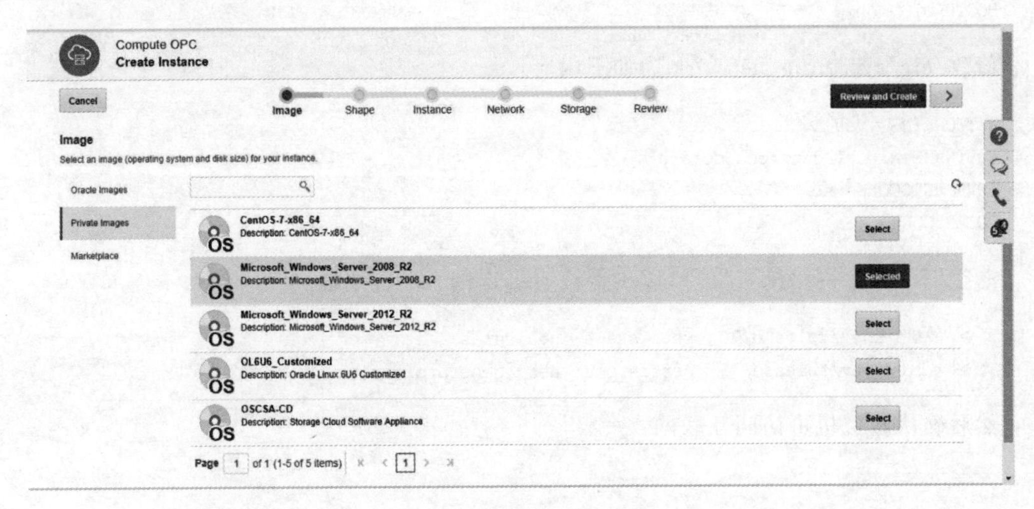

图 3-19 选择私有机器映像

3. 创建自定义机器映像

以下两种情形需要用户创建自定义机器映像：①系统提供的机器映像中不包含用户所需的操作系统，如RedHat Enterprise Linux或SUSE Enterprise Linux；②用户需要对机器映像进行定制，如安装额外的软件包或应用、创建额外的用户或用户组或需要扩展启动卷的容量等。

创建自定义机器映像需要借助Oracle VirtualBox虚拟化软件[①]，假定已经在一台Windows主机中安装了VirtualBox，以下通过示例说明创建Oracle Linux 6U6自定义机器映像的简要过程。

1）安装操作系统

从Oracle软件交付云[②]中下载Oracle Linux 6U6的安装DVD，然后在VirtualBox创建虚拟机模板，定义虚拟机的属性如下：

```
Name:OL6U6_Customized
Type: Linux
Version: Oracle (64 - bit)
Memory Size: 2048MB
Virtual Hard Disk File Size: 12GB
Virtual Hard Disk File Location: C:\VirtualBox VMs\OL6U6\OL6U6_Customized.vmdk
Hard drive file type: VDI (VirtualBox Disk Image)
Storage on physical hard drive screen: Dynamically allocated
```

进入Linux安装界面，选择Basic Server默认安装类型，安装完成后重启。

2）配置虚拟机网络

将虚拟网卡设置为NAT模式以使虚拟机可访问互联网。修改文件/etc/sysconfig-network-scripts/ifcfg-eth0为如下内容：

```
DEVICE = eth0
ONBOOT = yes
TYPE = Ethernet
BOOTPROTO = dhcp
```

修改/etc/sysconfig/network为如下内容：

```
NETWORKING = yes
HOSTNAME = localhost.localdomain
IPV6_AUTOCONF = no
NOZEROCONF = yes
```

清空以下两个网络配置文件，以确保没有绑定的MAC地址：

```
# >| /etc/udev/rules.d/70 - persistent - net.rules
# >| /lib/udev/rules.d/75 - persistent - net - generator.rules
```

然后确认虚拟机可访问互联网：

---

① https://www.virtualbox.org

② https://edelivery.oracle.com

```
$ ping -c5 public-yum.oracle.com
```

3）修改虚拟机安全设置

编辑文件/etc/selinux/config，设置 SELINUX=disabled 以关闭强制访问控制模式。然后关闭并禁止 Linux 内核防火墙：

```
# service iptables stop
# chkconfig iptables off
```

4）安装实例初始化软件包 opc init

opc-init 是 Oracle 提供的软件包，负责在实例创建时进行实例初始化的工作。例如，opc-init 可以将在实例创建过程中指定的公钥复制到相应用户的 authorized_keys 文件中。opc-init 的详细介绍参见官网[①]。

opc-init 软件包依赖于默认的实例用户 opc，因此需要创建此用户并设定口令：

```
# useradd opc --password ********
```

然后在/etc/sudoers 文件中添加以下行，赋予 opc 用户 sudo 权限：

```
%opc   ALL=(ALL)       NOPASSWD: ALL
```

从官网[②]下载 opc-init 软件包（可以将软件包先下载到 Windows 主机，然后上传到计算云服务自带的 SFTP 账户下，最后在虚拟机中下载），解压后，安装与 Python 版本对应的 opc-init 软件包：

```
$ unzip opc-init-16.4.2.zip
Archive: opc-init-16.4.2.zip
  inflating: README
  inflating: opc-init-py2.6-16.4.2.noarch.rpm
   inflating: opc-init-py2.7-16.4.2.noarch.rpm
$ python --version
Python 2.6.6
$ sudo rpm -ivh opc-init-py2.6-16.4.2.noarch.rpm
```

最后在文件/etc/rc.local 末尾添加以下行，使实例每次启动时自动运行 opc-init：

```
/usr/bin/opc-linux-init
```

5）制作机器映像

将虚拟机的虚拟磁盘文件复制为映像格式文件 OL6U6_Customized.img：

```
C:> cd C:\Program Files\Oracle\VirtualBox
C:> set imagefile="C:\VirtualBox VMs\OL6U6\OL6U6_Customized.vmdk"
C:> VBoxManage clonehd %imagefile% C:\temp\OL6U6_Customized.img --format raw
0%...10%...20%...30%...40%...50%...60%...70%...80%...90%...100%
Clone medium created in format 'raw'. UUID: 36823924-1ee8-48ac-a3bc-2d16d82213fd
```

---

① https://docs.oracle.com/en/cloud/iaas/compute-iaas-cloud/stcsg/automating-instance-initialization-using-opc-init.html

② http://www.oracle.com/technetwork/topics/cloud/downloads/opc-init-3096035.html

通过 VirtualBox 共享目录将映像文件挂载到另一 Linux 系统的/mnt 目录下，然后使用--sparse 稀疏文件复制。在本例中，源文件为 12GB，复制后的文件仅为 5.1GB。

```
$ ls -ash /mnt/OL6U6_Customized.img
12G /mnt/OL6U6_Customized.img
$ cp --sparse=always /mnt/OL6U6_Customized.img OL6U6_Customized.img
$ ls -ash ./OL6U6_Customized.img
5.1G ./OL6U6_Customized.img
```

打包并压缩映像文件，然后即可上传到计算云服务中使用：

```
$ tar -czSf OL6U6_Customized.tar.gz OL6U6_Customized.img
$ ls -ash OL6U6_Customized.tar.gz
1.1G OL6U6_Customized.tar.gz
```

3.6 网络管理

默认创建的实例不允许来自外部的任何网络访问，通过配置网络可以实现实例的访问控制，开放所需服务。在计算云服务的服务控制台中，通过选择 Network 标签页，即可进入网络管理的图形界面。在左侧的子标签栏中，显示 Shared Network、IP Network、SSH Public Keys 和 VPN 四项，分别对应共享网络、IP 网络、SSH 公钥和 VPN 的管理。

在实例的网络配置部分，用户可以选择配置共享网络和 IP 网络。共享网络是计算云服务最初支持的网络服务，可以满足基本的网络需求，但功能比较简单。IP 网络是第二代网络，是软件定义的网络，功能更强大，配置更灵活。所有的数据中心都支持共享网络；对于 IP 网络，部分数据中心只支持基本的 IP 网络功能，但会逐渐过渡到支持完整的 IP 网络功能。

每一个实例最多可以配置 8 块虚拟网卡，每块网卡可以连接到一个共享网络或 IP 网络，但一个实例只允许连接到一个共享网络，因此当实例拥有 8 块虚拟网卡时，网络的配置或者是 1 个共享网络加 7 个 IP 网络，或者是 8 个 IP 网络。如果需要允许从互联网直接访问实例，则必须为虚拟网卡分配公网 IP 地址，每一个共享网络或 IP 网络可以分配 1 个 IP 地址，因此一个实例最多可分配 8 个公网 IP 地址。

3.6.1 共享网络

1. 共享网络组件及概念

共享网络中的基本概念包括安全列表(Security List)、安全规则(Security Rule)，安全应用(Security Application)、安全 IP 列表(Security IP List)和 IP 保留(IP Reservation)。

如图 3-20 所示，在共享网络中，细粒度的网络访问控制是通过安全规则实现的，安全规则即防火墙规则，包含源、目标以及开放的网络服务。这里所指的源和目标可通过安全列表或安全 IP 列表定义，允许的网络访问通过安全应用定义，因此我们首先了解一下这三个基本概念。

安全列表是实例的集合，同一个安全列表中的实例相互间可以通过私网 IP 访问。默认

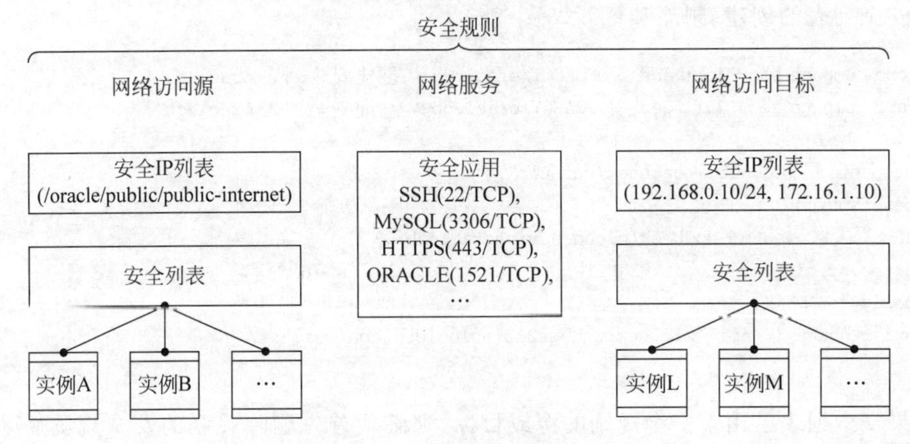

图 3-20 共享网络访问控制定义

情况下，安全列表中的实例与外部是隔离的，可以通过定义安全规则允许例外。安全列表的定义包括入口策略和出口策略，入口策略控制了外部源向安全列表中实例的访问，默认为禁止，在作为网络访问的目标时生效；出口策略控制安全列表中实例向外部的访问，默认为允许，在作为网络访问的源时生效。在使用 Web Console 创建实例的过程中，可以将实例添加到一个或多个安全列表中。

安全 IP 列表是指 IP 地址或 IP 网段的集合，和安全列表一样，也可以作为安全规则的源或目标，但安全 IP 列表不能同时用于安全规则的源和目标。IP 网段为 CIDR 格式，表示一组连续的 IP 地址，例如 192.168.0.10/24 包括了 192.168.0.1 到 192.168.0.255 之间的 IP 地址。CIDR 是由 IETF 于 1993 年定义的 IP 地址分配方法，用以替代传统的 A 到 E 类地址分配方法。此外，/oracle/public/public-internet 为系统定义的安全 IP 列表，表示来自于互联网上的任何主机，只能作为安全规则中的源。

在安全规则定义中，除源和目标外，第三个元素为安全应用，即允许的网络服务。网络服务由协议与端口组成，可参照 Linux 或 UNIX 主机上的/etc/services 文件，其中包含了由 IANA 定义的常用服务。一些常用的安全协议如 SSH、HTTPS、RDP 等已经在系统中预先定义，用户也可以自定义安全协议，如 Oracle SQL * NET 等。

必须为实例分配公网 IP 地址以允许来自于互联网的访问，可以为实例分配临时或固定的公网 IP 地址。临时地址从公网 IP 地址资源池中动态获取，当实例重启或重建时，公网 IP 地址可能会改变。如果希望获取固定的公网 IP 地址，则必须预先建立 IP 保留，然后将 IP 保留与实例关联。另外，当实例连接到共享网络时，实例自动获得一个私网 IP 地址，当实例重启时，此私网 IP 地址可能发生改变。

2. 共享网络组件管理

共享网络组件的管理可以使用 Web Console 图形界面或 OPC CLI 命令行。由于 Web Console 图形界面比较简单，而 OPC CLI 更易于了解各网络组件的原理，因此以下我们将介绍所有共享网络组件的 OPC CLI 命令，而只对部分组件介绍 Web Console 管理界面。

虽然网络访问控制是通过安全规则定义的，但安全列表才是直接与实例发生关系的网络组件。安全列表建立后，可以在实例创建过程中或创建后将其与实例关联。安全规则的入口和出口策略可实时更改，更新后立即生效。OPC CLI 中的 opc compute sec-lists 命令可进行安全列表的创建、删除和更新。

```
$ opc compute sec-list add $OPCACCT/oracledb# 创建安全列表 oracledb
$ opc compute sec-list get $OPCACCT/oracledb# 查询安全列表 oracledb
{
 "account": "/Compute-opcbook/default",
 "description": "",
 "name": "/Compute-opcbook/cloud.admin/oracledb",
 "outbound_cidr_policy": "PERMIT",                    # 出口策略
 "policy": "DENY",                                    # 入口策略
 "uri": "https://api-z12.compute.us2.oraclecloud.com/seclist/..."
}
```

如果安全列表已用于安全规则的源或目标，则必须首先删除关联的安全规则后才能删除安全列表。例如：

```
$ opc compute sec-list delete $OPCACCT/oracledb
Status Code: 400 Bad Request
{"message": "Cannot delete seclist /Compute-opcbook/cloud.admin/oracledb because there are secrules associated with it or VMs using it."}
```

安全 IP 列表的管理可以使用 opc compute sec-ip-list 命令，系统定义的安全 IP 列表位于/oracle/public 系统路径下，其中/oracle/public/public-internet 最常用，表示来自于互联网的任意主机，通常作为安全规则中的源：

```
$ opc compute sec-ip-list discover /oracle/public
{
 "result": [
 "/oracle/public/instance",
 "/oracle/public/ntp",
 "/oracle/public/paas-infra",
 "/oracle/public/powerbroker",
 "/oracle/public/public-internet",
 "/oracle/public/site"
 ]
}
$ opc compute sec-ip-list get /oracle/public/public-internet
{
 "description": "",
 "name": "/oracle/public/public-internet",
 "secipentries": [
 "0.0.0.0/0"
 ],
 "uri": "https://api-z12.compute.us2.oraclecloud.com/seciplist/..."
}
```

用户自定义的安全 IP 列表位于用户路径下：

```
$ opc compute sec-ip-list add $OPCACCT/yumrepo 173.223.232.153
$ opc compute sec-ip-list discover $OPCACCT
{
```

```
  "result": [
  "/Compute-opcbook/cloud.admin/yumrepo"
  ]
}
```

管理安全应用可以使用 opc compute sec-applications 命令，以下示例为创建 Oracle 数据库监听安全应用，监听端口为 1521：

```
$ opc compute sec-applications add $OPCACCT/dblistener tcp --dport 1521
```

以下命令列出了系统定义的安全应用，常用的服务如 HTTPS、SSH 都已定义，可直接使用：

```
$ opc -f table compute sec-application list /oracle/public
  /oracle/public/http
  /oracle/public/https
  /oracle/public/mysql
  /oracle/public/ssh
  ...
```

图 3-21 为创建安全规则 ora_dblistener 的图形界面，其中源为系统定义的 public-internet 安全 IP 列表，目标为之前创建的 oracledb 安全列表，安全应用为之前创建的 dblistener。此安全规则的含义为允许任何互联网上的主机通过 Oracle 数据库监听端口 1521 访问位于安全列表 oracledb 中的实例。以下为与图形界面对应的 OPC CLI 命令：

```
$ opc compute sec-rule add $OPCACCT/ora_dblistener permit $OPCACCT/dblistener seclist:
$OPCACCT/oracledb seciplist:/oracle/public/public-internet
{
 "action": "permit",                                          # 允许访问
 "application": "/Compute-opcbook/cloud.admin/dblistener",    # 安全应用
 "description": "",
 "disabled": null,
 "dst_list": "seclist:/Compute-opcbook/cloud.admin/oracledb", # 网络访问目标
 "name": "/Compute-opcbook/cloud.admin/ora_dblistener",       # 安全规则名称
 "src_list": "seciplist:/oracle/public/public-internet",      # 网络访问源
 "uri": "https://api-z12.compute.us2.oraclecloud.com/secrule/..."
}
```

安全规则创建后，最后需要将实例与安全列表关联。在 Web Console 中可以使用两种方法，即在创建实例的过程中添加安全规则，或是在实例创建后通过更新实例将安全列表与实例关联，关联后安全规则立即生效。在 OPC CLI 中，可以通过 opc compute sec-association 命令实现实例与安全列表的关联，语法如下：

```
opc compute sec-association add seclist vcable
```

其中，参数 vcable 可以理解为连接到共享网络虚拟网卡的虚拟网线，以 vcable 为中介可以实现安全列表与实例之间的关联。以下为获取实例的 vcable ID 并实现安全列表与实例关联的示例：

```
$ INSTANCE_NAME=VM1
```

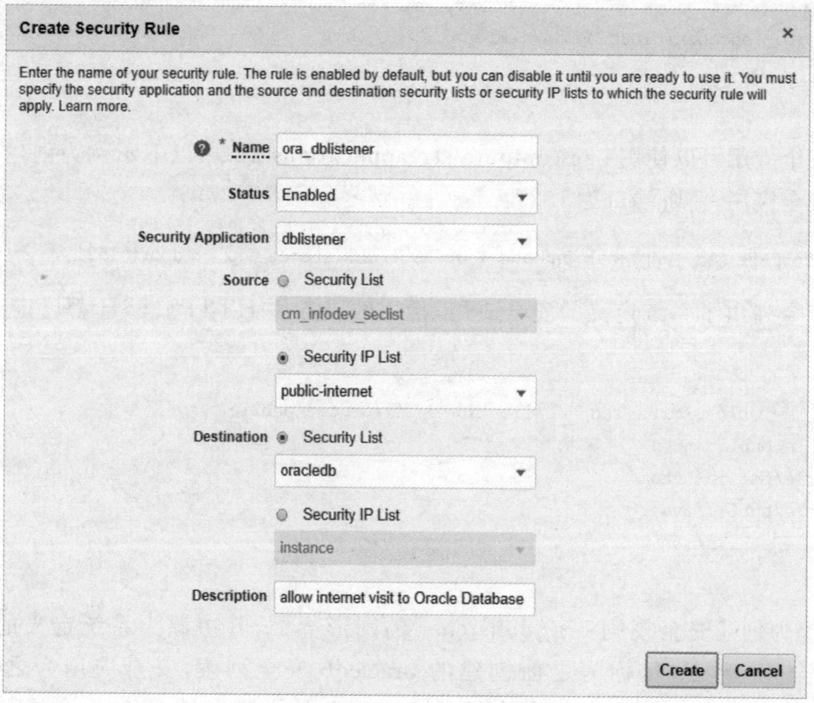

图 3-21 创建安全规则

```
# 获取实例 VM1 的实例 ID
$ INSTANCE_ID=$(opc -f table compute instance list $OPCACCT|grep $INSTANCE_NAME)
# 获取 vcable ID
$ opc -f table compute instances get $INSTANCE_ID | grep vcable_id
  vcable_id | /Compute-opcbook/cloud.admin/870a5003-431e-4a18-866f-3f95ff286ef4
# 通过 vcable ID 实现安全列表与实例的关联
$ VCABLE_ID=/Compute-opcbook/cloud.admin/870a5003-431e-4a18-866f-3f95ff286ef4
$ opc compute sec-association add $OPCACCT/oracledb $VCABLE_ID
```

共享网络中的最后一个组件为 IP 保留，通过 opc compute ip-reservation 可实现 IP 保留的管理。

```
$ opc -f text compute ip-reservation list $OPCACCT# 获取 IP 保留的 ID
NAME
/Compute-opcbook/cloud.admin/6cbb693b-8955-47cb-85b4-8e4e0177102d
IP_RESERVATION=/Compute-opcbook/cloud.admin/6cbb693b-8955-47cb-85b4-8e4e0177102d
# 获取 IP 保留的详细信息,permanent 属性为 false 说明其为临时公网 IP
$ opc compute ip-reservation get $IP_RESERVATION
{
 "account": "/Compute-opcbook/default",
 "ip": "129.152.132.238",
 "name": "/Compute-opcbook/cloud.admin/6cbb693b-8955-47cb-85b4-8e4e0177102d",
 "parentpool": "/oracle/public/ippool",
 "permanent": false,
 "quota": null,
 "tags": [],
```

```
  "uri": "https://api-z12.compute.us2.oraclecloud.com/ip/reservation/...",
  "used": true
}
# 将临时分配的公网 IP 修改为永久 IP 保留
$ opc compute ip-reservation update $IP_RESERVATION /oracle/public/ippool true
```

与安全列表一样,IP 保留与实例的关联也是通过 vcable 实现的,通过 opc compute ip-association 可以实现 IP 保留与实例之间的关联管理。以下命令查询所有关联了 IP 保留的实例,其中 name 为关联名称,reservation 为 IP 保留:

```
$ opc compute ip-association list $OPCACCT
{
 "result": [
   {
    "account": "/Compute-opcbook/default",
    "ip": "129.152.132.238",
    "name": "/Compute-opcbook/cloud.admin/3b0f5bb7-69aa-48d9-a8df-46b4b637e2c4",
    "parentpool": "ippool:/oracle/public/ippool",
    "reservation": "/Compute-opcbook/cloud.admin/6cbb693b-8955-47cb-85b4-
8e4e0177102d",
    "uri": "https://api-z12.compute.us2.oraclecloud.com/ip/association/...",
    "vcable": "/Compute-opcbook/cloud.admin/870a5003-431e-4a18-866f-3f95ff286ef4"
   }
 ]
}
```

以下命令解除实例与 IP 保留的关联,之后此 IP 保留可以与其他实例关联:

```
$ opc compute ip-association delete $OPCACCT/3b0f5bb7-69aa-48d9-a8df-46b4b637e2c4
```

创建新的 IP 保留 ipres1 并通过 vcable 与实例关联:

```
$ opc compute ip-reservation add $OPCACCT/ipres1 /oracle/public/ippool
$ opc compute ip-association add ipreservation: $OPCACCT/ipres1 $VCABLE_ID
```

3. 共享网络配置示例

前面已经介绍了共享网络的组件和配置管理方法,本节将通过一个示例场景说明如何实现共享网络的配置。

示例包含的网络组件及拓扑如图 3-22 所示,这是一个典型的三层架构。总共有 3 个实例,应用服务器 AppVM1 和 AppVM2 位于应用层,数据库服务器 DBVM 位于数据层,来自互联网的客户端需要通过 HTTPS 协议访问应用服务器,因此每一个应用服务器都需分配公网 IP,此外应用服务器也允许通过 SSH 登录进行管理。数据库服务器不允许通过互联网直接访问,但允许来自应用服务器的数据库访问和 SSH 访问。

首先需要定义网络访问的源和目标。可以直接使用系统定义的安全 IP 列表 public-internet 作为源表示来自于互联网的任意主机,然后单独为数据库和应用服务器目标定义相应的安全列表。

```
$ opc compute sec-list add $OPCACCT/seclistAppVM            # 应用服务器安全列表
$ opc compute sec-list add $OPCACCT/seclistDBVM             # 数据库服务器安全列表
```

```
$ opc -f text compute sec-ip-list list /oracle/public | grep public-internet
/oracle/public/public-internet                              # 互联网客户端安全 IP 列表
```

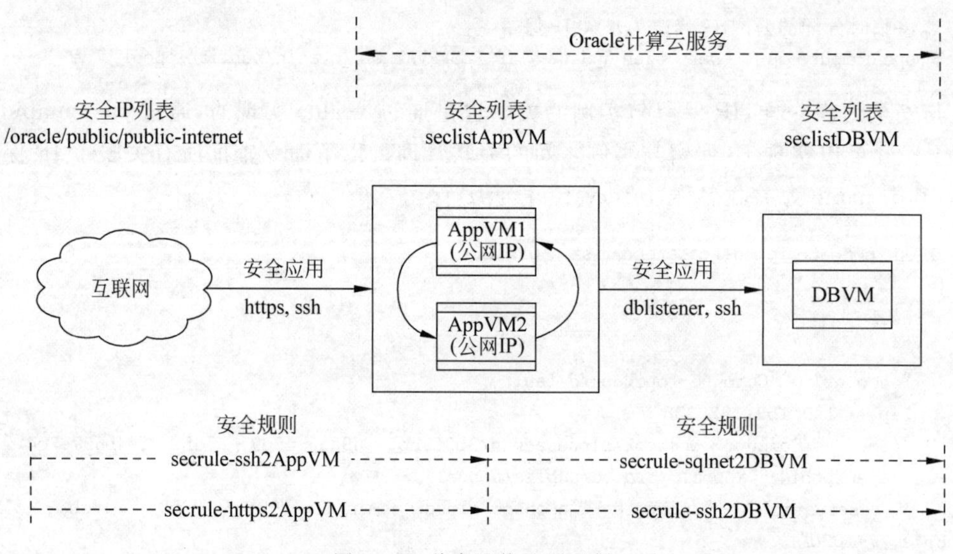

图 3-22 共享网络配置示例

然后为应用服务器创建 ipresAPPVM1 和 ipresAPPVM2 两个 IP 保留，输出中的 permanent 为 true 表示其为永久 IP 保留，used 为 false 表示此公网 IP 尚未与实例发生关联。

```
$ opc compute ip-reservation add $OPCACCT/ipresAPPVM1 /oracle/public/ippool
{
 "ip": "129.152.132.238",
 "parentpool": "/oracle/public/ippool",
 "permanent": true,
 "used": false
 …
}
$ opc compute ip-reservation add $OPCACCT/ipresAPPVM2 /oracle/public/ippool
```

接下来创建安全应用，由于 SSH 和 HTTPS 安全应用已在系统中定义，唯一需要创建的安全应用为在端口 1521 监听的 Oracle 数据库应用。

```
$ opc compute sec-applications add $OPCACCT/dblistener tcp --dport 1521
{
 "dport": "1521",
 "protocol": "tcp",
 …
}
$ opc -f text compute sec-application list /oracle/public| egrep "https|ssh"
/oracle/public/https                                        # 系统定义的 HTTPS 安全应用
/oracle/public/ssh                                          # 系统定义的 SSH 安全应用
```

网络访问源和目标、安全应用三要素定义完成后，即可定义实现网络访问控制的安全规则。在以下创建的安全规则中，secrule-https2AppVM 和 secrule-ssh2AppVM 允许互联网到应用服务器的 HTTPS 和 SSH 访问，secrule-ssh2DBVM 和 secrule-sqlnet2DBVM 允许从应用服务器到数据库服务器的 SSH 及数据库访问。

```
$ opc compute sec-rule add $OPCACCT/secrule-ssh2AppVM permit /oracle/public/ssh seclist:
$OPCACCT/seclistAppVM seciplist:/oracle/public/public-internet
{
 "action": "permit",
 "application": "/oracle/public/ssh",
 "dst_list": "seclist:/Compute-opcbook/cloud.admin/seclistAppVM",
 "src_list": "seciplist:/oracle/public/public-internet",
 ...
}
$ opc compute sec-rule add $OPCACCT/secrule-https2AppVM permit /oracle/public/https
seclist:$OPCACCT/seclistAppVM seciplist:/oracle/public/public-internet
$ opc compute sec-rule add $OPCACCT/secrule-sqlnet2DBVM permit $OPCACCT/dblistener
seclist:$OPCACCT/seclistDBVM seclist:$OPCACCT/seclistAppVM
{
 "action": "permit",
 "application": "/Compute-opcbook/cloud.admin/dblistener",
 "dst_list": "seclist:/Compute-opcbook/cloud.admin/seclistDBVM",
 "src_list": "seclist:/Compute-opcbook/cloud.admin/seclistAppVM",
 ...
}
$ opc compute sec-rule add $OPCACCT/secrule-ssh2DBVM permit /oracle/public/ssh seclist:
$OPCACCT/seclistDBVM seclist:$OPCACCT/seclistAppVM
```

最后，需要将之前创建的安全列表和 IP 保留与实例关联，通过 Web Console，可以在实例创建的过程中，指定需要关联的安全列表和 IP 保留；也可以选择在实例创建后，通过 OPC CLI 实现关联。通过 opc compute instances get 可以获取实例的 vcable ID，假设 AppVM1、AppVM2 和 DBVM 的 vcable ID 分别为 $APPVM1_VCABLEID，$APPVM2_VCABLEID，$DBVM_VCABLEID，使用以下的命令可以实现安全列表与实例的关联。由于 AppVM1 和 AppVM2 位于同一个安全列表，因此它们之间可以相互访问。

```
$ opc compute sec-association add $OPCACCT/seclistAppVM $APPVM1_VCABLEID
$ opc compute sec-association add $OPCACCT/seclistAppVM $APPVM2_VCABLEID
$ opc compute sec-association add $OPCACCT/seclistDBVM $DBVM_VCABLEID
```

使用以下的命令可以实现 IP 保留与实例的关联：

```
$ opc compute ip-association add ipreservation: $OPCACCT/ipresAPPVM1 $APPVM1_VCABLEID
$ opc compute ip-association add ipreservation: $OPCACCT/ipresAPPVM2 $APPVM2_VCABLEID
```

3.6.2 IP 网络

上节介绍的共享网络是 Oracle 计算云服务中的第一代网络，而 IP 网络则是第二代网络，是软件定义的网络，功能比共享网络更丰富和全面。

1. IP 网络功能增强

在共享网络中，每一个实例可以从 Oracle 提供的公共资源池中获取一个私网 IP 地址，此地址是临时分配的IP地址，当实例停止或删除时，此地址会返还到公共资源池，因此实例重建后，IP地址可能发生变化。由于IP地址并不固定，一些应用如配置VPN连接的路由表，也需要做相应的调整，这实际上增加了网络管理的负担。而在IP网络中，用户可以通过指定IP地址前缀构建自己的子网，然后为实例分配固定的IP地址。

由于共享网络只有一个，而IP网络可以有多个，因此当实例需要定义多块虚拟网卡时，必须使用IP网络。一个实例最多可以定义8块虚拟网卡，每一块网卡连接到一个网络，因此实例最多可连接到8个IP网络。由于每一块虚拟网卡都可以关联一个公网IP地址，因此在IP网络中，单个实例最多可获取8个公网IP，而在共享网络中，实例只能获取一个公网IP。可以将多个实例连接到同一个IP网络以保证实例间的网络连通性，也可以将实例连接到不同的IP网络以实现实例间的网络隔离。在IP网络中，可以为每一块虚拟网卡指定MAC地址，这对于一些将MAC地址用于软件授权的应用非常有用。

总之，使用IP网络，用户可以进行灵活的网络配置，例如定义与数据中心一致的网络架构以用于迁移，或者将数据中心的网络架构延展到Oracle公有云中。

2. IP网络组件及概念

由于IP网络比共享网络功能更全面，因此IP网络中的组件也比共享网络更丰富。IP网络中的组件及其关系如图3-23所示。

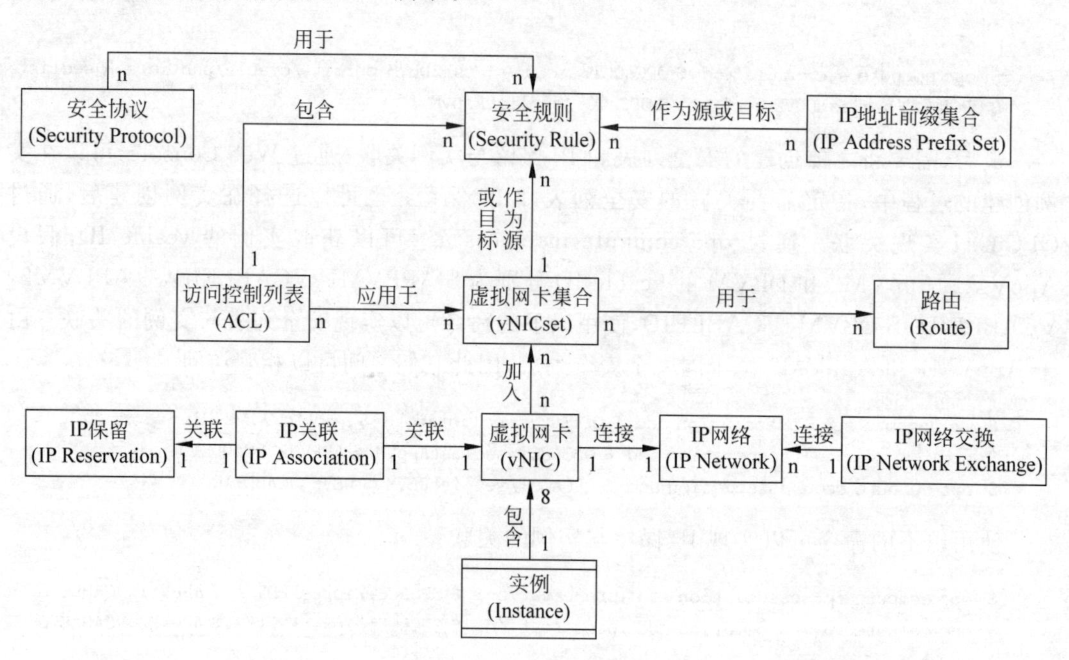

图3-23 IP网络组件及关系

每一个实例最多可以配置8块虚拟网卡，虚拟网卡是实例连接网络的接口，每一块虚拟网卡可以连接一个IP网络或共享网络。IP保留和IP关联的概念与共享网络是一致的，每一块虚拟网卡可通过IP保留获取一个公网IP地址，虚拟网卡与IP保留之间的映射关系通过IP关联实现。

连接到同一IP网络的不同实例物理上是连通的，不同的IP网络之间相互隔离，但可以通过连接到同一个IP网络交换实现物理连通性。IP网络交换类似于网络交换机，当两个无地址重叠的IP网络连接到同一个IP交换时,连接到这两个IP网络的实例可以建立网络数据交换的通道。另外注意,在构建IP网络需要避免图3-24所示的拓扑结构。一个虚拟网卡只能连接到IP网络和共享网络中的一个,而不能像网路拓扑a那样同时连接到两个网络。在网络拓扑b中,一个实例的多块虚拟网卡不能连接到同一个IP网络,换句话说,每一块虚拟网卡必须连接到不同的IP网络。更进一步,在网络拓扑c中,即使同一实例的每块网卡都连接到不同的网络,这些网络也不能通过IP网络交换连通,否则将形成闭环的网络拓扑,导致网络错误。

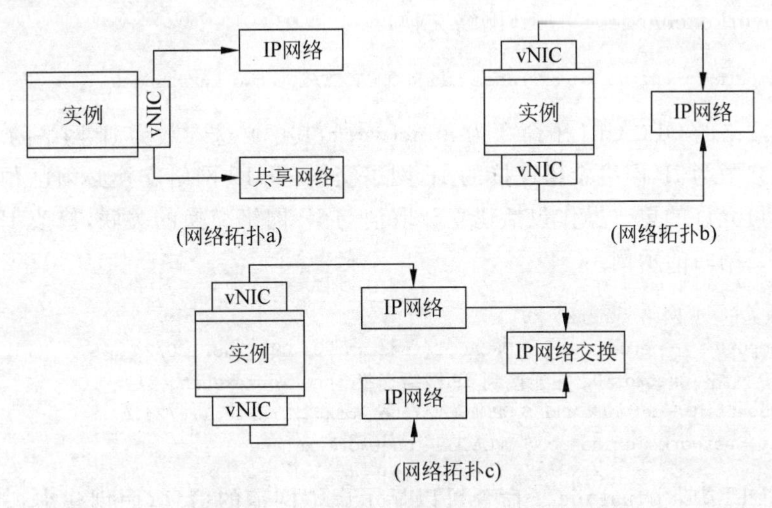

图3-24 IP网络中需避免的网络拓扑

虚拟网卡集合可以将一个或多个虚拟网卡组织在一起,以便于对集合中的虚拟网卡执行相同操作。当目标网络位于IP网络之外时,必须定义路由指定网络包转发路径,路由定义中除指定目标子网外,还必须指定虚拟网卡集合作为网络数据包转发的下一跳。虚拟网卡集合的另一个重要作用是作为网络访问控制应用的目标。在IP网络中,网络访问控制是通过访问控制列表实现的,访问控制列表是安全规则的集合,安全规则定义了实际的网络访问控制规则。与共享网络中的安全规则类似,IP网络中的安全规则也包括源、目标和安全协议三部分;此外,每一个安全规则还需指定网络访问控制的方向。安全规则中的源和目标可以是虚拟网卡集合,或CIDR格式的IP地址前缀集合。安全协议类似于共享网络中的安全应用,但除了指定网络协议和目标端口外,还需额外指定源端口。

3. IP网络组件管理

IP网络组件的管理可以通过Web Console图形界面和OPC CLI命令行两种手段。图形方式比较直观,命令行方式可以实现更加全面和细致的控制,并可以组织为脚本自动化执行。接下来,将对所有的IP网络组件介绍OPC CLI命令行管理方法,而对比较复杂的IP网络组件只介绍图形界面管理方法。

单击服务控制台上方的Network标签栏,然后展开左侧的IP Network子标签栏,选择其中的菜单项即可进入相应的IP网络组件管理图形界面。Oracle云数据中心对于IP网络的支持分为基本功能支持和完整功能支持。如果仅支持基本功能,在子标签栏下只会显示IP Networks、IP Exchanges、Virtual NIC Sets和Routes四项,分别对应IP网络、IP网络交换、虚拟网卡集合和路由的管理。对于完整的 IP 网络支持，还会显示 Security Rules、Access Control Lists、Security Protocols、IP Address Prefix Sets、IP Reservations 菜单项，分别对应安全规则、访问控制列表、安全协议、IP 地址前缀集合。注意，此处 IP Networks 是指具体的 IP 网络组件，而本节阐述的 IP 网络(IP Network)是一个整体的网络概念，两者名同而意不同。另外，IP Exchanges 即 IP 网络交换(IP Network Exchange)，两者名称可以互换。

在 OPC CLI 中，管理 IP 网络交换的子命令为 ip-network-exchange。例如，以下命令创建名为 ipnetworkexchange01 的 IP 网络交换：

```
$ opc compute ip-network-exchange add $OPCACCT/ipnetworkexchange01
```

管理 IP 网络的 OPC CLI 子命令为 ip-network，其中必选参数为 IP 网络的名称和 IP 地址前缀，可选参数为 IP 网络希望连接的 IP 网络交换，此 IP 网络交换必须已预先创建。IP 网络建立后，可允许的更改操作包括建立和取消与 IP 网络交换的关联，修改 IP 地址前缀。以下为创建 IP 网络的示例：

```
# 创建独立的 IP 网络 ipnetwork01
$ opc compute ip-network add $OPCACCT/ipnetwork01 192.168.1.0/24
# 创建 IP 网络 ipnetwork02 并连接到 IP 网络交换 ipnetworkexchange01
$ opc compute ip-network add $OPCACCT/ipnetwork02 172.16.1.0/24 /
  -- ip-network-exchange $OPCACCT/ipnetworkexchange01
```

在 OPC CLI 中，virtual-nic 子命令可以显示虚拟网卡的信息，而创建虚拟网卡只能在创建实例的过程中实现。虚拟网卡的名称为实例的显示名加 ethn，n 取值范围为 0～7。以下示例显示了实例 VM01 的两块虚拟网卡 VM01_eth0 和 VM01_eth1：

```
$ opc compute virtual-nic list $OPCACCT
{
 "result": [
  {
   "macAddress": "02:63:85:1a:ac:b2",
   "name": "/Compute-opcbook/cloud.admin/VM01_eth1",
   "transitFlag": false,
   "uri": "https://.../network/v1/vnic/Compute-opcbook/cloud.admin/VM01_eth1"
  },
  {
   "macAddress": "02:85:3f:04:60:7f",
   "name": "/Compute-opcbook/cloud.admin/VM01_eth0",
   "transitFlag": false,
   "uri": "https://.../network/v1/vnic/Compute-opcbook/cloud.admin/VM01_eth0"
  }
 ]
}
```

管理虚拟网卡集合的 OPC CLI 子命令为 virtual-nic-sets，其中可以指定需要添加到集合中的虚拟网卡以及需要应用到此集合的访问控制列表。虚拟网卡集合定义完成后，后续还可以对集合中的虚拟网卡和关联的访问控制列表进行修改。以下为创建虚拟网卡集合的命令示例：

```
$ opc compute virtual-nic-set add $OPCACCT/vnicset01            # 创建为空的虚拟网卡集合
$ opc compute virtual-nic-set add $OPCACCT/vnicset01 /
    --vnics $OPCACCT/VM01_eth0,$OPCACCT/VM01_eth1             # 创建虚拟网卡集合并添加虚拟
                                                                网卡
# 创建虚拟网卡集合,添加虚拟网卡 VM01_eth0 和 VM01_eth1,并应用访问控制列表 acl01
$ opc compute virtual-nic-set add $OPCACCT/vnicset01 /
    --vnics $OPCACCT/VM01_eth0,$OPCACCT/VM01_eth1 --applied-acls $OPCACCT/acl01
{
 "appliedAcls": [
  "/Compute-opcbook/cloud.admin/acl01"
 ],
 "description": null,
 "name": "/Compute-opcbook/cloud.admin/vnicset01",
 "tags": [],
 "uri": "https://.../network/v1/vnicset/Compute-opcbook/cloud.admin/vnicset01",
 "vnics": [
  "/Compute-opcbook/cloud.admin/VM01_eth0",
  "/Compute-opcbook/cloud.admin/VM01_eth1"
 ]
}
```

虚拟网卡集合定义完成后,即可用于创建路由。路由为访问IP网络之外的网络目标指定了一条建议路径,当到达访问目标存在多条路径时,ECMP(Equal Cost Multipath)原则被应用,即网络流量会在多条路径间负载均衡,同时可以保证访问路径的高可用性。创建路由的OPC CLI子命令为route,其中需要指定虚拟网卡集合与IP地址前缀,当访问的目标IP地址匹配IP地址前缀时,此路由即被使用。当虚拟网卡集合中包含多块虚拟网卡时,出口的网络数据流会在多块虚拟网卡间做负载均衡。以下为创建路由route01的命令,其中指定了虚拟网卡集合vnicset01作为访问网络10.0.2.0/24的下一跳:

```
$ opc compute route add $OPCACCT/route01 10.0.2.0/24 $OPCACCT/vnicset01
{
 "adminDistance": 0,
 "ipAddressPrefix": "10.0.2.0/24",
 "name": "/Compute-opcbook/cloud.admin/route01",
 "nextHopVnicSet": "/Compute-opcbook/cloud.admin/vnicset01",
 "uri": "https://.../network/v1/route/Compute-opcbook/cloud.admin/route01"
}
```

注意,其中的adminDistance,可以取值为0、1或2,表示路由的优先级,其中0为最高优先级,当存在多条路由时,采用优先级最高的路由;当多条路由优先级相同时,则以负载均衡方式使用多条路由。

以上命令提供了对IP网络基本功能的支持,通过这些功能可完成IP网络拓扑的构建。接下来将介绍高级IP网络功能相关组件的管理,高级IP网络功能最主要的用途是实现网络访问控制。

实现网络访问控制,首先必须创建访问控制列表。创建访问控制列表的OPC CLI子命令为acl,以下为创建访问控制列表的示例:

```
$ opc compute acl add $OPCACCT/acl01
```

访问控制列表创建后的默认状态为启用，也可以通过命令更改为禁用状态：

```
$ opc compute acl update $OPCACCT/acl01 --enabled-flag=false
```

访问控制列表只是访问控制规则的集合，具体的控制规则需要通过定义安全规则实现。安全规则是IP网络中最复杂的对象，也是IP网络访问控制的精髓。定义安全规则的OPC CLI语法如下所示：

```
opc compute security-rule add name flow-direction [--acl value] [--dst-ip-address-prefix-sets value] [--src-ip-address-prefix-sets value] [--dst-vnic-set value] [--src-vnic-set value] [--sec-protocols value]
```

在安全规则的语法中，flow-direction为必选参数，指定了网络控制的方向，可选值为ingress和egress，分别表示入口和出口方向。ingress和egress规则必须成对定义，才能实现网络在进出两个方向的控制。安全规则的源和目标可以采用虚拟网卡集合或IP地址前缀集合两种形式之一，src-ip-address-prefix-sets和dst-ip-address-prefix-sets表示源和目标的IP地址前缀集合形式，src-vnic-set和dst-vnic-set表示源及目标的虚拟网卡集合形式，如果源或目标没有指定，则表示所有源或目标。最后需要定义的为安全协议，通过sec-protocols参数指定。

在定义具体的安全规则前，我们首先看一下安全规则各组成元素是如何定义的。虚拟网卡集合之前已介绍过，IP地址前缀集合的管理可通过OPC CLI的ip-address-prefix-sets子命令，命令中必须指定的参数为一个或多个CIDR格式的IP地址前缀。例如：

```
$ opc compute ip-address-prefix-set add $OPCACCT/ipaddressprefixset01 --ip-address-prefixes '192.168.1.0/24,172.16.1.0/24'
```

OPC CLI中管理安全协议的子命令为security-protocols，可指定的参数为源和目标的端口范围及IP协议，其中常用的IP协议包括TCP、RDP和ICMP。以下为创建SSH访问安全协议的示例，其中目标端口为22，即SSH服务监听端口，源端口未指定，表示所有端口：

```
$ opc compute security-protocol add $OPCACCT/ssh --ip-protocol tcp --dst-port-set "22"
{
 "dstPortSet": [
  "22"
 ],
 "ipProtocol": "tcp",
 "name": "/Compute-opcbook/cloud.admin/ssh",
 "srcPortSet": [],
 "uri": "https://.../network/v1/secprotocol/Compute-opcbook/cloud.admin/ssh"
}
```

当源、目标及安全协议定义完毕，即可定义安全规则。安全规则中必须指定方向，注意ingress和egress两个方向必须成对定义。定义安全规则的OPC CLI子命令为security-rule，例如以下命令创建了ingress方向的安全规则internet-to-VM，允许所有源到虚拟网卡集合vnicset01通过SSH协议访问，并且将此安全规则添加到访问控制列表acl01中：

```
$ opc compute security-rule add $OPCACCT/internet-to-VM ingress --acl $OPCACCT/acl01
--dst-vnic-set $OPCACCT/vnicset01 --sec-protocols $OPCACCT/ssh
{
 "acl": "/Compute-opcbook/cloud.admin/acl01",
 "dstIpAddressPrefixSets": [],
 "dstVnicSet": "/Compute-opcbook/cloud.admin/vnicset01",
 "enabledFlag": true,
 "flowDirection": "ingress",
 "name": "/Compute-opcbook/cloud.admin/internet-to-VM",
 "secProtocols": [
  "/Compute-opcbook/cloud.admin/ssh"
 ],
 "srcIpAddressPrefixSets": [],
 "srcVnicSet": null,
 "uri": "https://.../network/v1/secrule/Compute-opcbook/cloud.admin/internet-to-VM"
}
```

使用 Web Console 定义此安全规则的界面如图 3-25 所示。

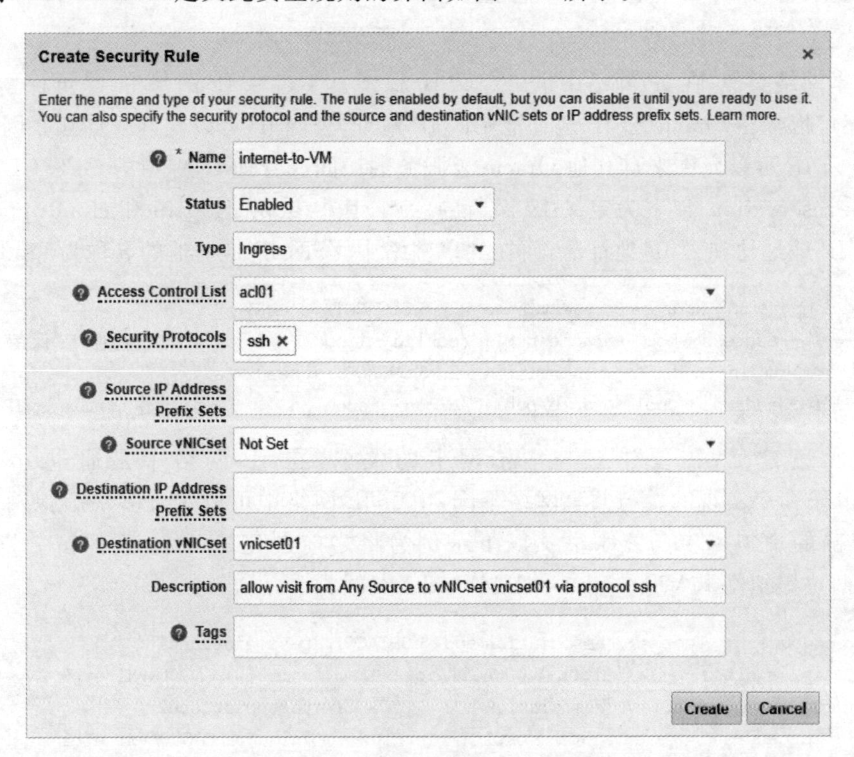

图 3-25 在 IP 网络中创建安全规则

反方向的安全规则也必须一并定义，例如以下命令创建了 egress 方向的安全规则 VM-to-internet，允许从虚拟网卡集合 vnicset01 到任意目标的任何协议访问：

```
$ opc compute security-rule add $OPCACCT/VM-to-internet egress --acl $OPCACCT/acl01 -
-src-vnic-set $OPCACCT/vnicset01
```

安全规则创建后，除名称外所有参数均可修改，且修改后立即生效。

需要指出，在每一身份域中系统都会创建默认的虚拟网卡集合、访问控制列表和进出方向的安全规则。当实例的虚拟网卡没有指定虚拟网卡集合时，此网卡将加入默认虚拟网卡集合。默认的访问控制列表中包含 ingress 和 egress 两条安全访问规则，分别允许虚拟网卡集合到任意目标的任何协议访问，以及反方向任意源到虚拟网卡集合的任何协议访问。通过以下命令可以查看这些系统定义的默认网络对象：

```
$ opc -f text -F description,enabledFlag compute acl list /Compute-opcbook/default
DESCRIPTION ENABLEDFLAG
Default ACL true
$ opc -f text -F appliedAcls, vnics compute virtual-nic-set list /Compute-opcbook/default
APPLIEDACLS VNICS
["/Compute-opcbook/default"]
$ opc -f text -F acl,srcVnicSet,dstVnicSet compute security-rule list /Compute-opcbook/default | sed 's/\/Compute-opcbook//g'
NAME                 ACL         SRCVNICSET    DSTVNICSET
/default/egress      /default    /default
/default/ingress     /default                  /default
```

与共享网络类似，在 IP 网络中也可定义 IP 保留。不过在 IP 网络中，除可保留公网 IP 地址外，还可以保留 Oracle 云 IP 地址池中的 IP 地址，公网 IP 可以允许来自互联网的访问，而 Oracle 云 IP 可以允许来自其他 Oracle 云服务的访问。管理 IP 保留的 OPC CLI 命令为 ip-address-reservation，以下为定义 IP 保留的示例，其中 public-ippool 和 cloud-ippool 分别表示公网 IP 地址池和云 IP 地址池，而在共享网络中，公网 IP 地址池的名称为 ippool：

```
$ opc compute ip-address-reservation add $OPCACCT/ipres01 /
    --ip-address-pool /oracle/public/public-ippool          # 创建公网 IP 保留
$ opc compute ip-address-reservation add $OPCACCT/ipres02 /
    --ip-address-pool /oracle/public/cloud-ippool           # 创建 Oracle 云 IP 保留
```

IP 保留创建后，需要建立与虚拟网卡的关联，在 IP 网络中是通过 ip-address-association 子命令实现的。与共享网络不同，由于 IP 网络中可以定义多块虚拟网卡，因此需选择正确的虚拟网卡与之关联。以下示例为将之前创建的两个 IP 保留分别与实例 VM01 的两块虚拟网卡 VM1_eth0 和 VM1_eth1 关联：

```
$ opc compute ip-address-association add $OPCACCT/ipassociation01 /
    --ip-address-reservation $OPCACCT/ipres01 --vnic $OPCACCT/VM1_eth0
$ opc compute ip-address-association add $OPCACCT/ipassociation02 /
    --ip-address-reservation $OPCACCT/ipres02 --vnic $OPCACCT/VM1_eth1
```

前面已经介绍了 IP 网络的原理及其组件，最后通过一个示例来了解 IP 网络的构建过程。IP 网络的示例场景如图 3-26 所示，此场景参照 Oracle 在帮助中心发布的示例[①]，并做了部分改进。原示例完全采用编排的方式构建整个 IP 网络，并且编排的版本为较老的 v1，而由于 OPC CLI 更利于理解概念，因此此处将主要以 OPC CLI 方式构建整个网络，最后仅在构建实例时使用编排，并且编排的版本为最新的 v2。

① https://apexapps.oracle.com/pls/apex/f?p=44785:112:::::P112_CONTENT_ID:19635

在此示例中，我们将构建5个实例，其配置如表3-5所示。

表3-5 IP网络示例中各实例配置

实 例 名	IP网络	私网IP	公网IP/(IP保留)	功 能
adminVM	172.16.1.0/24	172.16.1.2	ipResAdminVM	管理服务器
appVM1	10.50.1.0/24	10.50.1.2	ipResAppVM1	应用服务器1
appVM2	10.50.1.0/24	10.50.1.3	ipResAppVM2	应用服务器2
dbVM1	192.168.1.0/24	192.168.1.2	无	数据库服务器1
dbVM2	192.168.1.0/24	192.168.1.3	无	数据库服务器2

此5个实例组成典型的三层架构，两台应用服务器只允许来自互联网的HTTPS访问，数据库服务器不允许通过互联网直接访问，因此也没有配置公网IP地址，但允许来自应用服务器的数据库访问(通过1521端口)。adminVM为管理服务器，此服务器允许互联网上的主机通过SSH登录，然后以其为中介对应用和数据库服务器进行管理，因此也称为堡垒机。另外，两台应用服务器之间以及两台数据库服务器之间都不允许相互访问。

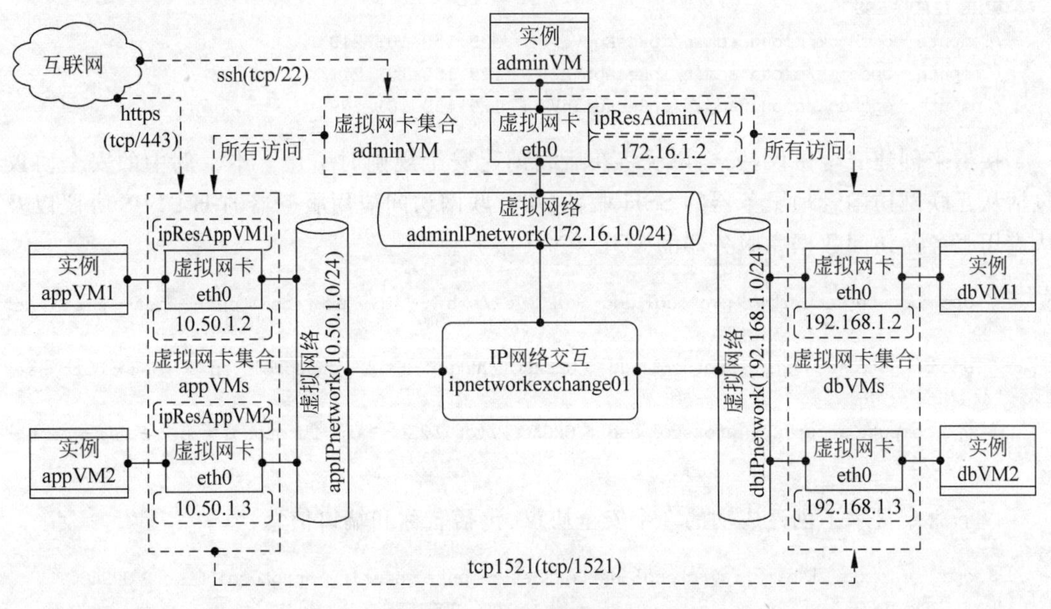

图3-26 IP网络示例场景

首先构建IP网络交换ipnetworkexchange01，然后构建3个IP网络，分别用于管理网、应用网和数据库网，并将它们连接到同一IP网络交换：

```
$ opc compute ip-network-exchange add $OPCACCT/ipnetworkexchange01
$ opc compute ip-network add $OPCACCT/adminIPnetwork 172.16.1.0/24 --ip-network-exchange $OPCACCT/ipnetworkexchange01
$ opc compute ip-network add $OPCACCT/appIPnetwork 10.50.1.0/24 --ip-network-exchange $OPCACCT/ipnetworkexchange01
$ opc compute ip-network add $OPCACCT/dbIPnetwork 192.168.1.0/24 --ip-network-exchange $OPCACCT/ipnetworkexchange01
```

以下命令列出所有连接到IP网卡交换ipnetworkexchange01的IP网络：

```
$ opc -f text -F name,ipNetworkExchange compute ip-network list $OPCACCT | grep ipnetworkexchange01 | sed 's@'"$OPCACCT/"'@@g'
appIPnetwork        ipnetworkexchange01
adminIPnetwork      ipnetworkexchange01
dbIPnetwork         ipnetworkexchange01
```

然后创建用于管理服务器和两台应用服务器的 IP 保留，IP 保留将从 IP 地址池中获取公网 IP 地址，并固定分配给与其关联的实例使用：

```
$ for ipres in ipResAdminVM ipResAppVM1 ipResAppVM2; do
> opc compute ip-address-reservation add $OPCACCT/$ipres --ip-address-pool /oracle/public/public-ippool
> done
```

以下命令显示创建的 IP 保留，3 个公网 IP 地址分别用于管理服务器和两台应用服务器：

```
$ opc -f text -F name,ipAddress compute ip-address-reservation list $OPCACCT
NAME IPADDRESS
/Compute-opcbook/cloud.admin/ipResAppVM1    129.150.101.210
/Compute-opcbook/cloud.admin/ipResAppVM2    129.150.101.211
/Compute-opcbook/cloud.admin/ipResAdminVM   129.150.101.209
```

接下来创建安全协议，安全协议将在后续创建安全规则时引用。本示例中的安全协议包括从互联网访问管理服务器的 SSH 服务、从互联网访问应用服务器的 HTTPS 协议以及从应用服务器访问数据库服务器的 SQL*Net 服务。

```
$ opc compute security-protocol add $OPCACCT/ssh --ip-protocol tcp --dst-port-set "22"
$ opc compute security-protocol add $OPCACCT/https --ip-protocol tcp --dst-port-set "443"
$ opc compute security-protocol add $OPCACCT/tcp1521 --ip-protocol tcp --dst-port-set "1521"
```

以下命令显示了创建成功的 3 个安全协议，包括名称和端口信息：

```
$ opc -f text -F name,ipProtocol,dstPortSet compute security-protocol list $OPCACCT
NAME IPPROTOCOL                          DST  PORTSET
/Compute-opcbook/cloud.admin/tcp1521     tcp  ["1521"]
/Compute-opcbook/cloud.admin/https       tcp  ["443"]
/Compute-opcbook/cloud.admin/ssh         tcp  ["22"]
```

然后创建访问控制列表。访问控制列表是安全规则的集合，将作为后续创建安全规则时的参数：

```
$ for acl in adminVM appVMs dbVMs; do
> opc compute acl add $OPCACCT/$acl
> done
```

以下命令显示所有的访问控制列表：

```
$ opc -f text compute acl list $OPCACCT
```

```
NAME
/Compute-opcbook/cloud.admin/appVMs
/Compute-opcbook/cloud.admin/dbVMs
/Compute-opcbook/cloud.admin/adminVM
```

接下来创建3个虚拟网卡集合，虚拟网卡的作用有二：①便于多块网卡的集合操作；②作为实例和网络访问控制的结合点，因为访问控制列表最终需要应用在虚拟网卡集合之上，而创建实例时会将虚拟网卡添加到虚拟网卡集合中。以下为创建虚拟网卡集合的命令，其中指定了需要应用在其上的访问控制列表：

```
$ for vnicset in adminVM appVMs dbVMs; do
> opc compute virtual-nic-set add $OPCACCT/$vnicset --applied-acls $OPCACCT/$vnicset
> done
$ opc -f text -F name,appliedAcls,vnics compute virtual-nic-set list $OPCACCT
NAME APPLIEDACLS VNICS
/Compute-opcbook/cloud.admin/adminVM      ["/Compute-opcbook/cloud.admin/adminVM"]
/Compute-opcbook/cloud.admin/dbVMs        ["/Compute-opcbook/cloud.admin/dbVMs"]
/Compute-opcbook/cloud.admin/appVMs       ["/Compute-opcbook/cloud.admin/appVMs"]
```

接下来进行最重要也是最复杂的一步，即创建安全规则。安全规则的构成元素中，安全协议、访问控制列表以及作为源或目标的虚拟网卡集合已定义完毕，此时只需定义这些组件之间的关系。我们将具体的安全规则定义在文件secrules.txt中，以便后续使用脚本进行处理。每一行表示一条安全规则，包含的6个字段依次为安全规则的名称、类型(方向)、网络访问源、网络访问目标、网络访问协议和所属的访问控制列表，并用ANY表示任意的源和目标：

```
$ cat secrules.txt
#####################################################################################
# NAME                        TYPE      SOURCE    TARGET    PROTOCOL    ACL
#####################################################################################
internet-to-adminVM           ingress   ANY       adminVM   ssh         adminVM
adminVM-to-any                egress    adminVM   ANY       ANY         adminVM
adminVM-to-appVMs             ingress   adminVM   appVMs    ANY         appVMs
internet-to-appVMs            ingress   ANY       appVMs    https       appVMs
appVMs-to-dbVMs-egress        egress    appVMs    dbVMs     tcp1521     appVMs
appVMs-to-dbVMs-ingress       ingress   appVMs    dbVMs     tcp1521     dbVMs
adminVM-to-dbVMs              ingress   adminVM   dbVMs     ANY         dbVMs
```

在此安全规则定义文件中，internet-to-adminVM表示从任意源到管理服务器只允许SSH服务；adminVM-to-any表示从管理服务器出口允许任何访问；adminVM-to-appVMs表示从管理服务器到应用服务器开放所有访问；internet-to-appVMs表示从任意源到应用服务器只允许HTTPS访问；appVMs-to-dbVMs-egress和appVMs-to-dbVMs-ingress是两个相对的方向，分别从应用服务器和数据库服务器的角度定义，表示应用服务器与数据库服务器之间开放数据库服务；adminVM-to-dbVMs表示从管理服务器到数据库服务器开放所有访问。

以下的脚本create_secrules.sh以文件secrules.txt为输入，生成所有安全规则：

```
$ cat create_secrules.sh
```

```
export OPCACCT = "/Compute - opcbook/cloud.admin"
grep - v "^#" rules| while read name type src dest proto acl
do
    srcdef =
    destdef =
    protodef =
    [[ "$src" != "ANY" ]] && srcdef = "--src-vnic-set $OPCACCT/$src"
    [[ "$dest" != "ANY" ]] && destdef = "--dst-vnic-set $OPCACCT/$dest"
    [[ "$proto" != "ANY" ]] && protodef = "--sec-protocols $OPCACCT/$proto"
    opc compute security-rule add $OPCACCT/$name $type $srcdef $destdef $protodef --
acl $OPCACCT/$acl
done
```

以下命令显示所有创建成功的安全规则，包括所属的ACL、类型、源、目标和安全协议，每一条记录表示一个安全规则，其中为空的列表示所有，例如所有源、所有目标或所有协议：

```
$ opc -f text -F name,flowDirection,srcVnicSet,dstVnicSet,secProtocols,acl compute security-
rule list $OPCACCT | sed 's@'"$OPCACCT/"'@@g'
NAME                          FLOWDIRECTION  SRCVNICSET  DSTVNICSET  SECPROTOCOLS  ACL
internet-to-adminVM           ingress                    adminVM     ["ssh"]       adminVM
adminVM-to-dbVMs              ingress        adminVM     dbVMs                     dbVMs
adminVM-to-appVMs             ingress        2adminVM    appVMs                    appVMs
appVMs-to-dbVMs-egress        egress         appVMs      dbVMs       ["tcp1521"]   appVMs
internet-to-appVMs            ingress                    appVMs      ["https"]     appVMs
appVMs-to-dbVMs-ingress       ingress        appVMs      dbVMs       ["tcp1521"]   dbVMs
adminVM-to-any                egress         adminVM                               adminVM
```

至此，所有IP网络组件均已创建完毕，但还没有与实例发生任何关联。与实例的关联关系需要在实例的编排文件中定义，以下为5个实例的编排文件，使用编排v2语法。如果实验环境的资源有限，也可以在编排中仅保留3个实例，即一个管理服务器、一个应用服务器和一个数据库服务器：

```
{
    "name": "/Compute-opcbook/cloud.admin/IPNetwork_Demo",
    "desired_state": "active",
    "objects": [{
        "label": "adminVM",
        "type": "Instance",
        "persistent": true,
        "template": {
            "networking": {
                "eth0": {
                    "vnic": "/Compute-opcbook/cloud.admin/adminVM_eth0",
                    "ipnetwork": "/Compute-opcbook/cloud.admin/adminIPnetwork",
                    "vnicsets": ["/Compute-opcbook/cloud.admin/adminVM"],
                    "is_default_gateway": true,
                    "ip": "172.16.1.2",
                      "nat": ["network/v1/ipreservation:/Compute-opcbook/cloud.admin/
ipResAdminVM"]
                }
```

```
            },
            "name": "/Compute - opcbook/cloud.admin/adminVM",
            "hostname":"adminVM",
            "shape": "oc3",
            "imagelist": "/oracle/public/OL_6.6_UEKR4_x86_64",
            "sshkeys": ["/Compute - opcbook/cloud.admin/opcbook - pkey"]
        }
    },
    {
        "label": "appVM1",
        "type": "Instance",
        "persistent": true,
        "template": {
            "networking": {
                "eth0": {
                    "vnic": "/Compute - opcbook/cloud.admin/appVM1_eth0",
                    "ipnetwork": "/Compute - opcbook/cloud.admin/appIPnetwork",
                    "vnicsets": ["/Compute - opcbook/cloud.admin/appVMs"],
                    "is_default_gateway": true,
                    "ip": "10.50.1.2",
                    "nat": [ " network/v1/ipreservation:/Compute - opcbook/cloud. admin/
ipResAppVM1"]
                }
            },
            "name": "/Compute - opcbook/cloud.admin/appVM1",
            "hostname":"appVM1",
            "shape": "oc3",
            "imagelist": "/oracle/public/OL_6.6_UEKR4_x86_64",
            "sshkeys": ["/Compute - opcbook/cloud.admin/opcbook - pkey"]
        }
    },
    {
        "label": "appVM2",
        "type": "Instance",
        "persistent": true,
        "template": {
            "networking": {
                "eth0": {
                    "vnic": "/Compute - opcbook/cloud.admin/appVM2_eth0",
                    "ipnetwork": "/Compute - opcbook/cloud.admin/appIPnetwork",
                    "vnicsets": ["/Compute - opcbook/cloud.admin/appVMs"],
                    "is_default_gateway": true,
                    "ip": "10.50.1.3",
                    "nat": [ " network/v1/ipreservation:/Compute - opcbook/cloud. admin/
ipResAppVM2"]
                }
            },
            "name": "/Compute - opcbook/cloud.admin/appVM2",
            "hostname":"appVM2",
            "shape": "oc3",
            "imagelist": "/oracle/public/OL_6.6_UEKR4_x86_64",
```

```
                "sshkeys": ["/Compute-opcbook/cloud.admin/opcbook-pkey"]
            }
        },
        {
            "label": "dbVM1",
            "type": "Instance",
            "persistent": true,
            "template": {
                "networking": {
                    "eth0": {
                        "vnic": "/Compute-opcbook/cloud.admin/dbVM1_eth0",
                        "ipnetwork": "/Compute-opcbook/cloud.admin/dbIPnetwork",
                        "vnicsets": ["/Compute-opcbook/cloud.admin/dbVMs"],
                        "is_default_gateway": true,
                        "ip": "192.168.1.2"
                    }
                },
                "name": "/Compute-opcbook/cloud.admin/dbVM1",
                "hostname":"dbVM1",
                "shape": "oc3",
                "imagelist": "/oracle/public/OL_6.6_UEKR4_x86_64",
                "sshkeys": ["/Compute-opcbook/cloud.admin/opcbook-pkey"]
            }
        },
        {
            "label": "dbVM2",
            "type": "Instance",
            "persistent": true,
            "template": {
                "networking": {
                    "eth0": {
                        "vnic": "/Compute-opcbook/cloud.admin/dbVM2_eth0",
                        "ipnetwork": "/Compute-opcbook/cloud.admin/dbIPnetwork",
                        "vnicsets": ["/Compute-opcbook/cloud.admin/dbVMs"],
                        "is_default_gateway": true,
                        "ip": "192.168.1.3"
                    }
                },
                "name": "/Compute-opcbook/cloud.admin/dbVM2",
                "hostname":"dbVM2",
                "shape": "oc3",
                "imagelist": "/oracle/public/OL_6.6_UEKR4_x86_64",
                "sshkeys": ["/Compute-opcbook/cloud.admin/opcbook-pkey"]
            }
        }]
}
```

我们摘取编排文件中的 AdminVM 实例部分进行解读，片段如下。在网络部分(networking)定义了一块虚拟网卡 eth0，属于虚拟网卡集合 adminVM。此虚拟网卡连接的 IP 网络为 adminIPnetwork，指定的私网 IP 地址为 172.16.1.2，并且通过 IP 保留

ipResAdminVM 获得公网 IP 地址。此外，还分别定义了实例名称、主机名、操作系统映像和 SSH 公钥，在本实例中，SSH 公钥已预先上传到计算云服务。此片段中没有出现任何访问控制信息，但由于 eth0 属于虚拟网卡集合 adminVM，而根据之前定义，在 adminVM 上应用的访问控制列表为 adminVM，因此其中的安全规则即 internet-to-adminVM 和 adminVM-to-any 将生效。另外，注意在数据库服务器的定义中没有 nat 一项，这是由于本例中的数据库服务器并不需要公网 IP 地址。

```
"networking": {
    "eth0": {
        "vnic": "/Compute - opcbook/cloud.admin/adminVM_eth0",          # 虚拟网卡
        "ipnetwork": "/Compute - opcbook/cloud.admin/adminIPnetwork",   # IP 网络
        "vnicsets": ["/Compute - opcbook/cloud.admin/adminVM"],         # 虚拟网卡集合
        "is_default_gateway": true,                                     # 是否确实网关
        "ip": "172.16.1.2",                                             # 指定的私网 IP
        "nat":                                                          # 公网 IP
            "network/v1/ipreservation:/Compute - opcbook/cloud.admin/ipResAdminVM"]
    }
},
"name": "/Compute - opcbook/cloud.admin/adminVM",                       # 实例显示名
"hostname": "adminVM",                                                  # 主机名
"shape": "oc3",
"imagelist": "/oracle/public/OL_6.6_UEKR4_x86_64",                      # 实例操作系统映像
"sshkeys": ["/Compute - opcbook/cloud.admin/opcbook - pkey"]            # SSH 公钥
```

将以上的编排上传到计算云服务，由于是编排 v2，因此上传后会立即执行，然后自动生成 5 个实例，如图 3-27 所示。注意其中的 Public IP 和 Private IP 部分，Public IP 是通过 IP 保留获得的，除数据库服务器外均分配有 Public IP。而所有实例的 Private IP 局使用的是固定地址，这是 IP 网络的特有功能。

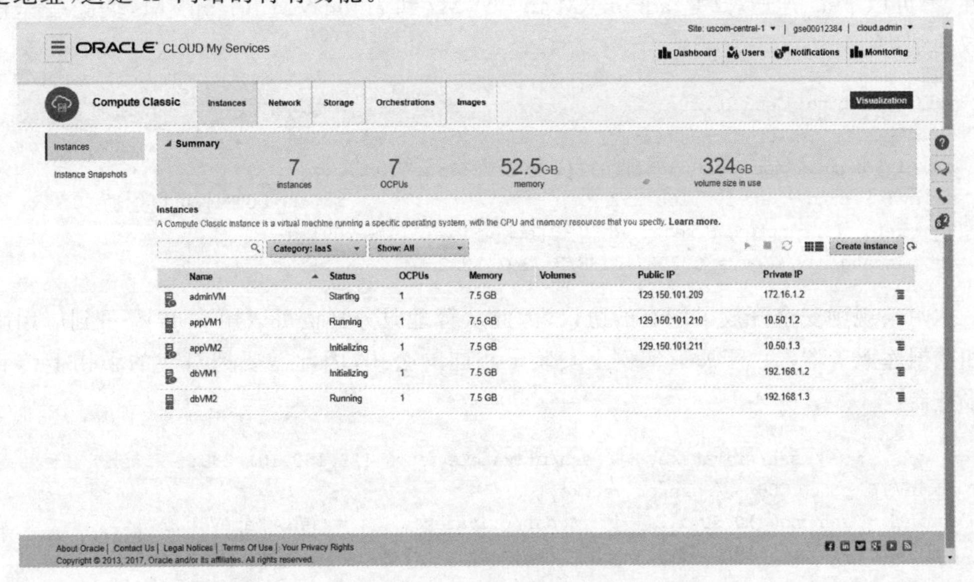

图 3-27 IP 网络示例中通过编排创建的 5 个实例

网络对象和实例创建完成后，可通过可视化对象编辑器显示这些对象，如图 3-28 所示。在图中可清晰地展示所有对象及对象之间的关联关系。

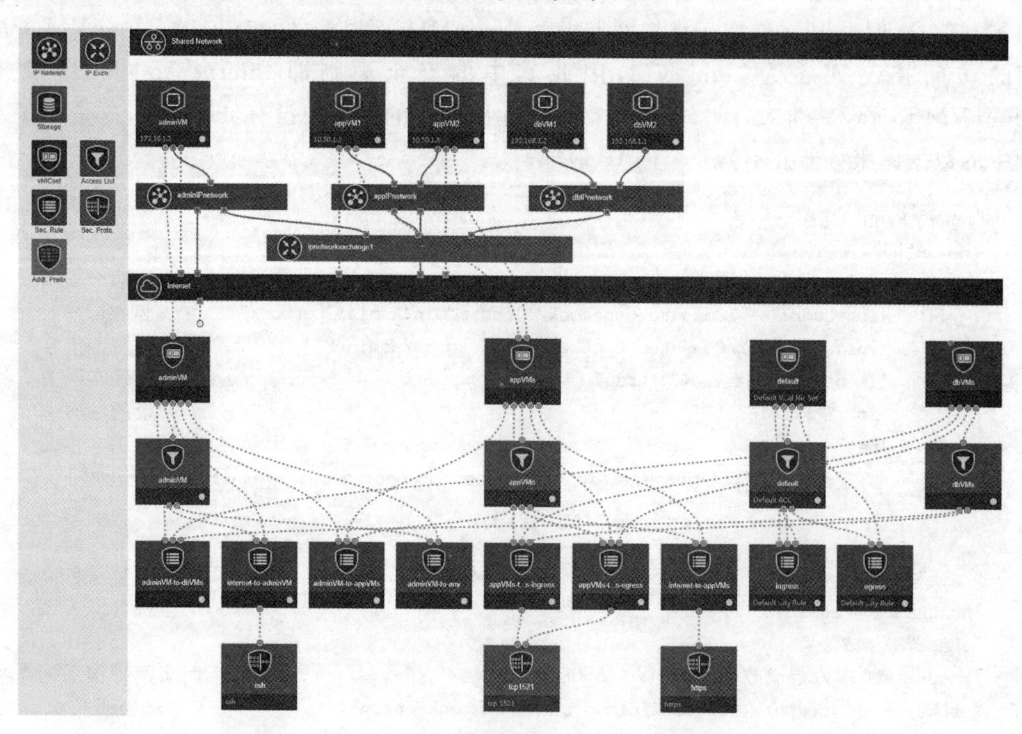

图 3-28　在可视化对象编辑器中查看 IP 网络对象及关联关系

接下来对这些实例进行测试，以验证之前定义的安全规则。首先通过 Putty 或 SSH 客户端登录管理服务器 adminVM，可以成功登录，说明之前定义的安全规则 internet-to-adminVM 已生效。然后在 adminVM 上通过 ping 测试到应用服务器和数据库服务器的连通性，都可以 ping 连通，这是 adminVM-to-dbVMs 和 adminVM-to-appVMs 两条安全规则生效的结果。

```
adminVM $ ping -qc3 10.50.1.2                          # ping appVM1，可以连通
3 packets transmitted, 3 received, 0% packet loss, time 2003ms
rtt min/avg/max/mdev = 0.381/1.031/1.909/0.645 ms
adminVM $ ping -qc3 192.168.1.2                        # ping dbVM1，可以连通
3 packets transmitted, 3 received, 0% packet loss, time 2001ms
rtt min/avg/max/mdev = 0.203/1.238/3.119/1.332 ms
```

这两条规则安全开放了所有的协议，因此从管理服务器也可以用 SSH 登录到应用服务器和数据库服务器。由于所有实例上安装了相同的公钥，因此需要把对应的私钥上传到管理服务器：

```
$ scp -i ~/.ssh/privatekey ~/.ssh/privatekey opc@129.150.101.209:~/.ssh
adminVM $ chmod 600 ~/.ssh/privatekey
adminVM $ ssh opc@10.50.1.2 -i ~/.ssh/privatekey       # ssh 到 appVM1 成功
adminVM $ ssh opc@192.168.1.2 -i ~/.ssh/privatekey     # ssh 到 dbVM1 成功
```

接下来需要测试涉及安全协议的安全规则。在本示例中，所有实例都是通过统一模板

生成，并未安装和启动服务，但我们可以通过 nmap 来模拟服务以及测试与服务之间的连通性。安装 nmap 最方便的手段是通过互联网，安全规则 adminVM-to-any 即是为此而设，但按照之前的安全规则定义，应用服务器和数据库服务器是禁止访问互联网的，因此我们需要临时修改安全规则以允许其访问互联网，下载软件完成后再恢复之前的安全规则。为此，对于应用服务器，将安全规则 appVMs-to-dbVMs-egress 中的目标改为所有，而非仅数据库服务器；而对于数据库服务器，则需新增一条安全规则：

```
# 修改已有安全规则 appVMs-to-dbVMs-egress,允许应用服务器访问互联网
$ opc compute security-rule update /Compute-opcbook/cloud.admin/appVMs-to-dbVMs-egress
egress --src-vnic-set /Compute-opcbook/cloud.admin/appVMs --acl /Compute-
opcbook/cloud.admin/appVMs
# 新增安全规则 dbVMs-to-any,允许数据库服务器访问互联网
$ opc compute security-rule add /Compute-opcbook/cloud.admin/dbVMs-to-any egress --src
-vnic-set /Compute-
opcbook/cloud.admin/dbVMs --acl /Compute-opcbook/cloud.admin/dbVMs
```

由于访问互联网还需要公网 IP，因此临时建立一个 IP 保留并与数据库服务器关联，以数据库服务器 dbVM1 为例：

```
$ opc compute ip-address-reservation add $OPCACCT/ipResdbVM1 --ip-address-pool /
oracle/public/public-ippool
$ opc compute ip-address-association add $OPCACCT/ipassociation01 \
--ip-address-reservation $OPCACCT/ipResdbVM1 --vnic $OPCACCT/dbVM1_eth0
```

此时，即可在所有实例中安装 nmap 软件：

```
adminVM $ sudo yum -y install nmap
appVM1 $ sudo yum -y install nmap
dbVM1 $ sudo yum -y install nmap
```

软件安装完毕，即可将安全规则恢复为下载软件之前的状态并删除临时建立的 IP 保留：

```
# 删除增加的安全规则 dbVMs-to-any
$ opc compute security-rule delete /Compute-opcbook/cloud.admin/dbVMs-to-any
# 将修改的安全规则 appVMs-to-dbVMs-egress 还原
$ opc compute security-rule update /Compute-opcbook/cloud.admin/appVMs-to-dbVMs-egress
egress --src-vnic-set /Compute-opcbook/cloud.admin/appVMs --dst-vnic-set /Compute-
opcbook/cloud.admin/dbVMs --sec-protocols /Compute-opcbook/cloud.admin/tcp1521 --acl /
Compute-opcbook/cloud.admin/appVMs
# 删除公网 IP 地址与数据库服务器的关联,然后删除 IP 保留
$ opc compute ip-address-association delete $OPCACCT/ipassociation01
$ opc compute ip-address-reservation delete $OPCACCT/ipResdbVM1
```

利用 nmap 程序在数据库服务器上的 1521 端口和应用服务器的 443 端口启动监听，以模拟 HTTPS 服务器和 Oracle 数据库服务：

```
appVM1 $ sudo ncat -l -k 443      # 在应用服务器上的 443 端口启动模拟 HTTPS 服务
dbVM1 $ sudo ncat -l -k 1521      # 在数据库服务器上的 1521 端口启动模拟 Oracle 数据库服务
```

验证从互联网可成功访问应用服务器 appVM1 上的 HTTPS 服务：

```
$ ncat -v 129.150.101.210 443
Ncat: Version 6.40 ( http://nmap.org/ncat )
Ncat: Connected to 129.150.101.210:443.
```

从应用服务器访问数据库服务器 dbVM1 上的模拟数据库服务也是成功的，注意此时使用的目标 IP 地址为数据库服务器的私网地址：

```
$ ncat -v 192.168.1.2 1521
Ncat: Version 5.51 ( http://nmap.org/ncat )
Ncat: Connected to 192.168.1.2:1521.
```

以上为一个典型三层架构的 IP 网络配置示例，接下来将介绍另一个示例，即当一个实例具有多块网卡并均配置公网 IP 时，如何通过配置默认路由保证所有网卡的连通性。示例拓扑如图 3-29 所示，其中实例 VM01 的两块虚拟网卡分别连接到 IP 网络，并且均分配有公网 IP 地址。按照网络设计原则，如果实例配置了共享网络，则共享网络关联的虚拟网卡将被自动设为默认网关；如果没有配置共享网络，则需要在连接 IP 网络的虚拟网卡中手动指定其一作为默认网关。本例中由于只有两个 IP 网络，因此我们选取 eth0 作为默认网关。

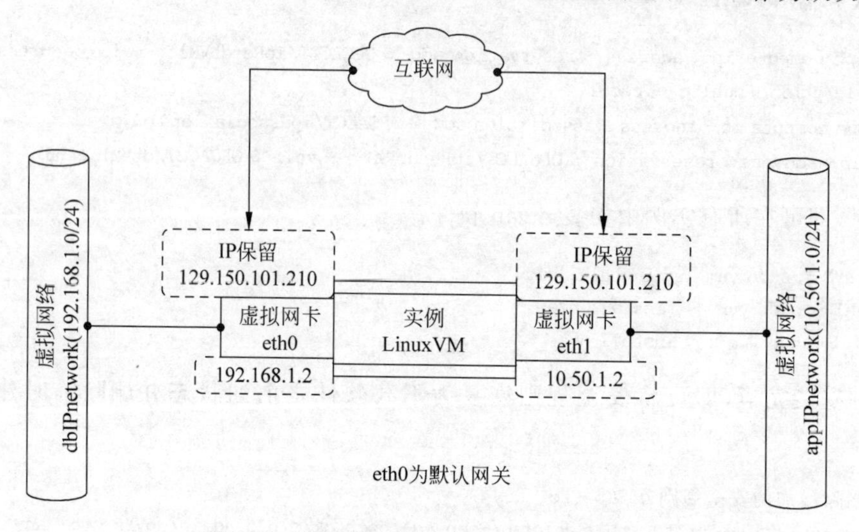

图 3-29　IP 网络示例场景：设置正确的路由

在 Web Console 中依照以上拓扑创建实例完成后，在实例中可查询到 eth0 为默认网关：

```
$ ip route show
default via 192.168.1.1 dev eth0 proto static
10.50.1.0/24 dev eth1 proto kernel scope link src 10.50.1.2
192.168.1.0/24 dev eth0 proto kernel scope link src 192.168.1.2
```

通常情况下，一台主机只能设置一个默认网关。由于 eth0 是默认网关，当从互联网访问 eth1 时，虽然进入的网络包经过 eth1，但回程的数据需要经过 eth0 流出，这会导致 eth1 无法连通。从互联网任意客户端 ping 此实例可验证网卡的连通性：

```
$ ping -qc3 129.150.101.210                    # 可以 ping 连通
3 packets transmitted, 3 received, 0% packet loss, time 2003ms
$ ping -qc3 129.150.101.211                    # 无反应,无法 ping 连通
```

解决以上的问题需要操作系统支持基于策略的路由，而策略需通过 iproute2 实用程序配置。因此首先另建一路由表 admin，并在路由表中添加两条路由，即将 eth1 设置为默认网关。由于 IP 网络中的第一个单播地址被预留用于此网络的默认网关、DHCP 服务器和 DNS 服务器地址，因此对于 IP 网络 10.50.1.0/24，我们将默认网关设置为 10.50.1.1。

```
# echo "1 admin" >> /etc/iproute2/rt_tables
# ip route add 10.50.1.0/24 dev eth1 src 10.50.1.2 table admin
# ip route add default via 10.50.1.1 dev eth1 table admin
```

然后设置路由规则。指定当 eth1 存在进出网络流时，使用 admin 路由表，而非使用系统默认的路由表。

```
# ip rule show
0:       from all lookup local
32766:   from all lookup main
32767:   from all lookup default
# ip rule add from 10.50.1.2/32 table admin
# ip rule add to 10.50.1.2/32 table admin
# ip rule show
0:       from all lookup local
32764:   from all to 10.50.1.2 lookup admin
32765:   from 10.50.1.2 lookup admin
32766:   from all lookup main
32767:   from all lookup default
```

最后冲刷缓存提交更改，两块虚拟网卡均可以从互联网正常访问：

```
# ip route flush cache
```

3.7 实例管理

在服务控制台上方的标签栏中，选择 Instances 标签，即可进入实例管理页面。如图 3-4 所示，页面左侧子标签栏包括 Instances 和 Instance Snapshots 两个子标签，分别对应实例管理和实例快照管理。

3.7.1 创建实例

1. 使用 Web Console 创建实例

在 Web Console 中，可以从实例管理标签页的 Create Instance 按钮或从映像管理标签页映像条目的操作菜单中启动创建实例的界面。创建实例需要 6 个步骤，用户在 6 个步骤中完成映像和 Shape 选择及实例、网络和存储的配置。

(1) 选择映像，如图 3-30 所示。此步骤确定实例的操作系统以及启动盘的大小。用户

可以从 Oracle Images 中选择系统映像或从 Private Images 中选择私有映像，私用映像可以在 Marketplace 中安装，也可以由用户或第三方组织提供并上传。用户可以通过搜索框直接定位所需的映像。另外，图 3-30 中显示的条目实际是映像列表，可以通过展开 Previous Versions 下拉菜单选择不同的映像版本。

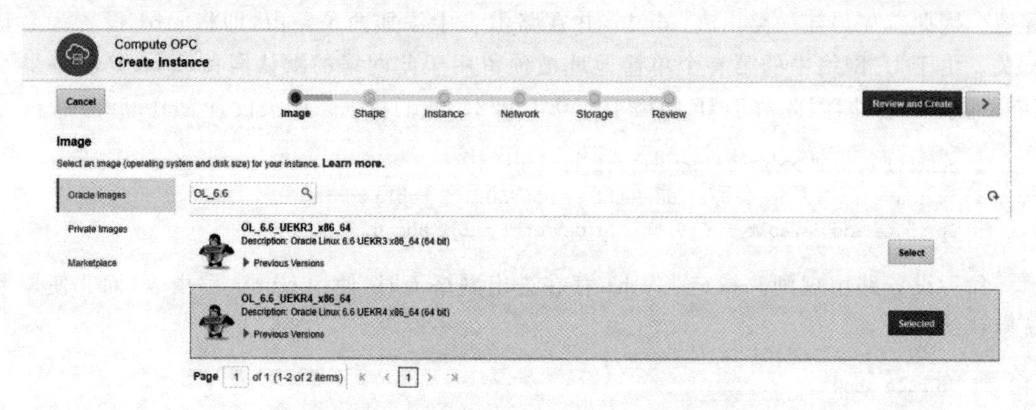

图 3-30 创建实例步骤(1)——选择映像

(2) 选择 Shape。Shape 确定了实例的 CPU 和内存容量，除通用和高内存 Shape 外，某些云数据中心还提供高 I/O 类型的 Shape 以提升 I/O 性能，或 GPU 类型的 Shape 以支持图形运算能力。

图 3-31 为选择 Shape 的界面，注意每一个 Site 支持的 Shape 不尽相同。所有数据中心都支持普通和高内存类型 Shape，高 I/O 或 GPU 类型 Shape 的支持需要咨询相应的数据中心。

Compute OPC
Create Instance

Cancel | Image | Shape | Instance | Network | Storage | Review | Review and Create

Shape

Select a shape (OCPU and memory) for your instance. Learn more.

Category	Name	OCPUs	Memory	GPUs
General Purpose	oc3	1	7.5 GB	
General Purpose	oc4	2	15 GB	
General Purpose	oc5	4	30 GB	
General Purpose	oc6	8	60 GB	
General Purpose	oc7	16	120 GB	
General Purpose	oc8	24	180 GB	
General Purpose	oc9	32	240 GB	
High I/O	ocio1m	1	15 GB	
High I/O	ocio2m	2	30 GB	
High I/O	ocio3m	4	60 GB	
High I/O	ocio4m	8	120 GB	
High I/O	ocio5m	16	240 GB	
High Memory	oc1m	1	15 GB	
High Memory	oc2m	2	30 GB	
High Memory	oc3m	4	60 GB	
High Memory	oc4m	8	120 GB	
High Memory	oc5m	16	240 GB	
High Memory	oc8m	24	360 GB	
High Memory	oc9m	32	480 GB	

图 3-31 创建实例步骤(2)——选择 Shape

(3) 设置实例属性，如图 3-32 所示。High Availability Policy 为实例的高可用策略，可以设置为 Active、Monitor 或 None。其中 Active 为默认策略，表示当编排监控到实例崩溃时，会自动重建实例；而 Monitor 会将编排的状态更新为 Error，但不会重建实例；设置为 None 时，编排不会监控实例的状态。

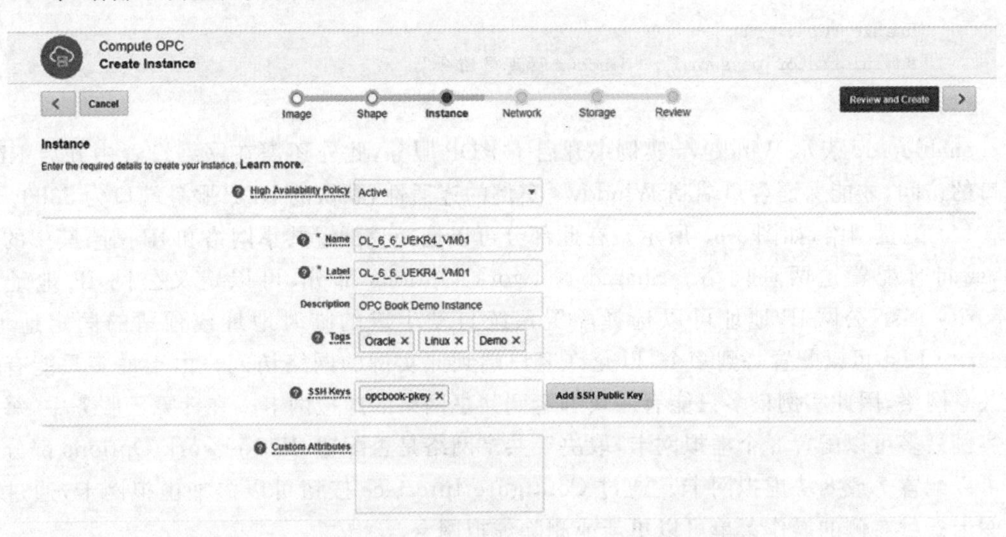

图 3-32 创建实例步骤(3)—— 设置实例属性

可以通过 OPC CLI 测试实例的高可用策略，例如当策略设置为 Active 时，instances delete 会触发实例的重建，重建的实例具有新的实例 ID：

```
$ export OPCACCT = /Compute - opcbook/cloud.admin
$ opc - f text - F name compute instance list $ OPCACCT # 获取实例的内部名称
NAME
/Compute - opcbook/cloud.admin/OL_6_6_UEKR4_VM01/954af373 - e2eb - 46c8 - 8217 - 1901da98d09d
# 试图删除实例，由于高可用策略为 Active，因此实例删除后会自动重建
$ opc compute instance delete \
    $ OPCACCT/OL_6_6_UEKR4_VM01/954af373 - e2eb - 46c8 - 8217 - 1901da98d09d
$ opc compute instance list $ OPCACCT # 确认实例 ID 发生变化
```

Name 为实例的显示名，在 OPC CLI 中进行实例操作时，需要引用完整的实例名称，其格式为：/Compute-< identity_domain >/< user >/< name >/< instance_id >，其中 instance_id 为系统随机产生的字符串，例如 04e35b9c-b7f2-44e4-90ab-5f90a58f14b9。Label 为实例标签，应将其设置为有意义的字符串以便于后续实例搜索，同时应尽量保证其唯一性，因为在编排中，Label 被用来引用对象以定义对象之间的关系。Name 和 Label 属性是必须设置的。Description 和 Tags 是可选属性，为实例的描述和附属标签，用来说明实例的用途以及对实例进行分类。

SSH Keys 为与实例关联的 SSH 公钥，格式可以是 OpenSSH 使用的 PEM 格式或 PUTTY 使用的 PPK 格式。可以设置多个公钥，设置公钥的目的是可以让客户端免密码直接登录实例，并保证网络访问的安全性。

Custom Attributes 为定制属性，定义了其他需要存放在实例中的属性。一些系统工具如 opc-init 初始化软件包会读取其中的属性并执行相应的初始化任务，用户也可以编写脚

本依据定制属性执行不同的操作。填写定制属性时，必须使用 JSON 格式，用户可以输入一系列键值对数据。

对于 Windows 实例，定制属性是必须的，系统会自动填入以下的信息：

```
{
    "enable_rdp": true,
    "administrator_password": "Windows 管理员口令"
}
```

enable_rdp 表示 Windows 实例中开启了 RDP 服务，此外还需在网络设置中开启 RDP 端口的访问，才能保证客户端到 Windows 实例的连通性，默认的 RDP 服务端口为 3389。

(4) 配置网络，如图 3-33 所示。在此部分可以选择只配置共享网络和 IP 网络其中的一种，或同时配置这两种网络。Shared Network Options 部分，可以定义公网 IP 地址和 Security List，公网 IP 地址可以选择配置系统自动生成的临时地址或预留的固定地址。Security List 可以配置一到多个，以允许客户端到此实例的网络访问。由于最多只能有一个共享网络，因此实例最多只能有一块绑定到共享网络的虚拟网卡。在计算云服务中，每一个实例最多可以配置 8 个虚拟网卡，取决于共享网络是否配置，IP Network Options 部分最多可以配置 7 或 8 块虚拟网卡。通过 Configure Interface 按钮可以添加虚拟网卡，通过虚拟网卡条目右侧的操作菜单可以更新或删除虚拟网卡。

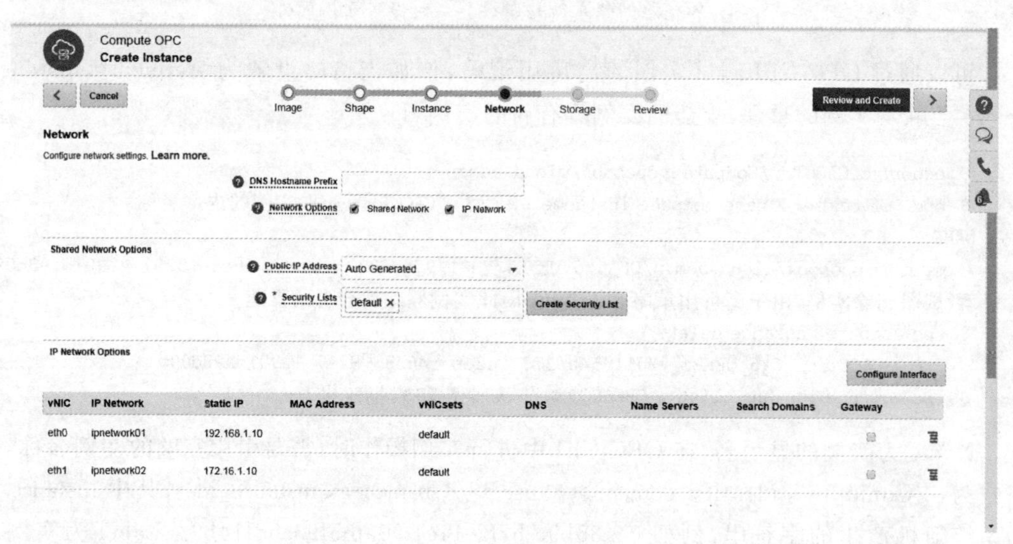

图 3-33　创建实例步骤(4)——设置网络

(5) 配置存储，如图 3-34 所示。系统会自动生成实例名加_storage 后缀的启动盘，启动盘的大小与用户选择的基础映像有关。默认时启动盘为可持久化类型，如果在启动盘右侧操作菜单中选择 Remove 菜单项将启动盘删除，则会使用基于机器映像快照的非持久化启动盘，如图 3-35 所示。注意，启动卷名为固定的 Root，磁盘序号也由 1 变为 0。

此外，也可以通过 Add New Volume 按钮创建新的存储卷并挂载到此实例，或通过 Attach Existing Volume 按钮挂载之前已创建的存储卷。本例中为实例新增了一块 20GB

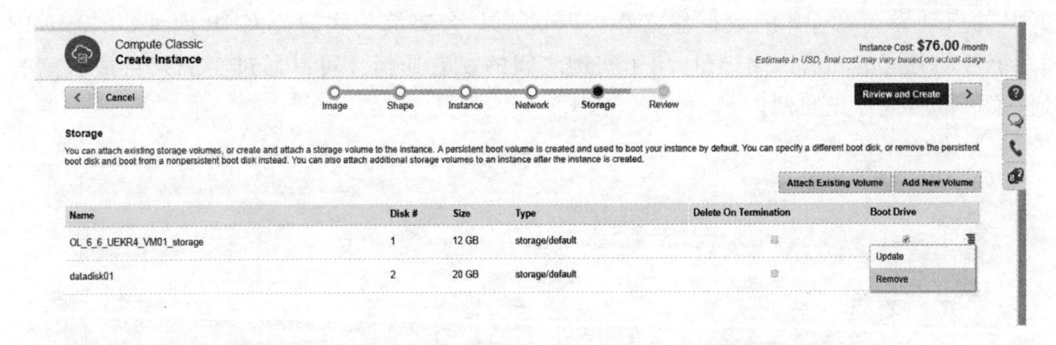

图 3-34 创建实例步骤(5)——配置存储(持久化启动盘)

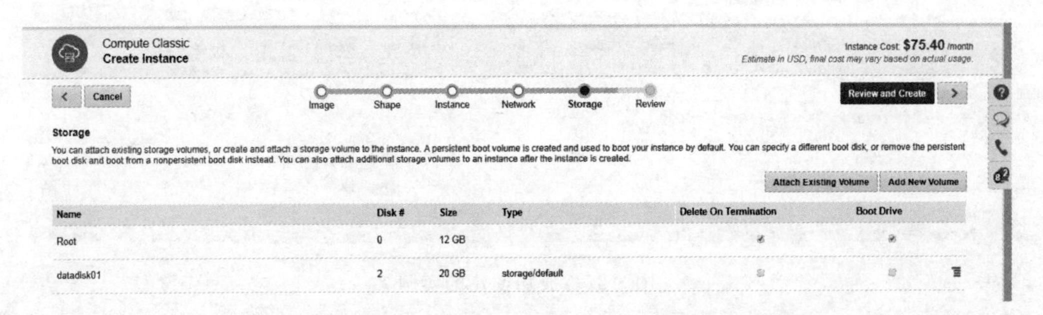

图 3-35 创建实例步骤(5)——配置存储(非持久化启动盘)

的存储卷 datadisk01。

(6) 复查配置,如图 3-36 所示。其中显示了配置的概要信息,包括选择的映像、Shape、网络与存储配置。如需调整配置,可以直接单击上方进度条中的按钮,进入相应的配置界面进行修改。如果一切正确,即可单击 Create 按钮开始实例的创建。

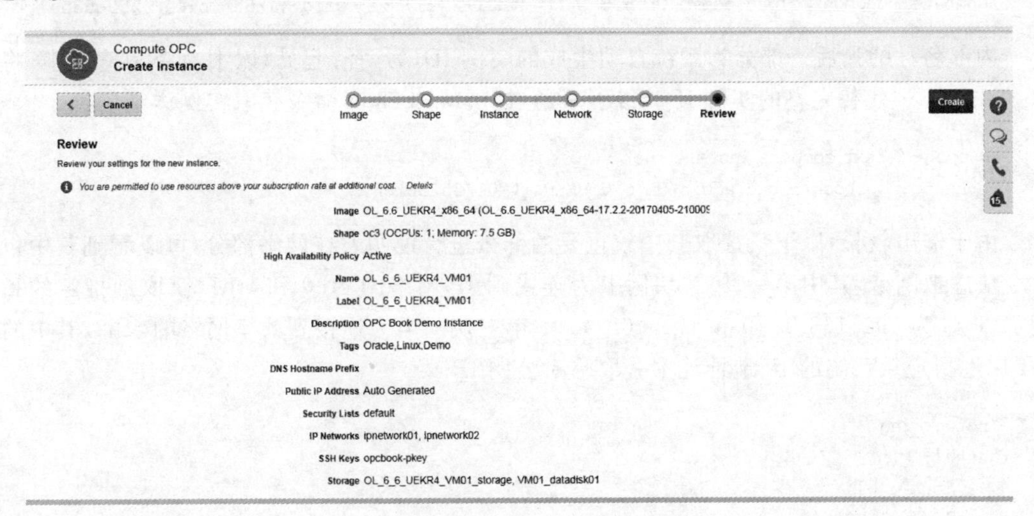

图 3-36 创建实例步骤(6)——复查配置

实例创建时间取决于实例的 Shape 和存储卷容量,成功创建的实例将显示在实例标签页面中,如图 3-37 所示。在实例的条目信息中,Status 为 Running 表示实例已就绪,OCPUs 与 Memory 对应于用户选择的 Shape。Volumes 是使用的存储总量,本例中为

12GB的启动卷与20GB的数据卷之和。Public IP为实例关联的公网IP地址，Private IP为系统自动分配的私有网络地址，用于实例之间的私有通信。可以通过实例条目最右侧的操作菜单重启或停止实例。

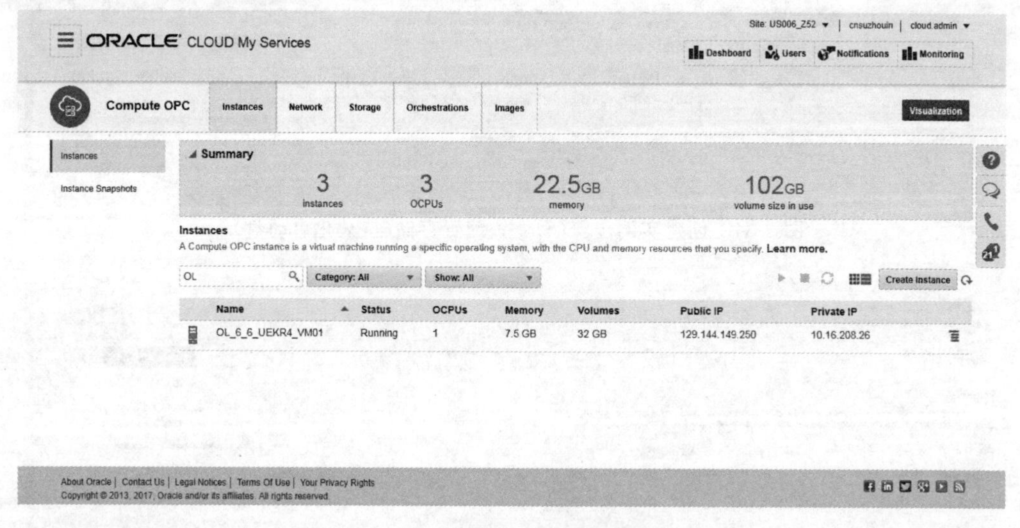

图3-37 成功创建的实例

实例创建成功后，可以通过OPC CLI验证实例的配置信息。以下为部分命令及输出，完整的脚本和输出可参见本章附件ch03/opccli目录下的文件show_instances.sh和show_instances.log。首先通过实例的显示名获取实例的内部名称：

```
$ opc -f text compute instance list /Compute-opcbook | grep OL_6_6_UEKR4_VM01
NAME
/Compute-opcbook/cloud.admin/OL_6_6_UEKR4_VM01/35230f80-a15d-426d-b44e-259e58ce7110
```

内部名称的最后一部分为系统自动生成的实例ID，为简洁起见，以下命令和输出中，将以35230f80…代替完整的实例ID。接下来通过instances get命令获取实例详细信息：

```
$ opc -f text compute instance get \
/Compute-opcbook/cloud.admin/OL_6_6_UEKR4_VM01/35230f80...
```

由于输出较长，以下只选取其中较重要的部分进行说明。在网络部分，可以看到其中包含3块虚拟网卡，其中第一、第二块网卡为连接到IP网络的eth0和eth1，获取到指定的私网IP地址为192.168.1.10和172.16.1.10；第三块网卡为连接到共享网络的eth2，其中的nat属性指定从系统的IP地址池中获取临时公网IP。

```
"networking": {
"eth0": {
    "dns": [],
    "ip": "192.168.1.10",
    "ipnetwork": "/Compute-opcbook/cloud.admin/ipnetwork01",
    "model": "",
    "nat": null,
    "seclists": [],
    "vnic": "/Compute-opcbook/cloud.admin/OL_6_6_UEKR4_VM01_eth0",
```

```
        "vnicsets": ["/Compute-opcbook/default"]
    },
    "eth1": {
        "dns": [],
        "ip": "172.16.1.10",
        "ipnetwork": "/Compute-opcbook/cloud.admin/ipnetwork02",
        "model": "",
        "nat": null,
        "seclists": [],
        "vnic": "/Compute-opcbook/cloud.admin/OL_6_6_UEKR4_VM01_eth1",
        "vnicsets": ["/Compute-opcbook/default"]
    },
    "eth2": {
        "dns": ["dfcccd.compute-opcbook.oraclecloud.internal."],
        "model": "",
        "nat": "ippool:/oracle/public/ippool",
        "seclists": ["/Compute-opcbook/default/default"],
        "vethernet": "/oracle/public/default"
     }
    }
```

在存储部分，可以看到 OL_6_6_UEKR4_VM01_storage 和 VM01_datadisk01 两个存储卷：

```
    "storage_attachments": [{
        "index": 1,
        "name": "/Compute-opcbook/cloud.admin/OL_6_6_UEKR4_VM01/35230f80.../89834f71...",
        "storage_volume_name": "/Compute-opcbook/cloud.admin/OL_6_6_UEKR4_VM01_storage"
     }, {
        "index": 2,
        "name": "/Compute-opcbook/cloud.admin/OL_6_6_UEKR4_VM01/35230f80.../899dcb1a...",
        "storage_volume_name": "/Compute-opcbook/cloud.admin/VM01_datadisk01"
     }
    ]
```

在余下的信息中，可以看到在创建实例过程中设定的各种属性，包括实例显示名、标签和附属标签。其他信息包括 Shape、SSH 密钥、实例操作系统，虚拟化引擎和启动时间。

```
    "desired_state": "running",
    "name": "/Compute-opcbook/cloud.admin/OL_6_6_UEKR4_VM01/35230f80...",
    "hostname": "dfcccd.compute-opcbook.oraclecloud.internal.",
    "label": "OL_6_6_UEKR4_VM01",
    "platform": "linux",
    "hypervisor": { "mode": "hvm" },
    "shape": "oc3",
    "sshkeys": ["/Compute-opcbook/cloud.admin/opcbook-pkey"],
    "start_time": "2017-09-12T07:01:49Z",
    "state": "running",
    "tags": ["Oracle", "Linux", "Demo", ...]
    "boot_order": [1],
    "availability_domain": "/ad1",
```

通过 compute storage-attachment 命令，可获取实例挂载的存储卷内部名称：

```
$ opc  -f text compute storage - attachment list /Compute - opcbook/cloud.admin
NAME
/Compute - opcbook/cloud.admin/OL_6_6_UEKR4_VM01/35230f80.../89834f71...
/Compute - opcbook/cloud.admin/OL_6_6_UEKR4_VM01/35230f80.../899dcb1a...
```

通过 storage-volume 可获取存储卷的详细信息，包括容量、是否可启动等：

```
$ opc compute storage - volume list $ OPCACCT
{
 "result": [
  {
   "account": "/Compute - opcbook/default",
   "bootable": true,                                         # 可启动卷
   "description": "",
   "hypervisor": null,
   "imagelist": "/oracle/public/OL_6.6_UEKR4_x86_64",
   "imagelist_entry": 4,                                     # 启动卷复制自映像列表中的第 4 个
                                                               条目
   "machineimage_name": "/oracle/public/OL_6.6_UEKR4_x86_64 - 17.2.2 - 20170405 - 210009",
   "managed": true,
   "name": "/Compute - opcbook/cloud.admin/OL_6_6_UEKR4_VM01_storage",
   "platform": "linux",
   "properties": [ "/oracle/public/storage/default" ],      # 存储卷类型
   "quota": null,
   "readonly": false,
   "shared": false,
   "size": "12884901888",                                    # 容量约为 12GB
   "snapshot": null,                                         # 非快照卷
   "snapshot_account": null,
   "snapshot_id": null,
   "status": "Online",
   "status_detail": null,
   "status_timestamp": "2017 - 09 - 12T07:01:28Z",
   "storage_pool": "/compute - us6 - z52/lpeis01nas173 - v1/storagepool/iscsi",
   "writecache": false                                       # 写缓存禁止
  },
  {
   "account": "/Compute - opcbook/default",
   "bootable": false,                                        # 不可启动的存储卷，即数据卷
   "description": null,
   "hypervisor": null,
   "imagelist": null,
   "imagelist_entry": -1,
   "machineimage_name": null,
   "managed": true,
  "name": "/Compute - opcbook/cloud.admin/VM01_datadisk01",
   "platform": null,
   "properties": [ "/oracle/public/storage/default" ],
   "quota": null,
```

```
  "readonly": false,
  "shared": false,
  "size": "21474836480",                             # 容量约为 20GB
  "snapshot": null,                                  # 非快照卷
  "snapshot_account": null,
  "snapshot_id": null,
  "status": "Online",
  "status_detail": null,
  "status_timestamp": "2017-09-12T07:01:22Z",
  "storage_pool": "/compute-us6-z52/lpcis01nas179-v1/storagepool/iscsi",
  "writecache": false                                # 写缓存禁止
 }
]
}
```

最后,我们使用SSH命令直接登录实例,从虚拟机内部验证之前的配置:

```
$ ifconfig -a            # 总共3块网卡,eth0和eth1连接到IP网络,eth2连接到共享网络
eth0      Link encap:Ethernet HWaddr C6:B0:C0:A8:01:0A
          inet addr:192.168.1.10 Bcast:192.168.1.255 Mask:255.255.255.0 ...
eth1      Link encap:Ethernet HWaddr C6:B0:AC:10:01:0A
          inet addr:172.16.1.10 Bcast:172.16.1.255 Mask:255.255.255.0 ...
eth2      Link encap:Ethernet HWaddr C6:B0:9D:2D:91:AA
          inet addr:10.16.208.26 Bcast:10.16.208.27 Mask:255.255.255.252 ...
$ lscpu   # OC3 Shape的OCPU数量为1,由于开启了超线程,在操作系统内部显示为2
Architecture:          x86_64
CPU op-mode(s):        32-bit, 64-bit
Byte Order:            Little Endian
CPU(s):                2
Core(s) per socket:    2
Socket(s):             1
CPU MHz:               2294.916
BogoMIPS:              4589.83
Hypervisor vendor:     Xen
Virtualization type:   full
...
$ awk '/MemTotal/{print $2}' /proc/meminfo     # OC3 Shape的内存为7.5GB
7657252
$ lsblk -io KNAME,TYPE,SIZE                    # xvdb为12GB的启动盘,xvdc为20GB的数据盘
KNAME   TYPE   SIZE
xvdb    disk   12G
xvdb1   part   500M
xvdb2   part   11.5G
dm-0    lvm    4G
dm-1    lvm    6G
xvdc    disk   20G
$ sudo parted --list /dev/xvdb|grep xvd# 数据盘尚未格式化
Model: Xen Virtual Block Device (xvd)
Disk /dev/xvdb: 12.9GB
Error: /dev/xvdc: unrecognised disk label
```

2. 使用 OPC CLI 创建实例

使用 Web Console 创建实例比较直观，而使用 OPC CLI 可以更清晰地了解创建实例的内部原理，并且 OPC CLI 控制选项更为全面，将 OPC CLI 命令组织为脚本可以方便重复调用和自动化执行。下面通过示例来了解使用 OPC CLI 创建实例的全过程。

首先查询实例对应的编排文件，确认其状态均为就绪(ready)：

```
$ opc -f text -F name,status compute orchestration list $OPCACCT
NAMESTATUS
/Compute-opcbook/cloud.admin/OL_6_6_UEKR4_VM01_instance        ready
/Compute-opcbook/cloud.admin/OL_6_6_UEKR4_VM01_master          ready
/Compute-opcbook/cloud.admin/OL_6_6_UEKR4_VM01_storage         ready
```

停止主编排文件，主编排文件关联的实例编排和存储编排也相应被停止，反复查询编排的状态，直到所有的编排状态均变为停止(stopped)：

```
$ opc compute orchestration update \
$OPCACCT/OL_6_6_UEKR4_VM01_master --action STOP
$ opc -f text -F name,status compute orchestration list $OPCACCT
NAMESTATUS
/Compute-opcbook/cloud.admin/OL_6_6_UEKR4_VM01_instance        stopped
/Compute-opcbook/cloud.admin/OL_6_6_UEKR4_VM01_master          stopped
/Compute-opcbook/cloud.admin/OL_6_6_UEKR4_VM01_storage         stopped
```

此时，所有在编排中创建的资源如存储卷均被删除，而在编排文件之外创建的资源如 IP 网络、SSH 公钥及安全规则等需要手动删除：

```
$ opc compute ip-network delete $OPCACCT/ipnetwork01          # 删除 IP 网络
$ opc compute ip-network delete $OPCACCT/ipnetwork02          # 删除 IP 网络
$ opc compute sec-rule delete $OPCACCT/secrule-ssh            # 删除安全规则
$ opc compute ssh-key delete $OPCACCT/opcbook-pkey            # 删除 SSH 公钥
```

至此，实例及相关资源已清除干净，以下将使用 OPC CLI 重现上一节中实例创建过程。首先创建实例所需的两个 IP 网络：

```
$ opc compute ip-network add $OPCACCT/ipnetwork01 192.168.1.0/24
$ opc compute ip-network add $OPCACCT/ipnetwork02 172.16.1.0/24
```

预先把公钥的密文存放于文件 opcbook_rsa 中，然后使用以下两种命令形式之一创建 SSH 公钥：

```
$ keytext=$(cat opcbook_rsa.pub)
$ opc compute ssh-keys add $OPCACCT/opcbook-pkey "$keytext"                  # 形式 1
$ opc ompute ssh-keys add $OPCACCT/opcbook-pkey file://./opcbook_rsa.pub    # 形式 2
```

接着创建实例所需的启动卷和数据卷。除了需要指定存储卷的容量外，对于启动卷还需指定--bootable 可启动选项以及通过--imagelist 选项指定实例对应的启动映像。

```
$ opc compute storage-volume add $OPCACCT/OL_6_6_UEKR4_VM01_storage \
    /oracle/public/storage/default 12G --bootable \
    --imagelist /oracle/public/OL_6.6_UEKR4_x86_64
```

```
$ opc compute storage-volume add $OPCACCT/VM01_datadisk01 \
    /oracle/public/storage/default 20G
```

创建安全规则以允许 SSH 通过公网访问实例：

```
$ opc compute sec-rule add $OPCACCT/secrule-ssh permit \
    /oracle/public/ssh seclist:/Compute-opcbook/default/default \
    seciplist:/oracle/public/public-internet
```

在 OPC CLI 中,创建实例是通过 launch-plan 命令实现的。此命令通过读取 JSON 格式的资源编排文件创建实例,因此首先创建文件 ol6u6_instance.json,并包含以下内容：

```
{
    "obj_type": "launchplan",
    "ha_policy": "active",
    "label": "OPCBOOK demo",
    "instances": [{
        "networking": {
            "eth0": {
                "ip": "192.168.1.10",
                "ipnetwork": "/Compute-opcbook/cloud.admin/ipnetwork01"
            },
            "eth1": {
                "ip": "172.16.1.10",
                "ipnetwork": "/Compute-opcbook/cloud.admin/ipnetwork02"
            },
            "eth2": {
                "nat": "ippool:/oracle/public/ippool",
                "seclists": ["/Compute-opcbook/default/default"]
            }
        },
        "storage_attachments": [{
            "volume": "/Compute-opcbook/cloud.admin/OL_6_6_UEKR4_VM01_storage",
            "index": 1
        },
        {
            "volume": "/Compute-opcbook/cloud.admin/VM01_datadisk01",
            "index": 2
        }],
        "boot_order": [1],
        "name": "/Compute-opcbook/cloud.admin/OL_6_6_UEKR4_VM01",
        "label": "OL_6_6_UEKR4_VM01",
        "tags": ["Oracle",
        "Linux",
        "Demo"],
        "shape": "oc3",
        "sshkeys": ["/Compute-opcbook/cloud.admin/opcbook-pkey"]
    }],
    "name": "/Compute-opcbook/cloud.admin/orchestration_OL6U6"
}
```

导入并执行资源编排,由于存储资源已经预先建立,因此很快就可以在 Instances 标签页下看到新建的实例并处于运行状态，但在 Orchestrations 标签页下不会生成记录。

```
$ opc compute launch-plan add --request-body=ol6u6_instance.json
```

3.7.2 实例的监控

在实例页面中单击指定实例，即可进入此实例详情页面，如图 3-38 所示。在“概要信息”(Overviews)页面中包括了实例的状态、Shape 以及 IP 地址等信息。在下方还会显示实例的存储、网络对象、SSH 公钥信息。

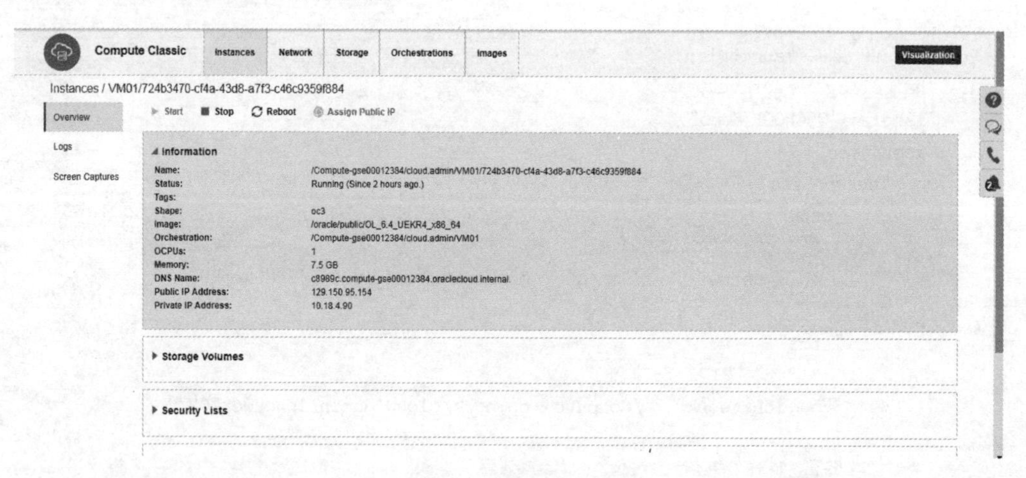

图 3-38 实例详情页面

在左侧的子标签栏还有 Logs 和 Screen Captures 两个菜单，前者可查看实例的启动日志(dmesg)，后者可以实时抓取实例运行的控制台信息。实例的启动日志也可以通过 OPC CLI 的 instance-consoles 子命令查看。

实例的资源使用情况可以通过单击服务控制台右上角的 Monitoring 按钮进入监控页面查看，如图 3-39 所示。用户可以添加感兴趣的监控性能指标以定制页面，包括内存、CPU 和 I/O 读写的使用情况。

另外，Oracle 提供的 opc-init 软件包也会自动安装监控代理，负责从实例内部获取精确的内存使用统计信息，每分钟采集一次数据。在实例内部可以查询到监控代理运行情况：

```
$ sudo status opc-guest-agent-service
opc-guest-agent-service start/running, process 2304
```

3.7.3 实例的生命周期与扩展

实例正常启动后，在实例条目最右侧操作菜单中可以选择 Start(启动)、Stop(停止)或 Reboot(重启)操作，这些菜单项根据实例当前状态相应处于禁用或启用状态。处于运行状态下的实例可进行重启或停止操作。重启实例时，无论启动盘是持久化或非持久化类型，数据和配置信息都不会丢失。重启操作也可以通过 OPC CLI 中的 reboot-instance-requests

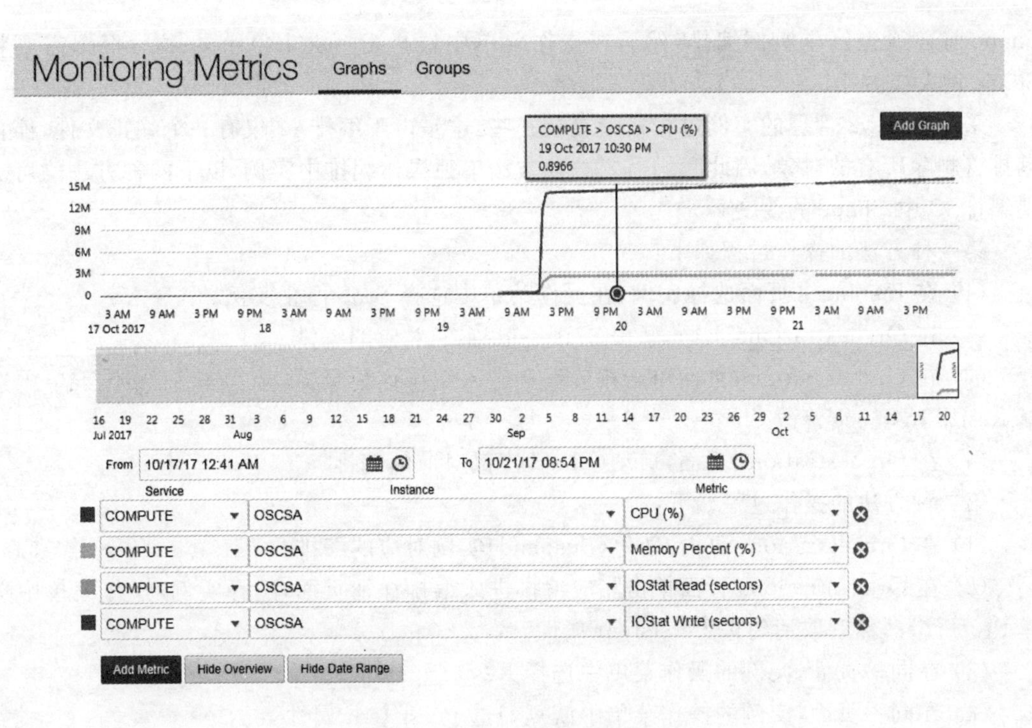

图 3-39　实例资源使用情况监控

子命令进行，例如：

```
$ INSTANCE_ID = $(opc -f text compute instance list $OPCACCT|grep VM01)
$ opc -f json compute reboot-instance-request add $INSTANCE_ID
```

对于使用持久化启动盘的实例，停止操作将使其处于关机状态，实例的内存和 CPU 资源被释放，登录到实例内所做的数据修改将保留。另外，实例的 ID 将保留，以保证其他对象引用此实例的有效性。在实例启动后所做的配置改变将丢弃，例如增加安全列表、增加存储卷等。换句话说，在实例编排之外的所有配置改变将不再保留。对于使用非持久化启动盘的实例，停止实例将使实例恢复到机器映像最初的状态，即所有数据改变将被抛弃。

最后一个操作是删除实例，实例的删除是通过实例编排间接执行的，具体步骤与编排的版本有关，此处只简述操作。对于编排 v1，必须先停止实例编排才能删除实例，由于存储和实例各自有自己的编排，因此删除实例不会影响存储卷；对于编排 v2，由于只有一个编排，必须先暂停(suspend)编排后才可删除实例。

实例创建后，随着业务负载的变化，可能需要对实例的配置进行调整，包括对存储、网络和计算资源的扩展。存储的扩展包括存储卷扩容、增删存储卷、建立和解除存储卷与实例的关联等。网络的扩展包括增删网卡、改变网络拓扑、添加网络访问控制等，这些都可以通过 Web Console 或 OPC CLI 进行。

云计算弹性可扩充的特性要求实例可以按需调整计算资源，这在 Oracle 计算云中是通过编排管理改变实例的 Shape 实现的。不同版本编排的操作步骤也不尽相同，无论使用哪个编排版本，修改 Shape 都会导致实例重启。

采用编排 v1 管理的实例有 3 个编排文件，分别是主编排、实例编排和存储编排。修改

Shape 前必须先停止实例编排，然后在操作菜单中选择 Resize Instance，最后根据需要将 Shape 调大或调小。

采用编排 v2 管理的实例过程稍微复杂一些，这是由于编排 v2 仅有一个编排文件，停止编排将删除所有的对象，因此我们需要一种方法单独操作编排中实例，以下两种方法均可实现编排 v2 中 Shape 的改变。

第一种方法的操作过程如下：

(1) 在 Instances 页面选择实例，在操作菜单中选择 Stop 停止实例。

(2) 在 Orchestrations 页面，暂停(Suspend)实例对应的编排。

(3) 在 Orchestrations 页面单击相应编排进入编排详情页面，选择实例，操作菜单中选择 Resize Instance 修改 Shape。

(4) 在 Orchestrations 页面，启动(Start)实例对应的编排。

第二种方法的操作过程如下：

(1) 在 Orchestrations 页面，暂停(Suspend)实例对应的编排。

(2) 在 Orchestrations 页面单击相应编排进入编排详情页面，选择实例，操作菜单中选择 Properties，然后取消勾选 Persistent 属性。

(3) 在同一页面，实例的操作菜单中选择 Resize Instance。

(4) 在同一页面，实例的操作菜单中恢复勾选 Persistent 属性。

(5) 在 Orchestrations 页面，启动(Start)实例对应的编排。

推荐采用第一种方式。无论哪种方式，都需要暂停编排以实现属性的修改。

3.7.4 实例快照管理

实例快照本质上也是基于存储卷的快照，但实例快照针对的是启动盘，而存储卷快照仅针对数据盘。实例快照的主要目的是以选定实例为模板，创建定制化的机器映像，然后即可基于此定制映像创建多个相同配置的实例。

只有启动盘为非持久化类型的实例才能建立实例快照，实例快照也仅针对启动盘，数据盘不会参与到实例快照中来。基于实例快照的功用可知，用于生产的实例均应采用持久化启动盘，开发测试类应用或用于构建定制机器映像时，才需要使用非持久化的启动盘。

在 Instances 标签栏下有两个子标签栏，其中 Instances 为实例管理，Instance Snapshots 为实例快照管理。在 Instances 子标签栏中，选择实例最右侧功能菜单中的 Create Snapshot 菜单项，即可建立实例快照。当实例启动盘为持久化类型时，此菜单项会被禁止。创建的实例快照会显示在 Instance Snapshots 子标签页下，如图 3-40 所示。此页面下可删除实例快照或将快照注册为机器映像。实例快照的数据存放在存储云服务的对象存储中，因此快照完全建立需要一定时间，最初建立时状态为 Active，只有当状态变为 Complete 时，才可以进行机器映像注册。另外，删除实例快照时，对象存储中的数据并不会被删除，因此通过此快照注册的机器映像也不会受到影响。

可以在实例运行时创建实例快照，但在创建时间点后所有实例中的数据变化都不会记录在实例快照中。因此创建实例快照时提供了一个延迟(Deferred)选项，可保证在实例删除前所有的数据变化都能被记录到快照中，也可以认为实例删除的时刻即为快照创建时

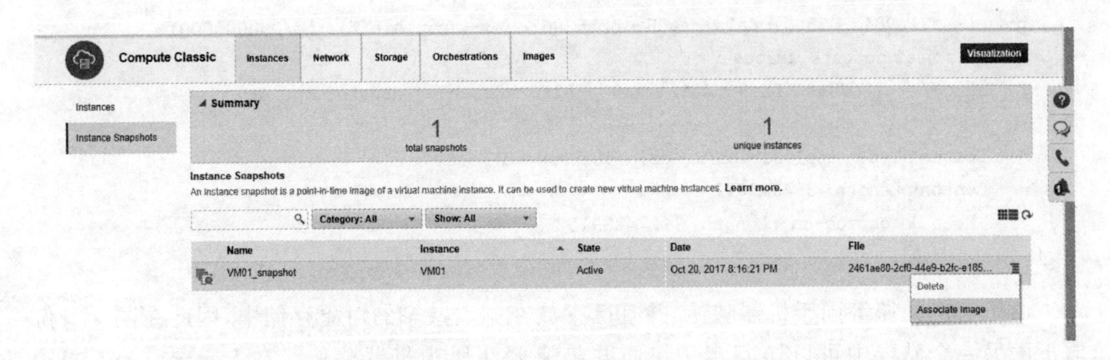

图 3-40 实例快照管理

间点。

使用 OPC CLI 中的 snapshot 子命令也可以进行实例快照的管理，以下通过一个示例来说明此命令的用法。首先通过 Web Console 创建一个启动盘为非持久化类型的实例 VM01，然后查找并记录实例 ID：

```
$ opc -f text compute instance list $OPCACCT|grep VM01
/Compute-opcbook/cloud.admin/VM01/530cfa95-deb5-4909-a2e8-793dbb399fe2
```

基于实例 ID 生成实例快照 VM01snapshot：

```
$ opc compute snapshot add $OPCACCT/VM01/530cfa95-deb5-4909-a2e8-793dbb399fe2 --
machineimage $OPCACCT/VM01snapshot
{
...
"instance": "/Compute-opcbook/cloud.admin/VM01/530cfa95-deb5-4909-a2e8-793dbb399fe2",
 "machineimage": "/Compute-opcbook/cloud.admin/VM01snapshot",
 "name": "/Compute-opcbook/cloud.admin/530cfa95-deb5-4909-a2e8-793dbb399fe2/
e71e904c-5549-4a1a-aa08-b2162863bcb3",
 "state": "active",
}
```

在以上输出中，name 为实例快照的 ID，machineimage 表明实例快照实际上就是机器映像，因此实例快照也就是启动盘的快照。

和存储卷快照一样，实例快照也存放在对象存储中，因此快照建立需要一定时间。最初快照的状态为 active。基于实例快照反复查询状态，直到其变为 complete：

```
$ opc -f text -F state compute snapshot get \
$OPCACCT/530cfa95-deb5-4909-a2e8-793dbb399fe2/e71e904c-5549-4a1a-aa08-b2162863bcb3
state  complete
```

利用 Swift Client 查询对象存储，由于实例快照即机器映像，因此也存放在默认的容器 compute_images 中，文件格式为 tar.gz，并且对象名中包含快照 ID。实例快照占用空间约为 850MB，解压后大小约为 12GB，即原实例启动盘的大小：

```
$ swift list compute_images
image/...e71e904c-5549-4a1a-aa08-b2162863bcb3-snapshot.tar.gz
```

```
image/… e71e904c-5549-4a1a-aa08-b2162863bcb3-snapshot.tar.gz/0000000001
$ swift stat compute_images \
    image/… e71e904c-5549-4a1a-aa08-b2162863bcb3-snapshot.tar.gz
    …
    Content Type: application/x-gzip;charset=UTF-8
    Content Length: 854877692
     Meta Decompressed-Length: 11274289152
    …
```

由于实例快照等同于机器映像，并且已存放在站点共享的对象存储中，因此在同一身份域下的另一个站点中可以访问实例快照并将快照注册为机器映像。在 Instance snapshot 子标签页注册最为方便，在 Images 标签页中通过 Associate Image 按钮也可实现同样功能，但还需额外指定对象存储中的文件。使用 OPC CLI 的注册过程如下，注意需先将 OPC CLI 的配置参数切换到身份域中另一站点：

```
$ opc compute image-list add $OPCACCT/OL6U6_Customized 'Oracle Linux 6U6 Customized'
$ opc compute machine-image add $OPCACCT/OL6U6_Customized_image \
    image/… e71e904c-5549-4a1a-aa08-b2162863bcb3-snapshot.tar.gz
```

以上为同身份域跨站点的实例快照恢复过程，跨身份域恢复的原理和过程类似，只不过操作时间更长一些，因为需要将源身份域中的实例快照文件下载到本地后，然后再上传到目标身份域中，过程如下：

```
# 将身份域 A 中的机器映像(实例快照)文件下载到本地
$ swift download compute_image /
    image/… e71e904c-5549-4a1a-aa08-b2162863bcb3-snapshot.tar.gz
image/… e71e904c - 5549 - 4a1a - aa08 - b2162863bcb3 - snapshot. tar. gz [auth 4364.869s,
headers 2.437s, total 4739.321s, 2.283 MB/s after 4 attempts]
# 设置 Swift 环境变量,指向身份域 B
export ST_AUTH=...;export ST_USER=...;export ST_KEY=...
# 将本地的机器映像文件上传到身份域 B
$ swift upload compute_image /
image/… e71e904c-5549-4a1a-aa08-b2162863bcb3-snapshot.tar.gz
```

接下来映像注册过程和之前一样，然后在目标身份域中就可以使用基于实例快照恢复的机器映像来建立实例了。

3.7.5 实例元数据

在实例中存在两类元数据，即系统元数据和用户元数据。前者存在于每一个实例中，后者通常针对特定实例，用户可以在创建实例过程中指定这些元数据。除了可描述实例属性和特征外，元数据的另一重要作用是可供脚本或应用程序读取以执行特定的任务。例如，在实例创建过程中，用户指定的 SSH 公钥即存入实例元数据中，实例引导时由实例初始化脚本读取，然后添加到 opc 用户的 authorized_keys 文件末，使得用户可以免用户名密码登录实例。

用户元数据采用 JSON 格式定义，包含一系列键值对数据。用户元数据可在多处定义，使用 Web Console 创建实例的步骤(3),如图 3-32 所示,最下方的 Custom Attributes 文本框中即可输入用户元数据。第二种方式是在编排中设定实例的 attributes 属性值,这其实和第一种方式没有区别。第三种方式是在机器映像和机器映像列表的 OPC CLI 命令中,通过--attributes 命令选项指定用户元数据。前两种方式只影响单个实例,而最后一种方式影响所有使用此机器映像创建的实例。

存放在实例中的元数据可以使用 curl 命令读取,元数据是带版本的,存放地址为 http://192.0.0.192/版本/,例如:

```
$ curl http://192.0.0.192/
1.0
...
2009-04-04
latest
```

在指定版本的 meta-data 目录下为系统定义元数据,user-data 目录下为用户定义元数据,attributes 目录中包含用户定义元数据和部分系统定义元数据,例如:

```
$ curl http://192.0.0.192/latest
attributes
meta-data
user-data
```

可使用以下命令查询所有系统元数据:

```
$ for f in $(curl --silent http://192.0.0.192/latest/meta-data); do
>     echo $f : $(curl --silent http://192.0.0.192/latest/meta-data/$f)
> done
instance-id : /Compute-opcbook/cloud.admin/a6982558-44c6-48e6-ab59-c60e231c3908
instance-type : 7680 ram, 2.0 cpus
local-hostname : ac7348.compute-opcbook.oraclecloud.internal
local-ipv4 : 10.196.82.250
placement/ : availability-zone
public-hostname : ac7348.compute-opcbook.oraclecloud.internal
public-ipv4 : 10.196.82.250
public-keys/ : 0=key0
...
```

用户元数据也可使用同样方法查询,不过通常没有输出,除非预先对其进行了定义。假设在实例的编排中,将实例的 attributes 属性设定为如下格式:

```
"attributes": {
    "userdata": {
        "role": "production",
        "owner": {
            "name": "Flora",
            "mail": "flora@opcbook.com"
        }
    },
    "key1": "value1",
    "key2": "value2"
```

```
}
```

在实例创建完成后,用户元数据查询结果如下:

```
$ curl http://192.0.0.192/1.0/user-data
owner
role
$ curl http://192.0.0.192/1.0/user-data/owner
mail
name
$ curl http://192.0.0.192/1.0/user-data/owner/name
Flora
```

最后查询 attributes 目录,其中可以查询到所有的用户元数据(userdata),以及与其在同一层级的属性 key1 和 key2:

```
$ curl http://192.0.0.192/1.0/attributes
key1
key2
userdata
…
$ curl http://192.0.0.192/1.0/attributes/key1
value1
```

3.7.6 opc-init 实例初始化软件

在计算云服务中,机器映像为实例提供了统一模板,但有时用户也希望进行进一步的定制化工作,如设置不同的环境变量、创建不同的用户、安装不同的程序包等。opc-init 就是适合此类需求的实例初始化软件包。opc-init 软件包中包含了由 Oracle 提供的脚本,在每一次实例创建时(注意,不是启动)自动运行。用户将需要定制的任务通过约定格式写入用户数据中,opc-init 在运行时读取这些用户数据并执行相应操作。

opc-init 在 Linux 和 Windows 系统机器映像中已自动安装,对于用户定制的私有机器映像,用户可从 Oracle 官网[①]下载自行安装。opc-init 会读取用户元数据中约定的属性,然后执行相应的操作。对于 Linux 机器映像,执行日志文件为/var/log/opc-init/opc-init.log。约定的用户元数据属性格式如下:

```
"attributes": {
    "userdata":
    {
        "http-proxy": "HTTP 代理"
        "https-proxy": "HTTPS 代理"
        "pre-bootstrap": {实例创建时执行的本地或远程脚本},
        "yum_repos": {yum 资料库},
        "packages": [一个或多个希望 yum 安装的软件包],
        "package_upgrade": true, 是否执行 yum update
```

① http://www.oracle.com/technetwork/topics/cloud/downloads/opc-init-3096035.html

```
        "chef": {Chef Solo 或 Chef Client 配置}
    }
}
```

在以上的格式中，属性已按执行优先级排序，即最先执行 http-proxy，最后执行 chef。如果使用 Web Console 创建实例，在步骤(3)指定 Custom Attributes 时，需要指定的内容为 userdata 以下括号及其中部分。

以下通过一个示例来了解 opc-init 的运行机制，此示例将创建 Oracle 用户，安装并更新指定的软件包，然后将 SSH 公钥复制到 Oracle 用户下，使得 Oracle 用户可基于私钥登录实例。

使用 Web Console 创建实例的步骤(3)，将以下的文本添加到 Custom Attributes 文本框：

```
{
    "pre-bootstrap": {
        "scriptURL": "https://raw.githubusercontent.com/XiaoYu-HN/hello-world/master/
createuser.sh",
        "failonerror": true
    },
    "packages": ["libaio","git-core"],
    "package_upgrade": true
}
```

在以上文本中，pre-bootstrap 属性中的 scriptURL 指定了需要运行的脚本 createuser.sh，此脚本从 GitHub 下载。failonerror 设定为 true，表示如果脚本执行失败，引导过程将终止。packages 指定了需要安装的软件包，package_upgrade 设定表示需要在实例中执行 yum update。

GitHub 中的 createuser.sh 脚本如下：

```
useradd oracle                  # 创建用户 Oracle
# get public key from instance metadata and stored in authorized_keys file
# 从实例的系统元数据中获取 SSH 公钥，并下载到 Oracle 用户的 authorized_keys 文件
PUBKEYURL=http://192.0.0.192/latest/meta-data/public-keys/0/openssh-key
curl --silent -o ~oracle/.ssh/authorized_keys $PUBKEYURL
# 修改 SSH 公钥相关目录和文件的属性
chown $(id -un oracle):$(id -gn oracle) ~oracle/.ssh/authorized_keys
chmod 700 ~oracle/.ssh
chmod 600 ~oracle/.ssh/authorized_keys
# 赋予 Oracle 用户 sudo 权限
usermod -G ADMINS oracle
```

实例创建后，即可直接用 Oracle 而非默认的 opc 用户登录实例：

```
login as: oracle
Authenticating with public key "rsa-key-20170408"      # Oracle 用户免密码登录成功
[oracle@c8989c ~]$ rpm -qa|grep libaio
libaio-0.3.107-10.el6.x86_64                            # libaio 软件包成功安装
[oracle@c8989c ~]$ sudo -s
[root@c8989c oracle]#                                   # sudo 权限已赋予
```

最后在 opc-init 日志文件 opc-init.log 中可查看整个初始化的详细过程：

```
[oracle@c8989c ~]$ rpm -qa|grep opc-init
opc-init-py2.6-17.3.4-1.noarch# 系统机器映像中自动安装的 opc-init 软件包
[oracle@c8989c ~]$ more /var/log/opc-init/opc-init.log # 以下仅为部分日志
Initializing from userdata
Executing handlers in order: ['pre-bootstrap', 'packages', 'package_upgrade']
Using scriptURL.
Wrote script file in folder /tmp/tmpRiAs7P.
Executing /tmp/tmpRiAs7P/script.sh
Executing /tmp/tmpRiAs7P/script.sh fail_on_error = True additional subprocess args {'shell':
True}
Execution finished.
Script ran successfully. Output:
Attribute pre-bootstrap has been parsed.
Executing ['yum', 'install', '-y', '-t', 'libaio', 'git-core']
Execution finished.
Attribute packages has been parsed.
No handler can be found for attribute: package_upgrade
Finished Successfully
Elapsed time: 123.168 seconds
```

3.8 编排管理

编排(Orchestration)并不是一个新的概念，在虚拟化、SOA 架构、动态数据中心、融合基础设施等领域都可以看到编排的身影。在 Oracle 计算云服务中，编排通过将计算、存储和网络资源组织在一起，并定义资源属性和相互依赖关系，实现了资源的自动化供应、集中化监控以及变更和生命周期管理。编排不限于单个实例，应用所需的数据，基础设施都可以通过编排供应，从而实现匹配应用资源和 SLA 需求的弹性基础设施。

在计算云服务中，资源的编排是通过编排文件实现的。编排文件是标准 JSON (JavaScript Object Notation)格式的文件，包含了资源对象的定义、属性及对象之间的依赖关系。编排文件支持嵌套，因此既可以在一个编排文件中定义所有对象，也可以分别由多个编排文件定义对象，然后编排文件间相互引用。编排文件支持编排 v1 和编排 v2 两种版本的格式定义，在计算云 17.3.6 版本后，编排 v2 成为系统默认使用的编排格式。编排文件上传到计算云服务后，即可通过启动、停止、更新、删除等操作实现实例、存储、网络等资源对象的生命周期管理。

编排管理的界面如图 3-41 所示。通过 Upload Orchestration 按钮可以上传编排文件，在确认格式和语法正确后，即可显示在下方的详细列表中。详细列表中包含了编排的版本、名称、状态和最近一次操作的时间，Resource 列以图标方式显示编排中所包含的对象。最右侧的操作菜单包含了针对编排的各种操作，依据编排中包含的对象、版本及当前状态，可执行的操作也不尽相同。除了用户上传的编排，通过服务控制台创建的实例也会自动生成编排并显示在详细列表中。

除了服务控制台，使用 OPC CLI 的 orchestrations 命令也可以对编排进行管理，但目前

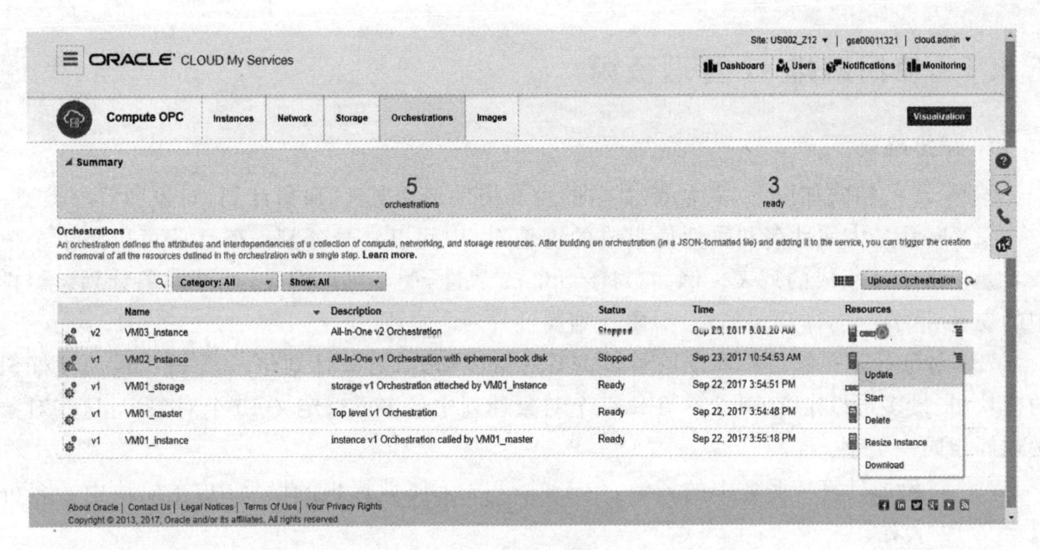

图 3-41 编排管理

只能管理 v1 版本的编排，以下为常用命令示例：

```
$ opc -f text -F name,status compute orchestration list $OPCACCT
NAMESTATUS
/Compute-opcbook/cloud.admin/VM01_instance    ready
/Compute-opcbook/cloud.admin/VM01_master      ready
/Compute-opcbook/cloud.admin/VM01_storage     ready
/Compute-opcbook/cloud.admin/VM02_instance    stopped
# 启动编排 VM02_instance
$ opc compute orchestration update $OPCACCT/VM02_instance --action START
# 查询到编排 VM02_instance 的状态为正在启动(starting)
$ opc -f text -F name,status compute orchestration get $OPCACCT/VM02_instance
name/Compute-opcbook/cloud.admin/VM02_instance
statusstarting
# 等待一段时间，查询到编排 VM02_instance 的状态为就绪(ready)
$ opc -f text -F name,status compute orchestration get $OPCACCT/VM02_instance
name/Compute-opcbook/cloud.admin/VM02_instance
statusready
# 删除编排 VM02_instance，由于只能在停止状态下才可删除，因此删除失败
$ opc compute orchestration delete $OPCACCT/VM02_instance
Status Code: 400 Bad Request
{"message": "Orchestration /Compute-opcbook/cloud.admin/VM02_instance must be in stopped
state to be deleted; instead, the state was ready"}
# 停止编排 VM02_instance
$ opc compute orchestration update $OPCACCT/VM02_instance --action STOP
# 确认状态为停止后，删除编排成功
$ opc compute orchestration delete $OPCACCT/VM02_instance
# 重新上传编排 VM02_instance 到计算云服务
$ opc compute orchestration add --request-body=./VM02_instance.json
```

3.8.1 使用编排 v1 管理资源

1. 编排格式

编排 v1 的格式如图 3-42 所示，其中的主要构件包括属性、对象计划、对象和对象类型。

(1) 属性是由属性名和属性值组成的键值对，中间以冒号分割。属性值可以是单个值或者是由多个值组成的列表。例如，对于 oplans 属性，最多可以定义 10 个对象计划。编排中的属性分为三类，即顶层属性、对象计划属性和对象属性。

(2) 对象计划是编排中最顶层和最主要的组成部分，对象计划位于以 oplans 属性标识的模块中，最多可以定义 10 个。在每一个对象计划中最多可以定义 10 个对象，且这些对象必须属于同一类型。

(3) 对象即计算云服务中的资源，位于以 objects 属性标识的模块中，在模块中最多可以定义 10 个对象。

```
{
    "顶层属性名": "属性值",
    ...,
    "oplans": [
    {
        "对象计划属性名": "属性值",
        ...,
        "obj_type": '对象类型",
        "objects": [
            {
                "对象属性名": "属性值",
                ...
            }
            ...
            {
                "对象属性名": "属性值",
                ...
            }
        ]
    }
    {
        对象计划定义
    }
    ]
}
```

对象1　对象10　对象计划1　对象计划10

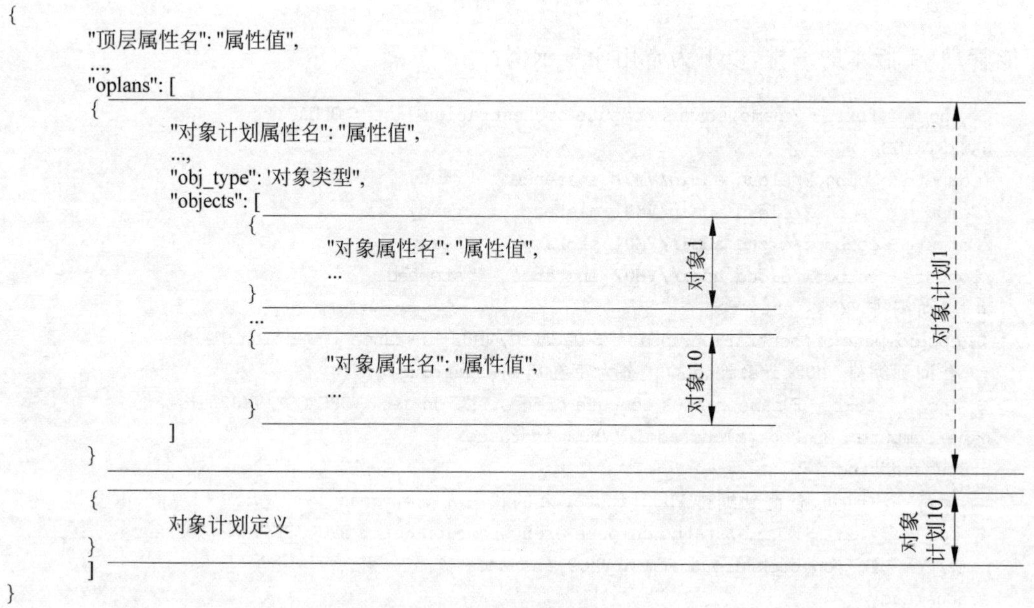

图 3-42　编排 v1 文件结构

2. 编排属性

根据属性所处的层级，编排中的属性可以分为顶层属性、对象计划属性和对象属性三类，这些属性由用户在编写编排文件时按需填写。另外，编排在运行时，系统也会自动将状态或错误信息写入编排中，这些属性称为系统状态属性。

1) 顶层属性

顶层属性是编排中最外围的属性，定义了编排的名称、描述、对象间依赖关系、对象计划等其他信息，典型的顶层属性定义如下：

```
{
    "name": "/Compute-opcbook/cloud.admin/myOrchestration",
```

```
    "description": "opcbook sample orchestration",
    "relationships": [],
    "schedule": {"start_time": "2017 - 09 - 23T07:55:18Z"},
    "oplans": [
        {
            oplan 定义
        },
        ...
    ]
}
```

在以上的属性中，除 name 和 oplans 必须定义外，其他都是可选属性。name 为编排的名称，格式为/Compute-< identity_domain >/< user >/< name >，oplans 属性对应 1～10 个对象计划。schedule 属性可以指定编排的启动和停止时间。如果编排中的对象有依赖关系，relationships 属性可以定义对象创建的顺序。relationships 属性的定义中，oplan 表示对象，to_oplan 表示依赖的对象，type 只能定义为 depends。在下面的示例中，由于实例依赖于安全规则，而安全规则又依赖于安全列表，因此安全列表最先创建：

```
"relationships": [{
        "oplan": "My security rule",
        "to_oplan": "My security list",
        "type": "depends"
    }, {
        "oplan": "My instance v1",
        "to_oplan": "My security rule",
        "type": "depends"
    }
]
```

2）对象计划属性

在对象计划属性中，可以指定对象计划的标签、对象的类型、对象和高可用策略。

```
"oplans": [{
    "label": "My instance v1",
    "ha_policy": "active",
    "obj_type": "orchestration",
    "objects": []
}]
```

其中，label、obj_type 和 objects 必须定义，ha_policy 为可选属性。label 为对象计划的描述，在 relationships 顶层属性中指定 oplan 和 to_oplan 时，使用的就是对象计划的标签。obj_type 为对象的类型，支持的对象类型可参见表 3-6。objects 定义了需要创建的对象，最多可定义 10 个。对于实例，ha_policy 可以定义为 active 或 monitor。只有当对象类型为 launchplan（实例）时才能定义为 active，表示当实例异常终止时会自动重建实例；当对象类型为 launchplan、storage/volume 或 orchestration 时，可以定义为 monitor，表示当这些对象意外终止时会将编排状态置为 Error，但不会重建；其他所有对象均不能定义此属性。

表 3-6　编排 v1 对象类型

对象类型	描　述
integrations/osscontainer	在指定的存储云服务中创建容器
ip/reservation	创建共享网络中的预留公网 IP 地址，此地址可以与连接到共享网络的实例网卡关联，最多 1 个。在同一编排文件中定义的实例需要关联此地址时，需要定义 launchplan 和 ip/reservation 的依赖关系
launchplan	创建实例。添加实例到在同一文件中定义的安全列表时，需要定义 launchplan 和 seclist 的依赖关系
network/v1/acl	创建 IP 网络中的访问控制列表(ACL)
network/v1/ipaddressprefixset	创建 IP 网络中的 IP 地址前缀，可作为安全规则定义的源或目标
network/v1/ipassociation	将 IP 网络的预留公网 IP 地址关联到实例的虚拟网卡
network/v1/ipnetwork	创建 IP 网络，实例通过虚拟网卡连接到 IP 网络，最多可以连接 8 个 IP 网络
network/v1/ipnetworkexchange	创建 IP 网络交换，IP 网络交换可将不同的 IP 网络连通。可以在 IP 网络创建时关联 IP 网络交换，或后续通过修改关联
network/v1/ipreservation	创建 IP 网络中的预留公网 IP 地址。此地址可以与连接到 IP 网络的实例网卡关联，最多 8 个
network/v1/route	创建 IP 网络中的路由
network/v1/secprotocol	创建 IP 网络中的安全协议
network/v1/secrule	创建可以添加到 ACL 中的安全规则
network/v1/vnicset	创建 IP 网络中的 vNICset，vNICset 是一个或多个虚拟网卡的集合，在创建实例时，虚拟网卡可以连接到共享网络或 IP 网络
orchestration	启动一个或多个编排
secapplication	创建共享网络中的安全应用。当在同一编排文件中定义的安全规则需引用此安全应用时，必须定义它们之间的依赖关系
seciplist	创建共享网络中的安全 IP 列表。当在同一编排文件中定义的安全规则需引用此安全 IP 列表时，必须定义它们之间的依赖关系
seclist	创建共享网络中的安全列表。当在同一编排文件中定义的安全规则需引用此安全列表时，必须定义它们之间的依赖关系
secrule	创建共享网络中的安全规则。当安全规则需引用在同一编排文件中定义的安全应用、安全列表或安全 IP 列表时，必须定义它们之间的依赖关系
storage/volume	创建存储卷。将存储卷关联到同一编排文件中定义的实例时，需要定义 launchplan 和 storage/volume 的依赖关系

3）对象属性

对象属性定义在 objects 对象计划属性对应的模块中，由于对象的差异性，各对象具有的属性也不尽相同，详细的属性说明参见 Oracle 官方文档[①]，以下只针对常用对象中比较重要的属性进行说明。

存储卷对象的属性定义示例如下，其中 name、size 和 properties 为必选属性，分别表示

① https://docs. oracle. com/en/cloud/iaas/compute-iaas-cloud/stcsg/orchestration-v1-attributes-specific-each-object-type. html

存储卷的名称、容量和性能属性。存储卷的容量至少为 1GB,最大为 2TB,并以 1GB 为增量。Bootable 是可选属性,表示此存储卷是否可作为实例的启动盘。

```
"oplans": [{
    "label": "My storage volumes",
    "obj_type": "storage/volume",
    "objects": [{
        "name": "/Compute - opcbook/cloud.admin/bootvol",
        "bootable": true,
        "imagelist": "/oracle/public/OL_6.6_UEKR4_x86_64",
        "properties": ["/oracle/public/storage/default"],
        "size": "12884901888"
    },
    {
        "name": "/Compute - opcbook/cloud.admin/datavol",
        "properties": ["/oracle/public/storage/latency"],
        "size": "4294967296"
    }]
}]
```

以下示例包含了共享网络中常用对象的属性,此编排中包括 4 个对象计划,依次定义了安全应用(secapplication)、预留公网 IP(ip/reservation)、安全列表(seclist)和安全规则(secrule)。对于安全应用,name 和 protocol 属性必须定义。dport 属性是目标端口范围,如果 protocol 为 tcp 或 udp,则 dport 也必须定义。对于预留公网 IP,parentpool 和 permanent 为必选属性,分别表示 IP 地址资源池和是否为永久公网 IP。对于安全列表,唯一必须定义的属性为 name,以供安全规则对象引用。对于安全规则,必须定义的属性为 name、src_list、dst_list、application 和 action,分别表示安全规则名称、源、目标、应用以及是否允许访问。

```
{
    "relationships": [{
        "oplan": "My security rule",
        "to_oplan": "My security list",
        "type": "depends"
    },
    {
        "oplan": "My security rule",
        "to_oplan": "My security application",
        "type": "depends"
    }],
    "oplans": [{
        "label": "My security application",
        "obj_type": "secapplication",
        "objects": [{
            "name": "/Compute - opcbook/cloud.admin/sqlnet",
            "dport": 1521,
            "protocol": "tcp"
        }]
    },
    {
```

```
            "label": "My IP reservations",
            "obj_type": "ip/reservation",
            "objects": [{
                "name": "/Compute - opcbook/cloud.admin/my_ipres",
                "parentpool": "/oracle/public/ippool",
                "permanent": true
            }]
        },
        {
            "label": "My security list",
            "obj_type": "seclist",
            "objects": [{
                "name": "/Compute - opcbook/cloud.admin/my_seclist"
            }]
        },
        {
            "label": "My security rule",
            "obj_type": "secrule",
            "objects": [{
                "name": "/Compute - opcbook/cloud.admin/ssh_secrule",
                "application": "/oracle/public/ssh",
                "src_list": "seciplist:/oracle/public/public - internet",
                "dst_list": "seclist:/Compute - opcbook/cloud.admin/my_seclist",
                "action": "PERMIT"
            },
            {
                "name": "/Compute - opcbook/cloud.admin/sqlnet_secrule",
                "application": "/Compute - opcbook/cloud.admin/sqlnet",
                "src_list": "seciplist:/oracle/public/public - internet",
                "dst_list": "seclist:/Compute - opcbook/cloud.admin/my_seclist",
                "action": "PERMIT"
            }]
        }],
        "name": "/Compute - opcbook/cloud.admin/MY_network"
    }
```

以下是 IP Network 编排的示例，其中定义了 192.168.1.0 和 172.16.1.0 两个网段的 IP Network，并通过 IP Network Exchange 连接到一起。对于 IP Network 对象，name 和 ipAddressPrefix 为必选属性，ipNetworkExchange 为可选属性，表示 IP Network 所连接的交换机。对于 IP Network Exchange，只有 name 是必选属性。

```
    {
        "relationships": [{
            "oplan": "My IPNetwork",
            "to_oplan": "My IPNetwork exchange",
            "type": "depends"
        }],
        "oplans": [{
            "label": "My IPNetwork",
            "obj_type": "network/v1/ipnetwork",
```

```
            "objects": [{
                "name": "/Compute - opcbook/cloud.admin/ipnet1",
                "ipAddressPrefix": "192.168.1.0/24",
                "ipNetworkExchange": "/Compute - opcbook/cloud.admin/ipn_exchange"
            },
            {
                "name": "/Compute - opcbook/cloud.admin/ipnet2",
                "ipAddressPrefix": "172.16.1.0/24",
                "ipNetworkExchange": "/Compute - opcbook/cloud.admin/ipn_exchange"
            }]
        },
        {
            "label": "My IPNetwork exchange",
            "obj_type": "network/v1/ipnetworkexchange",
            "objects": [{
                "name": "/Compute - opcbook/cloud.admin/ipn_exchange"
            }]
        }],
        "name": "/Compute - opcbook/cloud.admin/MY_IPnetwork"
    }
```

启动计划(launchplan)对象中定义了一个和多个实例的属性,其中 instances 是必选属性。实际上所有的详细配置均体现在 instances 属性的定义中,这些定义中包含了更细一层的子属性,如存储、网络等的定义。以下为 instances 属性的示例:

```
    "oplans": [{
        "obj_type": "launchplan",
        "ha_policy": "active",
        "label": "My instance",
        "objects": [{
            "instances": [{
                "hostname": "MyVM",
                "networking": {
                    "eth0": {
                        "seclists": ["/Compute - opcbook/cloud.admin/my_seclist"],
                        "nat": "ipreservation:/Compute - opcbook/cloud.admin/ipres"
                    }
                },
                "boot_order": [1],
                "storage_attachments": [{
                    "volume": "/Compute - opcbook/cloud.admin/bootvol",
                    "index": 1
                },
                {
                    "volume": "/Compute - opcbook/cloud.admin/datavol",
                    "index": 2
                }],
                "name": "/Compute - opcbook/cloud.admin/MyVM",
                "label": "MyVM",
                "shape": "oc3",
                "sshkeys": ["/Compute - opcbook/cloud.admin/default - pkey"]
```

```
            }]
        }]
    }]
```

在 instances 的属性定义中，Shape 是唯一必须定义的属性。在其他的常用属性中，hostname 定义了实例的主机名；networking 定义了实例的网络，包括共享网络和 IP 网络；sshkeys 定义了实例中存放的 SSH 公钥；storage_attachments 定义了实例与存储卷的关联，最多可定义 10 个存储卷，其中第一个为可启动卷，然后将 boot_order 属性设置为 1 以指向此启动卷。如果 boot_order 未定义，则必须指定 imagelist 属性，系统会使用基于此映像的快照作为启动卷。另一个有用的属性是 attributes，此属性的值是一个 JSON 对象，可以在其中指定系统定义或自定义的实例初始化属性，前者系统会执行预先约定的行为，例如设定 Windows 操作系统的管理口令和启用 RDP，后者用户可以在启动时读取属性并执行特定操作。

可以定义 orchestration 对象属性来实现编排的嵌套调用，最多可以嵌套三层。在下例中，主编排文件 master_orch 嵌套了 instance_orch、network_orch 和 storage_orch 三个编排文件，同时通过 relationships 属性指定必须先建立存储和网络编排，然后再启动实例编排。

```
{
    "name": "/Compute - opcbook/cloud.admin/master_orch",
    "oplans": [{
        "label": "my_instance",
        "obj_type": "orchestration",
        "objects": [{
            "name": "/Compute - opcbook/cloud.admin/instance_orch"
        }]
    },
    {
        "label": "my_network",
        "obj_type": "orchestration",
        "objects": [{
            "name": "/Compute - opcbook/cloud.admin/network_orch"
        }]
    },
    {
        "label": "my_storage",
        "obj_type": "orchestration",
        "objects": [{
            "name": "/Compute - opcbook/cloud.admin/storage_orch"
        }]
    }],
    "relationships": [{
        "oplan": "my_instance",
        "to_oplan": "my_network",
        "type": "depends"
    },
    {
        "oplan": "my_instance",
        "to_oplan": "my_storage",
```

```
        "type": "depends"
    }]
}
```

启停主编排时,其嵌套的编排也将相应地被启动和停止。也可以单独操作主编排中嵌套的编排。删除主编排时,嵌套的编排不受影响,也可以选择将嵌套的编排连带删除。

在 Web Console 中查看编排时,会发现一些由系统自动填入的属性,包含编排或实例的状态、编排的启动和停止时间,以及错误状态等信息。系统状态属性分布于顶层属性,对象计划属性和实例对象属性中,这些信息有助于全面了解编排中资源的状态以及发生故障时对错误进行排查。

```
{
    "status": "ready",                                  # 编排状态,例如 ready,error
    "status_timestamp": "2017-09-22T10:02:54Z",         # 编排变为此状态的时间
    "account": "/Compute-opcbook/default",              # 身份域的默认账户
    "schedule": {
        "start_time": "2017-09-22T07:55:18Z",           # 编排的启动时间
        "stop_time": null                               # 编排的停止时间
    },
    "uri": "http://.../cloud.admin/VM01_instance",      # 编排的完整 URI
    ...,
    "oplans": [{
        "status": "ready",                              # 对象计划的状态
        "info": {
            "errors": {}                                # 编排处于 Error 状态时的错误原因
        },
        "objects": [{
            "instances": [{
                "ip": "10.196.90.146",                  # 实例运行时获取的私有 IP 地址
                "start_time": "2017-09-22T07:55:24Z",# 实例启动时间
                "uri": null,
                "state": "running",                     # 实例状态
                ...
            }]
        }],
        "status_timestamp": "2017-09-22T10:02:54Z"      # 实例处于此状态的时间
    }],
}
```

3. 编排生命周期

编排 v1 的生命周期如图 3-43 所示,方框中的文字为编排的状态,可能的状态包括 Stopped(停止)、Ready(就绪)和 Error(错误);线条上的文字为针对编排执行的操作,支持的操作包括:

(1) upload 操作将 JSON 格式的编排文件上传到计算云服务,上传时会检查文件语法是否正确。在上传前建议使用第三方工具 JSONLint① 检查编排文件的语法正确性,在

① http://jsonlint.com

Linux 平台下可使用 yajl RPM 包中 json_verify 验证。上传成功后，编排的状态为 Stopped。除了手动上传，通过服务控制台创建的实例也会自动生成编排。

(2) 在任何状态下，都可以将计算云服务中的编排下载到本地，下载文件为 JSON 格式。

(3) start 操作。当编排处于 Stopped 状态时，可以通过 start 操作启动编排，编排中定义的资源会自动创建。如果启动成功，编排将处于 Ready 状态，表示实例在运行或资源已成功创建，否则为 Error 状态。启动失败的原因通常为资源不足或编排中引用的资源不存在。start 操作可以立即执行，也可以通过指定编排中的 schedule 属性定时执行。

(4) stop 操作。当编排处于 Ready 状态时，可以通过 stop 操作停止编排，在此编排中创建的资源将被删除，在此编排中引用的其他编排中的资源不受影响。例如，如果在同一编排中创建了实例和存储卷并建立关联关系，停止编排时存储卷也将被删除；如果实例是通过 storage_attachments 属性关联了在其他编排中创建的存储卷，则停止编排时存储卷不受影响。

(5) update 操作。只有在编排处于 Stopped 状态时，才允许 update 操作。update 操作允许用户在图形界面对编排进行修改，检测语法的正确性并保存，修改后的状态仍为 Stopped。

(6) delete 操作。只有在编排处于 Stopped 状态时，才允许 delete 操作。delete 操作将编排从计算云服务中删除。

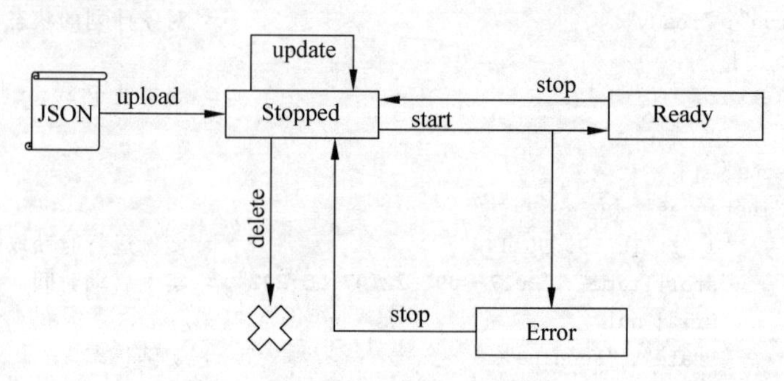

图 3-43　编排 v1 生命周期

以上编排 v1 所支持的操作均可以在 Orchestration 标签页的详情栏中找到。upload 操作对应于 Upload Orchestration 按钮，其他操作可以在具体编排条目最右侧的操作菜单中找到，根据编排当前状态，某些操作可能会被禁用。在操作菜单中的 Resize Instance 菜单项是一种快捷的 update 操作，实际是修改了编排中实例的 Shape，只有和实例相关的编排才会显示此菜单项。在 OPC CLI 中，upload 操作通过 orchestrations add 命令实现，delete 操作通过 orchestrations delete 命令实现，start 和 stop 操作通过 orchestrations update 命令实现，update 操作通过人工修改编排文件并通过 upload 操作重新上传实现。

4. 解读系统创建编排

通过 Web Console 创建实例时，系统会自动生成编排，并可通过编排进行资源的管理和监控。在早期的计算云服务中，系统生成的编排默认采用 v1 格式。根据启动盘的持久化模式，系统会产生多个或单个编排文件，以下我们将对不同持久化模式下产生的编排进行解读。

如果实例使用持久化的启动盘，系统会自动产生 3 个编排，即主编排、实例编排和存储编排。当创建实例 VM01 时，这三个编排的名称分别为 VM01_master、VM01_instance 和 VM01_storage，其中 VM01_master 为主编排，即最顶层的编排。编排 VM01_master 的定义如下：

```
{
    "relationships": [{
        "to_oplan": "VM01_storage",
        "oplan": "VM01_instance",
        "type": "depends"
    }],
    "oplans": [{
        "obj_type": "orchestration",
        "label": "VM01_storage",
        "objects": [{
            "name": "/Compute - opcbook/cloud.admin/VM01_storage",
        }]
    },
    {
        "obj_type": "orchestration",
        "label": "VM01_instance",
        "objects": [{
            "name": "/Compute - opcbook/cloud.admin/VM01_instance",
        }]
    }],
    "name": "/Compute - opcbook/cloud.admin/VM01_master"
}
```

在编排 VM01_master 中只有一个对象计划，对象类型为 orchestration，说明这是一个嵌套的编排。被引用的编排为在其中定义的两个对象：VM01_instance 和 VM01_storage。relationships 属性指示 VM01_instance 依赖于 VM01_storage，也就是 VM01_storage 编排会先于 VM01_instance 执行，这显然是符合逻辑的。

VM01_storage 是关于存储卷的编排，其中至少包含了实例启动盘的定义，如果在创建实例时添加了其他存储卷，这些对象也会出现在此编排中。在以下的存储编排文件样例中，创建的对象类型为存储卷（storage/volume），创建的对象为一个容量为 12GB、性能属性为 storage/default 的启动盘，使用的系统映像为 OL_6.6_UEKR4_x86_64：

```
{
    "oplans": [{
        "obj_type": "storage/volume",
        "label": "VM01_storage",
        "objects": [{
            "imagelist": "/oracle/public/OL_6.6_UEKR4_x86_64",
            "size": "12884901888",
            "properties": ["/oracle/public/storage/default"],
            "name": "/Compute - opcbook/cloud.admin/VM01_storage",
            "bootable": true,
```

```
            }]
        }],
        "name": "/Compute-opcbook/cloud.admin/VM01_storage"
}
```

最后来看一下编排 VM01_instance 样例，其中定义的对象类型为 launchplan，即实例。实例定义中通过 boot_order 和 storage_attachments 属性指定了启动卷为 VM01_storage，此存储卷是通过之前的 VM01_storage 编排创建的。在网络定义（networking）中，包含了一块虚拟网卡 eth0，其中 seclists 指定了安全列表，nat 属性说明此网络是共享网络，其定义说明获取的公网 IP 地址是临时的。其他定义的属性包括主机名（hostname）、Shape（oc3）和 SSH 公钥（sshkeys）：

```
{
    "oplans": [{
        "obj_type": "launchplan",
        "ha_policy": "active",
        "label": "VM01_instance",
        "objects": [{
            "instances": [{
            "hostname": "a2a2a2.compute-opcbook.oraclecloud.internal.",
            "networking": {
                "eth0": {
                    "seclists": ["/Compute-opcbook/cloud.admin/default"],
                    "nat": "ippool:/oracle/public/ippool"
                }
            },
            "boot_order": [1],
            "storage_attachments": [{
                "volume": "/Compute-opcbook/cloud.admin/VM01_storage",
                "index": 1
            }],
            "label": "VM01",
            "shape": "oc3",
            "sshkeys": ["/Compute-opcbook/cloud.admin/opcbook-pkey"],
          }]
        }]
    }],
    "name": "/Compute-opcbook/cloud.admin/VM01_instance"
}
```

按照编排运行机理，停止编排时将删除所有在编排中创建的资源，但编排之外创建的资源不受影响。因此停止存储编排 VM01_storage 时，其中创建的启动卷和数据卷将被删除。停止实例编排 VM01_instance 时，实例被删除，但存储卷不受影响，也就是数据并不会因停止实例而丢失，这也是在编排 v1 中，将编排分为多个文件的最主要原因。当需要扩展实例以增加计算资源时，如将 Shape 由 OC3 修改为 OC4 时，可以先停止实例，通过编排操作菜单中的 Resize Instance 菜单项修改 Shape，然后再启动编排，即可实现实例的资源升级，同时可保证数据不会丢失。另一个使用场景是对于 Windows 实例，由于管理员口令是记录在实例编排之中的，如果忘记了口令，可以直接在编排中重置口令，然后重启编排即可使新口令生效，同时数据不受影响。停止主编排 VM01_master 时，由于其嵌套了实例编排和存储编排，因此停止操作会传递到这两个编排，也就是说，所有的实例会被删除，存储卷及其中的数据将被销毁。启动主编排时，按照定义的依赖关系，系统将先启动存储编排然后再启动实例编排。

对于使用非持久化启动盘的实例，系统只生成一个编排文件，这是由于启动盘使用的是基于机器映像的快照，因此无须额外创建启动卷。例如，当实例为 VM02 时，生成的编排为 VM02_instance，如图 3-41 所示，其编排样例如下：

```
{
    "oplans": [{
        "obj_type": "launchplan",
        "ha_policy": "active",
        "label": "VM02_instance",
        "objects": [{
            "instances": [{
                "hostname": "e565ef.compute-opcbook.oraclecloud.internal.",
                "networking": {
                    "eth1": {
                        "seclists": ["/Compute-opcbook/cloud.admin/default"],
                        "nat": "ipreservation:/Compute-opcbook/cloud.admin/ipres1"
                    },
                    "eth0": {
                        "vnic": "/Compute-opcbook/cloud.admin/VM02_eth0",
                        "ip": "192.168.1.10",
                        "ipnetwork": "/Compute-opcbook/cloud.admin/ipnetwork1",
                        "vnicsets": ["/Compute-opcbook/default"]
                    }
                },
                "label": "VM02",
                "shape": "oc3",
                "imagelist": "/oracle/public/OL_6.6_UEKR4_x86_64",
                "sshkeys": ["/Compute-opcbook/cloud.admin/opcbook-pkey"]
            }]
        }]
    }],
    "name": "/Compute-opcbook/cloud.admin/VM02_instance"
}
```

在编排 VM02_instance 中，与使用持久化启动盘的编排相比，最主要的区别是使用 imagelist 取代了 boot_order 和 storage_attachments 对启动盘的定义，也就是说无须预先创建启动盘，而是直接使用机器映像的快照启动实例。在网络部分，定义了两块虚拟网卡 eth0 和 eth1。由于 nat 和 vnic 分别是共享网络和 IP Network 特有的属性，因此 eth0 连接到 IP Network，eth1 连接到共享网络，并且 eth0 从 ipnetwork1 获取了固定的私网 IP 地址 192.168.1.10，eth1 的公网 IP 地址是通过公网 IP 预留 ipres1 获取的。

对于使用非持久化启动盘的实例，停止编排时将删除机器映像的快照，因此所有在实例运行期间对启动盘所做的修改将丢失。编排启动时将重新建立机器映像快照，因此每次启动编排时实例将恢复到最初的状态。

3.8.2 使用编排 v2 管理资源

在 Oracle 计算云服务中，系统最初支持和默认使用的编排格式为编排 v1，在 17.1.6 版本后开始支持编排 v2，在 17.3.6 版本后使用编排 v2 作为默认格式。

1. 编排格式

编排 v2 的格式如图 3-44 所示，主体部分包括顶层属性和对象定义区域两部分。顶层属性包含了编排的全局属性，如编排的名称、描述、标签等信息。对象定义区域为 objects 顶层属性对应的定义部分，包含对象的通用属性和对象详细定义，最多可定义 100 个对象。

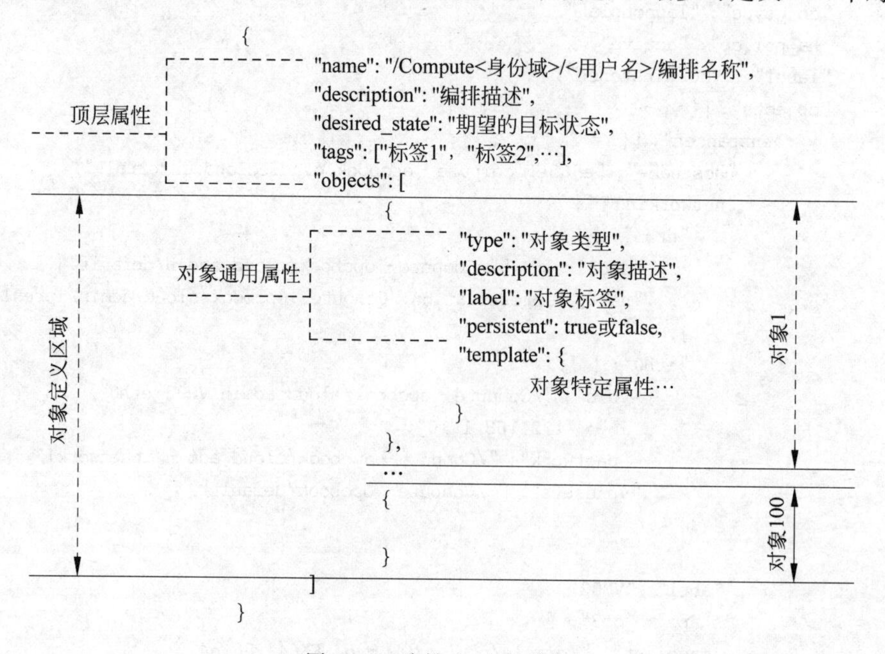

图 3-44　编排 v2 文件结构

2. 编排属性

编排 v2 的属性主要包括顶层属性、对象通用属性、对象特定属性以及由系统自动填写的系统状态属性。

1）顶层属性

顶层属性包含了编排的全局描述信息，包括 name（编排全名）、desired_state（编排期望状态）、objects（对象列表）、description（编排描述）和 tags（编排标签）。其中前三个为必选属性，name 的格式为/Compute-<身份域>/<用户名>/编排名称；desired_state 是指编排期望的目标状态，可设置为 active、inactive、suspend 或 delete，分别对应于编排的启动、停止、暂停和删除操作。例如，将编排中的 desired_state 设置为 active，编排上传后将自动启动。objects 为编排 v2 中最主要的构件块，包含一个或多个对象定义，最多 100 个对象。

2）对象通用属性

对象通用属性包括 label、type 和 template 三个必选属性，以及 description、persistent 和 relationships 三个可选属性。在必选属性中，label 为对象的标签名，在编排中必须唯一；

type 为对象类型，编排 v2 支持的对象类型参见表 3-7。与编排 v1 比较，编排 v2 中增加了对存储卷快照、存储卷备份计划、存储卷关联和 SSH 公钥等对象的支持。template 包含了对象特定的属性定义。在可选属性中，比较重要的是 persistent 属性，此属性决定了在暂停编排时对象是保留还是销毁，可设置为 true 或 false，默认值为 false。另外，和编排 v1 一样，relationships 属性决定了创建对象的先后顺序。

表 3-7 编排 v2 对象类型

对象类型	编排 v1 对应类型	描述
Acl	network/v1/acl	创建可应用于 IP Network 网络接口上的 ACL(访问控制列表)
Backup	无	使用指定的备份配置生成存储卷的备份(快照)
BackupConfiguration	无	生成存储卷的备份计划，包括备份周期、备份时间、备份保留数量等
Instance	launchplan	创建实例
IpAddressAssociation	network/v1/ipassociation	将公网 IP 地址关联到连接到 IP 网络的虚拟网卡
IpAddressPrefixSet	network/v1/ipaddressprefixset	创建 IP 网络中的 IP 地址前缀，可作为安全规则定义的源或目标
IpAddressReservation	network/v1/ipreservation	从 IP 地址池资源池中预留一个公网 IP 地址，此地址可以与连接到 IP 网络的虚拟网卡关联
IpNetwork	network/v1/ipnetwork	创建 IP 网络，在创建实例时可以在网络部分指定此属性
IpNetworkExchange	network/v1/ipnetworkexchange	创建 IP 网络交换
IPReservation	ip/reservation	创建共享网络中的预留公网 IP 地址
OSSContainer	integrations/osscontainer	在指定的存储云服务中创建容器
Restore	无	将存储卷从指定的备份(快照)恢复
Route	network/v1/route	创建 IP 网络中的路由
SecApplication	secapplication	创建共享网络中的安全应用
SecIPList	seciplist	创建共享网络中的安全 IP 列表
SecList	seclist	创建共享网络中的安全列表
SecRule	secrule	创建共享网络中的安全规则
SecurityProtocol	network/v1/secprotocol	创建 IP 网络中的安全协议
SecurityRule	network/v1/secrule	创建可以添加到 ACL 中的安全规则
SSHKey	无	创建 SSH 公钥
StorageAttachment	无	将存储卷与实例关联
StorageSnapshot	无	生成存储卷的快照
StorageVolume	storage/volume	创建存储卷
VirtualNicSet	network/v1/vnicset	在 IP 网络中创建 vNICse

3）对象特定属性

对象特定属性为所定义对象的详细描述，以下只对常用对象中比较重要的属性进行说明，详细的属性说明参见官方文档①。

首先来看一下存储卷对象，其必选属性为 name、size 和 properties，分别定义了存储卷的名称、容量和性能属性。如果为启动卷，还需设置 bootable 为 true 以及将 imagelist 指定为相应的操作系统映像。以下编排文件定义了一个 12GB 的启动卷和一个 4GB 的数据卷，由于 desired_state 设置为 active，因此编排上传后会自动启动并创建这两个卷。暂停编排时这两个存储卷会被删除，这是由于 persistent 属性没有设置，因此使用默认值 false。

```
{
    "name": "/Compute - opcbook/cloud.admin/storageVols",
    "desired_state": "active",
    "objects": [{
        "label": "bootvol",
        "type": "StorageVolume",
        "template": {
            "name": "/Compute - opcbook/cloud.admin/bootvol",
            "bootable": true,
            "imagelist": "/oracle/public/OL_6.6_UEKR4_x86_64",
            "properties": ["/oracle/public/storage/default"],
            "size": "12G"
        }
    },
    {
        "label": "datavol",
        "type": "StorageVolume",
        "template": {
            "name": "/Compute - opcbook/cloud.admin/datavol",
            "properties": ["/oracle/public/storage/latency"],
            "size": "4G"
        }
    }]
}
```

对于已经创建的存储卷，可以通过 StorageAttachment 对象建立与实例的关联关系。利用上一示例中创建的 4GB 数据卷，以下的编排将其关联到 VM01 实例：

```
{
    "name": "/Compute - opcbook/cloud.admin/attachDataVol",
    "desired_state": "active",
    "objects": [{
        "label": "attachDataVol",
        "type": "StorageAttachment",
        "template": {
            "index": 2,
            "storage_volume_name": "/Compute - opcbook/cloud.admin/datavol",
            "instance_name": "/Compute - opcbook/cloud.admin/VM01/aadfc91e - bf15 - 4f76 -
aa58 - 6fdfdd845dfe"
```

① https://docs. oracle. com/en/cloud/iaas/compute-iaas-cloud/stcsg/orchestration-v2-attributes-specific-each-object-type. html

```
            }
        }]
    }
```

在 StorageAttachment 对象的定义中，instance_name、storage_volume_name 和 index 为必选属性。instamce_name 为实例内部名称，可以在编排文件中通过查找实例 URI 找到；storage_volume_name 为存储卷名称，可以参照上一个示例或在编排文件中查找；index 为存储卷索引，可启动卷为 1，数据卷索引取值范围为 2～10。

最后看一下实例对象的属性，其中只有 shape 为必选属性，但其他涉及网络和存储的属性通常也需要定义。以下为实例对象的定义样例：

```
    {
        …
        "objects": [{
            "persistent": true,
            "type": "Instance",
            "name": "/Compute - opcbook/cloud.admin/VM01/instance"
            "template": {
                "networking": {
                    "eth0": {
                        "seclists": ["/Compute - opcbook/cloud.admin/default"],
                        "nat": "ippool:/oracle/public/ippool"
                    }
                },
                "boot_order": [1],
                "storage_attachments": [{
                    "volume": "{{VM01_storage_1:name}}",
                    "index": 1
                }],
                "label": "VM01",
                "shape": "oc3",
                "imagelist": "/oracle/public/OL_6.6_UEKR4_x86_64",
                "sshkeys": ["/Compute - opcbook/cloud.admin/opcbook - pkey"]
            }
        }]
    }
```

与编排 v1 一样，使用 networking 属性可以定义共享网络和 IP 网络。使用 boot_order 和 storage_attachments 的组合可以指定实例的启动卷，如果这两个属性没有定义，则必须使用 imagelist 指定启动映像，即使用非持久化的启动盘。storage_attachments 属性和前面介绍的 StorageAttachment 对象是不同的概念，前者关联的存储卷是在本编排文件中创建的，而后者关联的存储卷是在其他编排中创建的。

另外，注意 storage_attachments 中 volume 属性采用双花括号的形式，这是在编排 v2 中特有的一种定义，其格式为{{目标对象标签：name}}，表示此对象需要引用以 label 为目标对象标签的对象，这是一种强依赖关系，当此对象从错误中恢复时，其引用的对象也将自动恢复，也就是说，系统恢复此对象时将保证其引用的对象是存在并且是正常的，如果引用的对象不存在，系统将自动建立这些对象。这一点和前面介绍的 relationships 属性不同，

relationships 属性只在创建对象时保证对象建立的先后顺序，而在错误恢复时并不会检查所依赖的对象是否存在或状态是否正常。

4）系统状态属性

系统状态属性是指对编排进行操作或编排运行时由系统自动生成的状态和错误信息，以便于编排的监控与错误诊断。以下为编排 v2 的系统状态属性示例：

```
{
    "status": "active",
    "account": "/Compute - opcbook/default",                    # 当前账户
    ...
    "objects": [{
        "time_created": "2017 - 09 - 24T15:12:32Z",             # 创建时间
        "time_updated": "2017 - 09 - 28T03:35:45Z",             # 更新时间
        "time_audited": "2017 - 09 - 28T06:29:36Z",             # 审计时间
        "health": {
            "status": "active",
            "object": {
                "domain": "compute - opcbook.oraclecloud.internal.", # 域名
                "availability_domain": "/ad1",                  # 可用域
                "state": "running",                             # 当前状态
                "desired_state": "running",                     # 期望状态
                "start_time": "2017 - 09 - 24T15:13:16Z",       # 启动时间
                "error_reason": "",                             # 错误原因
                ...
            }
        },
        "type": "Instance",
        ...
    }],
    "desired_state": "active"
}
```

3. 编排生命周期

编排 v2 的生命周期如图 3-45 所示，线条上的文字为编排操作，方框中文字为编排的状态，其中上层文字为图形界面中显示的状态，下层括号中文字为编排中使用的状态定义。

与编排 v1 相比，编排 v2 增加了暂停(suspend)操作和暂停(Suspended)状态，暂停状态是介于就绪(Ready)和停止(Stopped)之间的一个状态，其他的状态和操作则是类似的。编排 v2 支持的操作包括：

(1) upload 操作。将 JSON 格式的编排文件上传到计算云服务，上传时会检查编排文件的正确性。上传后编排的默认状态为 Stopped，如果在编排中将顶层属性 desired_state 指定为 active，则系统会自动启动编排并创建编排中的对象。除了手动上传，通过服务控制台创建的实例也会自动生成编排。

(2) download 操作。在任何状态下，都可以将计算云服务中的编排下载到本地，下载文件为 JSON 格式。

(3) start 操作。当编排处于 Suspended 或 Stopped 状态时，可以通过 start 操作启动编

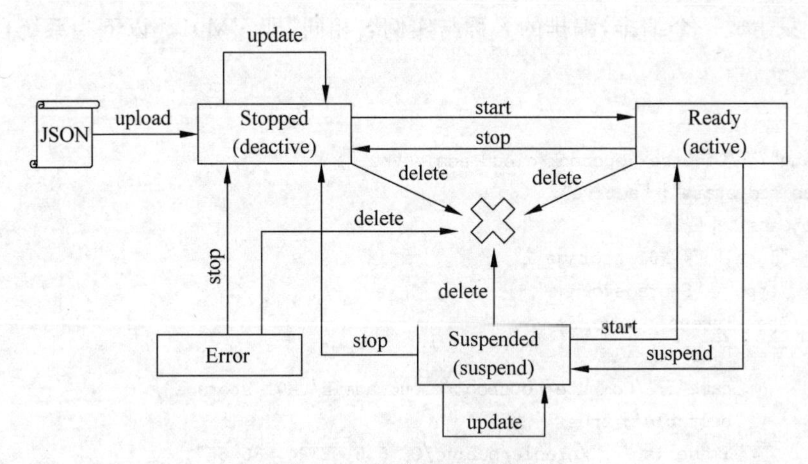

图 3-45 编排 v2 生命周期

排,编排中定义的资源会自动创建。如果启动成功,编排将处于 Ready 状态,表示实例在运行或资源已成功创建。

(4) suspend 操作。当编排处于 Ready 状态时,可通过 suspend 操作暂停编排。suspend 操作试图删除编排创建的所有对象。persistent 属性设置为 true 的对象不会受影响,并且如果这些对象不存在,编排将重新创建这些对象。

(5) stop 操作。当编排处于 Ready 或 Suspended 状态时,可以通过 stop 操作停止编排,编排中定义的资源会自动删除。stop 操作只删除本编排中创建的资源,如果其引用了其他编排中的资源,这些资源不会受影响。通过 stop 操作删除的资源可通过 start 操作重新创建。

(6) update 操作。在编排处于 Stopped 或 Suspended 状态时,可以对编排执行 update 操作,如果没有特别指定 desired_state,操作完成后将保持原状态。在编排列表中选定编排,最右侧的操作菜单中选择 Update 菜单项即可进入编排更新界面。常见的更新操作包括修改实例的 Shape 以增加 CPU 或内存、添加存储等。与编排 v1 相比,编排 v2 更新界面中不允许对整个编排 JSON 文件进行编辑,但可以针对单个对象的 JSON 文件进行修改,也可以设定单个对象的持久化和对象依赖关系,这种方式比编排 v1 更简单友好,且不易出错。

(7) delete 操作。编排处于 Ready、Stopped 或 Suspended 状态时,都可以执行 delete 操作。delete 操作实际上是先执行 stop 操作,然后再将编排从计算云服务中删除。

另外,如果在执行 start、stop 和 suspend 操作时发生错误,状态将变为 Error。除了图 3-45中所示的 4 种状态外,还有 activating、suspending 和 deactivating 等一些临时过渡状态,表示启动中、暂停中和停止中。

4. 解读系统创建编排

从 17.3.6 版本开始,编排 v2 成为计算云服务中默认使用的编排格式。以下我们将通解读两个由系统自动生成的编排来加深对编排 v2 的理解。

第一个示例采用服务控制台生成实例 VM1,采用默认的持久化启动盘,无 IP 保留,实例创建成功后可以在 Orchestration 标签页看到生成的编排。与编排 v1 产生 3 个编排不同，编排 v2 只生成一个编排，编排的名称与实例名相同，即 VM01。以下为系统自动生成的编排：

```
{
    "name": "/Compute - opcbook/cloud.admin/VM01",
    "desired_state": "active",
    "objects": [{
        "label": "VM01_storage_1",
        "type": "StorageVolume",
        "persistent": true,
        "template": {
            "name": "/Compute - opcbook/cloud.admin/VM01_storage",
            "bootable": true,
            "imagelist": "/oracle/public/OL_6.6_UEKR4_x86_64",
            "properties": ["/oracle/public/storage/default"],
            "size": "12G"
        }
    },
    {
        "label": "VM01_storage_2",
        "type": "StorageVolume",
        "persistent": true,
        "template": {
            "name": "/Compute - opcbook/cloud.admin/datavol",
            "bootable": false,
            "properties": ["/oracle/public/storage/latency"],
            "size": "4G"
        }
    },
    {
        "label": "VM01_instance",
        "type": "Instance",
        "persistent": true,
        "template": {
            "networking": {
                "eth0": {
                    "seclists": ["/Compute - opcbook/cloud.admin/default"],
                    "nat": "ippool:/oracle/public/ippool"
                }
            },
            "name": "/Compute - opcbook/cloud.admin/VM01",
            "boot_order": [1],
            "storage_attachments": [{
                "volume": "{{VM01_storage_1:name}}",
                "index": 1
            },
            {
                "volume": "{{VM01_storage_2:name}}",
                "index": 2
            }],
```

```
                "label": "VM01",
                "shape": "oc3",
                "sshkeys": ["/Compute-opcbook/cloud.admin/opcbook-pkey"]
            }
        }]
}
```

在以上的编排中，共包括存储卷(StorageVolume)和实例(Instance)两个对象。存储卷部分包含两个对象，即12GB的可启动卷和4GB的数据卷。在实例对象的定义中，使用networking属性定义了一块虚拟网卡，连接到共享网络，nat属性说明其使用的是临时公网IP地址。通过storage_attachments将实例与之前创建的两个存储卷关联，并用boot_order属性指定第一个存储卷为启动盘。特别注意storage_attachments定义中的双花括号引用形式，这表明此实例引用了标签名称为VM01_storage_1和VM01_storage_2的两个存储卷，系统在创建实例或错误恢复时将保证这两个存储卷存在并且状态正常。另外，由于desired_state设置为active，因此编排上传到计算云服务时将自动启动并创建其中的对象。

第二个示例使用服务控制台创建实例VM02，使用非持久化的启动盘，并配置了两块虚拟网卡。创建实例时，系统自动生成一个编排，名称VM02与实例名相同。编排的内容如下：

```
{
    "name": "/Compute-opcbook/cloud.admin/VM02",
    "desired_state": "active",
    "objects": [{
        "label": "VM02_instance",
        "type": "Instance",
        "name": "/Compute-opcbook/cloud.admin/VM02/instance",
        "persistent": true,
        "template": {
            "networking": {
                "eth1": {
                    "seclists": ["/Compute-opcbook/cloud.admin/default"],
                    "nat": "ipreservation:/Compute-opcbook/cloud.admin/ipres"
                },
                "eth0": {
                    "vnic": "/Compute-opcbook/cloud.admin/VM02_eth0",
                    "ip": "192.168.1.10",
                    "ipnetwork": "/Compute-opcbook/cloud.admin/ipnetwork1",
                    "vnicsets": ["/Compute-opcbook/default"]
                }
            },
            "name": "/Compute-opcbook/cloud.admin/VM02",
            "label": "VM02",
            "shape": "oc3",
            "imagelist": "/oracle/public/OL_6.6_UEKR4_x86_64",
            "sshkeys": ["/Compute-opcbook/cloud.admin/opcbook-pkey"]
        }
    }]
}
```

在以上的编排中，实例使用了基于快照的启动盘，因此并没有定义存储卷对象，而是使用 imagelist 属性直接指定了启动映像。在 networking 网络部分定义了两块虚拟网卡，其中 eth0 连接到名为 ipnetwork1 的 IP 网络，私网 IP 为 192.168.1.10，公网 IP 为永久分配；eth1 连接到共享网络，并且使用临时的公网 IP。

5. 使用 REST API 管理编排 v2

编排 v1 可以使用 REST API 和 OPC CLI 两种命令行工具管理，而编排 v2 目前仅支持 REST API 一种命令行工具，以下将给出编排 v2 常用操作的 REST API 示例，详细的帮助参见官方文档①。

首先设置环境变量，其中身份域、用户名和 REST 端点需要修改为与你环境匹配的值：

```
$ COMPUTE_COOKIE = $(get_auth_cookie)                                    # 获取认证 cookie
$ MEDIA_TYPE = "application/oracle - compute - v3 + json"                # 设置媒体类型
```

使用 POST 上传编排：

```
$ curl - X POST - H "Cookie: $COMPUTE_COOKIE" - H "Content - Type: $MEDIATYPE" /
   - H "Accept: $MEDIATYPE" - d "@${VM01.json}" /
   https://${RESTEP}/platform/v1/orchestration/"
```

查询包含编排的容器，查询的输出可以反复代入本命令执行，直到最终查找到编排。此命令类似于 OPC CLI 中的 orchestrations discover：

```
$ curl - X GET - H "Cookie: $COMPUTE_COOKIE" - H "Accept: $MEDIATYPE" /
https://${RESTEP}/platform/v1/orchestration/
{"result": ["/Compute - opcbook/"]}                    # 将输出作为下一个命令的输入再次执行
$ curl - X GET - H "Cookie: $COMPUTE_COOKIE" - H "Accept: $MEDIATYPE" /
https://${RESTEP}/platform/v1/orchestration/Compute - opcbook
{"result": ["/Compute - opcbook/cloud.admin/"]}        # 将输出作为下一个命令的输入再次执行
$ curl - X GET - H "Cookie: $COMPUTE_COOKIE" - H "Accept: $MEDIATYPE" /
https://${RESTEP}/platform/v1/orchestration/Compute - opcbook/cloud.admin
{"result":["/Compute - opcbook/cloud.admin/VM01", /Compute - opcbook/cloud.admin/VM02"]}
```

下载编排 VM01，此命令类似于 OPC CLI 中的 orchestrations get。可以使用 json_reformat 格式化输出的 JSON，使其更具可读性，此程序包含在 yajl RPM 包中：

```
$ sudo yum install yajl
$ curl - X GET - H "Cookie: $COMPUTE_COOKIE" /
       - H "Content - Type: $MEDIATYPE" - H "Accept: $MEDIATYPE" /
    https://${RESTEP}/platform/v1/orchestration/${OPCACCT}/VM01 | json_reformat
```

以下命令实现编排 VM01 的启动操作，将 active 替换为 suspend 或 inactive，即可实现停或停止操作：

```
$ curl - i - X PUT - H "Cookie: $COMPUTE_COOKIE" - H "Content - Type: $MEDIATYPE" /
- H "Accept: $MEDIATYPE" /
https://${RESTEP}/platform/v1/orchestration/${OPCACCT}/VM01?desired_state = avtive
```

① http://docs.oracle.com/en/cloud/iaas/compute-iaas-cloud/stcsa/api-OrchestrationV2s.html

除了更新编排的状态外，REST API 还可以实现在编排中添加和删除对象以及修改对象的属性，例如描述、标签、持久化和详细定义等。添加对象到编排时，需将对象的定义保存到 JSON 文件，然后发送 POST -d "@newObject. json" /platform/v1/object/请求即可，编排的名称是在 JSON 文件中指定的，例如以下 JSON 文件可实现将 SSH 公钥添加到编排 VM02 中：

```
{
    "label": "newSSHKey",
    "name": "/Compute - opcbook/cloud.admin/VM02/newSSHKey"
    "type": "SSHKey",
    "orchestration": "/Compute - opcbook/cloud.admin/VM02",
    "template": {
        "key": "ssh - rsa AAAAB3NzaC1yc2EAAAABJQAAAQEAxBZxEuXDuu1fRo...",
        "name": "/Compute - opcbook/cloud.admin/newSSHKey"
    }
}
```

如需删除对象，可发送 DELETE /platform/v1/object/objectname 请求。例如，以下命令将删除刚创建的 SSH 公钥。由于刚上传的对象处于激活状态，因此需要指定 terminate=true 先将对象停止再删除：

```
$ curl - X DELETE - H "Cookie: $COMPUTE COOKIE" /
https://${RESTEP}/platform/v1/object/${OPCACCT}/VM02/newSSHKey?terminate=true
```

更新编排可以采用以下命令，更新前必须下载最新的编排，因为其中包含了版本号。可直接在 update. json 文件中添加或删除相应的对象，或修改对象的属性，即可实现对象的增加、删除和修改：

```
$ curl - X PUT - H "Cookie: $COMPUTE_COOKIE" - H "Content - Type: $MEDIATYPE" /
    - H "Accept: $MEDIATYPE" /
    - d "@$update.json" https://${RESTEP}/platform/v1/orchestration/${OPCACCT}/VM02
```

6. 与编排 v1 的比较

Oracle 计算云服务同时支持编排 v1 和编排 v2，两者都可以实现资源的组合、自动化供应与监控，但编排 v2 的功能更强且更具灵活性。

在编排 v1 中，既可以将所有资源定义在一个编排中，也可以定义多个具有嵌套调用关系的编排。在编排 v2 中，除了系统提供的 Shape、机器映像以及预先建立的安全列表等，通常使用单个编排包含所有需创建的对象，以及这些对象需引用的对象。在编排 v1 中建立的嵌套编排，既可以通过启动主编排同步启动其他编排，也可以单独启停其他编排。例如，在对实例进行扩展后，可以单独重启实例编排以使配置生效，而在存储编排中建立的存储卷不受影响。在编排 v2 中，控制的粒度更细，在停止编排时，设置了持久化属性的对象将保留，其余的对象将被删除。

在编排 v1 中，对象及其依赖的对象可以定义在不同的编排中，然后通过 relationships 属性定义对象的创建顺序。编排 v2 中，使用双花括号的形式定义对象的依赖关系，对象及其依赖的对象必须定义在同一编排中，以便编排全面监控这些对象的状态。编排 v2 中的依赖关系约束更强，当对象错误恢复时，会检查其依赖对象的状态，并且重建出错或不存在的对象。

在编排格式上，编排 v1 采用 oplans(对象计划)和 objects 来定义对象，一个编排最多 10 个 oplans，每个 oplans 最多定义 10 个对象；在编排 v2 中，直接使用 objects 定义对象，去除了 oplans 的定义。虽然编排 v1 和编排 v2 都可以支持最多 100 个对象，但编排 v2 结构更清晰，可读性更强。

编排 v2 比编排 v1 支持更多的对象类型，包括 SSH 公钥、存储卷快照、从快照恢复存储卷、存储卷定期备份以及存储与实例的关联，并且在对象命名上更为简洁。

编排 v1 在运行时可以动态添加对象计划，但只有在编排停止时才能更新对象。编排 v2 在运行时可以通过 REST API 增删对象或修改对象的部分属性。

错误恢复方面，编排 v1 是通过指定高可用策略(ha_policy)为 active 实现的，实例异常终止时会自动重建。编排 v2 中，对象的错误恢复是自动实现的，失效的对象和被引用的对象都将自动重建。

编排 v1 上传后的初始状态为停止，必须人工启动；编排 v2 可以通过指定期望目标状态(desired_state)为 active 实现上传后自动启动。停止编排 v1 将删除所有通过此编排创建的资源；编排 v2 也支持同样的停止操作，同时也新增了暂停操作，暂停编排只删除那些非持久化的对象，持久化的对象(persistent 属性设置为 true)将保留。

在管理工具方面，编排 v1 和 v2 均支持通过 Web Console 管理，编排 v1 同时支持 OPC CLI 和 REST API 命令行管理，编排 v2 目前只支持 REST API 命令行管理。

第4章

新一代云基础设施——OCI

Oracle 第一代的云基础设施称为 OPC，即 Oracle Public Cloud。OPC 的云管理平台基于 Oracle 在 2013 年收购的 Nimbula，虚拟化引擎使用的是 Oracle 自己的 OVM。Oracle 在发展第一代 IaaS 的同时，也同时开始了全新架构的第二代云基础设施的开发，最初的名称是 BMCS(Bare Metal Cloud Service)。2017 年，为了统一命名规范，OPC 更名为 OCI-C (Oracle Cloud Infrastructure-Classic)，而 BMCS 则更名为 OCI(Oracle Cloud Infrastructure)。

4.1 OCI 架构与概念

OCI 由一组相互补充的服务构成，使得用户可以在企业级高可用环境构建丰富的应用与服务。OCI 的架构如图 4-1 所示。OCI 的部署以区域(Region)为单位，每一个区域由三个错误隔离的可用域(Avaliablility Domain)构成，每一个可用域可以认为是一个数据中心，包含独立的电源、制冷和网络基础设施。由于两个可用域同时失效的概率非常小，因此用户可以将服务扩展到多个可用域以提供高可用性，或者进一步将服务扩展到其他区域以提供灾难恢复。

在公有云架构中，网络是至关重要的一环，关乎性能和用户体验。由于没有超量订阅，OCI 网络可提供高带宽和低延时，以保证可预期的性能。在同一可用域中的两个主机之间，网络延时小于 100μs；而在同一区域的两个可用域之间，网络延时小于 1ms。

传统的云平台通常将网络与存储虚拟化集成在虚拟化引擎中，OCI 是首个将网络与块存储虚拟化功能从软件栈中剥离并直接在网络中实现的云平台。这种松耦合的架构更具弹性与灵活性，以此为基础，OCI 除可提供虚拟机服务外，还可运行基于物理机和工程化系统的云服务。

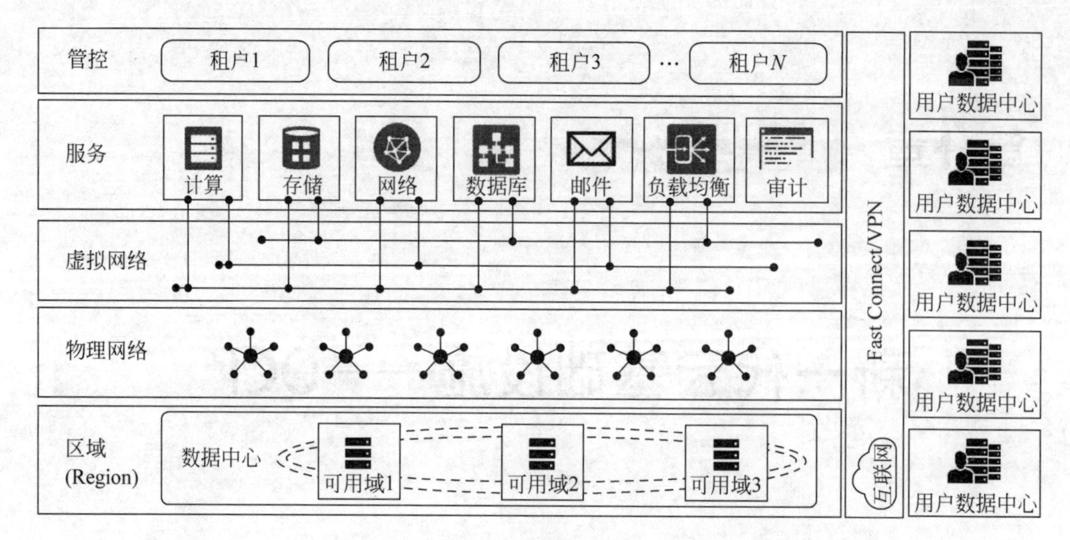

图 4-1 新一代云基础设施——OCI 架构

OCI 中的云资源可以按分区(Compartment)组织，既适合于分权管理，也可按照组织和项目划分为多个子租户，并提供细分的计费计量和细粒度行为审计。

在基础设施层，OCI 提供计算、块存储、对象存储、归档存储、网络、负载均衡、审计、DNS、邮件等服务。在平台服务层，由于 OCI 晚于 OCI-C 诞生，因此服务还不及 OCI-C 丰富。不过 OCI 中的平台服务正在持续完善的过程中，目前支持的平台服务包括数据库云服务、Java 云服务、MySQL 云服务、Event Hub 云服务、Data Hub 云服务、大数据云服务和 SOA 云服务。

OCI 是全新设计的新一代云基础设施，在详细介绍各类云服务之前，我们先来了解一下 OCI 中的一些基本概念。

1. 区域与可用域

区域(Region)是局部化的地理范围，而可用域(Availability Domain)则是位于区域内的一个或多个数据中心。OCI 的云服务即承载在区域和可用域之中，目前开通的 OCI 区域均包括 3 个可用域。可用域之间是隔离的，并不共享供电、制冷和内部网络，因此两个可用域同时失效的可能性非常小，一个可用域失效时也不会影响到区域中的其他可用域。由此也可以看出，一个区域多个可用域的设计可以保障云服务的容错和高可用性。在同一区域，各可用域间通过高带宽低延时的网络连接，不仅为用户连接互联网和客户站点时提供高可用的连接，也为在区域内通过复制建立灾备系统提供了便利。同一区域中各可用域间的距离通常在几十千米，而不同的区域通常分布在不同的国家或洲。

迄今为止，Oracle 在全球共提供 4 个区域，如表 4-1 所示。

表 4-1 OCI 区域

区域位置	区域名称	区域代码
凤凰城，亚利桑那州，美国	us-phoenix-1	PHX
阿什本，弗吉尼亚州，美国	us-ashburn-1	IAD
法兰克福，德国	eu-frankfurt-1	FRA
伦敦，英国	uk-london-1	LHR

不同租户的可用域名称通过 OCI 赋予的随机字符前缀来区分，根据此前缀可均衡区域内资源的使用。例如，GxAT：PHX-AD-1 和 EMIr：PHX-AD-1 虽然都是租户的第一个可用域，但却代表不同的数据中心。以下 OCI CLI 命令可显示租户的可用域：

```
$ oci iam availability-domain list -c $OCICID --query "data[*].name"
[
  "muIb:US-ASHBURN-AD-1",
  "muIb:US-ASHBURN-AD-2",
  "muIb:US-ASHBURN-AD-3"
]
```

2. 资源可见性

资源可见性是指在 OCI 中的云资源是全局可见、区域一级可见还是仅在可用域中可见。资源可见性对于了解 OCI 的架构和概念非常重要。

3. OCID

OCID(Oracle Cloud ID)是云资源在 OCI 中的唯一 ID，在使用 Web Console 或 API 时都需要引用 OCID。例如，使用 API 时，需要指定租户的 OCID。在云资源的整个生命周期，OCID 不会发生变化，但显示名称可以更改。OCID 的格式如下：

```
ocid1.<RESOURCE TYPE>.<REALM>.[REGION][.FUTURE USE].<UNIQUE ID>
```

OCID 的格式说明如表 4-2 所示。

表 4-2 OCID 格式说明

OCID 字段	说 明
RESOURCE TYPE	资源类型，例如租户为 tenancy，用户为 user，实例为 instance
REALM	资源所属领域，目前只能使用 oc1
REGION	资源所在的区域，只有区域和可用域一级的资源才会显示此值。例如，某 OCID 为 ocid1. compartment. oc1.. aaaaaaaa3ejf…，表示资源为分区，由于分区是全局资源，因此 REGION 字段为空。又如，某 OCID 为 ocid1. instance. oc1. phx. abyhqljtgda…，表示此资源为示例，由于实例是可用域一级资源，因此 REGION 字段非空，phx 表示凤凰城区域
FUTURE USE	目前为空，预留未来使用
UNIQUE ID	唯一 ID，格式与具体的资源和服务相关

4.2 OCI 管理工具

4.2.1 Web Console

Web Console 是最主要的 OCI 管理工具，可实现用户和权限管理、所有服务的典型操作及对象的全生命周期管理。相对于命令行，Web Console 的优点是简明、直观、流程化和标准化。

OCI Web Console 布局如图 4-2 所示，界面构成可分为顶层、左侧和中间主体三部分。顶层部分包括区域信息、用户栏和服务标签栏；左侧部分包括导航栏和过滤栏；中间主题部分包括操作按钮、排序栏、对象条目及操作菜单。以下将对布局中的构成部分进行简要说明。

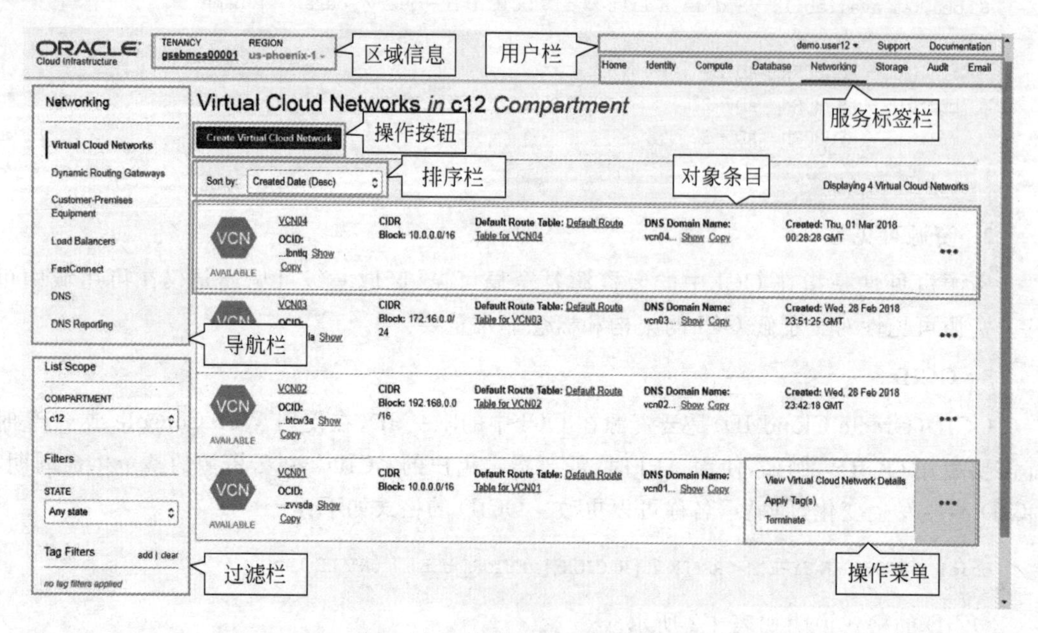

图 4-2　OCI Web Console 布局

（1）区域信息。区域信息显示租户名称及当前所在的 Region，可通过下拉菜单切换 Region。

（2）用户栏。用户栏包括用户设定及支持服务和帮助文档的链接。用户设定中可重置密码、设置 OCI 原生 API 和 Amazon S3 兼容 API 的密钥及设置 Swift 和 SMTP 服务的口令。

（3）服务标签栏。服务标签栏是 OCI 中各类服务的入口，单击服务标签将显示下拉菜单，用户可继续选择进入细分的子栏目。

（4）导航栏。导航栏用于切换主服务下的子栏目，其中显示的项目与服务标签下子菜单的内容基本相同。

（5）过滤栏。用于对中间主体部分的对象列表进行过滤，过滤条件包括 Compartment、对象生命周期主题和 Tag。

（6）操作按钮。操作按钮通常关联当前对象最主要的操作，如创建对象、导入机器映像等。

（7）排序栏。用于对中间主体部分的对象列表进行排序，排序字段为创建时间或显示名，前者默认为降序，后者默认为升序。

（8）对象条目。对象条目显示对象的概要信息，包括状态图标、名称，创建时间及其他主要属性。在对象条目的最右侧为操作菜单。单击名称上的链接可进入对象详情页面。

（9）操作菜单。操作菜单中包含此对象关联的各类操作，根据对象当前所处状态，其中的菜单项可能处于启用或禁止状态。

4.2.2 OCI CLI 命令行工具

OCI CLI 是与后端服务和对象进行交互的命令行工具，也是除 Web Console 外最常用的 OCI 管理工具。OCI CLI 非常轻巧，既可以独立使用，也可以与 Web Console 配合共同完成 OCI 管理任务。OCI CLI 实现了 Web Console 中的绝大多数功能，并具有额外的一些高级特性，例如运行脚本、更丰富和细粒度的选项控制等，都是对于 Web Console 必要和有益的补充。

OCI CLI 使用 Python 编写，底层调用 OCI 的 REST API，可运行在 Mac、Windows 和 Linux 平台。OCI CLI 的使用手册参见官方网站①。

1. OCI CLI 安装、配置与升级

联网在线安装是安装 OCI CLI 最简单的方式，也是推荐的方式。所有的下载、安装和配置过程均自动完成，包括安装 Python、安装和配置 virtualenv 环境以提供隔离的 Python 环境，最后安装最新版本的 OCI CLI。以 Linux 平台为例，安装命令如下：

```
$ curl -L "https://raw.githubusercontent.com/oracle/oci-cli/master/scripts/install/install.sh" | bash
```

如果选择手动安装，在安装配置 Python 后，可选择安装 virtualenv 环境。不过仍建议安装 virtualenv 已保证正确的 Python 依赖性，最后从 GitHub 网站②下载 OCI CLI 安装包进行安装。Linux 平台的安装过程如下：

```
$ curl -O -L https://github.com/oracle/oci-cli/releases/download/v2.4.17/oci-cli-2.4.17.zip
$ unzip oci-cli-2.4.17.zip
$ sudo pip install ./oci-cli/oci_cli-*-py2.py3-none-any.whl
```

如果是自动安装，默认的目录与文件结构如图 4-3(b)所示。其中 oci 和 bmcs 是可执行程序，两者是等同的，位于 bin 目录下。如果是手动安装并且未配置 virtualenv 环境，则可执行程序位于/usr/bin 目录下。

安装完成后的下一步工作是进行运行环境配置，相应的命令为 oci setup，其支持的所有子命令及影响的文件如图 4-3(a)所示。配置的第一步是执行 config 子命令，所有需指定文件位置时的输入均回车以使用默认设置，其余用户 OCID、租户 OCID 及默认 Region 参数的获取参见图 4-4。

```
$ oci setup config
This command provides a walkthrough of creating a valid CLI config file…
Enter a location for your config [/home/omc/.oci/config]: 回车以使用默认位置
Enter a user OCID:输入用户 OCID
Enter a tenancy OCID:输入租户 OCID
Enter a region (e.g. eu-frankfurt-1, us-ashburn-1, us-phoenix-1):输入默认 Region
```

① https://docs.us-phoenix-1.oraclecloud.com/Content/API/Concepts/cliconcepts.htm

② https://github.com/oracle/oci-cli/releases

```
Do you want to generate a new RSA key pair? (If you decline you will be asked to supply the path to
an existing key.) [Y/n]:输入 Y 选择生产新的密钥对,如果已有密钥对则输入 n
Enter a directory for your keys to be created [/home/omc/.oci]:回车以使用默认位置
Enter a name for your key [oci_api_key]:回车以使用默认位置
Public key written to: /home/omc/.oci/oci_api_key_public.pem
Enter a passphrase for your private key (empty for no passphrase):回车以选择不加密
Private key written to: /home/omc/.oci/oci_api_key.pem
Fingerprint: d3:29:c1:36:33:5f:e7:7b:12:7d:89:4f:27:41:cb:61
Config written to /home/omc/.oci/config
```

oci setup config 配置完成后,会生成配置文件及密钥对,默认位置在.oci 目录中:

```
$ ls ~/.oci
config  oci_api_key.pem  oci_api_key_public.pem
$ cat ~/.oci/config
[DEFAULT]
user = ocid1.user.oc1..aaaaaaaacqnlkcatuph3aka7224ev5ame7rlbwq45jao4lwde2r…
fingerprint = d3:29:c1:36:33:5f:e7:7b:12:7d:89:4f:27:41:cb:61
key_file = /home/omc/.oci/oci_api_key.pem
tenancy = ocid1.tenancy.oc1..aaaaaaaavoiuwqa6xpxpocrgny3jxh6r6rezzardnf73y…
region = us-phoenix-1
```

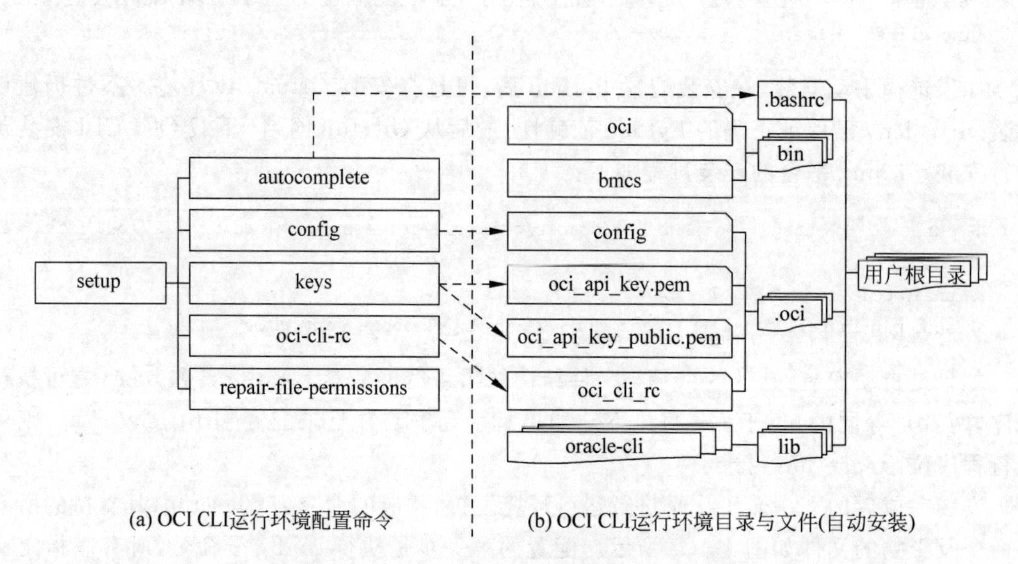

图 4-3 OCI CLI 运行环境配置命令与目录结构

至此,OCI CLI 客户端已设置完毕。由于客户端使用 API Key 实现与云端的认证,在 Web Console 中还需通过 Add Public Key 添加 API Key,即将~/.oci/oci_api_key_public.pem 文件中的内容复制粘贴,如图 4-4 所示。

不同的客户端可以使用同一 API Key,也可以分别设定不同的 API Key。设置完成后,即可通过除 oci setup 之外的命令验证与云端的连通性,例如:

```
$ oci iam region list
{
  "data": [
    { "key": "FRA", "name": "eu-frankfurt-1" },
```

```
    { "key": "IAD", "name": "us-ashburn-1" },
    { "key": "PHX", "name": "us-phoenix-1" }
  ]
}
```

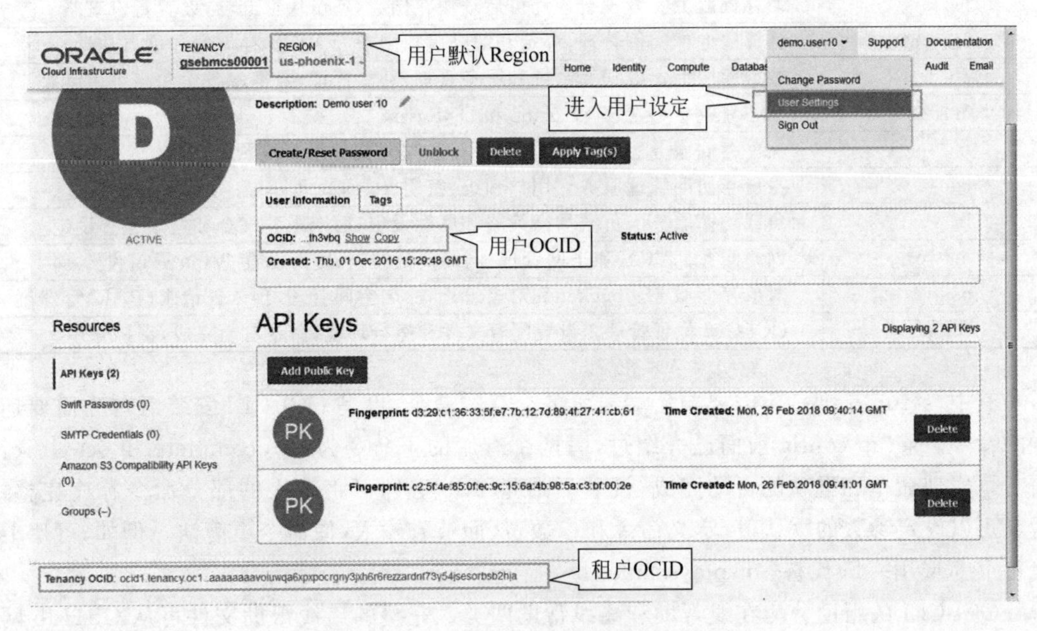

图 4-4 OCI CLI 配置参数获取及添加 API Key

安装配置完成后，当 OCI CLI 新版本发布时，还需要对其进行升级。请定期关注 GitHub 网站[1]以获得最新的版本通知。virtualenv 环境下的升级过程如下，标准环境下的升级只需去除 pip 命令之前的路径即可：

```
$ oci -v
2.4.15
$ sudo ./lib/oracle-cli/bin/pip install oci-cli--upgrade
$ oci -v
2.4.17
```

2. OCI CLI 基本语法与帮助

OCI CLI 命令的基本语法包括三个部分，依次为可选的全局选项、命令和可选的命令参数。除命令外，全局选项和命令参数均以-或--开始：

```
oci [OPTIONS] COMMAND [ARGS]...
```

命令包括顶层命令和子命令，子命令包括 1 到多个层级。目前 OCI CLI 支持的顶层命令如表 4-3 所示。

① https://github.com/oracle/oci-cli/releases

表 4-3 OCI CLI 支持的顶层命令

顶层命令	说明
audit	审计服务。查看审计日志，查看和修改审计配置
bv	块存储服务。管理普通和可启动块存储卷，备份块存储卷，设置备份策略
compute	计算服务。实例管理，绑定和解绑虚拟网卡(VNIC)，存储卷和可启动卷
db	数据库服务。数据库系统和服务管理，补丁管理，数据库备份和高可用设置
dns	DNS 服务。设置 DNS Zone 和 DNS 记录
fs	文件存储服务。NFS 文件系统管理，建立文件系统快照
iam	身份与访问管理服务。用户和组、密钥、Region、可用域、分区和标签管理
lb	负载均衡服务。负载均衡策略和属性设定，后端服务集合和健康检查设定
network	网络服务。VCN 和子网管理、网络安全控制、路由设置、VPN 通道设置等
os	对象存储服务。bucket 和对象管理，命名空间管理，预认证请求(PAR)管理
setup	OCI CLI 配置管理。设置配置文件和运行环境，命令自动完成，密钥管理

其中，setup 是唯一不需要与后端云服务交互的命令，也是 OCI CLI 安装后首先需要运行的命令。setup config 前面已介绍过，另两个有用的子命令为 autocomplete 和 oci-cli-rc：前者可实现命令和选项的自动完成，设置后通过 Tab 键即可将输入的部分命令补充完整；后者可以设定参数的默认值，定义命令和参数，从而节省输入，使命令更简洁。例如，可用 ls 代替 list，或用--dn 代替--display-name。

OCI CLI 的帮助分为在线帮助和离线帮助两类。完整的离线帮助文件可从 GitHub 网站[①]获取，然后在文件中搜索相关命令和选项。在线帮助可通过-h 选项获取，每一层命令都可以使用此选项。

```
$ oci -h
$ oci setup -h
$ oci setup config -h
```

命令参数虽不存在单独的帮助，但可以通过自动完成功能得到提示。

```
$ oci compute image list --<Tab>
-?          --display-name       --help   --operating-system-version   --sort-by
--all       --dn                 --lifecycle-state        --page   --sort-order
-c          --from-json          --limit                  --page-size
--compartment-id                 -h      --operating-system            --shape
```

由于大部分的配置参数已在配置文件～/.oci/config 中设置，因此全局命令选项通常无须显式指定。部分全局命令选项的说明如表 4-4 所示。

表 4-4 OCI CLI 全局命令选项说明

全局命令选项	说明
-v	显示 OCI CLI 当前版本
--config-file	OCI CLI 配置文件，默认为～/.oci/config

① https://raw.githubusercontent.com/oracle/oci-cli/master/tests/output/inline_help_dump.txt

续表

全局命令选项	说　明
--profile	OCI CLI 配置文件中需读取的档案，默认为 DEFAULT
--cli-rc-file	OCI CLI 运行环境文件，默认为～/. oci/oci_cli_rc
--request-id	用于跟踪请求的客户端请求 ID
--region	region 设定，默认值设置在～/. oci/config 文件中
--output [json|table]	命令输出格式，可设为 JSON 或表格形式，默认为 JSON
--query	对 JSON 输出进行过滤，语法符合 JMESPath 规范
--auth	认证方法，默认使用 API Key，并在～/. oci/config 中设置
--generate-full-command-json-input	将命令所有可能的输入选项以 JSON 格式输出
--generate-param-json-input	将某参数所需输入的样例以 JSON 格式输出
-d, --debug	调试模式运行，显示额外的调试信息
-?, -h, --help	显示命令或子命令的帮助

3. OCI CLI 输入与输出处理

OCI CLI 的输入可以通过选项和参数指定，但一些复杂的输入需通过 JSON 文件指定，此时可通过--generate-full-command-json-input 和--generate-param-json-input 生成样例 JSON 文件。例如，在更新路由表时，--route-rules 参数后需指定 JSON 文件作为输入，此时可以用以下命令生成样例 JSON 文件：

```
$ oci network route-table update --generate-param-json-input route-rules | tee route-rules.json
[
  {
    "cidrBlock": "string",
    "networkEntityId": "string"
  },
  {
    "cidrBlock": "string",
    "networkEntityId": "string"
  }
]
```

修改 route-rules. json 文件，将其中的 string 替换为适当的值，然后即可将其指定为输入。

```
$ oci network route-table update --rt-id $OCIRTID --route-rules file://route-rules.json
```

--generate-full-command-json-input 选项可指定的参数更为广泛，但较少使用。其输出通过修改后可通过--from-json 指定为输入。

```
$ oci network route-table create --generate-full-command-json-input | tee create-route.json
{
  "compartmentId": "string",
  "definedTags": { … },
```

```
  "displayName": "string",
  "dn": "string",
  "freeformTags": { … },
  "maxWaitSeconds": 0,
  "routeRules": [
    {
      "cidrBlock": "string",
      "networkEntityId": "string"
    },
    {
      "cidrBlock": "string",
      "networkEntityId": "string"
    }
  ],
  "vcnId": "string",
  "waitForState": "PROVISIONING|AVAILABLE|TERMINATING|TERMINATED",
  "waitIntervalSeconds": 0
}
# 修改文件 create-route.json
$ oci network route-table create --from-json create-route.json
```

如果参数同时在命令行和JSON文件中指定，则以命令行指定的值为准。

OCI CLI 的默认输出格式为 JSON，可通过--query 对输出进行过滤，语法采用标准的 JMESPath 规范。JMESPath 规范的详细说明参见官方网站[1]，以下为部分 OCI CLI 命令示例：

```
#显示所有支持 DenseIO 的虚拟机 Shape
$ oci compute shape list -c $OCICID --query "data[?contains(\"shape\", 'VM.DenseIO')]"
#显示所有操作系统为 Oracle Linux 的机器映像信息，包含所有字段
$ oci compute image list -c $OCICID --query "data[?\"operating-system\" == 'Oracle Linux']"
#显示所有操作系统为 Oracle Linux 的机器映像名称
$ oci compute image list -c $OCICID --query "data[?\"operating-system\" == 'Oracle Linux'].\"
display-name\""
#显示所有操作系统为 Oracle Linux 的机器映像名称，并排序
$ oci compute image list -c $OCICID --query "data[?\"operating-system\" == 'Oracle Linux'].\"
display-name\" | sort(@)"
#显示所有操作系统为 Oracle Linux 的机器映像名称和版本
$ oci compute image list -c $OCICID --query "data[?\"operating-system\" == 'Oracle Linux'].
{NAME:\"display-name\",VERSION:\"operating-system-version\"}"
#显示操作系统为 Oracle Linux 的机器映像名称和版本，仅显示前两条记录
$ oci compute image list -c $OCICID --query "data[?\"operating-system\" == 'Oracle Linux'].
{NAME:\"display-name\",VERSION:\"operating-system-version\"}[0:2]"
#显示操作系统为 Oracle Linux，并且版本为 7.4 的机器映像名称
$ oci compute image list -c $OCICID --query "data[?\"operating-system\" == 'Oracle Linux'
&& \"operating-system-version\" == '7.4'].\"display-name\""
```

除--query 选项可对输出结果进行过滤外，OCI CLI 还提供命令参数对输出进行处理，如表 4-5 所示。

---

[1] http://jmespath.org/specification.html

表 4-5　控制输出的 OCI CLI 命令参数

<table>
<tr><th>命令参数</th><th>说　明</th></tr>
<tr><td>--all</td><td>显示所有页输出。如无此选项，则只输出一页信息及下一页的 ID：opc-next-page。例如：
$ oci iam compartment list | grep compartment - id > out
$ wc - l out
25
$ tail out
$ oci iam compartment list | tail
…
"opc - next - page": "AAAAAAAAAAH8Qglzy…eMHKwZp - "
}
$ oci iam compartment list -- all | grep compartment - id | wc - l
50</td></tr>
<tr><td>--page</td><td>输出指定页的信息，以 opc-next-page 的值为参数。例如：
$ oci iam compartment list -- page "AAAAAAAAAAH8Qglzy…eMHKwZp - "</td></tr>
<tr><td>--limit</td><td>限制每页输出的记录数。例如：
$ oci iam compartment list -- limit 5 | grep compartment - id | wc - l
5</td></tr>
<tr><td>--raw-output</td><td>当--query 输出仅为单个字符串时，去除双引号。例如
$ oci iam region list -- query "data[?key == 'FRA']|[0].name"
"eu - frankfurt - 1"
$ oci iam region list -- query "data[?key == 'FRA']|[0].name" -- raw - output
eu - frankfurt - 1</td></tr>
<tr><td>--sort-by</td><td>根据对象创建时间(TIMECREATED)或显示名(DISPLAYNAME)排序。例如：
$ oci compute image list - c $OCICID -- sort - by DISPLAYNAME</td></tr>
<tr><td>--sort-order</td><td>指定排序为升序(ASC)或降序(DESC)。例如：
$ oci compute image list - c $OCICID -- sort - by DISPLAYNAME -- sort - order DESC</td></tr>
<tr><td>--lifecycle-state</td><td>只显示满足指定生命周期状态的对象，不同的对象有不同的生命周期状态。例如，实例的生命周期状态可以是 PROVISIONING、RUNNING、STARTING、STOPPING、STOPPED、CREATING_IMAGE、TERMINATING 或 TERMINATED：
$ oci compute instance list - c $OCICID -- lifecycle - state RUNNING</td></tr>
</table>

另外，推荐两个开源的工具 jp[①] 和 jq[②]。jp 是 JMESPath 的命令行接口，可以直接用管

① https://github.com/jmespath/jp
② https://stedolan.github.io/jq/

道流式处理或将输出缓存到文件后进行处理。jq 是轻型的 JSON 输出处理器，类似于 sed，可以方便地输出用户所需的格式。以下为 jp 和 jq 的简单示例：

```
$ oci iam region list | tee out | jp "data[?key=='FRA'].name"
[
  "eu-frankfurt-1"
]
$ jp -f out "data[?key=='FRA'].name"
[
  "eu-frankfurt-1"
]
$ oci iam region list | jq -r '.[] | .[].name'
eu-frankfurt-1
us-ashburn-1
us-phoenix-1
```

4. OCI CLI 环境变量约定

OCI CLI 是一个非常重要的工具，涉及的服务非常广泛，因此在本章后续部分，我们将在每一个服务的详细介绍部分结合 OCI CLI 进行更具针对性的说明。为简化和保存一致性，此处将定义部分常用的环境变量，如表 4-6 所示，这些环境变量仅限于本章使用，后续示例命令在使用时将不再说明。

表 4-6 OCI CLI 示例使用环境变量

环境变量	说明
$OCICID	Compartment ID，例如 ocid1.compartment.oc1..aaaaaaaatq2y…
$OCITID	Tenancy ID，例如 ocid1.tenancy.oc1..aaaaaaaavoiuwqa6xpx…
$OCIUID	User ID，例如 ocid1.user.oc1..aaaaaaaahvnolpqkwm…
$OCIGID	Group ID，例如 ocid1.group.oc1..aaaaaaaaf3luoy3gm…
$OCIADID	Availability Domain ID，例如 GxAT：PHX-AD-1
$OCIISID	Instances ID，例如 ocid1.instance.oc1.phx.abyhqljsmqghergw…
$OCIVCNID	VCN ID，例如 ocid1.vcn.oc1.phx.aaaaaaaa7namyel…
$OCIVOLID	块存储卷 ID，例如 ocid1.volume.oc1.phx.abyhqljtgkizl…
$OCISUBNETID	子网 ID，例如 ocid1.subnet.oc1.phx.aaaaaaaa7vfvlohu…
$OCIVNICID	VNIC ID，例如 ocid1.vnic.oc1.phx.abyhqljsu5mroc…
$OCILBID	负载均衡 ID，例如 ocid1.loadbalancerworkrequest.oc1.phx. aaa…

4.2.3 OCI SDK 与 OCI API

Web Console 和 OCI CLI 是管理 OCI 最常用的工具，此外 OCI 还支持 SDK 和 REST API。OCI 支持的 SDK 包括 Java、Python、Ruby、Chef Knife Plugin、Jenkins Plugin、对象存储 HDFS 接口和 Terraform Provider，开发者可使用自己熟悉的工具与 OCI 交互。

OCI API 是典型的 REST API，通过 HTTP 协议请求和响应，支持的服务包括核心服务、数据库服务、文件存储服务、IAM 服务、负载均衡服务和对象存储服务，其中以核心服务最为常用，包括计算、网络和存储服务。每一个服务都具有不同的 API 端点，目前 API 的最新版本为 20160918,API 的详细参考手册参见官网[①]。OCI API 请求必须支持 HTTPS 和 SSL TLS 1.2 协议,并且客户端与服务器端的时间差必须小于 5min。

OCI API 中最复杂的部分是取得认证,由于其语法比较复杂,在官网上给出了一个 Bash 环境下的示例脚本[②],下载后根据自身环境替换其中租户和用户的 OCID 以及私钥的路径,然后执行即可。

```
$ ../signing_sample_bash.txt
$ oci-curl iaas.us-phoenix-1.oraclecloud.com \
  get "/20160918/images?compartmentId=$OCICID" | json_reformat
```

4.2.4 OCI 云服务系统状态报告

用户可以登录云服务健康状态面板[③]以了解 OCI 提供的各类云服务的实时性能和可用性以及历史故障报告。如图 4-5 所示,在监控状态面板中,显示了计算、数据库、网络和存储等云服务的运行状态。在计算云服务中除计算基础设施外,还包括了用户定制机器映像的状态;网络服务中包括了 DNS、DRG、Fast Connect、VCN 和负载均衡服务的状态;存储服务中包括了块存储、对象存储、文件服务和数据传输服务的状态;Dyn Services 中包含 DNS 和各类互联网监控及分析服务的状态。

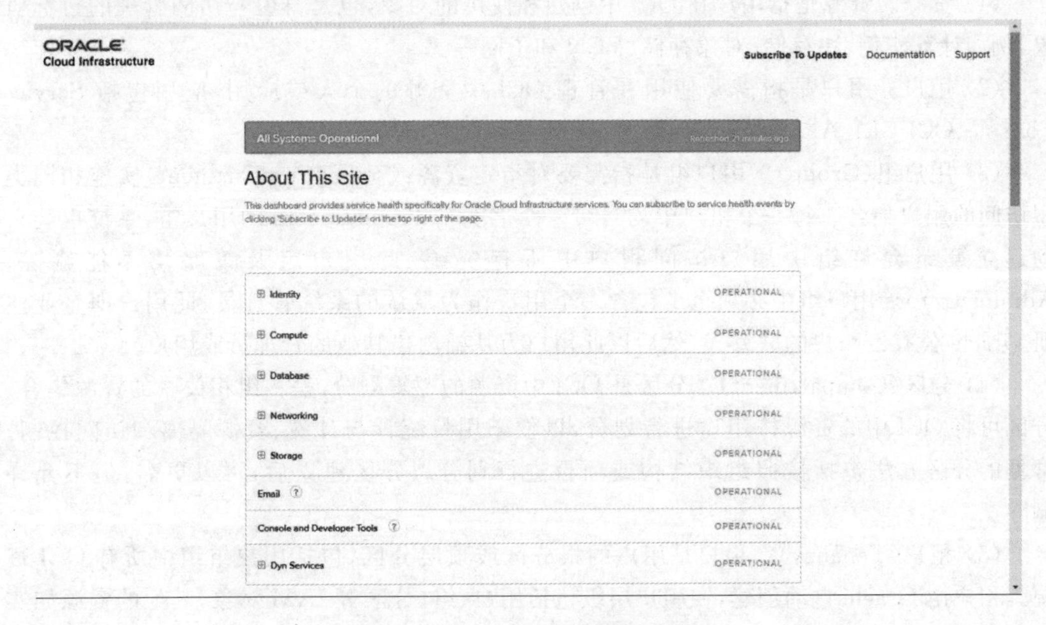

图 4-5 OCI 云服务监控状态面板

① https://docs.us-phoenix-1.oraclecloud.com/Content/API/Concepts/apiref.htm

② https://docs.us-phoenix-1.oraclecloud.com/Content/Resources/Assets/signing_sample_bash.txt

③ http://www.ocistatus.com/

在事件历史页面[1],用户可以按月浏览已发生的故障事件及故障解决情况,包括性能降级、服务中断、临时错误等,并可按服务类型对事件进行过滤。在页面右上角可以通过Subscribe To Updates链接对事件进行订阅以及时接收事件更新。

4.3 身份与访问管理服务

身份与访问管理(Identity and Access Management,IAM),可以控制用户对于指定的资源可以执行何种类型的操作。在OCI中,全局可见的资源包括API签名密钥、分区、用户、组和策略;区域可见的资源包括VCN、路由表、安全列表、机器映像、预留公网IP和卷备份等;仅在可用域中可见的资源包括实例、子网、存储卷、数据库系统和临时公网IP等。简单来说,和IAM相关的资源都是全局可见的,除以上所述的在可用域中可见的资源外,其他资源通常都是区域一级可见的。

4.3.1 身份与访问管理组件

身份与访问管理包括以下的组件:

(1) 资源。资源是指用户在OCI中创建和使用的对象,也是身份与访问管理的目标对象,例如计算实例、块存储、对象存储、VCN和子网等。

(2) 用户。用户是指需要使用和管理OCI中资源的个人或应用,应用包括Service Console、OCI CLI、API和SMTP等。

(3) 用户组(Group)。用户组是指需要对指定资源或分区(Compartment)实施相同类型访问的用户集合。每一个租户中均自带一个名为Administrators的用户组,系统也会自动建立策略允许组中用户访问租户中所有资源,此用户组及策略均不能删除。Administrators用户组中必须至少包含一个用户作为默认的系统管理员,此用户即企业注册Oracle公有云账户的联系人,然后以此用户为基础创建其他的管理员或用户。

(4) 分区(Compartment)。分区是OCI中资源的逻辑划分,是一组相关联的资源集合。分区可将OCI中的资源按用途进行划分,以便于用量统计与计费、资源隔离和访问控制。常见的分区方法包括按照组织结构或项目进行划分。分区建立后,可以更名,但不允许删除。

(5) 租户(Tenancy)。租户是用户的根分区或顶层分区,包括用户组织中所有OCI资源。租户由Oracle自动创建,在租户层级包括用户、组、分区等IAM对象,其他的资源如实例、存储和网络可以在分区中创建。

(6) 策略(Policy)。策略是实施访问控制的核心部件,定义谁可以访问资源,以及访问资源的方式。策略与组和分区关联,也就是说可以控制用户组对于分区中资源的访问权限。策略具有集成关系,例如当赋权给租户时,租户中的所有分区均继承此策略。除控制计算、网络和存储资源外,策略还可以控制对审计、数据库、DNS、邮件以及包括IAM本身等的

[1] http://www.ocistatus.com/history

访问。

(7) 主区域(Home Region)。主区域是IAM资源所驻留的区域,用户虽然可以使用任何区域的资源,但主区域只有一个。IAM是全局资源,并在所有区域可见,当用户修改主区域中的IAM资源或订阅新的区域时,主区域中的IAM资源将自动复制到其他区域。在Web Console顶层的区域信息中可查看用户的主区域及订阅新的区域,也可以使用OCI CLI查看订阅的区域和订阅新的区域。

```
$ oci iam region-subscription list --tenancy-id $OCITID
{
  "data": [
    {
      "is-home-region": false,
      "region-key": "FRA",
      "region-name": "eu-frankfurt-1",
      "status": "READY"
    },
    {
      "is-home-region": false,
      "region-key": "IAD",
      "region-name": "us-ashburn-1",
      "status": "READY"
    },
    {
      "is-home-region": true,
      "region-key": "PHX",
      "region-name": "us-phoenix-1",
      "status": "READY"
    }
  ]
}
```

例如,最近伦敦数据中心已经就绪,用户可以订阅此数据中心,这样,IAM资源包括用户、用户组、分区及策略定义将复制到此数据中心:

```
$ oci iam region-subscription create --region-key LHR --tenancy-id $OCITID
{
  "data": {
    "is-home-region": false,
    "region-key": "LHR",
    "region-name": "uk-london-1",
    "status": "IN_PROGRESS"
  }
}
```

4.3.2 用户与组管理

创建用户时,必须指定用户名和描述信息,用户名在租户内必须唯一。新建立的用户除了可以管理自己的口令和API密钥外无任何权限,必须将用户添加到用户组中,然后定义策略允许用户组访问分区或租户后，用户方能操作指定的资源。系统会为新建用户分配唯一的OCID，因此即使删除此用户然后新建一同名的用户，由于具有不同的OCID，系统也可以识别出此为一新建用户。OCI同时支持与已有的身份供应系统集成，实现单点登录、身份联邦及认证与授权管理，目前支持的身份供应系统包括Oracle身份云服务和Microsoft活动目录。

新建立的用户可以设置访问Web Console的口令；此外，用户还可以设置API密钥、Swift口令、Amazon S3兼容的API密钥和SMTP口令。如果希望通过API访问OCI，用户必须预先上传PEM格式的公钥，即API密钥，在访问时指定与API密钥对应的私钥即可。Swift是OpenStack的对象存储服务，Swift Client需要配置Swift口令以实现将Oracle数据库通过RMAN备份到对象存储。如果用户已经习惯于使用Amazon S3工具，配置Amazon S3兼容的API密钥后用户应用几乎无须改变，并实现对后端对象存储的访问。邮件投递服务是OCI提供的高速可靠的发送应用生成邮件的服务，SMTP口令为使用邮件投递服务时配置的口令。

除增删用户，设置Web Console和API密钥外，还可以锁定和解锁用户。例如，当用户连续10次登录失败时，账户将被锁定，此时管理员可以将此用户解锁。以下为与用户常用操作相关的OCI CLI命令示例：

```
#创建用户
$   oci iam user create --name user01 --description "user 01" -c $OCICID
#重置用户口令,注意输出中的password,此为重置后的临时口令
$ oci iam user ui-password create-or-reset --user-id $OCIUID
{
  "data": {
    "inactive-status": null,
    "lifecycle-state": "ACTIVE",
    "password": "gi6)vB;6>6Wb(B3;c{I5",
    "time-created": "2018-01-12T07:12:15.414000+00:00",
    "user-id":
"ocid1.user.oc1..aaaaaaaahvnolpqkwmyhxfww7drzr4chc4tsvrupmslsonn4hzkdrhkbz3yq"
  }
}
#解锁用户
$ oci iam user update-user-state --user-id $OCIUID --blocked true
#删除用户
$ oci iam user delete --user-id $OCIUID
```

和用户一样，创建用户组时也必须指定租户内唯一的组名和描述信息，系统也会自动分配唯一的OCID。初始建立的用户组无任何权限，必须通过定义策略来实现对分区和租户的访问。用户组是用户与最终被访问资源之间的桥梁，因为策略只能赋权到用户组，然后权限再传递到组中所有用户。换句话说，必须将用户添加到用户组中才能具备访问资源的权限，因此将用户添加到用户组通常是创建用户后的第一个步骤。注意，一个用户可以添加到多个用户组。

和用户组相关的常用操作包括创建组、将用户添加到用户组、从用户组中删除用户等。以下是和这些常用操作相关的OCI CLI命令示例：

```
#创建用户组
$ oci iam group create -c $OCITID --name group01 --description "group 01"
#添加用户到用户组
$ oci iam group add-user --user-id $OCIUID --group-id $OCIGID
#将用户从用户组中移除
$ oci iam group remove-user --user-id $OCIUID --group-id $OCIGID
#查看用户组中的所有用户
$ oci iam group list-users --group-id $OCIGID -c $OCITID --all
#查看用户所属的所有用户组
$ oci iam user list-groups --user-id $OCIUID -c $OCITID --all
#删除用户组,删除时用户组必须为空,即不包含任何用户
$ oci iam group delete --group-id $OCIGID
```

除了传统的用户组,OCI 还支持动态组。动态组的作用是使实例中的应用程序无须配置口令或配置文件即可访问 OCI 云资源,动态组中的成员只能是实例,实例的添加通过匹配规则实现,这也是其称为动态组的原因。以下为匹配规则的示例:

```
#实例的分区 ID 为 A
instance.compartment.id = '<A>'
#实例的分区 ID 为 A 或 B
Any {instance.compartment.id = '<A>', instance.compartment.id = '<B>'}
```

创建动态组时,需要指定匹配规则。以下为使用 OCI CLI 创建动态组的示例:

```
$ oci iam dynamic-group create -c $OCITID --name dgroup01 --description "" --matching
-rule "instance.compartment.id = ocid1.compartment.oc1..aaaaaaaaetp35…"
```

动态组创建后,下一步是定义策略,以限定其可以访问的资源。策略的详细介绍参见下一节。策略定义的 OCI CLI 示例如下:

```
allow dynamic-group dgroup01 to use volume-family in compartment ProjectA
```

最后一步则是配置 SDK 或 CLI 的认证方式。这些 API 的默认认证方式是通过 API key,此时需要更改为实例主体方式。例如,对于 OCI CLI,可以设置全局变量或在每次执行时指定认证方式。

```
$ export OCI_CLI_AUTH=instance_principal
$ oci --auth instance_principal …
```

由于每一个实例在部署时都会生成实例证书,其中包含了实例的 OCID 和实例所属分区的 OCID 等元数据,因此当实例中的应用调用 API 访问资源时,系统会将实例证书中的元数据与动态组策略进行比较,然后决定是否授予访问权限。

4.3.3 策略管理

策略是控制用户访问分区内资源和访问权限的一组定义,策略中指定的权限被赋予用户组,也就是说,只有当用户加入用户组后才能获得访问分区中资源的权限。

策略由一个或多个策略语句组成,策略语句的语法如下:

```
allow <subject> to <verb> <resource-type> in <location> [ where <conditions> ]
```

语法中各元素的说明见表4-7。

表4-7 策略语句语法各元素说明

元 素	说 明
subject	用户组的名称或OCID，或使用any-user指定租户中的所有用户
verb	指定允许的操作权限，由低到高依次为inspect、read、use和manage。每一较高层级都具备相邻较低层级的所有权限。例如，use拥有read所具备的所有权限，并支持额外的操作。以下为各操作的说明： • inspect表示可以显示资源列表，但不允许查看资源涉及的数据和元数据。 • read表示可访问资源本身及查询用户定义的元数据。 • use除了具备所有read相关权限外，还可以对资源进行更新，但不包括创建和删除资源。 • manage表示管理员权限，拥有资源的所有权限
resource-type	资源类型是指用户可访问的目标资源，可以指定独立资源或资源组。资源组表示某一特定类型的资源，由多个独立资源组成。例如，all-resources表示所有资源，virtual-network-family表示所有网络资源。又如，subnets、route-tables和security-lists等都是virtual-network-family中的独立资源，分别表示子网、路由表和安全列表
location	分区的名称或OCID，或指定tenancy以表示整个租户
conditions	此为可选参数，通过匹配条件对权限进行细化。例如，where target.group.name=/Dev-*/表示可操作的目标用户组名必须以Dev开始

在表4-7中的各元素中，比较重要的是verb。以资源类型为对象存储中的objects为例，inspect表示可以列出对象名，read表示可以下载对象，use表示可以上传已覆盖此对象，manage表示可以删除此对象。

另外，注意策略定义语句必须以allow开头，这表示策略语句只能赋予访问权限，也表明在默认情况下，用户只能通过显式的赋权才能访问资源。如果需要撤销用户的权限，则必须将用户从用户组中移除。

4.3.4 标签管理

标签是一套元数据系统，用以组织和跟踪租户内的资源。标签由键和值两部分组成，标签键即标签的名字，最长100个ASCII字符；标签的值为字符串类型，最长256个UNICODE字符。创建对象时或之后均可以关联标签，并非所有的资源都支持标签，目前支持标签的资源为块存储服务、计算服务、IAM服务、网络服务和对象与归档存储服务中的部分对象。

OCI中的标签分为自由标签和已定义标签两类。自由标签为初级的标签系统，在关联到资源时需要同时指定标签的键和值。自由标签的一些限制包括在关联资源时，无法看到已关联的自由标签、无法用于IAM策略进行访问控制等。已定义标签是一种功能更丰富的标签系统，在使用前必须先定义标签命名空间和标签键。标签命名空间是标签键的集合，在同一命名空间中,标签键是唯一的。在为资源关联已定义标签时,必须先选择命名空间和标签键,用户只需指定标签值即可。可以标签的资源可同时关联自由标签和已定义标签,目前的限制为每个资源最多 10 个自由标签和 64 个已定义标签。

自由标签定义后可以删除,而已定义标签和标签命名空间定义后只能收回而不允许删除。收回表示此标签命名空间无法继续使用或标签键不能再用于关联资源,但已关联的标签仍然生效,用户仍可以使用这些标签元数据来实现组织和定位。收回的资源可以通过重新激活来恢复使用。

使用 OCI CLI 只能管理已定义标签。以下为创建标签命名空间和标签键的示例:

```
$ oci iam tag-namespace create -c $OCICID --name tagspace01 --description "tagspace01"
$ oci iam tag create --tag-namespace-id $OCITNSID --name tag01 --description "tag 01"
```

标签命名空间和标签键定义完成后,在 OCI CLI 中可以通过--freeform-tags 和--defined-tags 为新建对象或已有对象关联自由标签和已定义标签。

```
$ cat freetags.json
{"Author": "Xiaoyu"}
$ car definedtags.json
{"Book": {"Name": "Oracle Public Cloud"}}
$ oci network vcn update --vcn-id $OCIVCNID --freeform-tags file://freetags.json --
defined-tags definetags.json
$ oci network vcn get --vcn-id $OCIVCNID
{
    …,
    "defined-tags": {
      "Book": {
        "Name": "Oracle Public Cloud"
      }
    },
    "freeform-tags": {
      "Author": "Xiaoyu"
    }, …
  }
```

4.3.5 使用 OCI CLI 管理 IAM 服务

在 OCI CLI 中,与 IAM 服务相关的顶层命令为 iam,其支持的子命令如图 4-6 所示。其中 region 和 availability-domain 仅用于查询区域和可用域; region-subscription 可用于查询租户的主区域及订阅新的区域; compartment 和 policy 分别用于分区和策略管理; user、group 和 dynamic-group 分别用于用户、用户组和动态组管理; tag 和 tag-namespace 用于管理已定义标签和标签命名空间; customer-secret-key 用于生成 Amazon S3 兼容的 API 密钥; 此外,OCI 的 API 密钥、Web Console 口令和 Swift 口令可通过 user 子命令中的 api-key、ui-password 和 swift-password 管理。

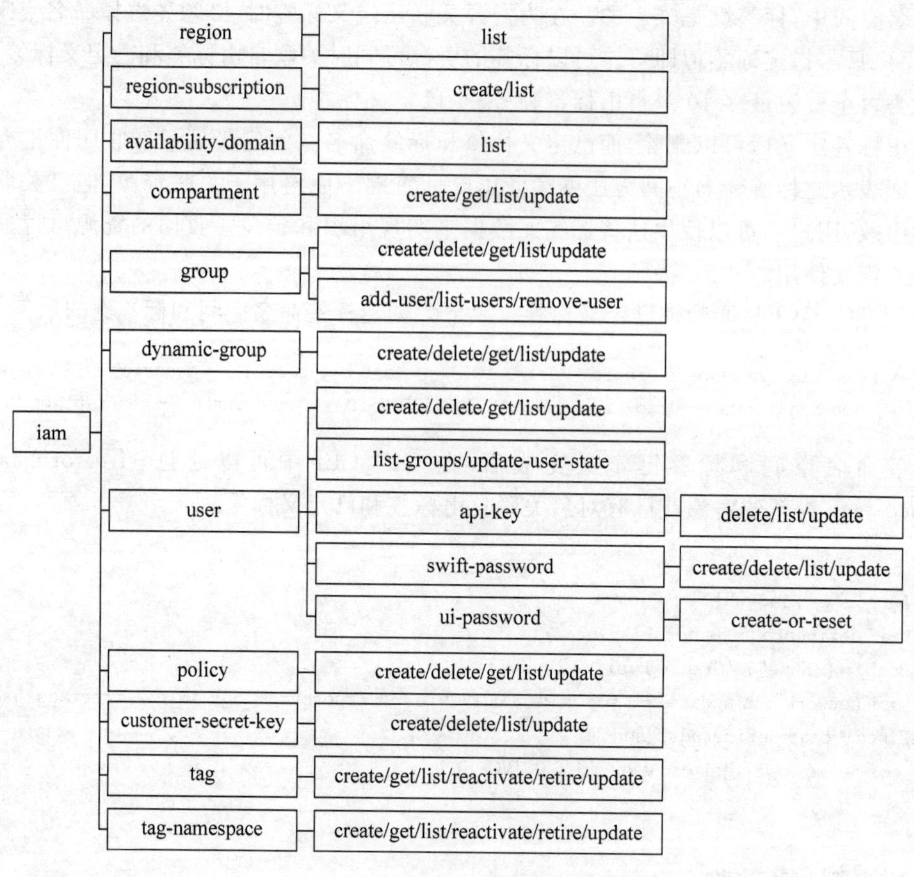

图 4-6　OCI CLI IAM 服务命令

4.4　网络服务

4.4.1　VCN

VCN(Virtual Cloud Network)是在 Oracle 云数据中心中定义的私有网络，VCN 包括一个连续的 IPv4 CIDR 地址块，建议使用 RFC 1918 规范中定义的私有网络地址，如 10.0.0.0/8、172.16/12 或 192.168/16，并避免与用户数据中心的网络地址重叠，CIDR 地址块掩码的取值范围为 16～30。除指定 CIDR 地址块外，还必须指定分区 ID 以实现访问控制。

在 VCN 中，还可以进一步定义其他资源，包括子网、路由表、Internet 网关、动态路由网关、安全列表、DHCP 选项和本地对等网关。

创建 VCN 的 OCI CLI 命令如下：

```
$ oci network vcn create - c $OCICID -- cidr - block "192.168.0.0/16" -- display -
name VCN01
```

使用 OCI CLI 只能创建 VCN 本身；如果使用 Web Console，则还可以选择一并创建 VCN 中的其他资源，默认设置下会创建 3 个子网，自动设定 Internet 网关和相关安全列表。

4.4.2 子网

在VCN中,可以通过定义子网进一步将VCN的连续CIDR地址块进行划分。在同一VCN中,不同子网使用的地址范围不允许重叠。在子网定义的地址范围中,前两个和最后一个IP地址预留给网络服务内部使用。子网可以定义为公有和私有两种类型,默认为公有。公有类型的子网表示其中的实例可以配置公网IP地址,而私有子网则只能配置私网地址,即禁止访问互联网。另外,同一个子网中的实例共享路由表、安全列表和DHCP选项设置.

VCN是区域可见的资源,而子网是可用域一级的资源。创建子网时,必须指定可用域、VCN、分区和CIDR地址块四个参数。创建子网的OCI CLI命令如下:

```
$ oci network subnet create --ad $OCIADID -c $OCICID --cidr-block "192.168.1.0/24" -
-vcn-id $OCIVCNID
```

4.4.3 VNIC

VNIC(Virtual Network Interface Card)即虚拟网卡,是可用域一级的资源。VNIC需要绑定到实例,而实例则通过VNIC连接到子网。换句话说,VNIC是实例与网络之间的连接端点。每一个实例在创建时都会生成一块主VNIC,此VNIC不允许删除;如果是Linux实例,后续还可以为实例添加辅VNIC,辅VNIC必须与主VNIC位于同一可用域。辅VNIC可用于连接其他VCN、其他子网或裸机实例中的虚拟网卡。

VNIC的属性可以通过oci network vnic get命令获取,VNIC ID可通过oci compute instance list-vnics命令获取。

```
$ oci compute instance list-vnics --instance-id $OCIISID #获取VNIC ID
$ oci network vnic get --vnic-id $OCIVNICID
{
  "data": {
    "availability-domain": "GxAT:US-ASHBURN-AD-1",
    "compartment-id": "ocid1.compartment.oc1..aaaaaaaa3ejfq3kuievp3b5twtr5w…",
    "display-name": "VM01",
    "hostname-label": "vm01",
    "id": "ocid1.vnic.oc1.iad.abuwcljrbmyvbwnlepr6vlpytn6hzyhwjmasr5swwx…",
    "is-primary": true,
    "lifecycle-state": "AVAILABLE",
    "mac-address": "02:00:17:00:17:71",
    "private-ip": "10.0.0.2",
    "public-ip": "129.213.88.113",
    "skip-source-dest-check": false,
    "subnet-id": "ocid1.subnet.oc1.iad.aaaaaaaahlyrq54fzfm7jf4ulkeyn…",
    "time-created": "2018-01-18T23:14:54.666000+00:00"
  },
  "etag": "bc1bbb38"
}
```

从以上输出中可知,VNIC 的属性包括 MAC 地址、私网和公网 IP 地址、可用域、子网 ID 以及是否为主 VNIC 等。另外,skip-source-dest-check 表示是否跳过源与目标地址检测。默认情况下,VNIC 必须进行源与目标地址检查,即当流经此 VNIC 的网络包头中的地址并非以此 VNIC 为源或目标时,此网络包将被丢弃。只有在一种情况下才需要禁止此检查,即此 VNIC 用于转发网络包时,例如执行网络地址转换(NAT)时。

在实例内部的元数据中,也可以查询到 VNIC 的部分属性。

```
vm01 $ curl http://169.254.169.254/opc/v1/vnics/
[ {
  "vnicId" : "ocid1.vnic.oc1.iad.abuwcljrhflbetnghbk2ucu2b7kra72…",
  "privateIp" : "10.0.0.2",
  "vlanTag" : 2744,
  "macAddr" : "02:00:17:00:17:71",
  "virtualRouterIp" : "10.0.0.1",
  "subnetCidrBlock" : "10.0.0.0/24"
} ]
```

4.4.4 IP 地址

每一个实例至少拥有一个主 VNIC,每一个 VNIC 自动设置一个私网 IP 并可选配置公网 IP。私网 IP 使得实例可以与 VCN 内的其他实例,或用户数据中心的主机沟通(通过设置 IPSec VPN 或 FastConnect),公网 IP 则使实例可以访问互联网。实例创建时分配的首个私网 IP 称为主私网 IP,此地址不允许删除。实例启动后还可以分配从私网 IP,此 IP 地址可以绑定到主 VNIC 或辅 VNIC 之上。从私网 IP 地址主要用于两种情形:第一种是在一个实例内提供多种服务,在不同的 IP 地址监听;第二种用于实例的错误切换,即当主实例失效时,可以将私网 IP 绑定到同一子网中的另一实例,从而继续提供服务。例如,以下的 OCI CLI 命令将私网地址 10.0.0.14 赋予另一个实例的 VNIC,如果此 IP 地址已经赋予其他 VNIC,还可以通过--unassign-if-already-assigned 选项强行与原绑定的 VNIC 解绑:

```
$ oci network vnic assign-private-ip --vnic-id $OCIVNICID --ip-address 10.0.0.14
```

从私网 IP 只有在实例启动后才可赋予,一块 VNIC 最多可配置 31 个从私网 IP。当私网 IP 与实例解绑或实例终止时,私网 IP 返回到地址池中以供后续分配。通过 OCI CLI 命令可以有三种方式查询私网 IP 及关联 VNIC 的信息,其中前两种是通过子网和 VNIC 角度,最后一种通过直接指定 IP 地址查询。

```
$ oci network private-ip list --subnet-id $OCISUBNETID --all# 子网中的所有私网 IP
$ oci network private-ip list --vnic-id $OCIVNICID --all# VNIC 关联的所有私网 IP
$ oci network private-ip list --subnet-id $OCISUBNETID --ip-address 10.0.0.2 -all
```

与私网 IP 对应的是公网 IP,公网 IP 是可选配置,总是与私网 IP 配对出现。公网 IP 分为临时(ephemeral)和永久(reserved)两种类型。所谓临时,是指当私网 IP、实例或 VNIC 删除时,公网 IP 也一并删除;而永久是指除非主动删除,否则此公网地址将一直存在。临时公网 IP 只能赋予主私网 IP,由于每一块 VNIC 只能有一个主私网 IP,因此也可以认为每一块 VNIC 只能分配一个临时公网 IP。临时与永久公网 IP 的另一个区别是可见性，临时公网 IP 只在可用域内可见，而永久公网 IP 在整个区域可见。

管理公网 IP 的 OCI CLI 命令为 oci network public-ip，其中 create 子命令用以创建公网 IP，通过--lifetime 选项可指定公网 IP 的类型，通过--private-ip-id 选项可直接将公网 IP 分配给私网 IP。

```
$ oci network public-ip create -c $OCICID --lifetime RESERVED
$ oci network public-ip create -c $OCICID --lifetime EPHEMERAL --private-ip-id ocid1.
privateip.oc1.iad.abuwclj…
```

可以通过 get 子命令以多种方式查询公网 IP 信息。

```
$ oci network public-ip get --public-ip-id ocid1.publicip.oc1.iad.abuw…
$ oci network public-ip get --public-ip-address 129.213.91.250
$ oci network public-ip get --private-ip-id ocid1.privateip.oc1.iad.abuw…
```

update 子命令既可以将公网 IP 分配给私网 IP，也可以解除公网 IP 与私网 IP 的分配关系，后者需要将私网 IP 的 OCID 指定为空。

```
$ oci network public-ip update --public-ip-id ocid1.publicip.oc1.iad.aaaa… --private
-ip-id ocid1.privateip.oc1.iad.abuw…          # 将公网 IP 分配给私网 IP
$ oci network public-ip update --public-ip-id ocid1.publicip.oc1.iad.abuw… --private
-ip-id ""                                     # 解除公网 IP 与私网 IP 的分配关系
```

4.4.5 路由表与网关

VCN 之间的网络对象可以直接通信，当需要与 VCN 之外的网络对象通信时，例如连接到互联网或者是用户数据中心私有网络，则必须借助于路由表和网关。

VCN 中的路由表由路由规则组成，路由规则的定义包括两个部分，即目标 CIDR 地址块和下一跳。当需要访问的目标网络对象地址与 CIDR 地址块匹配时，系统将把数据转发到下一跳，在 VCN 中，下一跳即网关。如果有多个路由规则匹配，系统将选择粒度最细的规则；如果无匹配规则，网络数据包将被丢弃。VCN 创建时会自带一个不带任何路由规则的路由表，默认时，所有的子网都会使用此路由表，当然也可以为每一个子网分别指定不同的路由表。

如图 4-7 所示，在 VCN 中网关包括 4 种类型，分别是互联网网关(Internet Gateway)、动态路由网关(Dynamic Routing Gateway)、本地对等网关(Local Peering Gateway)和私网 IP。这些网关都是逻辑对象，因此无须担心其是否冗余或高可用。

1. 互联网网关

顾名思义，互联网网关就是连接互联网时网络数据包的下一跳，当来自 VCN 的网络数据流目标指向互联网时，数据将经此网关转发。作为优化，如果目标公网 IP 地址位于 OCI 中，则数据将在 OCI 内部转发而无须发送到互联网。

2. 动态路由网关

当 VCN 中的网络对象需要访问用户私有数据中心或另一 OCI 区域中的网络对象时

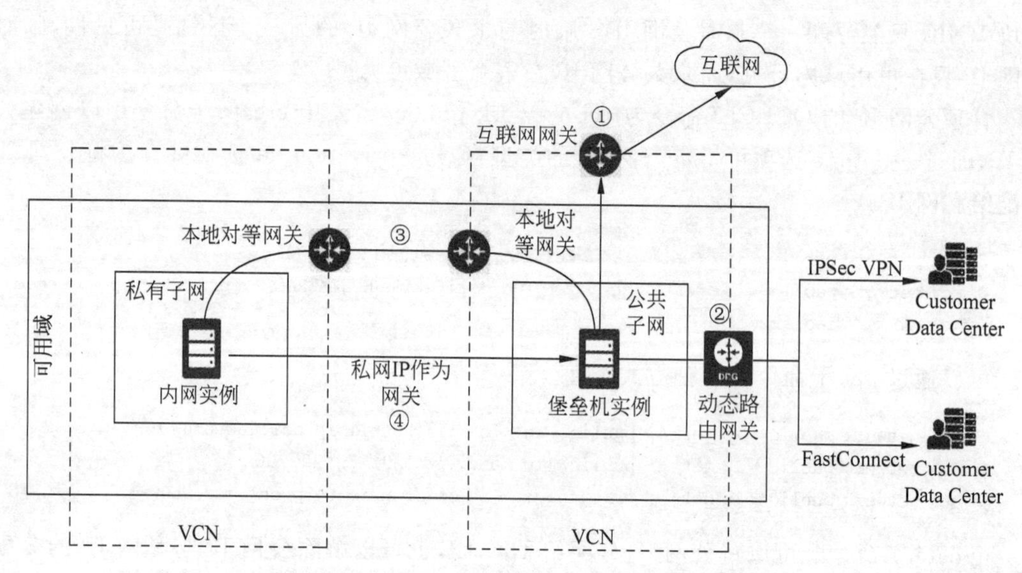

图 4-7　通过路由表与网关实现 VCN 之外的网络通信

(远程对等),就必须使用动态路由网关。动态路由网关为 OCI 网络与用户数据中心网络间指定了一条虚拟的私有通道,而非通过公共的互联网。简单来说,构建 VCN 到用户数据中心间的通信需要三个元素,即动态路由网关、网络通道和客户端设备(Customer Premise Equipement)。客户端设备是指客户数据中心的边缘路由器,而网络通道有两种形式,即 IPSec VPN 和 FastConnect。

IPSec 表示互联网协议安全,是一种将 IP 数据包在传输前加密的协议。IPSec 可以使用普通的公网来传输数据,并通过加密保证数据的安全性,而无须租用昂贵的专线。IPSec 可工作于传输模式或隧道模式,传输模式仅加密包中的数据信息,而头信息保持不变;隧道模式加密整个数据包,然后重新封装为新的 IP 数据包,并具有新的头信息。OCI 仅支持 IPSec 隧道模式。

另一种建立网络通道的方式是 FastConnect,FastConnect 是指用户网络和 OCI 网络之间的私有物理网络,而非互联网。FastConnect 也提供两种连接方式,即托管方式和合作伙伴方式。前者是指用户可将设备托管到支持 FastConnect 的 Oracle 数据中心,然后与 OCI 网络建立连接;后者是指通过合作伙伴连接到 OCI 网络,这些合作伙伴已经建立了与 Oracle 数据中心的 FastConnect 连接。

3. 本地对等网关

在详述本地对等网关前,我们先来了解一下 VCN 对等(VCN Peering)的概念。VCN 对等是指连接多个 VCN 网络的过程。VCN 内部的网络对象是可以直接通信的,而当不同 VCN 中的网络对象需要相互联络时,则必须通过对等网关。VCN 对等分为两种类型,如果这两个 VCN 位于同一区域,则称为本地对等,否则称为远程对等。本地对等需要使用本地对等网关,而远程对等需要使用动态路由网关。目前所有的区域均支持本地对等,而只有凤凰城和阿什本区域间支持远程对等。

4. 私网 IP 作为网关

私网 IP 作为网关是指将某子网的网络数据流导向关联此私网 IP 的另一实例,此私网

IP必须与源子网位于同一VCN。这种配置最常见的场景是实现VCN中的NAT,即位于私有子网中的实例通过位于公共子网中的实例来访问互联网,公共子网中的实例也称为堡垒主机。由于所有的网络流量均流经此实例,因此也可以利用其实现网络服务,如防火墙和入侵检测系统。在配置时,除需将路由规则中的目标设定为目标实例的私网IP外,与私网IP关联的VNIC还需要设置为跳过源与目标地址检测,这样此VNIC才能继续转发网络流量。

4.4.6 安全列表

在网络中,除了可以用IAM服务控制谁可以操作VCN中的资源外,还可以使用安全列表(Security List)从数据包层面控制网络的通信。安全列表在实例层面应用,为实例提供进、出两个方向的虚拟防火墙服务。安全列表由安全规则组成,安全规则定义了在进、出两个方向,何种类型的通信被允许通过。安全列表在子网中进行配置,同一子网可以定义多个安全列表,这也意味着这些安全规则适用于子网中所有的实例。除了定义适当的安全规则,还需注意在操作系统中也需要打开相应的防火墙设置,网络数据包才能正常地流通。

安全规则分为有状态和无状态两种类型。有状态安全规则会启用连接跟踪,表示当实例接收的网络数据流满足此安全规则时,或者当实例发出的网络数据满足此安全规则时,反方向的响应数据流将自动被允许。无状态安全规则不会启用连接跟踪,因此在请求和响应两个方向均需定义相应的安全规则,而对于有状态安全规则只需定义一个方向。

每一个VCN都自带默认的安全列表,创建子网时,如果没有特别指定,子网将自动关联此默认安全列表,后续这种关联性不允许删除,但可以修改其中的安全规则。默认安全列表中的安全规则在出口方向允许任何访问,在进入方向允许到端口22的SSH访问,从任何源到ICMP类型3代码4的访问以使实例接收MTU监测信息,从VCN CIDR地址到ICMP类型3所有代码的访问以使实例能接收到VCN中其他实例的连接错误信息。

对实例而言,安全规则需按方向定义,包括进入(ingress)方向和出口(egress)方向,即外部向实例的访问和实例向外部的访问。进入和出口安全规则定义中包含的元素及说明如表4-8所示。

表4-8 安全规则定义包含的元素及含义

元　素	进入安全规则	出口安全规则	说　明
状态	✓	✓	有状态或无状态
协议	✓	✓	单个的IPv4协议或用all代表所有协议
源CIDR地址块	✓		访问源的地址,CIDR格式。 0.0.0.0/0表示任意源
目标CIDR地址块		✓	访问目标的地址,CIDR格式。 0.0.0.0/0表示任意源
源端口	✓	✓	访问源的端口
目标端口	✓	✓	访问目标的端口
ICMP类型和代码	✓	✓	可以指定所有类型和代码或仅指定单个类型,用于监测控制信息

与安全规则相关的 OCI CLI 子命令为 security-list，但由于此命令只能整体更新安全列表，而不能针对单条的安全规则操作，因此很少使用，而使用 Web Console 来管理安全列表会方便很多。作为示例，以下的命令建立安全列表 LBSecList，进入和出口方向的安全规则均为空：

```
$ oci network security-list create -c $OCICID --vcn-id $OCIVCNID --dn 'LBSecList' --
ingress-security-rules '[]' --egress-security-rules '[]'
```

4.4.7 使用 OCI CLI 管理网络

网络服务相关的 OCI CLI 命令如图 4-8 所示，部分命令在前面已涉及，此处再从整体上梳理一遍。vcn 子命令为涉及网络的首个命令，可以建立、删除和查看 VCN。subnet 子命令则可以在 VCN 中进行子网的增、删、改、查操作。vnic 子命令可将私有 IP 赋予 VNIC 或从 VNIC 解除。security-list、route-table 和 dhcp-options 可操作安全列表、路由表和 DHCP 选项属性，这三项配置都与子网相关联。internet-gateway 用于建立访问互联网的网管，local-peering-gateway 可建立本地对等网关，以实现在同一区域内不同 VCN 间的访问。余下的 cpe、drg、drg-attachment 和 ip-sec-connection 子命令与动态路由网关相关，可用于建立从 VCN 到用户数据中心的访问以及建立远程对等网关。总的来说，对于网络服务中对象的操作建议首先使用 Web Console，但 OCI CLI 命令在实现自动化脚本方面也具备优势，是 Web Console 图形化管理工具的有益补充。

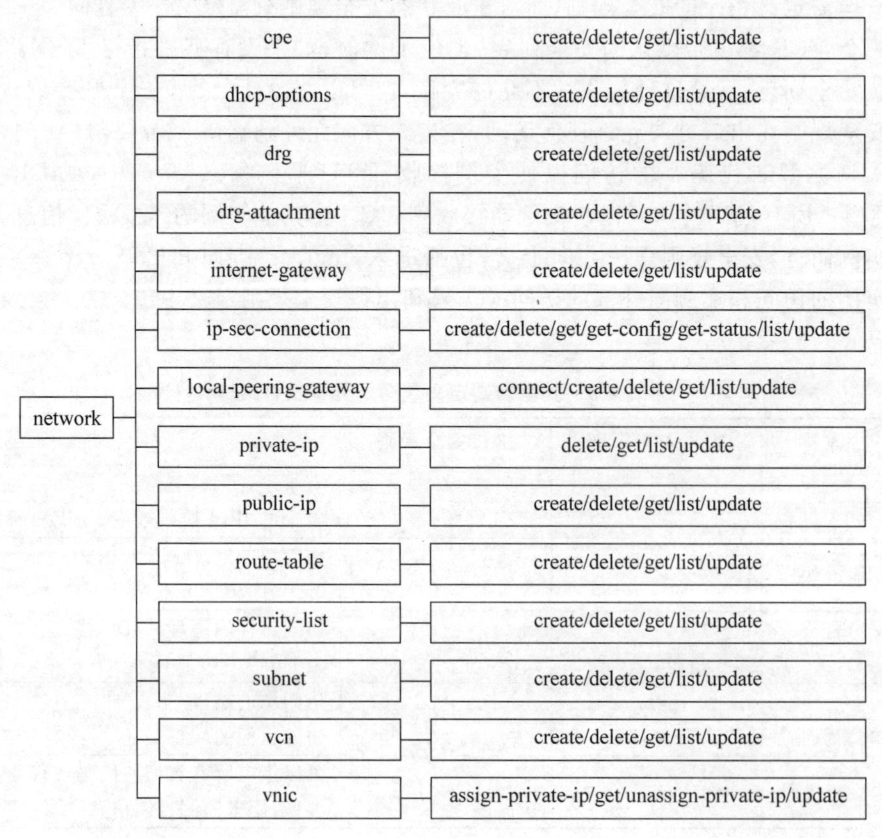

图 4-8 OCI CLI 网络服务命令

4.5 OCI 存储服务

OCI 存储服务的主界面如图 4-9 所示，主要提供三种形式的存储，即块存储、对象存储和文件存储，此外还提供启动卷管理、备份管理和数据传输服务。在启动卷管理中，未与任何实例关联的启动卷可以删除或由其创建实例，已与实例关联的启动卷仅可查看信息。数据传输服务是一种离线的数据迁移服务，即将用户数据中心的数据先复制到移动硬盘，加密后递送到 Oracle 数据中心，然后由 Oracle 负责将数据导入对象存储的服务，非常适合于迁移数据量较大而网络带宽有限的情形。备份管理只涉及块存储，包括手工备份和自动定期备份，将在 4.5.2 节中介绍。

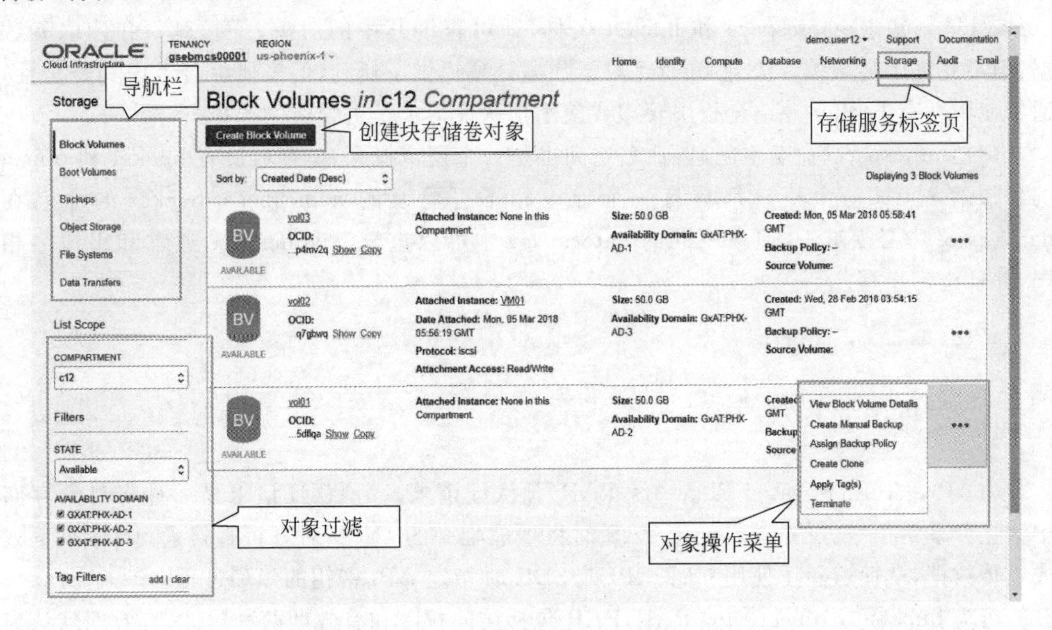

图 4-9 存储服务主界面

4.5.1 对象存储服务

对象存储服务是一种互联网级别、成本优化的存储平台服务，主要用于存储非结构化数据，如图像、音视频和日志文件等。对象存储是 Region 级别的服务，Region 中所有的可用域均可访问服务，在 Region 之外也可通过互联网访问服务。数据在多个可用域中的存储服务器中冗余存放多份，系统自动检测数据的一致性和可用性，如果其中一份数据拷贝损坏或通过校验和检查到数据不一致，系统会自动修复或建立额外的数据拷贝。对象存储服务是一种按需使用的服务，用户可以从少量订阅开始，逐渐扩展到大规模使用。

对象存储最常用于数据的备份和归档，可同时满足合规和成本的需求。通过 HDFS 连接器，对象存储还可作为大数据平台的后端存储，为 Apache Spark 和 MapReduce 提供服务。其他常用的使用场景包括应用日志数据的长期保存和分析，物联网数据采集的后端存储和分析平台及图像、音视频、文件等内容的存储和发布平台。

OCI 对象服务包括 4 个最基本的概念。

(1) object(对象)。对象必须存储在 bucket 中,对象可以存储任何形式的数据,包括数据本身和元数据。单个对象最大为 10TB,元数据最多为 2KB。对象在服务器端通过 AES-256 算法强制加密。注意,对象的元数据只能在上传时指定,后续不允许修改。

(2) bucket(存储对象的逻辑容器)。容器的权限决定了对于容器自身及其中所有对象允许执行的操作。bucket 的元数据可以在创建时定义或后续修改。bucket 可指定标准或归档两种存储级别,其中的对象自动继承存储级别属性,前者性能更高,适合于访问频度较高的数据,后者成本更低,适合于保留时间较长但不常访问的数据。归档存储对象至少需保留 90 天,下载时必须先恢复到标准对象存储,恢复时间最长为 4h,在标准对象存储中的保留时间为 24h。bucket 分私有和公共两种类型,默认为私有,并可相互转换。如果是公共 bucket,只需知道 namespace 和 bucket 名称,即可查询其中的对象、下载对象和读取元数据,但不允许上传数据。公共 bucket 对于数据分享提供了便利,但需要综合考虑其安全性,通常使用私有 bucket 并结合权限管理或使用预认证请求是更合适的选择。

(3) namespace(命名空间)。命名空间也是一个逻辑概念,是存放所有 bucket 和 object 的顶层容器,每一个租户都具有一个唯一和不可更改的 namespace,bucket 的命名在 namespace 中必须唯一,但在不同的 namespace 中可以重复。namespace 通常和租户名相同,并且全为小写。

```
$ oci os ns get
{
  "data": "gsebmcs00001"
}
```

(4) Pre-Authenticated Requests,PAR(预认证请求)。预认证请求是一种将对象存储中数据分享给第三方的机制,创建 PAR 时将生成唯一的 URL,对方可直接通过 URL 下载或上传数据,从而避免了使用 CLI、API 或 SDK 时指定 API 密钥的烦琐过程。

可为 bucket 或 object 创建 PAR,PAR 包括访问权限和有效期两种属性,有效期默认为一天。对于 bucket,访问权限只能设为可写,用于对象的上传;对于 object,访问权限可设为可读、可写或可读写。除了 PAR 中设定的权限,PAR 的创建者也必须具备相应的权限。PAR 建立后不允许修改,除非重新创建。另外,bucket 中的对象列表不允许查看。在 Web Console 中创建 PAR 的界面如图 4-10 所示。注意,为安全起见,PAR 生成的 URL 只在创建时显示一次,因此必须立即保存以供后续使用。

访问对象存储可通过 Web Console、OCI CLI、REST API 或 SDK 以及与 Amazon S3 兼容的 API。Web Console 界面友好,操作简单,适合于基础性管理;OCI CLI 比较灵活,控制粒度更细,适合于自动化的脚本和操作。例如,在 Web Console 中上传的对象不能超过 5GB,在 CLI 和 API 则无此限制。OCI CLI 支持的对象存储命令如图 4-11 所示,其中 bucket 和 object 是最常用的操作。

以下为基本操作示例,这些操作也可以通过 Web Console 完成:

```
$ OCINS=$(oci os ns get --query data --raw-output) # 获取 namespace
# 创建 bucket
$ oci os bucket create --namespace $OCINS --compartment-id $OCICID --name bucket01
```

```
#上传对象到 bucket
$ oci os object put --namespace $OCINS --bucket-name bucket01 --file /usr/include/
stdio.h
#重命名对象
$ oci os object rename -ns $OCINS --bucket bucket01 --source-name stdio.h --new-name
stdio.h.bak
#再次上传同一对象
$ oci os object put --namespace $OCINS --bucket-name bucket01 --file /usr/include/
stdio.h
#显示对象的名称和 MD5 校验和
$ oci os object list --namespace $OCINS --bucket-name bucket01 --query 'data[].
{NAME:"name",MD5:"md5"}'
[
  {
    "MD5": "zK2yd/hHGRBlygBiVBcekA==",
    "NAME": "stdio.h"
  },
  {
    "MD5": "zK2yd/hHGRBlygBiVBcekA==",
    "NAME": "stdio.h.bak"
  }
]
#删除对象
$ oci os object delete --namespace $OCINS --bucket-name bucket01 --name "stdio.h"
#删除 bucket,非空的 bucket 不允许删除
$ oci os bucket delete -ns $OCINS --bucket-name bucket01 -force
ServiceError:…
    "message": "Bucket named 'bucket01' is not empty. Delete all objects first.", …
#使用批量删除命令强制删除非空的 bucket
$ oci os object bulk-delete -ns $OCINS --bucket-name bucket01
```

Create Pre-Authenticated Request help cancel

NAME

PAR01

PRE-AUTHENTICATED REQUEST TARGET

BUCKET

OBJECT

ACCESS TYPE

PERMIT READS ON THE OBJECT

PERMIT WRITES TO THE OBJECT

PERMIT READS TO AND WRITES FROM THE OBJECT

EXPIRATION DATE/TIME

2018-03-14 08:48 GMT

Create Pre-Authenticated Request

图 4-10 预认证请求(PAR)

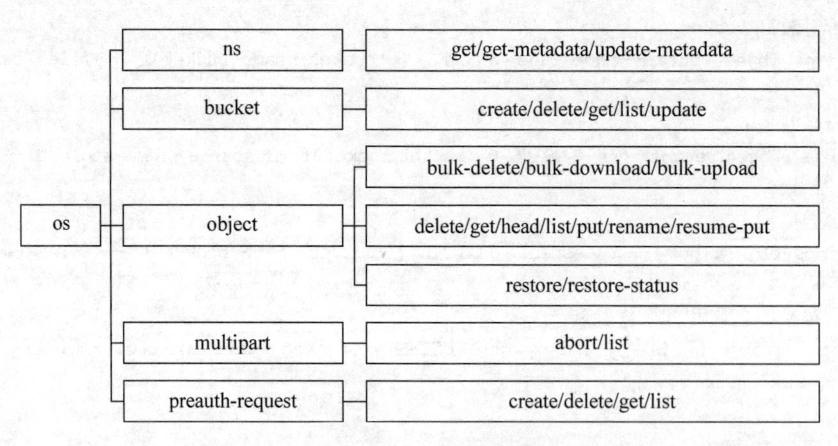

图 4-11 OCI CLI 对象存储命令

对象存储支持的批量操作除了上例中的批量删除命令外，还可通过 bulk-upload 和 bulk-download 命令支持批量上传和下载。批量上传可以支持多重嵌套子目录，目标 bucket 必须存在，不会自动创建。批量下载命令时可将水平的 bucket 结构转换为层次目录结构，并可通过丰富的过滤选项选择下载对象。

对象存储支持大对象分割并行上传、下载功能，结合 multipart 和 resume-put 子命令，还可实现断点续传功能，以下是一个综合了并行上传和端点续传的示例：

```
$ dd if=/dev/zero of=bigfile bs=1M count=100      # 生产 100MB 的待上传文件
#并行上传,使用 1MB 为分割单位.中途用 Ctrl+Z 中断任务,然后用 kill 命令终止任务
$ oci os object put -ns $OCINS -bn bucket01 --file bigfile --part-size 1
Upload ID: 7c4e87ca-8e69-c7ac-c1ec-2b602185cb82
Split file into 100 parts for upload.
Uploading object  [#####-------------------------------]  15%  0d 00:03:06^Z
[1]+  Stopped
[opc@localhost ~]$ kill %%
[1]+  Terminated
$ oci os multipart list -ns $OCINS -bn bucket01# 显示上传任务的 ID
… "upload-id": "7c4e87ca-8e69-c7ac-c1ec-2b602185cb82" …
$ oci os object resume-put --namespace $OCINS -bn bucket01 --file bigfile --part-size
1 --upload-id 7c4e87ca-8e69-c7ac-c1ec-2b602185cb82# 恢复上传
Uploading object  [####################################]  100%
```

preauth-request 可用于 PAR 的生成、查看和删除，其简明示例如下，注意输出中的 access-uri 为供第三方访问的 URL，需要立即保存，后续无法查询：

```
#生成 bucket 的 PAR
$ oci os preauth-request create --name par01 --namespace-name $OCINS --bucket-name
bucket01 --access-type AnyObjectWrite --time-expires "2018-01-15T"
… "access-uri": "/p/Mh7kn…Zwic/n/gsebmcs00001/b/bucket01/o/", …
#生成 object 的 PAR
$ oci os preauth-request create -ns $OCINS -bn bucket01 --name par02 --object-name CI
-OL6U9 --access-type ObjectRead --time-expires "2018-01-21 05:04 GMT"
… "access-uri": "/p/y4qj…bdmk/n/gsebmcs00001/b/bucket01/o/CI-OL6U9" …
```

注意,OCI CLI 生成的 access-uri 并不包括作为前缀的对象存储 API 端点信息,例如 https://objectstorage. us-phoenix-1. oraclecloud. com,这两部分拼接后才能形成有效的 URL。在 Web Console 中生成的 URL 是完整的。

4.5.2 块存储服务

OCI 块存储服务提供高性能和持久化的存储卷,根据是否可启动,存储卷分为启动卷和数据卷两种类型。存储卷的容量最小为 50GB,最大为 16TB,并以 1GB 为增量。每个实例最多可分配 32 个存储卷。在创建实例时,默认的启动卷容量为 50GB,可以根据需要调大,数据卷创建后容量不允许更改,但可以通过分配额外的存储卷提供更多容量,或通过逻辑卷管理扩充已有的卷;用户也可以先创建一个更大的卷,然后通过迁移工具将数据复制到新卷上。存储卷与实例间是一种松耦合的关系,用户可以将存储卷绑定、连接到实例,当终止实例时,用户可以保留启动卷,数据卷则自动与实例断连和解绑。保留的启动卷可以用于其他实例,例如通过其创建新的实例,并选择计算能力更高的 Shape 以实现实例扩展,或者将启动卷作为数据卷绑定到已有实例来进行故障诊断。

由于块存储服务是一种可用域级别的服务,因此实例和需绑定的卷必须位于同一可用域。如图 4-12 所示,将存储卷绑定到实例时,可以指定访问类型和绑定类型两种属性。访问类型只能在绑定时设定,绑定后不允许修改,默认为可读写,也可以设置为只读以禁止数据修改。绑定方式分为 iSCSI 和 Paravirtualized(半虚拟化)两种,前者是指存储卷以 iSCSI 的方式分配给实例,后者是指存储卷通过虚拟化引擎分配给实例。iSCSI 是最早支持的方式,也是推荐的方式,裸机实例只支持 iSCSI 方式;对于虚拟机实例,只有在 2017 年底之后发布的部分操作系统支持半虚拟化方式。半虚拟化方式的优点是配置简单,存储卷绑定到实例后,在操作系统内部马上可以识别。iSCSI 方式还需要运行额外的命令才能识别。但由于 iSCSI 方式没有虚拟化引擎层的开销,因此性能要高于半虚拟化方式。

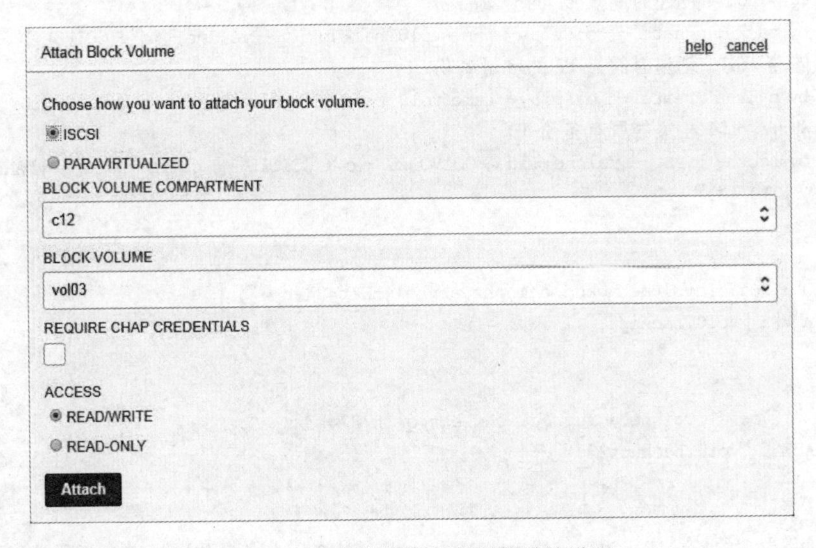

图 4-12　将存储卷绑定到实例时的设置

以下通过OCI CLI演示了存储卷从创建、绑定到实例，从实例解绑到删除的全过程，其中省略了在实例内部连接和断连存储卷的过程：

```
# 创建存储卷 vol01，容量为 100GB
$ oci bv volume create --display-name vol01 --availability-domain $OCIADID --size-in-gbs 100 -c $OCICID
{ … "id": "ocid1.volume.oc1.phx.abyh…", …}
$ export OCIVOLID=ocid1.volume.oc1.phx.abyh…
# 将存储卷绑定(分配)到实例
$ oci compute volume-attachment attach --instance-id $OCIISID --type iscsi --volume-id $OCIVOLID
# 查看绑定 ID
$ oci compute volume-attachment list -c $OCICID --volume-id $OCIVOLID
{ …"id": "ocid1.volumeattachment.oc1.phx.abyh…", …}
# 解除存储卷与实例的绑定关系
$ oci compute volume-attachment detach --volume-attachment-id ocid1.volumeattachment.oc1.phx.abyh…
# 删除存储卷，与实例绑定时不允许删除
$ oci bv volume delete --volume-id $OCIVOLID
```

安全性方面，存储卷及备份的数据均强制加密，并且只有授权用户才可访问。性能方面，存储卷提供的IOPS和吞吐量基准为60 IOPS/GB和480 kBps/GB，Linux和Windows实例可分别在1min和5min内启动完毕。可用性方面，存储卷的数据冗余存放在可用域中的多个存储服务器上，同时也支持备份以防止整个可用域的失效。

存储卷的备份首先创建时间点快照，然后在后台异步将数据复制到对象存储中，因此对源卷的性能影响非常小。存储卷的第一次备份必须是全量备份，后续可选择增量备份。源卷损坏时，可通过备份还原存储卷。备份包括手工和自动两种方式，以下是手工备份的OCI CLI实现示例：

```
# 为存储卷 vol01 创建时间点 t1 的全量备份
$ oci bv backup create --display-name vol01backupt1 --volume-id $OCIVOLID --type full
# 为存储卷 vol01 创建时间点 t2 的增量备份
$ oci bv backup create --display-name vol01backupt2 --volume-id $OCIVOLID
# 查询和卷 vol01 相关的所有备份 ID
$ oci bv backup list --volume-id $OCIVOLID -c $OCICID --query "data[].{NAME:\"display-name\", ID:id}"
[
  {
    "ID": "ocid1.volumebackup.oc1.phx.abyhqljt6ap434ad…",
    "NAME": "vol01backupt1"
  },
  {
    "ID": "ocid1.volumebackup.oc1.phx.abyhqljt7374b3zu…",
    "NAME": "vol01backupt2"
  }
]
# 将时间点 t2 的备份恢复为存储卷 vol01restore，其中的 --ad 参数可指定恢复到其他可用域
$ oci bv volume create --display-name vol01restore --volume-backup-id ocid1.volumebackup.oc1.phx.abyhqljt7374b3zu… --ad $OCIADID
```

除了手工备份,存储卷还支持基于策略的自动备份。备份策略分为金、银和铜三种级别,可以简单认为是按日、按周和按月备份,详细的策略描述可参见官网[①]。基于策略的备份均带保留期,最长保存5年,但最终会被删除,而手工备份如果不主动删除会一直保留。备份策略指定后可以删除或更换,已经产生的备份在保留期到期后自动删除。

除备份外,存储卷还支持克隆操作。克隆是源卷的时间点深度复制,生成与源卷完全一致的存储卷,而无须备份和恢复的过程。克隆与备份的区别是,克隆使用的是块存储,备份则是对象存储;另外,克隆卷与源卷必须位于同一可用域,而存储卷备份可以恢复到与源卷不同的可用域。

通过图4-13列出的OCI CLI命令,可以大致了解块存储服务的全貌。其中volume子命令可创建删除存储卷,启动卷是块存储的一种;boot-volume子命令主要用于删除;backup子命令和备份相关;volume-backup-policy子命令可显示备份策略;volume-backup-policy-assignment子命令可将备份策略与存储卷关联。最后需要特别指出,存储卷的恢复和克隆都是通过bv volume create实现,也就是说与创建存储卷是同一命令,只是选项不同。

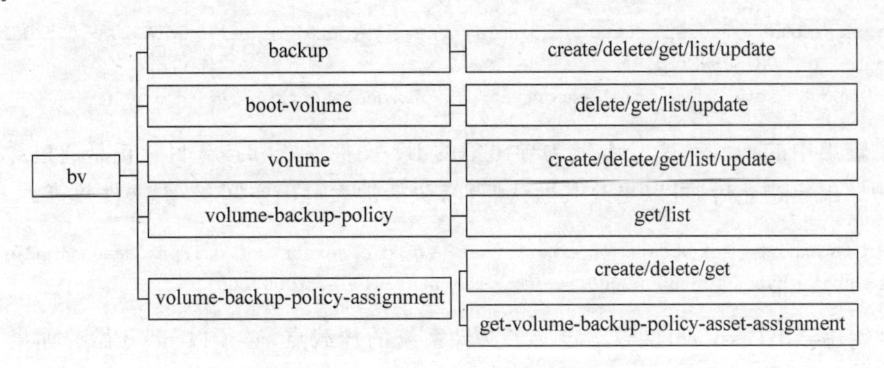

图4-13 OCI CLI块存储服务命令

4.5.3 文件系统服务

OCI中提供三类与文件系统相关的服务,分别是文件存储服务、Linux存储装置和OCI存储云网关。其中文件存储服务是最主要的服务形式,后两种形式是文件存储服务的补充。文件存储服务可通过Web Console中存储标签页下的File Systems菜单访问;Linux存储装置提供机器映像,必须导入到OCI中使用;存储云网关架构在Oracle对象存储和客户端之间,可方便和加速对于对象存储的访问。

1. 文件存储服务

OCI文件存储服务是一种分布式可扩展的企业级网络文件系统,可为VCN内的虚拟机、裸机或容器实例提供文件服务。VCN之外的实例也可通过FastConnect或IPSec VPN访问文件存储服务。文件存储服务支持NFSv3协议,提供POSIX兼容的共享文件系统,可供客户端并行访问,适合于需要共享文件的企业应用、大数据和分析型应用、交易型数据库

① https://docs.us-phoenix-1.oraclecloud.com/Content/Block/Tasks/schedulingvolumebackups.htm

及微服务架构等场景。文件存储服务中的文件使用 AES-128 强制加密，包括数据和元数据，加密密钥定期更换。文件存储服务通过可用域内的同步复制保证数据安全性和可用性。

在 Web Console 中创建服务非常简单，不过通过 OCI CLI 更利于了解文件存储服务的原理及其中几个关键概念之间的关系，因此我们先来看一下通过命令行创建服务的过程，总共需要 3 个步骤。

(1) 创建 NFS 文件系统。由于文件存储服务运行在可用域中，因此创建服务时必须指定可用域，也就是说需要指定服务运行的位置。例如，以下命令创建文件系统 fs01：

```
$ oci fs file-system create --ad $OCIADID -c $OCICID --dn fs01
```

(2) 创建挂载目标(Mount Target)。挂载目标定义了文件存储服务对外的网络接口，其中最重要的是私网 IP 地址。文件存储服务不提供公网 IP 地址，这一点也说明服务的对象最好在同一可用域中，虽然也支持在同一 Region，但性能会受到影响。一个文件系统可关联多个挂载目标，例如使用不同的 VCN，但挂载目标的可用域必须与文件系统相同。

```
$ oci fs mount-target create --display-name target01 --ad $OCIADID -c $OCICID --
subnet-id $OCISUBNETID
{… "export-set-id": "ocid1.exportset.oc1.phx.aaaaaa4np2…", …}
```

注意输出中的 export-set-id，此为导出集的 ID，文件系统和挂载目标正是通过导出集来关联的。导出集建立后，可以更改其默认属性，包括最大可用空间、最大文件数等。

```
$ oci fs export-set update --export-set-id ocid1.exportset.oc1.phx.aaaaaa4np2… --max
-fs-stat-bytes 100000000000 --max-fs-stat-files 10000000
```

(3) 创建导出(export)。导出定义了文件系统的挂载点，必须以"/"开始。如果一个挂载目标定义了多个导出，则它们的路径间不能有继承关系，例如"/"和"/p1"，但"/p1"和"/p2"是允许的。

```
$ oci fs export create --export-set-id ocid1.exportset.oc1.phx.aaaaaa4np2… --file-
system-id ocid1.filesystem.oc1.phx.aaaaaaaaaaaaatgfobu… --path "/"
```

在 Web Console 中创建服务时，以上 3 个步骤通过一个界面即可完成，因此在实际管理过程中，还是建议使用 Web Console。Web Console 也支持为一个文件系统创建多个挂载点，这通常用于挂载点位于不同 VCN 的情形。

文件系统创建完成后，还需配置挂载目标所在 VCN 的默认安全列表，添加有状态 ingress 安全规则以允许与 111、2048～2050 四个端口之间的访问，如图 4-14 所示，然后客户端即可挂载文件系统并使用文件存储服务。由于文件存储服务只支持 NFS，因此客户端必须是 Linux，以下为在 Linux 客户端挂载文件系统的命令样式，在 Web Console 中，可以在挂载目标的操作菜单中选择 Mount Commands 显示实际的命令。

```
$ yum install nfs-utils
$ sudo mkdir -p /mnt
$ sudo mount 挂载目标私网 IP 地址:挂载点 /mnt # 例如 sudo mount 10.0.1.3:/ /mnt
```

文件存储服务还可为文件系统建立快照，快照可用于文件系统备份，或在误操作时实现

Source: 10.0.0.0/16	IP Protocol: TCP	Source Port Range: All	Destination Port Range: 111	Allows: TCP traffic for ports: 111
Source: 10.0.0.0/16	IP Protocol: TCP	Source Port Range: All	Destination Port Range: 2048-2050	Allows: TCP traffic for ports: 2048-2050
Source: 10.0.0.0/16	IP Protocol: TCP	Source Port Range: 111	Destination Port Range: All	Allows: TCP traffic for ports: all
Source: 10.0.0.0/16	IP Protocol: TCP	Source Port Range: 2048-2050	Destination Port Range: All	Allows: TCP traffic for ports: all

图 4-14 文件存储服务安全规则(有状态 ingress)定义

文件恢复,建立的快照位于挂载点下的.snapshot 目录下。例如,用户创建了快照 fs01_t1 和 fs01_t2,则可以使用以下命令查看快照:

```
$ ls -a /mnt/.snapshot
.  ..  fs01_t1  fs01_t2
```

与文件存储相关的 OCI CLI 命令如图 4-15 所示。其中 file-system 和 mount-target 分别与文件系统和挂载目标相关,export-set 与导出集相关,在创建挂载目标时自动生成。export 为导出相关命令,创建导出时需指定文件系统和导出集,从而将文件系统和挂载目标关联起来。snapshot 为文件系统快照相关命令。

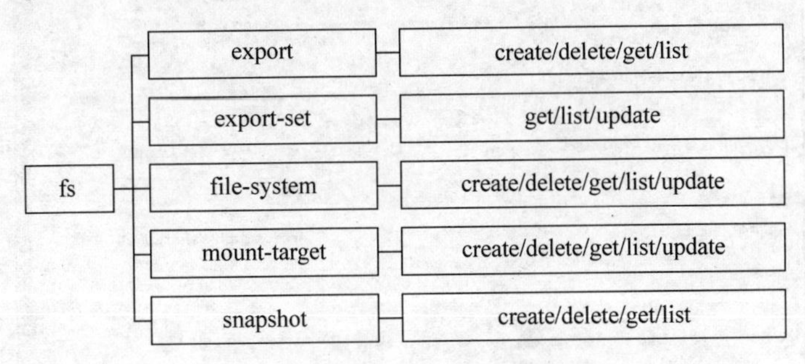

图 4-15 OCI CLI 文件存储服务命令

2. Linux 存储装置

Linux 存储装置将 Oracle Linux 中的 NFS 和 Samba 特性打包成机器映像,并部署在 OCI 中带 NVMe 磁盘的虚拟或裸机实例上,从而加速和简化了搭建文件系统服务的过程。为提供高性能的文件服务,部署的过程是完全自动化的,包括自动检测 NVMe 设备、创建 RAID 及文件系统、设置管理用 Web 服务器等。

安装配置和使用 Linux 存储装置的过程如下,详细步骤参见用户手册[①]:

(1) 导入 Linux 存储装置的机器映像。在计算服务 Custom Images 菜单中导入,其中 OBJECT STORAGE URL 为存放 Linux 存储装置的地址,可以在官方网页[②]中找到。另外,IMAGE TYPE 指定为 QCOW2,LAUNCH MODE 指定为 NATIVE MODE。

(2) 由机器映像启动实例。实例的 Shape 必须是 DenseIO 或 HighIO 类型,因为 Linux

① https://docs.oracle.com/cd/E52668_01/E90100/html/index.html

② http://www.oracle.com/technetwork/server-storage/linux/technologies/default-3868073.html

存储装置提供的文件服务需建立在这几类 Shape 附带的 NMVe 磁盘之上，支持的 Shape 类型参见用户手册。启动过程中会自动完成安装配置工作。

(3) 配置 VCN 安全规则。由于 Linux 存储装置支持 NFS 和 Samba，因此需要配置的安全规则条目较多，详见用户手册。

(4) 配置文件服务。使用以下命令建立 SSH 隧道，然后访问 https://localhost：8443 进入 Linux 存储装置管理界面：

```
# ssh -N -L 8443:127.0.0.1:443 opc@Linux存储装置的公网 IP
```

管理界面分为 Dashboard、Storage、Appliance 和 Administration 四个栏目，可进行查看存储装置的状态，创建 NFS 或 Samba 共享、备份和恢复文件系统，重启文件服务或存储装置，查看日志等操作。特别需要指出，由于 Linux 存储装置利用的是本地磁盘，因此建议定期备份以保证数据可用性。Linux 存储装置支持将文件系统备份到 OCI 对象存储以及从对象存储恢复，在 Administration 栏目中可设置对 OCI 对象服务的访问。图 4-16 为在 Storage 栏目中创建 NFS 共享的示例。

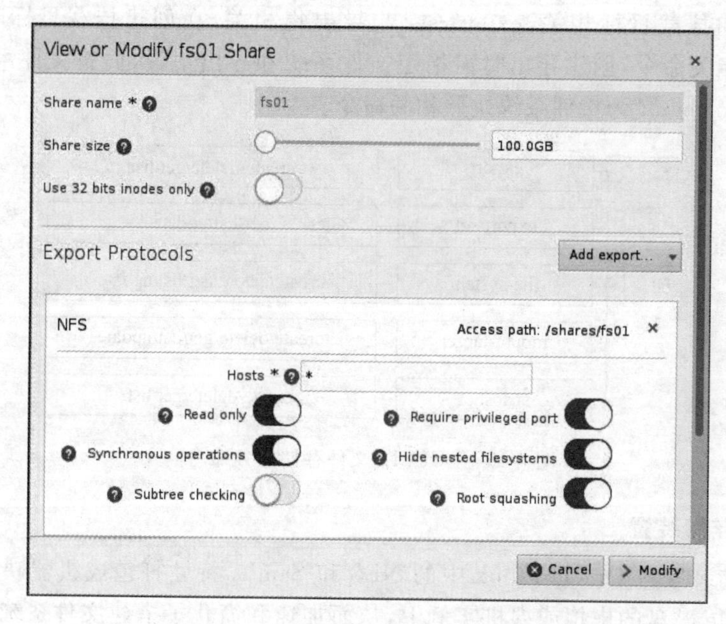

图 4-16 在 Linux 存储装置中创建共享

(5) 从客户端访问文件服务。客户端使用 Linux 存储装置的私网地址访问文件服务，过程与文件存储服务类似。Linux 存储装置虽然是区域一级的服务，但从性能考虑，客户端和 Linux 存储装置最好位于同一可用域。

Linux 存储装置是文件存储服务的有益补充，但文件存储服务更为完善，例如其完全自治、内置的高可用与安全、可横向扩展和按需使用。除非用户明确要求对 Samba 的支持，在其他情况下都应首先考虑文件存储服务。

3. 存储云网关

存储云网关在第 2 章已经详细介绍过，这里仅说明存储云网关对于 OCI-C 和 OCI 两者的区别。存储云网关最初是为 OCI-C 中的对象存储设计的服务，支持将后端的对象和归档存储以 NFS 文件系统的形式共享给客户端，以方便客户应用的访问。在最新版本[①]的存储云网关中，已经支持 OCI 中的对象存储服务，为用户提供了更丰富的选择。存储云网关提供两种形式的部署介质，即机器映像和 docker 容器安装包。前者可以直接部署到 Oracle 公有云中，供公有云中的客户端访问；后者一般部署在客户数据中心，供数据中心内的客户端访问。简而言之，存储云网关部署的地点应尽可能靠近使用文件服务的客户端。存储云网关目前仅提供 OCI-C 格式的机器映像，因此对于 OCI 中的实例，只能通过在 OCI 中安装 docker 容器来提供服务。

图 4-17 为在存储云网关中创建文件系统的界面，此界面可兼容 OCI 或 OCI-C 对象存储服务。由于这两种服务的 API 端点格式不同，因此当输入对象存储 API 端点后，即可自动显示余下需输入的字段。可以看到，在此界面中需要输入的都是与 OCI 相关的属性，如 Compartment ID、租户 ID 等。另外，文件系统的名称与后对象存储中的容器或 bucket 是一一对应的，例如在本例中，如果后端尚不存在名为 FS_OCI 的 bucket，存储云网关将自动建立此 bucket。

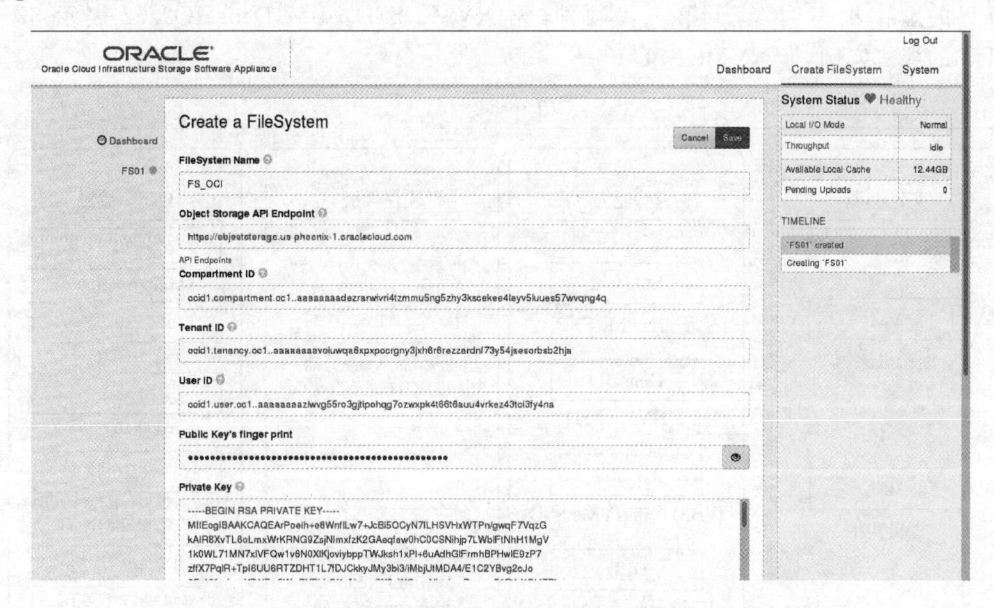

图 4-17 在存储云网关中创建文件系统

4.6 OCI 计算服务

OCI 计算服务为应用提供计算主机，即实例。除支持传统的虚拟机实例外，OCI 还支持新型的裸机实例，这也是 OCI 之前被称为 BMCS 的原因。裸机实例由于没有额外的虚拟化层，因此具备更好的性能，但用户必须订阅整台物理主机。当然，用户也可以在裸机实例上自行安装 Oracle VM[②] 或 KVM[③] 等虚拟化引擎，由于可以利用底层的硬件加速，因此性能

① http://www.oracle.com/technetwork/topics/cloud/downloads/oscsa-download-2704532.html

② https://docs.us-phoenix-1.oraclecloud.com/Content/Resources/Assets/ovm_on_oci.pdf

③ https://blogs.oracle.com/cloud-infrastructure/nested-kvm-virtualization-on-oracle-iaas

也高于传统的虚拟机实例。实例具有以下重要属性，如无特殊说明，这些属性在创建实例时必须指定。

1. 显示名

由于实例内部可用 OCID 标识，因此此属性为可选属性。显示名可以修改，并允许重复，但只能用命令行修改。

2. Shape

Shape 确定了实例的计算能力，主要是 CPU 和内存，此外还包括网络带宽、VNIC 数量以及是否带 NVMe SSD 磁盘。OCI 实例的 Shape 命名由 4 部分组成，分别表示实例的类型、I/O 能力、硬件代级和 OCPU 数量。实例的类型分为虚拟机和逻辑两种，I/O 能力是指是否带 NVMe SSD 和支持 GPU。硬件代级目前共有两代，第二代硬件基于 Oracle X7，网络带宽由第一代的 10Gbps 提升到 2×25Gbps，支持 GPU 的 Shape 配备 NVIDIA's Tesla P100 GPU。OCI 实例 Shape 的命名规则如图 4-18 所示，例如 VM. Standard2. 4 表示 4 个 OCPU 的虚拟机实例，基于第二代硬件，无 NVMe SSD。BM. DenseIO2. 52 表示 52 个 OCPU 的裸机实例，带 NVMe SSD。

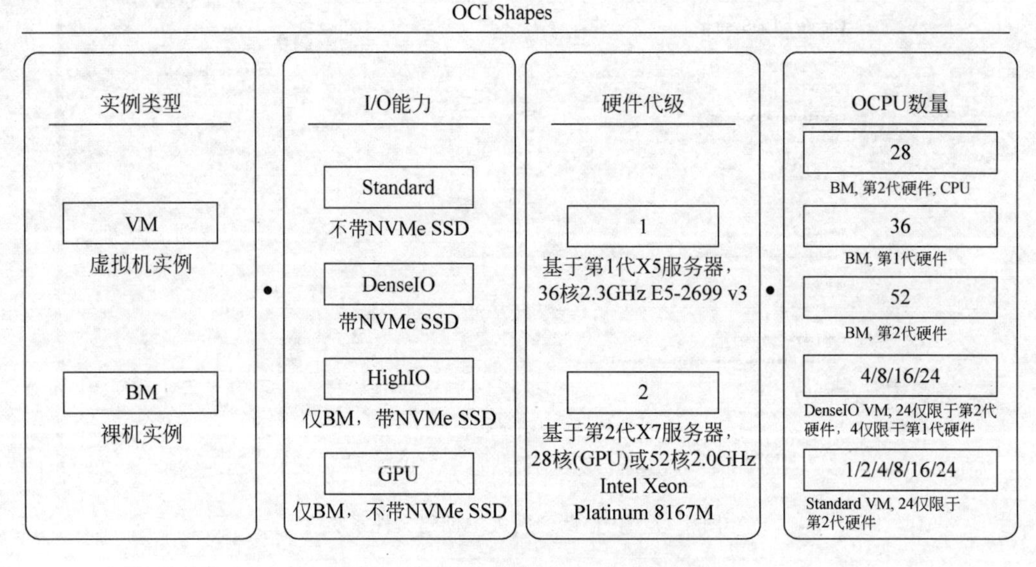

图 4-18 OCI 实例 Shape 命名规则

实例的内存与 OCPU 的配比是固定的，默认的比例为 7，例如 VM. Standard1. 4 的内存为 28GB。如果 Shape 基于第二代硬件或支持 NVMe SSD，则配比约为 15，例如 VM. Standard2. 8 的内存为 120GB。详细的实例 Shape 配置，包括具体内存数量、VNIC 数量、NVMe SSD 磁盘容量及网络带宽参见官方网页①。

每个 Region 支持的 Shape 可能不同，使用以下命令可以查询用户环境中支持的 Shape：

```
$ oci compute shape list -c $OCICID
```

① https://cloud.oracle.com/en_US/infrastructure/compute/bare-metal/features

3. 机器映像

机器映像是可启动的虚拟硬盘模板，决定了操作系统版本和其他的软件。机器映像分为系统机器映像和用户定制机器映像。系统机器映像通常已进行预配置和安全加固，例如对于 Linux 机器映像，已建立 opc 用户并开放 sudo 权限；又如除 SSH v2 协议外，其他所有远程访问均禁止。机器映像决定了实例启动卷的基础大小，在创建实例时可以根据需要将容量调大，以 1GB 为增量，最大 16TB，Windows 操作系统通常有扩容启动盘的需求。Oracle 支持的系统机器映像列表参见官方网站①，之外的系统可通过定制机器映像实现。

以下命令显示当前环境下支持的所有机器映像，在输出中仅保留最新版本：

```
$ oci compute image list -c $OCICID --query "data[].\\"display-name\\""
[
  "Windows-Server-2012-R2-Standard-Edition-VM-Gen2-2018.02.01-0",
  "Windows-Server-2012-R2-Standard-Edition-VM-2018.02.01-0",
  "Windows-Server-2012-R2-Standard-Edition-BM-Gen2-GPU-2018.01.14-0",
  "Windows-Server-2012-R2-Standard-Edition-BM-Gen2-DenseIO-2018.01.14-0",
  "Windows-Server-2012-R2-Standard-Edition-BM-Gen2-2018.01.13-0",
  "Windows-Server-2012-R2-Standard-Edition-BM-2018.01.16-0",
  "Windows-Server-2008-R2-Standard-Edition-VM-2018.01.11-0",
  "Windows-Server-2008-R2-Enterprise-Edition-VM-2018.02.09-0",
  "Oracle-Linux-7.4-Gen2-GPU-2018.01.20-0",
  "Oracle-Linux-7.4-2018.01.20-0",
  "Oracle-Linux-6.9-2018.01.20-0",
  "CentOS-7-2018.01.04-0",
  "CentOS-6.9-2018.01.05-0",
  "Canonical-Ubuntu-16.04-2018.01.11-0",
]
```

4. 可用域

实例最终运行在可用域(Availability Domain)中。

5. 分区

分区(Compartment)决定了实例可以使用的资源。

6. 子网 ID

由于一个可用域中可能有多个子网，因此必须指定实例关联的子网。

7. SSH 公钥

对于 Linux 实例，SSH 密钥对中的私钥由用户保管，公钥则存放到实例中的～opc/.ssh/authorized_keys 文件中，后续客户端即可使用私钥免密码登录。

8. IP 地址

包括私网和公网 IP 地址。实例创建时，系统自动分配私网 IP 地址，用户也可以指定子网中的固定私网地址。公网地址为可选属性，如果未分配公网地址，此实例只能用于内部通

① https://docs.us-phoenix-1.oraclecloud.com/Content/Compute/References/images.htm

信或必须通过堡垒机跳转访问。

除以上属性外，还可以为实例设置主机名、标签、元数据集和配置 cloud-init 初始化脚本。

4.6.1 实例生命周期与典型操作

实例共有 8 个生命周期状态，其中最重要的 3 个为 Running、Stopped 和 Terminated，均为固定状态，分别表示运行、停止和终止，其余 5 个为过渡状态。在 Running 状态下，可以停止、终止和重启实例，为实例绑定新的 VNIC 和存储卷、创建定制机器映像等。在 Stopped 状态下，除不能绑定 VNIC 和存储卷外，其他操作与运行状态下类似。Terminated 表示实例被终止，之前绑定的 VNIC 和存储卷将解绑，IP 地址被释放并可用于其他实例。终止实例时，默认将删除启动盘，但用户可以选择保留以用于后续创建实例。另外，如果实例带 NVMe SSD，这些磁盘上的数据将被删除并无法恢复。实例终止后，在 24h 内仍可以通过 Web Console 或命令行查看。

计费方面，对于 Standard Shape 类型（不带 NVMe SSD）的实例，处于停止状态时即不再计费；对于 HighIO 和 DenseIO Shape 类型的实例（带 NVMe SSD），必须终止实例才能停止计费。

单击顶层 Compute 菜单进入计算服务，默认即进入如图 4-19 所示实例操作主界面。在此界面中可以创建实例（Launch Instance），查看所有实例或指定实例的详情，并可在操作菜单中针对指定实例执行操作。在左侧可以根据分区、可用域或生命周期状态对实例进行过滤。注意，对实例的所有启动、停止和重启操作都应通过 Web Console 或命令行进行，而非在实例内部使用 shutdown -h 之类的命令。

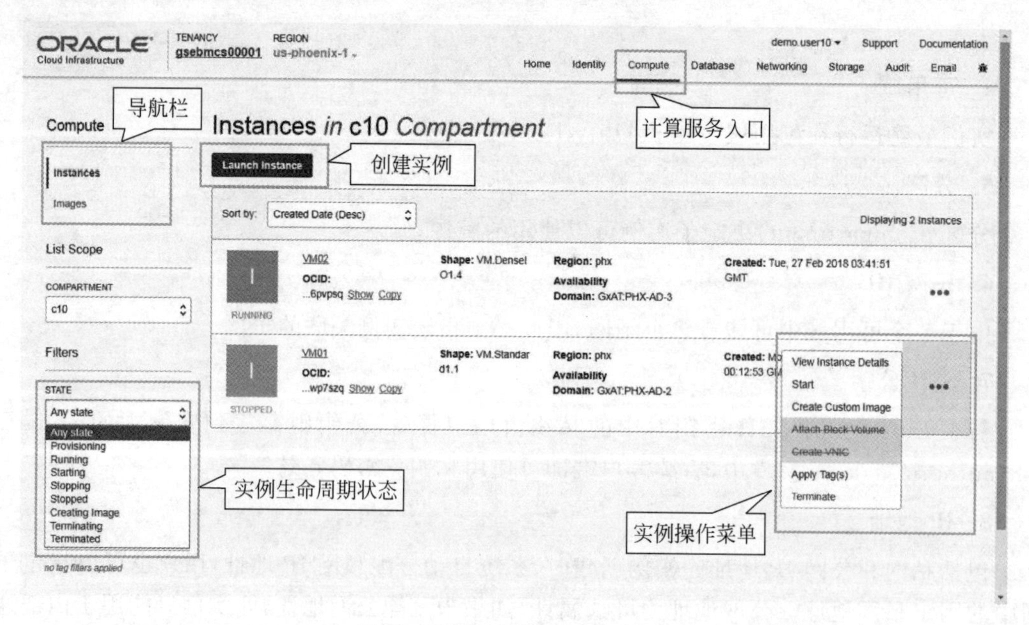

图 4-19 实例操作主界面

利用 OCI CLI 也可以查询实例的基本信息：

```
#列出所有实例的名称和生命周期状态
$ oci compute instance list -c $OCICID --query "data[].{NAME:\\"display-name\\",STATE:\
\"lifecycle-state\\"}"
[
  {
    "NAME": "VM01",
    "STATE": "STOPPED"
  },
  {
    "NAME": "VM02",
    "STATE": "RUNNING"
  }
]
#查询某一实例(VM02)的详细信息
$ oci compute instance get --instance-id $OCIISID
{
  "data": {
    "availability-domain": "GxAT:PHX-AD-3",
    "compartment-id": "ocid1.compartment.oc1..aaaaaaaatq2y3et7tspusnhmw5iffgf…",
    "defined-tags": {},
    "display-name": "VM02",
    "extended-metadata": {},
    "freeform-tags": {},
    "id": "ocid1.instance.oc1.phx.abyhqljrrw7axwgan5ttloqcyefccyck6…",
    "image-id": "ocid1.image.oc1.phx.aaaaaaaajycoi24gyc4tajpwwxjo63…",
    "ipxe-script": null,
    "launch-mode": "NATIVE",
    "launch-options": {
      "boot-volume-type": "ISCSI",
      "firmware": "UEFI_64",
      "network-type": "VFIO",
      "remote-data-volume-type": "ISCSI"
    },
    "lifecycle-state": "RUNNING",
    "metadata": {
      "ssh_authorized_keys": "ssh-rsa AAAAB3Nza…wqw== rsa-key-20170408"
    },
    "region": "phx",
    "shape": "VM.DenseIO1.4",
    "source-details": {
      "image-id": "ocid1.image.oc1.phx.aaaaaaaajycoi24gyc4tajpwwxjo63y…",
      "source-type": "image"
    },
    "time-created": "2018-02-27T03:41:51.827000+00:00"
  },
  "etag": "cae0c151705a2e68abc2b0beaf05181e49ed98a5b506d4…"
}
```

启动、关闭、重启和终止实例的命令如下：

```
$ oci compute instance action -- instance - id $ OCIISID -- action stop
$ oci compute instance action -- instance - id $ OCIISID -- action start
$ oci compute instance action -- instance - id $ OCIISID -- action reset
$ oci compute instance terminate -- instance - id $ OCIISID -- preserve - boot - volume yes
```

除 Web Console 和 OCI CLI，对于 Oracle 提供的实例，在实例内部也可通 Curl 获取元数据信息，提供此元数据服务的 HTTP 端点地址为 169.254.169.254，这些元数据包括系统元数据和用户在 cloud-init 中定制的元数据。以下为获取元数据的示例：

```
$ curl http://169.254.169.254/opc/v1/vnics/
$ curl http://169.254.169.254/opc/v1/instance
$ curl http://169.254.169.254/opc/v1/instance/metadata/ssh_authorized_keys
$ curl -L http://169.254.169.254/opc/v1/identity
```

4.6.2 实例的扩展

实例的扩展主要是指为实例绑定新的存储卷、新的 VNIC 和更改实例的 Shape。

1. 为实例添加存储卷

新建的实例只带启动卷，通常需要添加新的存储卷为应用提供数据空间。添加存储卷的过程如下：

(1) 创建块存储卷。在 Web Console 的存储服务中创建，或通过 oci bv volume create 命令。注意，创建的存储卷必须与实例位于同一可用域。

(2) 将存储卷与实例关联。关联表示将存储卷分配给此实例，可以在 Web Console 的存储服务中关联，或通过 oci compute volume-attachment attach 命令。

(3) 将存储卷连接到实例。只能在实例内部操作，需要运行多个 iscsiadm 命令。如图 4-20所示，选择对应卷的 iSCSI Commands & Information 菜单，在弹出窗口中会显示 ATTACH COMMANDS，复制粘贴到实例内部运行即可。这 3 个 iscsiadm 命令的含义分别为注册卷、设置重启后自动连接卷和连接卷。

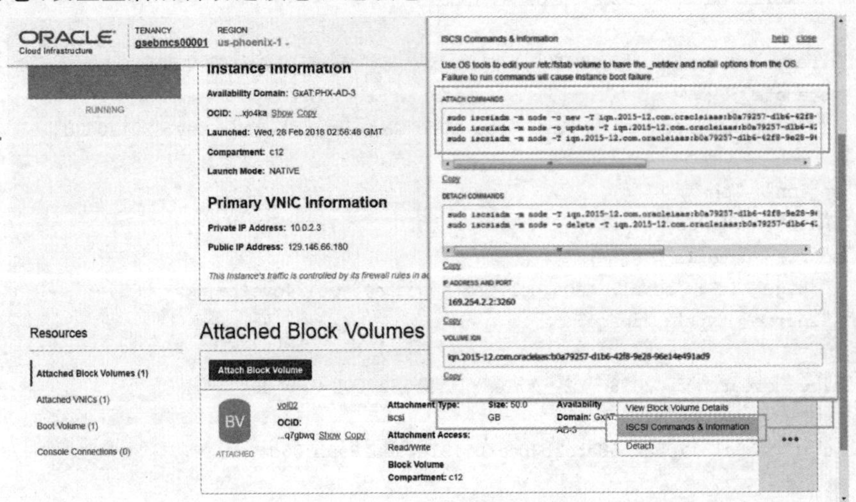

图 4-20 将 iSCSI 存储卷连接到实例

(4) 创建文件系统。启动卷的设备名为sda,新增的存储卷设备名依次为sdb到sdz,然后再从sdaa开始命名。以下为在存储卷上创建文件系统并实现开机自动挂载的全过程。注意在fstab文件中的条目需要添加_netdev和nofail选择,其中_netdev可保证先初始化iSCSI再挂载文件系统。

```
[opc@vm02 ~]$ lsblk | grep sdb
sdb      8:16   0  50G  0 disk
[opc@vm02 ~]$ sudo mkfs -t ext4 /dev/sdb
[opc@vm02 ~]$ sudo mkdir /mnt/home
[opc@vm02 ~]$ sudo blkid |grep sdb
/dev/sdb: UUID="40eea541-9c79-46a1-bad4-4fb47dafb52d" TYPE="ext4"
[opc@vm02 ~]$ echo 'UUID=40eea541-9c79-46a1-bad4-4fb47dafb52d /mnt/home ext4
defaults,_netdev,nofail 0 2' | sudo tee --append /etc/fstab
[opc@vm02 ~]$ sudo mount -a
[opc@vm02 ~]$ df -h /dev/sdb
Filesystem       Size  Used Avail Use% Mounted on
/dev/sdb         50G   53M   47G   1% /mnt/home
```

2. 为实例添加虚拟网卡

新建的实例自动配备一块主VNIC,此块网卡是无法删除的。后续还可以为实例添加多块辅VNIC,可添加的数量与Shape相关。添加VNIC主要用于将实例连接到多个子网以访问资源或提供服务,不过实例的网络带宽是固定的,与VNIC的数量无关。另外,新增VNIC连接的子网可以与主VNIC相同或不同,但必须位于实例所在的可用域。

添加VNIC的简要过程如下:

(1) 创建VNIC。创建VNIC可以在Web Console计算服务的Attached VNICs界面进行,或利用OCI CLI的oci compute instance attach-vnic命令。创建VNIC时,必须指定实例和子网,其他可选的属性包括公网IP、固定的私网IP、主机名以及是否忽略源和目标检测。默认情况下,如果网络通信的源和目标不是本网卡,网络数据包将被丢弃。当网卡用于NAT服务时,则需要选择忽略源和目标检查。

(2) 在操作系统中配置VNIC。目前仅Linux操作系统支持多块VNIC,在操作系统中配置VNIC需要下载secondary_vnic_all_configure.sh脚本[①]并运行,过程如下:

```
$ curl -O https://docs.us-phoenix-1.oraclecloud.com/Content/Resources/Assets/secondary_
vnic_all_configure.sh
$ chmod +x secondary_vnic_all_configure.sh
$ sudo ./secondary_vnic_all_configure.sh -c
$ ip link show |grep ens
2: ens3: <BROADCAST,MULTICAST,UP,LOWER_UP> mtu 9000 qdisc mq state UP mode DEFAULT qlen 1000
3: ens4: <BROADCAST,MULTICAST,UP,LOWER_UP> mtu 9000 qdisc mq state UP mode DEFAULT qlen 1000
```

如果需要删除VNIC,除在Web Console中删除外,还需要以-d选项运行此脚本。

3. 更改实例的Shape

当实例的计算能力不足或富余时,可更改实例的Shape以补充能力或避免资源浪费。

---

① https://docs.us-phoenix-1.oraclecloud.com/Content/Resources/Assets/secondary_vnic_all_configure.sh

更改实例 Shape 会引起服务中断,但时间不会太长,其简要过程如下:

(1) 终止实例,并保留启动盘。默认情况下,终止实例时启动盘会被删除,可选择保留以供后续使用。可以在 Web Console 中操作或使用 oci compute instance terminate--preserve-boot-volume yes 命令。

(2) 创建新的实例 。可以在 Web Console 中操作,或通过 oci compute instance launch 命令。创建新的实例,选择新的 Shape,并使用之前的启动盘。注意,新实例并非支持所有的 Shape,例如 CentOS 不支持 X7 Shape。

(3) 如果之前添加了块存储卷,还需重新将其挂载到实例。

4.6.3 实例的控制台操作

OCI 实例提供两种形式的控制台操作,一种方式是通过建立控制台连接访问 OCI 实例进行调试和诊断,另一种方式是通过 OCI CLI 获取控制台的信息。

当之前工作的实例停止响应,或者用户定制的机器映像不能正常启动时,可通过控制台访问来进行远程调试和诊断。如图 4-20 所示,建立控制台连接可通过左侧导航栏中的 Console Connections 进行,对应的 OCI CLI 命令为 oci compute instance-console-connection。建立控制台连接并不需要实例具备公网 IP,也就是说,即使实例位于内网,也可以通过控制台连接远程访问。控制台连接包括字符界面的串行控制台连接和支持图形界面的 VNC 控制台连接,例如 Windows 实例就只能通过 VNC 控制台访问。

以下是通过 OCI CLI 创建控制台连接的示例,参数中必须指定实例的 OCID:

```
$ oci compute instance-console-connection create --instance-id $OCIISID --ssh-public-key-file ~/.ssh/id_rsa.pub
{
  "data": {
    ...
    "connection-string": "ssh -o ProxyCommand='ssh -W %h:%p -p 443 ocid1.instanceconsoleconnection.oc1.phx.abyhqljrrfcy6ngumzsolmhfm6mec7rx453ypsbhltsb4rnmpclooyfkciua@instance-console.us-phoenix-1.oraclecloud.com' ocid1.instance.oc1.phx.abyhqljronkm5iy4tepbbeo5kc6ye6ow73wltokqrc2dpq5cxncb6vtdw4xa",
    "vnc-connection-string": "ssh -o ProxyCommand='ssh -W %h:%p -p 443 ocid1.instanceconsoleconnection.oc1.phx.abyhqljrrfcy6ngumzsolmhfm6mec7rx453ypsbhltsb4rnmpclooyfkciua@instance-console.us-phoenix-1.oraclecloud.com' -N -L localhost:5900:ocid1.instance.oc1.phx.abyhqljronkm5iy4tepbbeo5kc6ye6ow73wltokqrc2dpq5cxncb6vtdw4xa:5900 ocid1.instance.oc1.phx.abyhqljronkm5iy4tepbbeo5kc6ye6ow73wltokqrc2dpq5cxncb6vtdw4xa"
...
  }
}
```

其中,connection-string 的值为创建串行控制台连接的命令,vnc-connection-string 的值为创建 VNC 控制台连接的命令。前者通过 SSH 直接连接,后者则首先创建 SSH 隧道,然后通过 VNC 客户端连接到本地的 5900 端口即可。以下为通过 VNC 客户端连接控制台的示例:

```
$ sudo yum install tigervnc
$ vncviewer localhost:5900
```

控制台连接通常用于诊断启动错误，即在启动时使用单用户登录，而非实例正常期间的操作。因此为避免网络攻击，不要为控制台连接开放任何口令登录。

利用 OCI CLI 也可以查看串行控制台的信息，这些信息为文本形式，包括实例启动时的配置信息(如内核和 BIOS 信息)，可用于查询实例状态和诊断问题。查看控制台信息分为两个步骤，示例如下：

```
#开始捕捉,获取控制台历史 ID
$ oci compute console-history capture --instance-id $OCIISID
{ "id": "ocid1.consolehistory.oc1.phx.abyhqljsx…" }
#通过控制台历史 ID 获取控制台信息并存入文件 console.log
$ oci compute console-history get-content --instance-console-history-id ocid1.
consolehistory.oc1.phx.abyhqljsx… --file console.log
```

4.6.4 定制机器映像管理

定制机器映像指启动盘，并不包括实例挂载的数据盘。进入计算服务，在导航栏单击 Images 菜单，即可进入定制机器映像管理页面。定制机器映像可以分为两类：一类是在系统机器映像的基础上做配置的更改或安装新的软件；另一类则是由用户创建的机器映像，其操作系统并不能由系统机器映像提供，如早期的操作系统。对于前者，可由实例的操作菜单中选择 Create Custom Image 直接创建，或者通过 oci compute image 命令创建。为保证数据一致性，创建时会停止实例，创建完成后自动启动实例。对于后者，定制机器映像的过程参见官方文档[①]。

定制机器映像的格式为 VMDK 或 QCOW2，可以直接由其创建实例。如果定制机器映像的来源为 OCI 实例，则以原生模式运行；如果其来源不是 OCI 实例，而是用户数据中心的物理机或虚拟机，则以仿真模式运行。由于裸机实例支持用户自带的虚拟化引擎，如 OVM 和 KVM，因此也可将定制机器映像运行在这些虚拟化引擎之上。

针对定制机器映像的另一项重要操作是导入和导出，即导出到对象存储和从对象存储中导入。导入/导出操作主要用于在租户或 Region 之间交换机器映像，也可以作为机器映像的备份用途。注意，导入可以并行，但任意时刻只能有一个导出任务。另外，Windows 操作系统不支持导入导出。如果租户 A 需要将机器映像共享给租户 B，其简要过程如下：

(1) 租户 A 中创建 bucket，此 bucket 用于存放机器映像。

(2) 租户 A 中生成此 bucket 的 PAR。

(3) 租户 A 中生成定制机器映像。

(4) 租户 A 中将机器映像导出，目标地址指定为 PAR。

(5) 租户 B 中导入定制机器映像，指定源地址为 PAR。

---

① https://docs.us-phoenix-1.oraclecloud.com/Content/Compute/References/bringyourownimage.htm

（6）租户 B 可由定制机器映像创建实例。

使用 Web Console 可以完成以上所有操作，如果通过 OCI CLI，以下是涉及的命令示例：

```
$ oci compute image create -c $OCICID --instance-id $OCIISID
#直接导出到 bucket
$ oci compute image export to-object --namespace $OCINS --name CI-OL6U9 --image-id ocid1.image.oc1.phx.aaa… --bucket-name bucket01
#导出到另一租户 PAR 指定的 URI
$ oci compute image export to-object-uri --image-id ocid1.image.oc1.phx.aaa… --uri https://objectstorage.us-phoenix-1.oraclecloud.com/n/gsebmcs00001/b/bucket01/o/CI-OL6U9
#直接从 bucket 导入
$ oci compute image import from-object -c $OCICID -ns $OCINS -bn bucket01 --name CI-OL6U9 --display-name CustomImage-OL6U9
#从另一租户 PAR 指定的 URL 导入
$ oci compute image import from-object-uri -c $OCICID --uri https://objectstorage.us-phoenix-1.oraclecloud.com/n/gsebmcs00001/b/bucket01/o/CI-OL6U9
```

4.6.5 使用 OCI CLI 管理计算服务

在 OCI CLI 中，与计算服务相关的顶层命令为 compute，其支持的子命令如图 4-21 所示，部分命令也在前几节中涉及。其中 instance 子命令功能最多，涉及实例的创建、启停、绑定/解绑 VNIC 和获取 Windows 操作系统的初始口令；shape 子命令显示可用于创建实例的 Shape；image 子命令可创建、导入和导出定制映像；instance-console-connection 可创建串行或 VNC 方式的控制台连接，其中 get-plink-connection-string 用于生成 Windows 平台下的 plink 命令，用于创建 SSH 隧道，这是在 Windows 平台下使用 VNC 控制台连接的前提；console-history 子命令用于查看串行控制台的信息；vnic-attachment 用于显示绑定的 VNIC 信息；volume-attachment 用于绑定和解绑块存储卷；boot-volume-attachment 用于绑定和解绑启动卷，当实例启动出现问题时，可将启动卷与原实例解绑并作为数据盘绑定到另一实例进行诊断，处理完毕后再绑定回原实例。

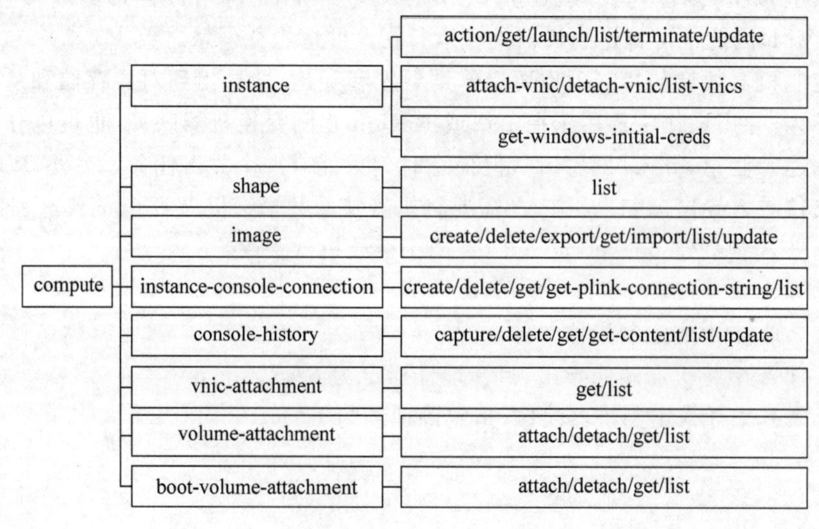

图 4-21 OCI CLI 计算服务命令

除 compute 命令外，与计算服务相关的 OCI CLI 命令主要包括 os(对象存储)、bv(块存储)和 network，将在相关章节做详细介绍。

4.7 负载均衡服务

OCI 负载均衡服务可按照策略自动地将访问导向 VCN 中后端的服务器。负载均衡服务可提高资源利用率，实现资源的横向扩展以及保证高可用性。负载均衡服务可设置不同的策略及应用特定的健康检查以确保将访问导向健康的实例。由于出现问题的服务器可以及时发现并且不再接受访问，因此可以及时修复并减少维护工作。

用户可创建公有或私有的负载均衡服务。公有负载均衡是区域一级的服务，可处理来自互联网的访问。公有负载均衡需要两个位于不同可用域的子网，分别放置主用和备用负载均衡器，以保证高可用性。公有负载均衡配备一个浮动的公网 IP 地址作为服务入口，此 IP 地址来自负载均衡器所在的子网，而非后端服务的子网。在当前提供服务的子网发生故障时，公网 IP 地址将漂移到另一个子网继续提供服务。私有负载均衡服务配备一个浮动的私网 IP 地址，是可用域一级的服务，只能处理来自 VCN 内部的访问。私有负载均衡服务只需要一个子网来放置主用和备用负载均衡器。

无论是公有还是私有负载均衡服务，都必须具备后端集合、负载均衡策略和健康检查策略三元素。后端集合是进入访问导向的目标，至少包含两个后端服务器并位于不同的可用域。

4.7.1 基本概念

以下为负载均衡服务相关的基本概念，了解这些概念有助于理解负载均衡服务的内部构造及各部分之间的关系。

(1) 监听(listener)。监听是一个逻辑实体，负责检查对于负载均衡服务公网 IP 的访问。监听包括三个必选属性，即协议、端口和后端集合，也就是说，当进入访问的协议和端口与监听定义匹配时，访问将路由到后端集合。监听目前支持的协议包括 TCP、HTTP/1.0、HTTP/1.1、HTTP/2 和 WebSocket，需要定义多个监听以支持不同的协议。其他可选设定包括为监听关联 SSL 证书和路径路由规则。路径路由规则是一组字符串匹配规则，根据进入访问的 URL 与规则匹配情况，将访问定向到正确的后端集合，从而避免定义多个监听或负载均衡服务。一个负载均衡服务最多可配置 16 个监听。

(2) 后端集合与后端服务器。后端集合是进入访问路由的终点，包括后端服务器列表、负载均衡策略和健康检查策略。后端服务器列表至少包括两个位于不同可用域的实例。此外，还可定义可选的 SSL 证书和会话持久化。后端服务器是指可以对进入的 HTTP 或 TCP 请求产生回应的应用服务器，理论上可处于任何位置，但建议分布在同一区域内不同的可用域。在一个负载均衡服务中，最多可配置 16 个后端集合，每一个后端集合最多可配置 512 个后端服务器，但所有后端服务器的总和不能超过 1024 个。

(3) 负载均衡策略。负载均衡策略定义了路由到后端服务器的规则，可以定义为按权重的轮转、最少连接和 IP 地址哈希。

(4) 健康检查策略。健康检查可确定后端服务器的可用性,健康检查策略定义了确定后端服务器是否健康的规则,包括协议和端口、检测周期、时间间隔和重试次数。

(5) 负载均衡 Shape。负载均衡 Shape 定义了进出负载均衡器的最大允许带宽,可选的 Shape 包括 100Mb/s、400Mb/s 和 8000Mb/s。

4.7.2 配置负载均衡服务

本节将通过一个简单示例来说明配置负载均衡服务的过程,并加深对前述基本概念的理解。使用 Web Console 是配置负载均衡服务最适合的方式,不过我们在过程中也会穿插一些 OCI CLI 命令以便读者了解负载均衡服务的框架及各组件之间的关系。在此示例中,我们将创建一个处理 HTTP 请求的负载均衡服务,后端由两个 Web 服务器支撑,负载均衡器以轮转的方式将连接转发到后端服务器。配置负载均衡服务的过程如下:

1. 创建后端服务器子网

后端服务器子网是后端服务器所需的网络。最简单的方式是新建一个 VCN,然后选择 CREATE VIRTUAL CLOUD NETWORK PLUS RELATED RESOURCES,其他使用默认设置,即可自动生成三个子网,网段分别为 10.0.0.0/24、10.0.1.0/24 和 10.0.2.0/24,分别位于不同的可用域。由于后端服务器需要通过互联网安装程序,为方便演示,子网类型使用了默认的公共子网,在生产系统中应使用私有子网。

2. 创建后端服务器

创建两个实例 webserver01 和 webserver02,这两个实例必须位于不同的可用域,从上一步建立的 3 个子网中任选两个即可。实例启动后,在每一个实例中运行以下命令来配置 Web 服务:

```
$ sudo yum -y update
$ sudo yum -y install httpd
$ sudo firewall-cmd --permanent --add-port=80/tcp
$ sudo firewall-cmd --reload
$ sudo systemctl start httpd
```

在两个实例中配置不同的主页,以便在后续测试中明确是哪个后端服务器响应请求:

```
#在 webserver01 实例中
$ sudo sh -c "echo 'WebServer01'>>/var/www/html/index.html"
$ curl http://localhost
WebServer01
#在 webserver02 实例中
$ sudo sh -c "echo 'WebServer02'>>/var/www/html/index.html"
$ curl http://localhost
WebServer02
```

如果在生产环境中需要配置大量的后端服务器,可以先创建配置好一个实例,然后创建定制映像,其他的实例都基于此定制映像来创建。

3. 创建负载均衡子网

公共负载均衡服务需要两个子网,且位于不同的可用域。在本例中,我们使用网段 10.

0.3.0/24 和 10.0.4.0/24。由于前端(互联网到负载均衡器)和后端(负载均衡器到后端服务器)需要不同的控制,因此这两个子网需要使用单独的安全列表和路由表。负载均衡使用的路由表需要将默认路由设置为 VCN 中自动建立的 Internet Gateway,这与 VCN 默认的路由表没有区别。但负载均衡最初建立的安全列表无须包含任何条目,后续每一次添加后端服务器时,Web Console 都会自动生成安全规则并添加到此安全列表中。使用 OCI CLI 创建为空的负载均衡安全列表命令如下:

```
oci network security-list create -c $OCICID --vcn-id $OCIVCNID --dn 'LB Security List'
--ingress-security-rules '[]' --egress-security-rules '[]'
```

4. 创建负载均衡器

通过 Web Console 创建,需指定 Shape 和两个子网,分别放置主用和备用负载均衡器。如果使用 OCI CLI,示例命令如下:

```
#新建 JSON 文件,添加两个子网 ID
$ cat subnetids.json
[
  "ocid1.subnet.oc1.phx.aaaaaaaaitaiis7uu…",
  "ocid1.subnet.oc1.phx.aaaaaaaalvdynlh6e…"
]
$ oci lb load-balancer create -c $OCICID --dn LB01 --is-private false --shape-
name100Mbps --subnet-ids file://./subnetids.json
```

5. 创建后端集合

通过 Web Console 创建,将负载均衡策略指定为基于权重的轮转:Weighted Round Robin,在健康检查策略部分,将协议和端口分别指定为 HTTP 和 80,URL PATH 指定为"/"。示例命令如下:

```
$ oci lb backend-set create --name BES01 --policy ROUND_ROBIN --load-balancer-id
$OCILBID --health-checker-protocol HTTP --health-checker-port 80 --health-checker
-url-path "/"
```

6. 编辑后端集合以添加后端服务器

添加后端服务器需要指定实例的 IP 地址和端口,通过 Web Console 添加时,是通过指定实例的 OCID 间接地获得 IP 地址。由于负载均衡策略设置为轮转,因此权重无须设置,以表示这两个后端服务器是平等的。示例命令如下:

```
$ oci lb backend create --load-balancer-id $OCILBID --backend-set-name BES01 --port
80 --ip-address 10.0.0.2
$ oci lb backend create --load-balancer-id $OCILBID --backend-set-name BES01 --port
80 --ip-address 10.0.1.2
```

如果使用 Web Console 操作、添加和删除后端服务器,系统会自动修改负载均衡服务和后端实例所关联的安全列表,这是相对于命令行操作较为方便的一点。

7. 创建监听

在 Web Console 中创建监听时,只需指定端口和后端服务集合即可,监听的地址使用负载均衡服务的公共 IP 地址。示例命令如下：

```
$ oci lb listener create --name LS01 --default-backend-set-name BES01 --protocol HTTP
--port 80 --load-balancer-id $OCILBID
```

8. 测试负载均衡服务

通过浏览器访问负载均衡服务的公共 IP 地址：http://公共 IP 地址，连接请求将以按复制均衡策略导向后端 Web 服务器，按 F5 快捷键刷新浏览器，输出将轮转显示 WebServer01 和 WebServer02。

4.7.3 负载均衡命令行管理

配置负载均衡服务使用 Web Console 更为方便，OCI CLI 命令行则比较适合于服务的监控以及操作对象较多时的批量处理，OCI CLI 负载均衡命令如图 4-22 所示。

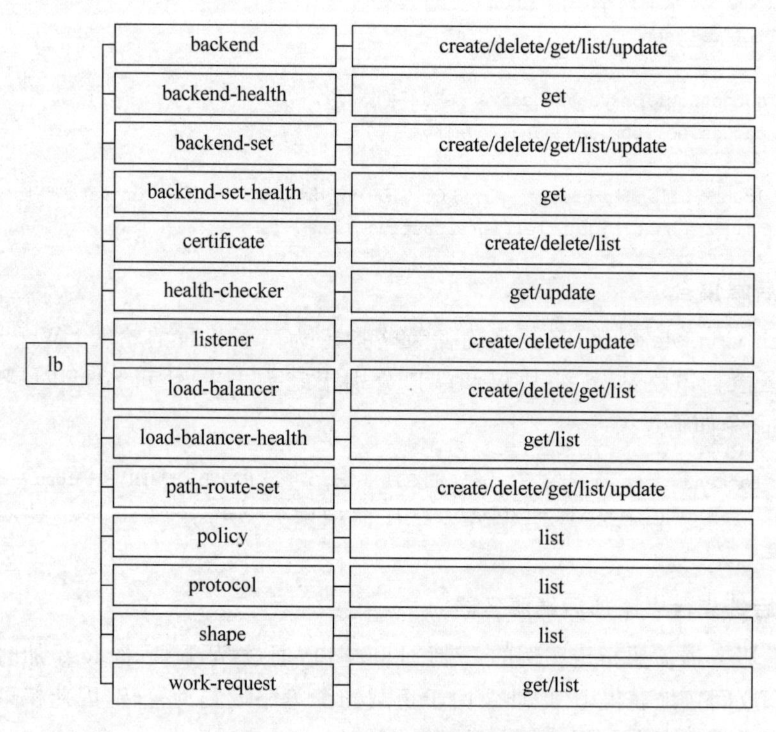

图 4-22　OCI CLI 负载均衡命令

其中，policy、protocol 和 shape 这 3 个命令纯为显示用，分别表示负载均衡服务支持的负载均衡策略、协议和 Shape，示例如下：

```
$ oci lb policy list -c $OCICID | grep name
"name": "ROUND_ROBIN"
"name": "LEAST_CONNECTIONS"
"name": "IP_HASH"
$ oci lb protocol list -c $OCICID | grep name
"name": "HTTP"
"name": "HTTP2"
```

```
"name": "TCP"
$ oci lb shape list -c $OCICID | grep name
"name": "100Mbps"
"name": "400Mbps"
"name": "8000Mbps"
```

load-balancer 和 listener 子命令可用于创建负载均衡与监听，backend-set 和 backend 子命令可用于创建后端集合以及在后端集合中增删后端服务器，这 4 个命令在前面示例中已涉及。load-balancer-health、backend-set-health 和 backend-health 子命令可以用于获取负载均衡、后端集合与后端服务器的健康状况。health-checker 子命令可用于查看和修改健康检查策略，如检查周期、时间间隔等。path-route-set 可用于创建路径路由规则，即根据不同的 URL 定向到相应的后端集合，是监听的可选参数，可避免创建多个监听或负载均衡服务。certificate 子命令与 CA 认证相关，也是创建监听时的可选参数。

work-request 表示工作请求。在复制均衡相关对象创建时，很多任务都不能马上完成，需要转到后台执行。工作请求提供了这样一种机制，即可以监控后台任务执行的状态和进度。创建负载均衡、监听或后端集合时都会产生工作请求，例如：

```
$ oci lb backend-set create …
{
  "opc-work-request-id": "ocid1.loadbalancerworkrequest.oc1.phx.aaaaaaaanikeuzvijiwpgk-5t2pix4z4…"
}
```

后续可查询工作请求的状态，例如：

```
$ oci lb work-request get --work-request-id ocid1.loadbalancerworkrequest.oc1.phx.aaaaaaaap6x…
{
  "data": {
    "error-details": [],
    "id": "ocid1.loadbalancerworkrequest.oc1.phx.aaaaaaaap6x…",
    "lifecycle-state": "SUCCEEDED",
    "load-balancer-id": "ocid1.loadbalancer.oc1.phx.aaaaaaaajkz…",
    "message": "{…}",
    "time-accepted": "2018-01-14T01:25:58.266000+00:00",
    "time-finished": "2018-01-14T01:26:11.923000+00:00",
    "type": "UpdateBackendSet"
  },
  "etag": "1378022936"
}
```

4.8 审计服务

审计服务是 OCI 提供的一项免费服务，可与管控、合规、运营安全流程及风险评估等紧密集成，适用的场景包括通过监控加速事件的响应时间、通过定位可疑事件减少安全风险、通过根源分析发现问题并完善产品、分析确定问题的模式和特征以及将日志事件作为训练数据进行机器学习等。

审计服务自动记录所有针对公共API端点的访问并存为日志事件。审计服务每5min采集一次日志，事件发生后到进入审计服务日志通常不超过15min。通过Web Console、命令行和SDK发出的API调用均被记录。日志记录为标准的JSON格式，每一条记录包括事件ID、事件类型、事件时间、操作类型、响应状态等信息，审计日志的详细格式参见官方文档①。用户可通过Web Console、命令行和SDK查看日志或通过搜索定位感兴趣的事件，过滤日志事件时，可以指定请求操作的类型、时间发生的时间段，或直接输入文本进行搜索。如图4-23所示，搜索条件中指定了POST、PUT和DELETE三类可写操作，时间范围为1天，搜索文本为instance，表示只关心与实例相关的操作。在搜索结果概要部分，显示总共有7个POST操作，事件源为核心服务中的计算API，并列出了实例的OCID。

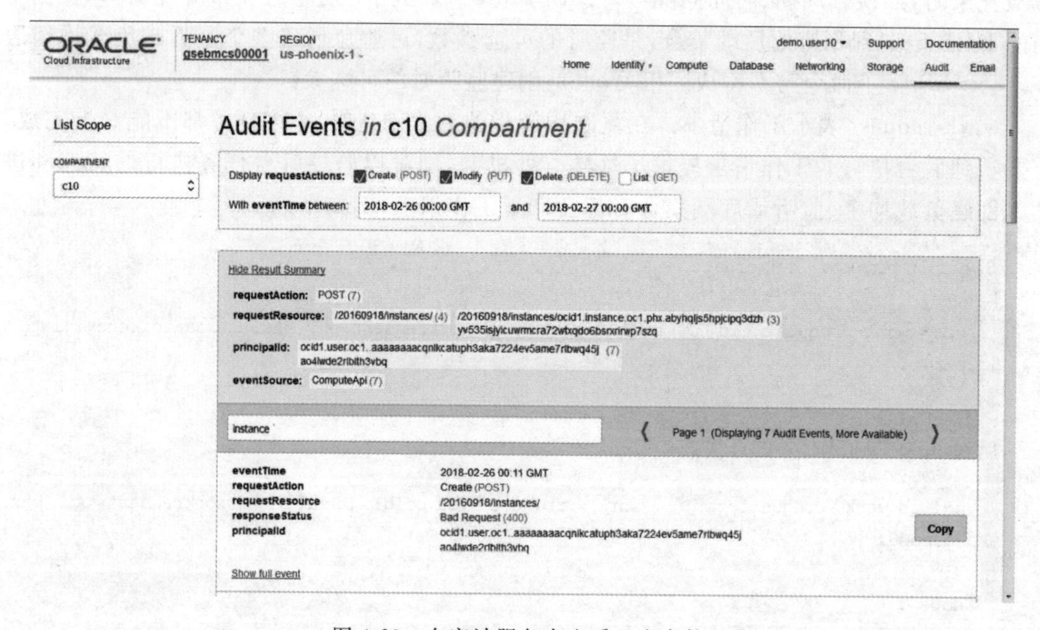

图4-23　在审计服务中查看日志事件

审计服务是强制开启的，用户无法关闭。默认的审计日志保留期限为90天，最多可以设置为365天。在Web Console中，可以在Region→Manage Regions菜单中设置保留期限。日志保留期限是租户一级的设置，修改后会影响所有的Region和Compartment，即用户无法为租户内的不同Region或Compartment单独设置保留期限。

命令行工具方面，OCI CLI支持查看日志和查看修改配置两种操作。以下命令将日志保留期限配置修改为365天，注意-c参数后指定的为租户ID：

```
$ oci audit config update -c $OCITID --retention-period-days 365
```

查看日志方面，OCI CLI可以通过--start-time和--end-time选项指定时间范围，并可通过--query选项提供比Web Console更细粒度的过滤控制。以下是通过OCI CLI查看日志的示例：

```
#将24h内的审计日志导出到文件auditevent.json
```

① https://docs.us-phoenix-1.oraclecloud.com/Content/Audit/Reference/logeventreference.htm

```
$ oci audit event list -c $OCICID --start-time "2018-02-26 00:00 GMT" --end-time "
2018-02-27 00:00 GMT" > auditevent.json
#查看指定时间段内针对实例的所有成功的 POST 操作，输出已简化
$ oci audit event list -c $OCICID --start-time "2018-02-26 00:00 GMT" --end-time "
2018-02-27 00:00 GMT" --query "data[?\\"request-resource\\" == '/20160918/
instances/'&& \\"response-status\\" == '200'&& \\"request-action\\" == 'POST']"
[{
      "compartment-id": "ocid1.compartment.oc1..aaaaaaaatq2y3et7tspu…",
      "event-id": "20530cd8-b09d-40a7-8b6d-ba2fd35d87de",
      "event-source": "ComputeApi",
      "event-time": "2018-02-26T00:12:53.096000+00:00",
      "event-type": "ServiceApi",
      "principal-id": "ocid1.user.oc1..aaaaaaaacqnlkcatuph3aka7224ev…",
      "request-action": "POST",
      "request-agent": "Mozilla/5.0 (Windows NT 6.1; WOW64; rv:52.0) Gecko/20100101
Firefox/52.0",
      "request-headers": {
         …
      },
      "request-id": "1d659330-2e18-47c1-9850-78302f2e/A3C6913831…",
      "request-origin": "172.18.12.76",
      "request-parameters": {},
      "request-resource": "/20160918/instances/",
      "response-headers": {
         …
      },
      "response-payload": {
         "id": "ocid1.instance.oc1.phx.abyhqljs5hpjcipq3dzhyv535…"
      },
      "response-status": "200",
      "response-time": "2018-02-26T00:12:54.190000+00:00",
      "tenant-id": "ocid1.tenancy.oc1..aaaaaaaavoiuwqa6xpxpocrgny3…"
   }
]
```

4.9 OCI 学习资源

OCI 的功能非常丰富，涉及的领域也非常广泛。无论是初学者、云开发运维人员还是云架构师，了解 OCI 具有哪些学习资源以及在何时使用何种资源，对于了解 OCI 以及后续的深入学习都是必要和有益的。OCI 提供的学习资源包括：

(1) OCI 官方网站[①]。OCI 官方网站是访问 OCI 相关资源的统一门户，包括概览、架构产品与解决方案、定价、合作伙伴解决方案、应用市场、客户案例、学习与认证等资源。

(2) OCI 在线文档[②]。OCI 在线文档是最常用的学习资源，包括入门指南、用户指南(也称为服务指南)和开发工具三大部分，此外还提供技术白皮书、术语和文档规范以及 PPT、

① https://cloud.oracle.com/en_US/iaas

② https://docs.us-phoenix-1.oraclecloud.com/

Visio 和 SVG 格式的图形工具包，在文档页面还可以对感兴趣的话题进行全文搜索。对于初次接触 OCI 的用户，入门指南是最适合的学习文档，其中包括了重要的基本概念、术语和常见操作与问题。用户指南是最全面的文档，包含计算、存储、网络和数据库等服务的介绍，适合于深度学习或根据具体问题进行查阅。入门指南和用户指南均提供 PDF 版本。开发工具部分介绍了如何通过 CLI、API 和 SDK 与 OCI 进行交互，以及 API 的详细语法说明[①]。在 OCI 控制台页面和云服务系统状态报告页面均提供在线文档的链接，通过 Oracle 帮助中心[②]也可以访问到 OCI 在线文档。

(3) OCI 官方博客[③]。OCI 官方博客中的文章均由 OCI 产品经理和技术专家撰写，内容涵盖了新产品特性发布、云认证信息、性能评测、服务与技术特性概览、操作指南及解决方案介绍。文章来源权威，内容精练，是了解 OCI 最新发展动向、架构与解决方案及典型操作指南的优良资源。

(4) OCI 云社区[④]。OCI 云社区隶属于 Oracle 开发者社区，内容包括博客文章和讨论两部分，博客文章链接到前述的 OCI 官方博客，具有 Oracle 账户的用户可以在此社区中提问和回复。在社区中进一步细分了概述、计算、存储、安全、开发者工具等栏目。

(5) YouTube 学习视频[⑤]。视频是非常直观的学习手段，OCI 在 YouTube 网站上开辟了专门的频道，其中包含对于 OCI 架构、主要服务、服务简介课程和客户案例等介绍。服务简介课程短小精悍，非常适合于初学者，这些课程也可以通过 OCI 在线学习页面[⑥]访问。

(6) GitHub[⑦]。GitHub 是使用最为广泛的开发者协同平台，主要用于代码分享和分布式版本控制，同时适用于开源和商用软件。Oracle 在 GitHub 上也开设了专区，目前下设 129 个栏目，与 OCI 相关的共有 13 个栏目，常用的包括 SDK、与 CI/CD 相关的 Jenkins 和 Knife 插件。

(7) Oracle 支持网站[⑧]。Oracle 支持网站有两个主要用途，其一是提交服务请求，其二是在知识库中搜索问题和解决方法。在搜索 OCI 相关资源时，可将产品或产品线指定为 Oracle Cloud Infrastructure 以过滤搜索结果。

(8) Oracle 大学[⑨]。Oracle 大学提供付费的培训课程和认证两类服务，培训提供在线和课堂两种形式。与 OCI 相关的培训为 Oracle Cloud Infrastructure Fundamentals Ed 1 和 Principles and Best Practices for Adopting Cloud，前者侧重于基础概念，后者侧重于云规划迁移方法论。此外，Oracle 大学还提供打包的在线培训课程 Oracle Cloud Infrastructure Learning Subscription，用户可在 1 年内随时访问课程及预约实验环境和认证考试。目前 OCI 提供 Oracle Cloud Infrastructure 2018 Certified Associate Architect 认证，考试号为 1Z0-932。

---

① https://docs.us-phoenix-1.oraclecloud.com/Content/API/Concepts/apiref.htm

② https://docs.oracle.com/en/cloud/iaas

③ https://blogs.oracle.com/cloud-infrastructure/

④ https://community.oracle.com/community/oracle-cloud/cloud-infrastructure

⑤ https://www.youtube.com/channel/UC60OcDzeEtn194-UPYNJs8A/

⑥ https://docs.us-phoenix-1.oraclecloud.com/Content/General/Reference/video.htm

⑦ https://github.com/oracle/

⑧ http://support.oracle.com/

⑨ http://education.oracle.com/pls/web_prod-plq-dad/ou_product_category.getPage?p_cat_id=594

第5章

Oracle Ravello云服务

Oracle 公有云中包括三类计算云服务，第 4 章介绍的 Oracle 计算云服务属于传统计算基础设施(Oracle Compute Infrastructure Classic)服务，其余两个为 OCI(Oracle Compute Infrastructure)计算云服务和 Ravello 云服务。

Ravello 是一家以色列 IT 公司，由 Rami Tamir 和 Benny Schnaider 在 2011 年共同创立。在成立 Ravello 之前，两人共同创立的网络公司 Pentacom 于 2000 年被 Cisco 收购，之后又共同创立 Qumranet 公司，开发了著名的开源虚拟化引擎 KVM 和桌面虚拟化解决方案 SolidICE。2008 年，Linux 厂商 Red Hat 收购了 Qumranet，之后 Qumranet 的 KVM 核心开发团队转而成立了 Ravello。2016 年 2 月，Ravello 为 Oracle 收购并成为 Oracle 公有云的一部分。

5.1 Ravello 架构与概念

5.1.1 嵌套虚拟化架构

服务器虚拟机技术起源于 20 世纪 60 年代，蓝色巨人 IBM 为大型机 System/360 开发出第一套虚拟化操作系统 CP-67。1999 年，VMware 开发了运行于 Linux 或 Windows 系统上的 VMware Workstation，这是一种工作站级别的寄居式虚拟化技术，主要用于开发测试。2001 年，VMware 推出了针对数据中心的虚拟化产品 VMware ESX，此产品可大幅提高服务器的资源利用率，并极大简化了服务器的供应、迁移和管理。从此，虚拟化技术的使用越来越普遍，逐渐成为数据中心的主流技术，VMware 也凭此成为私有云虚拟化技术的领导者。

从2006年Amazon发布弹性计算云(Elastic Compute Cloud)开始,公有云以其无限容量、快速供应与弹性扩展等特点,得到了越来越多企业的认可。企业无须预先投资基础设施,只需订阅所需的公有云服务,即可快速开通基础设施、平台或软件服务,并只需按用量计费,这种创新的业务模式不仅降低了投资与运维成本,并且极大地推进了新产品和服务的上市速度。公有云不仅非常适合于初创公司和中小企业,传统企业也逐渐考虑将一些之前运行在数据中心的业务迁移到云上,如开发测试系统、门户网站、客户关系管理系统等。

在企业从私有云向公有云迁移的过程中,也不可避免地出现了一些新的问题。第一个问题是公有云的标准尚未形成,各云厂商采用的虚拟化技术不尽相同,导致迁移上云以及公有云之间的迁移非常复杂。以虚拟化引擎为例,Amazon EC2使用Xen,Google云基于KVM,VMware使用ESXi,Oracle则同时提供KVM和OVM两种虚拟化技术。不同的虚拟化引擎呈现给上层不同的虚拟硬件设备,如CPU、虚拟网络接口、虚拟控制器等。从虚拟化实现技术来看,VMware采用全虚拟化,Amazon同时支持全虚拟化和半虚拟化,提供HVM和PV两种格式的机器映像。磁盘映像格式上,包括VMware的VMDK,KVM的QCOW和QCOW2,Amazon的AMI,以及OVA、OVF和VHD等。

第二个问题是在上云的过程中,需要考虑迁移完整的应用架构,而不仅仅是孤立的虚拟机,包括应用的存储与网络配置,都应尽量与数据中心的配置保持一致,其中最关键的部分是网络。公有云与数据中心的网络并不相同,特别是二层网络存在较大差异。数据中心的主机可以完全访问二层网络,主机之间发送和接收网络包没有任何过滤。而在公有云中,虽然也存在物理的二层网络,虚拟机的网卡也可以连接到虚拟二层网络,但虚拟机之间的网络包都或多或少经过了过滤,主流的云厂商AWS、Google和Azure只允许单播(unicast)IP数据负载通过,而多播、广播及大部分非IP数据负载都被过滤掉。在数据中心的虚拟机热迁移和高可用方案中的虚拟IP都需要将ARP请求发送到广播地址,其他如IPX/SPX、Wake-on-LAN都属于非IP协议,这也意味着,如果应用使用了这些协议或功能,迁移到云上后将无法正常运行,或者需要做较大的调整和改变。

Ravello云服务设计的初衷正是为了解决这两个问题。首先,Ravello是一种嵌套虚拟化技术,构建在各公有云之上,为上层的客户机提供标准统一的虚拟硬件设备。其次,Ravello可以构建与数据中心完全一致的存储与网络环境。这两点保证了应用可以整体在私有云与公有云,或不同公有云之间保持原样的迁移。

Ravello解决此问题的核心技术是分布式基础设施HVX,HVX使得包含多个虚拟机的应用可以整体封装,并保持原样地部署到主流公有云平台,包括Oracle、Google和AWS。HVX包含三个核心技术组件,分别为嵌套虚拟化引擎、叠加网络和存储抽象层。通过Ravello管理层将三个组件融合在一起,提供用户界面、API、映像管理和监控,并打包成完整的SaaS服务提供给用户。

最基础的技术组件是嵌套虚拟机引擎。传统的虚拟化引擎如VMware ESX、KVM和Xen都运行在物理硬件上,并采用trap and emulate的方法仿真虚拟硬件提供给上层的虚拟机。这种方式需要结合硬件提供的虚拟化扩展支持,例如Intel VT-x或AMD-SVM,普通用户层的指令由虚拟机直接执行,一些底层的指令则由处理器捕捉并移交到虚拟层以更安全的方式执行,然后再将控制权返还虚拟机。但由于Ravello运行在公有云提供的虚拟机中,而公有云厂商通常不会将硬件提供的虚拟化扩展开放给上层的虚拟机,因此Ravello

采用了二进制转换(Binary Translation)的方式来实现虚拟化引擎。二进制转换方式最早用于20世纪90年代的DEC VAX系统,VAX程序的指令被翻译为对等的Alpha处理器指令执行,这种方式无须硬件的虚拟化扩展支持。如图5-1所示,这种方式也称为纯软件方式,是Ravello最初采用的虚拟化引擎实现方式。这种方式下存在两层虚拟化引擎,即公有云厂商的虚拟化引擎和HVX虚拟化引擎,这也是Ravello嵌套虚拟化名称的由来,此外,在Ravello虚拟化引擎之上还可以再嵌套一层虚拟化引擎,如ESXi和KVM,并可以通过一些优化来降低性能开销,从而使Ravello的使用场景更加广泛。

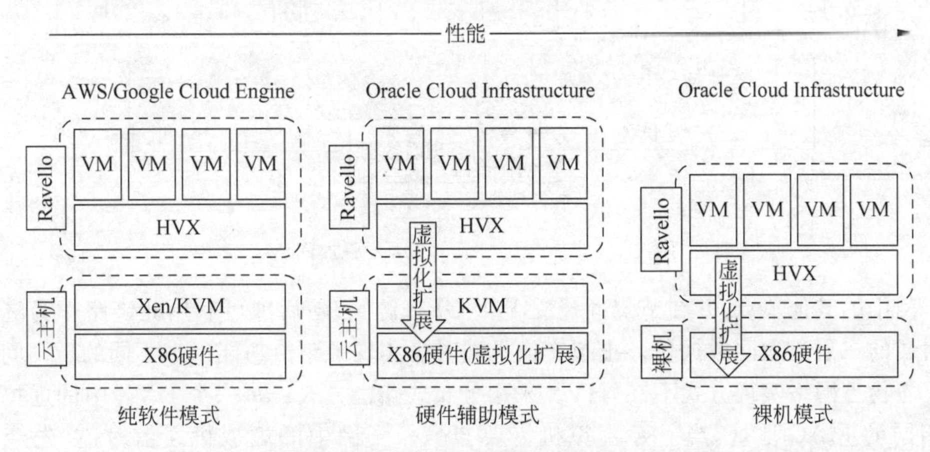

图5-1 Ravello嵌套虚拟化模式

2016年Ravello被Oracle收购后,Ravello支持的公有云除Google和AWS外又新增了Oracle公有云。在Oracle公有云中,底层硬件的虚拟化扩展可以开放给上层的HVX虚拟化引擎,因此Ravello可以将一些指令下放到CPU执行,从而获得性能上的极大提升。这种方式即图5-1中的硬件辅助模式,与纯软件模式一样,仍然存在两层虚拟化引擎。第三种方式是将HVX直接运行在物理硬件上,即图5-1中的裸机模式,由于去除了一层虚拟化引擎,因此HVX可以提供最高的性能。

HVX中的第二个核心技术是叠加网络(Overlay Network),这也是Ravello区别于其他云服务的一个非常重要的特征,如图5-2所示。在公有云领域,不同的云服务供应商提供不同的网络架构并且互不兼容;另外,云中的网络与传统数据中心的网络存在很大的区别,在数据中心常用的L2层访问,如VLAN、端口映射、广播、组播等在公有云中通常不被支持。例如,需要复制多个测试或培训环境时,每一个新环境中的虚拟机都需要保持原有的IP地址和主机名,并且这些环境相互不能干扰,在数据中心中可以用SDN(软件定义网络)技术实现。SDN是一种网络虚拟化技术,可以将逻辑网络拓扑与物理网络设施分离,例如VXLAN协议可以在三层网络基础设施上构建叠加的二层网络。由于VXLAN需要依赖组播(multicast)来发现参与到子网中的节点,而组播需要在交换机或路由器上定义,在公有云中通常不开放此类操作,因此Ravello实现了自己的网络层:叠加网络。

叠加网络是HVX实例的一部分,目的是为虚拟机创建安全、可自定义的二层网络,叠加网络运行在云服务商的三层网络之上并可跨多个公有云运行。叠加网络中可包括多个子网、交换机和路由器,并提供DNS和DHCP服务,所有这些网络设备都是逻辑的,并由叠加网络统一实现。叠加网络中的核心组件是虚拟交换机,虚拟交换机通过配置文件自动发现

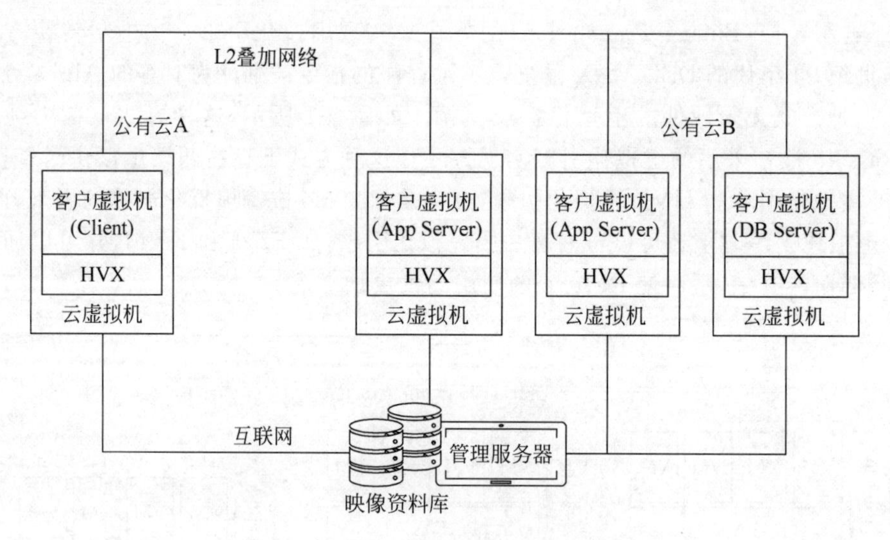

图 5-2　支持二层协议的 HVX 叠加网络

逻辑子网中的其他节点，并在节点间建立 P2P GRE 链路，随后即可利用此链路作为隧道来传输封装的二层以太网数据包。虚拟交换机同时也实现了路由功能以在不同的子网间传递数据。与物理网络实现方式不同，HVX 采用分布式路由方式。每一个 HVX 中的虚拟路由具有相同的 MAC 地址，当一个虚拟机需要与另一子网中的虚拟机通信时，首先会发送 ARP 请求以发现虚拟路由的 MAC 地址，虚拟路由接收到数据包后，会在自身的转发表中查询目标虚拟机。如果没有找到，ARP 请求会被广播到目标子网中所有节点，目标虚拟机将响应此 ARP 请求并通过隧道将数据回传给源节点。路由转发表形成后，两个虚拟机间即可通过单播直接通信。

与网络类似，不同云厂商实现存储的机制也存在差异。HVX 通过存储抽象层平抑了各云厂商存储实现的差异，并为虚拟机提供了统一接口来访问底层的存储服务。HVX 提供的存储服务包括映像存储服务和虚拟机使用的虚拟化存储。映像存储指只读的虚拟机映像或磁盘映像，底层依赖于对象存储、NFS 或本地块存储实现。由于映像文件容量较大，并且可能有多个虚拟机同时读取这些文件，为提升性能和减少数据传输，所需的映像被下载到本地，虚拟机启动时会创建各自的本地快照，这些快照可以修改，并可以回存到映像存储。为减少存储占用空间以及上传/下载时间，映像文件被分割为多段并以元数据描述，如果某一段的数据全部为空，这一区段将只在元数据中记录，并不会真正占用存储空间，在上传和下载时这些数据也不会被实际传输。此外，通过压缩和重复数据删除也可以实现进一步的存储优化。

类似于存储虚拟化，存储抽象层将来自不同云服务商、采用不同技术的存储汇集成统一的资源池。HVX 存储抽象层通过 RAID 0 技术形成容量更大、性能更佳的逻辑卷，并以本地块存储的形式提供给虚拟机使用。此外，HVX 还提供虚拟光驱服务，虚拟机可将资料库中的操作系统映像加载到虚拟光驱，实现在云中从零开始安装操作系统的独特功能。

5.1.2 Ravello 基本概念

Ravello 并不是一个特别复杂的产品，但掌握 Ravello 基本概念对于理解 Ravello 管理界面中各类任务和操作非常重要。这些概念中最重要的一点即所有的管理任务都是基于应用而非单个虚拟机的视角，包括基于蓝图建立应用、应用的发布、应用保存为蓝图、蓝图及其他资料库资源的分享等。

1. Application(应用)

应用是指一组虚拟机、网络和存储设备以及它们的配置。应用的实例可处于设计或发布两种状态，设计状态时可对应用的配置进行修改，如添加虚拟机、增加存储、调整网络拓扑等。发布状态是指应用已发布到云中运行，应用发布后仍可对应用进行修改。一个应用的多个实例可以同时运行。

2. Publishing(发布)

发布是指将应用部署到云中的过程，发布的应用实例将在云中创建多个虚拟机及网络拓扑。由于已发布的实例仍可继续进行设计，因此发布也可以指将运行实例进行的修改同步到云中的过程。

3. Blueprint(蓝图)

蓝图是应用实例的快照，包含自成体系的应用配置。蓝图是应用的模板，是不可编辑的，基于蓝图可创建应用实例并部署到云中。蓝图可在用户间共享，例如某用户在调试过程中遇到问题时可将应用保存为蓝图，然后分享给其他用户进行诊断。蓝图也可以发布到公共资料库中供公众下载使用。

4. Library(用户资料库)

用户资料库是用户私有的资料存储场所，可以保存的资料包括蓝图、虚拟机映像、磁盘映像、SSH 密钥对和公网 IP 地址。用户资料库中的资料也可以发布到公共资料库。

5. Repo(公共资料库)

Ravello Repo 也称为公共资料库，类似于应用市场，是用户获取和分享蓝图、虚拟机或磁盘映像的场所。公共资料库中提供了大量由各领域专家制作的蓝图，如交换机、路由器、防火墙、存储设备、OpenStack 等，为快速搭建开发、测试和培训环境奠定了良好的基础。用户可在公共资料库中浏览蓝图、虚拟机映像，并将其复制到用户资料库。

6. Sharing(分享)

Sharing 是指在 Ravello 用户间分享蓝图、虚拟机映像和磁盘映像的过程。Ravello 用户既可以将资料发布到公共资料库(Repo)，也可以直接分享给其他用户，对方可以查看分享并选择将资料保存到私有资料库中，然后基于这些资料创建应用。

7. Image(映像)

Ravello 中的映像分为两种，即虚拟机映像和磁盘映像。虚拟机映像相当于虚拟机模板，是应用设计的基本元素。虚拟机映像包括虚拟机的配置和磁盘，应用中的虚拟机可直接保存为虚拟机映像，也可将用户数据中心的虚拟机上传为虚拟机映像。磁盘映像是指 ISO、

VMDK、QCOW 或 IMG 等格式的单个磁盘文件，应用中虚拟机的磁盘可保存为磁盘映像；反之，也可将磁盘映像添加到虚拟机中，磁盘映像还可来源于上传。

5.1.3 Ravello 适合的业务场景

Ravello 作为一种嵌套虚拟化技术，可以将 ESXi/KVM 环境下的应用无缝迁移到 AWS、Google 或 Oracle 公有云上，并可保留应用中虚拟机的网络和存储配置。Ravello 通过 HVX 分布式基础设施平抑了各公有云之间的差异，为云应用提供了一致的虚拟基础设施，并提供与传统数据中心相同的运行环境。与其他虚拟化技术着重提供 IaaS 基础设施不同，Ravello 云服务是一种 SaaS 服务，因此其适合的业务场景也有所不同。

1. 开发与测试环境

使用公有云作为开发与测试环境已越来越普遍，因为近乎无限容量的公有云可以按需提供资源充足的环境，并只需按用量计费，从而可加快测试进程并提高软件质量。

利用 Ravello 的蓝图和分享特性，测试工程师可以将测试过程中的应用状态保存，并分享给开发测试人员。开发测试人员可以通过蓝图启动应用，完全还原故障发生现场并实现快速修补。生产环境也可以利用蓝图保存，由于可以获得与生产环境完全一致的环境，包括所有的网络和存储配置，QA 工程师可以快速发现和改正应用缺陷，从而使应用不断完善。

Ravello REST API 可以实现应用环境的自动发布、生产环境的自动保存，这些独特的特性可以与 CI/CD 结合，实现从代码提交、构建、测试和部署的全流程自动化。

2. PoC(概念验证)环境

PoC 环境通常受限于没有充足的资源而导致项目进度推迟，另外则要求与生产环境保存一致或尽可能相似。Ravello 作为公有云可以提供充足资源，同时可以提供完整的、未经更改的环境，使客户获得与数据中心环境相同的体验，以便于更好地了解产品特性和验证产品功能。同时，每一个客户获取的 PoC 环境都是私有的，可以根据需要进行定制。

在 PoC 过程中，Ravello 的并行访问特性使得用户和 IT 人员可以互动和协同，IT 人员可以实时查看到 PoC 的状态，从而加速概念验证的过程。用户也可以利用蓝图功能将 PoC 状态保存，并提交给 IT 人员进行诊断。

3. IT 运营

UAT(用户可接受性测试)和 staging(准生产)环境提供应用上线前的最终验证，由于这些环境只需运行很短时间，因此在公有云上按需提供这些环境可以节省基础设施投入与运维成本。

由于用户数据中心的资源有限，传统的 UAT 或 staging 环境通常只是生产环境的缩减版。利用公有云上的无限资源，并结合 Ravello 可获取生产环境一致性副本的特性，用户可以获得具备完整配置及网络拓扑的 UAT 和 staging 环境，从而保证应用验证的有效性和准确性。

4. 安全测试

Ravello 可以为安全专家提供生产环境应用的一致性拷贝，用于渗透测试、DDoS 和蛮力攻击测试等安全测试场景，而不会对生产环境造成损害。

Cyber Range(数位靶场)是一个网络防御实战的演练平台,可帮助安全人员了解识别脆弱性和威胁性的最新方法,建立必要的防御技能和实战经验以协助打击安全威胁。Cyber Range 需要模拟并放大真实的应用环境,包括应用中的虚拟机、虚拟网络设施、存储网络互联等。利用 Ravello 实现 Cyber Range 服务,可以避免硬件投资,并可以提供近乎无限的资源。Ravello 的图形界面简单易用,利用拖曳功能可快速创建成百上千个节点的 Cyber Range 环境。

5. 虚拟培训环境

培训包含一系列相同配置的环境,需要使用大量的资源,并且培训环境通常是短期的,例如上午和下午分别进行不同的培训,每一个培训环境只保留 2 小时。传统的培训环境搭建工作耗时费力,而且容量规划也很难保证准确。Ravello 可以为培训机构创建集中或分布式的培训环境,并且支持复杂的基础设施配置。利用蓝图和 REST API,培训管理员可以快速生成批量的培训环境,每一个培训环境对学员而言都是私有和完全隔离的。例如,某企业需要在指定时间为 1000 人提供为期 2 小时的在线培训环境,则可以实现将培训环境制作成蓝图,然后利用 REST API 生产 1000 个临时访问的 URL,临时访问 URL 的生效时间为从指定时间开始,2 小时后自动失效。

6. 生产环境

Ravello 可以将整个应用环境无须改变地完整迁移到云上,使得传统数据中心应用云化更加便利。在云上运行的应用既可以通过升级内存和 CPU 纵向扩展,也可以通过添加虚拟机横向扩展。性能方面,最初的 Ravello 虚拟化引擎基于软件实现,嵌套虚拟化层虽然有一定的开销,但通过指令缓存等优化技术也可以实现与单虚拟层相近的性能。如果在 Oracle 公有云上运行 Ravello HVX,由于可以利用底层 CPU 的虚拟化扩展功能,因此性能较之前的纯软件模式可提高约 14 倍,如果将 HVX 直接运行在物理机还可获得更高的性能提升。

5.2 Ravello 管理工具

5.2.1 Web Console

Ravello Web Console 是最常用的 Ravello 云服务管理工具,通过浏览器和用户账户即可访问。在 Web Console 中除了可以进行应用、虚拟机、蓝图、映像等对象的管理外,还可以用拖曳的方式和可视化的形式实现应用设计。

Ravello Web Console 布局如图 5-3 所示,界面构成包括 3 个部分,即上方的顶层菜单、左侧的导航菜单和中间区域的信息窗格。选择导航菜单中具体的菜单项后,信息窗格通常以列表的形式展示相应内容。以下将对布局中的主要构成部分进行简单说明。

1. 顶层菜单

顶层菜单从左至右包括三部分,分别是 Ravello Repo、Help & Support 和用户管理。Ravello Repo 为进入公共资料库的快捷方式,Help & Support 中包含 Oracle 支持网站、

图 5-3　Ravello Web Console 布局

Ravello 服务指南、REST API 文档及开源代码和许可的快捷方式；用户管理中可查看和设置用户档案、显示组织详情、更改口令和退出登录。

2. 导航菜单

导航菜单是 Ravello 管理功能的入口，可实现应用管理、用户资料库管理和系统管理等功能，每个导航菜单下包含一到多个子菜单。

1）Applications(应用)

单击 Applications 可进入应用管理界面，应用以列表的方式显示，显示的属性包括应用状态、名称和属主。如果应用已发布，还将显示发布的云数据中心；如果应用处于运行状态，还将显示下一次应用停止的时间。

可对选定的应用执行启动、停止、重启和删除操作；此外，还可赋予应用临时访问令牌，使得外部用户可以在指定的时间段内访问应用。可以为每一个应用赋予不同的令牌或为所有应用赋予同一令牌。

单击某一应用将进入应用详情页面，在此页面中可进行应用的设计、网络规划、虚拟机编辑，以及应用更新与发布。由于应用设计涉及功能较多，同时也是 Ravello 最重要的功能，因此我们会在后续单独介绍。

2）Library(用户资料库)

如图 5-3 所示，Library 包括 Blueprints、VMs、Disk Images、Elastic IP Addresses 和 Key Pairs 五个子菜单，分别对应蓝图、虚拟机映像，磁盘映像、弹性 IP 地址和 SSH 密钥五类对象的管理。

蓝图界面可显示用户私有的蓝图以及分享给此用户的蓝图，后者可以复制到用户资料库。用户资料库中的蓝图也可以分享到公共资料库或其他用户。蓝图以列表的形式展现，显示的属性包括蓝图名称、描述、创建时间和属主。选定某一蓝图后，可以基于此蓝图创建应用或将其删除。蓝图不允许修改，如果需要临时改变某些配置，可以在基于蓝图创建的应用中修改；如果修改的配置需长期生效，则可以将修改的应用保存为新的蓝图。

虚拟机映像界面可显示用户私有的虚拟机映像以及分享给此用户的虚拟机映像，后者可以复制到用户资料库，用户资料库中的虚拟机映像也可以分享到公共资料库或其他用户。虚拟机映像以列表的形式展现，显示的属性包括虚拟机映像名称、创建时间和属主。选择某一虚拟机映像，可在右侧的虚拟机编辑器中查看其配置。与蓝图完全不允许修改不同，除系统提供的公共虚拟机映像不允许修改外，用户私有虚拟机映像允许修改。此界面中还可以实现虚拟机映像的导入和删除。

磁盘映像界面可显示用户私有的磁盘映像以及分享给此用户的磁盘映像，后者可以复制到用户资料库，用户资料库中的磁盘映像也可以分享给其他用户或公共资料库。磁盘映像以列表的形式展现，显示的属性包括磁盘映像名称、创建时间、磁盘大小和属主。公共磁盘映像不允许修改，私有磁盘映像只允许修改映像名称、简述和详细说明文档。

虚拟机需要对外提供公共访问时，可以获得临时分配的公网 IP 地址或固定分配的公网 IP 地址。前者当虚拟机重启时，公网 IP 地址可能发生改变；后者即弹性 IP 地址，会伴随整个虚拟机的生命周期。弹性 IP 地址界面以列表的形式显示可用状态(已分配或未分配)、地址信息、可用位置(全球可用或某一地区可用)、创建时间、IP 地址关联的应用和虚拟机。已分配的 IP 地址其他虚拟机无法使用并且不允许删除，除非其关联的虚拟机解除与此弹性 IP 的绑定关系。此界面中还可以创建或删除弹性 IP 地址，创建 IP 地址时唯一需要指定的参数为可用位置，可选择某一具体的区域或全球可用。

SSH 密钥对界面以列表方式显示所有的密钥对，选定某一密钥对时，可以将其删除或设置为默认的密钥对，新创建的虚拟机将自动使用此密钥对。单击 Create Key Pair 按钮可进入创建密钥对界面，用户可选择生成新的密钥对或导入 SSH 公钥，当选择前者时，SSH 公钥将保存到用户资料库中，PEM 格式的私钥将下载到本地，如果需要，可以通过 PUTTYGEN 应用将 PEM 格式转换为 PUTTY 所需的 PPK 格式。

3) Admin(系统管理)

如图 5-4 所示，Admin 菜单包括 Permissions Groups，Users、Ephemeral Access Tokens、Billing & Budget、Usage 和 Log 六个子菜单，分别对应权限组管理、用户管理、临时访问管理、计费预算管理、用量管理和日志管理。

权限组即用户组，用户的权限是由用户所属的权限组决定的。系统预定义的权限组包括具有所有权限的超级用户组 Admin 和对所有资源具备只读权限的 Users 权限组。用户可以创建自定义权限组，并赋予相应资源的权限，资源包括告警、应用、蓝图、磁盘映像、虚拟机映像、计费信息、临时访问令牌等 17 种，权限包括读取、创建、更新、删除、执行、临时访问和分享共 7 种。本界面中可进行的操作包括显示所有的权限组、权限组拥有的权限，以及权限组中的用户，还可以增删权限组、修改资源的权限、移除权限组中的用户。

Users 界面中可以创建、禁止用户、修改用户口令、赋予用户权限组。用户必须分配至少一个权限组才可以使用 Ravello 云服务，一个用户可以属于多个权限组，所获得的权限是多个权限组权限的并集。另外，Ravello 使用邀请用户的方式来新建用户，邀请用户时需提供受邀用户的邮箱并赋予其至少一个权限组。

临时访问令牌(Ephemeral Access Token)是指赋予外部用户临时访问指定资源的权

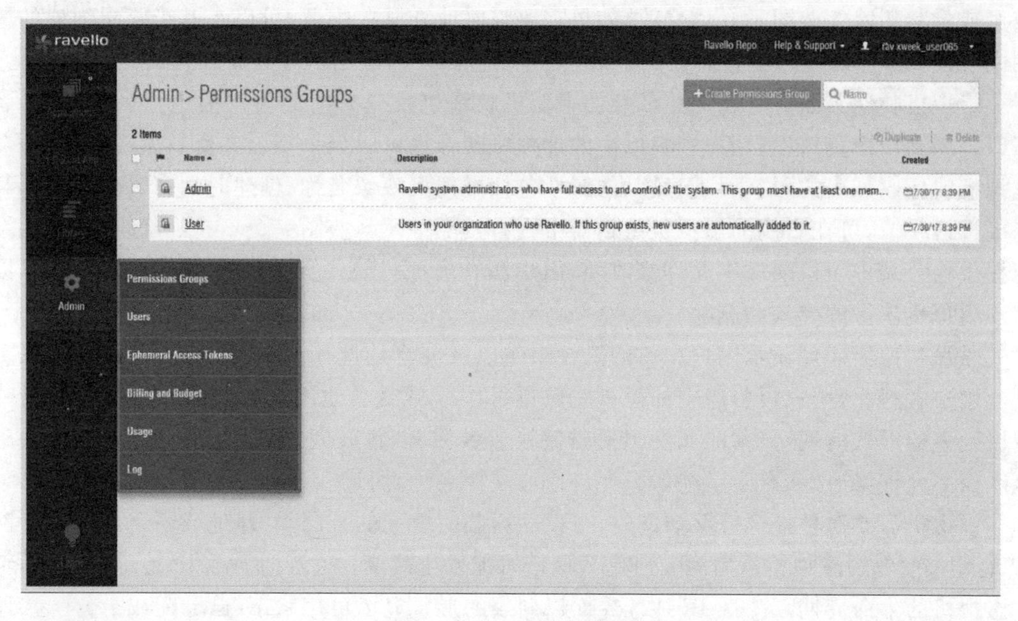

图 5-4　Admin 导航菜单

限,无须在系统中建立用户,即可临时将 Ravello 环境延伸到客户端,为外部用户临时访问提供便利。临时访问令牌管理界面如图 5-5 所示,本界面的主要功能为创建、修改和删除临时访问令牌,临时访问令牌包括开始生效时间和时长,以及指定资源的访问权限。临时访问令牌生成后,用户可获得 3 种访问 Ravello 环境的手段,即访问单个应用的终端用户 URL、访问 Web Console 的 URL 以及用于 REST API 访问使用的令牌。通过 REST API 访问时,需添加 X-Ephemeral-Token-Authorization 头信息并附加查询参数'?token=临时访问令牌'。

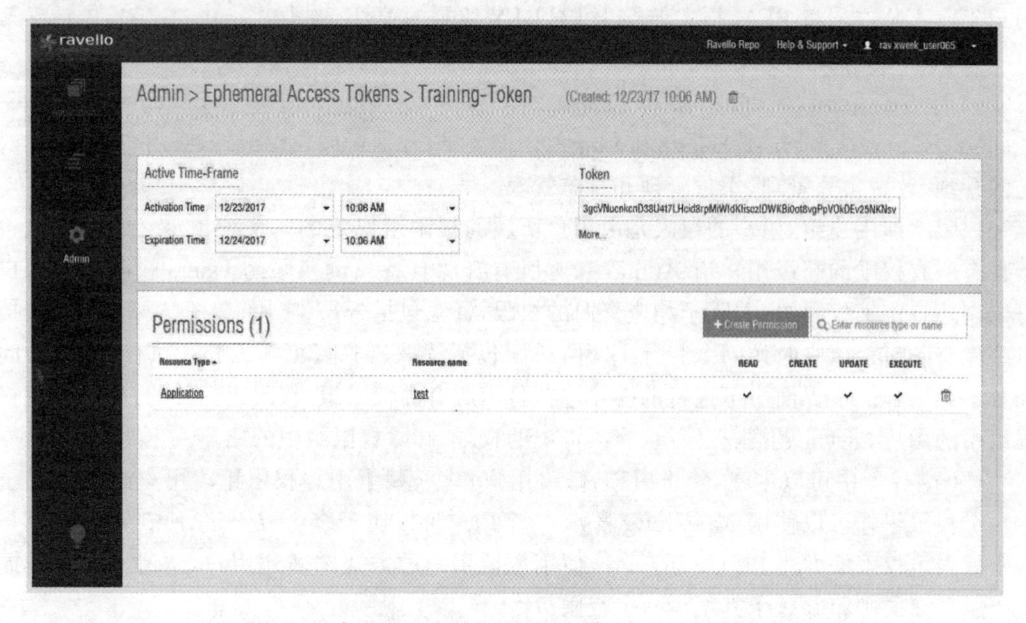

图 5-5　建立临时访问令牌(Ephemeral Access Token)

通过 Billing & Budget 界面可以监控用户的费用使用情况。可以按单个应用或按组织查看计费信息，后者是通过建立 bucket 并添加相关应用来实现的。计费报告每月生成一次，报告中包含计算、网络流量，存储和公网 IP 的分项计费信息，可浏览过去 12 个月的计费报告。预算是指可以为 bucket 创建基于邮件通知的告警，告警可设置费用上限、告警阈值和告警周期。

管理员可以设定用户对于某些资源的使用限额，这些资源包括同时运行的虚拟机数量、公共 IP 地址数量和弹性 IP 地址数量。在 Usage 界面可显示此用户的资源限额以及当前用量，可以联系管理员调高资源限额。

Log 界面显示所有的系统日志，日志分为信息、警告和错误 3 类，可在右上角对日志进行搜索，搜索可基于文本或基于字段。Ravello 日志搜索引擎基于 Apache Lucene，搜索的语法帮助参见官网[1]。

4）Learn（学习）

学习界面中除包括 Ravello 服务指南的快捷方式外，还提供一系列向导式操作指南。用户可以在向导指引下，在实际界面中学习常用的任务和操作，包括创建应用、导入虚拟机、共享资源、费用监控等。

3. 信息窗格

信息窗格是信息显示的主体部分，对象的信息通常以列表的形式展现，每一行显示一个对象的多个属性，并可以选定一个或多个对象进行相应操作。

5.2.2 REST API

除 Web Console 外，Ravello 也支持使用 REST API 对云中的对象进行管理，将 REST API 调用封装为脚本可实现对象管理的自动化及过程的标准化。每个 REST API 调用均对应于一个 HTTP 请求，HTTP POST、GET、PUT 和 DELETE 请求分别用于对象的创建、读取、更新和删除。

要访问 Ravello 云服务必须通过 REST API 端点，并提供用户名和口令。Ravello 云服务的 REST 端点为 https://cloud.ravellosystems.com/api/v1，每一个对象均在 REST 端点下分配一个唯一的 URL。如果用户账户中包含身份域，则用户名中必须包含身份域。以下为设置 Ravello 环境变量样本，后续示例中将引用这些环境变量：

```
IDDOMAIN = "Ravello 云服务身份域" # 如无身份域则设为空
RAVUSER = "Ravello 云服务用户名"
if [[ ! - z " $ IDDOMAIN" ]]; then
    RAVUSER = " $ {IDDOMAIN}/ $ {RAVUSER}"
fi
RAVPWD = "Ravello 云服务口令"
RAVRESTEP = https://cloud.ravellosystems.com/api/v1
```

在 HTTP 头信息中可通过 Content-Type 指定发送请求的格式。例如，在上传 SSH 公

① https://lucene.apache.org/core/2_9_4/queryparsersyntax.html

钥时，公钥的名称及数据存放在 JSON 文件中，在调用中则必须通过-H " Content-Type: application/json"指定输入的格式为 JSON 文件：

```
$ cat ssh_pkey.json
{"publicKey": "ssh-rsa AAAAB3NzaC1yc2EAAAABJQAAAQ…", "name": "opcbook-pkey"}
$ curl -s -X POST -d @ssh_pkey.json -H "Content-Type: application/json" \
     --user "$RAVUSER":"$RAVPWD" $RAVRESTEP/keypairs
```

REST API 调用的响应信息可以是 XML 或 JSON 格式，Ravello 默认使用 XML 格式，可通过 HTTP 头信息中的 Accept 指定输出格式，例如：

```
# 显示所有的蓝图，输出格式设为 XML
$ curl -s -X GET --user "$RAVUSER":"$RAVPWD" -H "Accept: application/xml" \
   $RAVRESTEP/blueprints/$blueprintid | xmllint --format -
# 显示所有的应用，输出格式设为 JSON
$ curl -s -X GET --user "$RAVUSER":"$RAVPWD" -H "Accept: application/json" \
   $RAVRESTEP/applications/$appid | json_reformat
```

以上为 REST API 的简单说明与示例，详细的功能与操作说明参见官方文档[①]。

5.2.3 VM Import Tool

VM Import Tool(虚拟机导入工具)可以将用户客户端或数据中心的虚拟机和磁盘映像上传到用户资料库中。VM Import Tool 既可以独立运行，也可以在 Ravello Web Console 中调用。如果虚拟机在 vCenter、vSphere 或 ESXi 上运行，通过提供相应的用户名和口令，导入工具可以直接连接到 vCenter 或虚拟机所在的主机，为虚拟机建立快照并导出上传。这种方式不会影响源虚拟机的运行，但如需保证完全数据一致性，则建议将源虚拟机关机后再上传。导入工具也可以上传已导出为文件的虚拟机，支持的文件格式为 OVF、OVA 和 Ravello 导出格式(*.ravello)。OVF 和 OVA 可包括一个或多个磁盘映像，OVF 包含一个目录下的多个文件，而 OVA 则将整个目录打包为单个 TAR 文件。OVF 同时也可指开放虚拟化格式标准，主流虚拟化产品均支持此标准。

在 Library→VMs 页面，单击 Import VM，如果导入工具尚未安装，系统将自动进入软件下载界面，目前导入工具支持 Windows、Linux 和 Mac 版本，用户可以选择安装图形界面或命令行版本。图形界面导入工具运行时需在本机的 8881 端口监听，可通过 http://localhost:8881/hello 测试其是否正常运行。命令行上传工具通过指定 upload-from-vmware、import 或 import-disk 命令行选项可上传 VMware 虚拟机映像，普通虚拟机映像或磁盘映像。以下为在 Linux 平台下上传 Fedora 云映像的示例，上传日志可在~/.ravello/logs 目录中查询：

```
# ./ravello import-disk -u $RAVUSER -d /mnt/Fedora-Cloud-Base-26-1.5.x86_64.qcow2
Running Ravello import tool. Version: 2.1.100012
Initialize upload...
Enter password for username demouser@ravello.com:
```

① https://www.ravellosystems.com/ravello-api-doc/

```
Upload status:
[ ========================================>] 100 %
upload finished successfully
```

在虚拟机上传过程中，Ravello可以自动识别虚拟机的配置，上传后的虚拟机自动进入用户资料库中，初始状态为待验证，需由用户确认配置后才可在应用中使用。此过程中也可对虚拟机进行定制，如添加描述和文档说明、调整CPU和内存、增加磁盘和服务等。

VM Import Tool也支持上传磁盘映像。可启动的磁盘映像等同于虚拟机，不可启动的磁盘映像则相当于数据盘，上传后可挂接到已有的虚拟机上。Ravello支持的磁盘映像格式包括ISO、VMDK和QCOW以及作为操作系统安装介质的ISO格式。VMDK最初由VMware开发并在vSphere和ESX中使用，现已成为广泛使用的开放虚拟机格式，VMware Workstation、vSphere和ESX以及Oracle VM和VirtualBox均支持VMDK格式。QCOW（QEMU Copy On Write）是另一种常用的磁盘映像格式，由于此格式的磁盘可随数据增长而扩展，因此映像文件较小，其他的优点包括支持快照、优化的压缩和加密。

图5-6为VM Import Tool的上传界面，其中包括了上传文件的位置及大小、上传进度和状态。在图中显示的5个文件上传中，从上至下依次为Fedora官方提供的QCOW磁盘映像、从VirtualBox中导出的OVF格式虚拟机文件、Ubuntu官方提供的IMG格式（ISO格式的超集）磁盘映像文件、Oracle Linux 6U6的ISO安装文件以及VMware ESXi 6.5 ISO安装文件。

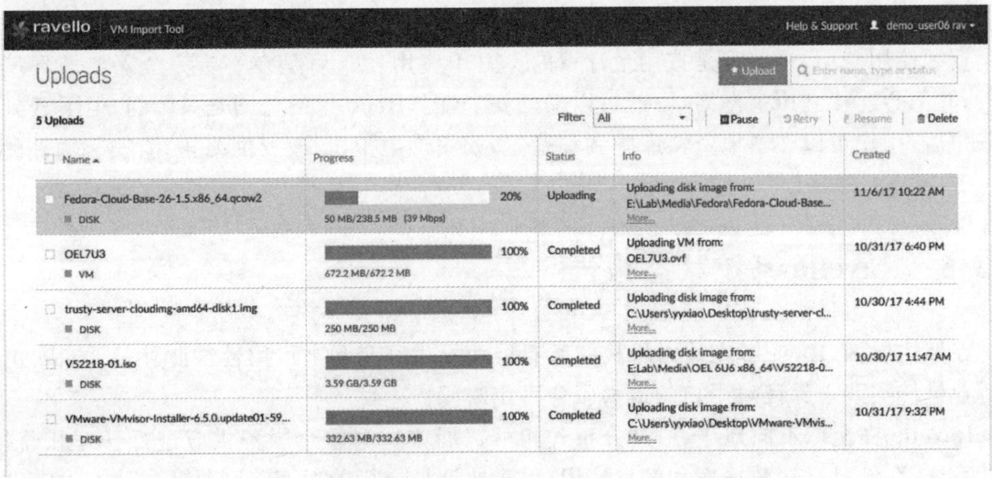

图5-6 Ravello VM Import Tool

由于虚拟机或映像文件通常较大，因此Import Tool支持断点续传，通过Pause按钮可暂停上传，之后可通过Resume按钮恢复上传。

5.2.4 Ravello Repo

Revello Repo是蓝图的应用市场，也称为公共资料库，其中包括大量完整的应用环境，包含虚拟机、网络拓扑和存储配置。如图5-7所示，Repo中包含的蓝图涉及范围广泛，包括OpenStack、Nutanix超融合基础设施、Jenkins持续集成沙箱、VPN、路由器等，Ravello用户可以下载感兴趣的蓝图到本地资料库，然后发布到云中运行。这些就绪的完整环境使得新技术可以更快地展现给用户，同时也大大缩短了用户学习路径。

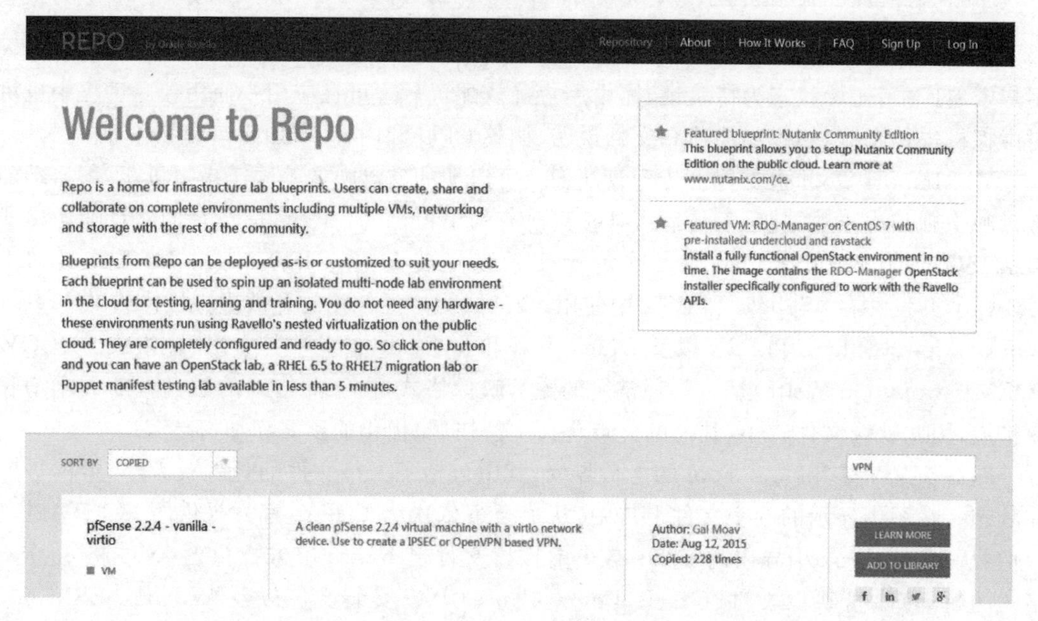

图 5-7 Ravello 公共资料库

Repo 本身是免费的，蓝图下载到本地资料库后会产生存储费用，基于蓝图发布应用会产生资源使用费用，这些都是按用量计费的。由于应用发布后是在一个完全隔离的环境中运行，并不会连接到用户网络，因此可以保证安全性。Repo 中的蓝图是只读的，但下载到用户账户后，用户可以在本地资料库中调整配置，如添加虚拟机、改变网络拓扑、安装额外的软件包等。

5.2.5 Ravello 系统状态报告

在架构层面，Ravello 在技术堆栈的所有层面提供冗余和高可用性。此外，Ravello 也使用行业最佳实践来保证对用户的最大服务可用时间。

Ravello 在全球不同地点，通过分布式和可扩展方式对整个服务供应进行管理和监控，包括系统、存储、网络、数据库和客户使用，以将非计划宕机的概率降到最低。计划内宕机亦是如此，绝大多数的 Ravello 软件更新和升级都无须宕机，极少数情况下，如管理系统的升级引起的中断不会超过 10 分钟，在管理系统不可用期间，已经发布的应用运行不会受到影响。由于 Ravello 屏蔽了公有云基础设施的差异性，因此对于灾难也可以很好地防范，例如某地区的云数据中心发生灾难后，通过简单的点击操作即可在另一公有云中发布运行。

Ravello 在官网[①]实时发布故障和系统服务可用性报告，如图 5-8 所示。用户可以按月查询到整个服务的可用时间，评估 Ravello 的服务水准。如果发生了服务中断，故障发生的时间、引起中断的时间、故障处理进度与最终结果也可以在此网站中查询。

① http://status.ravellosystems.com/uptime

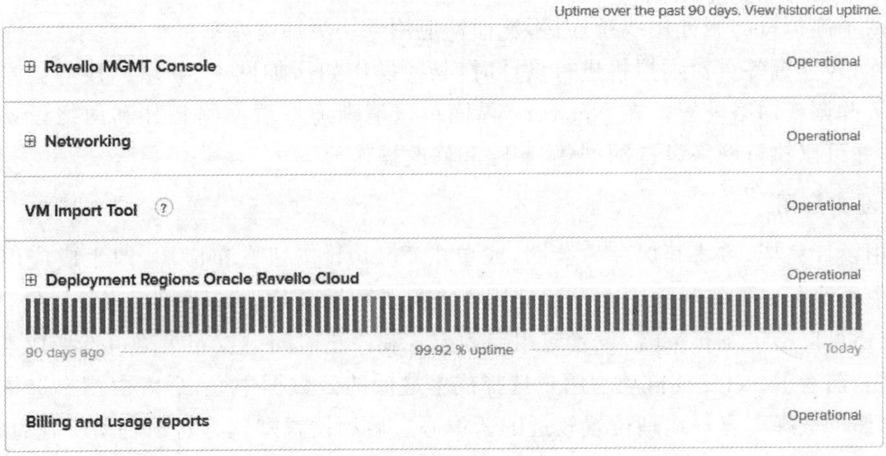

Uptime over the past 90 days. View historical uptime.

⊞ Ravello MGMT Console	Operational
⊞ Networking	Operational
VM Import Tool ?	Operational
⊞ Deployment Regions Oracle Ravello Cloud 90 days ago — 99.92 % uptime — Today	Operational
Billing and usage reports	Operational

图 5-8 Ravello 系统服务可用性和故障报告

5.3 创建与发布 Ravello 应用

5.3.1 应用创建和发布常规流程

常规的应用创建和发布流程如下，所有步骤均在 Web Console 中执行：

1. 安装虚拟机导入工具

本步骤可选，如果在后续应用中需要使用上传的虚拟机，则必须首先安装虚拟机导入工具 VM Import Tool，软件支持平台为 Windows、MAC 和 Linux，用户可选择安装图形化或命令行版本。

2. 上传虚拟机或磁盘映像

本步骤可选，导入工具支持上传 VMware ESXi 或 vCenter 环境中的虚拟机，支持 OVF 格式的虚拟机，云映像及 ISO、QCOW、VMDK 或 IMG 格式的磁盘映像。用户可选择命令行或图形化方式上传，两种方式均支持进度显示、断点续传和上传历史查询。

3. 创建应用

单击导航菜单上的 Applications，进入应用页面，然后单击 Create Application 创建新的空白应用，也可以指定基于蓝图创建应用。

4. 设计应用

应用设计主要通过应用页面的 Canvas 和 Network 标签页进行，前者用于设计虚拟机，后者专注于网络设计。在 Canvas 标签页，可通过 Import VM 按钮添加新的虚拟机映像，虚拟机设置可以在虚拟机编辑器中修改，例如添加新磁盘、网卡、服务等。在虚拟机编辑器中的 Disks 页面，还可以通过 Add Disk Based on Image 将个人资料库中的磁盘映像添加到虚拟机。在 Canvas 标签页还可以建立 Group 分组对象，然后可将虚拟机拖曳入分组中，分组对象可将虚拟机按用途分类以便进行批量操作。通过定义虚拟机的供应服务和所需服务，可以将两个虚拟机的服务用线条连接，从而使应用架构更加清晰易懂。

在 Canvas 标签页对虚拟机进行设计时，某些操作如添加网卡、新增网段等会自动添加网络设备并调整网络配置。在 Network 界面可以清晰地查看网络拓扑和网络设备间的层次关系，并可以执行网络设备的创建、删除和修改操作。

5. 发布应用

应用设计完毕，可将其保存为蓝图，或单击 Publish 按钮发布应用，即生成应用实例到云数据中心运行。发布界面中会显示应用中虚拟机数量，CPU、内存和存储资源的合计；此外，用户还可以指定发布策略，设置应用启动方式和停止时间。发布策略可选择成本优先或性能优先，前者 Ravello 会自动为用户选择成本最低的云数据中心，后者由用户选择云数据中心，例如可选择离客户地理位置较近的云中心。启动设置默认为自动启动所有的虚拟机，也可以选择暂不启动。应用停止时间默认为 2h，亦可以修改为其他时间或永不停止。

Ravello 中的应用具备两个视角的属性，即设计属性和运行属性。应用在未发布时只有设计属性，应用发布的时刻，设计属性与运行属性保持一致。应用发布后，仍可以对应用中的虚拟机、存储和网络配置进行修改，例如增加虚拟机、为虚拟机添加硬盘和服务等，此时设计属性与运行属性存在差异，通过 Update 按钮可以将应用更新推送到云数据中心，换言之，Update 可以让设计属性与运行属性保持一致。

5.3.2 通过上传 ISO 映像创建应用

ISO 映像文件即 CD 或 DVD 光盘的镜像，Ravello 支持使用传统的 ISO 文件来安装系统；此外，Ravello 还支持安装 VMware ESXi 和 Red Hat KVM 虚拟化软件，即在 Ravello 虚拟化层之上再嵌套一级虚拟化层。以下通过两个示例来说明使用 ISO 创建应用的方法。

使用 ISO 文件安装 Oracle Linux 6U6 的界面如图 5-9 所示，安装过程如下：

(1) 从 Oracle 官网①下载介质 V52218-01.iso，文件大小约 3.6GB。

(2) 通过 VM Import Tool 上传 ISO 文件。

(3) 在 Library→Disk Images 中确认 ISO 文件已存在。

(4) 创建应用，然后拖曳 Empty 虚拟机模板到 Canvas。

(5) 设定启动光盘映像。

选中虚拟机，在虚拟机编辑器中的 Disks 页面，可发现系统已分配一块 50GB 的磁盘和光盘，将光盘映像设定为 V52218-01.iso。磁盘的大小可根据需要调整。

(6) 发布应用，虚拟机自动启动，然后在 Console 中访问安装界面并安装。

(7) 安装完成后，弹出光驱，系统重启。

(8) 根据需要对虚拟机配置进行修改，如添加软件包、配置 SSH 登录等。

(9) 停止应用并保存为蓝图，或将应用中的虚拟机保存到用户资料库作为后续使用模板。

---

① https://edelivery.oracle.com

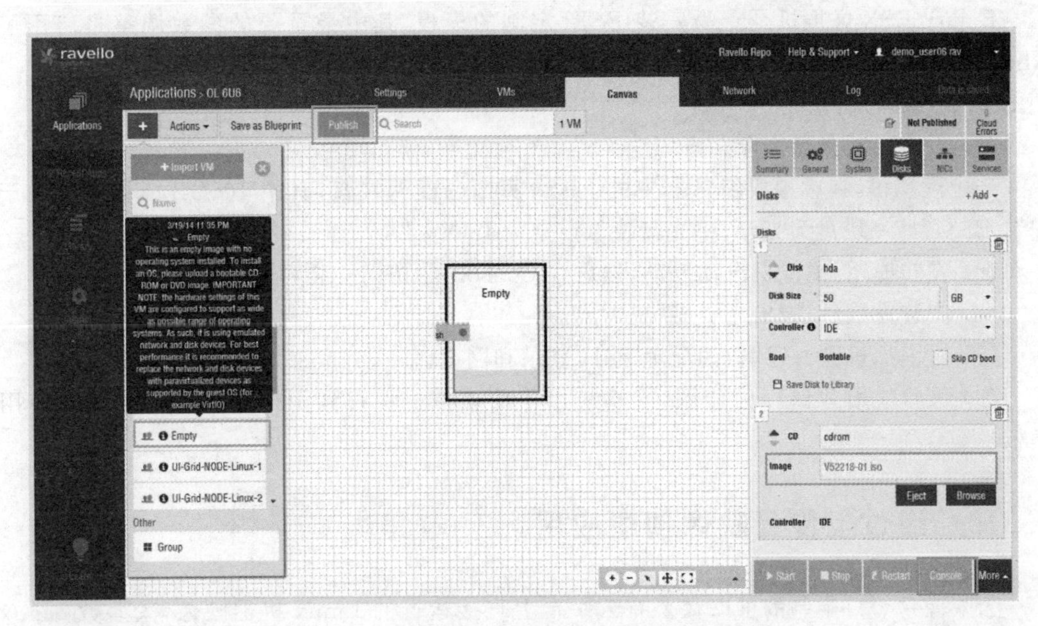

图 5-9　使用 ISO 文件安装 Linux 操作系统

使用 ISO 文件安装 VMware 虚拟化操作系统的界面如图 5-10 所示,安装过程如下:

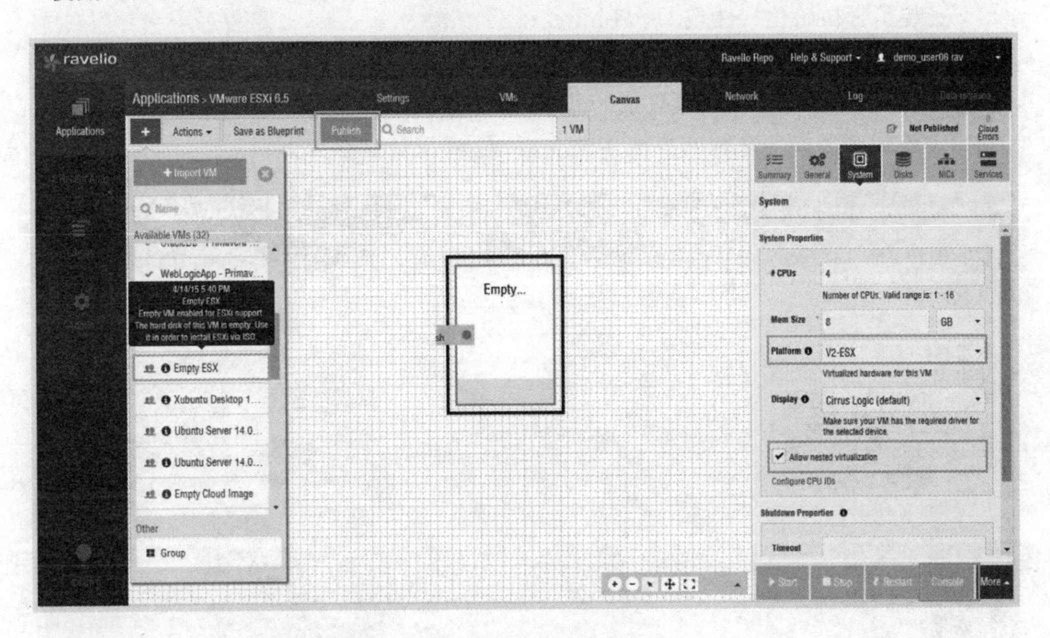

图 5-10　使用 ISO 文件安装 VMware

(1) 从 VMware 官网下载 ESXi 6.5 安装介质。

文件名为 VMware-VMvisor-Installer-6.5.0.update01-5969303.x86_64.iso,约 332MB。

(2) 通过 VM Import Tool 上传 ISO 文件。

(3) 在 Library→Disk Images 中确认 ISO 文件已存在。

(4) 创建应用,然后拖曳 Empty ESX 虚拟机模板到 Canvas。

Empty ESX 虚拟机是专为安装 ESXi 定制的模板，其中最重要的参数调整是启用了 Allow nested virtualization 以及将平台设置为 V2-ESX。另外，CPU 和内存也相应调大以便 ESXi 承载虚拟机。

(5) 设定启动光盘映像。

选中虚拟机，在虚拟机编辑器中的 Disks 页面分配两块盘，其中 100GB 虚拟硬盘用于安装 ESXi，另一块盘为光盘，将光盘映像设定为 ISO 文件。

(6) 发布应用，虚拟机自动启动，然后在 Console 中访问安装界面并安装。

(7) 安装完成后，弹出光驱，系统重启。

(8) 对虚拟机进行定制，如配置 SSH 登录和网络。

(9) 停止应用并保存为蓝图，或将应用中的虚拟机保存到用户资料库作为后续使用模板。

5.3.3 通过上传云映像创建应用

云映像是经过定制的可以在公有云平台上直接运行的 Linux 机器映像，大多数 Linux 发行版都提供云映像，例如 Ubuntu 和 Fedora，用户也可以自行制作云映像。云映像通常具备以下的特征：

(1) 安装了云初始化软件包 cloud-init。

(2) 建立了默认的 SSH 登录用户，通常为 cloud-user。

(3) 为默认 SSH 登录用户设置了 sudo 权限。

使用云映像安装操作系统的界面如图 5-11 所示，安装过程如下：

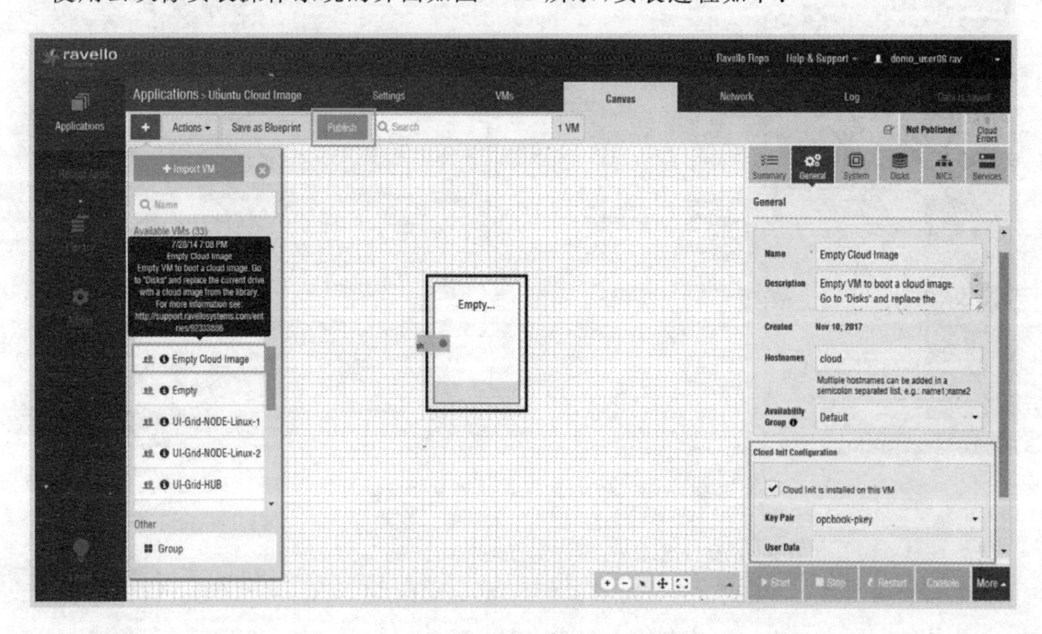

图 5-11 使用云映像安装操作系统

(1) 从所需 Linux 发行版官网下载云映像。

Fedora 云映像下载地址为 https://alt.fedoraproject.org/cloud/，选择 qcow2 格式的

机器映像。Ubuntu 云映像下载地址为 https://cloud-images. ubuntu. com,选择相应版本,进入 current 目录,然后选择后缀为-server-cloudimg-amd64-disk1. img 的文件。

(2) 通过 VM Import Tool 上传云映像。

(3) 在 Library→Disk Images 中确认云映像文件已存在。

(4) 创建应用,然后拖曳 Empty Cloud Image 虚拟机模板到 Canvas。

(5) 在虚拟机编辑器中配置磁盘。

选择 Disks 标签页,删除虚拟机模板自带的 50GB 磁盘,然后选择 Add Disk Based on Image 菜单添加一块基于上传云映像的新磁盘。新磁盘默认为可启动盘。

(6) 在 Library→Key Pairs 中上传 SSH 公钥,例如 opcbook-pkey。

(7) 在虚拟机编辑器中设置 SSH 公钥。

由于云映像中均安装了 cloud-init 云实例初始化包,并且自动创建 SSH 登录用户,因此必须为此用户添加 SSH 公钥,以便具有对应私钥的主机可以免密码登录。在虚拟机编辑器中选择 General 标签页,在 Key Pair 下拉框中选择之前上传的公钥。此公钥在云实例初始化时会自动添加到默认 SSH 用户的~/. ssh/authorized_keys 文件中。Fedora 和 Ubuntu 云映像中默认的 SSH 用户分别为 fedora 和 ubuntu,其他情况下通常为默认的 cloud-user 用户。

(8) 发布应用,虚拟机自动启动。

云映像模板的公网访问默认使用 Port Forwarding,从虚拟机编辑器的 Summary 标签页可以查询到公网 IP 和转发端口,登录虚拟机后可验证云映像所具备的特性:

```
client $ ssh -i ./opcbook_pkey.pem ubuntu@129.213.38.163 -p 10001          # 允许 SSH 登录
ubuntu@cloud:~ $ apt list --installed | grep cloud-init                   # 云初始化软件包已安装
cloud-init/trusty-updates,now 0.7.5-0ubuntu1.22 all [installed]
ubuntu@cloud:~ $ sudo -s                                                   # ubuntu 用户已设置 sudo 权限
root@cloud:~#
```

在云初始化配置文件中,默认用户设置为 ubuntu,并启用了 sudo 权限:

```
root@cloud:~# more /etc/cloud/cloud.cfg
...
default_user:
    name: ubuntu
    lock_passwd: True
    gecos: Ubuntu
    groups: [adm, audio, cdrom, dialout, dip, floppy, netdev, plugdev, sudo, video]
    sudo: ["ALL=(ALL) NOPASSWD:ALL"]
```

(9) 停止应用并保存为蓝图,或将应用中的虚拟机保存到用户资料库作为后续使用模板。

5.3.4 通过上传虚拟机创建应用

Ravello 支持在线和离线两种方式上传虚拟机。在线方式主要适用于 VMware ESXi, VM Import Tool 可以直接连接到 ESXi 服务器或 vCenter,然后在线导出虚拟机并上传。

上传的虚拟机可以直接添加到应用中发布运行，而上传ISO方式还需要一个安装过程才能形成虚拟机。由于VMware ESXi测试环境并不易得，以下将以开源的Oracle VirtualBox为例，说明离线上传虚拟机创建应用的过程。

(1) 在VirtualBox中自行创建用于测试的Oracle Linux 7U3虚拟机。

(2) 关闭虚拟机，然后将虚拟机导出为OVF文件。

(3) 通过VM Import Tool上传虚拟机，并通过Library→VMs确认上传成功。

(4) 创建应用，然后拖曳上传的虚拟机到Canvas。

(5) 按需调整虚拟机的内存、CPU等配置。

(6) 发布应用，虚拟机自动启动。

(7) 通过Console访问虚拟机并进行定制，如安装软件包、配置SSH登录和网络等。

最后一步的定制化工作通常是必要的，例如在桌面运行的系统通常都没有配置SSH访问，而在云环境中，通过SSH访问是默认和更安全的手段。另外，网络环境上也可能需要小的调整，特别是Linux 7版本在网络管理等方面与Linux 6版本存在很大差异，例如在Linux 6中默认的网络设备名eth0在Linux 7中可能命名为enp0s3，上传到Ravello云环境后设备名可能再次变化。

本例中，虚拟机中识别到的网络设备名为ens3，而在网络配置文件中指定的设备名为enp0s3，因此网络无法正常工作。通过以下命令建立正确的网络配置，即可将网络恢复正常：

```
# nmcli device show | grep DEVICE
GENERAL.DEVICE:                ens3              # 系统识别到的网络设备名为ens3
GENERAL.DEVICE:                lo
# grep DEVICE /etc/sysconfig/network-scripts/ifcfg-enp0s3
DEVICE=enp0s3                                    # 配置文件中设置的网络设备名为enp0s3
# nmcli connection delete enp0s3                 # 删除原来的配置文件
# 建立新的配置文件ifcfg-eth0,并使用设备ens3
# nmcli connection add con-name "eth0" type ethernet ifname ens3
# nmcli device status
DEVICE   TYPE      STATE      CONNECTION
ens3     ethernet  connected  System ens3          # 确认状态为connected,表示正常
```

如果没有现成的VirtualBox环境，也可以从Oracle官方网站[①]下载已制作好的用于自学的虚拟机来完成此实验。

5.3.5 通过REST API创建应用

通过REST API创建应用有两种方式，即通过蓝图或从头开始创建。使用蓝图是最简单的方式，步骤如下：

(1) 获取蓝图ID。

以下命令显示所有的蓝图信息，其中系统蓝图nginx-tomcat7-mysql的ID为51904656：

① http://www.oracle.com/technetwork/community/developer-vm/index.html

```
$ curl -s -X GET --user "$RAVUSER":"$RAVPWD" -H "Accept: application/json" \
    $RAVRESTEP/blueprints/$blueprintid | json_reformat
{
    "id": 51904656,
    "name": "nginx-tomcat7-mysql",
    "owner": "Ravello Systems",
    "ownerDetails": {
      "userId": 262148,
      "name": "Ravello Systems",
      "deleted": false
    },
    "description": "Nginx, Tomcat 7 and MySQL.\nA blueprint for developing Java applications.
\nLog-in (to the VMs) with the user ravello (using a SSH key-pair)",
    "creationTime": 1413850309915,
    "usingNewNetwork": true,
    "design": {
      "state": "DONE",
      "stopVmsByOrder": false
    },
    "published": false,
    "isPublic": true,
    "peerToPeerShares": 0,
    "communityShares": 0,
    "copies": 1,
    "hasDocumentation": false
}, ...
```

(2) 编写JSON文件,指定应用的名称、描述和蓝图ID,注意其中的属性名称区分大小写。

```
$ cat newappfrombp.json
{
    "name": "newAppFromBP",
    "description" : "Create application from blueprint demo",
    "baseBlueprintId": 51904656
}
```

(3) 指定上一步编写的JSON文件作为参数创建应用。

```
$ curl -s -X POST -d @newappfrombp.json -H "Content-Type: application/json" \
   -H "Accept: application/json" --user "$RAVUSER":"$RAVPWD" \
   $RAVRESTEP/applications | json_reformat
```

(4) 发布应用。

从头开始创建应用的过程比使用蓝图复杂,特别是当应用包含多个虚拟机时,因此当应用设计完毕后,应将应用保存为蓝图以备后续使用。其创建过程如下,作为演示,本例仅添加一个虚拟机:

① 创建应用参数文件,指定应用名称与描述。

```
$ cat emptyapp.json
{
```

```
    "name": "EmptyApp",
    "description" : "Empty App, VMs will be added later"
}
```

② 创建为空的应用,并记录应用ID,本例为91260787。

```
$ curl -s -X POST -d @emptyapp.json -H "Content-Type: application/json" \
    -H "Accept: application/json" --user "$RAVUSER":"$RAVPWD" \
    $RAVRESTEP/applications | json_reformat
{
    "id": 91260787,
    "name": "EmptyApp",
    "description": "Empty App, VMs will be added later",
    ...
    "published": false,
    "costBucketId": 74547243
}
```

③ 添加虚拟机到应用中。

在本例中,我们将添加系统虚拟机映像"Ubuntu 12.04.1 vanilla",因此需要先查询此虚拟机映像的ID:

```
$ curl -s -X GET -H "Accept: application/json" --user "$RAVUSER":"$RAVPWD" \
    $RAVRESTEP/images | json_reformat
{
    "id": 1671271,
    "name": "Ubuntu 12.04.1 vanilla",
    "description": "Standard Ubuntu 12.04.4.1.\nLog-in with the user ravello
        (using a SSH key-pair)",
    "memorySize": {
        "value": 2,
        "unit": "GB"
    },
    "numCpus": 1,
    "supportsCloudInit": true,
    "requiresKeypair": true,
    "isPublic": true,
    "owner": "Ravello Systems",
    ...
}
```

从以上输出可知,此虚拟机映像ID为1671271,并且支持云映像初始化。接下来创建虚拟机参数文件,指定虚拟机映像ID,表示虚拟机将基于此映像创建:

```
$ cat newvm.json
{
    "baseVmId" : 1671271
}
```

将虚拟机添加到应用中,其中环境变量appid设置为之前记录的应用ID:

```
$ appid=91260787
```

```
$ curl -s -X POST -d @newvm.json -H "Content-Type: application/json" \
    -H "Accept: application/json" --user "$RAVUSER":"$RAVPWD" \
    $RAVRESTEP/applications/$appid/vms | json_reformat
{
    "id": 91260787,
    "name": "EmptyApp",
    ...
        "design": {
            "vms": [
                {
                    "id": 5785033277685243904,
                    "name": "Ubuntu 12.04.1 vanilla",
                    ...
                }
            ],
            ...
            "validationMessages": [
              {
                "type": "ERROR",
                "text": "Key pair must be supplied.",
                "issue": "VM_KEY_REQUIRED_BUT_DOESNT_EXIST",
                ...
            }
        ]
    },
    "published": false,
    ...
}
```

查看此命令的输出，其中新建虚拟机ID为5785033277685243904，design属性表示此应用处于尚未发布的设计阶段，验证消息中的错误"Key pair must be supplied."表示此虚拟机尚未关联SSH公钥。为关联SSH公钥，需要首先获取虚拟机的当前配置并保存至JSON文件vmcfg.json：

```
$ vmid=5785033277685243904
$ curl -s -X GET -H "Accept: application/json" --user "$RAVUSER":"$RAVPWD" \
    $RAVRESTEP/applications/$appid/vms/$vmid | json_reformat > vmcfg.json
```

查询到需关联的SSH公钥ID为90603546：

```
$ curl -s -X GET -H "Accept: application/json" --user "$RAVUSER":"$RAVPWD" \
    $RAVRESTEP/keypairs | json_reformat
{
    "id": 90603546,
    "name": "opcbook-pkey",
    ...
}
```

修改配置文件，在配置文件中搜索字符串requiresKeypair，在其后添加一行，内容为"keypairId": 90603546,：

```
$ sed -i '/requiresKeypair/a "keypairId":90603546,' vmcfg.json
```

使用新的配置文件更新虚拟机，将 SSH 公钥与虚拟机关联：

```
$ curl -s -X PUT -d @vmcfg.json -H "Content-Type: application/json" /
    -H "Accept: application/json" --user "$RAVUSER":"$RAVPWD" /
    $RAVRESTEP/applications/$appid/vms/$vmid | json_reformat
```

④ 发布应用。

创建应用发布配置文件，指定成本最优或性能最优发布策略，本例采用前者。

```
$ cat publishapp.json
{
    "optimizationLevel": "COST_OPTIMIZED"
}
$ curl -s -X POST -d @publishapp.json -H "Content-Type: application/json" \
    --user "$RAVUSER":"$RAVPWD" $RAVRESTEP/applications/$appid/publish
```

⑤ 将发布成功的应用保存为蓝图。

创建的蓝图基于配置文件 bpcfg.json，配置文件中指定了应用 ID、蓝图名称及是否停止应用后再创建快照：

```
$ cat bpcfg.json
{
    "applicationId": "91260846",
    "blueprintName": "EmptyAppBP",
    "offline": "true"
}
$ curl -s -X POST -d @bpcfg.json -H "Content-Type: application/json" -H "Accept:
application/json" \
--user "$RAVUSER":"$RAVPWD" $RAVRESTEP/blueprints | json_reformat
```

5.4 Ravello 应用设计

5.4.1 界面布局

通过 Applications 导航菜单进入应用列表后，单击指定应用即可进入应用详情页面，在此界面中可以设计、更新和发布应用，如图 5-12 所示。应用详情页面包括 Settings、VMs、Canvas、Network 和 Log 共 5 个标签页面，分别对应应用设置、虚拟机设置、应用设计、网络设计和日志管理 5 大功能，其中最常用和最重要的功能为虚拟机设置和网络设计。

1. Settings

如图 5-12 所示，此标签页显示应用的概要信息和计价信息，并可设置虚拟机启动顺序和添加计划事件。概要信息包括应用的属主、创建时间、包含的虚拟机数量以及计费归属。

计价信息显示在成本优化和性能优先两种模式下的价格信息，包括计算、存储、网络流量和公共 IP 地址的每小时单价及每小时总计价格。VMs Start Order 中可以设置虚拟机启

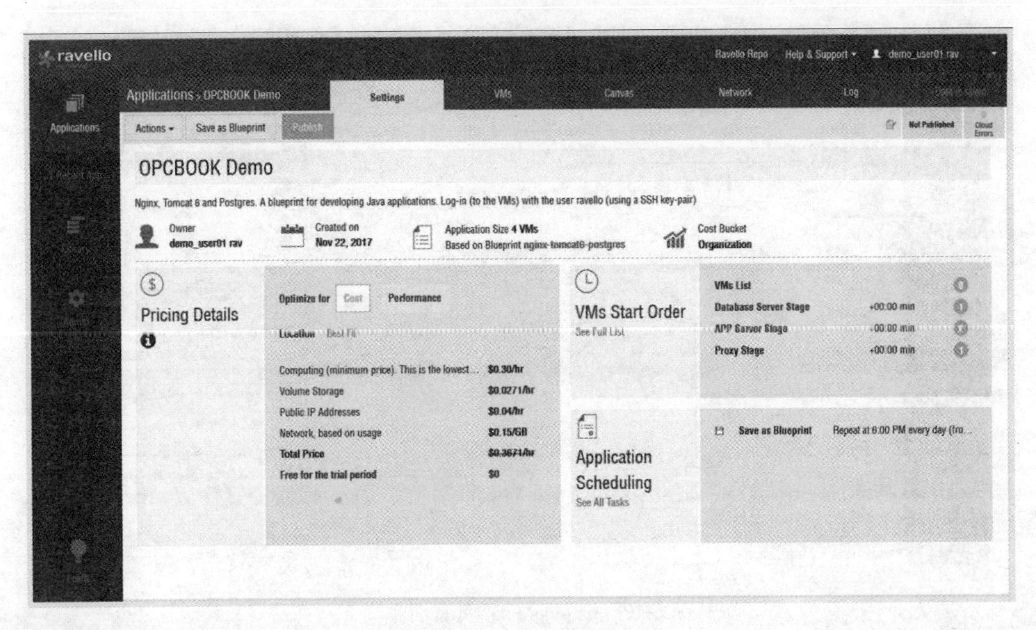

图 5-12 应用详情页面

动和停止顺序。Ravello 通过按时间顺序定义多个阶段，并添加虚拟机到各阶段实现启动顺序控制，关机顺序可设置为同时关闭所有虚拟机或按开机顺序逆序关机。Application Scheduling 中可设置计划事件，支持的事件包括启动、停止、删除应用和将应用保存为蓝图，执行方式支持在指定时间段内定时单次执行和周期性执行。

2. VMs

此标签页以列表方式显示应用中的所有虚拟机。根据虚拟机的运行状态，还可对选定的虚拟机执行启动、停止、重启、删除、控制台访问和保存到用户资料库等操作。最右侧的虚拟机编辑器中显示了选定虚拟机的系统、网络和存储等属性。

3. Canvas

Canvas 标签页是应用设计的主界面，如图 5-13 所示，此页面可分为 4 个区域，即工具条、左侧的虚拟机映像选择器、中间的应用设计区及右侧的虚拟机编辑器。

通过工具条中的应用操作按钮可启动、停止、重启或删除应用，通过蓝图保存按钮可将当前应用保存至用户资料库中。注意，由于蓝图中除配置信息外还包括存储，因此需等待其保存完毕后方可使用。通过发布与更新按钮可将用户设计的应用发布到公有云中运行，如果发布后应用发生更改，如添加虚拟机、更改了网络设置，此按钮还可将更新应用到公有云中。单击右侧的文档图标可查看或编辑应用的描述文件，通常包括应用的简介与注意事项。右侧的状态栏可显示应用是否发布、发布的数据中心区域、应用的运行状态。

单击工具条最左侧的＋号将展开虚拟机映像选择器，用户可将列表中的虚拟机映像拖曳至中间的应用设计区域，列表中的映像来自用户资料库中系统公共映像或用户私有的映像。虚拟机映像选择器最下方的 Group 菜单可以创建分组并添加到应用设计区，分组是虚拟机的集合，便于多个虚拟机的批量操作，如重启、删除等，同时分组也便于用户理解应用的架构，如可按数据层、应用层和接入层进行分组。

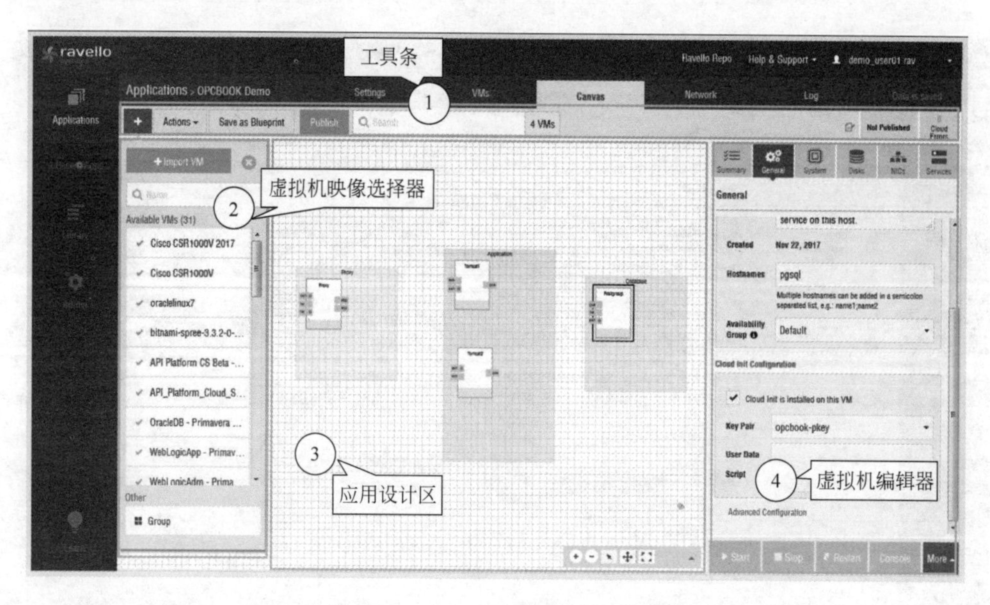

图 5-13 Canvas 标签页页面布局

中间的应用设计区以图形化方式显示应用包含的所有虚拟机，选定虚拟机的配置在右侧虚拟机编辑器中显示，并可进行修改。用户可以选择单个虚拟机或通过分组选择多个虚拟机进行操作，可以将两个虚拟机之间的服务用连线连接以表示两者的服务供应与消费关系。

4. Network

Network 标签页的主要功能是设计应用网络。如图 5-14 所示，在页面左侧应用中的所有网络设备以层次目录结构显示，右上方以图形化的方式显示所有网络设备及网络拓扑。用户可以在左侧层次目录或在右上方网络拓扑结构中选择网络设备，设备详情将在右下方属性页面显示，在属性页面中可以增删网络设备，或修改网络设备的配置。

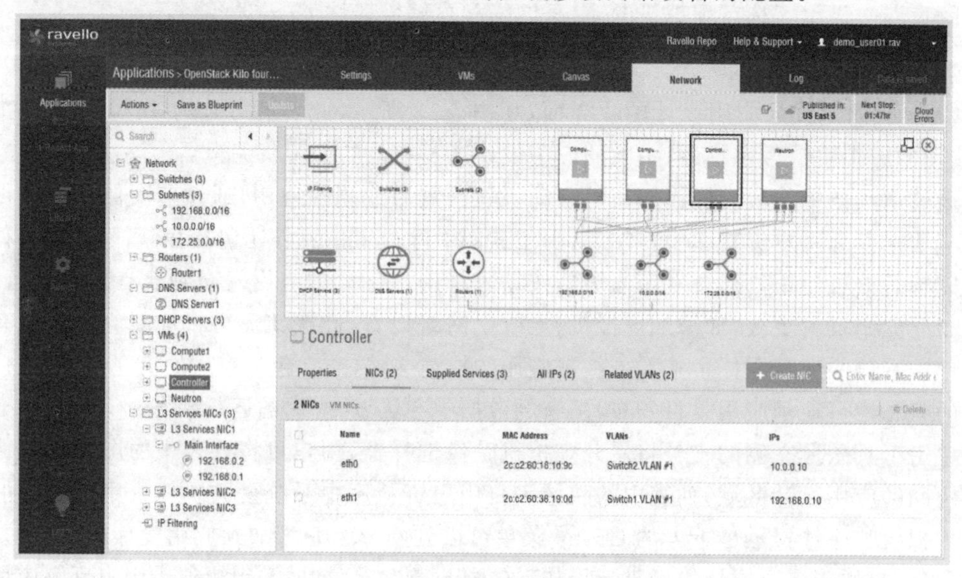

图 5-14 应用网络设计标签页

5. Log

Log 标签页以列表方式显示所有的系统通知，按严重程度系统通知分为消息、警告和错误三个级别。可以基于文本或通知级别对通知进行搜索。

5.4.2 虚拟机设置

虚拟机是应用中的重要成员，同样，虚拟机设置是应用设计中非常重要的部分。虚拟机设置通过虚拟机编辑器完成，在应用详情页面中选择 VMs 和 Canvas 标签页时，虚拟机编辑器界面显示在应用详情页面的最右侧。虚拟机编辑器包括顶部的 6 个标签页、中部的详细配置信息和底部的公共操作菜单。以下将对虚拟机编辑器做简要介绍，图 5-15 为虚拟机编辑器的概要信息、通用设置和系统设置界面，图 5-16 为虚拟机编辑器的磁盘设置、网卡设置和服务设置界面。

1. 公共操作菜单

公关操作菜单中的菜单项包括：

(1) Start：启动选定的虚拟机。

(2) Stop：通过发送 ACPI(Advanced Configuration and Power Interface)信号正常关闭选定的虚拟机。在系统设置中可以配置关机超时，超过指定时间后虚拟机将被强制关闭。

(3) Restart：重启选定的虚拟机。

(4) Console：进入虚拟机控制台，Ravello 控制台基于 Apache Guacamole 实现，客户端无须安装任何软件或插件，通过浏览器即可访问远程服务器的桌面。例如，当虚拟机未配置 SSH 或禁止外部访问时，仍可通过 Console 进入虚拟机进行操作；又如，当通过 DVD 安装操作系统时，必须通过控制台操作。控制台界面中可使用的功能包括启用虚拟键盘输入、将文本复制粘贴到虚拟机、通过发送 Ctrl＋Alt＋Del 信号强制重启虚拟机和控制台性能测试。

为提升控制台显示效果，建议在虚拟机中安装 VMware Tools[①] 或 open-vm-tools；对于 Windows 虚拟机，建议通过 RDP 访问。

(5) Recover：恢复虚拟机。当出现云供应商硬件异常或其他未知错误时需执行此操作，可选择修复并重启虚拟机，或重新发布虚拟机。后者将使虚拟机恢复到应用最初发布时的状态，在上一次应用发布后的所有数据改变将丢失。

(6) Save To Library：将选定的虚拟机保存到用户资料库中，只能针对单个虚拟机操作。此操作通过快照实现，虽然可以在虚拟机运行状态下执行，但为保证数据一致性，建议首先将虚拟机关机。

(7) SSH：显示如何通过 Windows PuTTY 客户端和标准 SSH 客户端连接虚拟机的帮助。

(8) Add External Service：进入服务设置，相当于服务设置的快捷方式。

(9) Power Off：强制关闭选定的虚拟机，相当于关闭电源。

---

① http://packages.vmware.com/tools/esx/latest/windows/index.html

(10) Delete：将选定的虚拟机从应用中删除。

2. 概要信息

概要信息中包括了此虚拟机最主要的配置信息，包括 CPU 和内存配置、总共分配的存储容量、主机名和网络配置信息，如图 5-15(a)所示。如果此虚拟机配置了 cloud-init 云初始化包，此处还会显示是否配置了 SSH 公钥以及公钥的名称。在网络配置信息中包含了网卡的数量、每一个网卡是否允许进出方向的网络访问以及是否绑定了公网 IP 地址。另外，单击其中的链接可以直接进入到对应配置的更改页面。

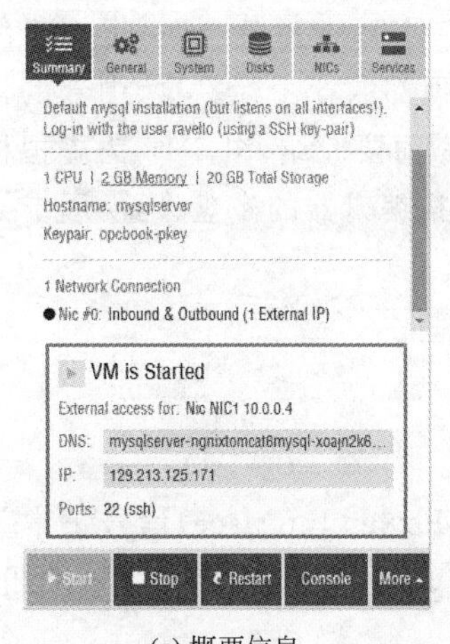

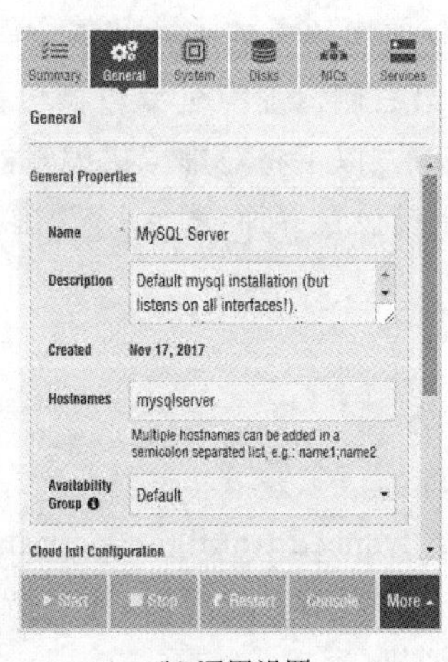

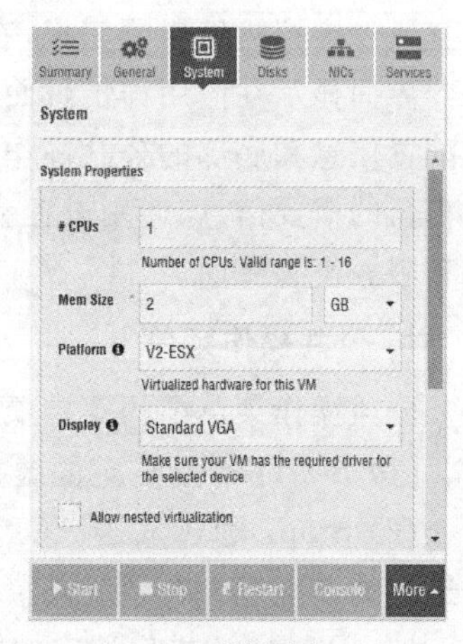

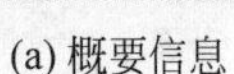
(a) 概要信息　　(b) 通用设置　　(c) 系统设置

图 5-15　虚拟机编辑器(一)

如果虚拟机已启动，则还将显示其公网和私网 IP 地址、DNS 主机名以及开放的端口服务。用户可使用公网 IP 地址或 DNS 主机名通过互联网访问此虚拟机。

3. 通用设置

通用设置包括通用属性和云初始化配置两个部分，如图 5-15(b)所示。通用属性包括：

(1) Name：虚拟机的显示名称。

(2) Description：虚拟机描述信息。通常包括虚拟机用途、登录方式(SSH 登录或口令登录，登录的账户和口令)等。

(3) Created：虚拟机创建时间，只读属性。

(4) Hostnames：主机名，可设置多个，以分号分割。

(5) Availability Group：即可用域(Availability Domain)。在 Oracle 云计算概念中，区域(Region)是指具体的地理位置，一个区域由多个可用域组成。发布应用时，虽然用户只选择区域，但系统会将虚拟机自动部署到区域中的可用域，通过为多个虚拟机指定不同的可用域，即可保证应用的高可用性。

以上除创建时间外的所有通用属性均可以在虚拟机关机状态下进行修改。

如果虚拟机中安装了 cloud-init 软件包，则可以在云初始化配置中进行设置，云初始化配置可在虚拟机引导过程中对虚拟机进行定制，在应用发布后不可修改。cloud init 软件包由 ubuntu 提供，也适用于其他 Linux 发行版，如 Fedora、Oracle Linux 等。cloud-init 提供丰富的配置选项以对云实例进行灵活定制，包括创建用户、安装软件包、配置 SSH、Chef 和

Puppet 等,cloud-init 的详细说明参见官网[1]。在云初始化配置中,用户可以设置 SSH 公钥,cloud-init 软件包自动将公钥添加到用户的~/. ssh/authorized_keys 文件,用户通过 cloud-init 的配置文件设置,默认为 cloud-user,如果设置为其他用户,通常会在虚拟机的描述部分说明。cloud-init 可使用以下命令安装:

```
# yum install cloud-init
# cloud-init --version
```

User Data Script 文本框中可以指定在引导过程中由 cloud-init 执行的脚本,脚本可以是标准的 Shell 脚本,例如:

```
#!/bin/sh
echo "AAAAB3NzaC1yc2EAAAABJQAAAQEA…" >> ~ravalle/.ssh/authorized_keys
```

或者是符合 cloud-init 格式的配置脚本,例如:

```
#cloud-config
groups:
  - ravello
users:
  - name: ravello
    primary-group: ravello
    ssh-authorized-keys:
      - ssh-rsa AAAAB3NzaC1yc2EAAAABJQAAAQEAxBZxEuXDuulfRoTBP2iAy…
packages:
  - acpid
```

以上的脚本将创建用户和用户组 ravello,设置其 SSH 公钥,最后安装 acpid 软件包以加速虚拟机正常关机。cloud-init 可以实现更丰富的初始化配置,User Data 的配置样例与参数说明参见网站[2]。

4. 系统设置

系统设置包括系统属性和关机属性两部分,如图 5-15(c)所示。系统属性在虚拟机关机状态下均可修改,其中包括:

(1) #CPU:虚拟机的 CPU 数量,至少为 1。在 Oracle OCI 云中最大为 32,在非 OCI 云中最大为 8。

(2) Mem Size:内存容量,在 Oracle OCI 云中最大为 200GB,在非 OCI 云中最大为 64GB。内存与 CPU 的比率必须大于 1,例如 CPU 数量为 4 时,内存容量不得小于 4GB。

(3) Platform:承载虚拟机的虚拟硬件平台,系统会根据平台类型设置相应的虚拟机属性,其中 V2-ESX 表示基于 PCIe 的第二代 VMware ESXi 虚拟硬件,Default 表示 KVM (QEMU/libvirt)虚拟硬件。

(4) Display:显示设备,默认为 Cirrus Logic,推荐使用 Standard VGA 以提供更好的显示性能。

---

① https://help.ubuntu.com/community/CloudInit

② https://cloudinit.readthedocs.io/en/latest/topics/examples.html#yaml-examples

(5) Allow nested virtualization：允许在 Ravello 虚拟机上运行虚拟化引擎(Hypervisor)，目前支持 ESXi、RHEV/CentOS 6.5 和 Ubuntu 14.04。其中对于 ESXi 的支持尤为重要，Ravello 在 2015 年 8 月宣布 InceptionSX 计划支持在 AWS 和 Google 公有云上运行 ESXi，这不仅是公有云中的首创，而且意味着大量 VMware 及其生态圈中的产品可以在公有云中创建实验环境。在用户资料库中包含了三个启用此设置的虚拟机：Ubuntu Server 14.04.1 with qemu-kvm、Xubuntu Desktop 14.04.1 with qemu-kvm 和 Empty ESX。

关机属性中可设置关机超时，如果虚拟机在指定时间内仍未关闭，系统将强制关闭此虚拟机。可通过三种方式关闭虚拟机：①在虚拟机内部可通过 shutdown 或 poweroff 命令实现正常关机和强制关机；②在虚拟机外部，通过操作菜单中的 Stop 和 Power Off 菜单项可实现正常关机和强制关机；③通过 REST API 也可实现虚拟机正常和强制关机。

5. 磁盘设置

磁盘设置中可以增删虚拟磁盘，查看或修改磁盘属性，如图 5-16(a)所示。磁盘属性包括：

(1) Disk：磁盘显示名称。

(2) Image：如果此虚拟机是通过用户资料库中的虚拟机映像创建，则会显示此属性，即源虚拟机映像。这也表示此磁盘为启动盘。

(3) Disk Size：磁盘大小，只能为整数，单位为 KB、MB 或 GB。但磁盘为启动盘时，磁盘大小不得小于基础虚拟机映像大小，最大磁盘容量受限于虚拟机操作系统。虚拟机关机状态下可以对磁盘扩容，但不能调小容量，虚拟机需重启以识别扩容的磁盘。

(4) Controller：磁盘控制器类型，建议使用半虚拟化(Paravirtualization)控制器，如 VirtIO、PVSCSI、LSI Logic。半虚拟化模式下，虚拟机无须完全虚拟化的硬件，可以直接与虚拟化引擎通信，因此可以比仿真的磁盘控制器提供更好的性能。通常半虚拟化设备驱动需要通过安装 VMware tools 或 open-vm-tools 获得。

(5) Boot：显示或设置磁盘的可启动属性，一台虚拟机只能设置一个可启动磁盘。

(6) Save Disk to Library：将此磁盘保存为用户资料库中的磁盘映像，等同于底部操作菜单中的 Save To Library。

(7) ＋Add：单击＋Add，可为虚拟机添加磁盘、光驱或基于磁盘映像的磁盘。除光驱外，添加磁盘时可以指定磁盘的大小、磁盘控制器类型及可启动属性。注意，虚拟机需要重启以识别新增的磁盘。

6. 网卡设置

网卡设置可以增删虚拟网卡，查看或修改网卡的属性，如图 5-16(b)所示。网卡属性包括：

(1) Name：网卡的显示名称。

(2) MAC：网卡的 MAC 地址，默认由系统自动分配。也可取消勾选 Auto MAC，输入用户指定的 MAC 地址。

(3) Device：网卡设备类型。与存储控制器一样，也推荐使用半虚拟化网络设备，如 VMXNet3、VirtIO，同时确保虚拟机中已安装相应网卡设备的驱动。

(4) IP Configurations：IP 网络配置。一块虚拟网卡下可以配置多个 IP 网络，单击 Add IP 添加，但建议只配置一个。IP 网络中可设置私网和公网 IP 地址。

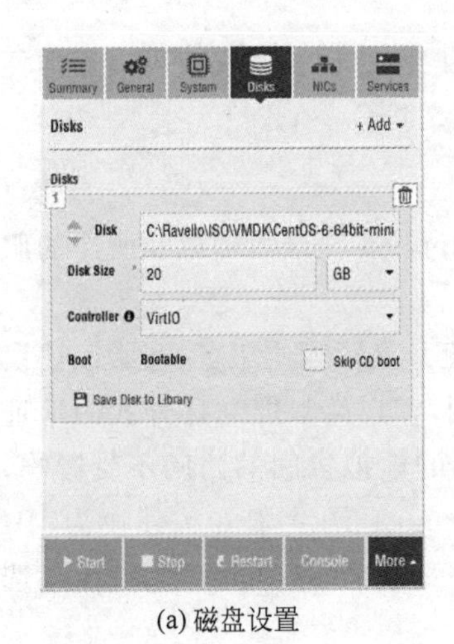

(a) 磁盘设置

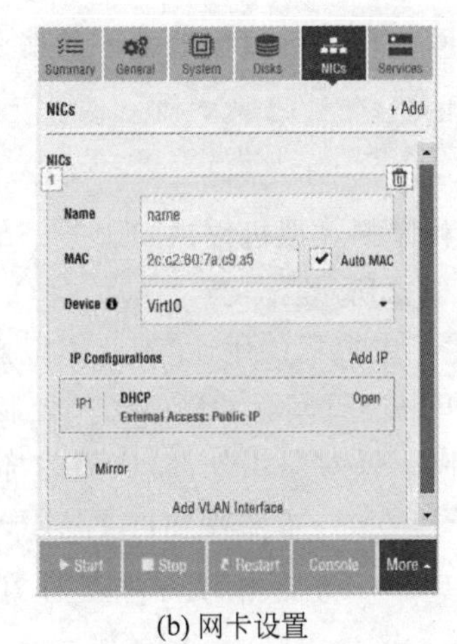

(b) 网卡设置

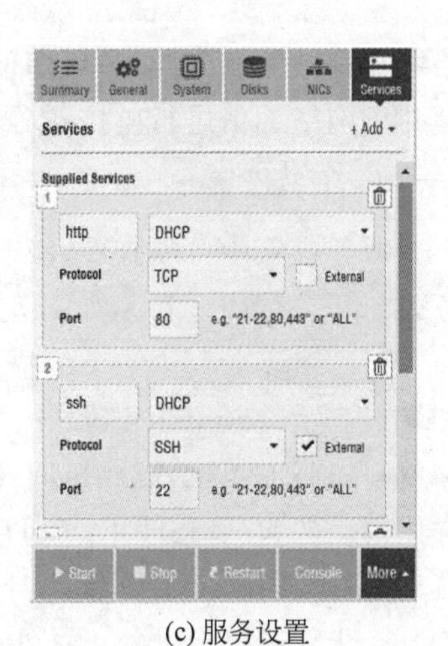

(c) 服务设置

图 5-16 虚拟机编辑器(二)

单击 DHCP 可从 DHCP 服务器获取随机分配的私网 IP 地址，如果希望每次分配固定的 IP 地址，可进一步单击 Set Reserved IP 设定。在 Ravello 默认网络配置中，子网为 10.0.0.0/16，DHCP 服务器地址为 10.0.0.1。

单击 Static 可设置静态 IP 地址，其中 Static IP 和 Netmask 必须设置，Ravello 会据此建立相应的子网。DNS 和 Gateway 为可选设置，两者通常设置为子网的第一个和第二个地址，例如 10.0.0.1 和 10.0.0.2；DNS 也可设为公共 DNS 服务地址，如 Google 免费提供的 DNS 服务地址 8.8.8.8。

无论是 DHCP 还是静态 IP 地址设置，在虚拟机内部的网络配置必须与 Ravello 中的设置保持一致。例如，当静态 IP 地址设置为 192.168.0.16/24，虚拟机中 ifcfg-eth0 文件中的设置应为：

```
DEVICE = "eth0"
BOOTPROTO = "static"
IPADDR = 192.168.0.16
NETMASK = 255.255.255.0
ONBOOT = "yes"
TYPE = "Ethernet"
```

DNS 解析配置文件 resolv.conf 的设置应为：

```
search localdomain
nameserver 192.168.0.1
```

配置公网地址使得虚拟机可以从互联网访问。其中 Public IP 为随机分配的公网 IP 地址，重启可能会改变；Elastic IP(弹性 IP)指定一个固定分配的公网 IP 地址，可在用户资料库中创建 Elastic IP。Port Forwadding 不会分配额外的公网 IP 地址，而是使用承载 Ravello 虚拟机的宿主机的公网 IP 地址，并进行端口转换，例如将 10001 端口映射为 SSH 的服务。Port Forwadding 的优点是可节省公网 IP 地址，并由于其公网地址与虚拟机在一起，可在一定程度上提升性能。

勾选 Mirror 使得网卡对应的虚拟交换机端口支持 SPAN/TAP，所有通过交换机的网络数据都被复制到此端口，即使网络传输的目标地址不是其自身，这使得此端口可以很方便地对于网络通信进行监控和分析。

7. 服务设置

服务设置中可以查看、修改和增删虚拟机提供的服务（Supplied Services）以及所需的服务（Required Services），如图5-16(c)所示。

(1) Supplied Services：描述了虚拟机的用途，即此虚拟机开放了哪些服务，通常以协议加端口表示。Supplied Service可以进行实际的网络访问控制，客户端只能通过开放的地址和端口访问虚拟机，但此访问控制只针对应用外部，应用内部的虚拟机间的访问不受影响。常用的服务包括SSH、RDP、HTTPS等，如果要允许ICMP(ping)，可将Protocol设为IP，然后将IP Protocol设置为1。建立的服务默认是允许外部访问的，可通过取消勾选External复选框临时禁止对外服务。

仅仅定义服务是不够的，虚拟机内部还需要存在相应的服务。例如，如果定义了Oracle数据库服务，在虚拟机内部则必须安装并启动Oracle数据库。

(2) Required Services：描述了虚拟机需要消费的服务，这些服务由其他虚拟机提供。与Supplied Services不同，Required Services并不能进行网络访问控制，其作用只用于说明，及在虚拟机设计页面使用连线连接供应与消费的服务，以描述虚拟机之间的访问关系。

5.4.3 网络设计

1. Ravello网络设计基本概念

Ravello网络设计主要在应用导航菜单中的Network标签页中进行，如图5-14所示，此页面中以树状结构和可视化网络拓扑两种形式展示了各网络组件之间的关系，用户可以从两种展示形式中选定网络组件并显示和修改其属性，或添加所需的网络组件。

网络是Ravello分布式基础设施HVX中非常重要的一环，Ravello在公有云三层网络之上实现了兼容数据中心二层网络功能的软件定义网络。正确的网络设计取决于对Ravello各网络组件及其之间关系的正确理解，如图5-17所示，以下将对其中重要的网络组件进行详细介绍。

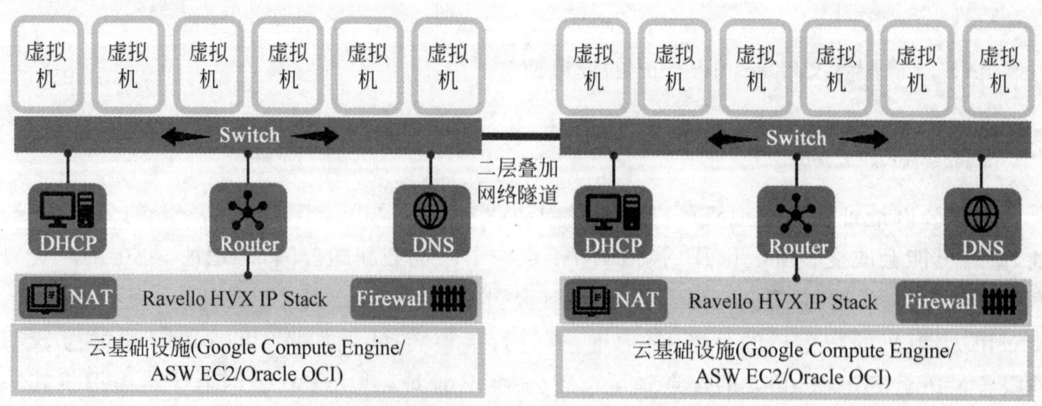

图5-17 Ravello软件定义网络架构

在 HVX IP 堆栈层，两个重要的网络组件 NAT 和 Firewall 分别实现网络地址转换和网络访问控制。默认情况下，应用中的虚拟机可以访问互联网，但禁止外部网络对内的访问，可以通过为虚拟机添加供应服务来允许外部对特定端口或协议的访问。此外，还可以上传安全厂商提供的虚拟防火墙到应用中以实现网络访问控制，如 Check Point、Fortinet 或 Palo Alto Networks。

Ravello 软件定义网络提供的三层网络服务包括路由服务、DHCP 服务和 DNS 服务。在一个应用中，虽然这些服务都可以创建多个，但作为最佳建议，路由、DNS 和 DHCP 服务都只应创建一个。二层网络组件包括 Switch 和 VLAN，每一个 Switch 可以包含多个 VLAN。

以下将对 Network 标签页中的各网络组件进行简要说明。

1）Switch（交换机）

交换机用于网络成员间的互联。一个交换机可以包含多个子网，但建议为每一个子网创建新的交换机。创建新的交换机时，需要指定子网、连接的路由和 DNS 服务，并选择为此交换机建立新的 DHCP 服务。

交换机由多个端口组成，端口必须有对应的连接到虚拟机的网卡或者提供三层服务（路由、DNS 和 DHCP）的网卡。端口的另一个组成部件是 VLAN，VLAN 可以视为是交换机的分区，因此 VLAN 中也包含端口和子网定义，端口的默认 VLAN ID 为 1。VLAN 是二层网络概念，子网是三层网络概念，一个 VLAN 中可创建多个子网，但最佳建议是一一对应。

2）Subnet（子网）

子网是 IP 网络的逻辑划分，子网由网络地址和子网掩码组成。如果两个主机的子网相同，并且连接到相同的交换机或属于相同的 VLAN，则两个主机可以直接通信，不同子网间的主机需通过路由间接进行通信。

新建子网时，默认会为其创建新的交换机，也可以选择在已有的 VLAN 上创建子网。

3）Router（路由）

在一个应用中只需要创建一个路由，路由用于连接两个不同的子网，应用中的虚拟机也需要通过路由访问互联网。默认情况下，从外部互联网可以通过路由访问到应用中的虚拟机，也可以选择禁止外部到应用的访问。路由可以绑定一个或多个 IP 地址，每一个 IP 地址对应不同的子网，因此多个子网中的网络设备可使用同一路由。

4）DNS Server（DNS 服务器）

在一个应用中只需要创建一个 DNS 服务器，DNS 服务器用于将主机名解析为 IP 地址，主机也可以直接指定公用的 DNS 服务，如 Google 提供的 8.8.8.8。Ravello 支持 A 类和 PTR 类 DNS 记录，分别用于正向和反向解析。DNS 服务器可以绑定一个或多个 IP 地址，每一个 IP 地址对应不同的子网，因此多个子网中的网络设备可使用同一 DNS 服务器。

5）DHCP Server（DHCP 服务器）

DHCP 服务器为子网中的主机自动分配 IP 地址和指定网关（路由）。DHCP 维护一个 IP 地址池，可指定地址池的起始 IP 地址。DHCP 服务器可以为主机随机分配地址，或分配固定的 IP 地址。也可以指定某些地址不得用于分配，例如广播地址，已经用于 DHCP 服务器、路由和 DNS 的 IP 地址。

6) L3 Services NIC(三层服务网卡)

三层服务网卡负责为每一个子网提供路由、DNS和DHCP服务。需要为每一个子网创建一块三层服务网卡,网卡上必须创建IP地址以提供三层服务,建议将第一个地址用于DNS和DHCP服务,第二个地址用于路由服务。例如,对于子网192.168.0.0/24,应创建192.168.0.1和192.168.0.2两个IP地址,然后在DHCP和DNS服务器中绑定地址192.168.0.1,在路由中绑定地址192.168.0.2。

7) IP Filtering (IP过滤)

IP过滤是Ravello自带的防火墙服务,此服务默认是关闭的。开启此服务后,可以创建安全规则以限定外部到应用的访问,如只允许从某些指定的公网IP地址访问应用。

以下通过一个示例应用来了解Ravello各网络组件之间的关系,此应用包含一台虚拟机,主机的两块网卡分别连接到两个IP网络。建立应用的过程如下。

(1) 将Ravello Repo中的虚拟机模板添加到用户资料库。

单击顶层菜单中的Ravello Repo,搜索CentOS 7.1.1503 20150722,然后单击ADD TO LIBRARY将此虚拟机模板添加到用户资料库。此模板的优点在于同时支持root用户控制台登录(口令为ravello)和SSH远程登录。

(2) 建立应用,并添加一台虚拟机vm01。

新建应用会自动建立Ravello默认网络,其中包括二层的交换机及三层的DHCP、DNS和路由服务。默认子网为10.0.0.0/16,DHCP和DNS的地址为10.0.0.1,路由地址为10.0.0.2,这两个地址都会绑定在自动建立的三层服务网卡上。由于虚拟机模板自带一块网卡eth0,IP地址设置为DHCP,因此eth0将从10.0.0.0/16网段自动获取地址。

(3) 在虚拟机编辑器中添加一块网卡eth1。

为eth1添加静态IP地址192.168.0.11,子网掩码为255.255.255.0,网关设为192.168.0.2,DNS设为192.168.0.1。然后勾选此网卡的Mirror选项,启用对应交换机端口的SPAN/TAP功能。此时Ravello会根据eth1配置自动配置网络,包括添加新的交换机并建立子网192.168.0.0/24、建立新的三层服务网卡并绑定DNS和路由的IP地址。由于eth1使用静态IP,因此不会添加此子网的DHCP服务。

(4) 添加新的VLAN 10,并将eth1连接到VLAN。

经过前3个步骤的简单设置,Ravello的自动网络配置功能自动建立了网络拓扑及其中的网络对象,这也充分体现了Ravello网络的简洁性和强大的功能。接下来配置VLAN,步骤如下:

① 在Netwrok标签页中,展开192.168.0.0/24网段对应的交换机Switch2。

② 添加新的VLAN,选择Create VLAN Only,设置VLAN ID为10。

③ 展开VMs,选择eth01,单击Connect to Switch,连接到Switch2的VLAN #10。

④ 删除Switch2下的VLAN #1。

⑤ 展开Subnets,选择192.168.0.0/24,设置VLAN为Switch2.VLAN#10。

⑥ 展开Switch2,选择eth1网卡对应的端口Port #0,单击Connected VLANs,单击Connected VLAN #10,勾选Mirror选项。

注意,此处采用的并非标准步骤。另外,配置期间出现的错误和警告可以忽略。

经过以上配置,最终形成的网络拓扑如图5-18所示。为简明起见,拓扑中隐去了三层服务网卡对应的交换机端口。

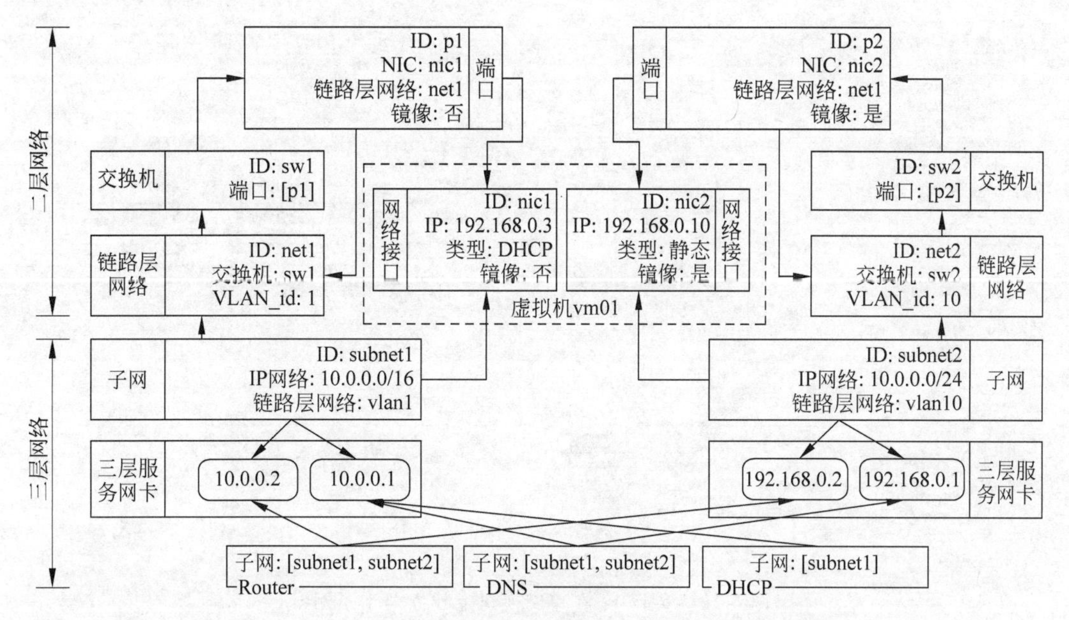

图 5-18 Ravello 网络组件与关联关系

本节介绍了 Ravello 网络基本概念、网络组件及相互关系。下面将通过实际示例来进一步加深对 Ravello 网络概念的理解，在示例应用中所有的虚拟机仍将基于本节使用的 CentOS 7.1.1503 模板。

2. 实验

1）在单交换机上建立两个子网

在单交换机上建立两个子网 10.0.0.0/16 和 192.168.0.0/24，然后建立 3 台主机 host01、host02 和 portmirror，host01 和 host02 均有两块网卡，分别连到两个子网，portmiror 只有一块网卡，连接到 10.0.0.0/16 子网并启用端口镜像，然后测试其是否能监听到 192.168.0.0/24 网段的网络通信。整体网络拓扑如图 5-19 所示，具体配置过程如下：

（1）建立应用 OneSwitchWithTwoSubnet。

（2）添加主机 host01。

使用虚拟机模板 CentOS 7.1.1503 建立虚拟机，修改显示名和主机名为 host01。此虚拟机目前只有一块网卡 eth0，连接到默认子网 10.0.0.0/16，IP 设置为 DHCP。

（3）添加主机 host02。

使用虚拟机模板 CentOS 7.1.1503 建立虚拟机，修改显示名和主机名为 host02。此虚拟机目前只有一块网卡 eth0，连接到默认子网 10.0.0.0/16，IP 设置为 DHCP。

（4）为交换机添加子网 192.168.0.0/24。

在 Network 标签页中，展开 Subnets，单击 Create Subnet 按钮，在弹出窗口中，选择 Create Subnet Only，将 Subnet 设置为 192.168.0.0/24。至此，在虚拟交换机 Switch1 上已有两个子网，作为示例，此处模拟的是物理交换机的配置。在 Ravello 网络中，标准的配置仍推荐一台交换机只建立一个子网。

（5）为主机 host01 添加网卡 eth1，并连接到子网 192.168.0.0/24。

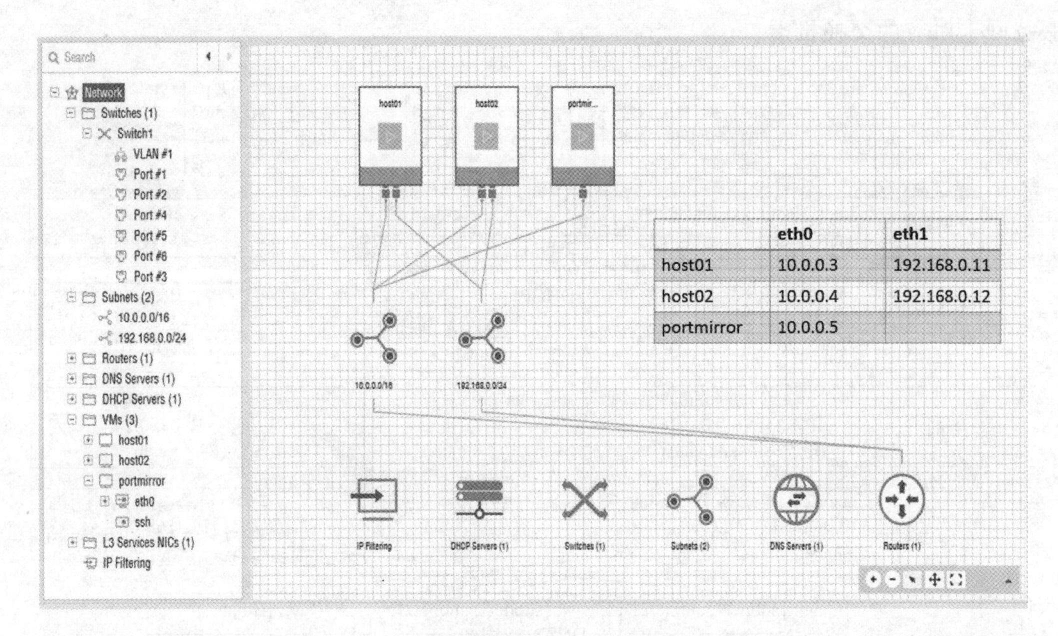

	eth0	eth1
host01	10.0.0.3	192.168.0.11
host02	10.0.0.4	192.168.0.12
portmirror	10.0.0.5	

图 5-19 实验 1：在单交换机上建立两个子网

在 Canvas 标签页中，选择主机 host01，在虚拟机编辑器中添加网卡 eth1，设置静态 IP 192.168.0.11，子网掩码设置为 255.255.255.0。

(6) 为主机 host02 添加网卡 eth1，并连接到子网 192.168.0.0/24。

在 Canvas 标签页中，选择主机 host02，在虚拟机编辑器中添加网卡 eth1，设置静态 IP 192.168.0.12，子网掩码设置为 255.255.255.0。

(7) 添加主机 portmirror，启用网卡 eth0 的 Mirror 功能。

使用虚拟机模板 CentOS 7.1.1503 建立主机，修改显示名和主机名为 portmirror。此虚拟机只有一块网卡 eth0，连接到默认子网 10.0.0.0/16，IP 设置为 DHCP。在网卡 eth0 配置页面的底端，勾选 Mirror，启用对应交换机端口的 SPAN/TAP 功能。

(8) 发布应用，等待所有虚拟机启动完毕。

(9) 使用 SSH 或控制台登录 host01，修改 eth1 网络配置并激活 eth1。

虽然在虚拟机编辑器中已定义了 eth1 的配置，但其目的是自动生成网络拓扑及相关组件，在虚拟机内部也需要进行相应的配置，过程如下：

```
host01 > ip link show                        # eth0 和 eth1 网络设备均已识别
1: lo: <LOOPBACK,UP,LOWER_UP> mtu 65536 qdisc noqueue state UNKNOWN mode DEFAULT
   link/loopback 00:00:00:00:00:00 brd 00:00:00:00:00:00
2: eth0: <BROADCAST,MULTICAST,UP,LOWER_UP> mtu 1500 qdisc pfifo_fast state UP mode DEFAULT
qlen 1000
   link/ether 2c:c2:60:24:5b:02 brd ff:ff:ff:ff:ff:ff
3: eth1: <BROADCAST,MULTICAST> mtu 1500 qdisc noop state DOWN mode DEFAULT qlen 1000
   link/ether 2c:c2:60:51:de:1d brd ff:ff:ff:ff:ff:ff
host01 > cd /etc/sysconfig/network-scripts/
host01 > ls ifcfg*                           # 但 eth1 对应的配置文件并不存在
ifcfg-eth0 ifcfg-lo
host01 > cat <<-EOF > ifcfg-eth1             # 建立 eth1 配置文件，配置对应之前虚拟机编辑器中的设置
```

```
> DEVICE = "eth1"
> BOOTPROTO = "static"
> IPADDR = 192.168.0.11
> NETMASK = 255.255.255.0
> ONBOOT = "yes"
> TYPE = "Ethernet"
> EOF
host01 > ifup eth1                        # 激活网卡 eth1
```

(10) 使用 SSH 或控制台登录 host02,修改 eth1 网络配置并激活 eth1。

除 IPADDR 设置为 192.16.0.12 外,其他与上一步 host01 设置过程相同。

(11) 登录主机 portmirror,测试其到两个子网的连通性。

```
portmirror > ping -c1 192.168.0.11 # 到 192.168.0.0/24 子网不通
1 packets transmitted, 0 received, 100 % packet loss, time 0ms
portmirror > ping -c1 10.0.0.3     # 可以连通 10.0.0.0/16
1 packets transmitted, 1 received, 0 % packet loss, time 0ms
rtt min/avg/max/mdev = 0.832/0.832/0.832/0.000 ms
```

(12) 在主机 portmirror 上安装网络监听工具 tcpdump:

```
portmirror > sudo yum -y install tcpdump
```

(13) 启用 tcpdump 监听 host01 和 host02 之间的网络数据流:

```
portmirror > sudo tcpdump -i eth0 host host01 and host02
```

(14) 登录主机 host02,然后向 host01 发送 ping 命令以产生网络数据流:

```
host02 > ping -c1 10.0.0.3           # ping host01 的第一块网卡 eth0
host02 > ping -c1 192.168.0.11       # ping host01 的第二块网卡 eth1
```

(15) 在主机 portmirror 上查看监控结果:

```
listening on eth0, link-type EN10MB (Ethernet), capture size 262144 bytes
# 以下为 ping 10.0.0.3 的输出
04:36:28.522462 IP host02 > host01: ICMP echo request, id 2030, seq 1, length 64
04:36:28.524092 IP host01 > host02: ICMP echo reply, id 2030, seq 1, length 64
04:36:33.524772 ARP, Request who-has host02 tell host01, length 46
04:36:33.525638 ARP, Reply host02 is-at 2c:c2:60:00:e8:1b (oui Unknown), length 46
# 以下为 ping 192.168.0.11 的输出
04:36:40.000607 IP host02 > host01: ICMP echo request, id 2031, seq 1, length 64
04:36:40.001472 IP host01 > host02: ICMP echo reply, id 2031, seq 1, length 64
04:36:45.010613 ARP, Request who-has host01 tell host02, length 46
04:36:45.011259 ARP, Reply host01 is-at 2c:c2:60:51:de:1d (oui Unknown), length 46
```

实验结果表明,虽然主机 portmirror 的 eth0 网卡位于 10.0.0.0/16 子网,但其可以监听到 192.168.0.0/24 子网的网络通信,这是由于子网只能实现网络的逻辑划分,并且不能隔离广播域。本实验也说明了 Ravello 可以很好地支持广播和 ARP 等二层网络协议。

2) 在单交换机上建立两个 VLAN

实验 2 和实验 1 非常类似,不同之处在于在子网 192.168.0.0/24 上建立了 VLAN。

VLAN 等同于将交换机做了物理分区，由于不同的 VLAN 具有独立的广播域，因此 VLAN 具有更好的安全性和隔离性。具体配置过程如下：

(1) 建立应用 OneSwitchWithTwoVLAN。

(2) 添加主机 host01。

使用虚拟机模板 CentOS 7.1.1503 建立虚拟机，修改显示名和主机名为 host01。此虚拟机目前只有一块网卡 eth0，连接到默认子网 10.0.0.0/16，IP 设置为 DHCP。

(3) 添加主机 host02。

使用虚拟机模板 CentOS 7.1.1503 建立虚拟机，修改显示名和主机名为 host02。此虚拟机目前只有一块网卡 eth0，连接到默认子网 10.0.0.0/16，IP 设置为 DHCP。

(4) 建立 VLAN 10。

在 Network 标签页中，展开 Switches，选中 Switch1，单击 VLANs，然后单击 Create VLAN 按钮。在弹出窗口中，选择 Create VLAN Only，将 VLAN ID 设置为 10。

经过上述操作，在 Switch1 下出现新建的 VLAN #10，但此 VLAN 还未关联任何子网。

(5) 为 VLAN 10 建立 192.168.0.0/24 子网。

在 Network 标签页中，展开 Switches，选中 VLAN #10，单击 Subnets，然后单击 Create Subnet 按钮，在弹出窗口中，将 Subnet 设置为 192.168.0.0/24。

(6) 为主机 host01 添加网卡 eth1，并连接到网段 192.168.0.0/24。

在 Network 标签页中，展开 VMs 并选中主机 host01，单击 NICs，单击 Create NIC 按钮。在弹出窗口中将网卡名称设为 eth1。

单击刚建立的网卡 eth1，单击 Properties 显示网卡属性，然后单击 Connect to Switch，在弹出窗口中，将 Connect to Switch 和 Using VLAN 分别设置为 Switch1 和 VLAN #10。

在 Canvas 标签页中，选择主机 host01，在虚拟机编辑器中选择网卡 eth1，设置静态 IP 192.168.0.11，子网掩码设置为 255.255.255.0。

(7) 为主机 host02 添加网卡 eth1，并连接到网段 192.168.0.0/24。

除将静态 IP 设置为 192.168.0.12 外，其他过程与上一步相同。

(8) 添加主机 portmirror，启用网卡 eth0 的 Mirror 功能。

使用虚拟机模板 CentOS 7.1.1503 建立虚拟机，修改显示名和主机名为 portmirror。此虚拟机只有一块网卡 eth0，连接到默认子网 10.0.0.0/16，IP 设置为 DHCP。在网卡 eth0 配置页面的底端，勾选 Mirror，启用对应交换机端口的 SPAN/TAP 功能。

(9) 发布应用，等待所有虚拟机启动完毕。

到这一步为止，本实验的拓扑结构与实验 1 完全一致。

(10) 使用 SSH 或控制台登录 host01，修改 eth1 网络配置并激活 eth1。

虽然在虚拟机编辑器中已定义了 eth1 的配置，但其目的是自动生成网络拓扑及相关组件，在虚拟机内部也需要进行相应的配置，过程如下：

```
host01 > ip link show # eth0 和 eth1 网络设备均已识别
1: lo: <LOOPBACK,UP,LOWER_UP> mtu 65536 qdisc noqueue state UNKNOWN mode DEFAULT
    link/loopback 00:00:00:00:00:00 brd 00:00:00:00:00:00
2: eth0: <BROADCAST,MULTICAST,UP,LOWER_UP> mtu 1500 qdisc pfifo_fast state UP mode DEFAULT
```

```
qlen 1000
    link/ether 2c:c2:60:73:b8:4d brd ff:ff:ff:ff:ff:ff
3: eth1: <BROADCAST,MULTICAST> mtu 1500 qdisc noop state DOWN mode DEFAULT qlen 1000
    link/ether 2c:c2:60:2d:57:0c brd ff:ff:ff:ff:ff:ff
host01> cd /etc/sysconfig/network-scripts/
host01> ls ifcfg*                          # 但 eth1 对应的配置文件并不存在
ifcfg-eth0 ifcfg-lo
host01> cat <<-EOF> ifcfg-eth1             # 建立 eth1 配置文件,配置对应之前虚拟机编辑器中的设置
> DEVICE="eth1"
> BOOTPROTO="static"
> IPADDR=192.168.0.11
> NETMASK=255.255.255.0
> ONBOOT="yes"
> TYPE="Ethernet"
> EOF
host01> ifup eth1                          # 激活网卡 eth1
```

(11) 使用SSH或控制台登录host02,修改eth1网络配置并激活eth1。

除IPADDR设置为192.16.0.12外,其他与上一步host01设置过程相同。

(12) 登录主机portmirror,测试其到两个子网的连通性:

```
portmirror> ping -c1 192.168.0.11 # 到 192.168.0.0/24 子网不通
1 packets transmitted, 0 received, 100% packet loss, time 0ms
portmirror> ping -c1 10.0.0.3      # 可以连通 10.0.0.0/16
1 packets transmitted, 1 received, 0% packet loss, time 0ms
rtt min/avg/max/mdev = 0.832/0.832/0.832/0.000 ms
```

(13) 在主机portmirror上安装网络监听工具tcpdump:

```
portmirror> sudo yum -y install tcpdump
```

(14) 启用tcpdump监听host01和host02之间的网络数据流:

```
portmirror> tcpdump -i eth0 host host01 and host02
```

(15) 登录主机host02,然后向host01发送ping命令以产生网络数据流:

```
host02> ping -c1 10.0.0.3         # ping host01 的第一块网卡 eth0
host02> ping -c1 192.168.0.11     # ping host01 的第二块网卡 eth1
```

(16) 在主机portmirror上查看监控结果:

```
listening on eth0, link-type EN10MB (Ethernet), capture size 262144 bytes
# 以下为 ping 10.0.0.3 的输出
listening on eth0, link-type EN10MB (Ethernet), capture size 262144 bytes
09:40:52.370878 IP host02 > host01: ICMP echo request, id 9439, seq 1, length 64
09:40:52.372140 ARP, Request who-has host02 tell host01, length 46
09:40:52.372741 ARP, Reply host02 is-at 2c:c2:60:0e:b0:b5 (oui Unknown), length 46
09:40:52.373366 IP host01 > host02: ICMP echo reply, id 9439, seq 1, length 64
# 未捕捉到 ping 192.168.0.11 的输出
```

由于不同的VLAN广播域不同,因此eth0并不能监听到VLAN 10中子网192.168.0.0/24中的网络通信,这也是实验2与实验1的主要区别。如果希望监听到VLAN 10中

的网络通信，必须在主机 portmirror 上添加一块连接到 VLAN 10 的网卡，可参照以下的步骤。

(17) 为主机 portmirror 添加第二块网卡 eth1，启用网卡的 Mirror 功能。

为了能监听到 192.168.0.10/24 子网的网络数据流，主机 portmirror 必须添加一块接入此子网的网卡。在添加过程中，除将静态 IP 设置为 192.168.0.10 并启用 Mirror 功能外，其他与步骤(6)相同。

(18) 单击工具栏的 Update 按钮更新应用。

应用的最终拓扑结构如图 5-20 所示。

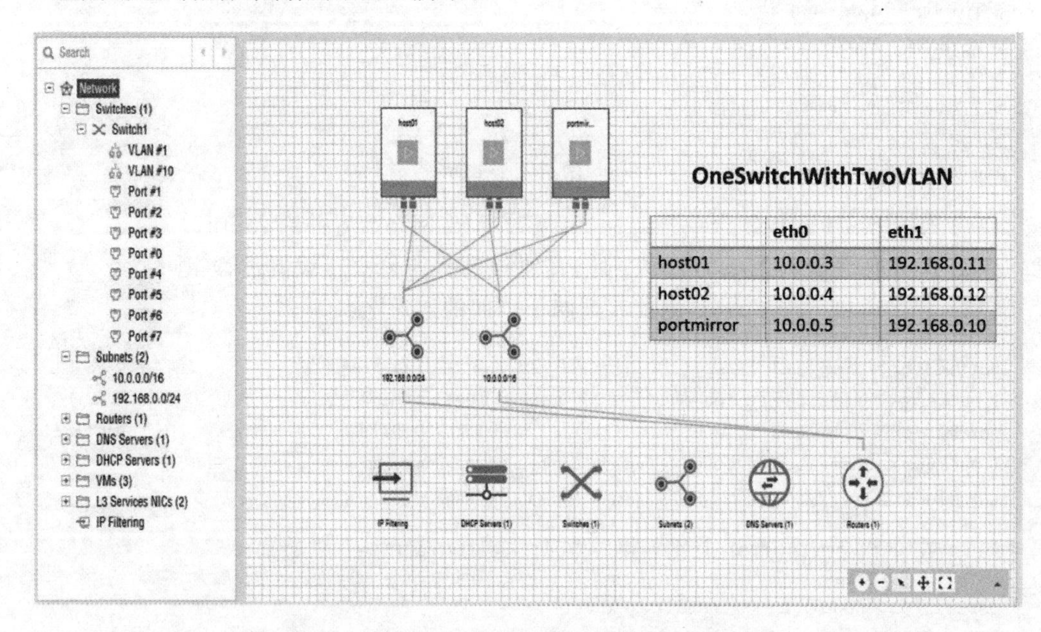

图 5-20 实验 2：在单交换机中建立两个 VLAN

(19) 登录主机 portmirror，修改 eth1 网络配置并激活 eth1。

除将静态 IP 设置为 192.168.0.10 外，其他过程与步骤(10)相同。

(20) 登录主机 host02，然后向 host01 发送 ping 命令以产生网络数据流：

```
host02 > ping 192.168.0.11            # ping host01 的第二块网卡 eth1
```

(21) 在主机 portmirror 中利用 tcpdump 监听：

```
portmirror > tcpdump - i eth1 host host01 and host02
listening on eth1, link - type EN10MB (Ethernet), capture size 262144 bytes
09:56:22.786738 IP host02 > host01: ICMP echo request, id 9449, seq 1, length 64
09:56:22.787269 IP host01 > host02: ICMP echo reply, id 9449, seq 1, length 64
09:56:27.795980 ARP, Request who - has host01 tell host02, length 46
09:56:27.796819 ARP, Reply host01 is - at 2c:c2:60:2d:57:0c (oui Unknown), length 46
```

结果表明，由于 eth1 连接到了 VLAN 10，因此可以监听到 192.168.0.0/24 子网的通信。

5.5 Ravello 学习资源

Ravello 是一个功能强大的产品，在准确掌握其架构和基础概念后，通过向导式的图形界面和辅助工具，即可对产品有一定程度的了解并掌握常用基本操作。但深入了解其精髓必须基于对云计算和基础设施服务相关知识的长期积累及深入了解，Ravello 提供了丰富的学习资源以帮助用户实现这一目标。

Ravello 提供以下的学习资源：

1. Ravello 官方网站[①]

Ravello 被 Oracle 收购后，原网站内容逐步迁移到 Oracle 官网并持续更新，为了解 Ravello 基础信息和获取 Ravello 相关资源的统一入口。此网站中包括了 Ravello 的概要介绍、重要特性、适用的六大解决方案领域、关键技术、计量计费方式、白皮书和数据表等资源。

2. Ravello 云服务使用指南[②]

Ravello 云服务使用指南是在 Oracle 文档库中提供的唯一文档，在网页左侧可下载 PDF 版本。此文档虽然不到 60 页，但涵盖了 Ravello 使用中最常用的操作和重要基本概念，包括创建和部署应用、创建和分发蓝图、管理 Ravello 应用和服务以及常见问题等。

3. Ravello 云社区[③]

Ravello 云社区隶属于 Oracle 开发者社区，是一个小型的 Ravello 知识库，一系列短小精悍的文章涵盖了初学者指南、操作指南、常见问题等方面，这些文章均可保存为 PDF 版本以备离线查看。具有 Oracle 账户的用户也可以在此社区中提问和讨论。

4. Ravello 官方博客[④]

伴随 Ravello 产品的初始创立和整个发展过程，Ravello 官方博客中积累了从 2012 年起至今近 200 篇文章，涵盖了设计初衷、基础概念、虚拟化技术分支与对比，以及涉及多开发运维、持续集成/持续交付和渗透测试等方面的概念阐述和操作指南。通读这些博客对于了解 Ravello 技术的内涵与精髓、丰富云计算领域的知识面非常有益。

5. YouTube 学习视频[⑤]

YouTube 网站上包含了数十个官方上传的学习视频，其中 Ravello Tutorial(5 个短片)和 Self-paced Training Module(7 个短片)非常适合初学者，余下视频包括具体操作演示以及培训教程等。

6. Oracle 支持网站[⑥]

Oracle 支持网站中包含了 Ravello 知识库，其中的文章部分来自于 Ravello 云社区。使

---

① https://cloud.oracle.com/en_US/ravello

② https://docs.oracle.com/en/cloud/iaas/ravello-cloud/ravsg/getting-started-ravello.html

③ https://community.oracle.com/community/oracle-cloud/infrastructure/ravello/

④ https://blogs.oracle.com/ravello/

⑤ https://www.youtube.com/user/RavelloSystems

⑥ http://support.oracle.com/

用 Oracle 支持网站的主要目的在于提交 Ravello 服务请求和在知识库中搜索相关信息。

7. 在线帮助

如图 5-21 所示，在 Ravello Web Console 界面，可以从三处获取帮助。右上角的 Help & Support 菜单中提供了 Oracle 支持网站、Ravello 云服务使用指南和 Ravello REST API 文档的链接。在左下角 Learn 标签下的 Quick Tour 和 Show Me How 菜单提供了在实际界面中向导式操作指南，Quick Tour 用于了解最主要的操作界面，Show Me How 菜单中除 Quick Tour 外，还包括如何创建应用、使用蓝图、权限设置和费用监控等操作演示。在部分属性和设置项目，将鼠标悬停在带 i 字母的圆形图标上，然后单击 More information 菜单，可以得到详细的上下文帮助。

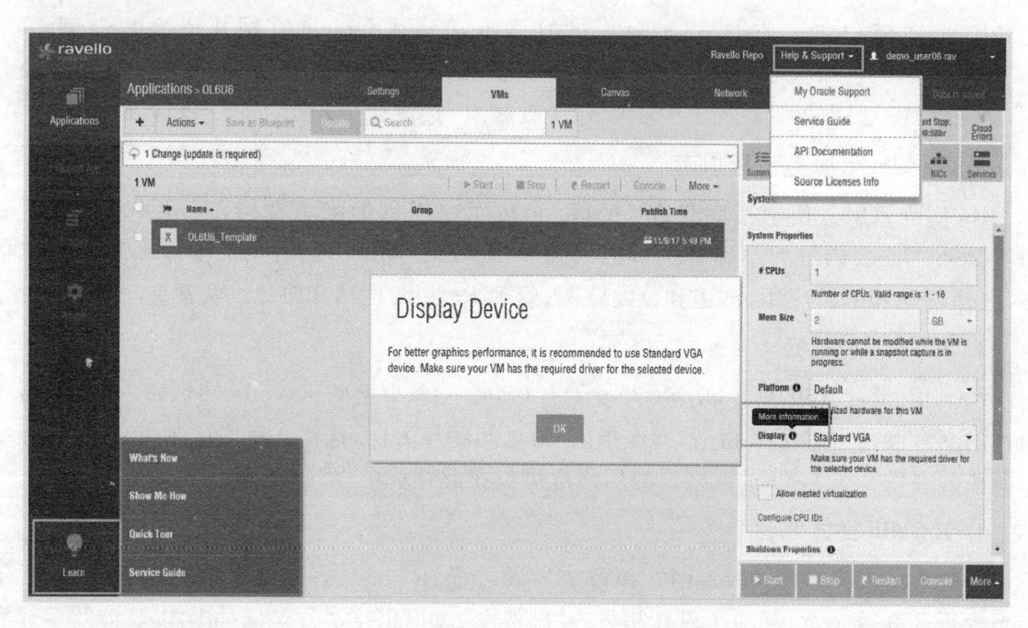

图 5-21 在 Ravello Web Console 中获取在线帮助

第6章

Oracle数据库云服务

6.1 数据库云服务基本概念

Oracle 数据库是 Oracle 公司产品体系中历史最为悠久，并广受用户认可的产品之一。利用现有的技术和最佳实践，Oracle 在公有云中也提供了种类丰富和功能强大的数据库云服务，用户可以选择不同的数据库版本和服务包，数据库部署可以选择模式(Schema)、单实例或 RAC 集群数据库，部署的地点可以选择公有云或用户数据中心内部，运维管理方式可以沿用现有的 Enterprise Manager 和 SQL Developer 等工具。也就是说，云中的 Oracle 数据库核心技术来自于 Oracle 长达 40 年的技术积累，具备相同的性能和功能，并体现了公有云的快速部署、弹性扩展、按需计费和运维简单的优势。

Oracle 数据库云服务为用户将关键负载迁移到云中奠定了坚实的基础。此外，Oracle 数据库云服务还可以作为用户数据中心内数据库的灾备系统，也就是通常所说的灾备到云。在云中运行关键负载和灾备到云是 Oracle 数据库云服务最常用的两个场景。

6.1.1 数据库云服务类型

Oracle 公有云提供丰富的数据库云服务类型，以满足用户不同的成本、性能、服务水准和安全合规要求。目前，Oracle 提供的数据库云服务包括以下方面：

1. Oracle 数据库模式云服务

模式云服务(Oracle Database Schema Cloud Service)基于 Oracle 数据库技术构建，运行在 Exadata 数据库一体机之上，是形式最为简单的 Oracle 数据库云服务。Oracle 数据库本质上就是多个用户共享数据的系统，模式云服务利用 Schema 来实现多个用户之间的隔离，并可有效利用数据库资源。不要将模式云服务与数据库 12c 版本中的多租户功能混淆，多租户是利用可插拔数据库 PDB 来实现用户隔离的。由于模式云服务为用户提供的仅仅是一个 Schema，而不是完整的数据库，并且存储容量有限，因此比较适合想对 Oracle 数据库云进行试用或初步了解的用户。

2. Oracle 数据库云服务

Oracle 数据库云服务（Oracle Database Cloud Service，DBCS）是基于第一代云基础设施 OCI-C 开发的数据库云服务，也是首个功能完备的适合于生产系统上云的数据库云服务。与模式云服务仅提供 Schema 不同，DBCS 为用户提供完整的数据库实例，以及承载数据库实例的虚拟机。因为拥有完整的操作系统和数据库管理控制权，因此可以通过 SSH 访问数据库服务器进行管理，或通过传统的 SQL Developer、Enterprise Manager、SQL * Plus 和 Data Pump 等工具对数据库进行操作和管理。

3. Oracle 裸金属数据库云服务

裸金属数据库云服务（Oracle Database Cloud Service on Bare Metal）的名字来源于其运行的云基础设施，也就是在第 4 章中介绍的 Oracle 新一代云基础设施 OCI（Oracle Cloud Infrastructure）。OCI 最初的名字为裸金属云，是因为其中不仅提供基于虚拟机的服务，还提供基于裸金属（物理机）的云服务，但由于裸金属的名称过于技术化，并且不能全面反映新一代基础设施的特点，因此后来更名为 OCI。虽然称为裸金属数据库云，但其中提供的数据库云服务可以部署在普通物理机、Exadata 或虚拟机之上。为简便起见，以下将使用此产品的代码 OCI DBaaS 来表示裸金属数据库云服务。OCI DBaaS 和 DBCS 一样，都是云中关键应用数据库的理想选择。

4. Exadata 云服务

Oracle 数据库 Exadata 云服务（Oracle Database Exadata Cloud Service）是专为在 Oracle 数据库云平台上运行的任务关键生产级 OLTP 数据库和数据仓库部署而设计的数据库服务。Exadata 是为 Oracle 数据库特殊优化的数据库平台，使用 Oracle 数据库 Exadata 云服务，可以同时获得公有云的优势和 Exadata 的性能。由于 Exadata 针对 Oracle 数据库进行了特殊优化，因此在相同的资源配置下，Exadata 云服务通常可以比 DBCS 或 OCI DBCS 提供更优的性能。另外，DBCS 和 OCI DBCS 只提供两节点 RAC 数据库，而 Exadata 可以提供多于两节点的 RAC 数据库。Exadata 云服务的订阅基于 Exadata 机架，目前支持的配置为 1/4 机架、半机架和全机架。

5. 公有云数据库一体机

Exadata 公有云一体机（Oracle Database Exadata Cloud at Customer）是 Oracle 公有云一体机系列中的一员。Exadata 公有云一体机和 Exadata 云服务均基于 Exadata 构建，区别在于，前者 Exadata 是置于 Oracle 数据中心，而后者是将 Exadata 置于用户数据中心防火墙内。公有云数据库一体机是一种特殊的数据库云服务部署方式，在获得公有云快速供应和运维简单优点的同时，由于公有云服务位于用户数据中心内部，因此避免了数据访问的延迟，同时可以满足用户数据主权及其他合规性要求。

6. Exadata 快捷云服务

Exadata 快捷云服务(Oracle Database Exadata Express Cloud Service)运行在 Exadata 数据库一体机之上,为用户提供一个 Oracle 数据库企业版可插拔数据库(PDB)。由于 PDB 是数据库版本 12c 之后才提供的功能,因此快捷云服务不支持数据库 11g 及之前的版本。与模式云服务一样,快捷云服务提供给用户的也不是完整的数据库实例。

总的来说,在公有云中提供的数据库云服务分为 3 类。第一类只提供数据库实例的一部分,如模式或 PDB,这类服务包括模式云服务和 Exadata 快捷云服务;第二类基于通用硬件提供完整的数据库实例,这类服务包括 DBCS 和 OCI DBaaS;第三类基于特殊优化的 Exadata 硬件提供完整的数据库实例,这类服务包括 Exadata 云服务和公有云数据库一体机。具体选择哪类服务取决于用户的成本、性能和可用性需求。

6.1.2 数据库云版本与服务包

传统的数据库产品由数据库版本和数据库选件组成,用户可选择数据库标准版或企业版,如果选择了企业版,用户可以进一步选择数据库选件以适应不同的功能需求。目前 Oracle 数据库企业版提供近 20 个数据库选件,常用的包括真正应用集群(RAC)、数据库分区(Partitioning)和活动数据卫士(Active Data Guard)等。Oracle 数据库云服务提供的是标准化的数据库服务,为了避免复杂的功能组件组合,Oracle 数据库云服务提供了多种标准化的数据库服务包。也就是说,用户选择数据库云服务的过程是由选择数据库版本和数据库服务包两个步骤组成。当前 Oracle 数据库云服务支持的数据库版本为:Oracle Database 18c Release 1 (18.0);Oracle Database 12c Release 2 (12.2);Oracle Database 12c Release 1 (12.1);Oracle Database 11g Release 2 (11.2)。

Oracle 数据库云服务支持的服务包类型包括:

(1) 标准包(Standard Package)。标准包使用的是 Oracle 数据库标准版 2,并包含数据库透明加密功能。

(2) 企业包(Enterprise Package)。企业包使用的是 Oracle 数据库企业版,并包含数据库透明加密、数据屏蔽和子集包、诊断和优化包以及实时应用测试功能。

(3) 高性能包(High Performance Package)。高性能包使用的是 Oracle 数据库企业版。高性能包在企业包的基础上增加了额外的数据库选件和管理组件支持,包括多租户、分区、高级压缩、高级安全性、标签安全、数据库存储库、OLAP、高级分析、空间和图表管理、数据库生命周期管理包。

(4) 极致性能包(Extreme Performance Package)。极致性能包使用的是 Oracle 数据库企业版,极致性能包在企业包的基础上增加了额外的数据库选件和管理组件支持,包括真正应用集群(RAC)、内存数据库和活动数据卫士。

6.1.3 DBCS 和 OCI DBaaS 的区别

DBCS 和 OCI DBaaS 是基于标准 X86 硬件构建的最通用的数据库云服务,也是本章需要重点介绍的数据库云服务。

回顾Oracle公有云的发展史，Oracle第一代的云基础设施(IaaS)称为OPC，即Oracle Public Cloud的意思。OPC的云管理平台基于2013年收购的Nimbula，虚拟化引擎使用的是Oracle自己的产品OVM。不过Oracle向来不甘心做追随者，同时也认为必须设计出一款全新架构的云基础设施才能迎头赶上并超越对手，于是第二代公有云诞生了，最初的名称是BMCS(Bare Metal Cloud Service)，即裸金属云服务。裸金属结合了业界的先进经验，采用全新的架构重新构建，虚拟化引擎使用KVM。2017年，为了统一名称，OPC正式更名为OCI-C(Oracle Cloud Infrastructure-Classic)，而BMCS则正式更名为OCI(Oracle Cloud Infrastructure)。

由于OCI-C是第一代的IaaS云，自然很多PaaS服务都是基于其构建，其中就包括数据库云服务(DBCS)。第二代云OCI出来后，DBCS也很快提供了对OCI的支持，即在创建数据库云服务时，用户可以选择部署在OCI-C或OCI的云数据中心，不过在这种场景下，OCI只是被当做IaaS使用，也就是说底层云基础设施对于用户是透明的，用户仍是在OCI-C中的云管平台对数据库进行管理。随着OCI的不断发展，Oracle决定在OCI中也开发出一套原生的数据库云服务，可以全面利用OCI的全新架构和原生特性，也就是PaaS和IaaS层面均部署在OCI中的数据库云服务，最初的名字称为裸金属数据库云服务，随着裸金属云更名为OCI，OCI裸金属数据库云服务也更名为OCI DBaaS。

因此，在OCI-C中提供的数据库云服务DBCS有两个变种，即IaaS层基于OCI-C的数据库云服务和IaaS层基于OCI的数据库云服务，后者OCI仅作为IaaS被DBCS使用；而在OCI中提供的数据库云服务OCI DBaaS，则是完全在OCI中开发的数据库云服务。这两类服务的大致区别可参见表6-1。

表6-1　DBCS和OCI DBaaS数据库云服务的区别

比较项目	DBCS	OCI DBaaS
管理	OCI-C中的PSM(Platform Service Manager)	OCI中的数据库控制平台(Database Control Plane)
集成	是OCI-C中的原生服务。可以与其他的PaaS服务如JCS和IDCS等原生集成	是OCI中的原生服务，可以与OCI平台的Compartment隔离、审计、AuthN、AuthZ和Tagging等特性无缝集成
操作	OCI-C中的服务控制台My Service Console	OCI中的服务控制台OCI Web Console
RAC支持	如果IaaS层基于OCI-C则支持；如果IaaS层基于OCI则不支持，只支持单实例数据库	支持，RAC可部署在虚拟机、物理机或Exadata
Data Guard支持	支持作为用户数据中心数据库的灾备端；支持单个主数据库和单个备数据库组成的Data Guard配置；支持双实例RAC主数据库和双实例RAC备数据库组成的Data Guard配置	只支持单个主数据库和单个备数据库组成的Data Guard配置
公有云一体机	支持	不支持

选择哪种数据库云服务需要看用户的实际需求。例如，如果用户最初使用的就是OCI，

那么 OCI DBaaS 更容易上手，也更容易与 OCI 的其他特性集成。如果用户最初使用的是 OCI-C，同时希望与其他的平台服务原生集成，那么使用 DBCS 就比较合适；如果用户希望使用公有云一体机，那么目前只能使用 DBCS。如果用户希望使用 Exadata 云服务，DBCS 和 OCI DBaaS 都支持，就看客户更习惯于哪一种云基础设施，以及是否需要使用这两代云平台特有的功能。

6.2 OCI 中的数据库云服务——OCI DBaaS

6.2.1 创建数据库系统

OCI DBaaS 是完全在 Oracle 新一代云基础设施 OCI 中建立的数据库服务，包括底层的硬件资源和管理平台。以下将通过一个示例来了解建立数据库服务的过程以及相关概念。在此示例中，将建立一个单实例的 11g 数据库。

在创建数据库服务之前，比较重要的两个准备工作是保证网络基础设施已就绪和创建 SSH 密钥对，这是唯一的先决条件。在本例中，假设 VCN 和 SSH 密钥对已经预先建立，VCN 的名称为 VCN01。如图 6-1 所示，在左下方选择分区（Compartment），然后单击 Launch DB System，即可打开数据库服务创建信息输入窗口。

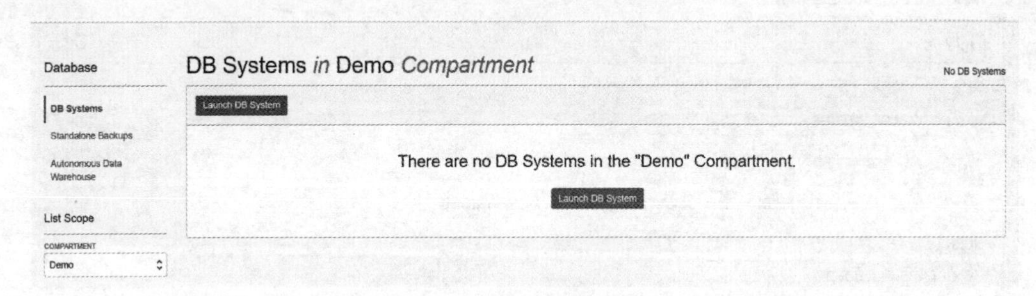

图 6-1 创建数据库系统

在打开的数据库信息输入窗口中，需要输入创建数据库服务所需的所有参数，由于窗口较长，为方便浏览，将其拆分为两个部分，即如图 6-2 所示的数据库系统基本信息部分和图 6-3所示的网络和数据库信息部分。

第一部分是数据库系统基本信息，此部分需要输入的参数如下所示。

(1) Display Name：数据库系统的显示名，此显示名不必唯一，因为内部会为数据库系统分配 OCID 作为唯一标识。

(2) Availability Domain：数据库系统所在的可用域，在 OCI 中，一个区域有三个可用域。

(3) Shape Type：数据库系统的 Shape 类型，支持虚拟机和裸机。裸机即物理机，包括普通的物理服务器和为 Oracle 数据库特定优化的 Exadata 系统。

(4) Shape：数据库系统使用的 Shape，根据之前选择的 Shape Type，在下拉列表中可选择可用的 Shape。例如，虚拟机 Shape 可选择 VM. Standard2.2，物理机 Shape 可选择 BM. DenseIO2. 52，Exadata Shape 可选择 Exadata. Quarter2. 92。注意，如果选择虚拟机

Shape 来创建 RAC 集群，由于每个节点要求至少 2 个 OCPU，因此 VM. Standard2. 1 和 VM. Standard1. 1 这两类 Shape 不能使用。

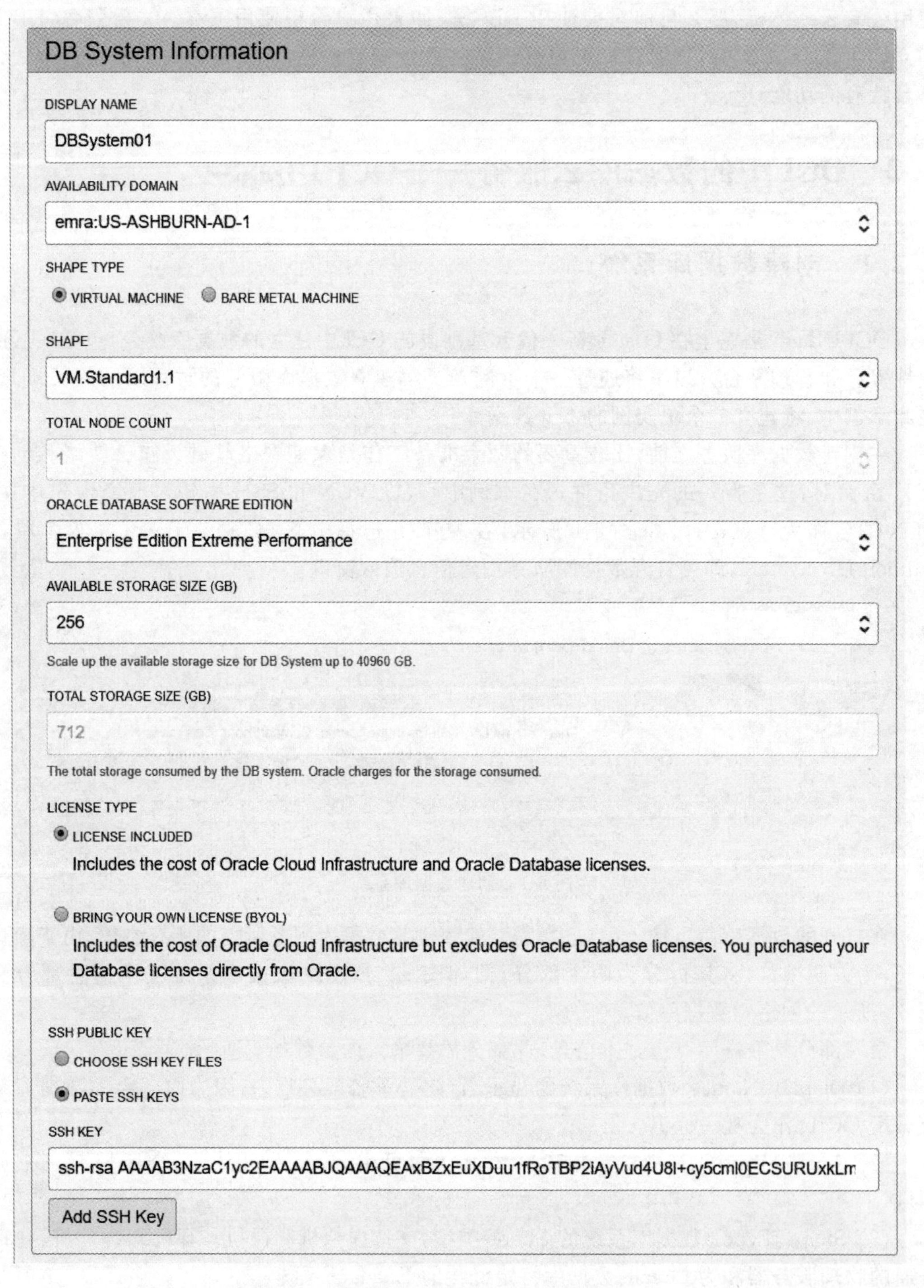

图 6-2　输入数据库系统参数—基本信息(一)

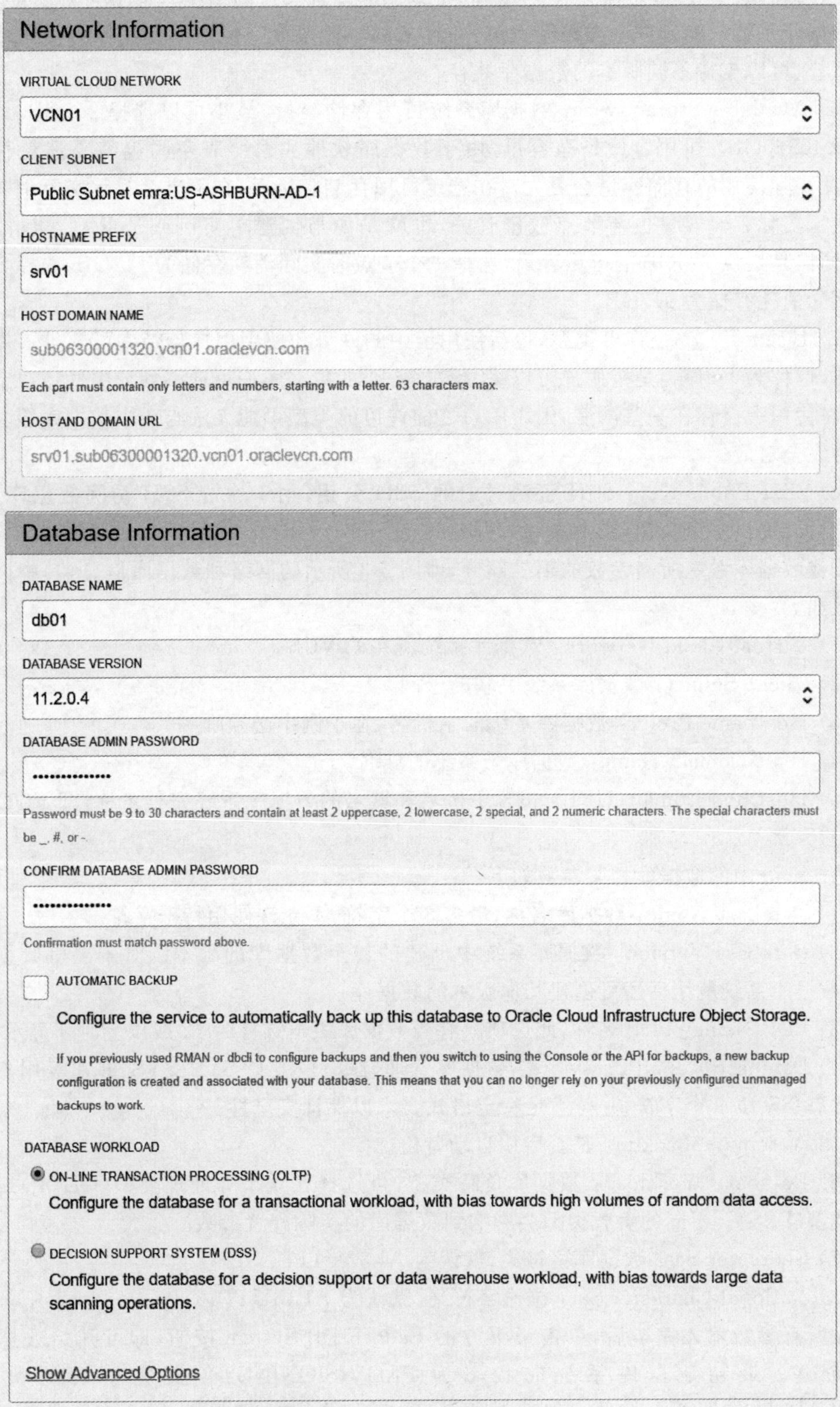

Network Information

VIRTUAL CLOUD NETWORK

VCN01

CLIENT SUBNET

Public Subnet emra:US-ASHBURN-AD-1

HOSTNAME PREFIX

srv01

HOST DOMAIN NAME

sub06300001320.vcn01.oraclevcn.com

Each part must contain only letters and numbers, starting with a letter. 63 characters max.

HOST AND DOMAIN URL

srv01.sub06300001320.vcn01.oraclevcn.com

Database Information

DATABASE NAME

db01

DATABASE VERSION

11.2.0.4

DATABASE ADMIN PASSWORD

•••••••••••••••

Password must be 9 to 30 characters and contain at least 2 uppercase, 2 lowercase, 2 special, and 2 numeric characters. The special characters must be _, #, or -.

CONFIRM DATABASE ADMIN PASSWORD

•••••••••••••••

Confirmation must match password above.

AUTOMATIC BACKUP

Configure the service to automatically back up this database to Oracle Cloud Infrastructure Object Storage.

If you previously used RMAN or dbcli to configure backups and then you switch to using the Console or the API for backups, a new backup configuration is created and associated with your database. This means that you can no longer rely on your previously configured unmanaged backups to work.

DATABASE WORKLOAD

ON-LINE TRANSACTION PROCESSING (OLTP)

Configure the database for a transactional workload, with bias towards high volumes of random data access.

DECISION SUPPORT SYSTEM (DSS)

Configure the database for a decision support or data warehouse workload, with bias towards large data scanning operations.

Show Advanced Options

图 6-3 输入数据库系统参数—网络和数据库信息(二)

(5) Oracle Database Software Edition：数据库系统支持的 Oracle 数据库服务包类型。一个数据库系统只能选择一种数据库包，并且之后不能改变。但对于使用裸机 Shape 的数据库系统，可以支持不同版本的数据库共存。

(6) Available Storage Size：数据库系统可用存储容量，最小可以选择 256GB，最大可以选择 40960GB。可用容量是净容量，由于数据库软件和系统表空间也需要消耗存储容量，因此实际使用的存储容量会更大。在选定可用存储容量后，在下方会显示实际消耗的存储容量。实际存储容量也与节点数量有关，也就是说与创建单实例或是 RAC 集群相关。例如，同样是提供 256GB 的可用容量，选择 1 个节点时实际消耗存储为 712GB，选择 2 个节点时实际消耗存储为 912GB。

(7) License Type：许可类型，包括使用云中的许可和使用用户自带许可两类。用户自带许可，也称为 BYOL，是指用户可以将原数据中心的数据库许可迁移到云中使用以节省成本，但在使用上会存在一些限制，因为用户之前许可的类型可能无法与云中数据库服务包中的选件完全对应。

(8) SSH Public Key：SSH 密钥对中的 SSH 公钥，用于通过 SSH 访问数据库系统。在此处可以提供多个公钥，每个占用一行。

创建数据库系统所需参数的第二部分，即图 6-3 所示的网络和数据库信息，其中网络相关参数如下：

(1) Virtual Cloud Network：数据库系统所在的 VCN。

(2) Client Subnet：数据库系统关联的子网。

(3) Hostname Prefix：数据库系统的主机名，在子网中必须唯一。

(4) Host Domain Name：数据库子系统的域名。

(5) Host and Domain URL：包含主机名和域名的数据库系统完整名称，即 FQDN，最长 64B。

第二部分中的数据库相关参数如下：

(1) Database Name：数据库名称，最多 8 个字符，不允许使用特殊字符。

(2) Database Version：数据库系统中创建的首个数据库的版本。对于裸机数据库系统，在数据库系统就绪后还可创建其他版本的数据库。

(3) PDB Name：PDB 名称，此选项只有当数据库版本选择为 12 或以上时才显示。

(4) Database Admin Password：数据库管理口令，也就是 SYS、SYSTEM 等用户的口令。此口令至少 9 个字符，并需满足特定格式要求以保证安全性。

(5) Automatic Backup：是否启用自动备份。

(6) Database Workload：数据库负载类型，可选择在线事务处理类型(OLTP)或决策支持类型(DSS)。不同的负载类型会影响到数据库的实际配置参数。

(7) Character Set：数据库字符集，默认为 AL32UTF8。

(8) National Character Set：国家字符集，默认为 AL16UTF16。

在所有参数输入完毕后，单击最下方的 Launch DB System 按钮，即可开始数据库系统的创建。最初数据库系统的状态为 PROVISIONING，创建完毕后的状态为 AVAILABLE，如图 6-4 所示。创建数据库系统所需的时间与其底层的硬件资源，即 Shape 相关，本例中使用的 Shape 只有一个 OCPU，创建时间约为 1h。在图 6-4 所示的数据库系统概要信息中，包括了数据库系统的公网 IP 和私网 IP，通过互联网访问云中数据库时必须使用公网 IP 信息。

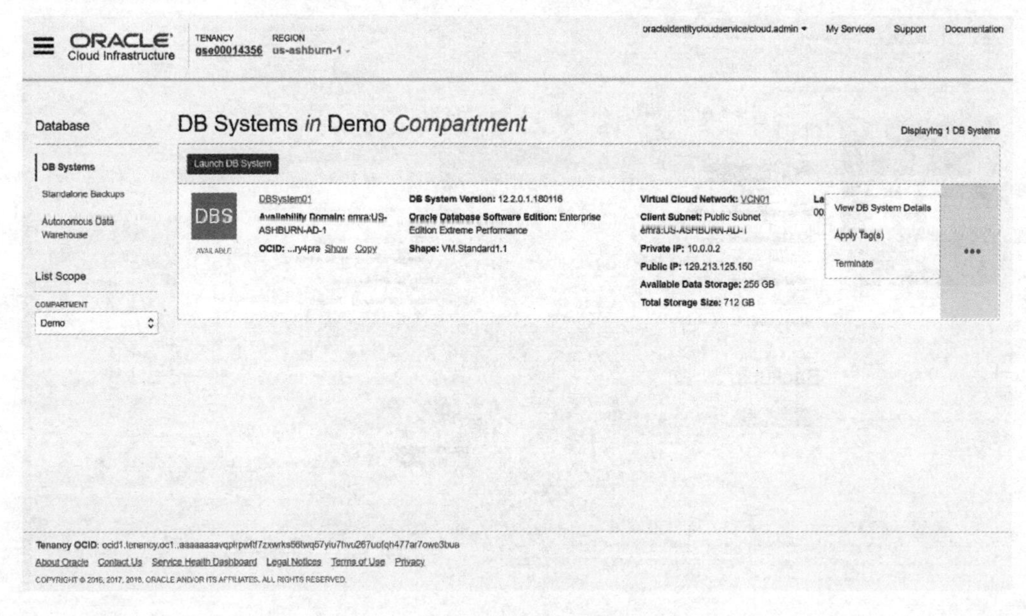

图 6-4 数据库系统概要信息

选择数据库系统，单击右侧的 View DB System Details 菜单项，可显示数据库系统详细信息，如图 6-5 所示。在此页面中，除显示图 6-4 中所示的部分数据库系统基本信息外，还会显示数据库系统网络信息和存储信息，如主机名、SCAN DNS 名称、监听端口、可用存储容量和实际消耗存储容量。

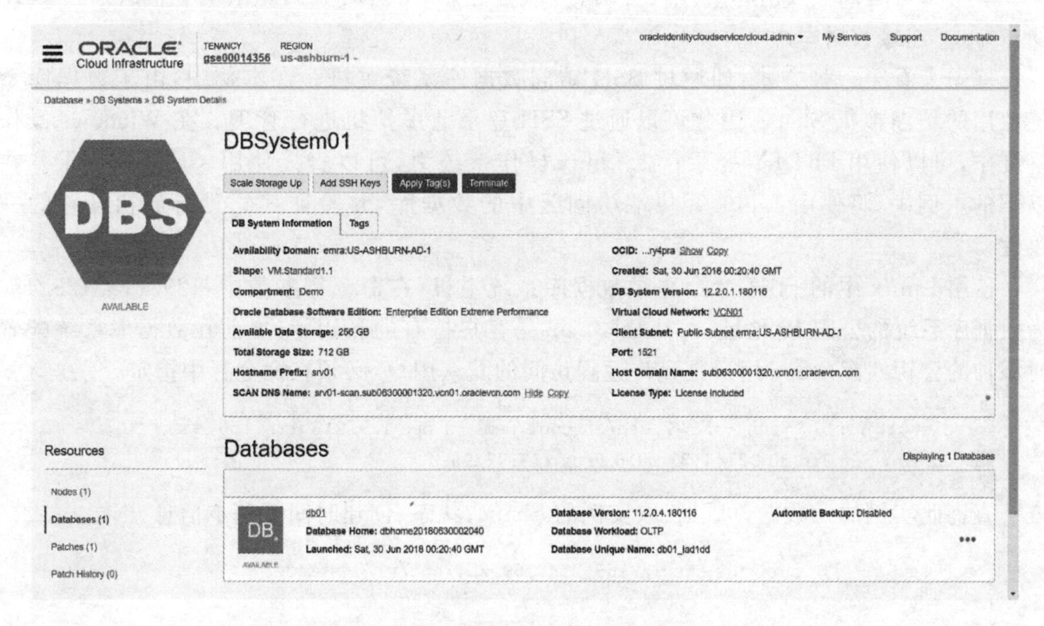

图 6-5 数据库系统详细信息

在图 6-5 下方显示了此数据库系统中所有的数据库，本例中为 db01。单击数据库名称 db01，将显示数据库的详细信息，如图 6-6 所示。

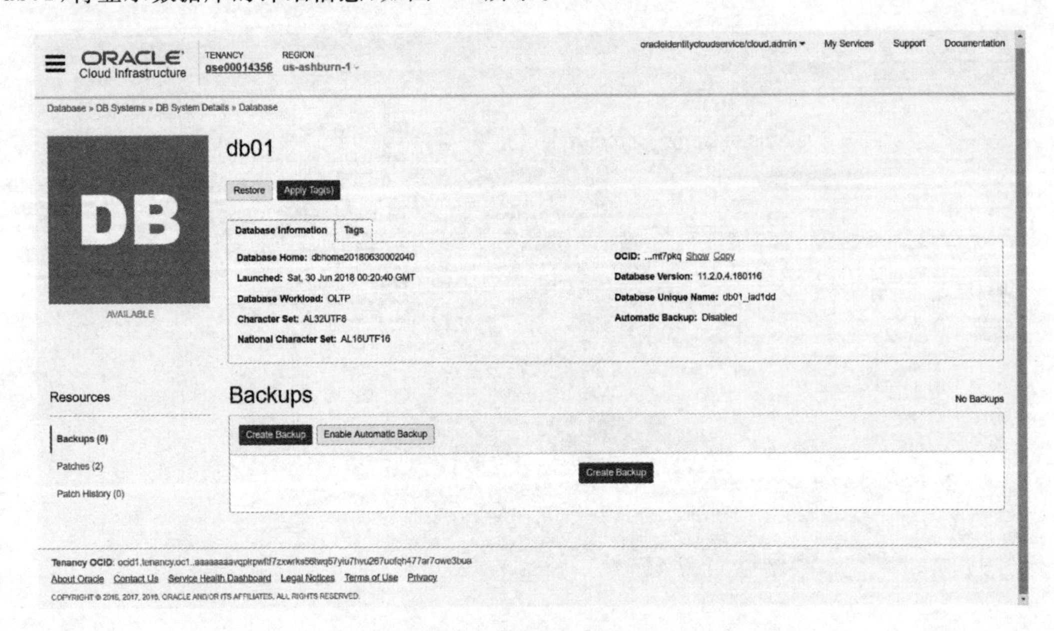

图 6-6 数据库详细信息

6.2.2 访问云中数据库

常用的访问云中数据库的方式有两种，即通过 SSH 访问数据库系统主机或通过 SQL Developer 连接数据库。

首先来看第一种方式，即通过 SSH 访问数据库系统主机。在本例中，由于数据库系统使用的是虚拟机 Shape，因此可以通过 SSH 登录此虚拟机进行管理。在 Windows 操作系统中，可以使用 PuTTY 登录；在 Linux 操作系统中，可以直接使用 ssh 命令登录。在以下的示例中，将使用 Linux 客户端访问云中的数据库，并验证其配置与最初设置的一致性。

使用 Linux 中的 SSH 命令登录数据库系统主机，在命令行参数中，129.213.125.150 为数据库系统的公网 IP 地址，opcbook.pem 是客户持有的私钥，与之前在数据库系统配置时添加的公钥匹配。opc 用户是允许远程访问的默认用户，必须在命令行中指定。

```
[oracle@10 .ssh]$ ssh -i ~/.ssh/opcbook.pem -l opc 129.213.125.150
Last login: Sat Jun 30 02:44:32 2018 from 223.72.96.4
```

查询此实例的元数据，可以获取实例的 Shape、状态、创建时间等基本信息。

```
[opc@srv01 ~]$ curl -s http://169.254.169.254/opc/v1/instance/
{
  "availabilityDomain" : "woyN:US-ASHBURN-AD-1",
  "faultDomain" : "FAULT-DOMAIN-2",
  "compartmentId" : "ocid1.tenancy.oc1..aaaaaaaaqwct…",
```

```
  "displayName" : "ocid1.dbsystem.oc1.iad.abuwcljt2g…",
  "id" : "ocid1.instance.oc1.iad.abuwcljtwtlq71323gh…",
  "image" : "ocid1.image.oc1.iad.aaaaaaaacbshfunygu4…",
  "metadata" : {
   "ssh_authorized_keys" : "ssh-rsa AAAAB3... ControlPlane",
   "nodeNumber" : "0",
   "user_data" : "...",
   "privateIP0" : "192.168.16.18",
   "numberOfNodes" : "1",
   "sshkey-resourceID" : "0f017410",
   "agentAuth" : "true",
   "dbSystemShape" : "VM.Standard1.1"
  },
  "region" : "iad",
  "canonicalRegionName" : "us-ashburn-1",
  "shape" : "VM.Standard1.1",
  "state" : "Running",
  "timeCreated" : 1530318085991
}
```

由于实际的数据库用户为 oracle，因此在登录后必须切换到 oracle 用户：

```
[opc@srv01 ~]$ id oracle
uid=101(oracle) gid=1001(oinstall) groups=1001(oinstall),1006(asmdba),1003(dba),1002
(dbaoper)
[opc@srv01 ~]$ sudo su - oracle
```

查看数据库系统的网络信息，包括主机名、DNS 域名等，与之前设置一致，IP 地址与图 6-4 所示数据库系统概要信息中显示的地址一致：

```
[opc@srv01 ~]$ hostname                              # 主机名
srv01
[opc@srv01 ~]$ hostname -d                           # DNS 名
sub06300001320.vcn01.oraclevcn.com
[opc@srv01 ~]$ hostname -f                           # FQDN 地址
srv01.sub06300001320.vcn01.oraclevcn.com
[opc@srv01 ~]$ hostname -I                           # 私网 IP 地址
10.0.0.2
```

查看文件系统信息，数据库软件和数据均存放于/u01 目录下，此文件系统已使用 23GB 空间，164GB 可用：

```
[root@srv01 bin]# df -h
Filesystem            Size  Used Avail Use% Mounted on
/dev/mapper/VolGroupSys-LogVolRoot
                       35G   21G   13G  63% /
tmpfs                 3.3G     0  3.3G   0% /dev/shm
/dev/sda2             1.4G   53M  1.2G   5% /boot
/dev/sda1             486M  272K  485M   1% /boot/efi
/dev/sdj              197G   23G  164G  13% /u01
```

查看 Oracle 数据库的根目录，并设置环境变量：

```
[oracle@srv01 ~]$ tail -1 /etc/oratab
db01:/u01/app/oracle/product/11.2.0.4/dbhome_1:N
[oracle@srv01 ~]$ . oraenv
ORACLE_SID = [oracle] ? db01
The Oracle base has been set to /u01/app/oracle
```

查看数据库目录信息：

```
[oracle@srv01 ~]$ echo $ORACLE_BASE $ORACLE_HOME
/u01/app/oracle /u01/app/oracle/product/11.2.0.4/dbhome_1
```

查看数据库网络服务定义文件 tnsnames.ora：

```
[oracle@srv01 admin]$ cat $(dbhome)/network/admin/tnsnames.ora
#          tnsnames.ora          Network          Configuration          File: /u01/
app/oracle/product/11.2.0.4/dbhome_1/network/admin/tnsnames.ora
# Generated by Oracle configuration tools.

DB01_IAD1DD =
   (DESCRIPTION =
   (CONNECT_DATA =
     (SERVER = DEDICATED)
     (SERVICE_NAME = db01_iad1dd.sub06300001320.vcn01.oraclevcn.com)
   )
)
```

通过查询监听服务状态可以得到监听端口和数据库服务相关信息，其中监听端口为默认的 1521：

```
[oracle@srv01 ~]$ lsnrctl status

LSNRCTL for Linux: Version 11.2.0.4.0 - Production on 30-JUN-2018 05:27:07

Copyright (c) 1991, 2013, Oracle. All rights reserved.

Connecting to (ADDRESS=(PROTOCOL=tcp)(HOST=)(PORT=1521))
STATUS of the LISTENER
------------------------
Alias                     LISTENER
Version                   TNSLSNR for Linux: Version 12.2.0.1.0 - Production
Start Date                30-JUN-2018 01:06:56
Uptime                    0 days 4 hr. 20 min. 10 sec
Trace Level               off
Security                  ON: Local OS Authentication
SNMP                      OFF
Listener Parameter File   /u01/app/12.2.0.1/grid/network/admin/listener.ora
Listener Log File         /u01/app/grid/diag/tnslsnr/srv01/listener/alert/log.xml
Listening Endpoints Summary...
  (DESCRIPTION=(ADDRESS=(PROTOCOL=ipc)(KEY=LISTENER)))
  (DESCRIPTION=(ADDRESS=(PROTOCOL=tcp)(HOST=10.0.0.2)(PORT=1521)))
Services Summary...
Service "+APX" has 1 instance(s).
```

```
  Instance "+APX1", status READY, has 1 handler(s) for this service...
Service "+ASM" has 1 instance(s).
  Instance "+ASM1", status READY, has 1 handler(s) for this service...
Service "+ASM_DATA" has 1 instance(s).
  Instance "+ASM1", status READY, has 1 handler(s) for this service...
Service "+ASM_RECO" has 1 instance(s).
  Instance "+ASM1", status READY, has 1 handler(s) for this service...
Service "db01XDB.sub06300001320.vcn01.oraclevcn.com" has 1 instance(s).
  Instance "db01", status READY, has 1 handler(s) for this service...
Service "db01_iad1dd.sub06300001320.vcn01.oraclevcn.com" has 1 instance(s).
  Instance "db01", status READY, has 2 handler(s) for this service...
The command completed successfully
```

登录到数据库,查看数据库配置信息:

```
[oracle@srv01 ~]$ sqlplus / as sysdba

SQL*Plus: Release 11.2.0.4.0 Production on Sat Jun 30 03:41:41 2018

Copyright (c) 1982, 2013, Oracle. All rights reserved.


Connected to:
Oracle Database 11g EE Extreme Perf Release 11.2.0.4.0 - 64bit Production
With the Partitioning, Real Application Clusters, Automatic Storage Management, Oracle Label
Security,
OLAP, Data Mining, Oracle Database Vault and Real Application Testing options
```

查看数据库名称信息,其中NAME与之前设定一致,DB_UNIQUE_NAME为全局唯一的数据库名:

```
SQL> SELECT name, db_unique_name FROM v$database;
NAME      DB_UNIQUE_NAME
--------- ------------------------------
DB01      db01_iad1dd
```

查看数据库字符集和国家字符集,分别为AL32UTF8和AL16UTF16,与之前设置的一致:

```
SQL> SELECT VALUE FROM NLS_DATABASE_PARAMETERS WHERE PARAMETER = 'NLS_CHARACTERSET';
VALUE
----------------------------------------------------------------
AL32UTF8

SQL> SELECT VALUE FROM NLS_DATABASE_PARAMETERS WHERE PARAMETER = 'NLS_NCHAR_CHARACTERSET';
VALUE
----------------------------------------------------------------
AL16UTF16
```

查看数据库产品信息,其中服务包为企业版极限性能版,版本为11.2.0.4.0,与之前设置的一致:

```
SQL > col product format a40
SQL > col version format a32
SQL > set linesize 100
SQL > select product, version from product_component_version;
PRODUCT                                  VERSION
---------------------------------------- --------------------------------
NLSRTL                                   11.2.0.4.0
Oracle Database 11g EE Extreme Perf      11.2.0.4.0
PL/SQL                                   11.2.0.4.0
TNS for Linux:                           11.2.0.4.0
```

接下来将演示如何通过 SQL Developer 访问云中数据库。在创建数据库连接之前，首先必须确认在 OCI 安全列表中已添加安全规则，允许对数据库监听端口 1521 的访问。而在前面通过 SSH 访问数据库系统主机的示例中，并没有主动为 SSH 端口 22 添加安全规则，这是由于 OCI 的默认安全规则中已经允许对于 SSH 端口 22 的访问。另外，在数据库系统主机中，操作系统层面也已经预先设置好安全规则。例如，以下 iptables 命令显示 1521 端口允许外部访问：

```
[opc@srv01 ~] $ sudo iptables -n --list| grep 1521
ACCEPT     tcp    -- 0.0.0.0/0          0.0.0.0/0           state NEW tcp dpt:1521 /* Required
for access to Database Listener, Do not remove or modify. */
```

如何添加安全规则请参见第 4 章，图 6-7 为安全规则添加后的完整安全列表。

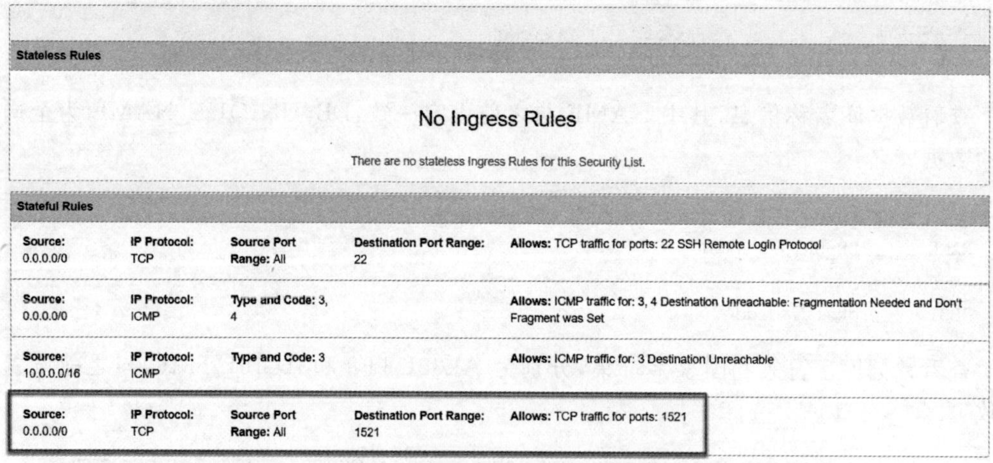

Stateless Rules

No Ingress Rules

There are no stateless Ingress Rules for this Security List.

Stateful Rules

Source:	IP Protocol:	Source Port Range / Type and Code	Destination Port Range:	Allows
0.0.0.0/0	TCP	Source Port Range: All	22	Allows: TCP traffic for ports: 22 SSH Remote Login Protocol
0.0.0.0/0	ICMP	Type and Code: 3, 4		Allows: ICMP traffic for: 3, 4 Destination Unreachable: Fragmentation Needed and Don't Fragment was Set
10.0.0.0/16	ICMP	Type and Code: 3		Allows: ICMP traffic for: 3 Destination Unreachable
0.0.0.0/0	TCP	Source Port Range: All	1521	Allows: TCP traffic for ports: 1521

图 6-7 为数据库访问添加安全规则

从客户端访问云中数据库，通常需要在客户端主机上建立 SSH 隧道以实现端口转发。如果客户机的操作系统为 Windows，可使用 PuTTY 程序建立；如果为 Linux，可以直接用 SSH 命令建立。也可以在 SQL Developer 中建立，这种方式对 Windows 和 Linux 操作系统均适用。本示例假设客户端操作系统为 Linux。首先通过命令行在后台建立 SSH 隧道，其中选项-N 表示不执行远端命令，-L 表示进行实际的地址绑定，然后启动 SQL Developer 图形界面。

```
$ ssh -N -i ~/.ssh/opcbook.pem -L 1521:129.213.125.150:1521 opc@129.213.125.150 &
```

```
[1] 11244
$ sqldeveloper
```

进入界面后，首先需要建立数据库连接，如图 6-8 所示。其中需要特别说明的是，Hostname 设置为 localhost 本地主机而非远端数据库系统的公网 IP，这是由于之前建立的 SSH 隧道可实现端口转发，即从本地监听的 1521 端口。其他参数中，Password 为建立数据库系统时指定的口令，SID 为数据库实例 ID。最后，单击 Test 可测试连接是否有效，如成功，将在左下角显示 Status：Success。然后即可单击 Connect 连接数据库。

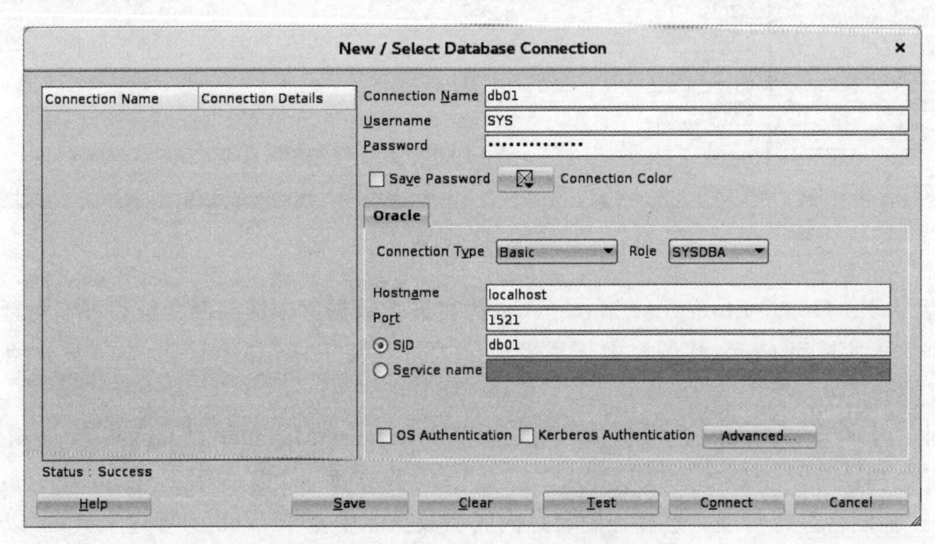

图 6-8 在 SQL Developer 中创建数据库连接

当 SQL Developer 建立与云中数据库的连接后，可以在客户端查看建立的 SSH 隧道和连接情况。在以下的命令输出中，129.213.125.150 为数据库系统主机的公网 IP，ncube-lm 即表示 1521，是 IANA 中注册的官方名称。

```
[root@10 ~]# sudo lsof -i -n | egrep '\<ssh\>'
sshd    1207   root    3u   IPv4   20117    0t0   TCP *:ssh (LISTEN)
sshd    1207   root    4u   IPv6   20140    0t0   TCP *:ssh (LISTEN)
ssh            11244   oracle      3u     IPv4     43238          0t0    TCP
10.0.2.15:53277->129.213.125.150:ssh (ESTABLISHED)
ssh     11244  oracle  4u   IPv6   43243    0t0   TCP [::1]:ncube-lm (LISTEN)
ssh     11244  oracle  5u   IPv4   43244    0t0   TCP 127.0.0.1:ncube-lm (LISTEN)
ssh            11244   oracle      7u     IPv4     43941          0t0    TCP
127.0.0.1:ncube-lm->127.0.0.1:52918 (ESTABLISHED)
```

如图 6-9 所示，连接成功后，即可针对云端数据库进行管理和开发。图中执行的 SQL 语句显示了所有的数据库选件。

6.2.3 管理云中数据库

常规的数据库管理可通过图形化工具或命令行进行，对于云中的数据库也不例外。图形化管理工具为 Oracle Enterprise Manager。对于 OCI 中的数据库云服务，主要的命令行

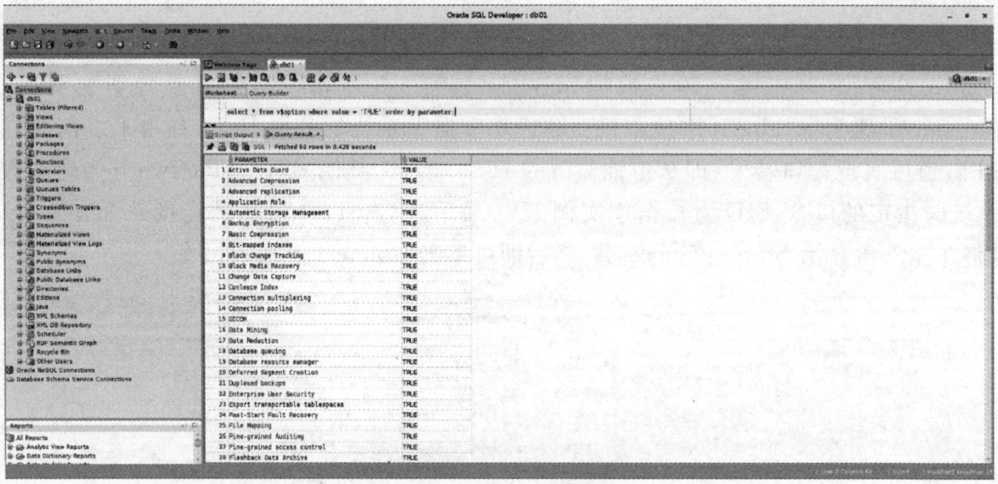

图 6-9 成功连接云端数据库的界面

工具为 dbcli。Oracle Enterprise Manager 分为内嵌在数据库中的控制台版和可集中管理多个数据库的 Cloud Control 版。由于后者需要大量安装工作，简单起见，本节只介绍控制台版。

对于版本为 11.2.0.4 的数据库，可以使用 Enterprise Manager Database Control 控制台进行管理；而对于版本为 12.1.0.2 及以上的数据库，可以使用 Enterprise Manager Express 控制台进行管理。这些控制台是内嵌在数据库中基于 Web 的管理工具，可以使用其来管理用户、资源管理和性能调优。

以下将通过一个示例来演示如何通过 Enterprise Manager 对之前建立的 11.2.0.4 版本数据库 db01 进行管理，其他版本数据库的管理过程可参见官方网页[1]。当数据库版本为 11.2.0.4 时，Enterprise Manager Database Control 控制台默认是关闭的，因此需要首先将其打开。

首先切换到 Oracle 用户，并设置环境变量：

```
[opc@srv01 ~]$ sudo su - oracle
[oracle@srv01 ~]$ . oraenv
ORACLE_SID = [oracle] ? db01
The Oracle base has been set to /u01/app/oracle
```

然后创建响应文件/tmp/resp，内容如下：

```
[opc@srv01 ~]$ cat /tmp/resp.txt
PORT = 1521
SID = db01
DBSNMP_PWD = ********
SYS_PWD = ********
SYSMAN_PWD = ********
ASM_USER_PWD = ********
```

① https://docs.cloud.oracle.com/iaas/Content/Database/Tasks/monitoringDB.htm

然后运行 emca 命令，激活 Enterprise Manager Database Control 控制台：

```
[oracle@srv01 ~]$ cd $ORACLE_HOME
[oracle@srv01 dbhome_1]$ cd bin
[oracle@srv01 bin]$ emca -config dbcontrol db -repos create -respFile /tmp/resp.txt
STARTED EMCA at Jun 30, 2018 10:20:13 AM
EM Configuration Assistant, Version 11.2.0.3.0 Production
Copyright (c) 2003, 2011, Oracle. All rights reserved.

Enter the following information:
Listener ORACLE_HOME [ /u01/app/12.2.0.1/grid ]:
Email address for notifications (optional):
Outgoing Mail (SMTP) server for notifications (optional):
ASM ORACLE_HOME [ /u01/app/12.2.0.1/grid ]:
ASM SID [ +ASM ]:
ASM port [ 1521 ]:
ASM username [ ASMSNMP ]:
Jun 30, 2018 10:20:23 AM oracle.sysman.emcp.EMConfig perform
INFO:    This    operation    is    being    logged    at
/u01/app/oracle/cfgtoollogs/emca/db01_iad1dd/emca_2018_06_30_10_20_12.log.
Jun 30, 2018 10:20:24 AM oracle.sysman.emcp.EMReposConfig createRepository
INFO: Creating the EM repository (this may take a while) ...
Jun 30, 2018 10:23:56 AM oracle.sysman.emcp.EMReposConfig invoke
INFO: Repository successfully created
...
```

激活成功后，运行以下命令启动控制台，在输出中会显示访问控制台的 URL，默认端口为 1158：

```
[oracle@srv01 dbhome_1]$ emctl start dbconsole
Oracle Enterprise Manager 11g Database Control Release 11.2.0.4.0
Copyright (c) 1996, 2013 Oracle Corporation. All rights reserved.
http://srv01.sub06300001320.vcn01.oraclevcn.com:1158/em/console/aboutApplication
Starting Oracle Enterprise Manager 11g Database Control ..... started.
------------------------------------------------------------------
Logs    are    generated    in    directory
/u01/app/oracle/product/11.2.0.4/dbhome_1/srv01.sub06300001320.vcn01.oraclevcn.com_db01_
iad1dd/sysman/log
```

在开始通过浏览器访问控制台之前，还需要确认在 VCN 和虚拟机实例中，都已设置安全规则以允许对于端口 1158 的访问。在 VCN 中可以看到相关的安全规则已自动设置，如图 6-10 所示。

然后在虚拟机实例中，打开防火墙配置并保存，过程如下：

```
[opc@srv01 ~]$ sudo iptables -I INPUT 8 -p tcp -m state --state NEW -m tcp --dport
1158 -j ACCEPT -m comment --comment "Required for EM Database Control."
[root@srv01 opc]# iptables --list -n|grep 1158
ACCEPT      tcp  --  0.0.0.0/0          0.0.0.0/0          state NEW tcp dpt:1158
/* Required for EM Database Control. */
[root@srv01 opc]# /sbin/service iptables save
iptables: Saving firewall rules to /etc/sysconfig/iptables:[ OK ]
```

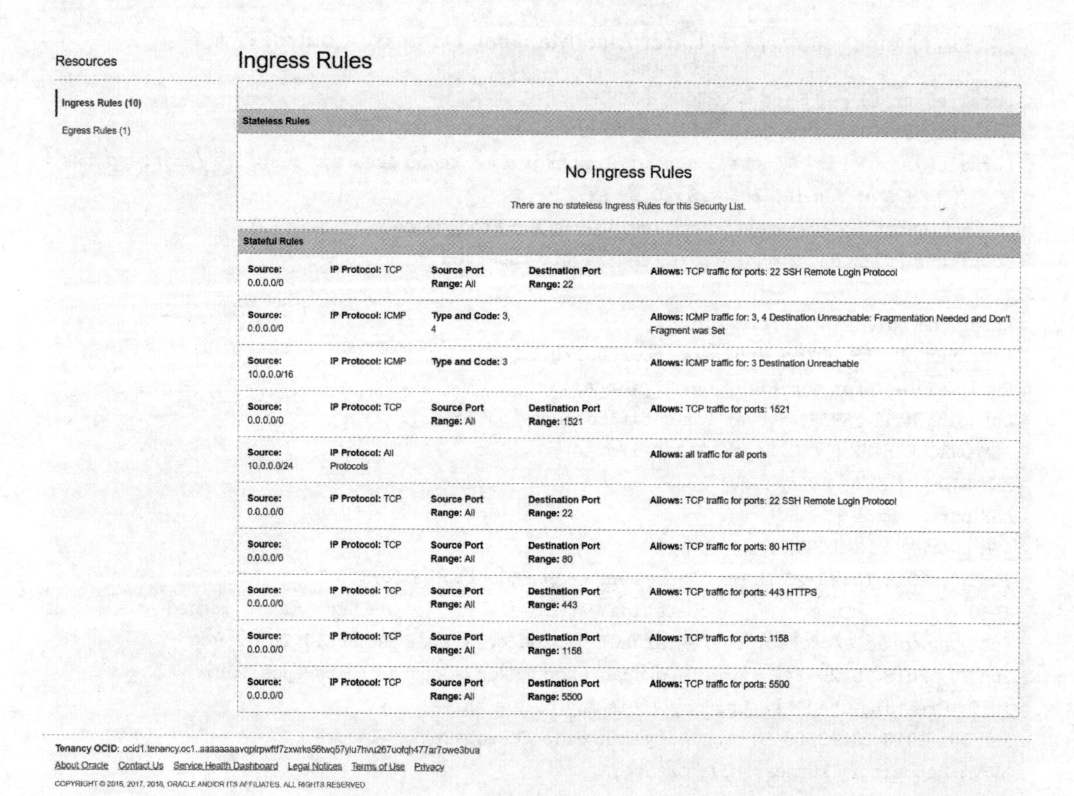

图 6-10　VCN 中与 Enterprise Manager 相关的安全规则

接下来就可以使用浏览器访问 Enterprise Manager 控制台了。在浏览器中输入之前在启动控制台命令输出中的 HTTP 地址，输入用户名 sys 及口令，连接身份选择 SYSDBA，如图 6-11 所示。

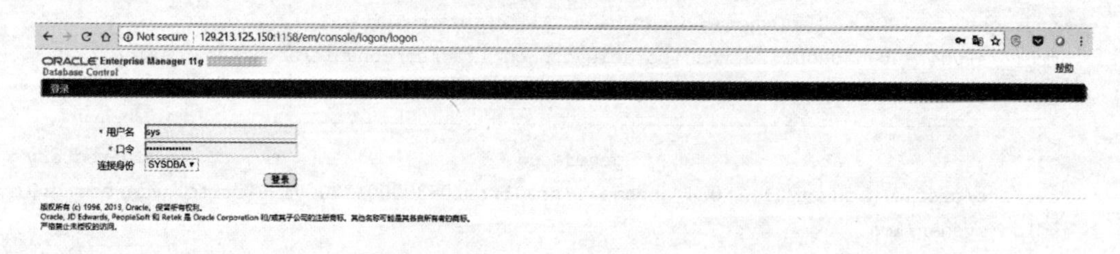

图 6-11　登录 Enterprise Manager 控制台

登录成功后，即可进入 Enterprise Manager 数据库管理界面，如图 6-12 所示。

除 Enterprise Manager 图形化工具外，dbcli 也是常用的命令行管理工具。dbcli 可用于单节点数据库和两节点 RAC 数据库，但不适用于 Exadata 数据库系统。dbcli 位于/opt/oracle/dcs/bin/目录下，以下仅列出部分命令示例，完整的命令介绍参见官方网页[①]。

---

① https://docs.cloud.oracle.com/iaas/Content/Database/References/dbacli.htm

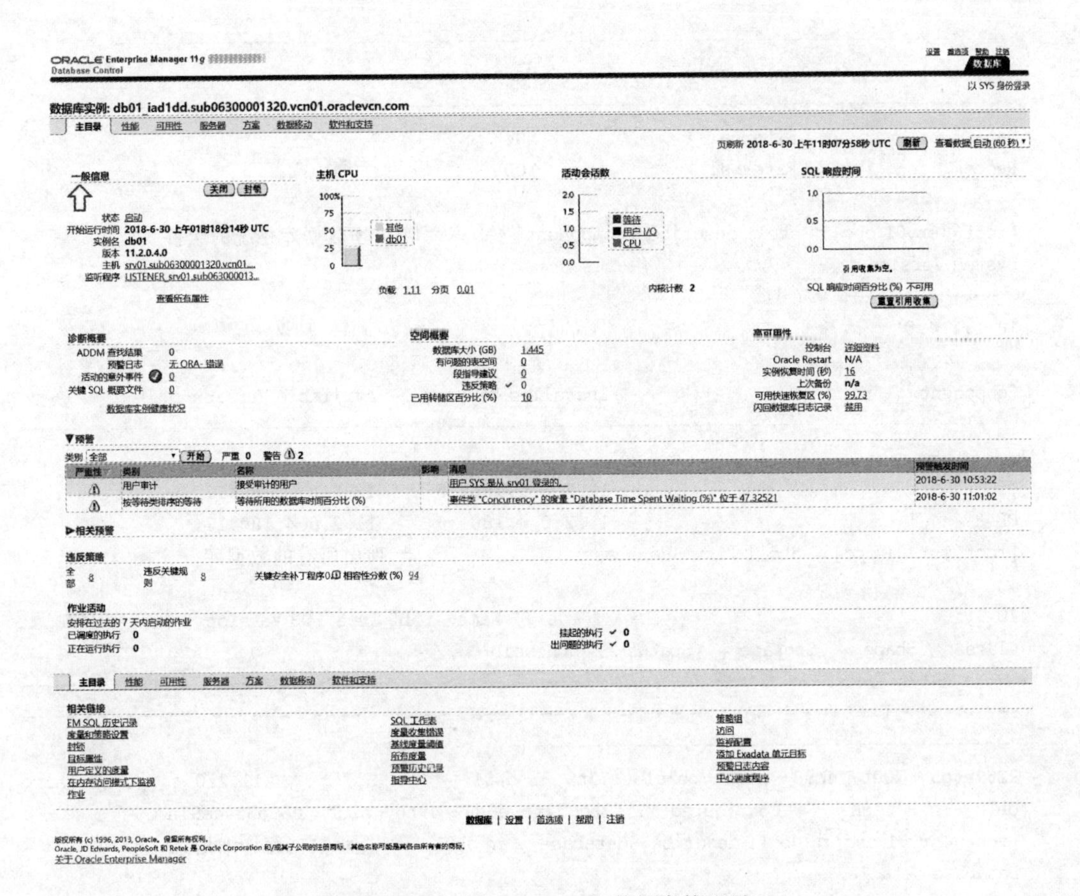

图 6-12 Enterprise Manager 数据库管理界面

```
[root@srv01 opc]# export PATH = $ PATH:/opt/oracle/dcs/bin/
[root@srv01 opc]# dbcli describe - dbsystem                # 描述数据库系统信息
DbSystem Information
----------------------------------------------------------------
                       ID: 9596d66f - 67c9 - 4311 - a3fa - ec52810f6d01
                 Platform: Vmdb
          Data Disk Count: 8
           CPU Core Count: 1
                  Created: June 30, 2018 12:47:58 AM UTC

System Information
----------------------------------------------------------------
                     Name: 4kry4pra
              Domain Name: sub06300001320.vcn01.oraclevcn.com
                Time Zone: UTC
               DB Edition: EEXP
              DNS Servers:
              NTP Servers: 169.254.169.254

Disk Group Information
```

```
------------------------------------------------------------------------
DG Name              Redundancy              Percentage
----------------------------  ------------------------------  -------------
Data                 External                100
Reco                 External                100

[root@srv01 opc]# dbcli describe-component          # 描述数据库系统的组件
System Version
-------------
18.1.1.4.0

Component                          Installed Version     Available Version
---------------------------------------------- ------------------------------
------------
GI                                 12.2.0.1.180116       12.2.0.1.180417
DB                                 11.2.0.4.180116       11.2.0.4.180417
[root@srv01 opc]# dbcli list-databases                 # 列出所有的数据库

ID                                      DB Name    DB Type  DB Version          CDB
Class     Shape     Storage     Status     DbHomeID
------------------------------------------------------------ ----------------------
----------- ----------- --------- --------- ---------- ----------- ------
------------------------------------
9269a6d5-700b-4c98-ac81-bb2e13ef73b9    db01       Si       11.2.0.4           false
OLTP         ASM       Configured     f7bd857f-e8d9-49b6-a1db-089d3344a91a
[root@srv01 opc]# dbcli describe-database -in db01    # 显示数据库详细信息
Database details
------------------------------------------------------------------------
                          ID: 9269a6d5-700b-4c98-ac81-bb2e13ef73b9
                 Description: db01
                     DB Name: db01
                  DB Version: 11.2.0.4
                     DB Type: Si
                  DB Edition: EE_XP
                        DBID: 1611394087
      Instance Only Database: false
                         CDB: false
                    PDB Name:
          PDB Admin User Name:
                       Class: OLTP
                       Shape:
                     Storage: ASM
                CharacterSet: AL32UTF8
       National CharacterSet: AL16UTF16
                    Language: AMERICAN
                   Territory: AMERICA
                     Home ID: f7bd857f-e8d9-49b6-a1db-089d3344a91a
             Console Enabled: false
         AutoBackup Disabled: true
                     Created: June 30, 2018 12:47:59 AM UTC
              DB Domain Name: sub06300001320.vcn01.oraclevcn.com
```

```
[root@srv01 opc]# dbcli list-dbhomes                    # 显示数据库的根目录

ID                                      Name                 DB Version
Home Location                                     Status
---------------------------------------- -------------------- --------
--------------------------------- ---------------------------------------
------- ----------
f7bd857f-e8d9-49b6-a1db-089d3344a91a       OraDB11204_home1        11.2.0.4.180116
(26609929, 26925576)     /u01/app/oracle/product/11.2.0.4/dbhome_1     Configured
[root@srv01 opc]# dbcli list-dbstorages              # 显示数据库存储信息

ID                                        Type    DBUnique Name       Status
---------------------------------------- ------ -------------------- ----------
43189fec-0071-4906-86f7-e49f5beeabe2      Asm    db01_iad1dd          Configured
```

6.3 OCI-C 中的数据库云服务——DBCS

DBCS 是在第一代云基础设施 OCI-C 中构建的数据库云服务，也是首个提供给用户的数据库云平台服务。随着第二代云基础设施 OCI 的推出，DBCS 底层使用的计算服务也延伸到 OCI，也就是说，DBCS 的云控制台依然是 OCI-C 提供，而底层的计算基础设施同时支持 OCI 和 OCI-C。

6.3.1 创建数据库服务实例

在 DBCS 中，创建数据库云服务的过程是通过创建数据库服务实例来完成的。如图 6-13所示，进入数据库云服务控制台后，单击右上角的 Create Instance 按钮，即可开始数据库服务实例的创建。

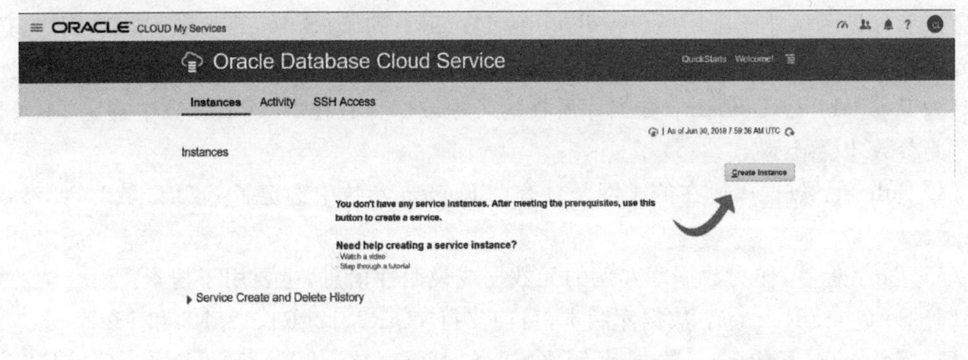

图 6-13 启动创建数据库云服务实例界面

1. 输入实例的基本信息

创建数据库服务实例的第一步是输入实例的基本信息，如图 6-14 所示。服务实例的基本信息包括以下参数：

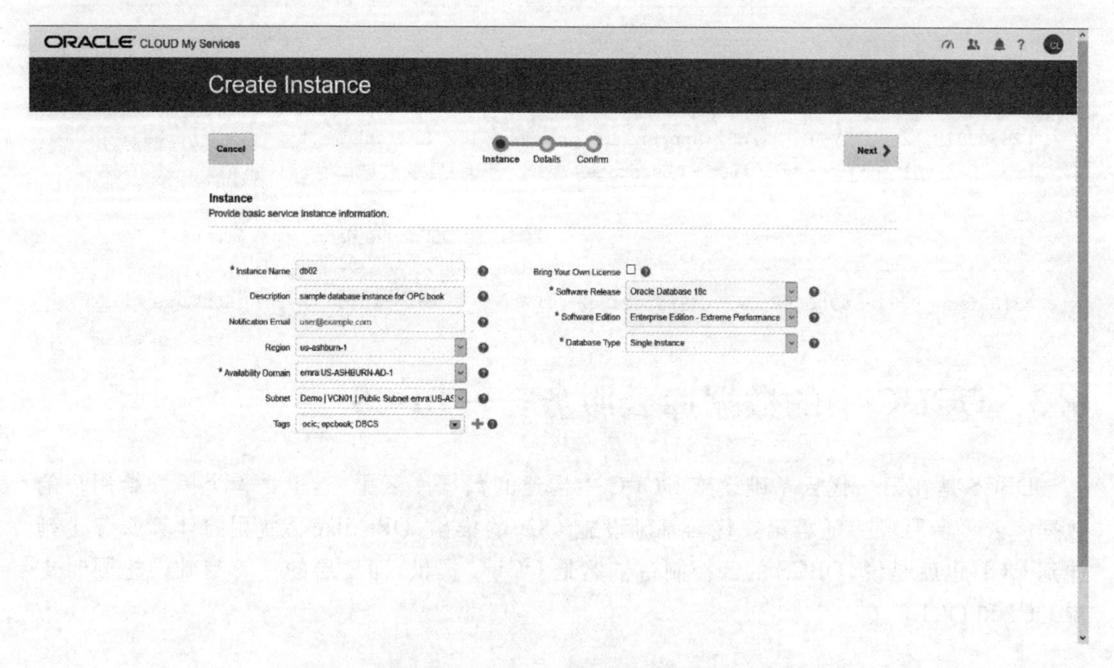

图 6-14　创建数据库服务实例步骤 1：输入实例基本信息

(1) Instance Name：实例名称，此名称在身份域中是唯一的。必须以字符开头，只能包括数字、字符和“-”号，注意不能有特殊字符。

(2) Region：数据库部署的区域，如果选择 No Preference，则表示数据库部署在 OCI-C 中。如果用户的身份域支持 OCI，则在下拉列表中会显示可用的区域。在选择具体的区域后，会在下方显示额外的可用域(Availability Domain)和子(Subnet)参数。在本例中，选择了 us-ashburn-1，表示位于美国弗吉尼亚州的阿什本区域。

(3) Availability Domain：数据库所在的可用域。只有在 Region 参数中选定了 OCI 区域时，此参数才会显示。

(4) Subnet：数据库所在的子网。只有在 Region 参数中选定了 OCI 区域时，此参数才会显示。

(5) Tag：标签，作为数据库实例的元数据或说明性信息，主要用于搜索。

(6) Software Release：数据库版本，目前支持 11gR2、12gR1、12gR2 和 18c。

(7) Software Edition：数据库服务包，包括 Standard Edition、Enterprise Edition、Enterprise Edition-High Performance 和 Enterprise Edition-Extreme Performance。

(8) Database Type：数据库类型。可选的数据库类型与数据库部署的区域及之前选择的数据库服务包有关，详见表 6-2。

表 6-2 数据库云服务中的数据库类型

数据库类型	说 明
Single Instance	单实例数据库，数据库承载在单个计算节点上
Database Clustering with RAC	双实例 RAC 集群数据库，总共两个计算节点，每一节点承载一个数据库实例，两个实例共享数据库存储。此类型在选择 OCI 区域时不可用
Single Instance with Data Guard Standby	两个单实例数据库，由两个计算节点承载，两个实例间通过 Data Guard 软件建立主备复制关系
Data Guard Standby for Hybrid DR	单实例数据库，作为 Data Guard 配置中的备数据库，主数据库位于用户的数据中心。此类型在选择 OCI 区域时不可用
Database Clustering with RAC and Data Guard Standby	两个双实例 RAC 集群数据库，之间通过 Data Guard 建立主备复制关系，总共需要 4 个计算节点。此类型在选择 OCI 区域时不可用

2. 输入实例的详细配置

在创建数据库服务实例的第二步，需要输入实例的详细配置，如图 6-15 所示。

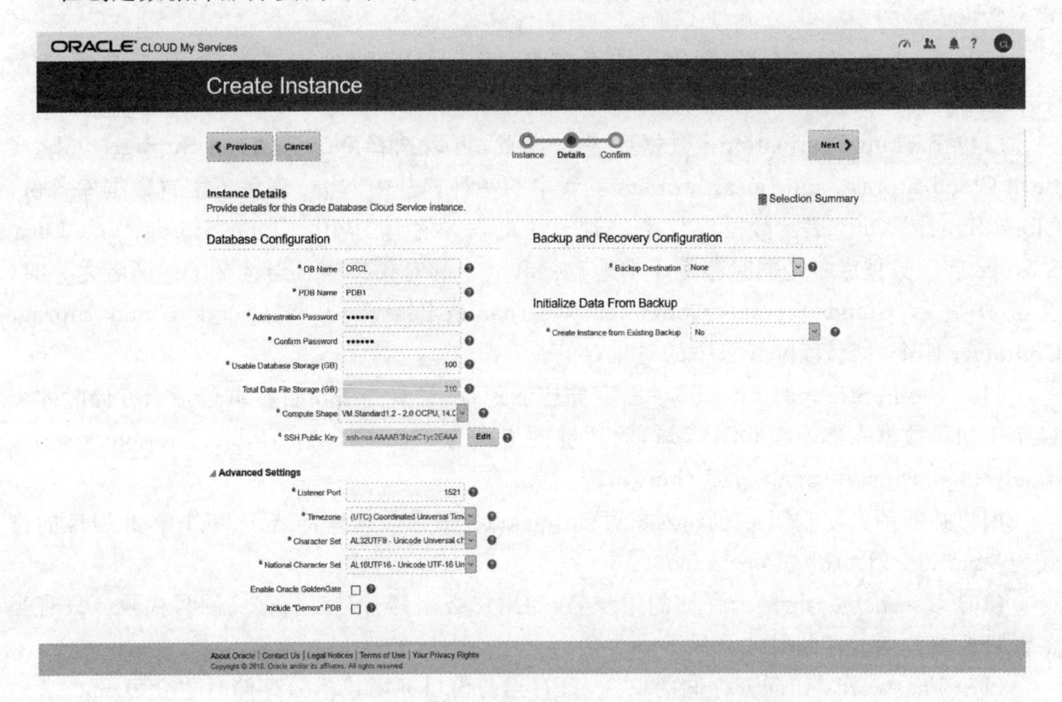

图 6-15 创建数据库服务实例步骤 2：输入实例详细配置

在此步骤中涉及 20 个参数，其中第(1)～(13)项为数据库配置，第(14)～(20)项为备份相关配置。

(1) DB Name：数据库实例的名称，最多 8 个字符，只能包括字符和数字。

(2) PDB Name：PDB 名称，小于 8 个字符，只有数据库版本为 12 或以上时才会出现此属性。

(3) Administration Password：数据库管理用户口令。

(4) Usable Database Storage (GB)：实际可用的数据库存储容量，此容量中部分会用于文件系统和其他开销。如果底层基础设施基于 OCI，存储容量可以在 50～16384GB；如果基于 OCI-C，则存储容量在 15～1200GB。

(5) Total Data File Storage (GB)：实际分配给此数据库实例的存储容量，包括操作系统，数据库软件，数据库数据和配置文件。

(6) Compute Shape：承载数据库的计算实例 Shape。Shape 主要指定了计算实例的 OCPU 和内存容量。

(7) SSH Public Key：SSH 密钥对中的公钥部分，存放于计算实例，使得客户端可以使用 SSH 私钥无口令登录计算实例。

(8) Listener Port：数据库监听端口，默认为 1521。必须位于 1521～5499。

(9) Timezone：时区，默认为 Coordinated Universal Time (UTC)。

(10) Character Set：数据库字符集，主要用于存储于 CHAR 数据类型中的数据。

(11) National Character Set：国家字符集，主要用于存储于 NCHAR 数据类型中的数据。

(12) Enable Oracle GoldenGate：是否配置此数据库作为 Oracle GoldenGate 云服务的复制数据库。

(13) Include "Demos" PDB：是否安装 Demos PDB，此参数只适用于数据库版本 12cR1。

(14) Backup Destination：数据库备份设置，可以选择 None、Cloud Storage Only 或 Both Cloud Storage and Local Storage 三者中的一种。其中 None 表示不配置数据库备份，Cloud Storage Only 表示数据库仅备份到云中的对象存储，Both Cloud Storage and Local Storage 表示数据库备份同时存放于本地存储和云中的对象存储。当选择了后两者之一时，会额外显示 Cloud Storage Container、Username、Password 和 Create Cloud Storage Container 四个参数，以配置云中的对象存储。

(15) Cloud Storage Container：云存储容器地址，只有当备份目标端包括云存储时才会显示。如果数据库部署在 OCI 区域，此地址的格式为：https://swiftobjectstorage.region.oraclecloud.com/v1/namespace/bucket。

用户必须预先在 OCI 中创建对象存储 bucket。如果数据库部署于 OCI-C，此地址的格式为：Storage-identity_domain/container。

(16) Username：访问云存储的用户名，此用户必须具有对对象存储的写权限。只有当备份目标端包括云存储时才会显示。

(17) Password：访问云存储的口令，只有当备份目标端包括云存储时才会显示。

(18) Create Cloud Storage Container：是否在数据库部署时自动创建云存储容器，只有当备份目标端包括云存储时才会显示。如果数据库部署于 OCI 区域时，此参数不可用。

(19) Total Estimated Monthly Storage (GB)：用于数据文件和备份的存储容量。

(20) Create Instance from Existing Backup：是否通过恢复云中对象存储中已有的备份来创建数据库实例。

3. 确认配置

创建数据库服务实例的最后一步是确认配置，如图 6-16 所示。如果确认配置信息无误，单击右上角的 Create 后，系统即在后台自动开始数据库服务实例的创建。

与 OCI DBaaS 只能将数据库部署于 OCI 数据中心不同，OCI-C DBCS 支持将数据库部

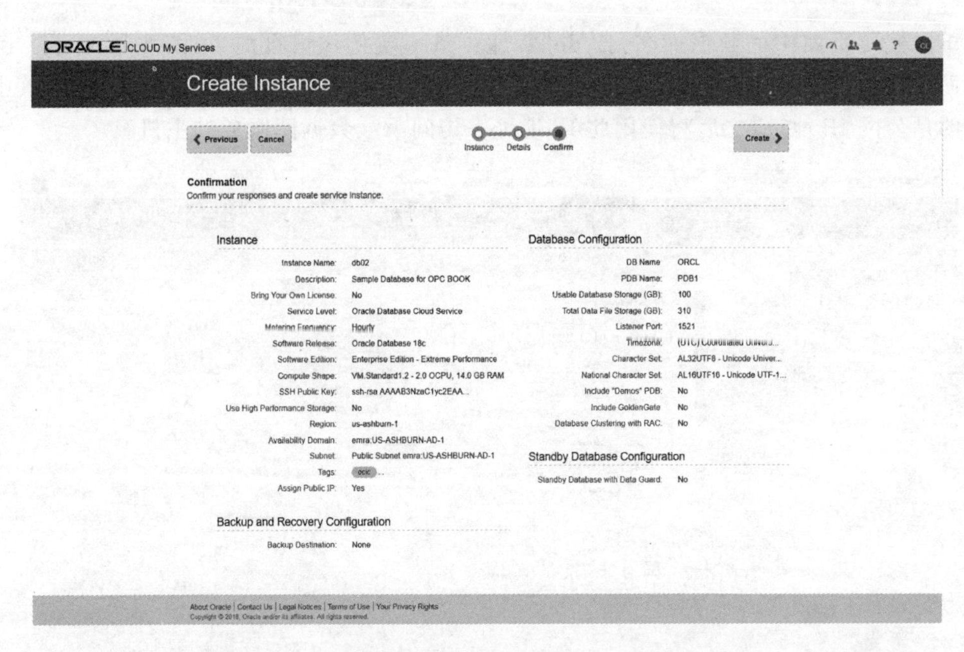

图 6-16　创建数据库服务实例步骤 3：配置信息确认

署于 OCI-C 或 OCI 数据中心。为了解这两者的区别，这里又额外建立了一个部署于 OCI-C 数据中心的数据库服务实例 db03，建立的过程与 db02 类似，主要的区别是在第一步设定区域时，需要选择 No Preference。创建数据库服务实例的时间与选择的 Shape 有关，由于这两个数据库选择的 Shape 都是两个 OCPU，内存都在 15GB 左右，因此最终所用时间非常接近，都是将近 45min。数据库实例开始创建后，可以在服务概要页面中监控实例创建的过程，如图 6-17 所示。在此页面中，可以查看数据库的版本、服务包类型、Shape 和存储容量等概要信息。单击数据库右侧的操作菜单，可以选择数据库管理工具或执行启停等数据库操作，这些数据库管理工具将在后续介绍。

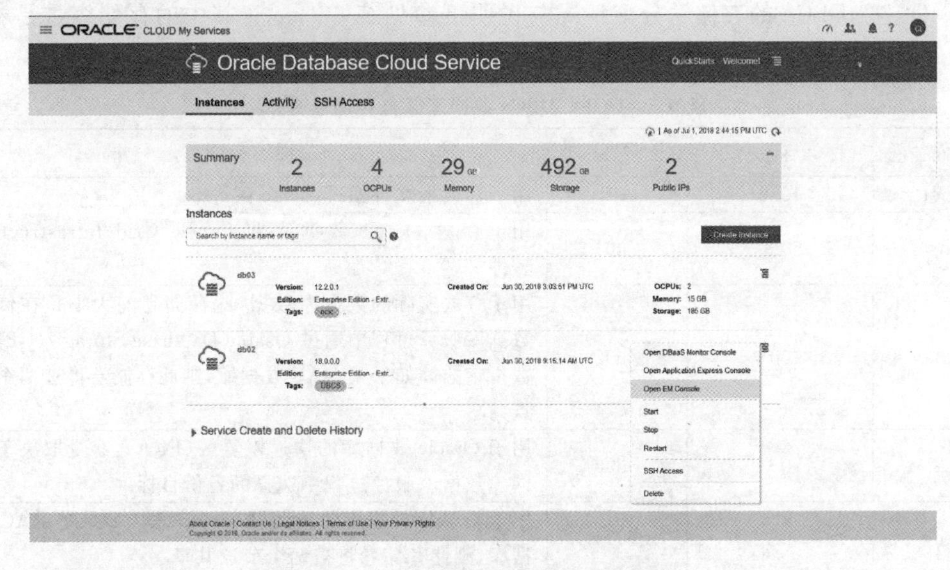

图 6-17　数据库服务实例概要页面

单击概要页面中的数据库名，如 db02，即可进入实例详情页面，如图 6-18 所示。除概要页面中显示的信息外，此页面中还会显示实例所使用的节点数量、补丁可用性等，其中较重要的是公网 IP 地址，之后将使用此 IP 地址来访问承载数据库服务的主机。

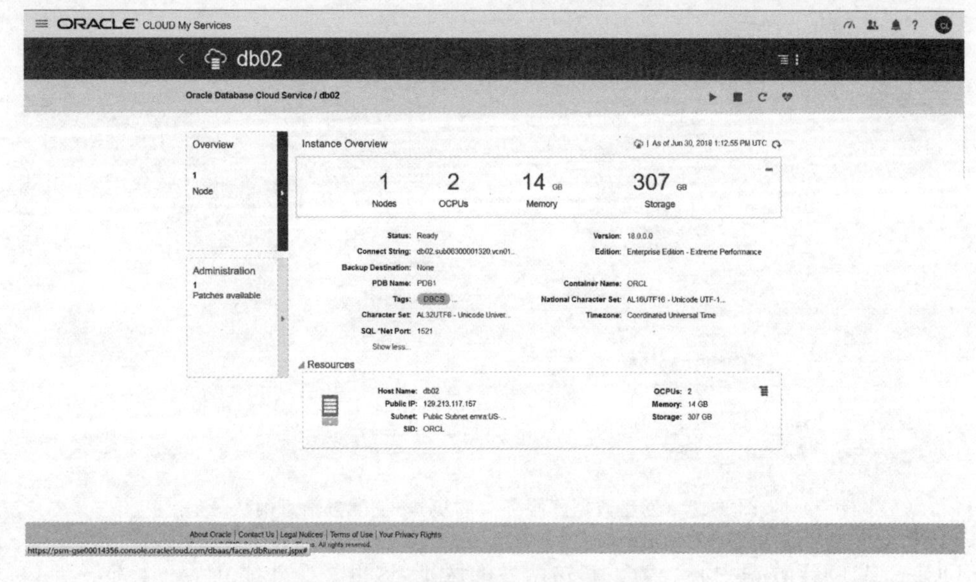

图 6-18 数据库服务实例详情页面

数据库云服务作为一种平台服务，无论是 db02 还是 db03，都会在相应的基础设施服务中创建计算资源。对于 db02，由于使用的是 OCI 中的基础设施服务，因此需要在 OCI 中查看承载数据库服务的虚拟机实例。在 OCI 中，需要将分区(Compartment)设定为 ManagedCompartmentForPaaS 才能看到为数据库平台服务建立的虚拟机，如图 6-19 所示。在此页面中，可以看到此虚拟机所在的可用域、VCN 和子网等信息，另外在下方的块存储部分，可以看到为此实例分配的 4 个块存储卷，加上计算实例本身的启动卷，一共是 5 个块存储卷。OCI-C DBCS 的存储卷分配情况与说明可参见表 6-3，注意其中的存储容量是本例 db02 分配的存储容量，与数据库服务创建过程中的输入有关。

表 6-3 OCI-C DBCS 数据库服务存储卷分配

存储卷	存储容量/GB	挂载目录	说明
boot	46.6	—	用于存放根文件系统、swap 区等
bits	60	/u01	用于存放 Oracle 数据库和 Oracle Grid Infrastructure 软件
data	100	/u02	用于存放实际的数据库数据，此存储卷的大小是在创建数据库服务过程中通过 Usable Database Storage (GB)参数指定的。如果是 RAC 数据库，则此存储卷将被两个节点共享
fra	50	/u03	用于 Oracle 数据库的快速恢复区(FRA)，容量取决于在创建数据库服务过程中选择的备份目标
redo	50	/u04	用于 Oracle 数据库的重做(Redo)日志。如果是 RAC 数据库，则此存储卷将被两个节点共享

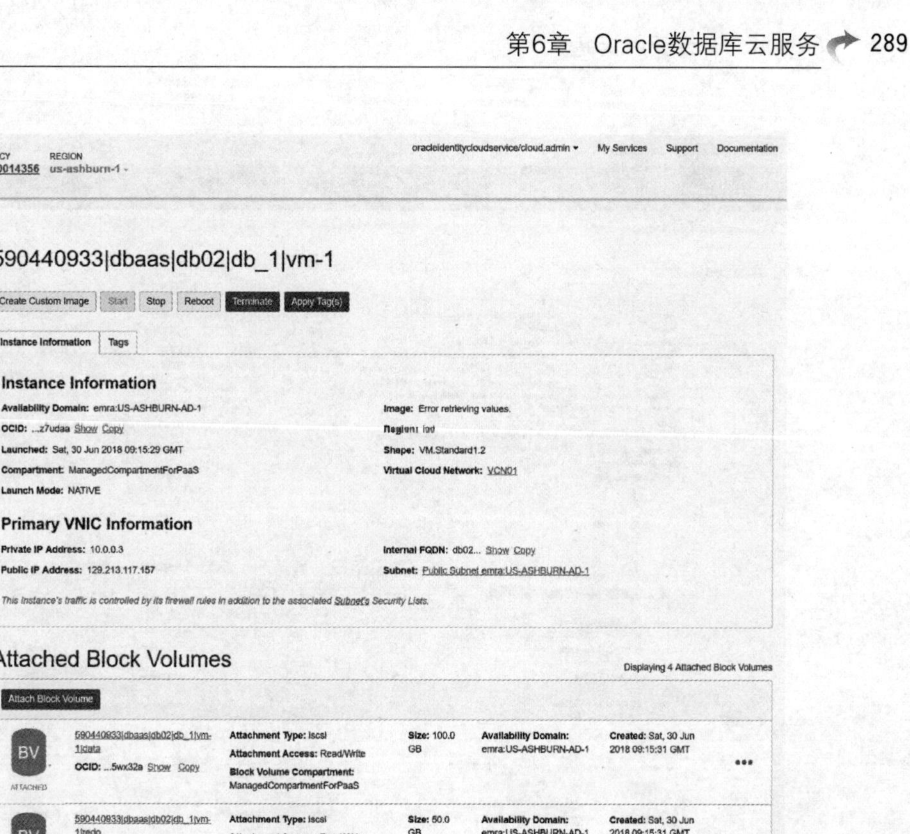

图 6-19 在 OCI 中承载数据库 db02 的计算实例

对于 db03，由于底层使用的基础设施服务位于 OCI-C 中，因此可以在 OCI-C 中的计算云服务中查看承载数据库的计算实例，如图 6-20 所示。在此界面中的 Storage Volumes 部分列出了所有分配的存储卷，其中 data 数据卷大小为 25GB，这是在创建数据库服务实例过程中由用户指定的。

6.3.2 访问云中数据库

访问云中数据库主要有两种方式：一种是登录承载数据库的主机，然后访问数据库；另一种是通过 SQL Developer 图形化工具访问数据库。以下将通过示例来了解这两种方式，验证数据库的配置与之前在创建服务过程中的设置是一致的。

首先来看第一种方式，即登录数据库所在的主机。在本例中，承载数据库的主机实际上是 Linux 虚拟机，因此先通过 SSH 命令登录此虚拟机，其公网 IP 地址可以从图 6-18 数据库服务实例详情页面中获取。

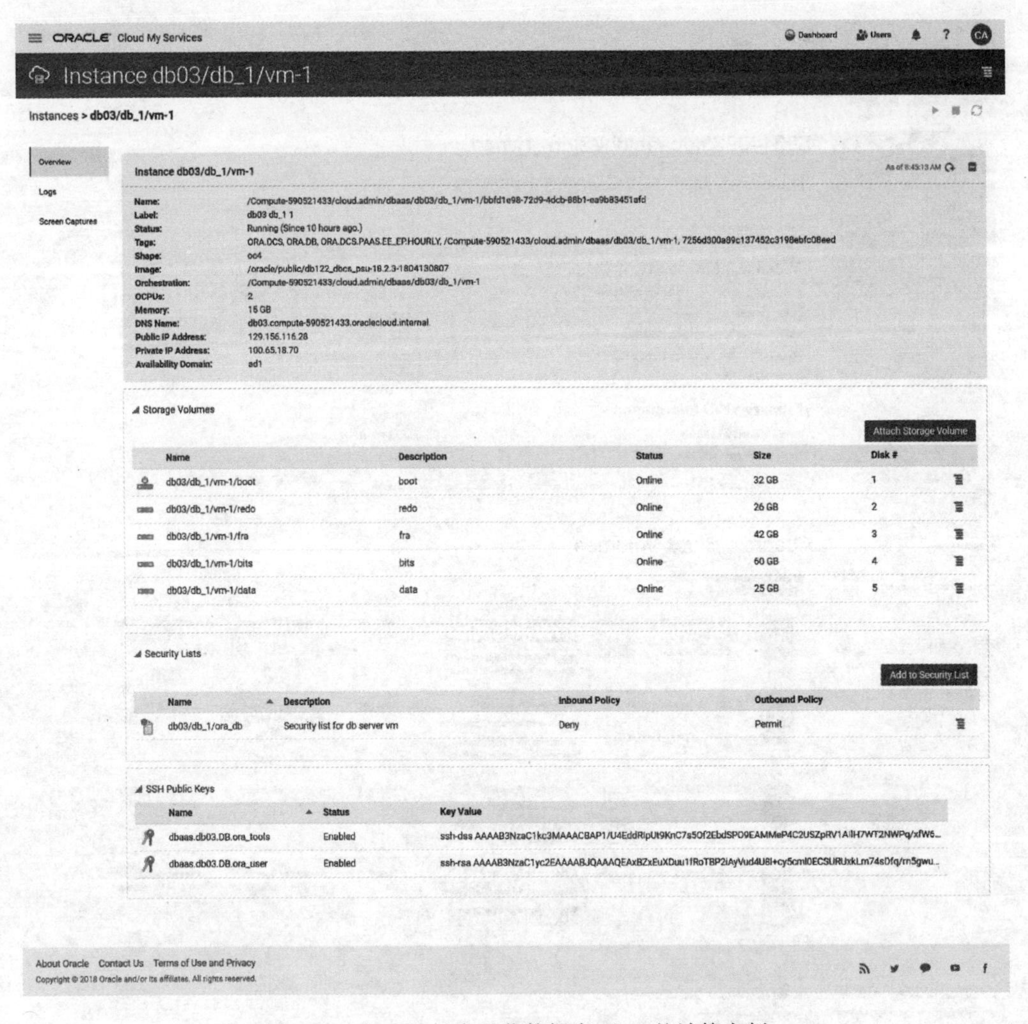

图 6-20　在 OCI-C 中承载数据库 db03 的计算实例

```
[oracle@10 ~]$ ssh -i ~/.ssh/opcbook.pem opc@129.213.117.157
Last login: Sun Jul 1 02:53:29 2018 from 223.72.74.133
```

查看主机的 CPU 和内存，输出与之前设定的 Shape VM.Standard1.2 一致：

```
[oracle@db02 ~]$ lscpu | grep CPU
CPU op-mode(s):          32-bit, 64-bit
CPU(s):                  4
On-line CPU(s) list:     0-3
CPU family:              6
Model name:              Intel(R) Xeon(R) CPU E5-2699 v3 @ 2.30GHz
CPU MHz:                 2294.815
NUMA node0 CPU(s):       0-3
[oracle@db02 ~]$ free -h
             total       used       free     shared    buffers     cached
Mem:           13G        13G       356M       4.4M       502M       4.4G
-/+ buffers/cache:       8.2G       5.2G
Swap:         8.0G       6.1M       8.0G
```

查看主机名，主机名与设定的数据库名称一致：

```
[opc@db02 ~]$ hostname -f
db02.sub06300001320.vcn01.oraclevcn.com
```

查看数据库注册表和数据库网络服务配置文件，可以获取数据库实例名及数据库服务名，这些信息在后续连接数据库时需要用到。

```
[opc@db02 ~]$ tail -1 /etc/oratab
ORCL:/u01/app/oracle/product/18.0.0/dbhome_1:Y
[oracle@db02 ~]$ cat $(dbhome)/network/admin/tnsnames.ora
ORCL =
  (DESCRIPTION =
    (ADDRESS = (PROTOCOL = TCP)(HOST = db02.sub06300001320.vcn01.oraclevcn.com)(PORT =
1521))
    (CONNECT_DATA =
      (SERVER = DEDICATED)
      (SERVICE_NAME = ORCL.sub06300001320.vcn01.oraclevcn.com)
    )
  )


PDB1 =
  (DESCRIPTION =
    (ADDRESS = (PROTOCOL = TCP)(HOST = db02.sub06300001320.vcn01.oraclevcn.com)(PORT =
1521))
    (CONNECT_DATA =
      (SERVER = DEDICATED)
      (SERVICE_NAME = pdb1.sub06300001320.vcn01.oraclevcn.com)
    )
  )
```

查询实例的元数据，可以得到丰富的和数据库相关的信息，由于输出较长，我们去除了其中一些不重要的信息，并加入注释进行说明。

```
[opc@db02 ~]$ curl -s http://169.254.169.254/opc/v1/instance/
{
  "availabilityDomain" : "emra:US-ASHBURN-AD-1",          # 计算实例所在可用域
  "displayName" : "590440933|dbaas|db02|db_1|vm-1",        # 计算实例显示名
  "metadata" : {
    "fra_mnt" : "/u03",                                    # 快速恢复区挂载目录
    "fra" : "50G",                                         # 快速恢复区容量
    "net_security_integrity_enable" : "yes",               # 启用网络安全一致性检查
    "cdb" : "yes",                                         # 使用容器数据库
    "pdb_name" : "PDB1",                                   # 可插拔数据库为PDB1
    "storage_map" : {                          # 存储映射表，包含每个存储卷的设备名和容量
      "bits" : {
        "device" : "/dev/sdc",
        "size" : "60G"
      },
      "data" : {
```

```
        "device" : "/dev/sdd",
        "size" : "100G"
      },
      "fra" : {
        "device" : "/dev/sde",
        "size" : "50G"
      },
      "redo" : {
        "device" : "/dev/sdf",
        "size" : "50G"
      }
    },
    "version" : "18000",                                          # 数据库版本
    "bits_mnt" : "/u01",                                          # 软件安装设备挂载目录
    "dbname" : "ORCL",                                            # 数据库实例名
    "redo_log_size" : "1024M",                                    # 重做日志文件大小
    "redo_mnt" : "/u04",                                          # 重做日志设备挂载目录
    "charset" : "AL32UTF8",                                       # 数据库字符集
    "archlog" : "yes",                                            # 开启数据库归档
    "bkup_disk" : "no",                                           # 无备份到磁盘
    "net_security_integrity_target" : "server",                   # 网络安全一致性目标
    "byol" : "no",                                                # 用户自带许可为否
    "bundle" : "extreme-perf",                                    # 数据库服务包为极致性能版
    "lsnr_port" : "1521",                                         # 监听 TCP/IP 端口
    "flashback" : "yes",                                          # 闪回已打开
    "data_mnt" : "/u02",                                          # 数据设备挂载目录
    "asm" : "false",                                              # 未使用 ASM
    "net_security_encryption_enable" : "yes",                     # 启用网络安全加密
    "opc_datacenter" : "DEFAULT",                                 # 使用 OCI-C 数据中心
    "flashback_minutes" : "1440",                                 # 闪回时间窗为 24h
    "net_security_integrity_methods" : "SHA1",                    # 网络安全一致性算法
    "tde_action" : "config",                                      # 启用数据库透明数据加密
    "timezone" : "UTC",                                           # 时区设置
    "edition" : "enterprise",                                     # 数据库为企业版
    "demo" : "no",                                                # 未安装演示数据库
    "sid" : "ORCL",                                               # 数据库实例名
    "ncharset" : "AL16UTF16",                                     # 数据库国际字符集
    "gg" : "no",                                                  # 未启用 GoldenGate
    "service" : "dbcs",                                           # 服务为数据库云服务
    "net_security_enable" : "yes",                                # 已启用网络安全
    "dbtype" : "si",
    "net_security_encryption_methods" : "AES256,AES192,AES128",   # 网络安全加密算法
    "host_name" : "db02.sub06300001320.vcn01.oraclevcn.com"       # 主机名
  },
  "region" : "iad",                                               # 计算实例所在区域 ID
  "canonicalRegionName" : "us-ashburn-1",                         # 计算实例所在区域名称
  "shape" : "VM.Standard1.2",                                     # 计算实例所用 Shape
  "state" : "Running",                                            # 计算实例状态
  "timeCreated" : 1530350129581                                   # 计算实例创建时间
}
```

切换到 oracle 用户，查看数据库根目录：

```
[opc@db02 ~]$ sudo su - oracle
[oracle@db02 ~]$ dbhome
/u01/app/oracle/product/18.0.0/dbhome_1
```

切换到 oracle 用户后，OCI 中的 DBaaS 需要通过运行 oraenv 来设置数据库环境，而 DBCS 中的数据库环境变量已经设置，可以直接登录数据库。登录到数据库后，运行一系列 SQL 语句来查询数据库版本、服务包类型、PDB 名称以及建立的系统和用户表空间。

```
[oracle@db02 ~]$ sqlplus / as sysdba

SQL*Plus: Release 18.0.0.0.0 Production on Sun Jul 1 14:51:06 2018
Version 18.1.0.0.0

Copyright (c) 1982, 2017, Oracle. All rights reserved.


Connected to:
Oracle Database 18c EE Extreme Perf Release 18.0.0.0.0 - Production
Version 18.1.0.0.0
SQL> select banner_full from v$version;                -- 查询数据库版本

BANNER_FULL
--------------------------------------------------------------------------------
Oracle Database 18c EE Extreme Perf Release 18.0.0.0.0 - Production
Version 18.1.0.0.0

SQL> select PDB_NAME from CDB_PDBS;                    -- 查询可插拔数据库

PDB_NAME
--------------------------------------------------------------------------------
PDB1
PDB$SEED
SQL> col file_name format a48
SQL> set linesize 100
SQL> SELECT FILE_NAME, TABLESPACE_NAME, BYTES FROM DBA_DATA_FILES;     -- 查询表空间

FILE_NAME                                          TABLESPACE_NAME                  BYTES
------------------------------------------------ ------------------------------
----------
/u02/app/oracle/oradata/ORCL/system01.dbf          SYSTEM                       891289600
/u02/app/oracle/oradata/ORCL/sysaux01.dbf          SYSAUX                       629145600
/u02/app/oracle/oradata/ORCL/undotbs01.dbf         UNDOTBS1                      62914560
/u02/app/oracle/oradata/ORCL/users01.dbf           USERS                          5242880
```

接下来看一下如何通过 SQL Developer 连接云中的数据库，其中关键的步骤是建立 SSH 隧道。前面已经介绍了如何通过 Linux 系统中的 SSH 命令建立 SSH 隧道，实际上在 SQL Developer 中也可以通过添加 SSH 主机来实现同样的功能。

在 SQL Developer 中建立 SSH 隧道的过程需要在 SSH Hosts 窗口中进行，在 View 菜

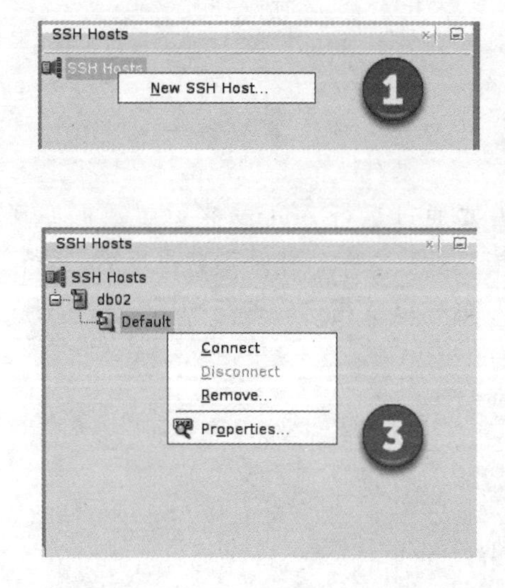

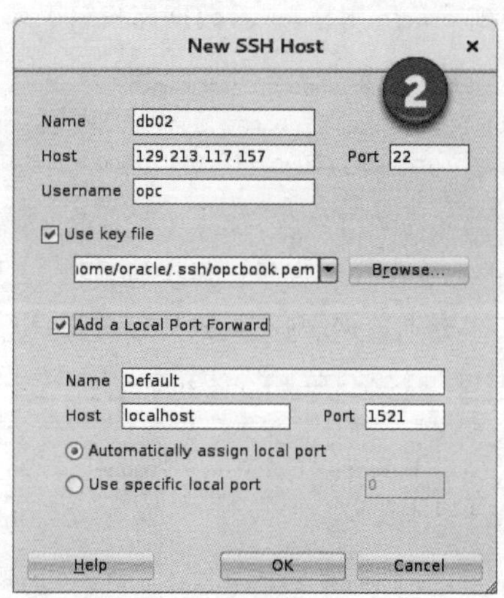

图 6-21　在 SQL Developer 中建立 SSH 隧道

单下选择 SSH 命令可打开此窗口，随后的过程如下：

(1) 右击 SSH Hosts，选择 New SSH Host 命令以新建 SSH 主机；

(2) 在弹出窗口中，输入 SSH 主机属性；

(3) 选择新建的 SSH 主机，右击选择 Connect 命令以建立 SSH 隧道。

在 SSH 隧道建立后，新建一个数据库连接。指定 Connection Type 为 SSH，此时在 Port Forward 下拉列表中会显示所有已建的 SSH 主机。另外，目标数据库可以通过 SID 或服务名称指定，SID 即之前设定的数据库名称，而服务名称可以从 tnsnames.ora 文件或 lsnrctl 命令输出中获取。

单击 Test 可测试数据库连接，成功后在左下方会显示 Status：Success 提示，然后即可保存并连接云中的数据库。

6.3.3 管理云中数据库

管理云中数据库最方便和最常用的手段是通过云服务的服务控制台，服务控制台主要针对数据库云服务的管理，包括服务部署、监控、备份恢复和补丁等。此外，在数据库控制台中还集成了另三种传统的数据库管理工具，这些工具主要针对数据库内部的管理、监控和应用开发，它们分别是：

(1) SQL Developer 网页版；

(2) Application Express 控制台；

(3) Enterprise Manager 控制台。

图 6-17 所示的数据库云服务详情页面中，单击特定数据库右侧的操作菜单，在最上方的三个菜单项可以关联到这三个工具。其中单击 Open DBaaS Monitor Console 可以打开 DBCS 登录页面，如图 6-22 所示，其中包括了 SQL Developer 网页版和 Application Express 控制台。单击 Open Application Express Console 可打开 Application Express 控制台，单击 Open EM Console 可打开 Enterprise Manager 控制台。

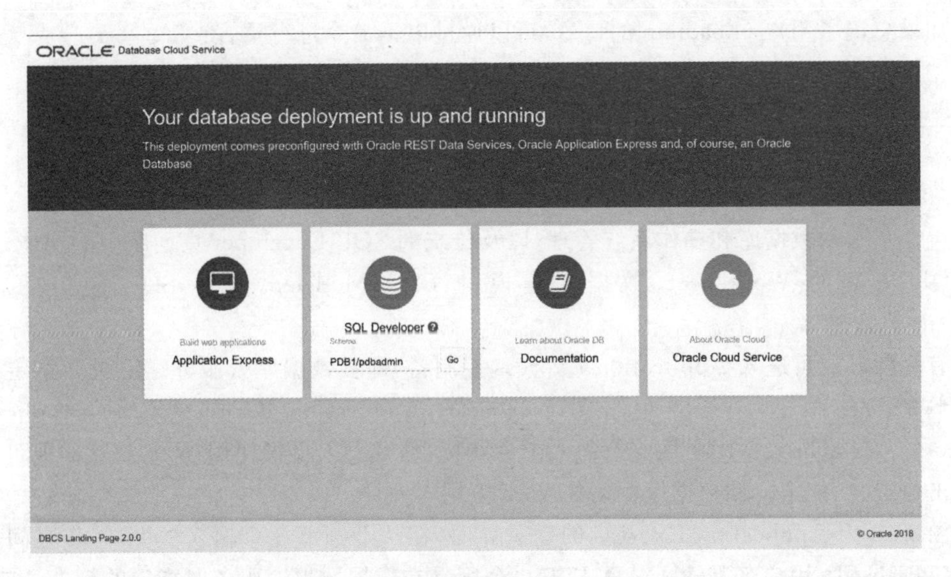

图 6-22 数据库云服务登录页面

首先来看一下 SQL Developer 网页版。与 SQL Developer 桌面版相比，SQL Developer 网页版是一个轻量级的数据库管理开发工具，其优点是基于网页，已集成到 Oracle 数据库云服务之中。SQL Developer 网页版的管理对象针对数据库 Schema，在访问 Schema 之前，此 Schema 必须设置以允许 RESTful 访问。通过数据库云服务部署的首个 PDB 中的 pdbadmin 用户已经完成了这些设置，对于其他的 Scheme，可以参考官方网页[①]完成设置。

在图 6-22 的 SQL Developer 区域中，已经显示了默认的 Schema PDB1/pdbadmin，即之前创建的可插拔数据库 PDB1 和用户 pdbadmin，单击 Go 即可进入登录页面，输入 Schema 的名称及口令即可进入数据库云服务管理仪表板，如图 6-23 所示。

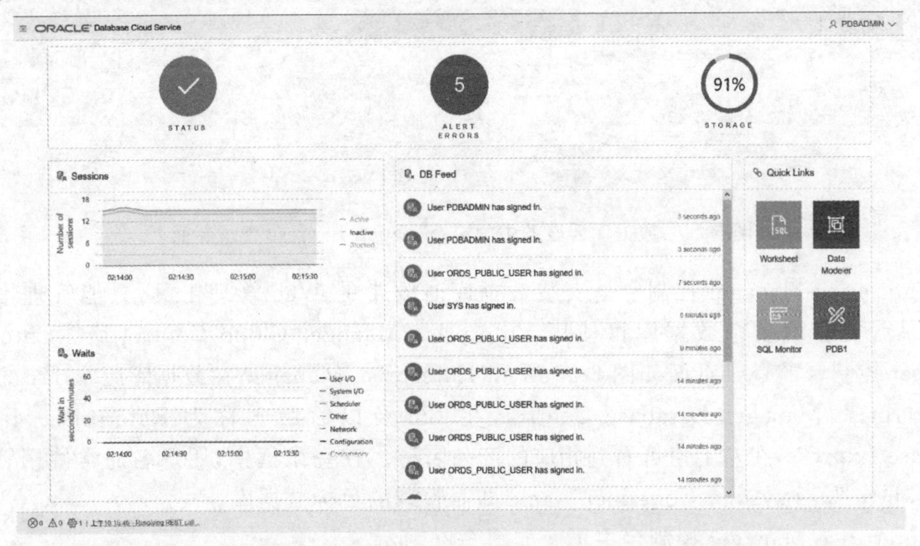

图 6-23 集成了 SQL Developer 网页版的数据库云服务管理仪表板

① https://docs.oracle.com/en/cloud/paas/database-dbaas-cloud/csdbi/use-sql-dev-web-this-service.html

如果忘记了用户 pdbadmin 的口令，可以通过以下命令进行重置：

```
SQL > ALTER SESSION SET CONTAINER = "PDB1";
Session altered.
SQL > ALTER USER PDBADMIN IDENTIFIED BY " ******** ";
User altered.
```

其中包含基本的数据库和操作系统管理，以及传统的 SQL Developer 桌面版中的功能，如用于 SQL 交互的 Worksheet、数据库建模的 Data Modeler、实时 SQL 监控的 SQL Monitor 等。

有两种方式可进入 Application Express 控制台，即在数据库云服务详情页面指定数据库右侧的操作菜单，或通过单击图 6-22 中的 Application Express 区域。Application Express 是 Oracle 数据库全面支持的一个免费特性，开发人员仅使用 Web 浏览器即可快速设计出稳定、功能丰富和数据库驱动的 Web 应用。

图 6-24 为 Application Express 的登录界面，在从上到下 3 个输入框中，工作空间需输入 INTERNAL，用户名需输入 ADMIN，口令则是在部署数据库服务时指定的管理员口令。

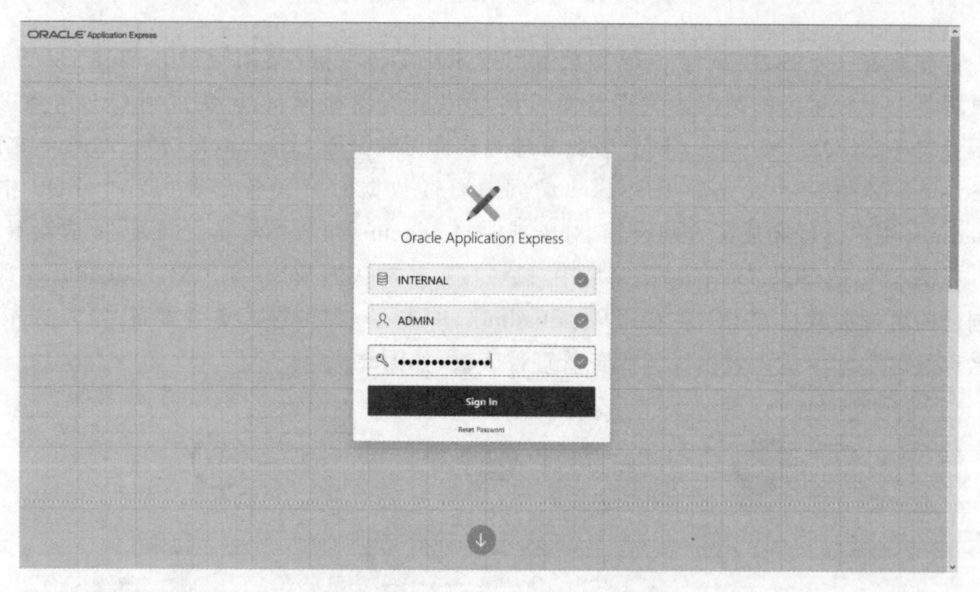

图 6-24 数据库云服务中的 Application Express 登录界面

Enterprise Manager 控制台是安装数据库时附带的 Web 管理工具，只能管理本数据库，如果需要管理多个数据库可使用 Enterprise Manager Cloud Control 版。Enterprise Manager 控制台的登录页面如图 6-25 所示，Enterprise Manager 在数据库版本 12c 之前称为 Enterprise Manager Database Control，在 12c 及以后版本称为 Enterprise Manager Database Express，在左上角可看到相应的产品名称。在登录框中，用户名通常使用管理用户 sys，并勾选 as sysdba，Container Name 即需管理的目标数据库。

Enterprise Manager 控制台主页面如图 6-26 所示。

Enterprise Manager 控制台的主用作用是数据库监控与性能管理，包含配置管理、存储管理、安全管理和性能管理四大功能。在配置管理中，包括初始化参数管理、内存管理和数据库属性管理等功能；在存储管理中，包括表空间管理，但不包括重做日志和归档日志管

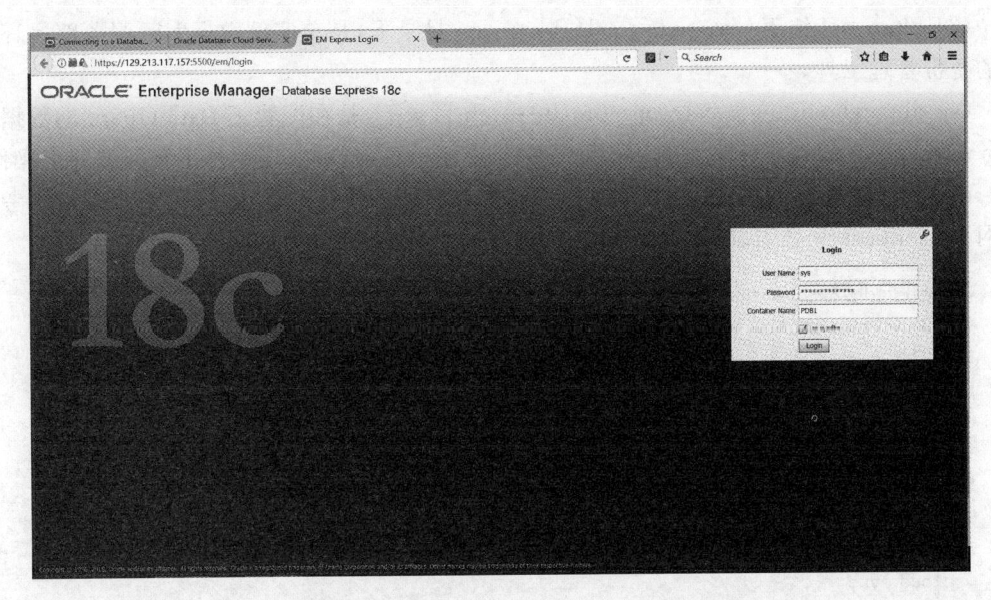

图 6-25 Enterprise Manager 控制台登录页面

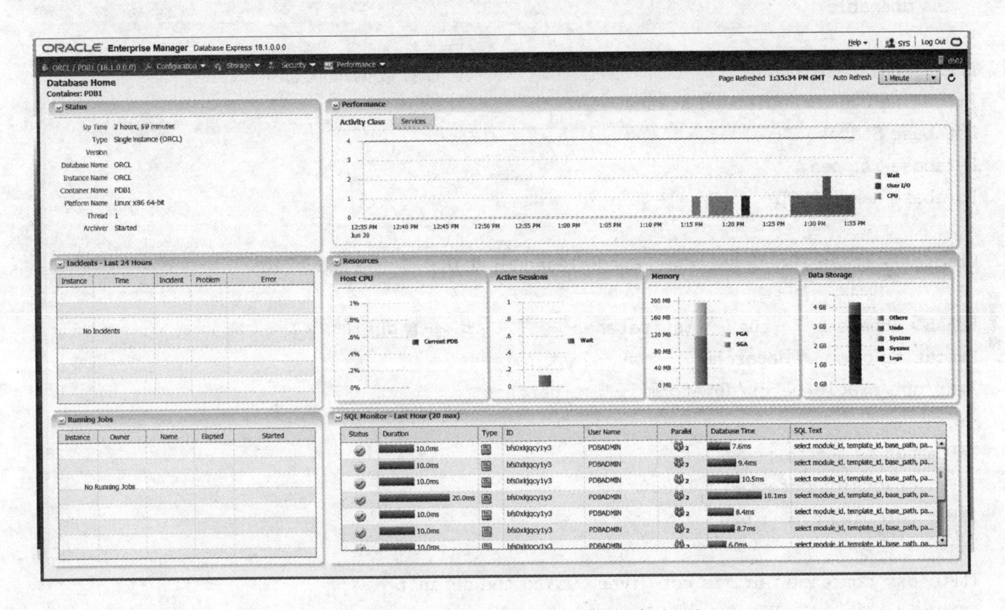

图 6-26 Enterprise Manager 控制台主页面

理；在安全管理中，包括用户、角色和 Profile 管理；在性能管理中，包含 SQL 调优建议器和 SQL 性能分析器等工具。

除了云服务控制台和其中附带的 Enterprise Manager、SQL Developer Web 版等工具外，DBCS 中还提供以下的命令行工具对数据库进行管理：

(1) dbaascli 是功能丰富的命令行工具，可用于启停数据库、Data Guard 管理、补丁管理、数据库恢复和网络安全设置等。

(2) raccli 命令行工具只在两节点 RAC 集群环境中提供，是 dbaascli 的补充，可以完成 RAC 环境下常用的数据库管理任务，如备份与恢复、补丁、后台任务管理等。

(3) bkup_api 位于/var/opt/oracle/bkup_api 目录下,是单实例数据库云服务部署环境中的备份管理工具。

(4) dbpatchmdg 位于/var/opt/oracle/patch 目录下,是在配置了 Data Guard 的数据库服务部署中提供的补丁管理工具,可用于查看、应用补丁前检测、应用补丁和回退补丁操作。

由于 dbaascli 的应用范围最广,以下将通过示例来了解其基本功能,完整地介绍参考官方网页[①]。dbaascli 必须以 Root 或 Oracle 用户执行,以下部分为常用命令及输出:

```
[oracle@db02 ~] $ dbaascli
DBAAS CLI version 1.0.0
DBAAS >?                                       # 获取帮助
Help for dbaascli
dbaascli is a command line interface for different tools to be used with Oracle Cloud DB.
...
DBAAS > list                                   # 列出所有 dbaascli 命令
Very Long Text, press q to quit
Available commands:
  cloud sync
  cns dbdisable
  cns dbenable
...
DBAAS > database status                        # 查看数据库状态
Executing command database status
Database Status:
Database is open
Database name: ORCL

Oracle Database 18c EE Extreme Perf Release 18.0.0.0.0 - Production

DBAAS > dbpatchm -- run - list_patches         # 查看可用的补丁
Executing command dbpatchm -- run - list_patches
/var/opt/oracle/patch/dbpatchm - list_patches
...
INFO: cdb is set to : yes
INFO: dbversion detected : 18000
INFO: patching type : psu

INFO: oss_container_url is not given, using the default
INFO: images available for patching

Current Patch :

$ VAR1 = {
          'last_async_precheck_txn_id' => '',
          'last_async_apply_txn_id' => '',
          'errmsg' => '',
          'err' => '',
          'current_version' => '18.0.0.0.0',
```

① https://docs.oracle.com/en/cloud/paas/database-dbaas-cloud/csdbi/dbaascli.html

```
            'last_async_precheck_patch_id' => '',
            'current_patch' => '',
            'last_async_apply_patch_id' => '',
            'patches' => [
                                {
                                  'patchid' => '27676517 - EE',
                                  'last_precheck_txnid' => '',
                                   'description' => 'DB 18.2.0.0.0 DATABASE RELEASE UPDATE
Enterprise Edition (Apr 2018)'
                                }
                              ]
        };

DBAAS > netsec status                                    # 网络安全设置,包括加密、一致性设置
Executing command netsec status

Displaying configuration for network encryption:

server encryption status: [enabled]
type = required
methods = AES256,AES192,AES128

client encryption status: [disabled]

Displaying configuration for network integrity:

server integrity status: [enabled]
checksum_level = required
methods = SHA1

client integrity status: [disabled]

DBAAS > tde status                                       # 透明数据加密设置
Executing command tde status
TDE is configured on this instance with:
  keystore login: auto
  keystore status: open
  keystore type: autologin

Instance is a CBD with PDB's:
PDB1

TDE configuration matches with CDB on: PDB1
```

6.4 云中的数据库高可用性

对于企业级应用,稳定性和可靠性往往是首要的需求,其次才是性能。Oracle 数据库作为企业级的数据库系统和关键应用的核心,当迁移到云中时,也将其在传统数据中心的最

高可用性架构扩展到云中，而其中最重要的特性就是用于高可用集群的 RAC 特性和用于灾难恢复的 Data Guard 特性。

在数据库云服务中，用户可以根据服务水准协议和保护级别，从单实例数据库到多实例的 RAC 集群，主备均由单实例组成的 Data Guard 主备数据库到双实例组成的 Data Guard 主备数据库。下面通过两个示例，介绍如何在云中搭建数据库 RAC 集群和 Data Guard 主备数据库。总的来说，在云中的数据库高可用特性的原理和实现与传统数据中心的数据库并没有区别，但过程更加标准化，实现更为简洁。

6.4.1 数据库云服务中的 RAC 集群

在第一个示例中，我们将在 DBCS 中创建支持 RAC 集群的数据库服务实例 racdemo。第 1 步是输入服务实例的基本信息，如图 6-27 所示，在此步骤输入的关键信息如下：

(1) Instance Name：数据库服务实例名称，输入 racdemo。

(2) Region：数据库服务部署的区域，输入 No Preference，表示部署在 OCI-C 云数据中心。

(3) Software Release：数据库版本，可以选择从 11g 到 18c 中的任一项，本例选择 Oracle Database 11g Release 2。

(4) Software Edition：数据库服务包类型，必须选择 Enterprise Edition-Extreme Performance，因为只有此类型支持 RAC。

(5) Database Type：数据库服务类型，必须选择 Database Clustering with RAC。

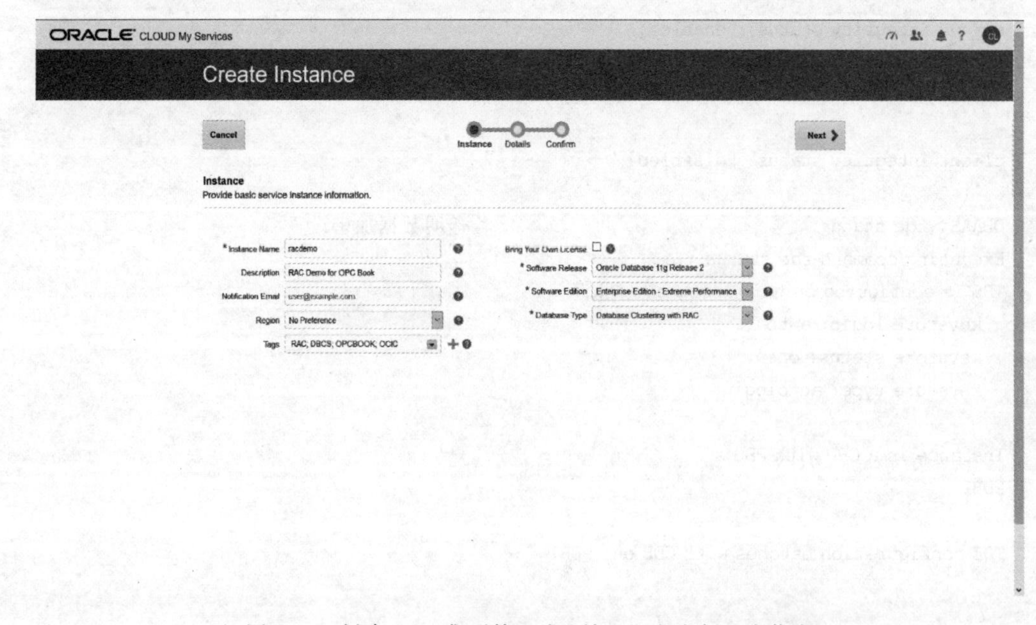

图 6-27 创建 RAC 集群第 1 步：输入服务实例基本信息

在第 2 步，继续输入服务实例的详细信息，如图 6-28 所示。在此步骤输入的关键信息如下：

(1) DB Name：数据库名称，输入 ORCL。

(2) Administration Password：Oracle 数据库管理员口令。

(3) Usable Database Storage (GB)：实际可用的数据库存储容量。

(4) Compute Shape：承载数据库计算实例的 Shape，选择 OC4，OC4 为 2 个 OCPU，15GB 内存。在 DBCS 或 OCI DBaaS 中的 RAC 集群，目前支持最多两个节点，即本实例总计消耗 4 个 OCPU 和 30GB 内存。每节点至少两个 OCPU，也就是说，只有 1 个 OCPU 的 Shape，如 OC3 和 OC1m 都是不支持的。

(5) Use High Performance Storage：使用高性能 NVMe 存储，并非必需，本例此处勾选。

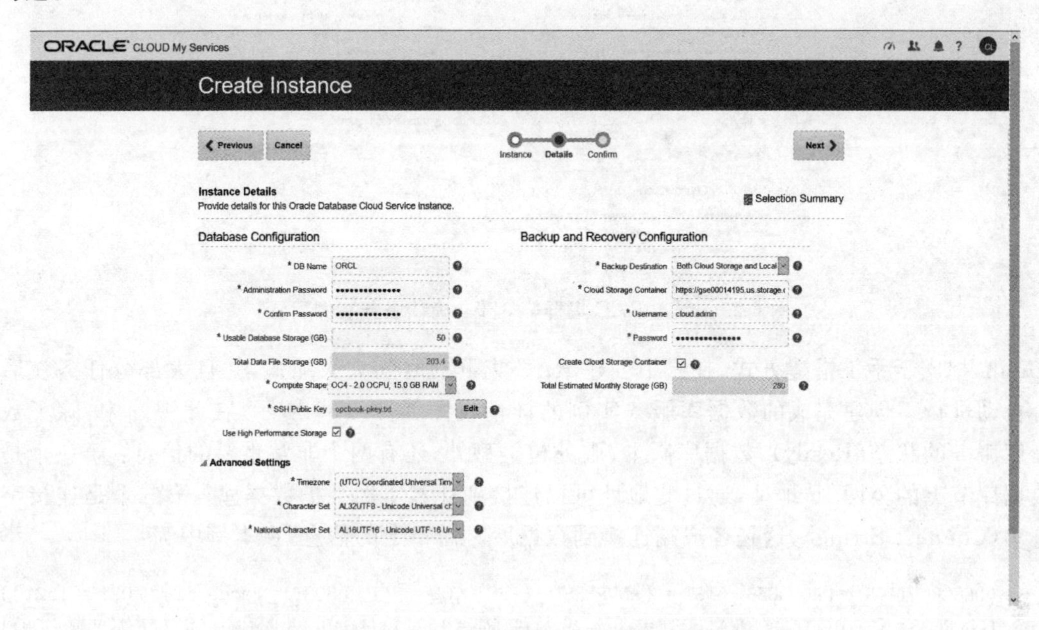

图 6-28 创建 RAC 集群第 2 步：输入服务实例详细信息

如图 6-29 所示，第 3 步确认输入的信息完全正确。如果不正确，可以通过单击 Previouse 按钮返回修改。确认无误后，单击 Create 按钮开始创建支持 RAC 的数据库服务实例。

在服务控制台中，可以查看创建实例的整个过程：

```
Jul 5, 2018 8:34:43 AM UTCActivity Submitted
Jul 5, 2018 8:34:48 AM UTCActivity Started
Jul 5, 2018 8:35:37 AM UTCCreated Compute resources for Database Server...
Jul 5, 2018 8:43:26 AM UTCSSH access to VM [DB_1/vm-1] succeeded...
Jul 5, 2018 8:43:26 AM UTCSSH access to VM [DB_1/vm-2] succeeded...
Jul 5, 2018 9:23:02 AM UTCSuccessfully configured RAC Oracle Database Server...
Jul 5, 2018 9:23:06 AM UTCService Reachabilty Check (SRC) of Oracle Database Server [racdemo2]
completed...
Jul 5, 2018 9:23:06 AM UTCService Reachabilty Check (SRC) of Oracle Database Server [racdemo1]
completed...
Jul 5, 2018 9:23:08 AM UTCSuccessfully provisioned Oracle Database Server...
Jul 5, 2018 9:24:24 AM UTCActivity Ended
```

创建实例的时间与实例的 Shape 配置相关，在本例中，实例从开始创建到就绪总共耗时

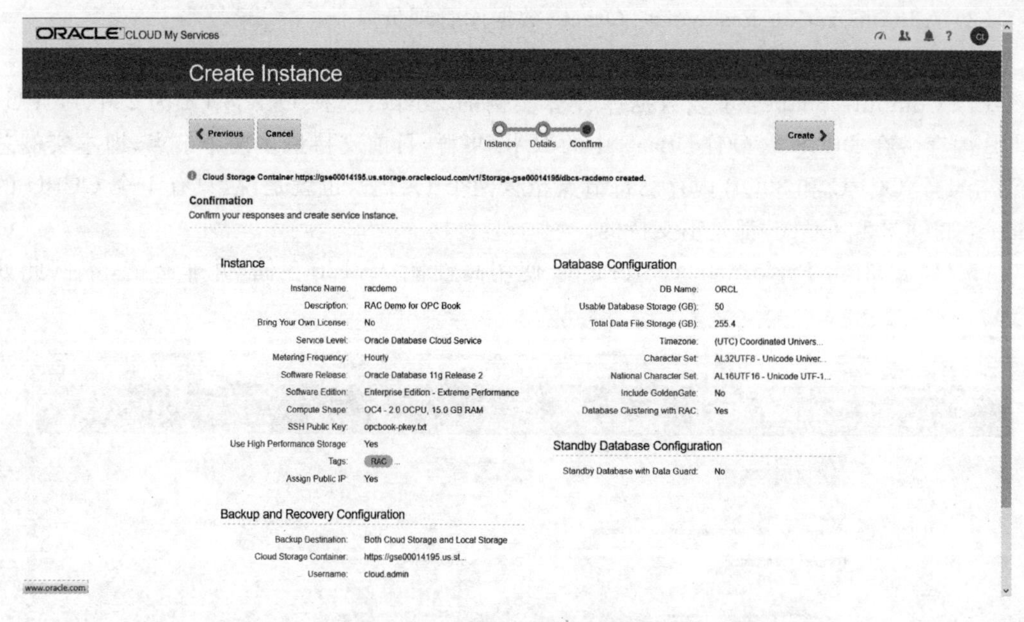

图 6-29 创建 RAC 集群第 3 步：确认服务实例配置

50min，相比于手工搭建方式，在云中创建 RAC 集群的时间大大缩短，并且大部分任务在后台自动进行。创建完成的数据库服务实例的详情视图如图 6-30 所示，在此视图中，除了数据库服务的状态(Ready)、数据库版本、服务包类型外，还有两个非常重要的信息：第一个是数据库节点的公网 IP 地址，通过此地址可以连接到计算实例维护数据库；第二个是连接字符串(Connect String)，这是客户端连接到数据库时需指定的信息，在本例中为：

```
(DESCRIPTION = (ADDRESS_LIST = (ADDRESS = (PROTOCOL = TCP)(HOST = racdemo1)(PORT = 1521))
(ADDRESS = (PROTOCOL = TCP)(HOST = racdemo2)(PORT = 1521))(LOAD_BALANCE = ON)(FAILOVER = ON))
(CONNECT_DATA = (SERVICE_NAME = ORCL.590609250.oraclecloud.internal)))
```

接下来，登录到数据库主机查看 RAC 状态。首先登录到数据库节点 racdemo1，查看监听的状态。从输出中可以看到服务名为 orcl.590609250.oraclecloud.internal，并由两个实例 orcl1 和 orcl2 组成，说明这是一个 RAC 集群：

```
[oracle@racdemo1 ~]$ lsnrctl status

LSNRCTL for Linux: Version 11.2.0.4.0 - Production on 05-JUL-2018 14:46:38

Copyright (c) 1991, 2013, Oracle. All rights reserved.

Connecting to (ADDRESS = (PROTOCOL = tcp)(HOST = )(PORT = 1521))
STATUS of the LISTENER
------------------------
Alias                     LISTENER_SCAN1
Version                   TNSLSNR for Linux: Version 12.2.0.1.0 - Production
Start Date                05-JUL-2018 09:08:56
Uptime                    0 days 5 hr. 37 min. 41 sec
Trace Level               off
Security                  ON: Local OS Authentication
```

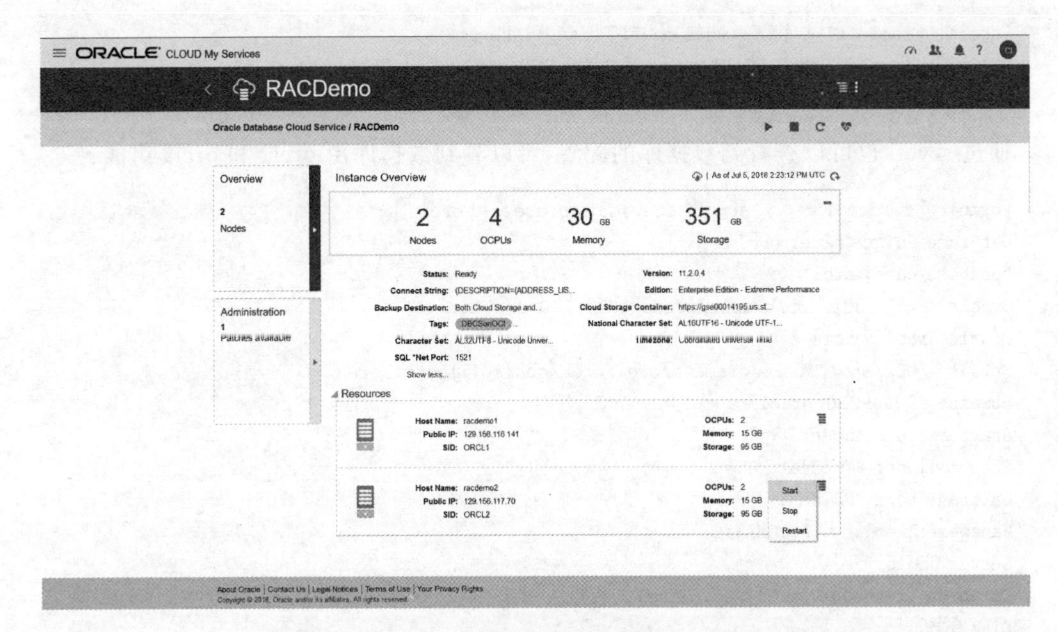

图 6-30　支持 RAC 集群的数据库服务实例详情视图

```
SNMP                     OFF
Listener Parameter File  /u01/app/12.2.0.1/grid/network/admin/listener.ora
Listener Log File        /u01/app/grid/diag/tnslsnr/racdemo1/listener_scan1/alert/log.xml
Listening Endpoints Summary...
  (DESCRIPTION = (ADDRESS = (PROTOCOL = ipc)(KEY = LISTENER_SCAN1)))
  (DESCRIPTION = (ADDRESS = (PROTOCOL = tcp)(HOST = 100.65.10.138)(PORT = 1521)))
Services Summary...
Service "orcl.590609250.oraclecloud.internal" has 2 instance(s).
  Instance "orcl1", status READY, has 2 handler(s) for this service...
  Instance "orcl2", status READY, has 1 handler(s) for this service...
Service "orclXDB.590609250.oraclecloud.internal" has 2 instance(s).
  Instance "orcl1", status READY, has 1 handler(s) for this service...
  Instance "orcl2", status READY, has 1 handler(s) for this service...
The command completed successfully
```

通过 srvctl 命令也可以验证两个实例分别运行在不同的数据库节点上，并且 SCAN VIP 已经启用，在端口 1521 监听：

```
[oracle@racdemo1 ~]$ srvctl status database -d orcl
Instance orcl1 is running on node racdemo1
Instance orcl2 is running on node racdemo2
[oracle@racdemo1 ~]$ srvctl status scan
SCAN VIP scan1 is enabled
SCAN VIP scan1 is running on node racdemo1
SCAN VIP scan2 is enabled
SCAN VIP scan2 is running on node racdemo2
[oracle@racdemo1 ~]$ srvctl config scan
SCAN name: racdemo-scan-int, Network: 1/100.65.10.136/255.255.255.252/eth0
SCAN VIP name: scan1, IP: /racdemo-scan-int/100.65.10.138
SCAN VIP name: scan2, IP: /racdemo-scan-int/100.65.10.142
```

```
[oracle@racdemo1 ~]$ srvctl config scan_listener
SCAN Listener LISTENER_SCAN1 exists. Port: TCP:1521
SCAN Listener LISTENER_SCAN2 exists. Port: TCP:1521
```

通过 srvctl 也可以查看到数据库的配置，可以看到数据库由 orcl1 和 orcl2 组成：

```
[oracle@racdemo1 ~]$ srvctl config database -d orcl
Database unique name: orcl
Database name: orcl
Oracle home: /u01/app/oracle/product/11.2.0.4/dbhome_1
Oracle user: oracle
Spfile: /u02/app/oracle/oradata/orcl/orcl/dbs/spfileorcl.ora
Domain: 590609250.oraclecloud.internal
Start options: open
Stop options: immediate
Database role: PRIMARY
Management policy: AUTOMATIC
Server pools: orcl
Database instances: orcl1,orcl2
Disk Groups:
Mount point paths: /u02,/u03,/u04
Services:
Type: RAC
Database is administrator managed
```

登录到数据库中查看，可知数据库名称为 ORCL，RAC 集群已启用：

```
SQL> select name from v$database;

NAME
---------
ORCL
SQL> select instance_name,host_name from v$instance;

INSTANCE_NAME HOST_NAME
---------------- ----------
orcl1            racdemo1
SQL> show parameter cluster_database;

NAME                          TYPE        VALUE
----------------------------- ----------- -------------------------
cluster_database              boolean     TRUE
cluster_database_instances    integer     2
```

查看监听配置，可知对外的远程监听端口为 1521，本地监听端口为 1522。这一点很重要，因为这些端口必须在网络防火墙中配置为打开。

```
SQL> show parameter listener;

NAME                     TYPE        VALUE
------------------------------------ ----------- -------------------------
listener_networks        string      ((NAME=net1)(LOCAL_LISTENER=(
```

```
                                          DESCRIPTION = (ADDRESS = (PROTOCOL
                                           = TCP)(HOST = 129.156.116.141)(PO
                                          RT = 1522)))))
local_listener               string
remote_listener              string       racdemo - scan - int:1521
```

为方便起见，系统已经在网络配置中完成了相应的配置，例如在图 6-31 中可以看到与数据库相关的 TCP/IP 端口。其中 1151 和 1152 为远程和本地监听服务使用，1158 用于 Enterprise Manager 数据库控制台，6200 用于 ONS(Oracle Notification Service)服务。由于初始时只有 SSH 使用的 22 端口允许访问，因此 RAC 集群建立完毕后，需要在网络中启用 ora_p2_db_listener 和 ora_p2_scan_listener 两个安全规则，设置完毕的安全规则如图 6-32所示。为方便起见，数据库云服务已将这些访问规则建立好，用户可以根据需要启用或关闭。

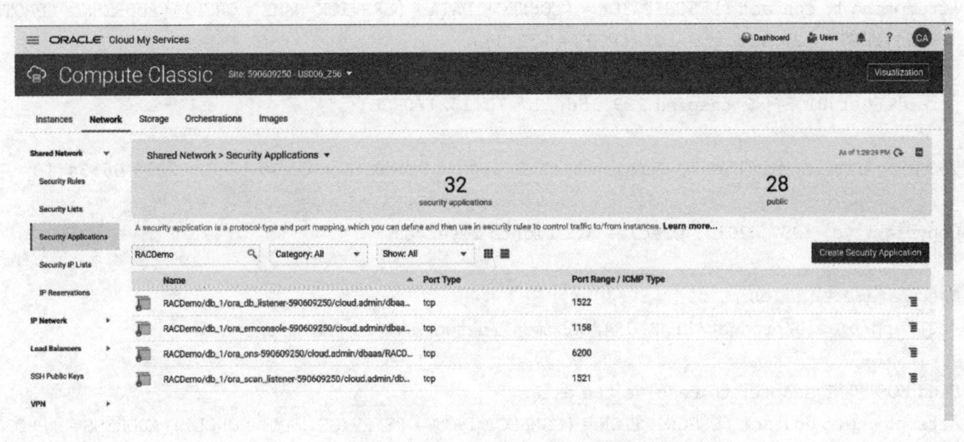

图 6-31　在计算服务网络中定义的安全应用

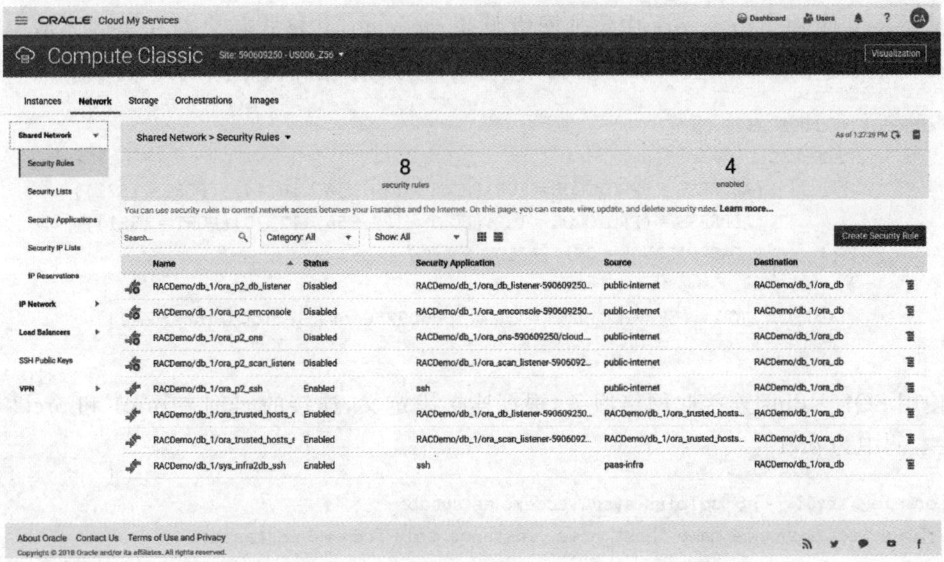

图 6-32　在计算服务网络设置中定义的安全规则

接下来需要使用一个客户端来测试RAC集群的高可用性，为方便起见，使用之前创建的db01数据库云服务主机srv01作为客户端。首先使用tnsping验证客户端到两个RAC实例服务的连通性：

```
[oracle@srv01 ~]$ tnsping 129.156.116.141:1521/ORCL

TNS Ping Utility for Linux: Version 11.2.0.4.0 - Production on 06-JUL-2018 06:33:19

Copyright (c) 1997, 2013, Oracle. All rights reserved.

Used parameter files:
/u01/app/oracle/product/11.2.0.4/dbhome_1/network/admin/sqlnet.ora

Used HOSTNAME adapter to resolve the alias
Attempting to contact (DESCRIPTION=(CONNECT_DATA=(SERVICE_NAME=ORCL))(ADDRESS=(PROTOCOL
=TCP)(HOST=129.156.116.141)(PORT=1521)))
OK (10 msec)
[oracle@srv01 ~]$ tnsping 129.156.117.70:1521/ORCL

TNS Ping Utility for Linux: Version 11.2.0.4.0 - Production on 06-JUL-2018 06:34:10

Copyright (c) 1997, 2013, Oracle. All rights reserved.

Used parameter files:
/u01/app/oracle/product/11.2.0.4/dbhome_1/network/admin/sqlnet.ora

Used HOSTNAME adapter to resolve the alias
Attempting to contact (DESCRIPTION=(CONNECT_DATA=(SERVICE_NAME=ORCL))(ADDRESS=(PROTOCOL
=TCP)(HOST=129.156.117.70)(PORT=1521)))
OK (0 msec)
```

然后在文件tnsnames.ora中添加网络服务racdemo，其格式与之前在实例详情中显示的连接串一致。注意在地址列表中有两个条目，分别是数据库两个实例的公网IP。

```
racdemo1 = (DESCRIPTION =
        (ADDRESS_LIST =
                (ADDRESS=(PROTOCOL=TCP)(HOST=129.156.116.141)(PORT=1521))
                (ADDRESS=(PROTOCOL=TCP)(HOST=129.156.117.70)(PORT=1521))
                (LOAD_BALANCE=ON)(FAILOVER=ON)
        )
        (CONNECT_DATA=(SERVICE_NAME=ORCL.590609250.oraclecloud.internal))
)
```

使用SQL*Plus连接此网络服务，根据连接串定义，连接的实例在orcl1和orcl2中轮换，在本例中为orcl1。

```
[oracle@srv01 ~]$ sqlplus sys@racdemo as sysdba
SQL> select instance_name, host_name, instance_role from v$instance;

INSTANCE_NAME    HOST_NAME    INSTANCE_ROLE
---------------- ----------- -------------------
```

```
orcl1          racdemo1     PRIMARY_INSTANCE
```

由于当前连接的实例为 orcl1,因此在服务控制台中停止实例 orcl1 所在的主机 racdemo1 以模拟故障。由于当前连接的实例 orcl1 失效,再次执行命令时报错。

```
SQL> /
select instance_name, host_name, instance_role from v$instance
*
ERROR at line 1:
ORA-03113: end-of-file on communication channel
Process ID: 29543
Session ID: 481 Serial number: 37
```

通过 srvctl 命令也可以确认实例 orcl1 失效:

```
[oracle@racdemo2 ~]$ srvctl status database -d orcl
Instance orcl1 is not running on node racdemo1
Instance orcl2 is running on node racdemo2
```

退出会话重新执行 SQL*Plus,自动连接到可用的实例 orcl2:

```
SQL> exit
[oracle@srv01 ~]$ sqlplus sys@racdemo as sysdba
SQL> select instance_name, host_name, instance_role from v$instance;

INSTANCE_NAME      HOST_NAME  INSTANCE_ROLE
----------------  ----------  ------------------
orcl2             racdemo2   PRIMARY_INSTANCE
```

至此,第一个示例演示完毕。数据库从部署、监控到切换的整个过程非常简单,传统数据中心中非常复杂的安装和运维过程在云中实现了标准化和简化,IT 运维人员可以从繁重的运维工作中解脱出来,专注于业务创新。同时服务可以快速部署,灵活扩展,为业务快速上线提供了支撑能力。

6.4.2 数据库云服务中的 Data Guard

在第二个示例中,我们将演示如何创建一个支持 Data Guard 的数据库云服务,以及如何在云服务的主备节点间进行切换。在创建服务的第 1 步,需输入基本服务实例信息,如图 6-33所示,关键信息如下:

(1) Instance Name:数据库服务实例名称,输入 ADGDemo。

(2) Region:数据库服务部署的区域。本例中选择 us-ashburn-1,即 OCI 阿什本区域。由于每一个区域支持 3 个可用域,因此数据库服务可以将主备节点置于不同的可用域,以实现完全的故障隔离。

(3) Availability Domain:主数据库所在的可用域。

(4) Subnet:主数据库所在的子网。

(5) Software Release:数据库软件版本,从 11g 到 18c 均支持 Data Guard 配置,本例选择 Oracle Database 11g Release 2。

(6) Software Edition：数据库服务包类型。由于只有企业版才支持 Data Guard，因此必须从 Enterprise Edition、Enterprise Edition-High Performance 和 Enterprise Edition-Extreme Performance 三者中选择，并且前两类只支持基本的 Data Guard，而 Enterprise Edition-Extreme Performance 支持 Active DataGuard。本例选择 Enterprise Edition-Extreme Performance。

(7) Database Type：数据库部署类型。支持 Data Guard 配置的部署类型包括：①Single Instance with Data Guard Standby：两个单实例数据库组成的 Data Guard 配置，一个作为主数据库，另一个作为备数据库；②Database Clustering with RAC and Data Guard Standby：由两个 RAC 集群组成的 Data Guard 配置，主备数据库均由两节点 RAC 构成，在 OCI 区域不支持此配置；③Data Guard Standby for Hybrid DR：单实例数据库，作为 Data Guard 配置中的备数据库，主数据库位于用户自己的数据中心，在 OCI 区域不支持此配置。此类型可实现将用户数据中心的数据库备份到云中，这是一个典型的灾难备份场景。用户可以避免高昂的灾备数据中心投资，并可快速实现关键数据保护。详细的配置过程可参考 Oracle 官方白皮书：灾备到 Oracle 云①。

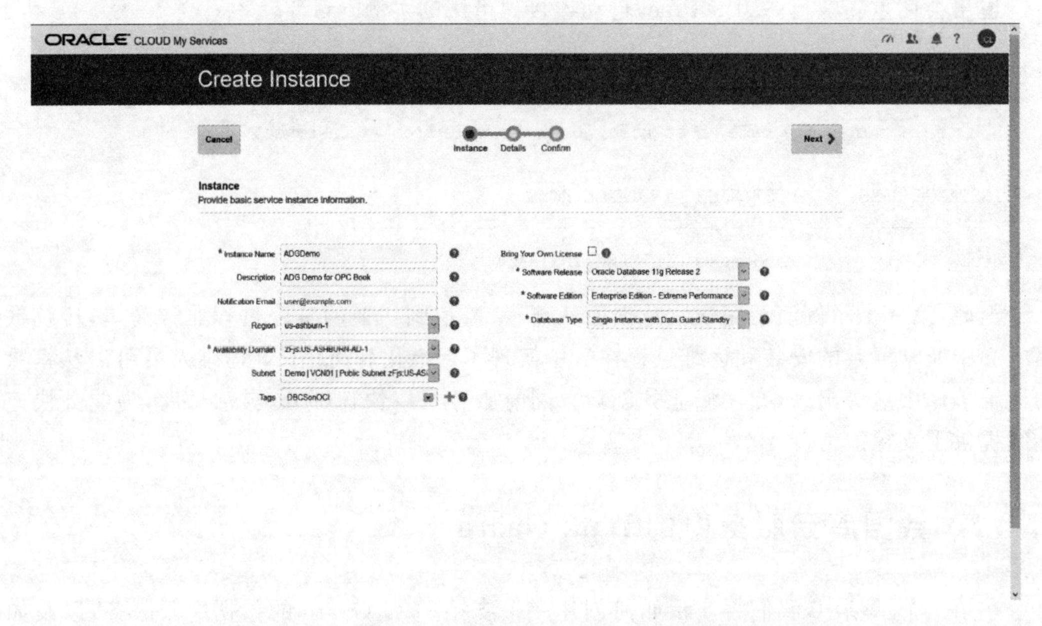

图 6-33 配置 Data Guard 第 1 步：输入服务实例基本信息

配置数据库服务实例的第 2 步，需输入实例的详细配置，如图 6-34 所示，其中关键信息如下。

(1) DB Name：数据库名称，此处输入 ORCL。

(2) Administration Password：Oracle 数据库管理员口令。

(3) Usable Database Storage (GB)：可用的数据库存储容量。

(4) Compute Shape：实例配置中所有主备数据库服务器的 Shape。将主备数据库配置成一致的 Shape 是为了保证切换后备点有足够的处理能力。本例选择 VM. Standard2. 1。

---

① http://www.oracle.com/technetwork/database/availability/dr-to-oracle-cloud-2615770.pdf

(5) Listener Port：数据库监听端口，默认为1521。

(6) Standby Database Configuration：备数据库配置。可以为 High Availability 或 Disaster Recovery，前者表示主备数据库位于同一数据中心内不同的可用域；后者表示主备数据库位于不同的数据中心，灾难包含的区域更广，但也需考虑相应增加的网络延迟。本例选择 High Availability。

(7) Availability Domain：备数据库所在的可用域，与主数据所在的可用域不同，以保证故障隔离。

(8) Subnet：备数据库所在的子网。

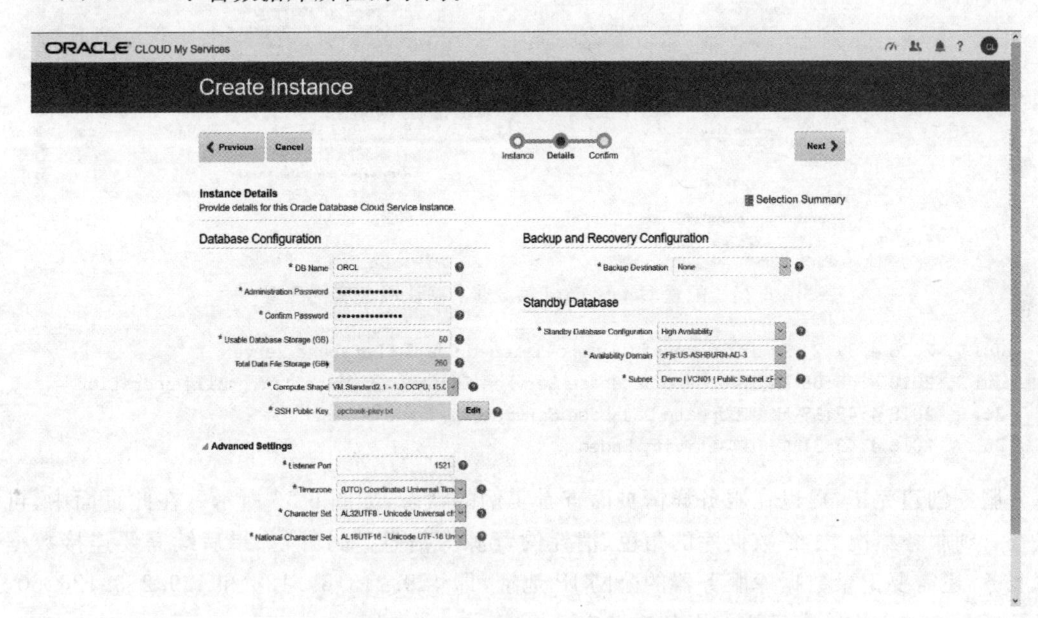

图 6-34 配置 Data Guard 第 2 步：输入服务实例详细信息

在开始创建实例之前，需确认所有配置信息是否正确，如图 6-35 所示。如果不正确，可以通过单击 Previouse 按钮返回修改。确认无误后，单击 Create 按钮开始创建支持 Data Guard 配置的数据库服务实例。

整个创建过程在后台自动进行，在服务控制台中可以监控创建的进度。完整的创建日志如下，可以看到整个过程耗时约 72min：

```
Jul 7, 2018 3:37:25 AM UTCActivity Submitted
Jul 7, 2018 3:37:27 AM UTCActivity Started
Jul 7, 2018 3:47:15 AM UTCSSH access to VM [DB_2/vm-1] succeeded...
Jul 7, 2018 3:47:17 AM UTCSSH access to VM [DB_1/vm-1] succeeded...
Jul 7, 2018 4:37:15 AM UTCOracle Database Server Configuration completed...
Jul 7, 2018 4:37:20 AM UTCConfiguration check for Oracle Database Standby Server [ADGDemo-
dg02] completed...
Jul 7, 2018 4:37:22 AM UTCOracle Database Standby Server(s) Configuration completed...
Jul 7, 2018 4:37:24 AM UTCService Reachabilty Check (SRC) of Oracle Database Server [ADGDemo-
dg02] completed...
Jul 7, 2018 4:37:24 AM UTCService Reachabilty Check (SRC) of Oracle Database Server [ADGDemo-
dg01] completed...
```

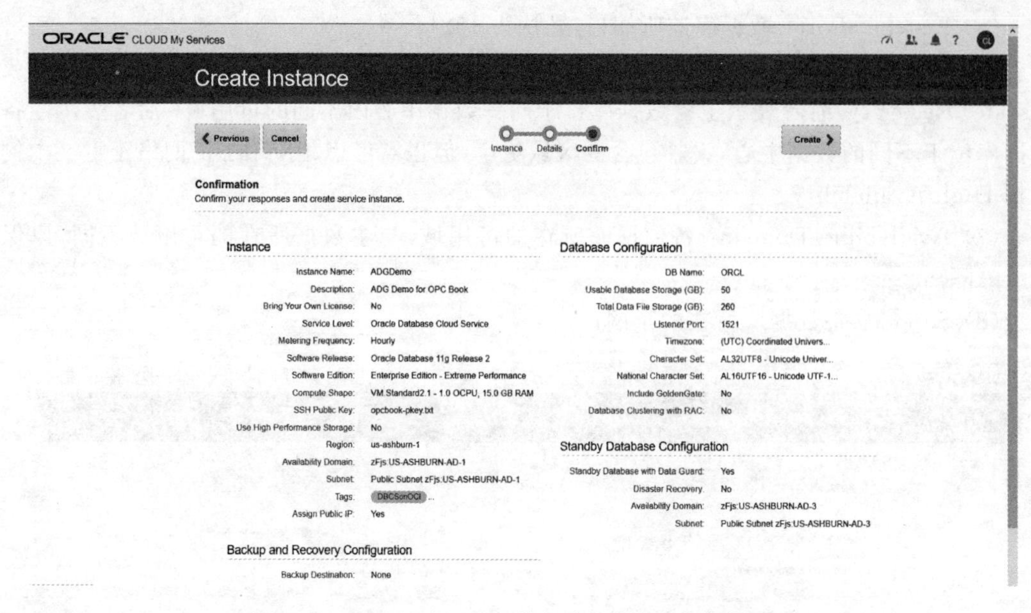

图 6-35 配置 Data Guard 第 3 步：确认服务实例配置

```
Jul 7, 2018 4:37:24 AM UTCSuccessfully provisioned Oracle Database Server...
Jul 7, 2018 4:48:08 AM UTCUpdate Database Service Instance roles after [null] operation.
Jul 7, 2018 4:49:18 AM UTCUpdate Database Service Instance roles.
Jul 7, 2018 4:49:31 AM UTCActivity Ended
```

服务创建完毕，可以在服务详情页面查看实例的状态，如图 6-36 所示。在此页面中，可以查看到服务概况、主备数据库的角色、消耗的资源等信息。另外，如果后续需要连接数据库服务，还需要记录数据库服务器的公网 IP 地址，即 129.213.84.128 和 129.213.126.60，以及 Connect String 中显示的服务连接串。

```
(DESCRIPTION = (ADDRESS_LIST = (ADDRESS = (PROTOCOL = TCP)(HOST = 129.213.84.128)(PORT = 
1521))(ADDRESS = (PROTOCOL = TCP)(HOST = 129.213.126.60)(PORT = 1521))(LOAD_BALANCE = OFF)
(FAILOVER = ON))(CONNECT_DATA = (SERVICE_NAME = ORCL_dg.sub07050548060.vcn01.oraclevcn.
com)))
```

另外，在图 6-36 中，单击数据库右侧的操作菜单，可显示一系列菜单项，其中 Start、Stop 和 Restart 是针对此主机的启停和重启操作；Switchover、Failover 和 Reinstate 是针对整个数据库服务的操作，可在任一节点执行，它们的含义如下。

(1) Switchover：Switchover 也称为正常切换，指主备数据库交换角色，适用于计划内宕机事件，例如硬件、操作系统或数据库升级。Switchover 引起的宕机时间最短，并且不会丢失数据。

(2) Failover：Failover 也称为错误切换，是指在主数据库失效时，将备数据库角色提升为新的主数据库角色。取决于数据库的保护模式，Failover 可能会导致数据丢失。Failover 只有在主数据库失效，并且在短时间内无法恢复时才考虑使用。

(3) Reinstate：Reinstate 也称为错误恢复，是指在 Failover 后，将失效的原主数据库恢复为新的 Data Guard 主备关系中的备数据库。Reinstate 要求数据库开启闪回(Flashback)模式以加快错误恢复的过程。

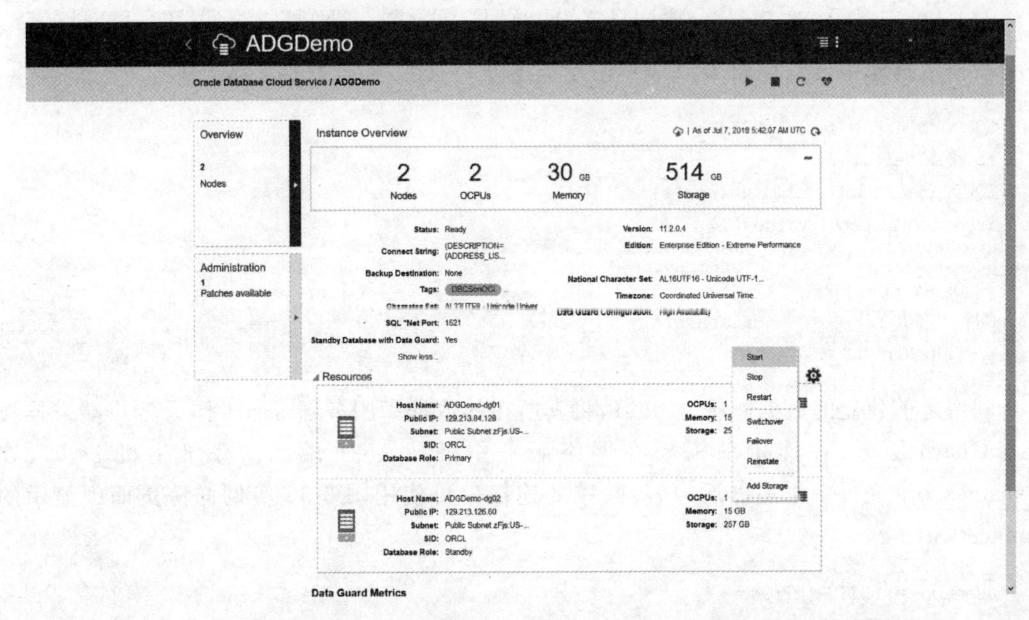

图 6-36 查看数据库服务 ADGDemo 的状态

为简单起见，以下仅演示 Failover 全过程。首先登录主数据库。查看其状态可知，主数据库为 ORCL_01，状态为可读写，角色为 Primary，保护模式为 maximum performance，并且闪回模式已开启。

```
[oracle@ADGDemo - dg01 ~] $ sqlplus / as sysdba
SQL> select db_unique_name, host_name, open_mode, protection_mode, database_role, flashback_
on from v$database a, v$instance b where a.name = b.instance_name;

DB_UNIQUE_ HOST_NAME          OPEN_MODE          PROTECTION_MODE            DATABASE_ROLE
FLASHBACK_ON
---------- ---------------- ------------ -------------------- --------
--------- -------------------
ORCL_01    ADGDemo - dg01     READ WRITE    MAXIMUM PERFORMANCE    PRIMARY            YES
```

然后创建测试表 tab01，正常情况下，此表将复制到备数据库。

```
SQL> create table tab01(a int);
Table created.
```

登录备数据库，查询其状态可知，备数据库为 ORCL_02，状态为只读，角色为 Standby，也开启了闪回模式。

```
[oracle@ADGDemo - dg02 ~] $ sqlplus / as sysdba
SQL> select db_unique_name, host_name, open_mode, protection_mode, database_role, flashback_
on from v$database a, v$instance b where a.name = b.instance_name;

DB_UNIQUE_ HOST_NAME          OPEN_MODE          PROTECTION_MODE            DATABASE_ROLE
FLASHBACK_ON
---------- ---------------- -------------------- --------------------
---------------- ------------------
```

```
ORCL_02     ADGDemo - dg02     READ ONLY WITH APPLY MAXIMUM   PERFORMANCE PHYSICAL STANDBY YES
```

在备数据库中可以读取表 tab01，由于数据库为只读，插入数据失败。

```
SQL > select * from tab01;
no rows selected
SQL > insert into tab01 values(1);
insert into tab01 values(1)
            *
ERROR at line 1:
ORA - 16000:          database          open          for          read - only          access
NUMBER(38)
```

利用之前建立的数据库服务 db01，将其所在的数据库服务器 srv01 作为客户端来连接 Data Guard 服务，在连接前需要在网络服务中开放 1521 端口。登录主机 srv01，在 tnsnames.ora 文件中添加以下内容，其中的连接串可使用图 6-36 实例详情页面中显示的 Connect String：

```
adgdemo = (DESCRIPTION =
        (ADDRESS_LIST =
                (ADDRESS = (PROTOCOL = TCP)(HOST = 129.213.84.128)(PORT = 1521))
                (ADDRESS = (PROTOCOL = TCP)(HOST = 129.213.126.60)(PORT = 1521))
                (LOAD_BALANCE = OFF)(FAILOVER = ON)
        )
        (CONNECT_DATA = (SERVICE_NAME = ORCL_dg.sub07050548060.vcn01.oraclevcn.com))
)
```

从客户端连接 adgdemo 服务，然后查询到当前数据库为主数据库 ORCL_01：

```
[oracle@srv01 admin]$ sqlplus sys@adgdemo as sysdba
SQL > select db_unique_name, host_name, open_mode, database_role from v$database a, v
$instance b where a.name = b.instance_name;

DB_UNIQUE_NAME HOST_NAME          OPEN_MODE          DATABASE_ROLE
--------------- ------------------ ------------- -----------------
ORCL_01           ADGDemo - dg01           READ WRITE     PRIMARY
```

执行 Switchover，可以利用 dbaascli 命令行或在服务控制台中操作。为便于监控，此处使用 dbaascli 命令行。首先查询 Data Guard 的状态，可知当前主数据库为 ORCL_01，备数据库为 ORCL_02。

```
[oracle@ADGDemo - dg02 ~]$ dbaascli dataguard status
DBAAS CLI version 1.0.0
Executing command dataguard status
SUCCESS : Dataguard is up and running

DETAILS:

Configuration - fsc

  Protection Mode: MaxPerformance
```

```
  Databases:
    ORCL_01 - Primary database
    ORCL_02 - Physical standby database

  Properties:
    FastStartFailoverThreshold          = '30'
    OperationTimeout                    = '120'
    FastStartFailoverLagLimit           = '30'
    CommunicationTimeout                = '180'
    ObserverReconnect                   = '0'
    FastStartFailoverAutoReinstate      = 'TRUE'
    FastStartFailoverPmyShutdown        = 'TRUE'
    BystandersFollowRoleChange          = 'ALL'
    ObserverOverride                    = 'FALSE'
    ExternalDestination1                = ''
    ExternalDestination2                = ''
   ~PrimaryLostWriteAction              = 'CONTINUE'

Fast-Start Failover: DISABLED

Configuration Status:
SUCCESS
```

然后执行 Data Guard 正常切换操作，整个过程耗时 73s。

```
[oracle@ADGDemo-dg01 ~]$ time dbaascli dataguard switchover
DBAAS CLI version 1.0.0
Executing command dataguard switchover
Performing switchover NOW, please wait...
New primary database "ORCL_02" is opening...
Operation requires startup of instance "ORCL" on database "ORCL_01"
Starting instance "ORCL"...
ORACLE instance started.
Database mounted.
Database opened.
Switchover succeeded, new primary is "ORCL_02"
SUCCESS : Switchover to Standby operation completed successfully

real    1m13.859s
user    0m8.962s
sys     0m1.008s
```

再次查询 Data Guard 状态，此时主从数据库交换了角色，ORCL_02 成为新的主数据库。

```
[oracle@ADGDemo-dg02 ~]$ time dbaascli dataguard status
  Databases:
    ORCL_02 - Primary database
    ORCL_01 - Physical standby database
```

通过客户端连接 adgdemo 服务，此时连接到的是新的主数据库 ORCL_02，并且状态为可读写,因此插入数据成功。

```
    SQL > select db_unique_name, host_name, open_mode, database_role from v $ database a, v
$ instance b where a.name = b.instance_name;

    DB_UNIQUE_NAME HOST_NAME       OPEN_MODE     DATABASE_ROLE
    -------------- --------------- ------------- ----------------
    ORCL_02        ADGDemo - dg02  READ WRITE    PRIMARY
    SQL > insert into tab01 values(1);
1 row created.
```

6.5 云中的数据库备份和恢复

数据库备份和恢复是最基础的数据库日常维护任务之一。很多人认为数据库建立了RAC集群或通过Data Guard建立了灾备后,数据库日常备份是可有可无的,这种观点是非常错误的。尽管数据库备份的RTO(恢复时间目标)比复制或快照长,但数据库备份是数据保护的终极手段,只要数据仍在,业务就可以延续。

云中的Oracle数据库备份和恢复使用的技术和机制本质上与传统数据中心所使用的相同,但赋予了许多云的特性。首先,云中的备份无须设置复杂的备份基础设施,如带库、磁盘库等。数据库可以直接备份到本地块存储,或备份到云中的对象存储,对象存储的容量几乎是无限的,并提供加密和冗余存储等保护机制。其次,云中的备份和恢复被抽象成为标准化的服务,可以通过服务控制台或命令行调用。例如,用户可以直接使用默认的备份配置,也可以根据数据保护的级别定制备份配置,包括备份的周期、备份保留期等。

下面将通过两个示例来了解云中的数据库备份和恢复的过程中,第一个示例利用在OCI中创建的数据库云服务db01,第二个示例利用在OCI-C中创建的数据库云服务db03。

6.5.1 OCI中的数据库备份与恢复

在OCI中,数据库云服务的备份可以通过服务控制台实现,如图6-37所示。

在图6-37中,数据库db01已经启用了自动数据库备份,这些备份称为受管的数据库备份,也可以通过单击Disable Automatic Backup按钮禁止自动数据库备份。通过单击Create Backup按钮,可以创建即时发起的数据库备份。数据库恢复可以通过单击页面上方的Restore按钮进行,数据库恢复页面如图6-38所示,可以选择将数据库恢复到最近可用的状态,指定的时间点或指定的SCN。从恢复的方式来看,与数据中心内的传统数据库恢复并无区别。

通过命令行工具dbcli也可以对数据库备份进行管理,或手动发起数据库备份和恢复。例如,以下命令显示了默认的自动数据库备份配置。从输出可知,自动数据库备份同时备份到本地磁盘和云中的对象存储,磁盘备份的保留期为5天,对象存储备份的保留期为30天。

```
[root@srv01 opc]# dbcli list - backupconfigs

ID                                        Name                                 RecoveryWindow
```

```
CrosscheckEnabled BackupDestination
---------------------------------------- -------------------- --------
-------- -------------------- --------------------
b66d1797-2cba-4447-baf6-be2ac3e05709    localbackup     5    true    Disk
d866d068-8ea9-42fb-bd50-c000d14c666f   buiyvwugagExX1gdXt0t_BC 30   true   ObjectStore
```

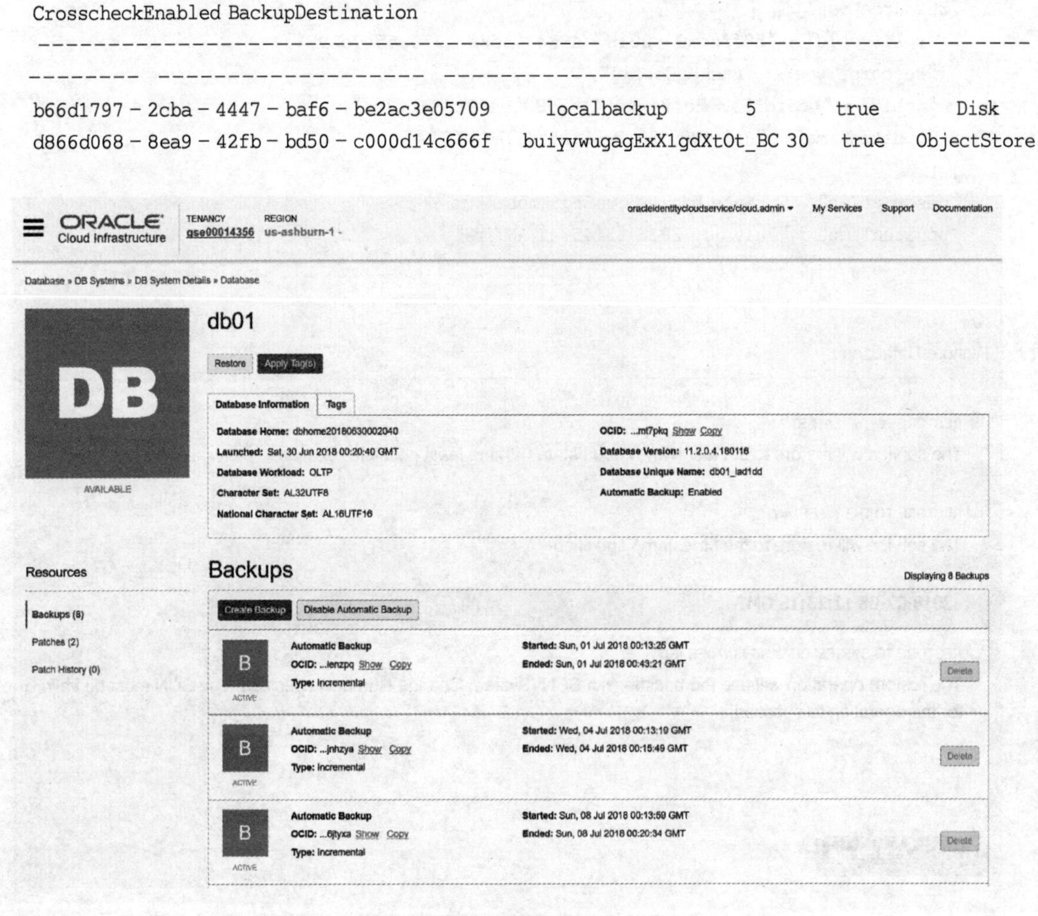

图 6-37　OCI 中的数据库备份和恢复页面

以下命令显示了备份所使用对象存储的详细信息：

```
[root@srv01 opc]# dbcli list-objectstoreswifts

ID                                        Name                   UserName              TenantName              Url
---------------------------------------- -------------------- --------
---------------------- ------------------------ ----------------------
------------------------------------------------------------
31c71477-8a3f-4b24-a4e6-dade82b191e8      buiyvwugagExX1gdXt0t buiyvwugagExX1gdXt0t
dbbackupiad       https://swiftobjectstorage.us-ashburn-1.oraclecloud.com/v1
```

以下为手动发起数据库备份的过程，首先创建数据库备份配置 tmpbackup，指定备份目标为本地磁盘，备份保留期为 5 天。

```
[root@srv01 opc]# dbcli create-backupconfig -n tmpbackup -d disk -w 5
{
  "jobId" : "4b6fd15a-2c1f-4cf4-8680-e391384bf7ec",
  "status" : "Created",
  "message" : "backup config creation",
  "reports" : [ ],
  "createTimestamp" : "July 08, 2018 11:45:41 AM UTC",
```

```
  "resourceList" : [ {
    "resourceId" : "b8ffdea0 - 0018 - 493e - 8d2a - 250a65b9d297",
    "resourceType" : "BackupConfig",
    "jobId" : "4b6fd15a - 2c1f - 4cf4 - 8680 - e391384bf7ec",
    "updatedTime" : "July 08, 2018 11:45:41 AM UTC"
  } ],
  "description" : "create backup config:tmpbackup",
  "updatedTime" : "July 08, 2018 11:45:41 AM UTC"
}
```

Restore Database help cancel

◉ RESTORE TO THE LATEST

The service will restore to the last known good state with the least possible data loss.

○ RESTORE TO THE TIMESTAMP

The service will restore to the timestamp specified.

2018-07-08 11:23:15 GMT

○ RESTORE TO SYSTEM CHANGE NUMBER (SCN)

The restore operation will use the backup with SCN (System Change Number) specified. The SCN must be valid for the operation to succeed.

Restore Database

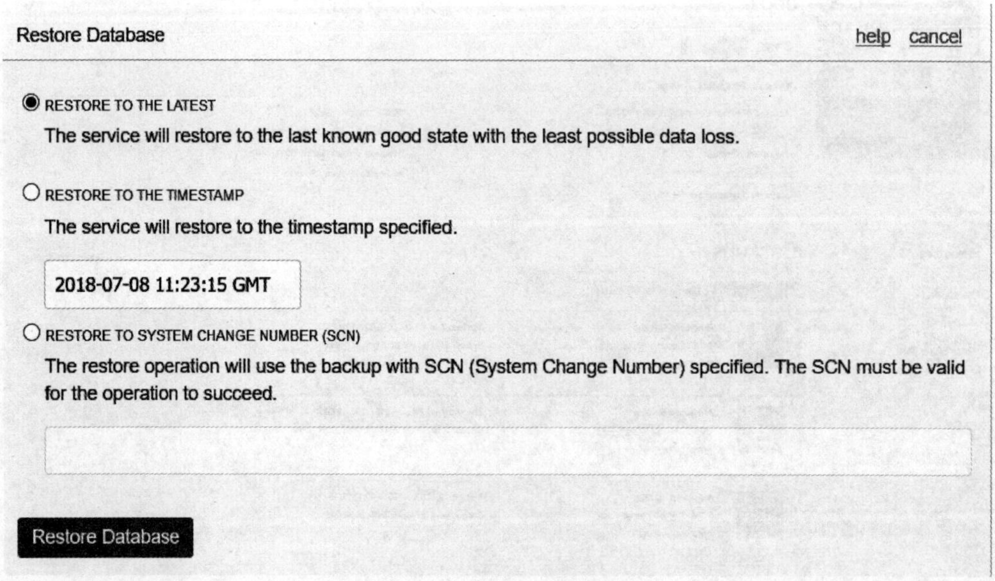

图 6-38 在 OCI 中恢复数据库

然后查看并记录数据库备份配置的 ID：8ffdea0-0018-493e-8d2a-250a65b9d297。

```
[root@srv01 opc]# dbcli list - backupconfigs

ID                                       Name                 RecoveryWindow       CrosscheckEnabled
  BackupDestination
---------------------------------------- -------------------- ---------------
-------- -------------------- --------------------
b66d1797 - 2cba - 4447 - baf6 - be2ac3e05709   localbackup        5            true     Disk
d866d068 - 8ea9 - 42fb - bd50 - c000d14c666f  buiyvwugagExX1gdXtOt_BC 30   true   ObjectStore
b8ffdea0 - 0018 - 493e - 8d2a - 250a65b9d297   tmpbackup          5            true     Disk
```

查看并记录数据库的 ID：9269a6d5-700b-4c98-ac81-bb2e13ef73b9。

```
[root@srv01 opc]# dbcli list - databases

ID                      DB Name    DB Type DB Version        CDB      Class     Shape     Storage
Status        DbHomeID
---------------------------------------- ---------- -------- ---------
----------- ----------- -------- -------- ---------- ------------ -----
--------------------------------------
```

```
9269a6d5-700b-4c98-ac81-bb2e13ef73b9      db01      Si      11.2.0.4      false      OLTP
ASM    Configured   f7bd857f-e8d9-49b6-a1db-089d3344a91a
```

通过数据库备份配置 ID 和数据库 ID 将数据库备份配置与数据库关联,记录此关联任务的 ID:1333943f-8b23-4f81-8ed7-4ad275e51929。

```
[root@srv01 opc]# dbcli update-database --backupconfigid b8ffdea0-0018-493e-8d2a-
250a65b9d297 --dbid 9269a6d5-700b-4c98-ac81-bb2e13ef73b9
{
  "jobId" : "1333943f-8b23-4f81-8ed7-4ad275e51929",
  "status" : "Created",
  "message" : "update database",
  "reports" : [ ],
  "createTimestamp" : "July 08, 2018 11:47:39 AM UTC",
  "resourceList" : [ {
    "resourceId" : "9269a6d5-700b-4c98-ac81-bb2e13ef73b9",
    "resourceType" : "DB",
    "jobId" : "1333943f-8b23-4f81-8ed7-4ad275e51929",
    "updatedTime" : "July 08, 2018 11:47:39 AM UTC"
  } ],
  "description" : "update database : db01",
  "updatedTime" : "July 08, 2018 11:47:39 AM UTC"
}
```

查看此关联任务,直到输出中所有状态为成功。

```
[root@srv01 opc]# dbcli describe-job --jobid "1333943f-8b23-4f81-8ed7-
4ad275e51929"

Job details
----------------------------------------------------------------
                     ID: 1333943f-8b23-4f81-8ed7-4ad275e51929
            Description: update database : db01
                 Status: Success
                Created: July 8, 2018 11:47:39 AM UTC
                Message: update database

Task Name                           Start Time                     End Time                    Status
------------------------------------------------------------------------------------------
------ ---------------------------------------- ----------
update db with backupconfig attributes    July 8, 2018 11:47:58 AM UTC      July 8, 2018 11:48:
03 AM UTC      Success
update metadata for database:db01         July 8, 2018 11:48:03 AM UTC      July 8, 2018 11:48:
03 AM UTC       Success
```

指定备份类型并创建备份任务,记录输出中的备份任务 ID。备份类型可以是 Regular-L0、Regular-L1 或 Longterm,分别对应于全量备份、增量备份和长期(归档)备份。

```
[root@srv01 opc]# dbcli create-backup --dbid 9269a6d5-700b-4c98-ac81-bb2e13ef73b9
--backupType Regular-L1
{
  "jobId" : "ee2b0152-f152-410a-bffb-e698537705f9",
```

```
  "status" : "Created",
  "message" : null,
  "reports" : [ ],
  "createTimestamp" : "July 08, 2018 11:53:51 AM UTC",
  "resourceList" : [ ],
  "description" : "Create Regular - L1 Backup for Db:db01",
  "updatedTime" : "July 08, 2018 11:53:51 AM UTC"
}
```

备份任务自动在后台进行,可以通过备份任务 ID 查看备份的进度,以下是最终成功的状态,从输出可知整个增量备份耗时 1 分 17 秒。

```
[root@srv01 opc]# dbcli describe-job --jobid "ee2b0152-f152-410a-bffb-e698537705f9"

Job details
----------------------------------------------------------------
                     ID: ee2b0152-f152-410a-bffb-e698537705f9
            Description: Create Regular - L1 Backup for Db:db01
                 Status: Success
                Created: July 8, 2018 11:53:51 AM UTC
                Message:

Task Name                         Start Time                    End Time                      Status
---------------------------------------- ------------------------------
------ ---------------------------------- ----------
Backup Validations                             July 8, 2018 11:53:53 AM UTC   July 8, 2018 11:
54:03 AM UTC   Success
Recovery Window validation                     July 8, 2018 11:54:03 AM UTC   July 8, 2018 11:
54:05 AM UTC   Success
Archivelog deletion policy configuration       July 8, 2018 11:54:05 AM UTC   July 8, 2018 11:
54:09 AM UTC   Success
cross check database backup                    July 8, 2018 11:54:09 AM UTC   July 8, 2018 11:
54:14 AM UTC   Success
Database backup                                July 8, 2018 11:54:14 AM UTC   July 8, 2018 11:
55:20 AM UTC   Success
```

在备份过程中,用户也可以选择创建备份简报。

```
[root@srv01 opc]# dbcli create-rmanbackupreport --dbname db01 -w summary -rn "opcbookbackup report"
{
  "jobId" : "66717df6-6764-4fe3-8150-126016e13b43",
  "status" : "Created",
  "message" : "Rman BackupReport creation.",
  "reports" : [ ],
  "createTimestamp" : "July 08, 2018 11:58:07 AM UTC",
  "resourceList" : [ {
    "resourceId" : "f5947a35-bd16-4a14-b8a0-d2fe2edf3547",
    "resourceType" : "Report",
    "jobId" : "66717df6-6764-4fe3-8150-126016e13b43",
```

```
    "updatedTime" : "July 08, 2018 11:58:07 AM UTC"
  } ],
  "description" : "Create summary Backup Report ",
  "updatedTime" : "July 08, 2018 11:58:07 AM UTC"
}
```

以下命令显示了备份简报文件所在的位置：

```
[root@srv01 opc]# dbcli describe-rmanbackupreport -in "opcbookbackup report"
Backup Report details
------------------------------------------------------------------------
                    ID: f5947a35-bd16-4a14-b8a0-d2fe2edf3547
          Report Type: summary
             Location: Node srv01: /opt/oracle/dcs/log/srv01/rman/bkup/db01_iad1dd/rman_
list_backup_summary/2018-07-08/rman_list_backup_summary_2018-07-08_04-58-19.
0137.log
          Database ID: 9269a6d5-700b-4c98-ac81-bb2e13ef73b9
          CreatedTime: July 8, 2018 11:58:07 AM UTC
```

接下来通过 dbcli 手动恢复数据库，首先创建一个数据库恢复任务，并记录恢复任务ID：d1ca3713-188b-49bf-8ad2-d5622934e531。

```
[root@srv01 opc]# dbcli recover-database -in db01 --recoverytype Latest
{
  "jobId" : "d1ca3713-188b-49bf-8ad2-d5622934e531",
  "status" : "Created",
  "message" : null,
  "reports" : [ ],
  "createTimestamp" : "July 08, 2018 12:15:44 PM UTC",
  "resourceList" : [ ],
  "description" : "Create recovery-latest for db : db01",
  "updatedTime" : "July 08, 2018 12:15:44 PM UTC"
}
```

恢复任务自动在后台进行，通过恢复任务 ID 可以查看数据库恢复的进度，以下为最终恢复成功的状态，从输出可知，整个数据库恢复的过程耗时 3 分 32 秒。

```
[root@srv01 opc]# dbcli describe-job -i "d1ca3713-188b-49bf-8ad2-d5622934e531"

Job details
------------------------------------------------------------------------
                    ID: d1ca3713-188b-49bf-8ad2-d5622934e531
          Description: Create recovery-latest for db : db01
               Status: Success
              Created: July 8, 2018 12:15:44 PM UTC
              Message:

Task Name                         Start Time                        End Time                          Status
---------------------------------------- -----------------------------------
------ ----------------------------------- ----------

Database recovery validation             July 8, 2018 12:15:51 PM UTC      July 8, 2018 12:16:20
PM UTC     Success
```

```
Database recovery                  July 8, 2018 12:16:20 PM UTC    July 8, 2018 12:19:06
PM UTC     Success
Enable block change tracking       July 8, 2018 12:19:06 PM UTC    July 8, 2018 12:19:07
PM UTC     Success
Database opening                   July 8, 2018 12:19:07 PM UTC    July 8, 2018 12:19:13
PM UTC     Success
Database restart                   July 8, 2018 12:19:13 PM UTC    July 8, 2018 12:19:52
PM UTC     Success
Recovery metadata persistance      July 8, 2018 12:19:52 PM UTC    July 8, 2018 12:19:52
PM UTC     Success
```

6.5.2 OCI-C 中的数据库备份与恢复

与 OCI 一样,在 OCI-C 中的数据库备份和恢复也可以通过服务控制台或命令行进行。图 6-39 为 OCI-C 中的数据库备份和恢复页面,在下方显示了所有的自动数据库备份,单击右侧的操作菜单,选择 Recover 可使用指定的备份进行恢复。单击上方的 Backup Now 或 Recover 可以手动发起数据库备份和恢复,这点与 OCI 是类似的。

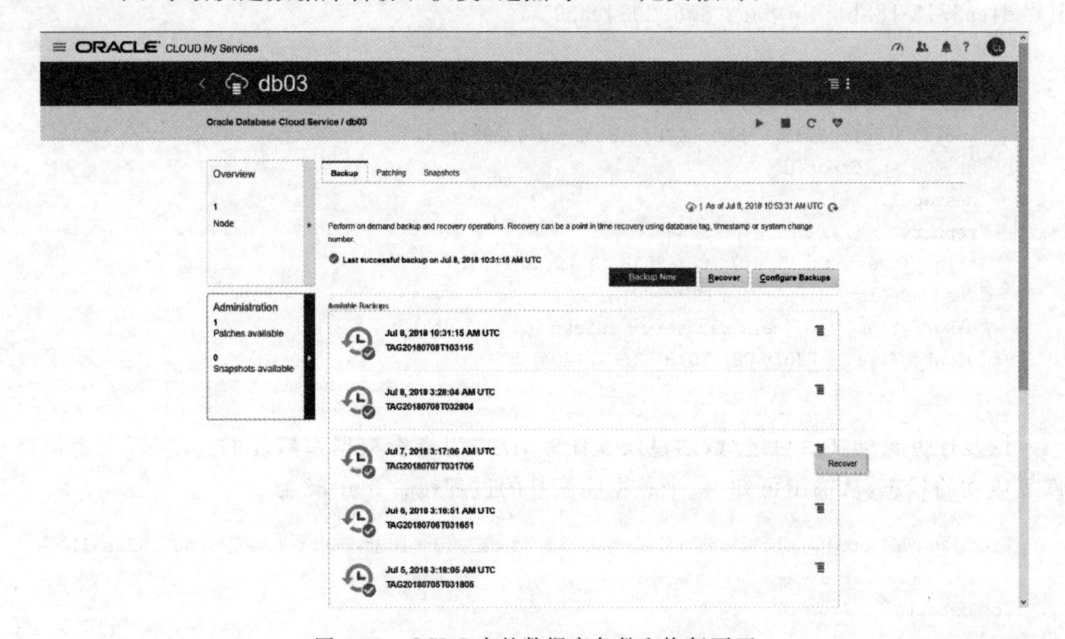

图 6-39 OCI-C 中的数据库备份和恢复页面

在 OCI-C 中,与数据库备份和恢复相关的命令行工具为 bkup_api,bkup_api 可以用于查看数据库备份、修改备份和恢复配置,或发起手动的备份和恢复。例如,以下命令列出了所有的数据库备份:

```
[root@db03 ORCL]# /var/opt/oracle/bkup_api/bkup_api list
DBaaS Backup API V1.5 @2016 Multi - Oracle home
DBaaS Backup API V1.5 @2015 Multi - Oracle home
-> Action : list
-> logfile: /var/opt/oracle/bkup_api/log/bkup_api.log
```

```
-> Listing all backups
  Backup Tag                 Completion Date (UTC)       Type           keep
------------------------- -------------------------- ------------- ---------
    TAG20180701T031044    07/01/2018 03:10:44        incremental    False
    TAG20180702T030956    07/02/2018 03:09:56        incremental    False
    TAG20180703T031236    07/03/2018 03:12:36        incremental    False
    TAG20180704T031433    07/04/2018 03:14:33        incremental    False
    TAG20180705T031805    07/05/2018 03:18:05        incremental    False
    TAG20180706T031651    07/06/2018 03:16:51        incremental    False
    TAG20180707T031706    07/07/2018 03:17:06        incremental    False
    TAG20180708T032804    07/08/2018 03:28:04        incremental    False
```

以下命令显示当前的数据库备份配置,输出显示数据库同时备份到本地磁盘和对象存储:

```
[root@db03 ORCL]# /var/opt/oracle/bkup_api/bkup_api get_config_info -e bkup_type --
dbname ORCL
DBaaS Backup API V1.5 @2016 Multi-Oracle home
-> Action : get_config_info
-> logfile: /var/opt/oracle/bkup_api/log/bkup_api.log

bkup_type = diskoss
```

以下命令显示作为备份目标的本地磁盘配置信息:

```
[root@db03 ORCL]# /var/opt/oracle/bkup_api/bkup_api get_config_info -e fra_loc --
dbname ORCL
DBaaS Backup API V1.5 @2016 Multi-Oracle home
-> Action : get_config_info
-> logfile: /var/opt/oracle/bkup_api/log/bkup_api.log

fra_loc = /u03/app/oracle/fast_recovery_area
```

通过以下命令查看作为备份目标的对象存储配置信息:

```
[root@db03 ORCL]# /var/opt/oracle/bkup_api/bkup_api get_config_info -e oss_url --
dbname ORCL
DBaaS Backup API V1.5 @2016 Multi-Oracle home
-> Action : get_config_info
-> logfile: /var/opt/oracle/bkup_api/log/bkup_api.log

oss_url = https://gse00014356.us.storage.oraclecloud.com/v1/Storage-gse00014356/dbcs
-db03
```

以下两个命令分别显示磁盘备份和对象存储备份的保留期:

```
[root@db03 ORCL]# /var/opt/oracle/bkup_api/bkup_api get_config_info -e bkup_disk_
recovery_window --dbname ORCL
DBaaS Backup API V1.5 @2016 Multi-Oracle home
-> Action : get_config_info
-> logfile: /var/opt/oracle/bkup_api/log/bkup_api.log

bkup_disk_recovery_window = 7
[root@db03 ORCL]# /var/opt/oracle/bkup_api/bkup_api get_config_info -e bkup_oss_recovery
```

```
_window --dbname ORCL
DBaaS Backup API V1.5 @2016 Multi-Oracle home
 -> Action : get_config_info
 -> logfile: /var/opt/oracle/bkup_api/log/bkup_api.log

bkup_oss_recovery_window = 30
```

以下配置显示备份配置将备份操作系统配置文件，并且文件 oscfg.spec 中指定了这些文件的位置：

```
[root@db03 opc]# /var/opt/oracle/bkup_api/bkup_api get_config_info -e bkup_cfg_files --
dbname ORCL
DBaaS Backup API V1.5 @2016 Multi-Oracle home
 -> Action : get_config_info
 -> logfile: /var/opt/oracle/bkup_api/log/bkup_api.log

bkup_cfg_files = yes

[root@db03 opc]# /var/opt/oracle/bkup_api/bkup_api get_config_info -e bkup_cfg_os_spec -
-dbname ORCL
DBaaS Backup API V1.5 @2016 Multi-Oracle home
 -> Action : get_config_info
 -> logfile: /var/opt/oracle/bkup_api/log/bkup_api.log

bkup_cfg_os_spec = oscfg.spec
[root@db03 ORCL]# cat /home/oracle/bkup/ORCL/oscfg.spec
## OS Configuration Files
#
# Doc Spec
oscfg.spec
#
# Directories
/etc/rc.d
/home/oracle/bkup
#
# Single files
/home/oracle/.bashrc
/etc/crontab
/etc/sysctl.conf
/etc/passwd
/etc/group
/etc/oraInst.loc
/etc/oratab
/etc/fstab
```

与 oscfg.spec 同一目录下还有一个 dbcfg.spec 文件，此文件指定了需要备份的数据库配置文件：

```
[root@db03 opc]# cat /home/oracle/bkup/ORCL/dbcfg.spec
### Oracle_Home configuration files.
#
```

```
# Doc Spec
dbcfg.spec
# DB id
dbid
#
# Directories
/u01/app/oracle/product/12.2.0/dbhome_1/admin/ORCL/xdb_wallet
/u01/app/oracle/admin/ORCL/xdb_wallet
/u01/app/oracle/admin/ORCL/db_wallet
# Note: tde_wallet must be backed up in a different location than DATA bkup.
/u01/app/oracle/admin/ORCL/tde_wallet
/u01/app/oracle/admin/ORCL/cat_wallet
#/u01/app/oraInventory
#
# Single files
/u01/app/oracle/admin/ORCL/opcORCL.ora
/u01/app/oracle/product/12.2.0/dbhome_1/dbs/opcORCL.ora
/u01/app/oracle/product/12.2.0/dbhome_1/dbs/orapwORCL
/u01/app/oracle/product/12.2.0/dbhome_1/network/admin/listener.ora
/u01/app/oracle/product/12.2.0/dbhome_1/network/admin/sqlnet.ora
/u01/app/oracle/product/12.2.0/dbhome_1/network/admin/tnsnames.ora
/u01/app/oracle/product/12.2.0/dbhome_1/rdbms/lib/env_rdbms.mk
/u01/app/oracle/product/12.2.0/dbhome_1/rdbms/lib/ins_rdbms.mk
#
# Creg
/var/opt/oracle/creg/ORCL.ini
#
```

以下命令显示具体执行备份的脚本所在位置：

```
[root@db03 ORCL]# /var/opt/oracle/bkup_api/bkup_api get_config_info -e bkup_script_loc --dbname ORCL
DBaaS Backup API V1.5 @2016 Multi-Oracle home
-> Action : get_config_info
-> logfile: /var/opt/oracle/bkup_api/log/bkup_api.log

bkup_script_loc = /home/oracle/bkup/ORCL
```

以下命令显示每日备份发起的时间，每日备份的发起是通过操作系统的 crontab 来调度的，通过查看 crontab 也可以验证：

```
[root@db03    ORCL]#    /var/opt/oracle/bkup_api/bkup_api    get_config_info -e bkup_daily_time --dbname ORCL
DBaaS Backup API V1.5 @2016 Multi-Oracle home
-> Action : get_config_info
-> logfile: /var/opt/oracle/bkup_api/log/bkup_api.log

bkup_daily_time = 2:58
[opc@db03 ~]$ cat /etc/crontab
SHELL=/bin/bash
PATH=/sbin:/bin:/usr/sbin:/usr/bin
```

```
MAILTO=""
HOME=/

# For details see man 4 crontabs

# Example of job definition:
# .---------------- minute (0 - 59)
# | .------------- hour (0 - 23)
# | | .---------- day of month (1 - 31)
# | | | .------- month (1 - 12) OR jan,feb,mar,apr ...
# | | | | .---- day of week (0 - 6) (Sunday=0 or 7) OR sun,mon,tue,wed,thu,fri,sat
# | | | | |
# * * * * * user-name command to be executed

58 2 * * * root /var/opt/oracle/bkup_api/bkup_api bkup_start --dbname=ORCL
0 */1 * * * root /var/opt/oracle/bkup_api/bkup_api bkup_archlogs --dbname=ORCL
15 03 * * 6 oracle /var/opt/oracle/cleandb/cleandblogs.pl
```

以下命令发起手动的数据库备份，备份自动在后台运行：

```
[root@db03 ORCL]# /var/opt/oracle/bkup_api/bkup_api bkup_start
DBaaS Backup API V1.5 @2016 Multi-Oracle home
DBaaS Backup API V1.5 @2015 Multi-Oracle home
 -> Action : bkup_start
 -> logfile: /var/opt/oracle/bkup_api/log/bkup_api.log
UUID ab552110-8298-11e8-a443-c6b09020a247 for this backup
 ** process started with PID: 32579
 ** see log file for monitor progress
 ------------------------------------
```

以下是备份最终完成后的状态报告：

```
[root@db03 ORCL]# /var/opt/oracle/bkup_api/bkup_api bkup_status
DBaaS Backup API V1.5 @2016 Multi-Oracle home
DBaaS Backup API V1.5 @2015 Multi-Oracle home
 -> Action : bkup_status
 -> logfile: /var/opt/oracle/bkup_api/log/bkup_api.log
   Warning: unable to get current configuration of: catalog
 * Current backup settings:
 * Last registered Bkup: 07-08 10:21 API::32579:: Starting dbaas backup process
 * Bkup state: finished
 ************************************************
 * API History: API steps
   API:: NEW PROCESS 32579
   API:: Starting dbaas backup process
   API:: Your new dbaas backup tag is TAG20180708T103115
   API:: BKUP COMPLETE YOUR BKUP TAG TAG20180708T103115
 ************************************************
 * Backup steps
    -> API:: Wallet is in open state
    -> API:: Oracle database state is up and running
    -> API:: DB instance: ORCL
```

```
    -> API:: Determining if the filesystem is not full
    -> API:: ...... OK
    -> API:: Validating the backup repository ......
    -> API:: All backup pieces are ok
    -> API:: Performing backup to local storage (primary backup)
    -> API:: Executing rman instructions
    -> API:: ...... OK
    -> API:: Backup to local storage is completed
    -> API:: Clean MOTD.
    -> API:: Performing backup to cloud storage (secondary backup)
    -> API:: Executing rman instructions
    -> API:: ......OK
    -> API:: Backup to cloud storage is completed
    -> API:: Clean MOTD.
    -> API:: DISK restore validation
    -> API:: Executing rman instructions
    -> API:: Executing rman instructions
    -> API:: OSS restore validation
    -> API:: Executing rman instructions
    -> API:: Executing rman instructions
    -> API:: ....... OK
    -> API:: Restore Validation is Completed
    -> API:: Clean MOTD.
    -> API:: Starting backup of config files
    -> API:: Executing rman instructions
    -> API:: at time: 2018-07-08:10:31:15
    -> API:: Determining the oracle database id
    -> API:: DBID: 1507978795
    -> API:: Creating directories to store config files
    -> API:: /u03/app/oracle/fast_recovery_area/ORCL/oscfgfiles .... OK
    -> API:: /u03/app/oracle/fast_recovery_area/ORCL/ohcfgfiles .... OK
    -> API:: Determining the oracle database id
    -> API:: DBID: 1507978795
    -> API:: Compressing config files into tar files
    -> API:: Uploading config files to cloud storage
    -> API:: Completed at time: 2018-07-08:10:36:20
    -> API:: at time: 2018-07-08:10:36:20
    -> API:: Config files backup ended successfully
    -> API:: Clean MOTD.
    -> API:: All requested tasks are completed
*
* RETURN CODE:0
############################################################
```

以下命令执行手动数据库恢复。数据库恢复需要首先关闭数据库，然后恢复配置文件和数据文件，最终启动数据库。

```
[root@db03 ORCL]# dbaascli orec --args -pitr TAG20180708T103115
DBAAS CLI version 1.0.0
Executing command orec --args -pitr TAG20180708T103115
--args : -pitr TAG20180708T103115
```

```
OREC version: 16.0.0.0

Starting OREC
Logfile is /var/opt/oracle/log/ORCL/orec/orec_2018-07-08_10:55:59.log
Config file is /var/opt/oracle/orec/orec.cfg

DB name: ORCL
OREC:: RUNNING IN NON DATAGUARD ENVIRONMENT
OREC:: Catalog mode: Disabled
OREC:: Checking prerequirements before recovery process.
OREC:: DB Status : OPEN
OREC:: Changing instance to MOUNT stage.
OREC:: Shutting down the database... Completed.
OREC:: (RMAN) Startup mount... Completed.
OREC:: Checking for PDBs directories.
OREC:: Checking for REDO logs.
OREC:: Restablishing DB instance to the original stage.
OREC:: Shutting down the database... Completed.
OREC:: Starting up database... Completed.
OREC:: Testing RMAN connection.
OREC:: Verifying backups dates ..
     :: OK
INFO: system cfgfiles tarball found.
INFO: oracle cfgfiles tarball found.
OREC:: Shutting down the database... Completed.
OREC:: Extracting and restoring config files... Completed.
OREC:: Startup MOUNT... Completed.
OREC:: Performing Point-In-Time-Recovery to: 07/08/2018 10:31:15 ...
OREC:: Startup MOUNT... Completed.
OREC:: Checking if PITR is across incarnations ...
OREC:: Determining current incarnation ...
OREC:: Determining target incarnation for time: 07/08/2018 10:31:15 ...

OREC:: PITR is within current incarnation 3

INFO : DB instance is up and running after recovery procedure.
OREC:: PITR Completed.
```

6.6 数据库云服务安全

数据库作为高价值信息的集中存储点，是企业安全域中重要的防护对象，也是最常受攻击的目标之一。由于公有云对于用户而言类似于黑盒子，当数据库运行在公有云上时，用户通常会有更多的担忧，例如，云服务提供商是否具备足够的能力防止数据丢失，在共享基础设施的云模式下如何防止租户之间的相互影响，如何清楚地知道谁在何时对数据做了哪些操作，不一而足。为此，Oracle 提供了“Oracle 云基础设施和平台云安全”[①]和“云中数据库

① https://cloud.oracle.com/iaas/whitepapers/Oracle_IP_Services_Security_R4.pdf

深度防御"[1]两个白皮书，详细阐述 Oracle 公有云的安全防护体系和架构。

这两个白皮书中都提到了两个重要的安全原则，即最小权限原则(Least Privilege)和深度防御原则(Defense in Depth)，这两个原则也是通用的安全原则，无论对于数据库或主机，无论是对于公有云或私有云，都应遵循。最小权限原则是指用户只被授予完成特定任务必要的权限。例如，一些开发团队为了快速完成任务，给用户授予了管理员权限，这将导致系统面临攻击威胁或权利滥用，并且后续这些问题可能带入生产系统。最小权限原则衍生出另一个安全原则是责权分离原则。该原则常用于内部控制，是指由多人来完成一项任务时，既相互协作又相互制约，目的是防止欺诈和安全疏漏。例如，数据库管理员只完成数据库运维管理任务，而不应能看到用户应用数据。第二个安全原则是深度防御。深度防御原则原应用于军事领域，即用多道防线来阻止或延缓对方的进攻。对应于信息安全领域，深度防御需要由客户端、网络、主机、存储、数据库等多层构建，这样一旦某一层被突破，还有其他的层次进行防御，从而给用户留出时间和空间进行安全完善和反击。

公有云安全虽然是一个新的领域，但其中需遵守的安全原则和使用的安全控制框架与私有数据中心还是有很多共通之处。在安全访问控制框架中的 3A，即认证(Authentication)、授权(Authorization)和审计(Audit)，对于公有云同样适用，只不过在公有云中可能使用不同的技术来实现。另外，公有云中由于涉及用户和云服务供应商双方的参与，因此公有云安全实际是一个责任共担的模式。例如，在平台服务上运行了用户的应用，服务提供商需复制平台服务及以下基础设施的安全性，用户则需遵循云服务提供商的最佳建议来部署应用，并保证应用的健壮性。

利用我们之前创建的数据库服务，以下将通过示例介绍 Oracle 公有云提供的一些典型的安全措施，以保证数据库系统的最大安全性。

在网络层面，Oracle 公有云提供的主要安全手段主要是安全列表和防火墙规则，安全列表是公有云网络中的访问控制，防火墙规则是操作系统层面的网络访问控制，两者本质上都是防火墙设置，只不过位于不同层面。安全列表是由具体的安全规则组成，可以控制进出两个方向上针对协议和端口的访问。为了满足最小权限原则，在数据库服务初创建时，通常只开放必要的服务，例如图 6-40 为 DBCS 数据库服务 db03 初建立时的安全规则，其中只开放了 SSH 服务使用的 22 端口。为方便用户，常用服务的安全规则均已建立，但处于禁止状态，后续可以按需启用。例如，ora_p2_dbconsole 和 ora_p2_dbexpress 分别对应数据库版本 11g 和 12c 使用的 Enterprise Manager 控制台服务；ora_p2_dblistener 对应数据库监听服务，SQL Developer 桌面版或 SQL * Plus 客户端连接数据库时需要使用到；ora_p2_httpssl 对应 HTTPS 协议使用的 443 端口，连接数据库云中的 SQL Developer Web 或 Appllication Express 时需要用到。

安全规则针对网络，涉及网络中所有对象；而防火墙规则只针对具体的计算实例，是在 Linux 核心实现的网络访问控制，通过 iptables 命令实现。例如，在数据库 db01 所在的主机上，可以查询到端口 22 已经开放。

```
[root@srv01 ~]# sudo iptables -n --list| grep 22
ACCEPT     tcp -- 0.0.0.0/0            0.0.0.0/0           state NEW tcp dpt:22
```

① http://www.oracle.com/technetwork/database/security/wp-security-dbsec-cloud-3225125.pdf

```
ACCEPT      tcp -- 169.254.0.0/16     0.0.0.0/0          state NEW tcp dpt:22 /* Required for
instance management by the Database Service, Do not remove or modify. */
```

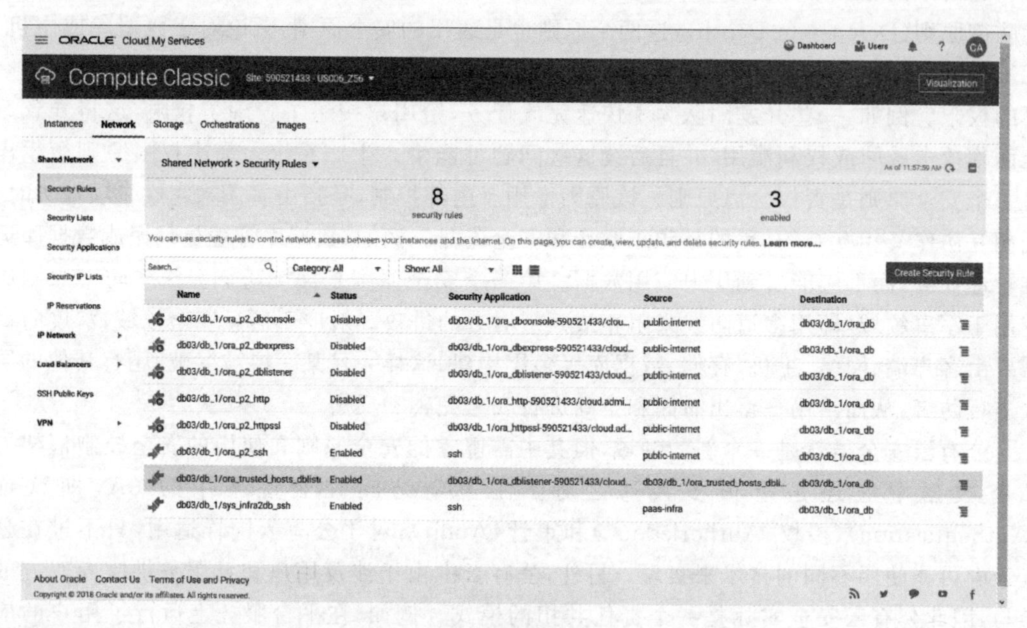

图 6-40 DBCS 数据库服务初建立时的安全规则

操作系统防火墙规则保存在文件/etc/sysconfig/iptables 中，可以看到其中开放的与数据库相关的端口，其中 1521 为数据库监听端口，1158 为 Enterprise Manager 控制台服务端口。

```
[root@srv01 ~]# more /etc/sysconfig/iptables
...
-A INPUT -p tcp -m state --state NEW -m tcp --dport 1521 -m comment --comment "Required
for access to Database Listener, Do not remove or modify. " -j ACCEPT
-A INPUT -p tcp -m state --state NEW -m tcp --dport 1158 -m comment --comment "Required
for EM Database Control." -j ACCEPT
...
```

操作系统防火墙与网络防火墙协同工作，共同保护云中资源。此外，在云中还可以使用传统的数据库安全产品，如数据库防火墙(Database Firewall)、数据库保险箱(Database Vault)等产品，共同形成对数据库的多层防护。

承载数据库的计算实例也做了安全加固工作。首先，所有用户不允许使用口令登录，以免口令在网络传输过程中被破解；其次，计算实例只允许用户 opc 通过 SSH 远程登录，其他用户均不允许远程直接登录。opc 用户具有 sudo 权限，可以切换到 Root 或 Oracle 用户。

关于 SSH 的所有设置保存在文件/etc/ssh/sshd_config 中，以下是从 db01 数据库服务器上此文件中摘录的与安全相关的属性：

```
PubkeyAuthentication yes             # 需使用密钥登录
PasswordAuthentication no            # 禁止使用口令登录
PermitRootLogin no                   # 不允许 Root 用户直接登录
HostbasedAuthentication no           # 不允许基于主机的认证
```

```
StrictModes yes                    # 严格模式开启
```

其中,严格模式是指与SSH相关的文件(公钥和私钥文件等)和目录需设置正确的权限,以保证这些文件不被泄露。

在数据库云服务中,用户建立的表空间通过高级安全选件强制加密,在sqlnet.ora文件中可以看到这些设置。

```
[oracle@srv01 ~]$ cat $(dbhome)/network/admin/sqlnet.ora
ENCRYPTION_WALLET_LOCATION = (SOURCE = (METHOD = FILE)(METHOD_DATA = (DIRECTORY = /opt/oracle/
dcs/commonstore/wallets/tde/$ORACLE_UNQNAME)))

SQLNET.ENCRYPTION_SERVER = REQUIRED
SQLNET.CRYPTO_CHECKSUM_SERVER = REQUIRED
SQLNET.ENCRYPTION_TYPES_SERVER = (AES256,AES192,AES128)
SQLNET.CRYPTO_CHECKSUM_TYPES_SERVER = (SHA1)
SQLNET.ENCRYPTION_CLIENT = REQUIRED
SQLNET.CRYPTO_CHECKSUM_CLIENT = REQUIRED
SQLNET.ENCRYPTION_TYPES_CLIENT = (AES256,AES192,AES128)
SQLNET.CRYPTO_CHECKSUM_TYPES_CLIENT = (SHA1)
```

除了数据库监听服务外,根据用户的需要还可能开放其他一些服务,例如12c数据库自带的Enterprise Manager服务,这些服务只能通过安全的HTTPS协议访问,未加密的HTTP协议是禁止的。

```
SQL> select dbms_xdb_config.gethttpsport() from dual;

DBMS_XDB_CONFIG.GETHTTPSPORT()
-----------------------------------
                              5500
SQL> select dbms_xdb.getHttpPort() from dual;

DBMS_XDB.GETHTTPPORT()
------------------------
                     0
```

6.7 数据库云服务创新——自治数据库

2018年3月,Oracle发布了业界首个自治数据库云服务:自治数据仓库(Autonomous Data Warehouse, ADW),同年8月,又推出了第二个自治数据库云服务:自治交易处理(Autonomous Transaction Processing, ATP)。在部署模式上,ADW和ATP都是公有云服务,在使用场景上,ADW面向统计分析类系统,如数据仓库、数据集市等,而ATP面向事务处理类应用,如电商、ERP等。

自治与自动化有许多相似之处,但又不尽相同。以汽车驾驶为例,现代化的汽车中已经配备了许多自动化的功能,如自动巡航、自动泊位、自动告警等,这些功能极大地提升了驾驶员的体验和驾驶安全性。自治在自动化的基础上更进一步,类似于自动驾驶,只需告知目的地和希望到达的时间即可。可将自治数据库看作是具备"自动驾驶"能力的数据库云服务,但从自动化到自治并不是一蹴而就的。在数据库软件方面，从多年前的 Oracle 9i 版本开始，就逐步引入了自动化的数据库特性并不断演进，这其中大家比较熟悉的包括自动内存管理、自动存储管理、自动工作负载仓储、自动诊断监控和自动 SQL 调优等。在数据库基础设施方面，以 Exadata 为代表的工程整合系统从 2008 年发布至今，也不断增加了许多自动化的特性，包括智能扫描、智能闪存、存储列压缩、存储索引和网络资源管理等。在数据库云化后，数据库部署和供应上也实现了自动化。所以，自治数据库首先综合了数据库自动化、基础设施自动化和云服务自动化三方面的特点，并利用机器学习等技术进行更深层次的优化，实现了数据库供应、运维、调优和安全方面的自治化。

自治数据库的自治能力体现在三方面，即自治驱动、自治安全和自治修复。自治驱动是指数据库和底层基础设施的供应，管理和监控、备份与恢复、诊断和调优等任务都是自动进行的；自治安全是指自动进行端到端的数据加密，自动应用最新安全补丁以降低安全漏洞风险并缩短业务停机时间；自治修复是指可自动从物理故障中恢复，可实现滚动升级，持续收集统计数据并借助人工智能技术分析问题根源并快速解决问题，使得业务始终处于在线状态。自治是自动化的更高级阶段，减少乃至消除了人工干预，在节省人力的同时，也避免了人为非标准化和不确定性带来的风险，使得数据库更安全，更可靠，运维管理更简化和智能化。

由于 ADW 是首个推出的自治数据库，并且数据仓库是一个非常有代表性的场景，以下将单独介绍 ADW，以对自治服务有一个感性的认识。

6.7.1 自治数据仓库 ADW

ADW 是第二代云基础设施 OCI 中提供的一项自治数据库服务，并针对数据分析型负载做了专门优化，因此非常适合数据仓库或数据集市的场景。ADW 实例实际上是 18c 多租户数据库中的一个可插拔数据库（PDB），因此创建完成的时间非常快，通常只需要几分钟到十几分钟。底层的基础设施基于 Exadata 工程集成系统，可以利用 Exadata 特有的智能扫描和混合列压缩等技术，提供良好的性能和存储空间效率。

创建 ADW 实例所需提供的信息非常简单，以下为必须提供的参数。

(1) DATABASE NAME：数据库名称，在租户内必须唯一。

(2) CPU CORE COUNT：CPU 的数量，最大为 128。后续可以扩展或收缩。

(3) STORAGR：块存储的大小，用于存储数据。以 TB 为单位，最小为 1TB，最大为 128TB。后续可以扩展。

(4) PASSWORD：数据库管理员口令，12～30 字符，需满足复杂性要求。

创建成功的 ADW 实例如图 6-41 所示，在上部菜单栏中可以进行常用的管理操作，这些菜单项的简单说明如下。

(1) Service Console：ADW 服务控制台。可监控 ADW 的状态并执行相关管理操作，后续将单独介绍。

(2) Scale Up/Down：ADW 服务的扩展。对于 CPU，可以增大或减小，对于存储，只能增加，并以 1TB 为增量。扩展可以在线操作，不会对服务造成中断。

(3) Admin Password：修改或重置数据库管理员口令。

(4) Restore：选定备份进行数据库恢复，或将数据库恢复到指定的时间点。ADW 自

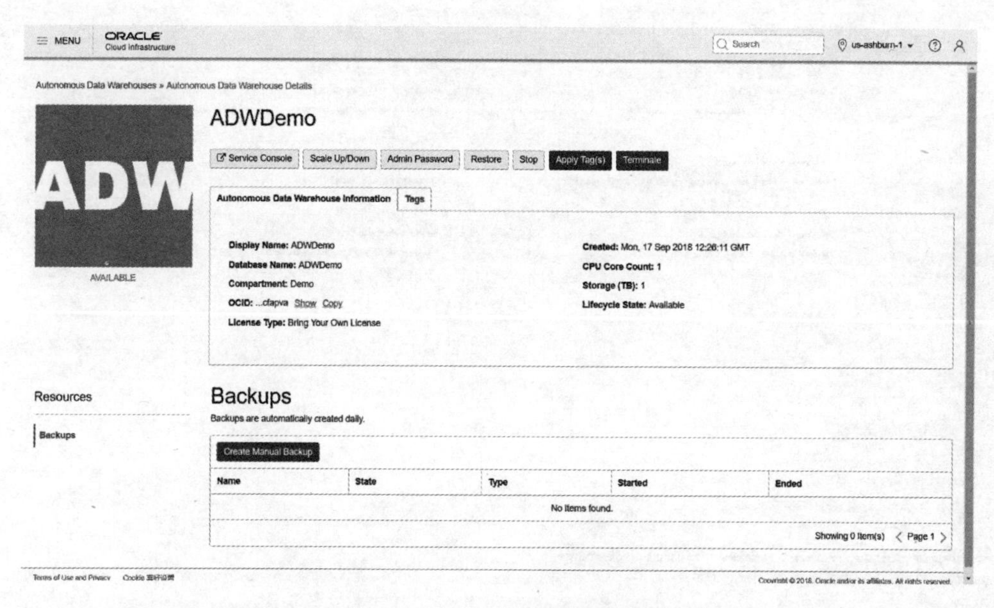

图 6-41 ADW 实例管理界面

动进行数据库备份，备份的保留期为 60 天。用户也可进行手工备份，但必须订阅对象存储用于存放备份；而对于自动备份，对象存储是免费的。

（5）Stop：停止 ADW 实例，停止后，计算资源不再计费，存储继续计费。

（6）Terminate：终止 ADW 实例，释放计算和存储资源。由于数据库备份的保留期为 60 天，因此实例终止后仍可以通过数据库备份进行恢复。

从以上实例管理界面的操作中已经体现了一些自治的特性，例如实例的在线伸缩、数据库自动备份等。此外，ADW 是一个完全受管的服务，系统自动进行数据库补丁和升级，用户不能也无须登录 ADW 所在主机进行管理，这进一步缩小了服务的攻击界面，增进了服务的安全性并简化了管理。传统的数据库云服务，在数据库实例建立后，还需要 DBA 进行一系列的设置和调优工作，如建立表空间、设置并行、建立分区、创建索引、配置压缩等。而在 ADW 中，这些任务均可以省去，只需创建表并加载数据即可，这也体现了自治与自动化的区别。

单击图 6-41 中的 Service Console 菜单，可进入 ADW 服务控制台，进行 ADW 的监控和管理，如图 6-42 所示。

在左侧的菜单栏中，通过 Overview 菜单可以查看 ADW 服务的概况，包括存储空间使用、CPU 利用率、运行 SQL 语句统计和平均 SQL 响应时间；通过 Activity 菜单可以图形化的方式查看实时或历史的服务活动信息，包括数据库活动统计信息、按消费组（Consumer Group）的 CPU 利用率统计信息、按消费组的运行和排队 SQL 语句统计信息；通过 Administration 菜单可下载客户端凭证、设置资源管理规则和创建机器学习用户。客户凭证是一个 zip 格式的压缩文件，包括 ADW 的连接信息和密钥。在 ADW 服务中，网络加密是强制的，客户端必须使用凭证来连接 ADW。由于 ADW 基于 Oracle 数据库，因此窗台传统的数据库客户端，如 SQL Developer、SQL * Plus 以及第三方的工具均可以连接 ADW。资源管理规则定义了 high、medium 和 low 三个消费组，用来限制会话时间和 I/O 资源。

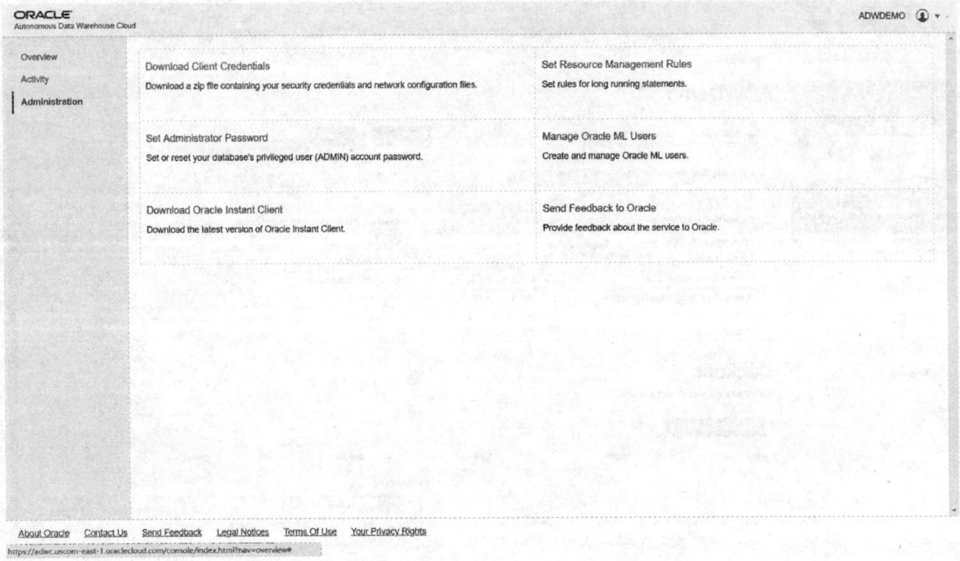

图 6-42 ADW 服务控制台

high 消费组提供最多的资源，但并行度最低；low 资源组则反之。机器学习用户是用来进行机器学习操作的特定用户，ADW 内嵌机器学习功能，基于 Apache Zeppelin 实现，用户可创建工作空间、项目和记事本，便于数据科学家进行数据分析和协同。

连接到 ADW 后，下一个重要的任务是数据加载。数据加载的方式包括以下两种。

(1) 离线加载。离线加载常用于开发测试阶段，是指数据以文件形式导入 ADW。如果数据源为 Oracle 数据库，可以用 SQL * Loader 或 Data Pump 将数据导出，然后使用相同的工具导入 ADW。ADW 同时支持对象存储导入方式，当文件为 CSV 或符号分隔的文本文件时，可以先将文件压缩上传至对象存储，然后利用 ADW 中的 DBMS_CLOUD PL/SQL 包执行导入。在 SQL Developer 中，集成了对于 Data Pump 和对象存储两种导入方式的支持，用户可以使用图形界面方便地加载数据到 ADW。

(2) 在线加载。在线加载通常用于生产环境，是指利用数据集成工具，实现数据持续和自动的加载。支持的集成工具除 Oracle 提供的 GoldenGate 和 Oracle Data Integrator 外，第三方的工具如 Informatica PoweCenter 等也可以支持。完整的支持列表参见官方文档[1]。

数据加载后，最后一项任务是 BI 分析和展现。由于 ADW 基于 Oracle 数据库，因此传统的 BI 分析和展现工具通常都可以支持。由 Oracle 提供的 BI 分析和展现工具包括桌面版的 Oracle Data Visualization Desktop、数据中心内的 Oracle Business Intelligence 企业版和 Oracle Analytics Cloud 云服务。

6.7.2 自治时代的 DBA 转型

如果说数据库是一辆车，DBA 就是数据库的驾驶员，如今数据库都可以"自动驾驶"了，

① https://www.oracle.com/technetwork/database/bi-datawarehousing/adwc-certification-matrix-4920939.pdf

那作为驾驶员的DBA还有必要存在吗？这也是自治数据库推出后，存在于很多人心中的疑问。对此问题简单的回答就是：DBA仍需存在，但DBA必须转型。

按照Oracle数据库产品经理Maria Colgan的观点[①]，传统的DBA工作内容主要包括两方面。第一方面是偏向于数据库和基础设施的内容，包括数据库服务器的规划、数据库安装配置、数据库备份恢复、数据库监控和补丁升级等；第二方面是偏向于应用和业务的工作，如数据建模、数据安全、数据生命周期管理，数据集成与供应和应用调优等。第一方面的工作大多是例行任务，这些工作消耗了DBA大量的时间。随着数据库云服务和自治数据库的推出，第一方面的工作已大幅减少，DBA可以专注于业务价值更高的第二方面的工作。过去，DBA和开发人员间存在一道"鸿沟"，开发人员并不真正了解数据库的功能与特性，例如开发人员重复实现一些已在数据库中具备的功能，又如没有采用最优的方式甚至采用错误的方式使用数据库，这不仅影响了开发效率和开发质量，产生的问题还需要DBA"救火"式的紧急响应。现在，DBA和开发人员间的配合更加紧密，DBA可以参与数据建模，优化数据访问路径，让开发者了解数据库的重要特性，协助开发者以正确和最佳的方式使用数据库，从而保证最终应用的质量和运行效率，也简化了后期的维护，这种主动的方式对整个企业来说都是有益的。

在自治时代，DBA首先可以考虑转型为数据专家。数据天然属于DBA的领域，DBA手中掌握着"数据地图"，了解数据存储于何处、存储的格式怎样、如何将数据合成和移动、如何控制数据的访问，从而保证数据的安全。DBA可以保证正确的数据及时安全地交付到数据科学家和业务分析专家的手中，从而最大限度地发挥数据的业务价值。

云架构师是另一个可以考虑转型的领域。数据库云化带来了新的机遇和挑战。DBA可以帮助企业规划哪些应用适合迁移到云上，如何在迁移时最小化业务中断的时间，如何在云中构建高可用和灾备解决方案，如何在云中保证信息安全，如何规划云中的网络，如何在云中实现数据的集成与供应等。

简言之，DBA中A的含义已由单纯的Administrator（管理员）变为了Architect（架构师），工作内容也逐渐偏重于架构和解决方案层面，相应的技能要求也更广泛。自治时代的DBA可以从之前沉闷的例行任务中解脱出来，从事业务价值更高的、更为有趣、更具挑战性的工作。

① https://blogs.oracle.com/oraclemagazine/drivers-education-for-the-self-driving-database

第7章

Java云服务

7.1 了解Java云服务

Java语言从其诞生之日其就凭借其一次编码、到处运行(Write Once, Run Anywhere)的特性被企业级用户所青睐。随着1996年Sun公司正式发布Java Development Kit 1.0到2018年3月Oracle发布的最新版Java Development Kit 10、以及从1999年发布的面向企业级Java应用的J2EE 1.2规范一直发展到2017年发布了Java EE 8,Java已经走过超过20多年的发展历程。从图7-1中不难看出,Java早已成为开发和运行企业级应用软件最主流的语言。

Programming Language	2017	2012	2007	2002	1997
Java	1	2	1	1	15
C	2	1	2	2	1
C++	3	3	3	3	2
C#	4	5	7	12	-
Python	5	7	6	11	27

图7-1 TIOBE统计的主流编程语言的排名

另外,为企业级Java EE应用提供了可靠运行环境的WebLogic Server历经了从1997年发布的首款基于Java的企业应用服务器到2017年8月最新的WebLogic Server 12.2.1.3。目前Oracle WebLogic Server依然占据着商用Java EE应用服务器全球较高的市场份额。

Oracle Java云服务提供的就是企业级应用所需要的Java和WebLogic Server运行环境。

7.1.1 选择适合的 Java 云服务环境

1. 确定应用类型

Oracle Java 云服务是 Oracle 公有云的重要组成部分，它为基于 Java EE 技术规范的应用提供了一个高性能、可快速扩展的企业级公有云环境。Oracle 公有云提供以下两种包含了 WebLogic Server 运行环境的云服务：

(1) Java 云服务，即面向大多数基于 Java EE 规范实现的应用系统，包括使用 JSP、Web 服务、JMS 消息、Rest、EJB、JDBC 等各种应用，还可运行各种开源 Java 组件。在本书中主要介绍的是这种 Java 云服务。

(2) Java 云服务-SaaS 扩展，是专门为扩展 Oracle SaaS(Software as a Service，软件即服务)应用而提供的 Java 云服务。它在运行环境、身份管理、单点登录(SSO)、访问权限等多方面都提供了预制或增强环境。通常如果用户订购了 Oracle SaaS 产品，可以使用这种定制的 Java 云服务来实现对 Oracle SaaS 功能的集成和扩展。

2. 确定发行版本

所有运行在 Oracle 公有云的官方软件都经过兼容性测试，目前 Java 云服务支持表 7-1 中列出的 WebLogic Server 发行版本。

表 7-1 Java 云服务的 WebLogic Server 发行版本

产品版本	技术规范
WebLogic Server 11.1.1.7(11g)	兼容 Java EE 5 和 JDK 7
WebLogic Server 12.1.3.0(12c)	兼容 Java EE 6 和 JDK 7
WebLogic Server 12.2.1.2(12c)	兼容 Java EE 7 和 JDK 8
WebLogic Server 12.2.1.3(12c)	兼容 Java EE 7 和 JDK 8

说明：

(1) 由于通常每个季度 Oracle 会对公有云环境进行升级，读者实际看到的支持版本可能会有变化。

(2) WebLogic Server 原是 BEA 公司的产品，版本编号采用三段式：主版本.子版本.补丁集，例如现在有些用户还在使用的 WebLogic Server 10.3.6。WebLogic Server 10.3.1 后被 Oracle 收购，Oracle 采用五段式标记 WebLogic Server 11g 的版本：主版本.子版本.补丁集.保留.滚动补丁。WebLogic Server 12c 后 Oracle 采用新的五段式标记版本：主版本.主版本.子版本.补丁集.补丁集更新，其中前两段都代表主版本。这样我们就可以明白为何同为 12c，但是 WebLogic Server 12.1.X 和 WebLogic Server 12.2.X 支持技术规范差异比较大的原因了，这是因为这两个发行版已经属于不同的主版本产品了。

3. 确定发行版本

为了能和 WebLogic Server 软件的发行版本对应上，当我们创建 Java 云服务实例环境时，需从以下三个 WebLogic Server 的发行版本中选择一个作为运行环境：

(1) 标准版(Standard Edition)：基于标准版的 Java 云服务实例只能提供由一个管理

服务器和一个受管服务器构成的 WebLogic 域运行环境以及一个 Traffic Director(提供负载均衡服务)实例环境。标准版 Java 云服务实例不提供高可靠的集群环境,也不提供多租户功能。

(2) 企业版(Enterprise Edition):基于企业版的 Java 云服务可提供由一个管理服务器和多个受管服务器构成的 WebLogic 域、一个 Traffic Director 实例环境。此外,企业版 Java 云服务实例支持集群和多租户功能。

(3) 套件版(Enterprise Edition with Coherence):除提供企业版所有功能外,还提供分布式数据网格 Coherence 功能,另外还提供通过基于 Active GridLink 的 JDBC 访问 Oracle RAC 数据库的功能。

4. 确定服务水平

Java 云服务提供了以 WebLogic Server 为核心的通用应用运行环境。根据不同的使用目的,可以选择以下三种 Java 云服务服务水平(Service Level):

(1) Java 云服务:最通用的运行环境,适合为 Java EE 应用提供生产运行环境。支持表 7.1 中所有 WebLogic Server 发行版。

(2) Java 云服务-Virtual Image:适合为应用提供开发和测试环境。目前不支持 WebLogic Server 12.2.1.2。

(3) 适用于运行 Oracle 融合中间件的 Java 云服务:目前可以为 Oracle WebCenter Portal(门户软件)和 Oracle Data Integrator(数据集成软件)提供兼容的运行环境,用户可在该 Java 云服务上直接安装并运行这两个融合中间件。

由于 Java 云服务最为常用,因此在本书其他章节都以 Java 云服务为说明对象。

7.1.2 Java 云服务的构成

Oracle Java 云服务属于 Oracle 平台即服务(Platform as a Service,PaaS)的一部分。PaaS 提供的是较 IaaS 更高层的云服务,IaaS 提供的是诸如计算、存储等系统层面的服务,而 PaaS 提供数据库、中间件等应用层面的服务。从如图 7-2 所示的云服务运行依赖关系可以看出,PaaS 运行需要底层 IaaS 支持,因此 Oracle Java 云服务也需要 Oracle 公有云的计算和存储服务。当申请 Java 云服务时会同时开通 Oracle 计算和存储云服务。

Java 云服务在运行时还需要数据库云服务支持,Java 云服务在运行过程中的监控数据会存在数据云服务的专用 schema 中。另外,Java 云服务还可使用存储云服务保存实例的备份或是保存应用使用的非关系型业务数据。

Java 云服务包括 3 个核心功能组件。

(1) Oracle Traffic Director:提供应用访问的负载均衡功能。虽然 WebLogic Server 可以通过部署自带的 plugin 实现应用负载均衡功能,但是在性能和功能上都逊于 Oracle Traffic Director。Oracle Traffic Director 是专业的应用控制器(Application Delivery Controller)软件,它提供许多企业级特性,提供应用 TCP 和 HTTP 请求负载均衡,支持复杂的负载均衡策略,还提供访问内容缓存等特性。Oracle Traffic Director 不但性能更卓越,还可通过主-备或主-主双活的部署方式提高整个应用系统的可靠性。Oracle Traffic Director 是 Java 云服务实例可选的组件,即如果 Java 云服务实例中包含 WebLogic 集群,

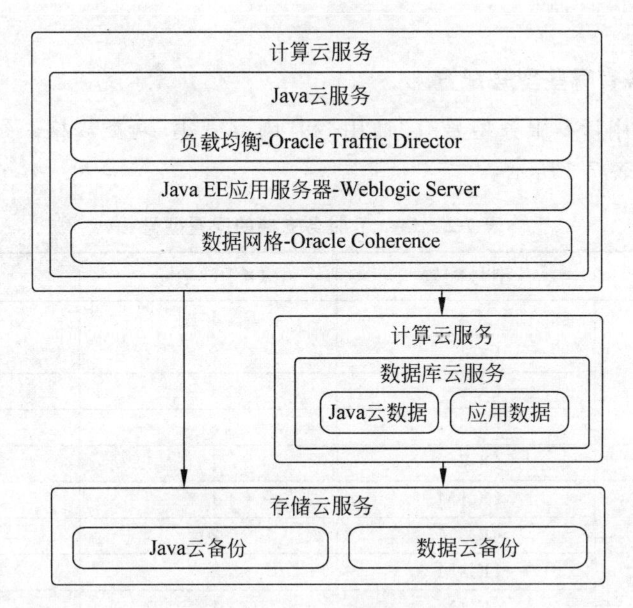

图 7-2 Java 云服务架构

可使用 Oracle Traffic Director 提供负载均衡功能。

(2) Oracle WebLogic Server：Java 云服务提供的核心组件就是符合 Java EE 技术规范的 WebLogic Server 应用服务器。每个 Java 云服务实例都要有一个或多个 WebLogic Server 的实例。

(3) Oracle Coherence：提供基于内存的分布式数据网格。对于那些需要频繁读取的数据(例如用户信息)，可以将其从数据库前移到 Coherence 网格中，从而能极大地提高应用访问这些数据的性能。这种将业务数据直接加载到分布式内存中的架构在互联网和移动应用中已经被广泛使用。

7.1.3 Java 云服务的型号(Shape/Size)配置

1. 什么是云服务的型号

Java 云服务是运行在 Oracle 的计算云服务(Computer Cloud Service)之上的。为了满足不同类型应用的需要(例如，通常计算类型应用消耗的 CPU 较多，而查询类应用消耗内存比较多)，Oracle 提供了不同型号(Shape/Size)的计算服务环境。不同的型号是由不同数量的 Oracle 计算单元(Oracle Compute Units，OCPU)和内存组合成的虚拟机模板，其中 OCPU 和内存的比例称为"型-Shape"，OCPU 和内存的数量称为"号-Size"。当创建 Java 云服务实例时需要指定使用哪种型号计算服务。

2. 什么是 OCPU 和 vCPU

OCPU 是 Oracle 公有云描述计算能力的标准单位。1 个 OCPU 的计算能力等同于 Intel 志强(Xeon)处理器的 1 个物理核的计算能力。通常 1 个志强处理器物理核会有 2 个硬件的执行线程，因此我们在 Linux 等操作系统中通常会看到的是 2 个 CPU。这种基于硬件执行线程称为 vCPU，因此 1 个 OCPU 的计算能力可等同于 2 个 vCPU 的计算能力。

3. Java 云服务有哪些型号配置

Java 云服务使用计算服务型号有"通用"和"内存密集"两类规格。每种规格的 OCPU 和内存配置组合如表 7-2 所示。

表 7-2 Java 云服务支持的配置型号

型　号	型号配置	OCPU 数量	内存数量/GB
通用类型	OC3	1	7.5
	OC4	2	15
	OC5	4	30
	OC6	8	60
	OC7	16	120
内存密集类型	OC1M	1	15
	OC2M	2	30
	OC3M	4	60
	OC4M	8	120
	OC5M	16	240

7.1.4 Java 云服务如何分配 JVM 内存

在 Java 云服务的型号配置表中"内存数量"一栏的数据值指的是为该计算服务实例分配的物理内存。这些内存用来运行 Oracle Linux 操作系统、运行 WebLogic 和相关应用、或是运行其他用户部署的第三方兼容产品，因此这些内存不会全部提供给 WebLogic Server 使用。那么每种型号的 Java 云服务又能为 WebLogic Server 提供多少可用的 Java 堆栈(Heap)呢？所有 Java 云服务提供的都是 64 bit 的 JVM，每种型号的 Java 云服务的默认 JVM 内存配置见表 7-3。如果是通过 Oracle 云控制台创建 Java 云服务实例，则用户不能修改 Java 云服务的 JVM 默认配置。但如果是通过 REST API 或者 CLI 创建 Java 云服务实例，则可以在参数指定每个服务实例的 JVM Heap 配置。

表 7-3 Java 云服务默认的 JVM 内存分配

型号配置	最小堆内存/MB	最大堆内存/GB	垃圾收集配置
OC3	256	2	JVM 的默认配置
OC4	256	10	G1
OC5	256	24	G1
OC6	256	24	G1
OC7	256	24	G1
OC1M	256	10	G1
OC2M	256	24	G1
OC3M	256	24	G1
OC4M	256	24	G1
OC5M	256	24	G1

其中，除了最小配置 OC3 以外，Java 云服务都通过“-XX：+UseG1GC”的 JVM 参数使用了 G1 的内存垃圾收集器(Garbage Collection，GC)。

在 Java 诞生之前 C/C++是被广泛使用的应用开发语言。用 C/C++开发的应用虽然运行高效，但是如果想在不同操作系统运行应用，只能是针对每种系统进行单独编译，有时甚至还需要针对特定操作系统修改应用代码。另外，在 C/C++中只能在程序中通过显式声明的方式释放那些不再用的对象所占的内存空间，这样很容易出现因为忘记释放应用对象而造成内存被占满的情况。此外，由于在 C/C++程序中很多时候需要通过指针访问对象，如果不小心将指针指向错误内存地址，应用程序可能会出现运行崩溃。

Java 语言很好地解决了上述问题。用 Java 语言开发的程序(被编译为 class 类)不是直接运行在操作系统之上，而是通过 Java 虚拟机(JVM)解释并被执行的。由于不同操作系统都有对应的 JVM 运行环境，因此应用程序不需要重新编译就可跨平台直接运行。

JVM 通过 GC 过程能自动回收那些应用不再使用的对象所占的内存空间，这个过程无须人工干预(当然也可以人工触发)，因此能够有效减少与业务逻辑无关的开发工作量，还可减少程序代码潜在的问题。

目前业内有多种 JVM(Oracle Hotspot、OpenJVM、IBM J9 等)都实现了 Java 虚拟机规范。这里主要介绍的是使用最广泛的 Oracle Hotspot JVM。

Oracle JDK 1.7 以前的 Hotspot JVM 的内存是基于“代”(Generation)的对象回收机制。如图 7-3 所示 Hotspot JVM 内存堆，Hotspot JVM 将存放应用对象的内存堆(Heap)分为两个区域：New(也称 Young，其中包括 1 个 Eden 和 2 个 Survivor 区)和 Old(也称 Tenured)。

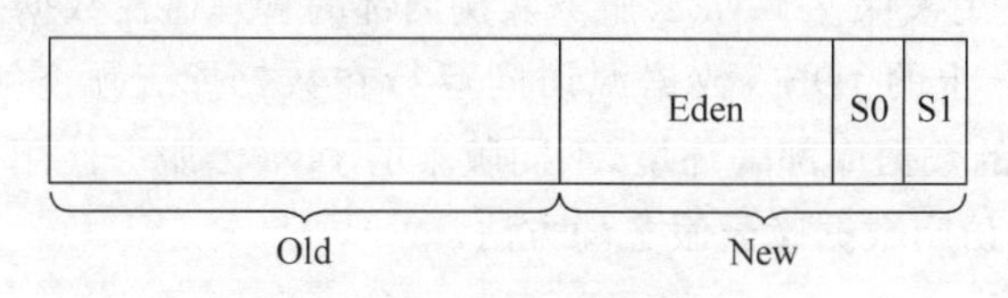

图 7-3 Hotspot JVM 内存堆

JVM 使用 Heap 存放应用对象以及回收的过程如下：

(1) 在用户新建 Java 对象时，JVM 会先检查 New 中的 Eden 区是否有足够的内存空间。

(2) 如果空间不够，JVM 会触发一次 New 区 Young GC(或称 Minor GC)，以释放该区中所有已经不再被使用的对象所占的内存空间，并整理 New 区的内存碎片。每次 Young GC 能存活下来的对象会移到 New 中的一个 Survivor 区里，并且这个对象的“代”属性就会增加 1。

(3) 如果 New 区剩余的空间已经不多，则上述 Young GC 后有可能无法腾出充足的内存空间。此时 JVM 会触发一次 Full GC(或称 Major GC)清理整个 Heap 中不再使用的对象并整理内存空间，然后将 New 区中还被使用的对象转移到 Old 区。

(4) 如果上述过程还不能在 New 区获得足够的内存空间存放新建的对象，则 JVM 会向外抛 java.lang.OutOfMemoryError：Java heap space 的异常。

通常 Young 区比 Old 区小，并且 JVM 处理两种 GC 的过程不同，因此使得 Young GC

比 Full GC 用时要短很多。这样当 JVM 使用很大的 Heap 空间（例如，Java 云服务中最大堆内存为 20GB）时，Full GC 有时可能需要几十秒甚至更久才能完成。在这个时间段内为了保证对象状态一致性，JVM 会暂停所有应用的请求和处理，称为 Stop-The-World。这对于高并发的互联网应用或是那些对响应时间要求高的企业级实时应用来说是难以接受的。因此优化 Java 应用环境中重要一步就是通过调整 JVM 相关参数缩短 Full GC 造成的影响，例如可以使用不同的 GC 回收策略、使用并行（Parallel）或并发（Concurrent Mark-Sweep）的回收机制、根据应用特点调整 New 区和 Old 区分配比例等手段。不过这种基于固定内存空间划分 New 区和 Old 区的 GC 对于非常耗时的 Full GC 还是捉襟见肘，因此从 Oracle JDK 1.7（其实在 JDK 1.6 中就有了早期体验功能）就正式推出了名为 Garbage First（G1）的新型垃圾收集器。

G1 垃圾收集器不再将 JVM 中的 Heap 内存按照物理地址分为固定的两个区域，而是将内存划分为很多区域（Region），每个区域都有可能被 G1 标记为 Eden、Survivor 或 Old。这样的优点是当需要 GC 时，假如 JVM 发现一个原有标记为 Survivor 区域中的对象还会被继续使用，则会直接将该区域标记为 Old，从而省去了耗时的搬移对象过程，降低了 GC 对应用处理的影响，尤其是在 Full GC 需要较长时间的情况下，G1 的效果会更加明显。

7.1.5 访问数据库云服务

要运行 Java 云服务就必须有数据库云服务作为底层支撑环境。数据库云服务除了用来保存应用数据外，还用来保存 Java 云服务实例内部的管理监控数据。Java 云服务使用部署在 WebLogic Server 上的 JDBC 数据源访问运行在数据库云服务上的数据库实例。如表 7-4所示，针对不同的数据库部署环境，不同版本的 Java 云服务使用了对应的默认数据源作为 Java 云服务内部访问数据库云服务的方法。

表 7-4 Java 云服务访问数据云服务的默认数据源

Java 云服务中 WebLogic Server 版本	数据库云服务环境	默认使用的数据源
标准版	单节点	一般数据源
标准版	RAC 集群	一般数据源
企业版	单节点	一般数据源
企业版	RAC 集群	多数据源
套件版	单节点	一般数据源
套件版	RAC 集群	GridLink 数据源

三种常用的 JDBC 数据源在功能上各有特色，因此在配置用户应用使用的数据源时，可以根据需要选择合适的数据源。

1. 一般数据源

通用数据源的 JDBC 驱动提供了最基础的访问 Oracle 数据库功能。通用数据源既可用来访问单节点的 Oracle 数据库实例，也可访问多节点的 RAC 数据集群。在访问多节点的 RAC 数据集群时，不同的数据库请求是通过 JDBC 的驱动分发到 Oracle RAC 集群中不同节点上的，因此需要将 Orace RAC 的信息直接配置到 JDBC 的连接串中。

```
jdbc:oracle:thin:@(
  description = (address_list =  (address = (host = rac - vip1)(protocol = tcp)(port = 1521))
                                  (address = (host = rac - vip2)(protocol = tcp)(port = 1521))
               (load_balance = yes)
               (failover = yes))
               (connect_data = (service_name =  dbservice)))
```

2. 多数据源

可以将多数据源看作是两个一般数据源结合在一起的复合数据源，它主要针对数据库有多实例的场景，例如用来访问 Oracle RAC 并在这个过程中提供数据库访问负载均衡和故障转移。另外，它还可用来访问其他类型的数据库，例如主备运行的 MS SQL Server 数据库。如图 7-4 所示，多数据源使用两个一般数据源各自访问 Oracle RAC 数据库中的不同实例，请求是通过多数据源中的一个一般数据源分发到 Oracle RAC 集群中的某个节点上的。

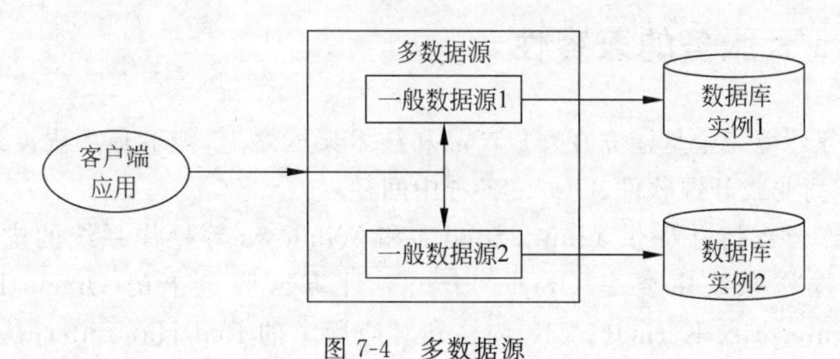

图 7-4　多数据源

3. GridLink 数据源

GridLink 数据源是一种更智能的访问 Oracle RAC 的数据源。因为无论是一般数据源还是多数据源，在实现 Oracle RAC 负载均衡时使用的都是基于请求数的负载平均分发策略，即如果有 100 个请求访问 Oracle RAC，一般数据源和多数据源都是尽量确保每个数据库实例处理 50 个请求。在后台两个运行数据库实例的主机负载压力对等的情况下，这种按请求数量均分的方式还是比较合理的，但如果其中一个数据库实例正在长时间处理负载非常复杂的请求（例如月末统计可能消耗大量 CPU 和内存资源），这样 Oracle RAC 中的两个数据库实例的负载就会在较长时间内存在较大差距，此时再使用基于请求数平均分发的负载均衡策略就不合适了。

GrikdLink 数据源使用了 ONS 和 RCLB 技术解决上述问题，实现过程参见图 7-5。首先通过 Oracle 数据库的通知服务（Oracle Notify Service，ONS），GrikdLink 数据源可接收实时的数据库运行负载数据。然后 GrikdLink 使用"运行时连接负载均衡"（RCLB）功能决定如何分配 JDBC 连接池实例更合理，以便让更多的 JDBC 请求发送到资源比较闲的数据库实例 1 中处理，这样真正实现了基于负载量的负载均衡处理。

除了更加智能使用数据库负载外，GrikdLink 还可通过"快速连接转移"（Fast Connection Failover）功能提高数据访问的可用性。当 Oracle RAC 中的一个数据库实例出

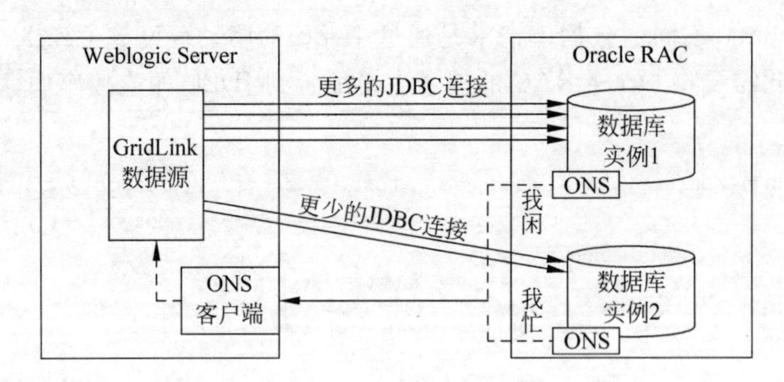

图 7-5 GridLink 数据源实现均衡负载

现故障时,一般数据源中的 JDBC 连接池通常会重新尝试建立连接,只有在等到连接超时后数据源才能判定此数据库实例已经出现问题,因此在这段时间应用访问数据库会出现错误。而 GridLink 数据源可在数据库实例出问题后从 ONS 立即接收到通知,这个过程通常只有几秒钟,因此 GridLink 数据源可以更早地执行故障转移,将 JDBC 连接的数据库实例切换到可用目标,从而确保更高的数据库可用性。

7.1.6 Java 云服务的兼容性

Java 云服务环境完全是建立在开放产品和技术架构之上,能够最大限度地兼容用户已有应用、第三方商业或开源软件、Oracle 各种中间件。

Oracle 计算云支持并提供 Linux、Solaris 和 Windows 等操作系统的虚拟机模板,而 Java 云服务的操作系统主要是 Oracle Linux。计算云服务上的 Oracle Linux 提供的 Unbreakable Enterprise Kernel(UEK)内核和对应版本的 Red Hat Enterprise Linux 完全兼容。用户除了可以在 Java 云服务上运行基于 WebLogic Server 的应用外,还可安装其他可运行在 Linux 上的软件。

Java 云服务提供了 WebLogic Server 运行环境,如果用户拥有合法且可用的其他 Oracle 中间件产品授权,则可将其安装到 Java 云服务上运行。例如,如果用户已经购买了 Oracle WebCenter Portal 产品,本打算部署在自己的私有云环境中,但是现在需要将应用迁移到 Oracle 公有云上。这时用户可以将其安装到与所购买的合法软件授权数对应的 Java 云环境中。Oracle 软件通常是按照"处理器"(Processor)计算软件授权。1 个"处理器"相当于 Intel 志强 CPU 的 2 个"核"(Core)。因此 1 个合法且可用的 Oracle 中间件产品授权可运行在由 2 个 OCPU 构成的 Java 云服务上。

以上的换算关系是针对目前主流的 Intel 志强 CPU,其他类型 CPU 和"处理器"的关系可参见 Oracle 官方文档[①]。

虽然理论上所有能运行在 WebLogic Server 上的 Oracle 中间件都可在 Java 云服务上运行,但 Oracle 还是对这些中间件软件做了严谨的兼容性认证。以下软件是目前已经完成 Java 云服务兼容性认证的产品:

- Oracle SOA Suite

---

① http://www.oracle.com/us/corporate/contracts/processor-core-factor-table-070634.pdf

- Oracle Service Bus
- Oracle BPEL Process Manager
- Oracle Unified Business Process Management Suite
- Oracle Business Intelligence Publisher
- Oracle WebCenter Portal
- Oracle WebCenter Content
- Oracle WebCenter Sites
- Oracle Data Integrator Enterprise Edition
- Oracle Enterprise Data Quality products

除了可以在 Java 云服务中安装运行 Oracle 的中间件软件外，理论上 Java 云服务可运行其他所有可运行在 Oracle Linux 操作系统上的第三方软件。表 7-5 中所列软件都是 Java 云服务已经认证的第三方常用软件，而没有在表中的软件并不代表与 Java 云服务器不兼容，只是由于 Oracle 没有对所有常用软件都进行兼容测试。

表 7-5 Java 云服务认证的第三方软件

第三方软件	认证的兼容版本
Akka	2.3.9
Apache Axis2/Java	1.6.2
Apache Commons component BeanUtils	1.9.2
Apache Commons componentCollections	3.2.1
Apache Commons componentDigester	3.2
Apache Commons componentIO	2.4
Apache Commons componentLogging	1.2
Apache CXF	3.0.4
Apache Log4j	1.2.17/2.0
Apache MyFaces	2.2.8
Apache Struts	2.3.3
Apache Tapestry	5.3.7
Apache Thrift	0.9.0
Apache Velocity	1.7
Apache Wicket	6.18.0
FreeMarker	2.3.19
Google Guava Libraries	15.0
Google Guice	3.0
GWT	2.5.1
Hibernate ORM	4.2.8
JBoss Seam	3.1.0
Joda-Time	2.1
JQuery	2.0.3
JRuby	1.7.2

续表

第三方软件	认证的兼容版本
Quartz Job Scheduler	2.1.5
Simple Logging Facade for Java (SLF4J)	1.7.7
Spring	4.0.3

7.2 创建一个 Java 云服务实例

下面介绍如何创建 Java 云服务实例。在创建 Java 云服务之前需要创建一个数据库云服务实例(每个 Java 云服务实例必须依赖一个数据库云服务实例,但多个 Java 云服务实例可共享一个数据库云服务的实例)。

7.2.1 Java 云服务实例的虚拟机

在创建 Java 云服务实例前先简要了解一下 Java 云服务实例的构成和之间的关系。一个 Java 云服务实例其实是由一个或一组虚拟机(VM)构成的,而一个虚拟机是一个 Oracle 计算云服务实例。在不同的虚拟机里运行不同的 Java 云服务功能组件,包括应用服务器 WebLogic Server、负载均衡 Oracle Traffic Data(OTD)和分布式数据缓存 Oracle Coherence。

1. 根据拓扑供应虚拟机

在创建 Java 云服务时,Java 云服务会根据所选配置自动创建对应数量的虚拟机节点来运行相关的功能组件。Java 云服务按照以下原则确定虚拟机节点与各功能组件的关系:

(1) 一个 Java 云服务实例只能包含一个 WebLogic Server 域。

(2) 通常在一个虚拟机中只运行一个功能组件实例,但 WebLogic Server 域的管理节点例外,WebLogic Server 管理实例和第一个受管实例运行在同一个虚拟机中。

(3) 如果 Java 云服务的 WebLogic Server 域中包括多个用来运行应用的受管实例,则所有受管实例都属于同一个集群。

(4) 用来缓存数据的 Oracle Coherence 不是运行在那些部署应用的虚拟机上,而是运行在专门用来提供数据网格功能的虚拟机中。需要说明的是,由于 WebLogic Server 12c 提供了和 Coherence 12c 一起运行的特性,因此基于 WebLogic Server 12c 的 Java 云服务能自动供应 Coherence 12c 集群。这个集群只用来运行 Oracle Coherence,不能用来部署 Java EE 应用。而基于 WebLogic Server 11g 环境的 Java 云服务不能自动供应 Coherence 11g 的集群,只能手工配置。

下面通过示例来说明 Java 云服务中的虚拟机以及 WebLogic Server、OTD、Coherence 实例之间的关系。如果我们要配置的 Java 云服务环境需要提供 2 个受管 WebLogic Server 实例来部署应用、3 个 Coherence 实例缓存数据、2 个主备关系的 OTD 实例做负载均衡,那么 Java 云服务会根据配置向导自动供应以下 7 个虚拟机节点,它们的关系见表 7-6。

表 7-6 虚拟机和 Java 云服务功能组件的关系

<table>
<tr><th>虚拟机</th><th>中间件实例</th><th colspan="2">实 例 关 系</th></tr>
<tr><td>VM1</td><td>WebLogic Administration Server
WebLogic Managed Server1(部署应用)</td><td rowspan="5">同一个 WebLogic Server 域</td><td rowspan="2">集群 1</td></tr>
<tr><td>VM2</td><td>WebLogic Managed Server2(部署应用)</td></tr>
<tr><td>VM3</td><td>WebLogic Managed Server3(部署缓存)</td><td rowspan="3">集群 2</td></tr>
<tr><td>VM4</td><td>WebLogic Managed Server4(部署缓存)</td></tr>
<tr><td>VM5</td><td>WebLogic Managed Server5(部署缓存)</td></tr>
<tr><td>VM6</td><td>OTD Administration Server
OTD Server1</td><td rowspan="2">同一个 OTD 集群</td><td>主节点</td></tr>
<tr><td>VM7</td><td>OTD Server2</td><td>备节点</td></tr>
</table>

2. 虚拟机内部环境

虚拟机中的 Oracle Linux 是运行 Java 云服务组件的载体。当用户提供创建 Java 云服务实例的信息后,后台会根据这些配置创建虚拟机为 WebLogic Server、Coherence 和 OTD 提供运行环境。Oracle Linux 使用固定的目录存放相关文件,如表 7-7 所示。如果用户在 Java 云服务的 Oracle Linux 中安装其他软件,可以选择其他目录。不过,Java 云服务在备份/恢复时只是针对 WebLogic Server、Coherence 和 OTD 这些软件及其实例环境,用户安装的软件(例如 Tomcat)和实例环境需要用户自行备份和恢复。

表 7-7 虚拟机内部 Oracle Linux 的常用目录

用 途	挂 载 点
JDK 目录	/u01/jdk
WebLogic Server、Coherence 和 OTD 的安装运行目录	/u01/app/oracle/middleware
WebLogic Domain 的根目录	/u01/data/domains
被部署的应用的根目录	/u01/data/domains
本地备份目录	/u01/data/backup

除了 root 用户外,在每个虚拟机的 Oracle Linux 中都默认有 opc 和 oracle 这两个用户。

(1) opc 用户:具有 root 权限,可用来通过 SSH 远程登录到虚拟机的操作系统。

(2) oracle:用来操作中间件软件。无法通过 SSH 远程直接登录,需要通过 opc 用户跳转到该用户。

(3) root 用户:无法通过 root 用户登录虚拟的机操作系统。如果需要执行操作系统级的命令,可以在其他用户中使用 sudo 命令执行。

7.2.2 规划 Java 云服务实例

在创建 Java 云服务实例前,我们需要对环境有个规划。对于一个企业级应用运行环境,可用性和可靠性是必不可少的,因此我们要创建的 Java 云服务包括 1 个 WebLogic 集群,它是由 2 个受管 WebLogic Server 实例组成的。同时为了让用户的请求能被均衡处理,在此 Java 云服务实例环境中还包括 1 个 Oracle Traffic Director 实例。图 7-6 描述了要创建的 Java 云服务实例环境的构成组件和相关实例。为了演示功能,可先创建 1 个 WebLogic Server 受管实例,然后在下一节中将集群扩展到 2 个 WebLogic Server 受管实例。

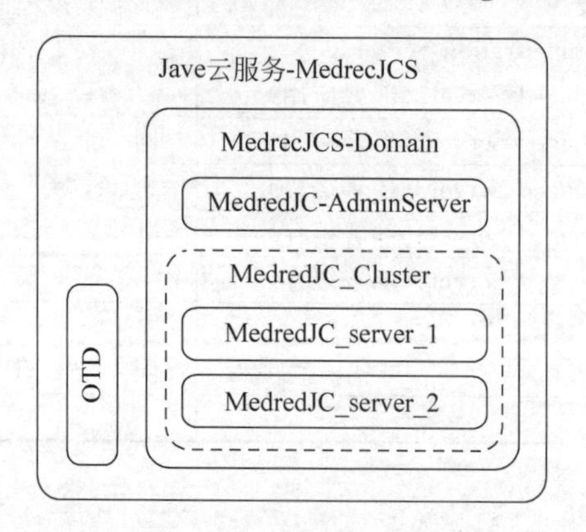

图 7-6 Java 云服务示例部署架构

7.2.3 创建 Java 云服务实例

使用账户登录 Java 公有云后进入 Dashboard 页面,如图 7-7 所示。

图 7-7 仪表盘页面

在仪表盘中选择 Create Instance,并在弹出窗口选择 Java 旁的 Create 按钮。

进入如图 7-8 所示 Oracle Java Cloud Service 欢迎页面后单击 Go to Console 按钮。

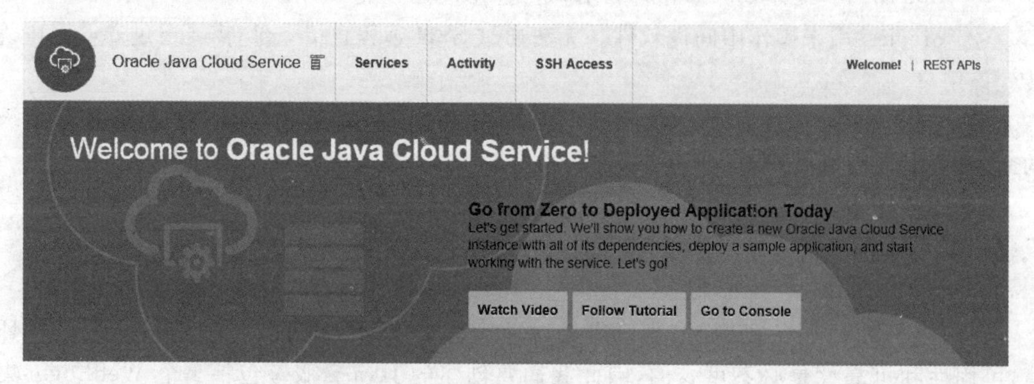

图 7-8 Java 云服务欢迎页面

单击 Create Service 按钮并选择 Java Cloud Service 创建 Java 云服务实例。注意，在此之前必须先有一个可用的数据库云服务实例。

在 Service 步骤中用 MedredJCS 作为 Service Name，其他选择默认即可，然后单击 Next 按钮。

在 Details 步骤中设置相关属性，然后单击 Next 按钮。请注意以下属性。

(1) 在 SSH Public Key 中选择在本书 Oracle 计算云服务章节中生成的公钥文件。

(2) 选择 Advanced Settings 的 Enable access to Administration Consoles。

(3) 在 For Oracle Required Schema 部分的 Name 中选择在本书数据库云服务章节中创建的数据库云服务实例。

(4) 提供 PDB Name，设置 Administrator Username 为 SYS，并提供密码。

(5) 在选择 Both Cloud Storage and Local Storage 后设置 Cloud Storage Container 路径为以下地址（其中< identity domain >为收到的 Oracle 公有云开通邮件中的 Identity Domain 内容）：

```
Storage-< identity domain >/MedredJCS-Backup
```

(6) 提供登录云的 Username 和 Password，并选择 Create Cloud Storage Container。

在 Confirm 页面中单击 Create 按钮后 Java 云服务就开始创建 MedredJCS 实例了。如图 7-9 所示，可以进入 Java 云服务的 Activity 页面查看执行过程和状态。

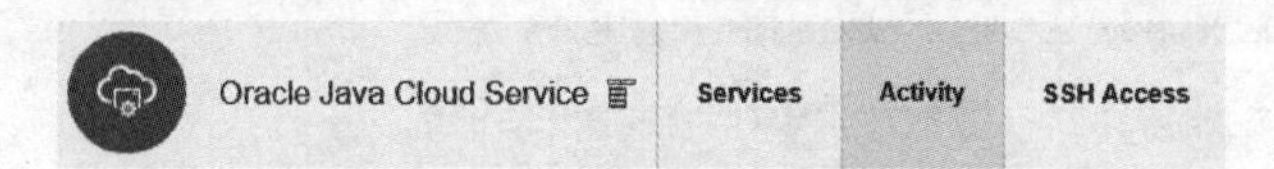

图 7-9 Java 云服务 Activity 页面

大约 20min 后，当 Operation Status 变为 Succeeded 后 MedredJCS 就可以使用了。可以单击 MedredJCS 链接，将显示如图 7-10 所示的 Overview 页面。

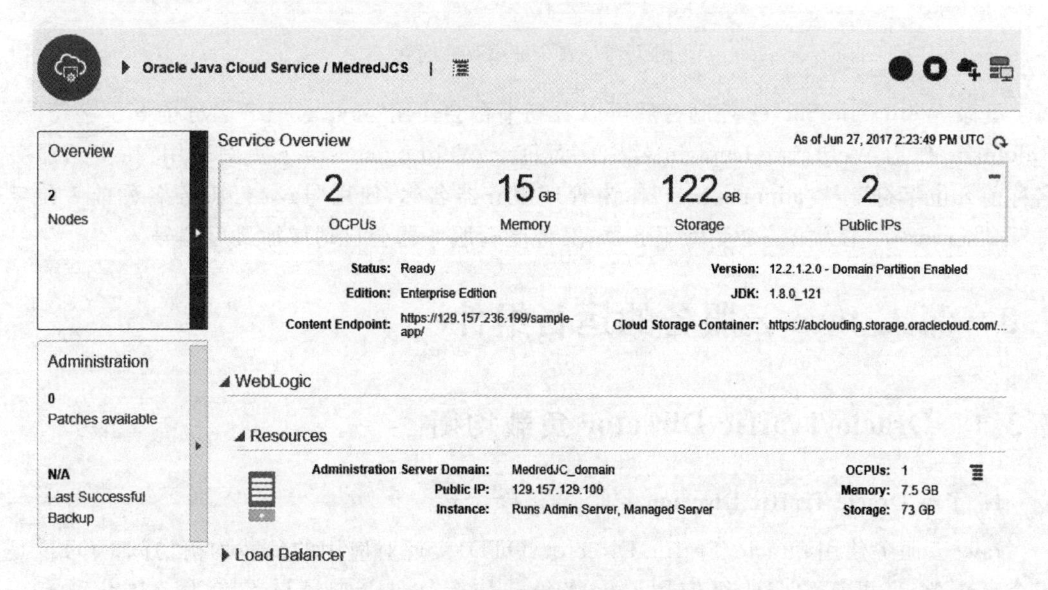

图 7-10 Java 云服务实例 Overview 页面

打开新的浏览器并访问以下 URL，其中< Public-IP >为图 7-10 中的 Public IP 地址：

```
https://<Public-IP>:7002/console
```

由于是通过 HTTPS 访问测试页面，测试页面带的证书是自签名的，浏览器认为有一定安全风险，因此可能显示如图 7-11 或图 7-12 的提示(不同的浏览器显示的提示可能不同)。其中图 7-11 根据说明，在 IE 的“设置”中增加 TLS 协议即可；如果显示图 7-12 则可直接选择 Continue to this website。

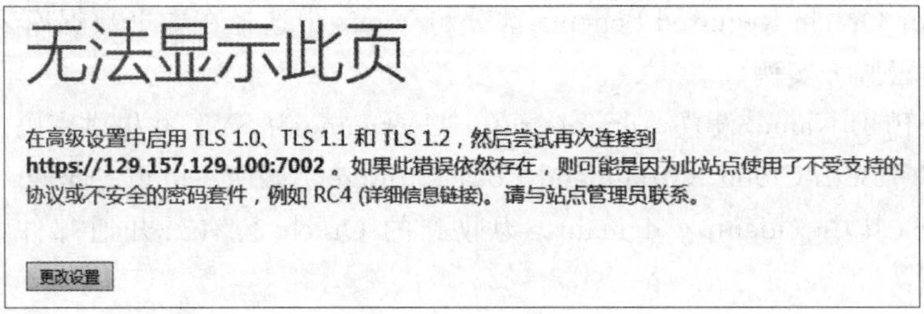

无法显示此页

在高级设置中启用 TLS 1.0、TLS 1.1 和 TLS 1.2，然后尝试再次连接到 **https://129.157.129.100:7002**。如果此错误依然存在，则可能是因为此站点使用了不受支持的协议或不安全的密码套件，例如 RC4 (详细信息链接)。请与站点管理员联系。

更改设置

图 7-11　无法显示

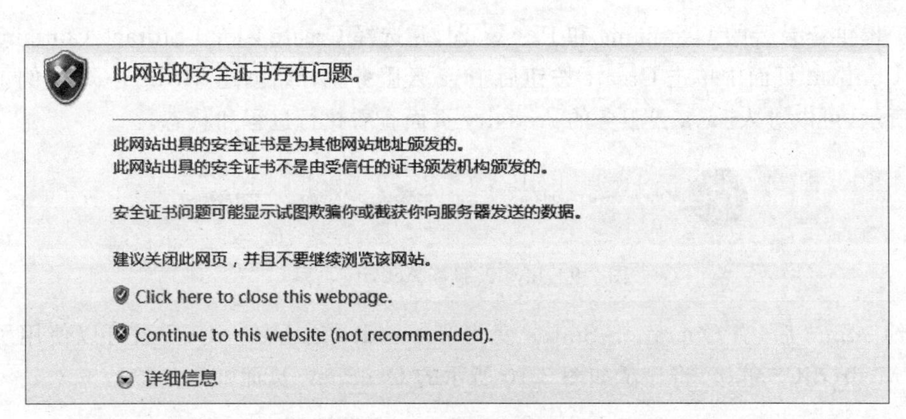

图 7-12　安全证书存在问题

登录 WebLogic Server 控制台后可以看到平台会使用“Java 云服务名称前 8 位字符”＋“_domain”作为 WebLogic Domain 名称。而每个 WebLogic Server 实例采用“Java 云服务名称前 8 位字符”＋“_adminserver”作为管理服务器名称，使用“Java 云服务名称前 8 位字符”＋“server_1”作为第一个受管服务器，其他受管服务器会自动增加最后编号。

7.3　深入 Java 云服务的运行组件

7.3.1　Oracle Traffic Director 负载均衡

1. 了解 Oracle Traffic Director

Java 云服务使用 Oracle Traffic Director(OTD)实现对应用的负载均衡访问。OTD 是一个高性能、高可靠的企业级应用层网络负载均衡软件。它最早是专为一体化私有云 Oracle Exalogic Elastic Cloud 提供的应用负载均衡软件，现在已经能广泛运行在 Linux、

AIX、Solaris、Windows 等操作系统上。

OTD 提供的是基于应用层(OSI 中第七层)的负载均衡功能,它可将接收到的前端客户发送的 HTTP(S)、TCP、WebSocket 请求按照特定的负载均衡算法分发到后端多个应用服务器或 Web 服务器上。熟悉 WebLogic Server 的读者应该了解其支持通过配置 proxy 插件也可实现应用负载均衡功能。不过 WebLogic Server 内置的负载均衡插件功能比较简单,如果应用环境需要更灵活、更快速、更健壮的负载均衡功能,OTD 是一个非常好的选择。

除了负载均衡功能外,Oracle 还把 OTD 定位为 ADC(Application Delivery Controller,应用传送控制器)产品,因此它还提供基于内容的路由转发、增强安全、基于安全或服务质量的限流等高级功能。

2. 相关功能组件及概念

在了解 OTD 负载均衡策略之前,可先根据图 7-13 了解一下 OTD 包含的相关功能组件和它们之间的关系。

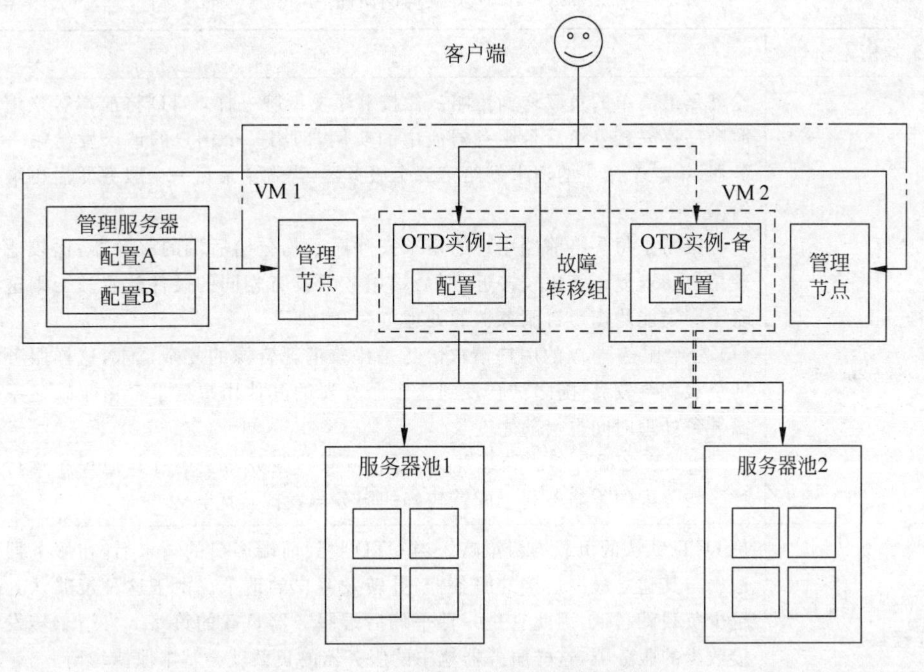

图 7-13 Java 云服务包含组件和部署关系

(1) 管理服务器(Administration Server):功能定位与 WebLogic Admin Server 一样,提供基于浏览器和命令的方式集中管理运行在其他主机上的“管理节点”(Administration Node)的生命周期,集中管理并分发“配置”(Configuration)信息。

(2) 管理节点(Administration Node):功能定位类似 WebLogic Node Manager。在运行期间需要连接到“管理服务器”,并用获得的“配置”运行一个“服务器实例”。(其实在运行“管理服务器”的主机上,“管理服务器”自身也可充当“管理节点”来运行“服务器实例”。)

(3) 配置(Configuration):描述负载均衡服务实例的元数据,通常包括前端的 HTTP(S) 监听地址和端口、虚拟服务器、后台原始服务器、路由规则、VRRP 等。“配置”必须通过管理节点实例化后才能生效。

（4）实例（Instance）：也称为服务，它类似于 WebLogic Managed Server，是指“管理节点”根据“配置”实例化的服务进程。启动“实例”的操作就是 OTD 基于“配置”启动负载均衡进程。实例可提供基于 HTTP(S)、TCP、WebSocket 请求的负载均衡服务。

（5）故障转移组（Failover Group）：共享一个浮动虚拟 IP 地址（VIP）的两个 OTD 服务器实例。一个故障转移组可提供主-备关系的高可用运行环境，两个故障转移组可提供主-主双活关系的高可用运行环境。

（6）服务器池（Server Pool）：由后台多个实际处理用户请求的应用服务器、Web 服务器构成的服务器组。可以设置多个服务器池，通常每个服务器池都运行相同的应用。

3. 负载均衡策略

应用负载均衡是 OTD 的核心功能，OTD 支持丰富的负载均衡策略，适合从简单到复杂不同的负载场景。这些负载均衡策略、特点和优劣势说明见表 7-8。

表 7-8　OTD 负载均衡策略

负载均衡策略	特　性
轮询 Round robin	轮询是最简单的负载均衡策略。像按顺序发纸牌一样，OTD 将前端客户请求按照顺序逐一转发给后台服务器池中的实例，即第一个用户的请求发给第一个服务器、第二个用户的请求发给第二个服务器，当发给最后一个服务器后再继续发给第一个服务器。 这种策略是每次将前端用户的请求按顺序平均分给后端的服务器，比较适合处理用户请求复杂度比较接近，而后端服务器具有相同的硬件配置。否则这种策略不一定能均衡后台服务器的处理负载，例如： (1) 分给服务器 A 的用户请求恰巧是比较消耗资源的复杂请求，这样服务器 A 的负载就会较高，随之被转发到这个服务器的其他用户请求会由于缺乏系统资源导致处理时间也会随之变长。 (2) 如果后台服务器的处理能力不同(或有些服务器上还有其他程序运行)，这种平均分配的策略不利于配置较好的服务器发挥其优势
最少连接数 Least connection count	是 OTD 默认的负载均衡策略。当 OTD 收到前端客户的请求后，在服务器池中选出与其建立最少连接的服务器，并转发客户的请求。由于这种策略认为连接越少负载就越低，因此它是一种平均后端服务器负载的策略。将请求转发给连接数少的服务器，这样服务器池中的服务器的负载就会基本保持均衡。 这种策略比较适合后端服务器的硬件配置一致的情况。当后端服务器的硬件处理能力不同(有的配置高、有的配置低)时，这种策略就不是很准确了。因此这种分配策略只解决了轮询策略中描述的第一类问题
最短响应时间 Least response time	这种策略其实就是基于动态权重的最少连接数策略。OTD 会持续不断地根据处理请求的响应时间来动态计算后端服务器的权重，将前端用户请求发给预计处理时间最短的后台服务器，不论后台服务器的硬件配置是否有差异。因此这种策略很好地解决了轮询策略可能遇到的两类问题
基于 IP 哈希 IP Hash	根据用户请求的 IP 地址计算哈希值，然后计算出路由的后台服务器。不像轮询和最小连接数策略，IP 哈希策略可以确保同一个客户端的请求始终转发给后台特定的服务器(只要该后台服务实例还在负载资源池中)

4. Oracle Traffic Director 的高可用性

负载均衡节点是用户请求进入应用的入口。通常对于关键的企业级应用,除了设置合理的负载均衡策略外,负载均衡服务器本身的健壮性也会影响整个应用系统的可用性。因此,可分别从服务实例和故障转移两方面提高 OTD 的可用性。

1) 保障实例的可用性

OTD 的负载均衡功能是通过软件实现的,因此软件实例的可用性直接影响负载均衡连续运行的能力。如果一个 OTD 服务实例的负载均衡进程发生崩溃,OTD 会自动重启一个新的进程来继续提供服务。

在 OTD 中,每个服务实例包括 Watchdog、Primordial 和 Worker 三种进程,见图 7-14。它们的作用和关系分别如下:

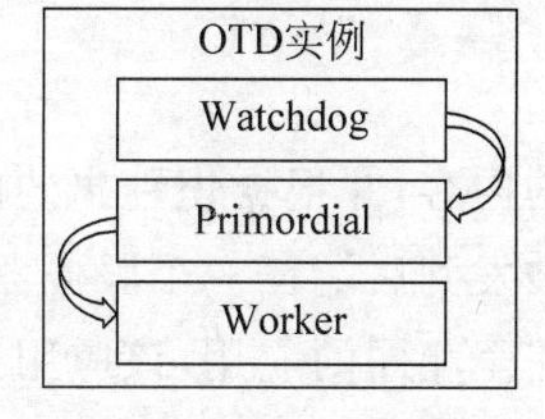

图 7-14 OTD 服务的进程

(1) Watchdog:生成 Primordial 进程,并监控 Primordial 和 Worker 进程。1 个 OTD 实例只有 1 个 Watchdog 进程。

(2) Primordial:启动 Worker 进程,收集性能数据。1 个 OTD 实例只有 1 个 Primordial 进程。

(3) Worker:用来处理用户请求的负载均衡进程。1 个 OTD 实例可以有多个 Worker 进程。

当 Primordial 或 Worker 进程由于异常而崩溃,Watchdog 会自动重启对应进程。这种自恢复功能可以确保在一个节点上提供的 OTD 负载均衡服务具备较高的可用性。

2) 保障节点的可用性

像集群部署的 Oracle DB 和 WebLogic Server 一样,OTD 负载均衡也不能有单点,否则会因为存在单点而降低了企业级应用的整体可用性。为此 OTD 提供了主-备(Active-Standby)和主-主(Active-Active)双活的高可用部署架构,这是通过配置"故障转移组"(Failover Group)实现的。

一个故障转移组是由两个共享同一浮动虚拟 IP 地址(VIP)的 OTD 服务器实例组成的,其中一个实例作为主节点(primary),另一个作为备节点(backup)运行。故障转移组中的两个节点使用基于 VRRP(Virtual Router Redundancy Protocol,虚拟路由器冗余协议)的心跳相互感知对方的状态。客户平时访问的是虚拟 IP 地址,此时绑定该虚拟地址的主节点 OTD 处理用户的请求。当运行主节点出现问题,备节点感知后会接替主节点,并继续处理用户请求。

在生产环境中部署 OTD 时,OTD 提供了主-备(Active-Standby)和主-主(Active-Active)两种节点高可靠模式,见图 7-15。其中主-备模式需要配置一组"故障转移组",而主-主模式需要配置两组"故障转移组"。不过在主-主的部署模式中由于有两个 VIP 可以作为用户请求入口,因此通常还需要通过 DNS 域名服务实现对两个 VIP 的负载均衡访问。

5. 基于内容的路由转发策略

OTD 提供了基于应用内容的用户请求路由转发和负载均衡功能,这就是 OTD 被定位为 ADC(Application Delivery Controller,应用传送控制器)产品的缘故。

一般的负载均衡软件(例如 WebLogic Server 自带的负载均衡功能)功能比较简单,只能根据前端请求的目标按负载均衡策略发给后端某个服务器,而无法识别前端请求报文中

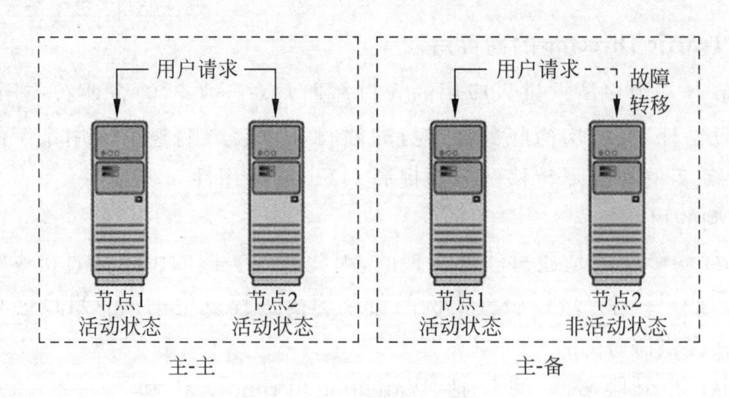

图 7-15　OTD 高可用性

的内容，并根据识别出的内容进行负载均衡请求转发。在这种情况下，由于用户请求有可能被发到后端任一个服务器上被处理，因此就必须在负载均衡器后的所有应用服务器中部署完全相同的应用，该应用必须能处理所有用户的全部业务请求。这样，随着应用覆盖人群和应用功能的不断增加（例如政府行业集中运行的应用、电商行业的综合电商门户），应用程序会变得越来越臃肿（有些时候 Web 应用的部署文件甚至会有几个 GB），一般我们称之为"单体应用"。这将直接导致应用开发、测试和上线部署效率低下。运行这些应用会消耗大量系统资源且运行性能很差，即便只有某个功能的处理负载较高，也只能部署整个应用来扩展处理能力，而不能单独扩展处理能力。所有这些都导致单体应用系统难以满足业务快速发展的要求。因此目前很多具有较大用户规模和业务规模、较高处理负载的网联网应用为了能更灵活地满足业务发展、打破性能瓶颈（尤其是集中运行的数据库瓶颈），都逐步采用了图 7-16中的分区方式来设计应用架构、开发和部署应用系统。

将应用分区首先应考虑应用会在哪些维度（例如业务功能、用户规模、地理区域、时间段）需要更加灵活扩展，然后将原来的单体应用按照这些维度拆分，拆分后的每个分区应用处理一部分请求。应用拆分过程会涉及改变应用部署和数据库架构。例如，可以将原来一个大数据库按照某个维度（例如图 7-16 利用 OTD 实现应用分区部署按照区域分区）拆分成多个独立运行的小数据库，如果用户使用的是 Oracle Database 12c 数据库或数据库云服务，可利用 Pluggable Database 功能统一运行这些小数据库。同样可将 WebLogic Server 环境由原来一个大的集群拆分成多个小集群，并在每个小集群上部署一个区域的应用模块。这样做有以下优势和需要注意的地方：

（1）从单个大库变成多个小库后，数据库存储的数据量变少了；同时，从单体应用处理所有的用户请求到分区应用处理部分的用户请求，这些都会缩短应用处理用户请求的用时，提高用户的使用体验。

（2）不同地区的用户请求是由对应的应用和数据库负责处理，因此不同地区的应用之间不会相互影响。这样就可以对不同的分区进行针对性的容量扩展、应用功能更新，从而让应用系统变得更加灵活。

（3）当某个区的应用负载剧增进而严重影响性能时，既可以单独扩展这个区域的硬件提高处理性能，也可以将这个区的应用和数据库再次拆分部署，从而达到扩大处理能力的目的。

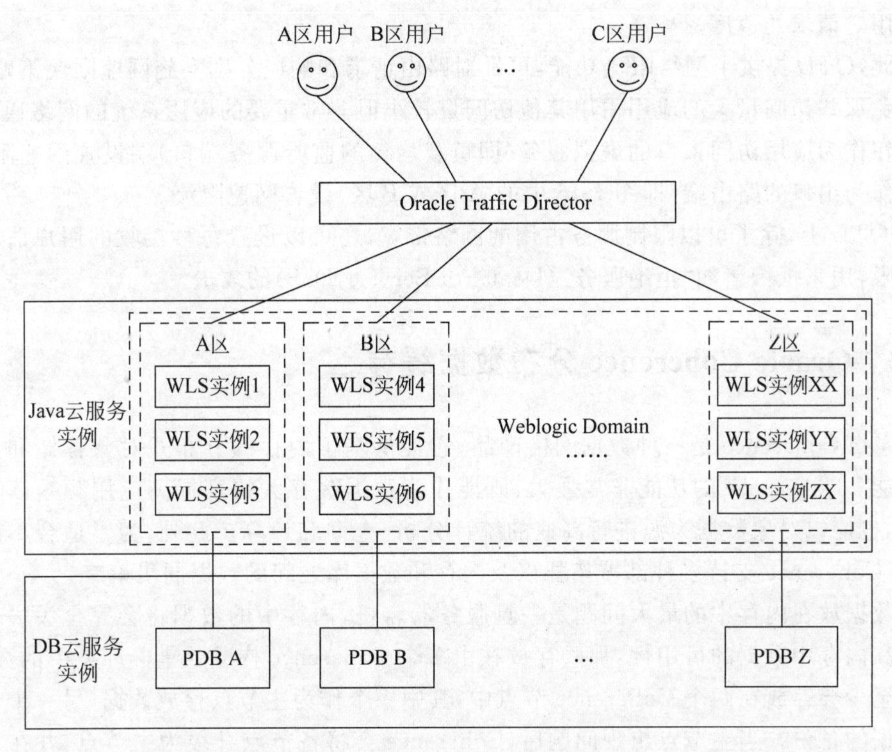

图 7-16 利用 OTD 实现应用分区部署

(4) 在应用和数据库分区运行后,除了由于被管理资源的增加而提高了维护管理的复杂度外,还带来新的业务管理工作。例如,如果采用区域作为数据库分区依据,当用户从一个地区搬到另一个地区后,需要将该用户所有相关的业务数据从迁出地区的数据库移到迁入地区对应的数据库。

应用分区的架构在带来灵活优势的同时也带来了新问题。当应用按区域分区并拆分部署,在每个小 WebLogic 集群中部署的是相同的应用包,只不过不同的小集群被人为划分开以处理不同地区的用户请求。那么如何确保一个地区的用户请求是被这个地区的 WebLogic 集群处理的呢?只将用户请求按随机或轮序转发的简单负载均衡是不行的,只有像 OTD 这种支持基于内容转发的负载均衡器才可实现。

OTD 支持根据用户 HTTP 请求报文的 Body、Cookie、Header、URL、Path、客户 IP 等内容作为负载均衡路由转发依据。我们可以在用户登录后将用户所在的地区信息放在 Cookie 中,当用户再次发出 HTTP 请求后,OTD 可以从请求的 Cookie 中获取地区信息,并以此根据预先设定好的路由规则,将用户请求转发到后台对应地区的服务器池中,并根据负载均衡策略最终发到一台特定的服务器进行处理。这样就可实现始终使用特定分区的应用来处理特定区域的用户请求。

6. 网络限流和请求限流

通过使用多个负载均衡路由配置,一个 OTD 可以向部署在不同小集群中的不同应用统一提供负载均衡功能,这些应用共享 OTD 的路由服务。设想 OTD 同时给两个应用提供负载,如果应用 A 并发量非常高,则占用的网络带宽就会比较多,这样可能会影响应用 B 接收转发用户请求的速度。

为此，OTD提供了网络限流功能，可针对路由请求和响应分别实施网速限流策略，这样可以避免那些访问量大的应用占用其他访问量较小但非常重要的应用系统的网络通道。用户可以在作为应用访问入口的虚拟服务（即负载均衡的监听服务端口）端设置网速限流，还可以在作为出口的路由端（即图7-16中的A区或B区）设置网速限流。

在OTD上，除了可以限制服务占用的网络带宽，还可以设置每秒接收的用户请求和并发量上限，用来抵御诸如"拒绝服务"(Denial-of-Service，DoS)的攻击。

7.3.2 Oracle Coherence分布数据缓存

Oracle Coherence是一种数据网格产品，它提供基于内存的分布式对象存储和并行计算的功能。Coherence的功能非常强大，既能作为数据缓存大幅度提高应用频繁读写数据的性能，也能以对象数据为源进行高速的统计分析、查询和计算。此外，为了适合不同的应用场景，Coherence支持多种部署拓扑以及内存和数据库之间的数据同步策略。

把数据放在内存中的最大问题是一旦服务器宕机，内存中的数据将会完全丢失。因此为了提高内存中数据的可用性，那些存放在由多个Coherence构成的集群环境中的数据，每份数据至少会存放在两个Coherence节点中，其中一个作为主节点存放数据，另一个节点存放该数据的备份。当主节点出现问题后，Coherence会将备节点升级为主节点，并在集群中再选出一个节点作为新的备节点。应用可以非常简单地使用缓存中的数据，只需要提供缓存名称和数据对象的主键，Coherence即可返回对应的数据，应用无须知道该数据到底存放在Coherence集群中的哪个节点上。

如需了解有关Coherence的详细功能，可参见官方介绍[①]。本章重点介绍的是在Java云服务中Coherence有哪些特点。

1. 应用节点和缓存节点

Oracle Coherence是一个可以独立运行的软件，当然在Java云服务中，它运行在用来专门负责存取缓存数据的受管WebLogic Server上。这样管理员可以通过一个控制台同时管理那些运行应用的WebLogic Server实例和用来存取缓存数据的WebLogic Server实例。在Java云服务中WebLogic Server环境和Coherence环境的相互关系见图7-17。

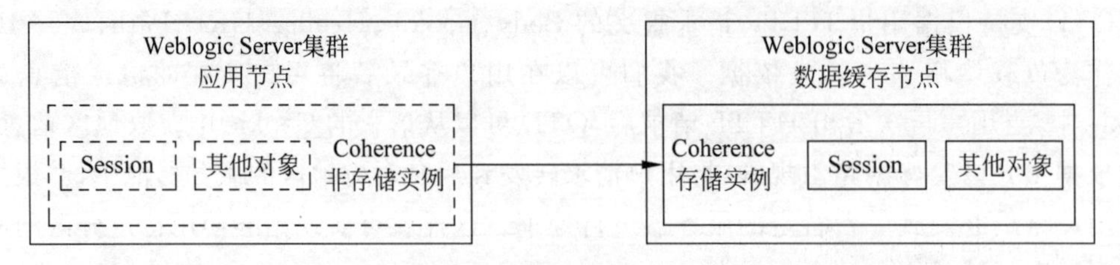

图7-17　应用节点和缓存节点

(1) 根据不同的功能定位，Java云服务中有些WebLogic Server实例是用来部署运行

① https://www.oracle.com/middleware/coherence/index.html

Java EE 应用的,而有些实例是用来运行 Coherence 存取缓存数据的。前者称为应用节点,后者称为数据缓存节点。

(2) 在一个 Java 云服务实例中只能有一个缓存节点集群,而数据缓存节点和应用节点会分别放在 WebLogic Server 域中的两个集群中。

(3) 除非在 Java 云服务中不使用 Coherence,否则应用节点其实也配有 Coherence 运行环境。此时在应用节点和数据缓存节点上运行的 Coherence 实例同属于一个分布式缓存集群,只不过应用节点的 Coherence 是作为非存储实例运行的,而数据缓存节点的 Coherence 是存储实例,可以在其内存中存放数据。

(4) 当应用节点需要获取某个缓存数据(例如 Session 数据或者用户自己定义的缓存数据)时,应用节点的 Coherence 实例就会向分布式缓存集群中的数据存储节点索要数据,数据缓存节点会根据关键字返回该数据。

需要说明的是,只有在创建 Java 云服务实例时选择 Enterprise Edition with Coherence,环境才提供 Coherence 功能。另外,只有 WebLogic Server 12.1.3/12.2.1 的云环境才支持上述通过一个控制台统一管理 WebLogic 和 Coherence,如果要使用 WebLogic Server 11g 的环境,需要手动配置并管理 Coherence 节点和集群。

2. 决定缓存节点配置

当为一个应用确定用什么型号的节点、用多少节点作为数据缓存节点时,需要了解两方面内容:需要存放多少数据,这些数据会占用多少内存空间?可以选择什么样配置作为缓存节点?

虽然可以精确计算对象占用的内存量,但是方法较为复杂,需要考虑对象是采用何种方式序列化、对象结构有多复杂、是否需要为对象属性建立索引以提高对象查询性能、是否需要并行计算、对象在缓存中保存几个副本等诸多因素。如不能精算,也可以按照以下方法计算。

1) 估计有效数据占用的内存量

当 Coherence 集群环境只有一个实例时,其内存空间全被有效数据(即没有其他实例的备份数据)占据。此时可以向这个 Coherence 实例写入一定数量的对象数据,然后做一些典型的对象操作,在此过程中观察其内存的使用情况。例如,在向该单实例 Coherence 写入 10 万个对象后,其占用的内存最多为 1GB,那么如需在这个 Coherence 实例存储 100 万个有效对象,则至少需要占用 10GB 内存。

2) 选择一种型号的 Java 云服务来运行 Coherence 缓存节点

由于在一个运行 Coherence 的缓存节点(即对应的虚拟机)中可以同时运行多个 Coherence 实例,因此除了需要确定缓存节点的 OCPU 和内存的配置外,还需确定在一个缓存节点的虚拟机中运行多少个 Coherence 实例。可以按照以下两种方式选择缓存节点配置:

(1) Java 云服务推荐了几档缓存节点配置,见表 7-9。结合下面的规则,从有效数据占用总内存倒推出使用哪种缓存配置型号合适。在这 4 档推荐的缓存节点配置中后 3 种都提供了 3 个独立的节点运行 Coherence 集群,因此具备高可靠性。在 Coherence 集群环境中用来存放有效数据的内存量为全部缓存内存的 1/3,另外 1/3 的内存用来备份其他节点的数据,其他 1/3 的内存作为 Coherence 自用内存。

单节点的缓存可用内存=(节点内存-操作系统占用的1.5GB内存)×0.75

缓存数据可占用总内存=单节点的缓存可用内存×缓存节点数量

有效数据可占用总内存=缓存数据可占用总内存×1/3

表7-9 Java云服务的缓存配置

缓存配置	包含的节点数	节点型号/节点内存/运行 Coherence 实例数	缓存数据可占用总内存/MB	有效数据可占用总内存/MB
Basic	1	oc3/7.5 GB/1	4608	1536
Small	3	oc3/7.5 GB/1	13 824	4608
Medium	3	oc4/15 GB/2	30 720	10 240
Large	3	oc5/30 GB/4	67 584	22 528

(2) 如果不使用推荐缓存节点配置,用户可从Java云服务的标准配置型号(OC3-OC7、OC1M-OC5M)中选择一种型号、节点数量(为了确保可靠性,最好选择大于3个节点)以及每个节点运行Coherence实例的数量(每个缓存节点最多运行8个Coherence实例)。由于Coherence主要是用内存存放数据,因此最好选择内存密集的配置型号,例如OC1M-OC5M。

计算缓存节点看似复杂,但好在Coherence有极强的弹性部署能力。如果当应用运行一段时间后发现存放缓存的内存空间不够用了(有可能是数据量估计的偏差,还可能是需要对缓存数据进行更复杂的操作),此时可以通过向Coherence集群动态增加Java服务节点来扩展可用的缓存数据的可用内存。

7.4 管理Java云服务

7.4.1 多种管理手段

Java云服务提供了以WebLogic Server为核心的Java EE应用运行环境,同时还包括底层计算云服务和存储服务的硬件环境,以及OTD、Coherence等软件环境。无论是系统管理员、开发人员,还是部署人员、监控人员,都可以根据不同的管理场景选择适合的手段和方法来管理Java云服务中的资源。

1. 云服务管理控制台

Oracle公有云为每种云服务提供了对应的云服务管理控制台。使用云服务的用户进行登录并操作,来监控和控制云服务中相关实例的状态和生命周期。例如,可以使用Java云服务管理控制台对Java云服务的虚拟机环境执行备份、恢复、扩展、补丁等操作。

2. WebLogic Server管理控制台

这是管理单个WebLogic域最常用的工具,用来对WebLogic域中的资源进行最全面的管理,这些资源包括JDBC、JMS、JTA等Java EE资源,还包括服务器端口、日志策略、SSL等服务器配置,以及部署的JAR、WAR或EAR应用资源。用户可使用WebLogic域中的用户登录以下的URL来访问WebLogic Server管理控制台:

```
https://<WebLogic_PublicIP>:7002/console
```

其中,WebLogic_PublicIP 是图 7-18 中 JCS 云服务实例的 WebLogic Server 域管理节点的公共 IP。

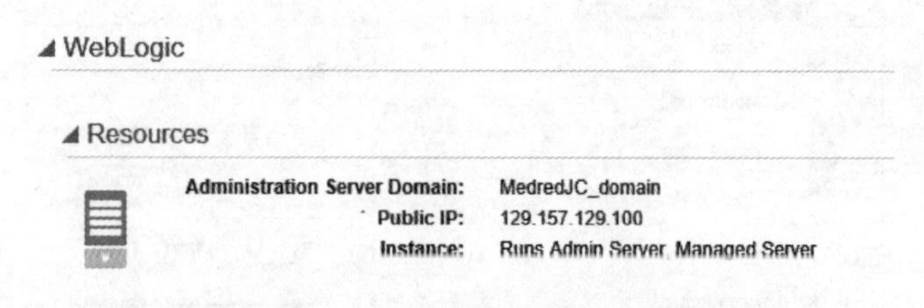

图 7-18 对外提供访问的公共 IP

3. 融合中间件控制台

这是 Oracle Enterprise Manager(OEM)提供的融合中间件管理控制台,可以作为系统管理员平时管理所有 Oracle 中间件的统一平台。它不但可集中管理多个 WebLogic 域的资源,还可管理 OTD、Coherence、SOA 等其他 Oracle 中间件环境。另外,借助 OEM 管理架构还可长时间监控并记录各种中间件的运行情况。

见图 7-19 ,用户可通过以下 URL 访问融合中间件控制台:

```
https://<WebLogic_PublicIP>:7002/em
```

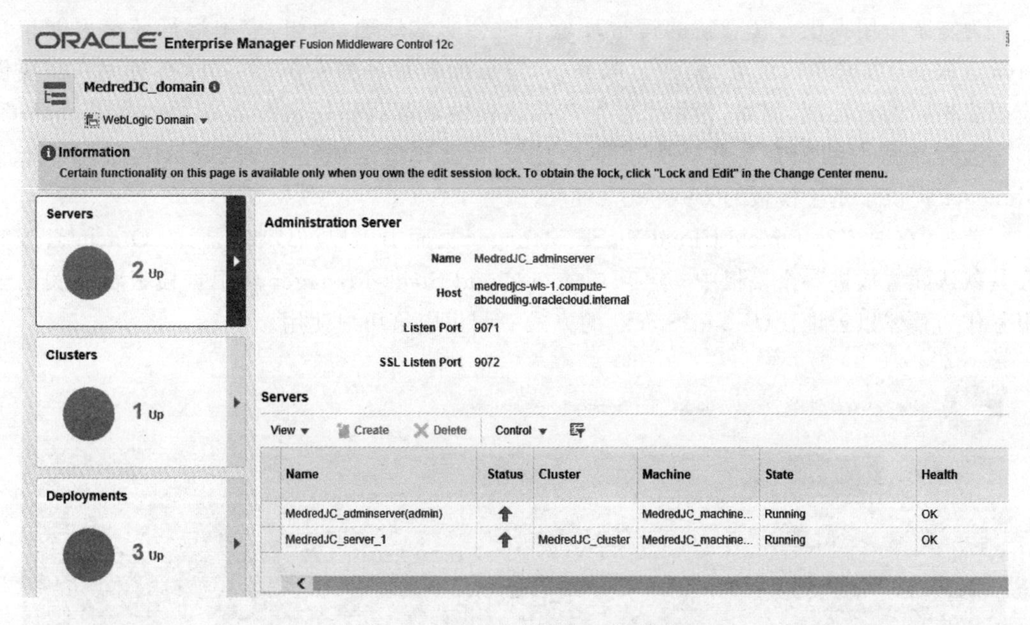

图 7-19 融合中间件管理控制台

4. OTD 管理控制台

这是用来全面管理 OTD 配置的控制台,包括配置服务池、代理服务、高可用性、负载均衡策略、缓存等。用户可通过以下 URL 访问,然后在下拉菜单(如图 7-20 OTD 控制台入口)中进入 OTD Configurations 即可:

```
https://<OTD-PublicIP>:8989/em
```

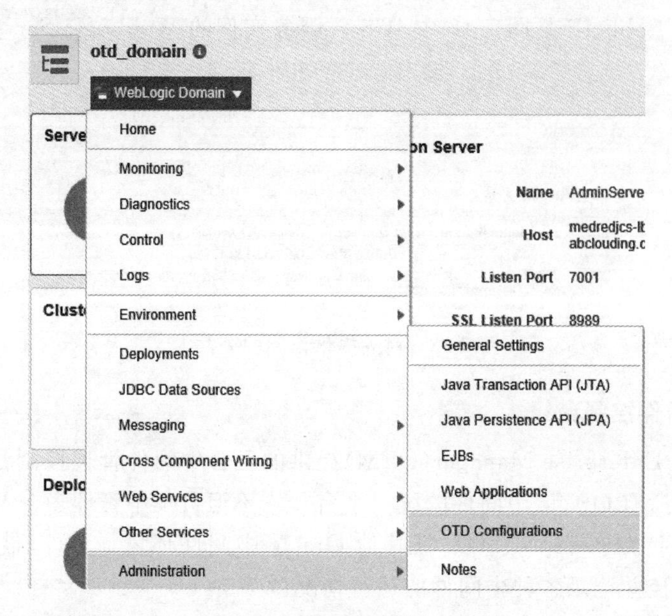

图 7-20 OTD 控制台入口

5. Oracle Cloud Stack Manager

为复杂应用提供一套完整的运行环境有时会非常烦琐，例如，应用运行环境可能包含Java 云服务、数据库云服务、集成云服务、容器云服务等各种资源。另外，有时用户需要供应很多相同的云环境，例如，为每个参加产品培训的人都提供一套配置相同的实验云环境，那么会有非常大的配置工作。为了能简化复杂云环境的供应过程，Oracle Cloud Stack Manager 提供了基于模板的方式快速供应云服务。

首先，在图 7-21 Oracle Cloud Stack Manager 页面中用户可以将不同的 Oracle 云服务及其默认配置放进一个模板中；然后 Oracle Cloud Stack Manager 可根据模板将相关的云服务作为整体以云堆栈(Cloud Stack)的方式一同供应给用户使用。

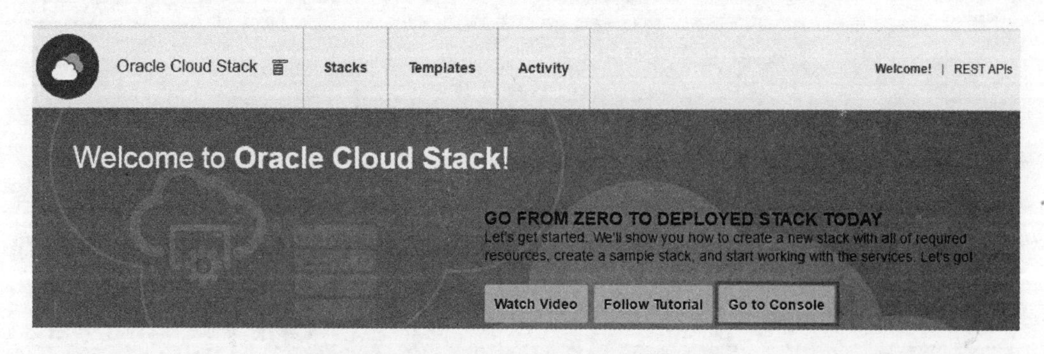

图 7-21 Oracle Cloud Stack Manager 页面

Oracle Cloud Stack Manager 提供一些常用的云服务模板，包括以下几种：

(1) Java 云服务模板：Oracle-JCS-DBCS-Template。

(2) 集成云服务模板：Oracle-IntegrationCloud-CM-Template。

(3) SOA 云服务模板：Oracle-SOACS-DBCS-Template。

6. REST API

除了上述基于浏览器的交互式管理方式外，Java 公有云还提供了全面的基于 REST API 来管理包括 WebLogic Server、计算云服务的虚拟机、存储等相关资源。有了 REST API，可以无须直接登录到 Java 云环境控制台，管理员通过客户端工具发出 REST 调用即可完成相关管理操作，或是通过程序代码自动执行管理操作。

本章稍后详细介绍如何使用 REST API。

7. 命令行接口 CLI

命令行接口实际上是对 REST API 的封装。管理员通过 CLI 工具发送交互性命令就可对云环境进行相关管理操作。不同的云服务有对应的 CLI 参数，Oracle 提供了详细的 CLI 说明文档①。

8. WLST

WLST（WebLogic Script Tool）最早是为 WebLogic Server 提供的基于脚本或命令行方式的管理工具，后来逐步扩展到支持对 Coherence 和 OTD 等中间件的管理。管理员无须登录到 Java 云环境的虚拟机中，通过 WLST 可直接对 WebLogic Server、OTD、Coherence 进行远程管理。

管理员可以通过两种链接方式执行 WLST 脚本：①在运行 WebLogic Admin 的主机上执行 WLST 脚本，管理员需先登录到运行 WebLogic Admin 的操作系统中，然后再执行其上的 WLST 脚本；②在非运行 WebLogic Admin 的主机上执行 WLST 脚本，管理员需先在远程主机和 WebLogic Admin 之间建立访问通道，然后再执行远程主机中的 WLST 脚本。

WLST 包括两类脚本命令：在线 WLST 和离线 WLST。在线 WLST 必须和 WebLogic Admin 建立链接才可执行脚本，例如查看当前运行性能。在线方式可执行所有 WLST 命令，且脚本可以在本地执行也可在远程执行。离线 WLST 无须和 WebLogic Admin 建立链接即可执行脚本，例如新建或修改一个 WebLogic 域模板。由于离线执行不需要实时连接到 WebLogic Admin，因此离线方式只能执行部分的 WLST 命令；另外，这种执行方式只能运行本地的 WLST 脚本。

WLST 既可以像命令一样交互执行，还可像脚本一样批量执行，而且还可在 Java 程序中引用执行，因此非常灵活。我们可以把很多自动化管理工作做成 WLST 脚本，然后再定期执行。此外，WebLogic 还提供了自动录制 WLST 脚本的功能，即能自动记录管理员修改的 WebLogic 配置。这个功能在复制或同步 WebLogic 配置时非常实用，因为只需将记录变更配置的 WLST 脚本在目标服务器上运行，那么目标 WebLogic 服务器的配置就和源服务器的配置保持一致了。

下面通过示例来说明如何在线执行本地 WLST 脚本。

(1) 在执行命令前需要先通过 SSH 并使用 opc 用户登录到 Java 云服务的虚拟机的 Oracle Linux 操作上。

(2) 由于所有中间件、数据库软件都是使用 oracle 用户操作的，因此先执行以下命令，

① https://docs.oracle.com/en/cloud/paas/java-cloud/pscli/psm.html

切换到 oracle 用户：

```
sudo su - oracle
```

（3）运行 setDomainEnv.sh 文件，设置必要的环境变量。以下命令中的 domain-name 是需要连接的 WebLogic 域名：

```
/u01/data/domains/domain-name/bin/setDomainEnv.sh
```

（4）启动 WLST：

```
java weblogic.WLST
```

（5）使用必要的用户名、密码、地址和端口连接 WebLogic 的 Administration Server：

```
> connect('username', 'password', 'admin-host:admin-port')
```

连接成功后就会进入 WLST 的交互式命令执行界面中。

（6）然后执行 WLST 命令即可。以下命令是列出 WebLogic 域中所有的服务器实例：

```
> ls('Servers')
```

从功能上看，WLST 和基于浏览器的 WebLogic 管理控制台完全对等，即通过 WLST 工具可以修改 WebLogic 域中的所有配置，并能管理相关所有资源的状态。因此 WLST 是一个功能非常强大的工具。有关 WLST 包括的详细命令和操作方式，可参见相关文档说明：WebLogic Server 12.2.1.2 WLST①、WebLogic Server 12.1.3.0 WLST② 及 WebLogic Server 11.1.1.7 WLST③。

9. Secure Shell(SSH)

使用 SSH 工具在客户端和 Java 云服务的虚拟机操作系统之间建立安全通道，通过命令行方式远程访问 Java 云服务中虚拟机的操作系统，以便进行系统层面的管理，例如安装其他软件。

10. VNC

所有 Oracle 云服务的操作系统中都提供了 VNC 服务，因此可以使用 VNC 客户端工具远程访问 Java 云服务中的虚拟机的操作系统，以通过图形化方式进行系统层面的管理，适合安装配置那些不支持命令行或命令比较复杂的操作。

为了安全起见，如图 7-22 所示，VNC 客户端必须通过 SSH 通道才能访问 Oracle 云服务虚拟机中的 VNC 服务。图中 5901 是 VNC 客户端访问的端口，该端口的请求会通过 SSH 的 22 端口发送到云服务虚拟机的公共 IP 中，并最终由该虚拟机上的 VNC Server 处理。

以下以 Windows 环境为例介绍 VNC 客户端如何才能访问 Oracle 云服务虚拟机中的 VNC Server。需要用到的工具包括 PuTTY、VNC Viewer，另外在以下步骤中将 public-ip

---

① https://docs.oracle.com/middleware/12212/wls/WLSTC/reference.htm

② https://docs.oracle.com/middleware/1213/wls/WLSTC/reference.htm

③ https://docs.oracle.com/cd/E28280_01/web.1111/e13813/reference.htm

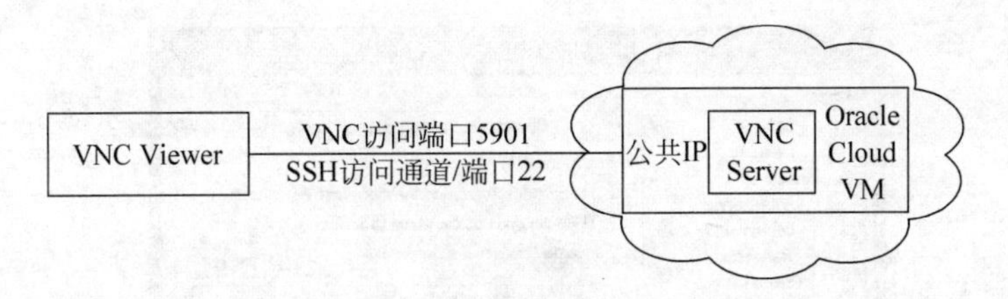

图 7-22 VNC 网络链接

替换成云服务主机提供对外访问的公共 IP 地址。

1）首先在 PuTTY 中配置 SSH 管道

（1）在 PuTTY Configuration 对话框中进入 Session 配置界面。如图 7-23 所示设置 Host Name 和 Port 参数。

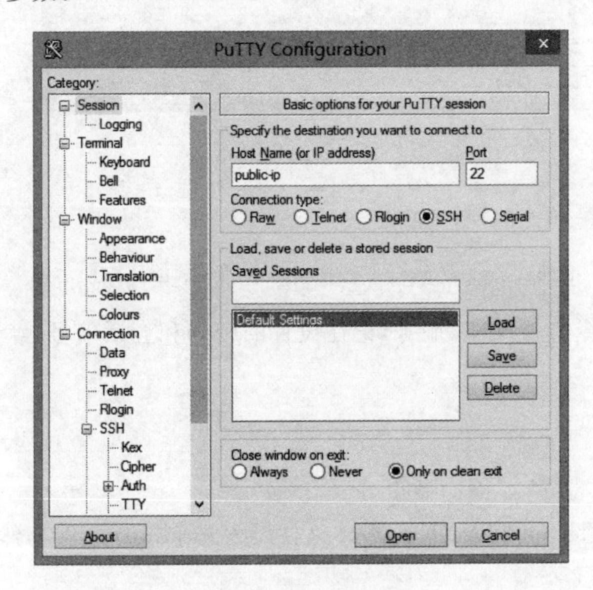

图 7-23 设置会话参数

（2）在 PuTTY Configuration 对话框中进入 Connection→SSH→Tunnels 界面，然后如图 7-24 所示设置 Source port 和 Destination 属性，设置完成后单击 Add 按钮。这样 VNC 客户端对本机 5901 端口的访问就会通过安全通道发送到目标为 public-ip：5901 的 VNC Server 上。

（3）在 PuTTY Configuration 对话框中进入 Connection→SSH→Auth 界面，然后单击 Browse 按钮，找到私钥文件。

最后返回 Session 页面，在图 7-23 中 Saved Sessions 下的输入栏中为配置起个名，单击 Save 按钮保存配置。

2）启动 VNC 服务

（1）单击图 7-23 中的 Open 按钮，PuTTY 会用 opc 用户登录到 Java 云服务的虚拟机的 Oracle Linux 操作上。

（2）执行以下命令，切换到 oracle 用户：

```
sudo su - oracle
```

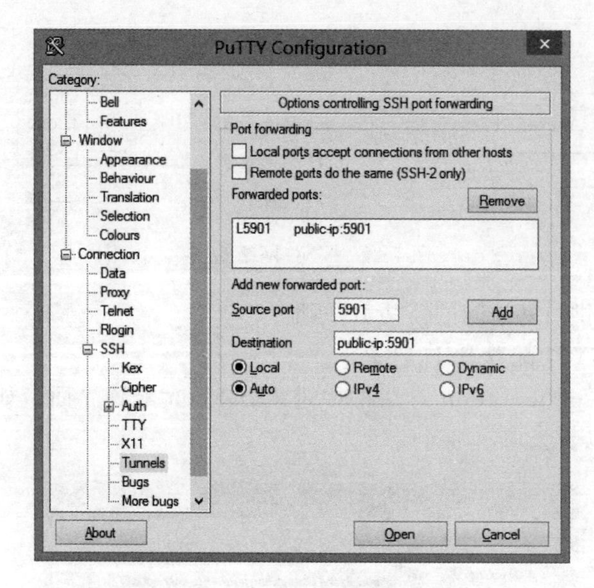

图 7-24 设置 SSH 通道

(3) 关闭用户的桌面屏保锁：

```
gconftool - 2 - s - t bool /apps/gnome - screensaver/lock_enabled false
```

(4) 执行以下命令启动 VNC 服务，记住设置的密码和会话编号(默认首个会话编号是1，对应端口是 5901)：

```
vncserver
```

3) 用 VNC 客户端访问 VNC 服务

(1) 运行 VNC Viewer，将 VNC Server 一栏设为 localhost：5901，然后单击 Connect 按钮。

(2) 在加密确认对话框中单击 Continue 按钮。

(3) 在认证对话框中提供访问 VNC Server 的密码，然后单击 OK 按钮。

(4) 此时即可看到计算云服务中虚机操作系统的图形化桌面。

7.4.2 扩展和收缩

一方面，我们在正式运行应用之前很难精确估计出应用的准确负载和性能。即便是在上线前可以对应用进行性能测试，也无法避免实际生产运行情况的差异。因此需要能根据应用在生产环境的实际运行情况调整应用部署范围。

另一方面，用户通常是可以总结或预测出应用负载的规律或趋势，例如“双十一”电商的业务量会很大，或是每个月末负责统计的应用会很忙。这种变化的应用负载就需要支撑应用运行的云环境具备灵活的适应能力。为此，在 Oracle 云服务提供的 IaaS 层面可以扩展和收缩计算云服务的配置来实现计算能力的调整；而在 Oracle 云服务提供的 PaaS 层面可以扩展和收缩 WebLogic Server 和 Oracle 数据库集群规模以满足业务弹性伸缩的要求。

1. 改变计算节点的配置型号

在Java云服务中，用户可以通过图7-25中的Scale Up/Down来调整Java云服务计算节点的型号配置，从而实现扩展或收缩应用处理能力，这种方法也称为纵向扩展(Scale up)和收缩(Scale down)。由于依赖的是节点的硬件配置，因此这种扩展方法的主要问题是会受到硬件配置的限制，不可能无限地扩展应用处理能力。

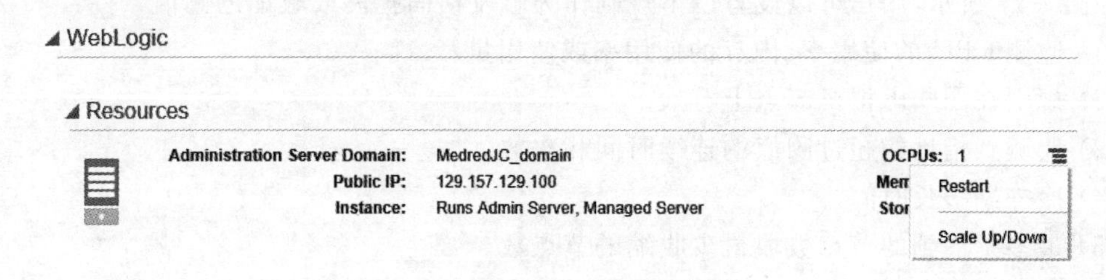

图7-25 Scale Up/Down菜单

在Java云服务中可以通过纵向扩展和收缩动态调整WebLogic Server的管理和受管节点的计算型号，例如OCPU和内存。另外，如果计算节点的Oracle Linux使用的存储容量不够了，还可扩展块存储容量。不过需要注意的是，运行Coherence和OTD的节点计算型号是不能动态调整的。另外，为了防止数据丢失，块存储的容量是不能收缩的。

2. 改变集群规模

可以增加或减少在Java云服务中WebLogic Server集群的节点数量来实现扩展或收缩应用的负载处理能力，这种方法也称为横向扩展(Scale out)和收缩(Scale in)。这种扩展方式不会受到单节点的硬件配置束缚，因此可以让应用处理能力扩展到非常大。

用户可通过图7-26中的Java云服务实例下拉菜单中的Scale Out项来实现对Java云服务横向扩展。为了能均衡地处理业务负载，Java云服务会自动为WebLogic Server集群中所有实例都配置一样的计算型号。新增加的节点会自动加入到现有WebLogic Server集群中。

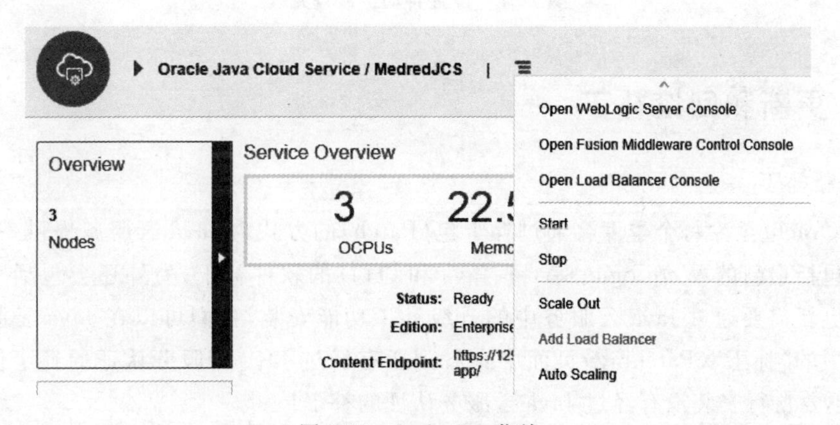

图7-26 Scale Out菜单

除了在Java云服务控制台可手动扩展外，用户还可在菜单中看到Auto Scaling(自动扩展)，这样能确保应用处理负载具有更弹性的伸缩能力。

用户可以将CPU的使用率、内存的使用率或使用量设置为扩展或收缩的触发阈值。

当这些运行指标超过阈值，Java 云服务就会触发集群的自动扩展和收缩过程。用户可以为集群的节点数量设置最大和最小量。当集群规模被扩展或收缩后自动扩展和收缩功能会进入一段冷冻期，以等待负载达到新的平衡。再过了冷冻期后，如果节点 CPU 或内存的使用量还高于阈值，Java 云服务会继续进行下一轮的扩展和收缩，直到 CPU 或内存的使用量已经降到阈值以下或者集群规模已经达到设置的最大或最小节点数，这一过程才会停止。

如图 7-27 所示，用户可以设置以下规则作为触发横向扩展或收缩的阈值条件：

(1) 监测 CPU 的使用率、内存的使用率或使用量。

(2) 规则在哪些虚拟机节点上有效。

(3) 监测到指标的超过阈值的连续时间和次数。

(4) 冷冻期多长时间。

(5) 最多扩展到的节点数或最少收缩的节点数。

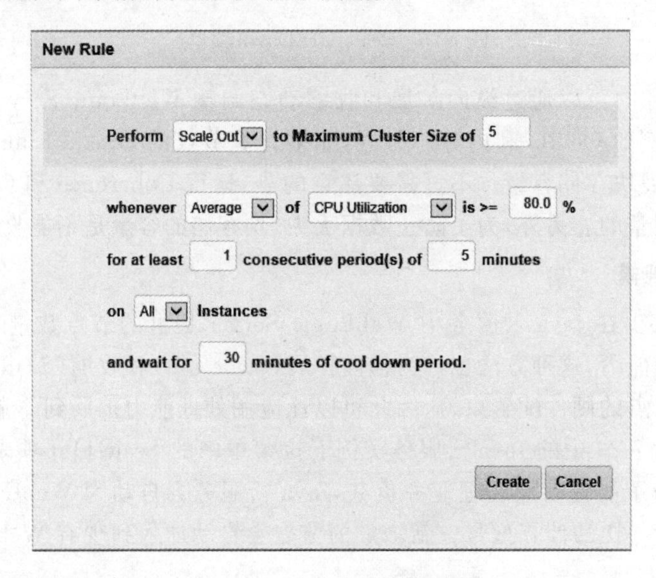

图 7-27 设置自动扩展规则

7.4.3 更新和回滚补丁

1. 更新补丁

通常 Oracle 至少每个季度会通过补丁包(Patch)的方式为 Java 云服务提供一次升级，升级一般包括最新的 WebLogic Server、Java 和 OTD 的软件补丁，另外还会包括一些新功能。这些更新需要通过 Java 云服务中的升级补丁功能安装，我们可以在 Java 云服务的管理控制台中的"补丁"(Patching)页面中查看到所有经过 Java 云服务认证的补丁信息。注意：用户不要自行安装没有经过 Java 云服务认证的补丁！

Java 云服务在安装补丁前会对服务实例进行一次全面检查，通过查看以下各种状态确定是否可以安装相关补丁：

(1) 服务器是否在运行。

(2) 磁盘空间是否足够。

(3) 存储是否能正常访问。

(4) 数据库能否访问。

(5) WebLogic Server 的管理服务器、受管服务器和节点管理器重启后是否正常。

在确认检查结果没有问题后，Java 云服务会做一次全量备份，然后开始正式的更新补丁过程。Java 云服务采用轮流更新补丁的方式对多个虚拟机中的中间件环境进行逐个升级，因此这个过程通常不会影响应用连续运行。当对充当数据缓存层的 Coherence 受管服务器更新补丁时，由于 Coherence 是一种分布式数据网格，每份数据至少被放在 2 个 Coherence 实例的内存中，因此这种轮流的升级过程不会引起数据缓存丢失内存中的数据。

用户可通过 Java 云服务控制台查看更新升级过程。如果更新升级失败了，Java 云服务会自动撤销更新升级操作。万一撤销也失败了，只能根据以前的备份通过人工恢复环境了。

最后，用户在对 Java 云服务安装补丁还要注意以下事项：本节中的更新补丁主要是针对中间件软件，不包括其所依赖的数据库云服务，也不包括虚拟机中的 Oracle Linux 操作系统的补丁；由于打补丁前需要进行一次全量备份操作，因此如果关闭了 Java 云服务实例的备份功能，就无法进行更新补丁的操作了。

2. 回滚补丁

当成功更新 Java 云服务实例后，如果发现在新的环境中应用出现运行异常、不兼容等问题，用户还可回滚补丁，将中间件软件环境恢复到原来的版本。

Java 云服务在回滚 WebLogic Server 环境时先要将 WebLogic Server 实例停掉，再将软件环境回退到前一个版本，然后再启动它们。需要注意的是，用户不能对 OTD 的更新补丁进行回滚操作。

7.4.4 备份和恢复

当用户对云环境操作时，有些操作疏忽可能会导致严重问题，甚至整个 WebLogic 域都无法正常启动。最常见的疏忽就是使用具有 root 权限的 opc 用户运行本该是 Oracle 用户运行的 WebLogic 启动脚本。这会引起相关的文件属性所属和访问权限的变化，可导致 WebLogic Server 启动失败。因此对于运行在公有云上的重要应用，定期备份其运行环境是必不可少的维护管理工作。为此，Oracle 公有云为 Java 云服务的实例提供了备份和恢复功能。而 Java 云服务-虚拟镜像实例主要针对的是开发测试，因此不支持备份和恢复。

1. 备份内容

Java 云服务备份的并非是整个虚拟机，也不是备份中间件软件（例如 WebLogic Server、Coherence、OTD 软件）本身，因为这些软件环境是标准的，所以很容易重新创建出来。Java 云服务备份的是所有支撑应用运行的软件实例环境（主要指 WebLogic 和 OTD 实例，这是由于在 Java 云服务中 Coherence 是随 WebLogic Server 一起运行的，因此无须单独考虑）、参数配置和元数据，例如 WebLogic 域目录、指定的服务器日志文件等。这些目录和配置文件集中分布在/middleware/u01/data/domains 和/u01/app/oracle 中，除此以外不对 Java 云服务中的其他目录和文件进行备份。另外，在备份 Java 云服务时还可同时对其所依赖的数据库云服务进行备份。

2. 备份分类

用户可以对Java云服务实例的相关环境进行全量备份和增量备份。

(1) 全量备份。对上面提到的Java云服务的实例中所有中间件环境的配置文件和目录进行备份。用户可以按需手动执行也可以定时执行(每周一次)全量备份。当定时执行全量备份时,备份过程还会对Java云服务依赖的数据库云服务进行备份。有时当用户对Java云服务进行特定维护管理(例如打补丁、扩展和收缩)前,系统会自动执行一次全量备份。

(2) 增量备份。只备份自上次定时执行的全量备份以后发生变化的目录和文件。增量备份只能是系统定时执行,且每个增量备份都必须关联着上一次定时全备份。对于以下情况:①刚刚恢复Java云服务实例;②刚刚扩展Java云服务实例;③上一次全量备份已经不存在,系统定时启动的增量备份会自动提升为全量备份。

3. 启动备份过程

根据前面的介绍可以看到Java云服务的备份过程可通过多种方式启动。

(1) 定时自动执行:按照预先定义好的执行计划启动备份过程。可以定时执行全量和增量备份,其中全量备份默认每周执行一次,而增量备份默认每天执行一次(如果当天已经有定时自动执行的全量备份了,则无须再进行自动增量备份)。

(2) 按需手动执行:按照需要随时进行备份。这个备份过程只能是全量备份。

(3) 系统自动执行:在用户对Java云服务进行升级补丁、扩展和收缩这样的维护管理操作前,系统会自动对Java云服务实例进行全量备份。

4. 维护备份数据

Java云服务的备份数据是以加密的方式保存的,一份保存在Java云服务实例关联的存储云服务中,另一份保存在Java云服务中运行WebLogic Admin Server节点的本地块存储中。

为了节省存储空间,Java云服务会在自动备份后清理那些过时的备份数据和本地的副本,当然也可手动清理过时的备份数据。

(1) 自动定时执行的增量备份和按需手动执行的全量备份默认会保存30天,而用户可以选择是否永久保留那些按需手动执行的备份。

(2) 定时执行的全量备份是每七天执行一次,当有新的定时全量备份后,旧的定时全量备份和相关的增量备份就可被删除了。

5. 恢复操作

通过恢复操作可以将Java云服务实例恢复到以前的状态。虽然在备份Java云服务时可选择是否同时备份数据库,但是两者的恢复过程是分开的,需要独立操作。当用户恢复Java云服务实例时,Java云服务首先会关闭相关服务的实例,待恢复成功后再启动它们。

虽然在备份时Java云服务不会备份WebLogic Server和Java的软件运行环境,但是在恢复时用户可以选择是否恢复它们。通常当这些软件的运行环境出问题时(例如不小心将WebLogic Server或Java软件中文件删除,或这些软件已经安装了更新补丁),用户可以在执行恢复操作时决定是否恢复它们。

在恢复Java云服务实例时需要注意以下情况:

(1) 当现有环境包含备份中没有的 WebLogic Server 受管服务器时,例如备份中 WebLogic Server 集群有 3 个受管服务器,而现在的环境已经扩展到 4 个受管服务器了,恢复过程会自动收缩掉那些多出来的 WebLogic Server 受管服务器。

(2) 当备份中含有现有环境没有的 WebLogic Server 受管服务器时,例如原有备份的 WebLogic Server 集群配置 4 个受管服务器,而现有环境已经收缩到 3 个了,恢复过程会恢复到原来的状态。如果需要,可通过人工方式再将集群从 4 个服务器收缩至 3 个服务器。

7.4.5 网络访问安全

Java 云服务是运行在 IaaS 层的计算云服务之上的 PaaS 层云服务。用户可以在计算云服务中设置网络访问规则来提高系统的网络安全。通过单击 Java 云服务实例中的菜单图标,在菜单中单击 Access Rules 项目进入访问规则页面。

如图 7-28 所示,在 Access Rules 中列出了和当前 Java 云服务实例相关的所有网络访问规则。其中,受管 WebLogic Server 可通过 1521 端口访问数据库,互联网用户可通过 22 端口登录虚拟主机,互联网用户可通过 7002 端口访问 WebLogic 管理服务器,互联网用户可通过 80 和 443 端口访问在 WebLogic 受管服务器上运行的应用。

Status	Rule Name	Source	Destination	Ports	Protocol	Description	Rule Type
	sys_ms2db_dblistener	WLS_MANAGED_...	DBaaS:CustomsDB:DB	1521	TCP	DO NOT MODIFY: Permit list...	SYSTEM
	sys_ms2db_ssh	WLS_MANAGED_...	DBaaS:CustomsDB:DB	22	TCP	DO NOT MODIFY: Permit m...	SYSTEM
	ora_p2admin_ssh	PUBLIC-INTERNET	WLS_ADMIN_SERVER	22	TCP	Permit public to ssh to admin...	DEFAULT
	ora_p2admin_ahttps	PUBLIC-INTERNET	WLS_ADMIN_SERVER	7002	TCP	Permit public to https to admi...	DEFAULT
	sys_infra2admin_ssh	PAAS-INFRA	WLS_ADMIN_SERVER	22	TCP	DO NOT MODIFY: Permit P...	SYSTEM
	ora_p2ms_chttp	PUBLIC-INTERNET	WLS_MANAGED_SER...	80	TCP	Permit http connection to ma...	DEFAULT
	ora_p2ms_chttps	PUBLIC-INTERNET	WLS_MANAGED_SER...	443	TCP	Permit https connection to m...	DEFAULT

图 7-28 访问规则列表

所有访问端口分为两类:可从 Oracle 云服务外部访问的端口以及只能从 Oracle 云服务内部访问的关口,它们分别包括表 7-10 和表 7-11 所列端口。

表 7-10 Java 云服务对外的访问端口

资 源	访问协议	访问端口
Oracle WebLogic 管理控制台	HTTPS	7002
Oracle 融合中间件管理控制台	HTTPS	7002
管理或开发客户端	T3S	7002
OTD 管理控制台	HTTPS	8989
应用请求(在使用 OTD 时)	HTTP/HTTPS	80/443
应用请求(未使用 OTD 时,且有多个受管 WebLogic 实例)	HTTP/HTTPS	8001/8002
应用请求(未使用 OTD 时,且有多个受管 WebLogic 实例)	HTTP/HTTPS	80/443
所有节点	SSH	22

表 7-11 Java 云服务对内的访问端口

资 源	访问协议	访问端口
Oracle WebLogic 管理控制台	HTTP	7001
Oracle 融合中间件管理控制台	HTTP	7001
Oracle WebLogic 受管服务器	HTTP/HTTPS	8001/8002
数据库	SQL Net	1521

如果需要从其他端口访问应用,例如 8080,可以单击 Create Rule 按钮创建新的访问规则。在图 7-29 中创建一个新的访问规则,以便让来自 PUBLIC-INTERNET(即互联网)的请求通过 8080 端口访问到在 WebLogic 受管服务器上运行的应用。

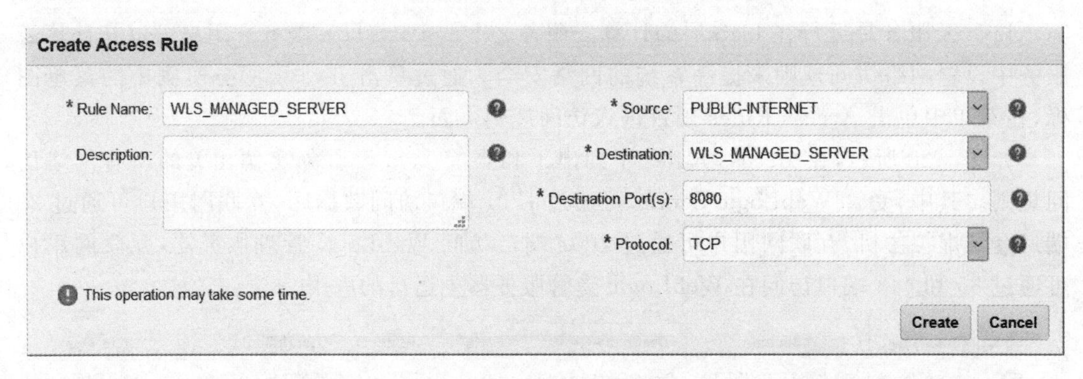

图 7-29 创建访问规则

7.4.6 用 REST API 管理 Java 云服务

1. 管理 Java 云服务环境

包括 Java 云服务在内的所有 Oracle 公有云都提供了基于 REST API 的管理接口,用户或合作伙伴可以基于这些 API 接口进行二次开发定制出符合自己需求的云管理界面,或者和用户自己的管理平台进行集成。

Java 云服务的 REST API 的访问 URL 格式为 https://REST_HOST/REST_PATH。用户登录进入 Oracle 公有云后从 Dashboard 进入 Java 云服务的 Service Details 页面,其中 REST_HOST 为图 7-30 中 REST Endpoint 的内容,而 REST_PATH 即为每个 REST API 的访问路径。所有 Java 云服务的 REST API 访问路径和使用说明可参见说明文档①。

下面通过示例说明如何使用 Java 云服务的 REST API。该示例是通过 GET 方法访问下面的 REST API 的 URL(其中< IdentityDomain >是登录 Oracle 公有云时指定的身份域),以获取该账户下所有 Java 云服务实例的信息:

```
https://<REST_HOST>/paas/service/jcs/api/v1.1/instances/<IdentityDomain>
```

① http://docs.oracle.com/en/cloud/paas/java-cloud/jsrmr/index.html

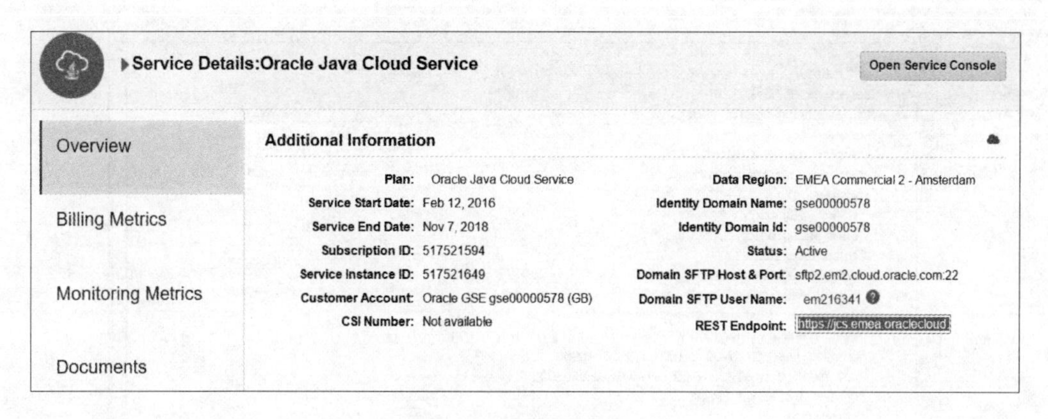

图 7-30　REST 访问点

(1) 从 SoapUI 网站①下载并安装开源版的 SoapUI 工具。

(2) 启动 SoapUI,然后通过 Ctrl+Alt+N 组合键打开 Create REST Project 对话框,在 URI 中填入以上 REST API 的 URL,然后单击 OK 关闭对话框。

(3) 如图 7-31 所示,在 Request 区域创建一个 Basic 的 Authorization,并提供登录 Java 云服务的用户名和密码。

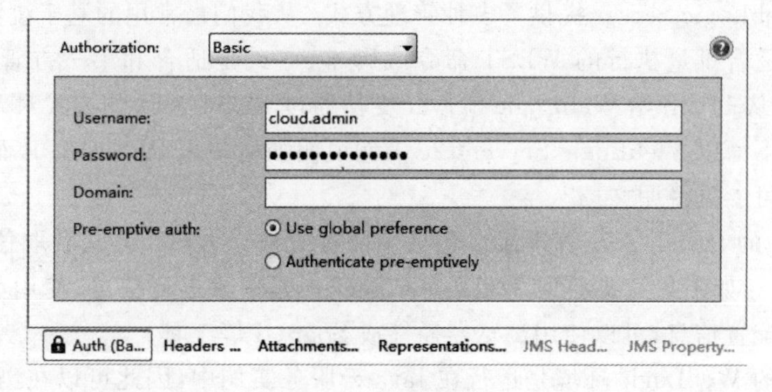

图 7-31　认证信息

(4) 在 Request 区域定义 2 个 Header,Header 和 Value 分别设为图 7-32 中的内容。注意:需要将 gse00000578 替换成读者自己的身份域(IdentityDomain)内容。

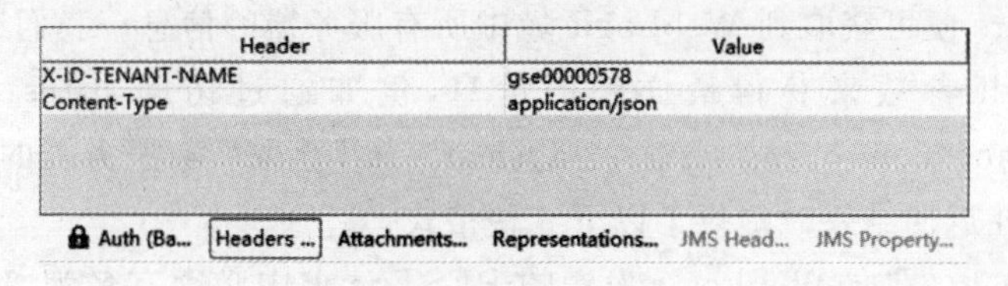

Header	Value
X-ID-TENANT-NAME	gse00000578
Content-Type	application/json

图 7-32　设置 Header

(5) 在确保使用 GET 方法后即可通过 Alt+Enter 组合键发出 REST 请求。

(6) 如果正常,在 SoapUI 的 Response 区域会以 JSON 格式显示出所有 Java 服务实例信息,参见图 7-33。这即表明客户端调用 REST 成功。

① https://www.soapui.org

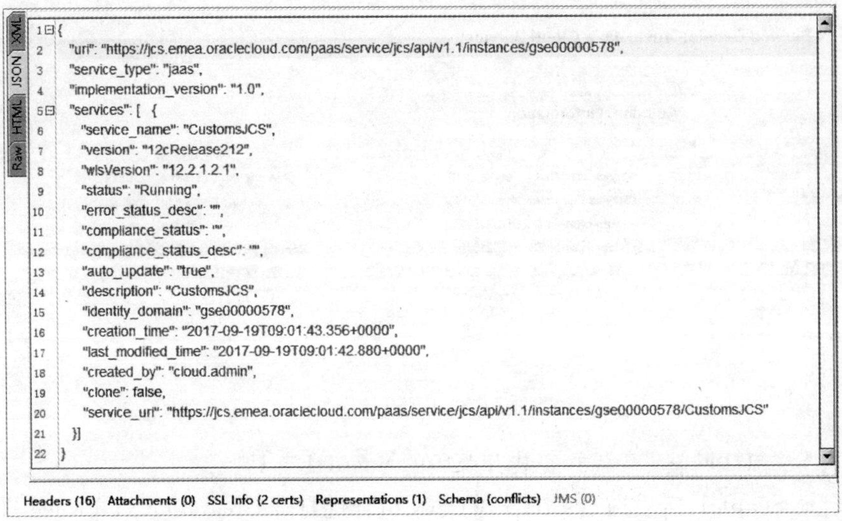

```
{
  "uri": "https://jcs.emea.oraclecloud.com/paas/service/jcs/api/v1.1/instances/gse00000578",
  "service_type": "jaas",
  "implementation_version": "1.0",
  "services": [ {
    "service_name": "CustomsJCS",
    "version": "12cRelease212",
    "wlsVersion": "12.2.1.2.1",
    "status": "Running",
    "error_status_desc": "",
    "compliance_status": "",
    "compliance_status_desc": "",
    "auto_update": "true",
    "description": "CustomsJCS",
    "identity_domain": "gse00000578",
    "creation_time": "2017-09-19T09:01:43.356+0000",
    "last_modified_time": "2017-09-19T09:01:42.880+0000",
    "created_by": "cloud.admin",
    "clone": false,
    "service_uri": "https://jcs.emea.oraclecloud.com/paas/service/jcs/api/v1.1/instances/gse00000578/CustomsJCS"
  }]
}
```


Headers (16) Attachments (0) SSL Info (2 certs) Representations (1) Schema (conflicts) JMS (0)

图 7-33 测试结果

2. 管理 WebLogic 域环境

Oracle WebLogic Server 提供了多种管理方式：从我们最常用的基于浏览器的 Console 管理控制台到适合批量执行的 WLST 命令或脚本、亦或是适合和第三方管理软件集成的 JMX MBean。从 11g 开始 WebLogic Server 支持通过 REST API 的方式对 WebLogic 域环境进行管理。下面以 WebLogic Server 12c 为例说明如何使用 REST API，而完整的 REST API 功能说明可参见说明文档①。

WebLogic 的 REST API 管理接口包括了两种方法：用 Get 方法获取信息、用 POST/PUT 修改配置。如果只需要获取 WebLogic Server 配置或运行信息，使用浏览器就可以。如果需要修改配置信息，可以使用浏览器插件或 SoapUI 等工具。

由于我们的 WebLogic 环境是运行在 Java 云服务实例中，因此可以在浏览器中直接访问 http://< IP >：7002/management/tenant-monitoring/< PATH >来获取 WebLogic 域中各种资源的配置信息。其中< IP >是 WebLogic Admin Server 的地址，而< PATH >是这些资源的访问路径。例如，在浏览器中通过访问 https://< IP >：7002/management/tenant-monitoring/servers 便可获取到 WebLogic 域中所有服务器的信息。我们还可以在 URL 中增加 format＝full 参数来获得最详细的信息，例如通过访问 https://< IP >：7002/management/tenant-monitoring/servers? format＝full 获取所有服务器的详细信息。

REST API 在返回结果时提供了以下 3 种格式：

(1) JSON 格式：在向 WebLogic 发送的 REST 请求中必须有名为 Accept 的 Header，同时需将它的值设为 application/json。返回结果见图 7-34 显示的标准 JSON 格式。

(2) XML 格式：在向 WebLogic 发送的 REST 请求中必须有名为 Accept 的 Header，同时需将它的值设为 application/xml。返回结果见图 7-35 显示的标准 XML 格式。

(3) HTML 格式：在向 WebLogic 发送的 REST 请求中必须有名为 Accept 的 Header，

① http://docs.oracle.com/middleware/1221/wls/WLRUR/intro.htm

```
▼ {
    body : ▼ {
        items : ▼ [
            ▶ { name : "LocalSvcTblDataSource", type : "Generic", instances : [ { server : "CustomsJ_adminserver",…},
            ▶ { name : "opss-data-source", type : "Generic", instances : [ { server : "CustomsJ_adminserver",…},
            ▶ { name : "opss-audit-viewDS", type : "Generic", instances : [ { server : "CustomsJ_adminserver",…},
            ▶ { name : "opss-audit-DBDS", type : "Generic", instances : [ { server : "CustomsJ_adminserver",…},
            ▶ { name : "mds-owsm", type : "Generic", instances : [ { server : "CustomsJ_server_1",…}
        ]
    },
    messages : ▶ []
}
```

图 7-34　JSON 格式

```
  <?xml version="1.0" encoding="utf-8" ?>
▼ <data>
    ▼ <object>
        ▼ <property name="body">
            ▼ <object>
                ▼ <property name="items">
                    ▼ <array>
                        ▼ <object>
                            ▼ <property name="name">
                                  <value type="string"> LocalSvcTblDataSource </value>
                              </property>
                            ▼ <property name="type">
                                  <value type="string"> Generic </value>
                              </property>
                            ▼ <property name="instances">
                                ▼ <array>
                                    ▼ <object>
                                        ▼ <property name="server">
                                              <value type="string"> CustomsJ_adminserver </value>
                                          </property>
                                        ▼ <property name="state">
                                              <value type="string"> Running </value>
                                          </property>
                                      </object>
                                  </array>
                              </property>
                          </object>
```

图 7-35　XML 格式

同时需将它的值设为 text/html。在浏览器中显示的返回结果见图 7-36。

- body
    - items
        1. - name LocalSvcTblDataSource
           - type Generic
           - instances
               1. - server CustomsJ_adminserver
                  - state Running
        2. - name opss-data-source
           - type Generic
           - instances
               1. - server CustomsJ_adminserver
                  - state Running
               2. - server CustomsJ_server_1
                  - state Running

图 7-36　text/html 格式

7.5 迁移已有应用上 Java 云服务

由于 Oracle 在公有云中使用的数据库和中间件与部署在用户数据中心的产品和技术相同，因此 Oracle 公有云能为用户已有应用提供完全兼容的运行环境。用户只需通过专用迁移工具对应用进行"提起和转移"(Lift and Shift)操作，即可轻松地将运行在自有数据中心的应用和数据快速迁移到 Oracle 公有云环境中，且这一过程无须修改任何应用代码或数据库结构。

本节介绍如何将应用从用户自有环境迁移到 Oracle 公有云。为此，首先我们要部署一个用来模拟运行的现有应用环境，然后将其迁移到 Java 云服务上。

7.5.1 部署用户现有应用环境

本节使用 Oracle WebLogic Server 12c 产品内置的 Medrec 样例应用模拟部署在用户数据中心的已有应用。Medrec 应用是一个使用 EJB、Web 服务、Servlet、JSP 等技术实现的标准 Java EE 应用，在技术上比较具有代表性。模拟的部署在用户数据中心的应用环境是由一个单实例的 Oracle 数据库和单实例的 WebLogic Server 构成。

为了完成以安装部署操作，需要注意以下事项：运行该应用需要到的软件包括 Oracle JDK、WebLogic Server 和 Oracle DB。下载 Oracle 软件需要使用 www.oracle.com 网站的账户；以下以中文 Windows 环境为例说明所有操作过程，运行环境建议最好配置 8GB 内存。

1. 安装 Oracle Database 11g 环境

为了增加数据迁移场景的实用性，一般选择 Oracle Database 11g 模拟用户部署在用户数据中心的数据库，这也是目前用户广泛使用的一个版本。

1) 下载 Oracle Database 11g 软件

进入 Oracle 官方网站的数据库下载页面[①]，选择对应的平台下载 Oracle Database 11g 软件。目前针对 Windows/Linux 平台可下载的是版本 11.2.0.1。

2) 安装 Oracle Database 11g 单实例环境

解开压缩包，执行 setup.exe 安装数据库。整个安装过程分为两步：安装 Oracle Database 11g 软件和配置数据库实例。由于篇幅所限就不每一步都详细介绍了，除了以下内容需要注意外，其他都默认选择"下一步"即可。

(1) 在"系统类型"步骤中选择"服务器类型"；

(2) 在配置数据库的 Database Configuration Assistant 窗口中通过"口令管理…"确认 sys 和 system 用户没有被锁定，并确认其登录口令。

根据运行环境的硬件配置，安装过程和数据库实例配置过程各自需要 10～20 分钟。

3) 访问数据库，确认环境正常

打开数据库的 SQL Plus 工具，用 system 用户登录后可正常执行以下 SQL 就说明数据

---

① http://www.oracle.com/technetwork/database/enterprise-edition/downloads/index.html

库安装好了：

```
select * from dual;
```

4）创建 medrec 用户

在 SQL Plus 中继续使用 system 用户执行以下 SQL 创建应用所需要的 medrec 用户：

```
CREATE USER medrec IDENTIFIED BY medrec;
GRANT CONNECT, RESOURCE TO medrec;
GRANT CREATE SESSION TO medrec;
GRANT CREATE TABLE TO medrec;
```

2. 安装 Oracle WebLogic Server 环境

在本地安装 WebLogic Server 12c 来模拟运行在用户数据中心的应用环境。WebLogic Server 12c 目标有两个子版本：12.1.3 和 12.2.1，它们分别支持 Java EE 6 和 Javan EE 7 的技术规范。这两个版本的 WebLogic Server 在 Oracle 公有云上都有对应的环境。

1）下载并安装 Oracle JDK 1.8

进入 Oracle 官方网站的 JDK 下载页面[①]，选择对应的平台下载 Oracle JDK 1.8。安装过程比较简单，除了设置的 JDK 路径最好不要有“空格”外，其他都默认选择“下一步”即可。

2）下载 WebLogic Server 12.2.1

进入 Oracle 官方网站的 WebLogic 下载页面[②]，选择下载 WebLogic Server 12.2.1 的 Generic Installer 类型安装文件即可。

3）安装 WebLogic Server 12.2.1

由于下载的 WebLogic Server 安装包是 JAR 类型的通用安装文件，因此需要使用以下命令执行安装，请确保使用的是刚刚安装的 JDK 1.8 路径中的 Java 命令：

```
java -jar fmw_12.2.1.2.0_wls.jar
```

安装过程比较简单，除了以下内容需要注意外，其他都默认选择“下一步”即可。

（1）在“Oracle 主目录”中设置安装根目录，这个目录可以和安装 Oracle 数据库的主目录区别开。我们后面使用“<ORACLE_HOME>”代表 webloigc Server 的安装目录。

（2）在“安装类型”步骤中选择“含显示的完整安装”。

（3）在“安装更新”步骤中不选“我希望通过 My oracle support 接收安全更新”。

4）创建 WebLogic Server 域

安装完 WebLogic 后运行以下命令，创建 WebLogic Server 域：

```
<ORACLE_HOME>\oracle_common\common\bin\config.cmd
```

安装过程除了以下需要注意内容外，其他都默认选择“下一步”即可：

（1）在“域位置中”将域名称从 base_domain 改为 a2c_domain。

（2）在“域模式和 JDK”中选“生产”域模式。

（3）在“高级配置”中选中“拓扑”选项。

---

① http://www.oracle.com/technetwork/java/javase/downloads/index.html

② http://www.oracle.com/technetwork/middleware/WebLogic/downloads/index.html

（4）参见图 7-37，在“受管服务器”中添加两个受管服务器 ManagedServer_1 和 ManagedServer_2，端口分别为 8001 和 8003。

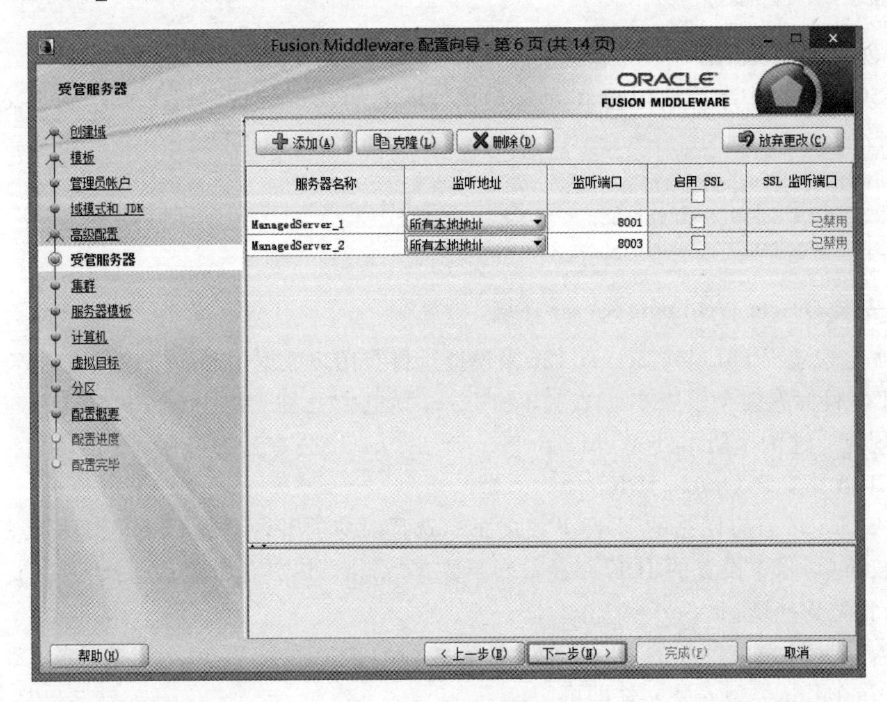

图 7-37　添加服务器

（5）参见图 7-38，在“集群”中添加 Cluster_1 集群配置。

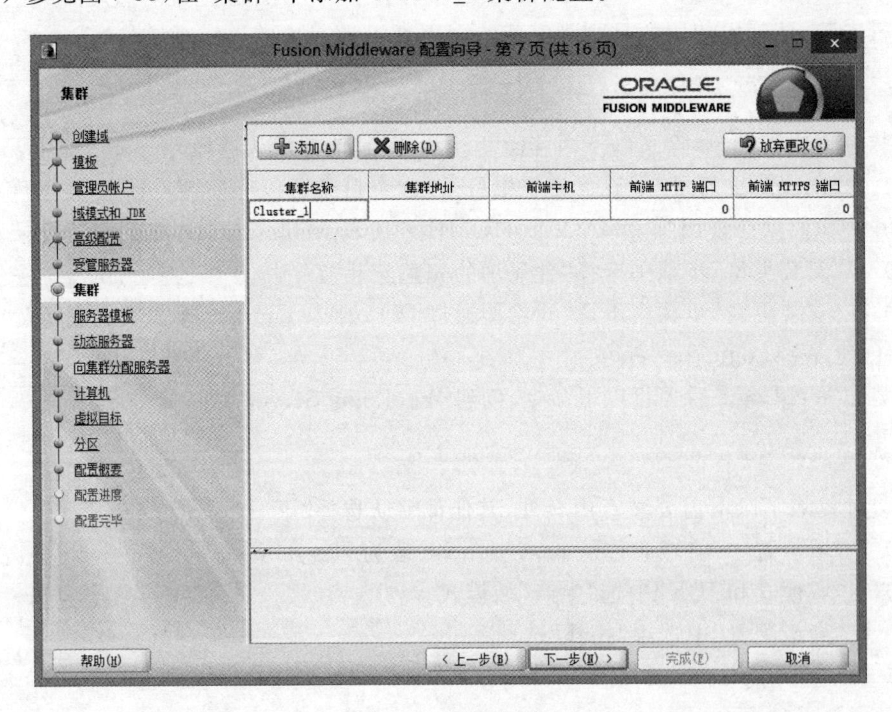

图 7-38　添加集群

(6) 参见图 7-39,在"向集群分配服务器"中将受管服务器添加到集群中。

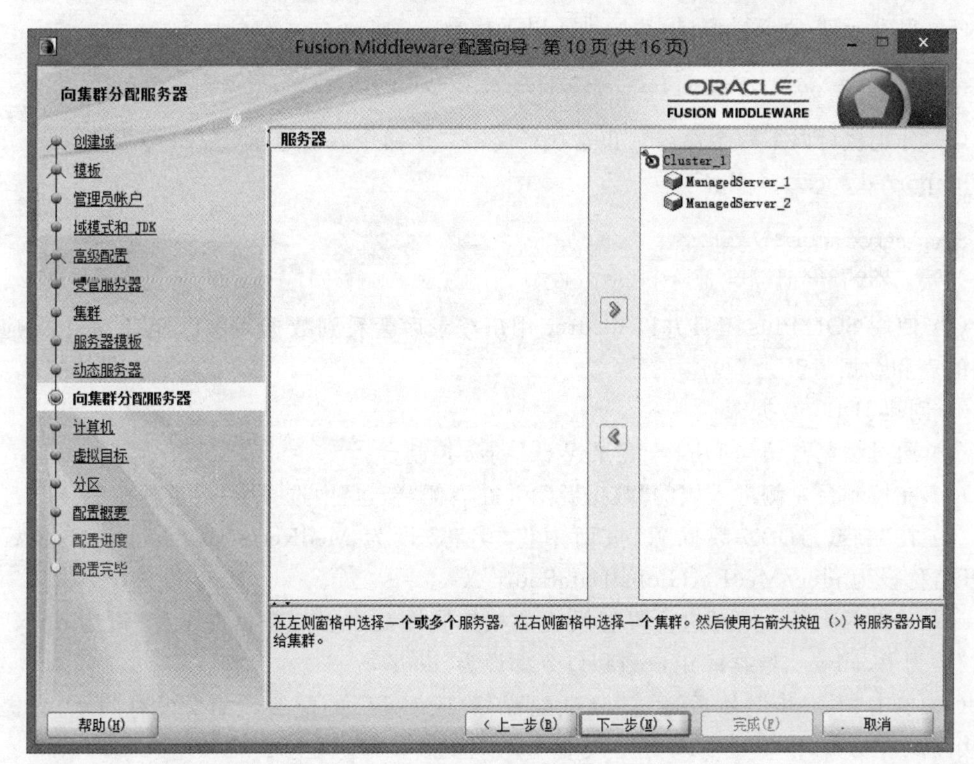

图 7-39 向集群分配服务器

5) 验证 a2c_domain 域运行正常

在上一步创建的 a2c_domain 域目录中执行 startWebLogic.cmd 启动 WebLogic Server 环境。当后台出现 The server started in RUNNING mode 提示后,可在浏览器中打开 URL① 链接,使用 WebLogic Server 用户登录后可正常显示管理控制台。

3. 配置环境并部署应用

WebLogic Server 软件自带的 medrec 应用是一个具有典型架构的 Java EE 应用,它使用了 Web 服务、EJB 等组件,并打包为标准的 EAR 文件。本节介绍如何向 Oracle 数据库灌入测试数据、配置数据链接池以及部署应用。

1) 向 Oracle 数据库灌入业务数据

首先准备数据库环境,将测试数据灌入已经安装好的 Oracle Database 11g。

(1) 从< ORACLE_HOME >\wlserver\samples\server\medrec 目录中找到 project.properties 文件并打开。

(2) 将 database 参数从 derby 修改为 oracle。

(3) 从< ORACLE_HOME >\wlserver\samples\server\medrec\database-migration\properties 目录中找到 oracle.properties 文件并打开。

(4) 将 db.url 参数修改为 jdbc: oracle: thin: @localhost: 1521: orcl,其中的 orcl 是

① http://localhost: 7001/console

安装 Oracle 数据库时创建的默认实例。

(5) 启动 cmd 命令行窗口，然后进入以下目录：

```
<ORACLE_HOME \wlserver\samples\server\medrec\database-migration
```

(6) 分别执行以下两个命令。正常执行完第二个命令后会显示“[java]All the data has been imported successfully!”：

```
>..\..\setExamplesEnv.cmd
>ant -Ddb=xxx db.migrate
```

(7) 使用 SQL Plus 工具并以 medrec 用户登录后会看到数据库中已经有 medrec 应用使用的表和数据了。

2) 创建 JDBC 数据源

(1) 通过浏览器访问 URL[①] 登录 WebLogic 控制台。

(2) 在控制台左侧进入域的“数据源”，并在右侧“新建”中选择“一般数据源”。

(3) 在“新建 JDBC 数据源”页面中将“名称”设为 MedRecGlobalDataSourceXA，将 JNDI 名称设为 jdbc/MedRecGlobalDataSourceXA。

(4) 单击两次“下一步”进入设置设置数据库属性页面，将“数据库名称”设为 orcl，“主机名”设为 localhost，数据库用户名和口令都设为 medrec。

(5) 单击“下一步”，然后通过“测试配置”验证 JDBC 的配置。如果没有问题，会提示“连接测试成功”。

(6) 单击“下一步”，选中 Cluster_1 作为部署目标，最后单击“完成”即可。

3) 部署测试应用

(1) 从 WebLogic 控制台左侧菜单击“部署”，在右侧单击“安装”按钮。

(2) 在“找到要安装的部署并准备部署”页面中将 medrec. ear 文件所属的路径填入图 7-40中的“路径”中，然后回车。

```
<Oracle_Home>\wlserver\samples\server\medrec\dist\standalone
```

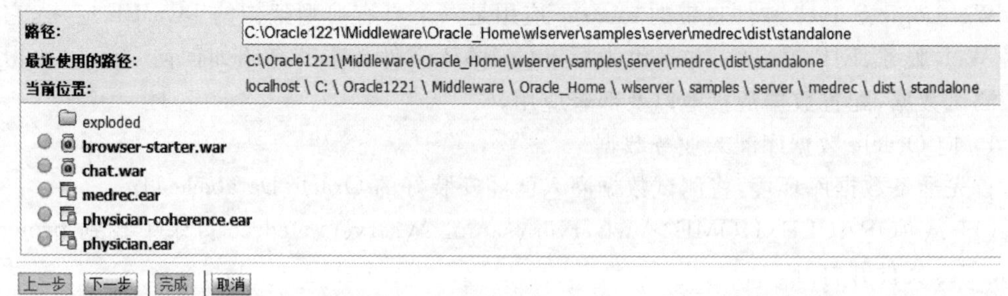

图 7-40 选择路径

(3) 在图 7-40“当前位置”中选中 medrec. ear 文件，然后单击两次“下一步”。

(4) 在“选择部署目标”页面中选择 Cluster_1，然后单击“下一步”，直到“完成”。

① http://localhost:7001/console

（5）成功部署后，会在部署列表中看到 medrec 为活动状态。

（6）用浏览器访问 URL-1① 或 URL-2② 验证可正常访问 medrec 应用。

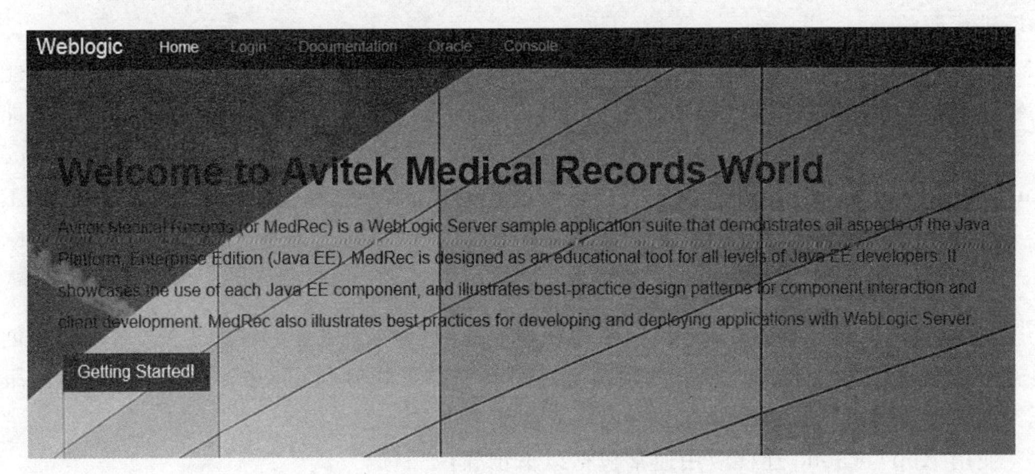

图 7-41　medrec 应用欢迎页面

（7）单击 Getting started，进入 Patient 一栏的 Login，然后使用 fred@golf.com 和 WebLogic 作为用户名和密码登录应用。

（8）至此，模拟在用户自有数据中心的应用已经可以正常运行了。下一步将把这个应用迁移到 Oracle 公有云的 Java 云服务上。

7.5.2　迁移现有应用至 Java 云服务

用户已有应用上云的主要过程就是迁移“中间件＋应用”环境和“数据库＋数据”环境。本节重点介绍如何迁移 medrec 应用的中间件环境，读者可从第 6 章中了解如何从 Oracle Database 11g 向 Oracle Database 12c 的数据库云服务迁移应用数据。

1. 现有应用上云的方法和过程

一个常见的 B/S 架构 Java 应用所需的运行环境通常包括像 WebLogic Server 这样的企业级 Java EE 应用服务器或是 Tomcat 这样的 Web 应用容器，另外还需要 Oracle、MS SQL Server 等关系数据库。如果应用架构再复杂些，还可能使用各种其他软件，诸如 Coherence 或 Radis 这样的分布式数据缓存、使用 Zookeeper 作为微服务架构组件等。

迁移中间件和应用环境可进一步包括以下两部分：

（1）迁移中间件运行环境：在 Oracle Java 云服务中包含 Oracle WebLogic Server、Oracle Coherence 数据网格和 Oracle Traffic Director 负载均衡环境，这部分中间件环境的迁移过程通常是在 Java 云服务上使用操作向导重新创建对应的环境；如果需要迁移在应用中使用到的其他软件运行环境，需要用户自行安装和配置这些软件。

（2）迁移中间件或应用的配置参数：环境配置参数包括应用所依赖中间件环境的配置

① http://localhost：8001/medrec

② http://localhost：8003/medrec

(例如在 WebLogic 上配置的 JDBC 数据源、JMS 消息队列等)和应用所用配置(例如应用使用的日志文件目录、临时目录等参数)。有些参数在上云后不会变化,有些则需要根据新的环境进行调整。

由上面介绍的迁移步骤可以看出,根据应用运行环境的复杂度差异,有些迁移过程可能比较简单,有些则可能会涉及较多步骤。如果用户的应用使用的只是 Java EE 相关技术,即只需要 WebLogic Server 即可运行,那么迁移过程不会太费事,将应用提起并转移(Lift and Shift)到 Java 云服务上即可。为了简化应用迁移过程,Oracle 专门提供了一个应用迁移工具 AppToCloud,它能把原有应用的环境配置自动同步到 Java 云服务中。

2. 迁移辅助工具 AppToCloud

AppToCloud 是 Oracle 官方提供的为迁移应用到 Java 云服务的辅助工具,它可以在创建 Java 云服务过程中将用户现有应用运行的中间件部署环境和相关配置导入到 Java 云服务实例中。用户可以从 Oracle 网站①免费下载这个工具。

使用 AppToCloud 迁移应用通常包括以下步骤:

(1) 确认迁移环境,检查原环境(即用户已有应用所在的 WebLogic Server 域)和目标环境(即 Java 云服务实例)是否满足迁移条件:①原环境的中间件需要是 Oracle WebLogic Server 10.3.3 或更高的版本,原环境暂时不支持使用了多租户域分区特性的 WebLogic Server 12.2.1,暂时不能迁移基于 JRF 模板创建的 WebLogic Server 域;②如果原有 WebLogic Server 域有多个受管服务器,但是没有将其放到集群中,则应用必须部署在所有受管服务器上;③如果原有 WebLogic Server 域中包括多个集群,每次迁移只能将其中一个集群配置迁移到目标中;④原有应用不能是 Admin 状态,原有 WebLogic Server 域不能作为开发模式运行,且不能有未提交的配置操作;⑤必须可以从 Admin Server 上访问到所有需要导出的文件和目录;⑥只能将应用迁移到目标 WebLogic Server 版本是 12c 的 Java 云服务中,因此用户需确认被迁移的应用能否在 12c 上正常运行。

(2) 使用 AppToCloud 将现有 WebLogic Server 域的配置打包并导出到 Oracle 存储云上。

(3) AppToCloud 会打包并导出:①应用和部署配置;②CLASSPATH 中由用户客户化的目录或文件;③在域主目录(DOMAIN_HOME)下由用户创建的目录。

(4) 使用 AppToCloud 创建新的 Java 云服务实例,并将打包的配置导入此 Java 云服务。

(5) 所有客户化的文件或目录都统一放在 Java 云服务中的 DOMAIN_HOME/a2c 目录中。

(6) 验证 Java 云是否可正常运行该应用。

3. 使用 AppToCloud 迁移应用

1) 检查被迁移应用

首先使用 AppToCloud 中的 a2c-healthcheck 命令检查已有应用及其运行环境。打开命令行窗口,进入 AppToCloud 的 bin 目录,然后执行以下命令:

```
a2c-healthcheck.cmd -oh <ORACLE_HOME> -adminUrl t3://localhost:7001 ^
```

① http://www.oracle.com/technetwork/topics/cloud/downloads/index.html#apptocloud

```
- adminUser WebLogic - outputDir c:\
```

其中,oh 参数后的目录为安装 WebLogic Server 域时设置的< ORACLE_HOME >目录,请替换为对应的目录。

如果运行正常,a2c-healthcheck 会将检查结果保存到 outputDir 参数指定目录中的 a2c_domain-healthcheck-act ivityreport. html 文件里。

2）导出应用和配置

用 a2c-export 命令把 WebLogic Server 域环境包含的配置和部署的应用导出来。执行以下命令:

```
a2c - export. cmd - oh < ORACLE_HOME > - domainDir < DOMAIN_HOME > - archiveFile c:\a2c_
domain. zip
```

其中,oh 参数为安装 WebLogic Server 域时设置的< ORACLE_HOME >目录,domainDir 参数是 a2c_domain 域所属目录< DOMAIN_HOME >,请替换为对应的目录。

如果运行正常,将提示"已成功将模型和 Artifact 导出到 c:\a2c_domain. zip。覆盖文件已写入到 c:\a2c_domain. json"。

3）将测试应用和配置上传到存储云服务上

进入 Oracle 公有云的 Dashboard 页面,单击 Create Instance 后再单击 Storage 旁边的 Create 按钮,参见图 7-42。

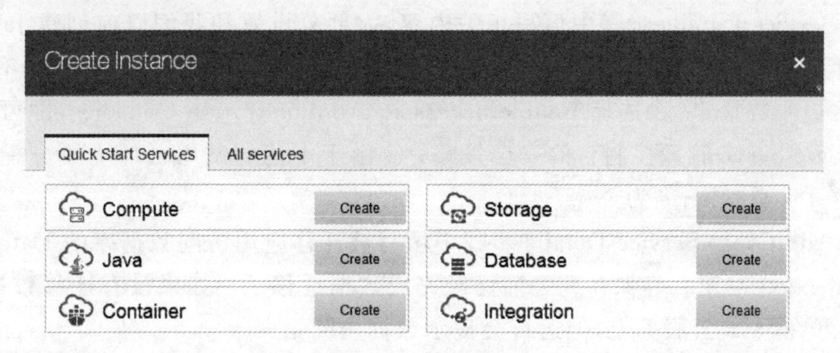

图 7-42 创建存储

(1) 在 Container List 页面中单击 Create Storage。,

(2) 在 Create Storage Container 窗口中设置 Name 为 AppToCloud-JCS。

(3) 单击 Create 按钮,然后确认 Container List 中有刚刚创建的 AppToCloud-JCS。

(4) 单击并进入 AppToCloud-JCS,如果页面右上有显示 Enable Upload and Download 按钮,则单击它并在弹出窗口中确认。

(5) 然后单击图 7-43 中的 Upload Objects 按钮,分别将 a2c_domain. json 和 a2c_domain. zip 两个文件上传到 AppToCloud-JCS 中。

4）按照应用和配置创建 Java 云服务实例

下面创建一个 Java 云服务实例。

(1) 进入 Oracle 公有云的 Java 云服务管理控制台。

(2) 在 Java 云服务的页面单击 Create Service 按钮,并在下拉菜单中选择 Java Cloud Service-AppToCloud。

图 7-43　Upload Objects

(3) 在弹出窗口中设置 Exported .json File 属性为以下内容(需将< identity domain >替换为用户收到的 Oracle 公有云开通邮件中的 Identity Domain),然后单击 OK 按钮:

```
Storage-<indetity domain>/AppToCloud-JCS/a2c_domain.json
```

(4) 在 Subscription Type 步骤中接受默认选项,然后单击 Next 按钮。通过 AppToCloud 迁移的应用只能运行在通用的 Java 云服务上。

(5) 在 Software Edition 步骤中接受默认 Enterprise Edition 选项,然后单击 Next 按钮。通过 AppToCloud 迁移的应用无法选择 Standard Edition 的 WebLogic Server。

(6) 在 Service Details 步骤中填写相关内容,大部分设置和我们以前创建 Java 云服务实例一样,但需要注意以下设置:①由于申请的试用云环境所分配的资源有限,设置 Cluster Size 最小数量 1;②选择 Enable access to Administration Consoles,即可自动设置访问 WebLogic Serve 管理控制台的安全策略;③由于申请的试用云环境所分配的资源有限,所以选择 Load Balance 为 No。

(7) 在 Additional Service Details 步骤中填写被迁移应用访问数据库的 DataSource 信息,然后单击 Next 按钮。确保在此之前已经完成数据迁移了。如果没有迁移数据,则应用可以成功部署在 Java 云服务上,但运行会提示数据访问错误。

(8) 确认所有配置后单击 Create 按钮,此时就开始创建 Java 云服务实例了。

5) 导入迁移应用并测试

最后将应用导入到 Java 云服务中,然后进行验证测试。

(1) 当 Java 云服务实例创建成功后,进入 Java 云服务实例列表页面,在新建的这个实例右侧单击 Action 图标,然后从下拉菜单中选择 AppToCloud Import。

(2) 在 Confirmation 对话框中单击 OK 按钮后 Java 云服务就会执行将应用部署到 Java 云服务中的 WebLogic Domain 的操作。

(3) 在应用部署成功后,打开浏览器访问 http://< public-ip >/medrec 地址就可看到迁移到 Java 云服务的应用页面了。

说明:由于刚刚指定 Cluster Size 为 1,因此集群中只有一个受管 WebLogic Server。在这种情况下唯一的受管 WebLogic Server 会和 WebLogic 域中的 Admin Server 公用同一个 IP 地址,只不过使用了不同的监听端口。另外,由于这个环境没有配置 OTD 负载均衡服务,因此 Java 云服务就将从外部访问 80 端口请求映射到该受管 WebLogic Server。

第8章

容器云服务和应用容器云服务

本章介绍 Oracle 公有云中和容器相关的两种云服务：容器云服务（Container Cloud Service，OCCS）和应用容器云服务（Application Container Cloud Service，ACCS）。这两种云都使用了 Docker 作为云服务的容器环境。

8.1 两种容器云服务

将物理上一个大的整体资源分成若干个可独立运行的小环境的技术称为资源隔离。从主机虚拟化到网络和存储虚拟化，从硬件分区到主机虚拟化，从 Docker 容器到 Oracle Database 12c 和 Oracle WebLogic 12 提供的多租户容器，这些技术都是在不同的资源层提供的隔离技术。资源隔离的优势可以帮助用户实现多种目标。

(1) 整合和分隔兼顾。随着计算机硬件的快速发展，目前中高档的小型机或 X86 服务器的配置都比较高，尤其是 CPU 的核心可以从十几到上百个，往往一个应用用不了那么多资源。虽然多个应用可以共用一个服务器，但是出于不同应用的运行安全、维护管理的独立性、资源使用排他性等要求，我们希望那些共享一个硬件环境的多个应用能彼此保持隔离，它们在运行时不会相互干扰，即使一个应用进程消耗的资源非常高也不会影响其他应用的正常运行。

(2) 标准化快速供应。在利用软件实现的隔离环境（以 VMWare/Xen 为代表的主机虚拟化环境）中可以包括应用所需所有相关软件和配置参数。由于这个运行环境自成体系，因此它可以很容易被复制、传播、部署和运行，这样应用运行环境不但做到标准规范而且供应的速度会非常快。这种快速资源的供应能力是当前互联网、物联网、大数据应用都迫切需要的，更是云计算必不可少的能力。

虽然目前主机虚拟化技术是使用最广泛的隔离技术，但 Docker 容器技术正在被越来越多地使用，应该是未来发展的趋势。从实现原理上看Docker容器使用的是基于Linux操作系统进程级别的隔离技术，它是继主机虚拟化后的一种更加轻量级的应用隔离技术。和主机虚拟化相比，Docker容器具有以下突出优势：

(1) 环境供应速度更快。虽然主机虚拟已经比传统的硬件供应速度快了很多，供应一套应用环境已经能从若干小时降至十几分钟，但是这对于微服务(Micro Service)、无服务(Serverless)等高弹性应用架构来说还是无法接受，因为它们需要分钟甚至秒级的环境供应能力。由于在Docker镜像中不会包括整个操作系统，因此其占用的存储空间较主机虚拟化的虚机要小很多；而运行Docker容器等同于运行Linux进程，因此其启动速度会远远快于主机虚拟化启动虚机的速度。以上两点使得供应容器的速度要比供应虚拟机快得多，因此容器更适合电子商务、大数据处理等那些需要高弹性环境的应用。

(2) 性能损耗非常低。Docker容器是通过Linux操作系统的进程运行的。相比以VMWare vSphere为代表的主机虚拟化技术，容器技术没有Hypervisor层，无须在虚拟主机和Hypervisor之间进行转换，因此性能更优越。

由于容器技术具有较明显的优势，已经被各大云厂商认同。目前，在Oracle公有云上提供了两种和Docker容器相关的云服务，即容器云服务和应用容器云服务。其中OCCS容器云服务提供了完整的Docker容器的运行和管理环境；而ACCS应用容器云服务则为Java、Node. JS、PHP、Python、Ruby等开源技术实现的应用提供了定制的运行容器，同时帮助用户最大限度地简化了容器的管理过程。

那么既然OCCS和ACCS提供的都是容器环境，我们如何在两者中做出选择呢？其实Oracle对这两种云服务的定位是有差别的：由于OCCS提供的是最基本的Docker容器运行环境，因此Oracle将其归属于基础架构类(IaaS)公有云产品。在OCCS上用户需要自己创建容器模板、管理和维护所有容器。而ACCS完全是由Oracle承担容器的管理和维护，同时其中包含主流应用所需标准的中间件运行环境，因此Oracle将其归属为应用平台架构类(PaaS)云产品。从两种云服务的特性不难看出，OCCS提供的是Docker运行环境和用户可灵活定制的容器镜像，而ACCS提供的是Docker运行环境和针对Java、Node. JS、PHP、Python、Ruby等常用应用提供的专用Docker镜像。因此如果是选择标准应用开发容器，ACCS应该是首选；而如果是为应用选择基于Docker的生产环境，用户可以在更高灵活弹性的OCCS和更简化管理的ACCS中做出选择。

8.2 容器云服务

Oracle容器云服务(OCCS)为Docker容器提供了运行安全、可靠的企业级运行环境。在容器云服务中运行的Docker软件是商业版，因此较社区版运行更加稳定。这些容器运行在Oracle计算云服务提供的虚拟主机的Oracle Linux之上。那么既然Docker容器无须主机虚拟化就可以直接运行在Linux操作系统上面，为什么Oracle的容器云服务还要运行在主机虚拟化环境中呢？原因是Oracle公有云既要确保云环境的灵活性，还要确保不同租户运行环境之间的隔离性和安全性。虽然Docker具有一定的资源隔离和访问安全控制，但是Docker与主机虚拟化提供的隔离性和安全性相比还是有较大差距，因此将所有租户的容器都运行在一个宿主操作系统的内核中是不行的。为了能确保分享同一硬件服务器的不同租户容器的安全性和隔离性，只有将 Docker 容器运行在虚拟主机中了。如果在用户数据中心中的多个应用不需要这么高的隔离性和安全性，则 Docker 可直接运行在裸的主机环境中。

在 Oracle 容器云服务中自带了一些包含有常用开源应用环境的容器，当然用户可自建容器或将 Docker Hub 上的容器导入到 OCCS 环境中。另外，用户可以集成 OCCS 和 Oracle 的开发云服务，以便能持续进行从应用开发到应用交付的过程。

8.2.1 通过云服务控制台创建容器云服务

如同 Java 云服务、数据云服务，Oracle 容器云服务环境包括多层管理环境：容器云服务控制台和容器控制台，它们分别用来管理运行 Docker 容器的公有云环境(包括访问安全、整体状态监控和计费等功能)和运行在容器云服务中的 Docker 环境(包括对 Docker 镜像、服务等资源的管理)。

创建 Oracle 容器云服务实例的过程比较简单，只需要提供容器云服务的名称、公钥、管理员密码，其他接受默认选项。如图 8-1 所示，可以在容器云服务的 Welcome 页面中根据 Follow Tutorial 链接的指导创建一个容器云服务环境，在创建完容器云服务实例后可进入该实例，在图 8-2 中查看容器云服务实例的构成情况。组成一个容器云服务的虚拟机分为 Manager 和 Worker 两种类型，其中 Manager 虚拟机负责运行容器控制台，而 Worker 虚拟机才是真正运行容器的环境。这种关系有些类似 WebLogic 域中管理服务器和受管服务器的关系，即 Admin Server 实例负责运行控制台，而其他受管实例才是用来运行应用的环境。

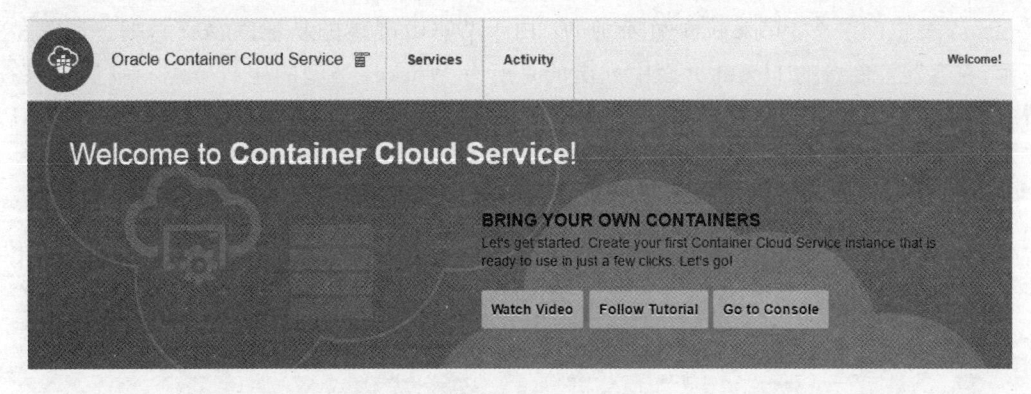

图 8-1 OCCS 的欢迎页面

单击图 8-2 中 Container Console 菜单，页面会转至容器控制台的登录界面。使用 admin 用户登录后就可进入了容器控制台，在这里可以对 Docker 容器、镜像、服务等相关资源进行各种操作和管理。

8.2.2 Docker 容器控制台

下面结合 Docker 容器控制台了解一下容器管理的相关概念和针对 Docker 容器的主要管理功能。

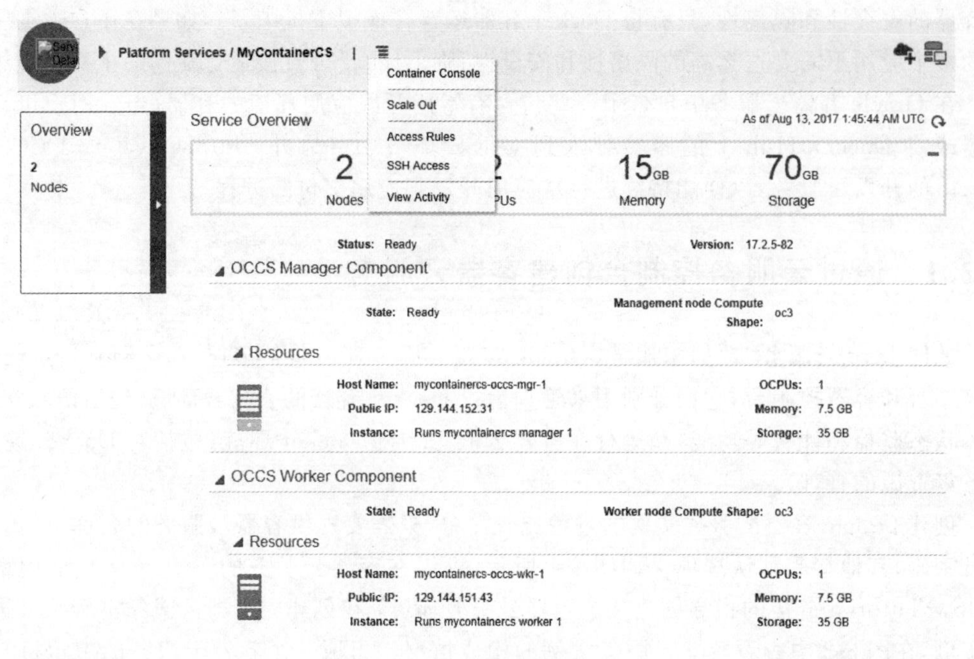

图 8-2 OCCS 管理控制台

1. 主机

主机(Hosts)是运行 Docker 容器的宿主虚拟机节点。一个 OCCS 实例包括一个 Manager 节点和多个 Worker 节点,每个 Worker 节点中可运行多个 Docker 容器。如图 8-3 所示,在容器控制台的 Hosts 页面中列出的是所有 Worker 类型的主机节点。我们可以查看每个主机节点的资源消耗情况、内部和外部 IP 地址、OCCS 版本、Docker 运行版本和 API 版本、主机所包含的 Docker 容器和镜像列表等信息。

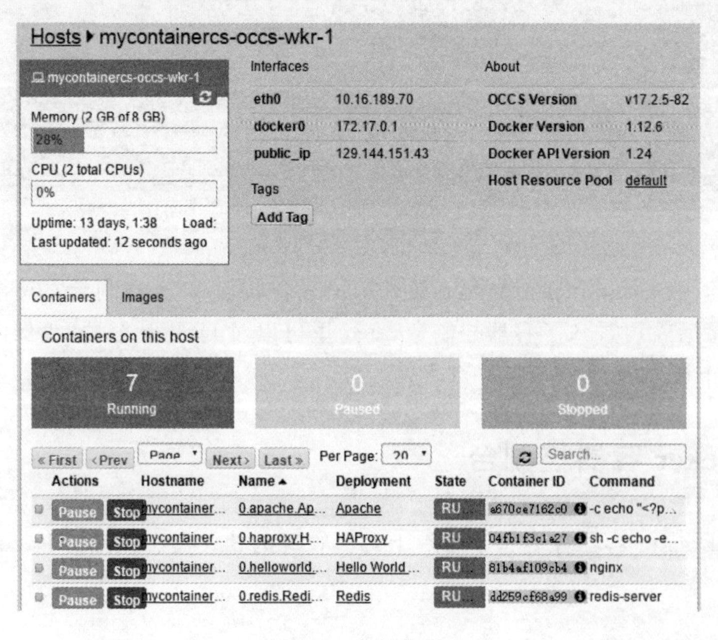

图 8-3 主机信息

（1）资源池(Resource Pool)：是 OCCS 对主机进行的分组管理，以实现快速部署 Docker 的服务(Services)和服务栈(Stacks)。OCCS 默认提供了 default、Development 和 Production 三个资源池，如图 8-4 所示，用户也可以根据需要创建自己的资源池。

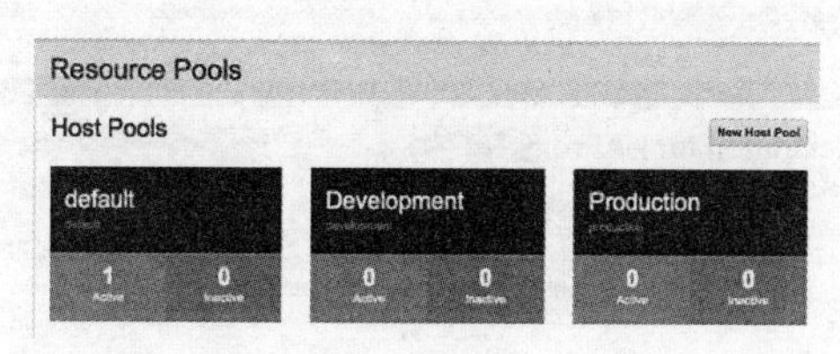

图 8-4　资源池

（2）服务(Services)：是创建 Docker 镜像的模板。包括了 OCCS 预制的 Docker 容器镜像类型、运行选项、YAML、Docker Run 等配置，是生成 Docker 容器的模板。OCCS 中提供了很多常用环境的预配置服务，用户也可以定制自己的服务。

可以在服务页面中通过选择图 8-5 中的绿色 Deploy 按钮，在图 8-6 的弹出窗口中配置服务的属性和运行目标。最后单击 Deploy 按钮，OCCS 便会将根据预制服务模板的配置在主机中运行 Docker 容器。

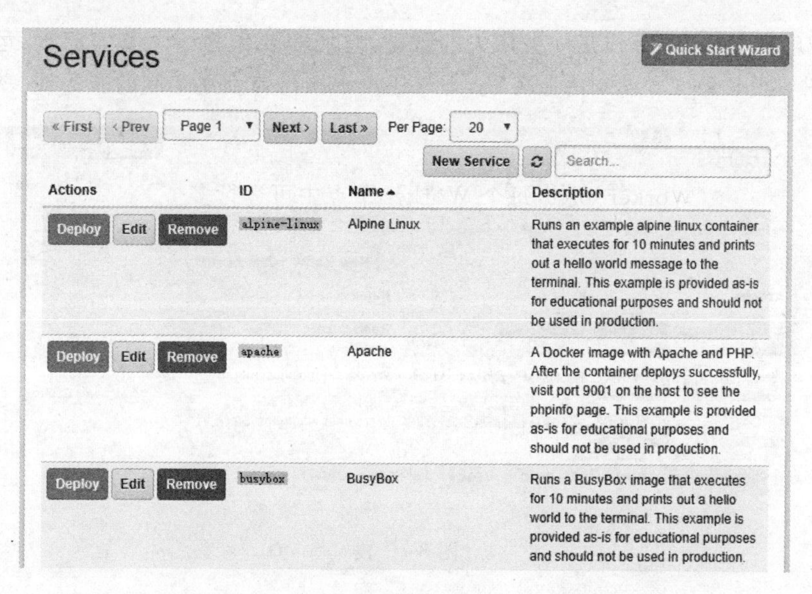

图 8-5　服务列表

在图 8-6 的对话框中需要通过以下策略配置运行容器的数量(Quantity)：Per-host 配置在指定资源池的每个主机节点上都运行指定数量的容器；Per-pool 配置在指定资源池中运行指定数量的容器；Per-tag 配置在指定资源池中每个打标签的主机上运行指定数量的容器。

当选择 per-pool 和 per-tag 后，还需要指定的选择运行容器的计划策略：配置 Random，OCCS 在可供的主机中随机选择来运行容器；配置 Memory，OCCS 选择可用内存资源最多的主机运行容器；配置 CPU，OCCS 选择可用 CPU 资源最多的主机运行容器。

最后，可以在部署(Deployments)页面中看到已经部署到容器(Container)中的服务。

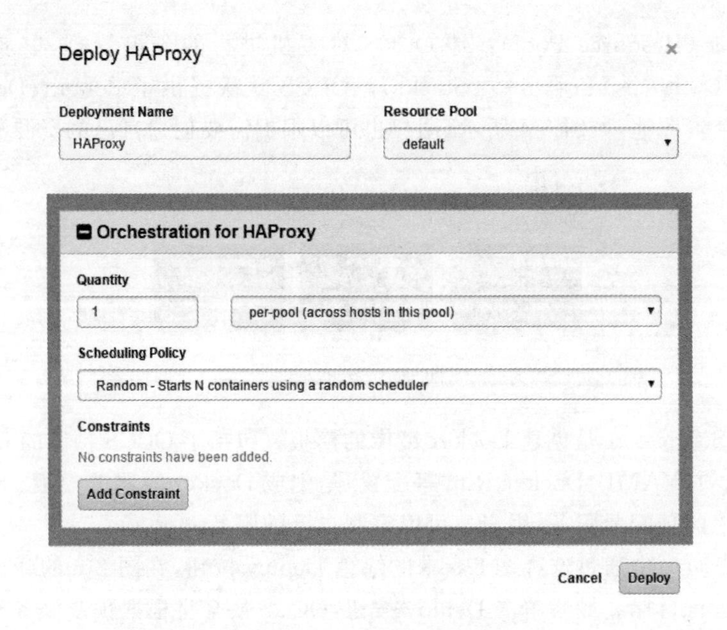

图 8-6 部署服务

(3) 栈(Stacks)：服务栈是一组相关的服务，它们需要作为一个整体部署、运行、扩容。可以使用图 8-7 中 OCCS 预制的服务栈，另外还可根据需要创建定制的服务栈。

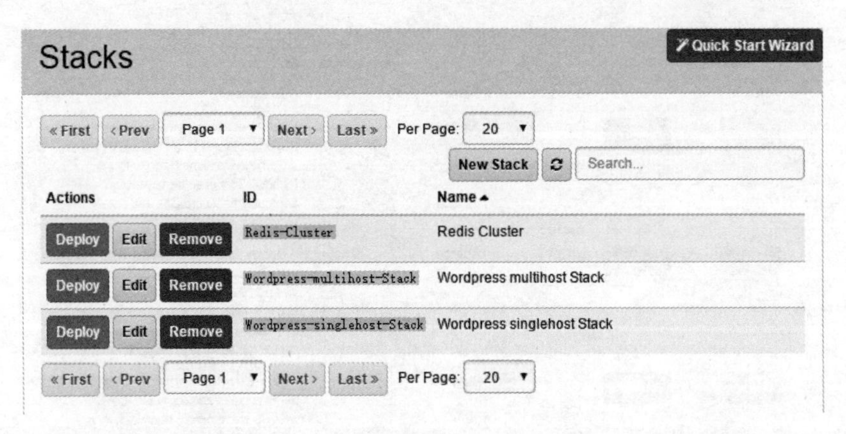

图 8-7 栈

(4) 部署(Deployments)：图 8-8 中显示已经部署到主机(Hosts)的服务(Service)和栈(Stacks)。我们可以在部署中启动或停止服务，当一个服务被停止后，运行它的容器实例也会被移走。

(5) 镜像(Images)：在 OCCS 中可以使用的容器镜像列表，见图 8-9。当把服务或栈部署到 OCCS 中时，会自动将那些对应的镜像从公共和私有的 Docker 仓库下拉到 OCCS。用户可以直接运行这些镜像，以获得运行的容器实例。

(6) 容器(Containers)：可以通过服务或通过镜像(Image)运行一个 Docker 容器。可以在图 8-10 的容器列表中查看容器实例的相关信息，并可以启动和停止容器。

(7) 仓库(Registries)：在 OCCS 中定义的公共或私有容器仓库。OCCS 可以向这些容器仓库推拉容器镜像。如图 8-11 所示，默认在 OCCS 中提供指向 index. docker. io 的公共容器仓库。

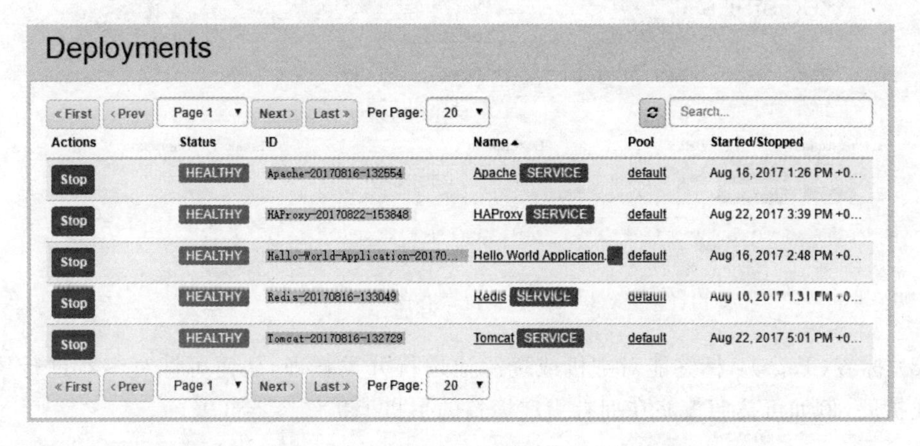

Deployments

Actions	Status	ID	Name	Pool	Started/Stopped
Stop	HEALTHY	Apache-20170816-132554	Apache SERVICE	default	Aug 16, 2017 1:26 PM +0...
Stop	HEALTHY	HAProxy-20170822-153848	HAProxy SERVICE	default	Aug 22, 2017 3:39 PM +0...
Stop	HEALTHY	Hello-World-Application-20170...	Hello World Application	default	Aug 16, 2017 2:48 PM +0...
Stop	HEALTHY	Redis-20170816-133049	Redis SERVICE	default	Aug 16, 2017 1:31 PM +0...
Stop	HEALTHY	Tomcat-20170816-132729	Tomcat SERVICE	default	Aug 22, 2017 5:01 PM +0...

图 8-8　部署

Images

Actions	Host	Name	Image ID	Diff Size	Virtual
Run Remove	mycontainercs-occs...	haproxy:1.6-alpine	sha256:f0341	14 MB	14 MB
Run Remove	mycontainercs-occs...	k0st/alpine-apache-...	sha256:44537	34 MB	34 MB
Run Remove	mycontainercs-occs...	karthequian/hellowo...	sha256:62c65	285 MB	285 MB
Run Remove	mycontainercs-occs...	redis:3.2.1-alpine	sha256:2aaba	29 MB	29 MB
Run Remove	mycontainercs-occs...	tomcat:8.5.4-jre8-alp...	sha256:6200b	135 MB	135 MB

图 8-9　镜像

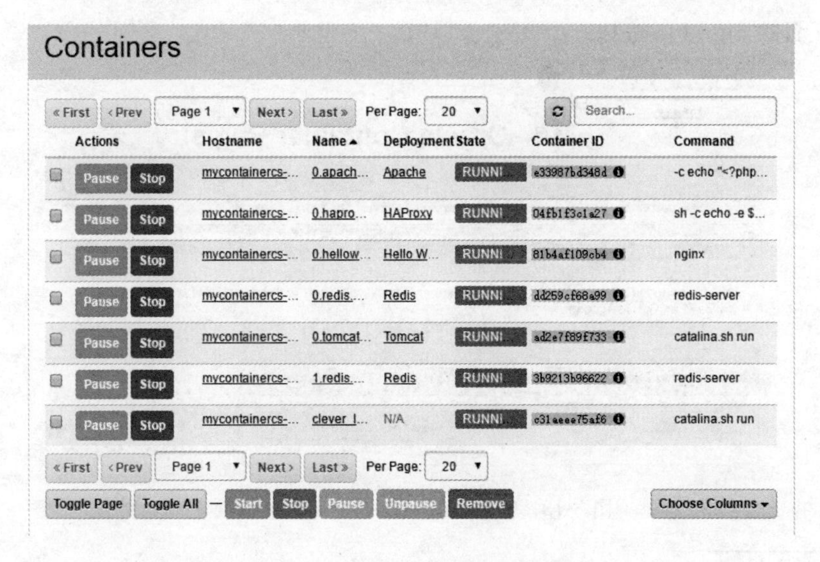

Containers

Actions	Hostname	Name	Deployment	State	Container ID	Command
Pause Stop	mycontainercs-...	0.apach...	Apache	RUNNI	e33987b4348d	-c echo "<?php...
Pause Stop	mycontainercs-...	0.hapro...	HAProxy	RUNNI	04fb1f3c1a27	sh -c echo -e $...
Pause Stop	mycontainercs-...	0.hellow...	Hello W...	RUNNI	81b4af109cb4	nginx
Pause Stop	mycontainercs-...	0.redis....	Redis	RUNNI	dd259cf68a99	redis-server
Pause Stop	mycontainercs-...	0.tomcat...	Tomcat	RUNNI	ad2e7f89f733	catalina.sh run
Pause Stop	mycontainercs-...	1.redis....	Redis	RUNNI	3b9213b96622	redis-server
Pause Stop	mycontainercs-...	clever_l...	N/A	RUNNI	c31aeee75af6	catalina.sh run

Toggle Page　Toggle All　Start　Stop　Pause　Unpause　Remove　Choose Columns

图 8-10　容器

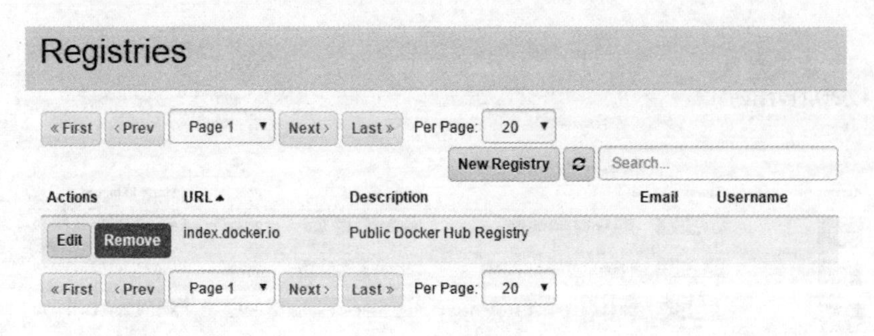

图 8-11　仓库

(8) 标签(Tags)：标签能对主机或资源池进行分类管理，从而可针对容器进行灵活的部署或扩展，例如可按照策略在拥有指定标签的主机上扩展容器部署。

8.2.3　运行一个 WebLogic Server 12c 容器

通过上面介绍了解了 OCCS 的相关功能后，本节将通过 OCCS 的容器控制台新建一个提供 WebLogic Server 12c 的容器服务并运行。

我们可以从公共的容器仓库上将容器镜像拉到 OCCS 本地。Docker Hub 是 OCCS 默认的容器仓库，当然也可使用其他的公共容器仓库。本节使用了 Oracle 自己的公共容器仓库 Oracle Container Registry，以下介绍如何将 WebLogic 镜像拉到 OCCS 的 Docker 的环境中。

1. 登录 Oracle 公共容器仓库

下面使用 Oracle 账号登录 Oracle 公容器仓库。

首先打开 Oracle Container Registry[①] 页面，然后在右上侧单击 Sign In。此时会跳转到 Oracle 统一身份认证界面，使用申请 Oracle 公有云时开通的 Oracle 账户登录。登录后又会跳转回 Oracle 公共容器仓库界面，参见图 8-12，在其中选择 I Already Have an Oracle Account 下面的 Sign On 按钮。

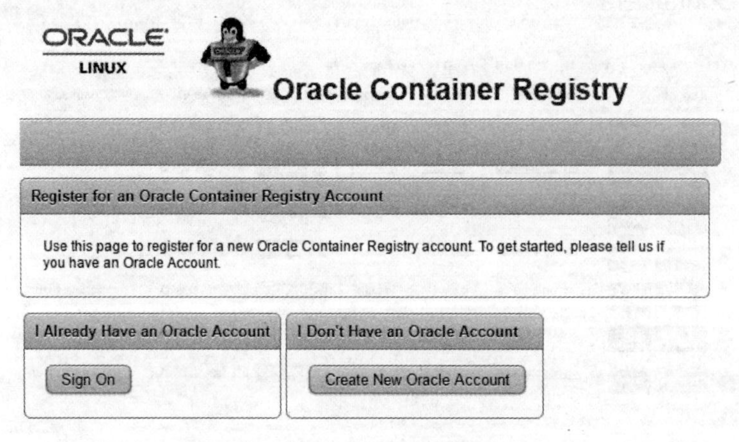

图 8-12　Oracle Container Registry 页面

① https://container-registry.oracle.com

系统会自动使用Oracle账号在Oracle公共容器仓库中创建一个用户。在图8-13中单击Create New User按钮。

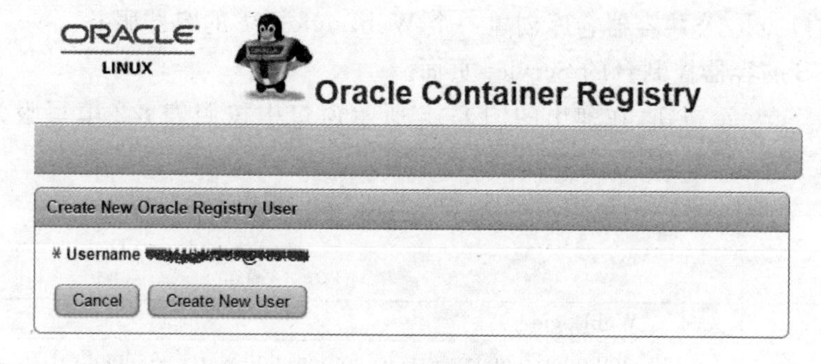

图8-13　创建用户

在图8-14的确认页面中单击Continue按钮。

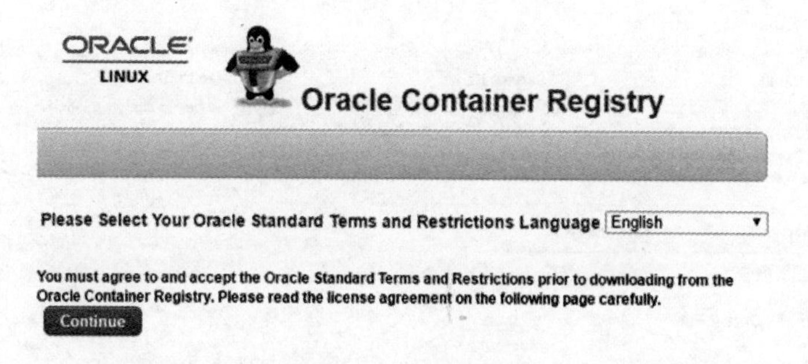

图8-14　确认页面

在Business Area区域可以看到Oracle官方提供的不同类型的Docker镜像，包括Database、Middleware、Java等。在进入Middleware链接后可以看到包括WebLogic、Tuxedo、Coherence和Webtier四个产品的Docker镜像。进入WebLogic链接后是使用此镜像的说明文档。

2. 配置公共容器仓库入口

下面将Oracle公共容器仓库的入口配置到OCCS中。

登录OCCS的容器控制台，进入Registries页面。

单击New Registry按钮，在弹出的Edit Registry窗口中按照表8-1填写配置。

表8-1　仓库配置

参　数	设置内容或说明
Email	登录用户的邮箱，一般等同Username
URL	container-registry. oracle. com
Username	登录用户
Password	登录密码
Description	oracle docker registry

单击Validate按钮，验证配置是否正确。

单击 Save 按钮，保存配置。

3. 创建 WebLogic 12c 容器服务

下面通过 Oracle 公共容器仓库创建一个 WebLogic 12c 的容器服务。

进入 OCCS 的容器控制台的 Service 页面。

单击 New Service 按钮，在弹出的图 8-15 所示窗口中按照表 8-2 填写服务配置，然后保存。

表 8-2 服务配置

参 数	设 置
Service Name	WebLogic
Image	container-registry. oracle. com/middleware/weblogic：12. 2. 1. 1
Port	将 7001 端口映射到 8080 端口上

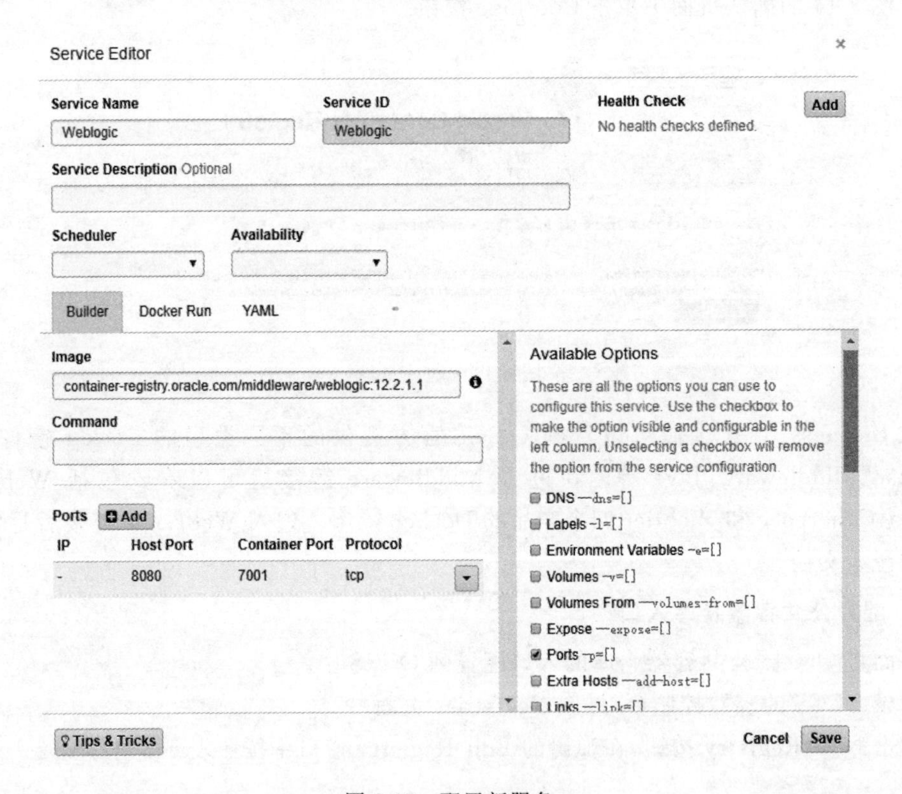

图 8-15 配置新服务

在 Services 列表中找到 WebLogic 项，然后单击左侧绿色的 Deploy 按钮，并在弹出的 Deploy WebLogic 窗口中再次单击 Deploy 按钮。

界面会转到 Deployments 页面，并显示如图 8-16 所示的下载 WebLogic 镜像的进度。

下载完成后，OCCS 会自动在 Docker 中部署这个镜像，至此我们就可以在容器列表中看到已经是运行状态的 WebLogic 容器了。

4. 验证运行环境

最后验证这个 WebLogic 12c 的容器是否能正常运行。

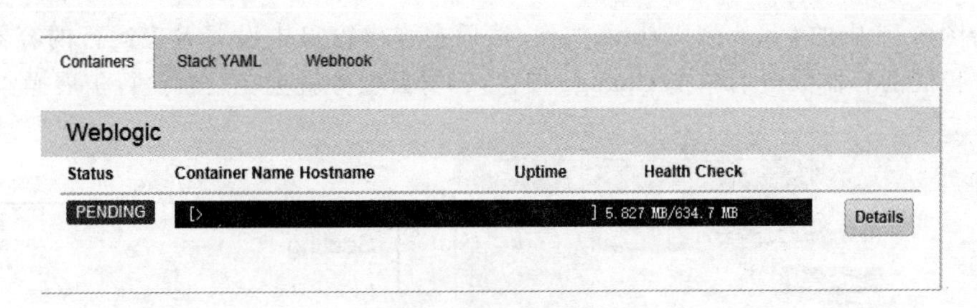

图 8-16 执行进度

通过 Container 页面中 name 一列的链接进入这个刚刚运行的 WebLogic 的容器。在 WebLogic 容器运行界面中找到 View Logs 按钮并单击。

在弹出的 Container Logs 窗口中可以看到该容器中 WebLogic 的启动日志。在日志上方找到 Oracle WebLogic Server Auto Generated Admin password 的内容,后面便是自动生成的 WebLogic 域的管理员密码。关闭日志窗口。在容器页面下方的 Environment Variables 标签里的 OCCS_HOSTIPS 变量中找到 public_ip,这就是 WebLogic Server 控制台地址。通过浏览器访问控制台地址,登录即可。

注意:如需要,可在计算云服务中确认 8080 端口没有被限制访问。

至此,我们就完成了从 Docker 公共仓库中下载 WebLogic 镜像到 OCCS、以及将新创建的服务部署到 OCCS 的容器的操作过程。

8.2.4 扩展和收缩容器云服务实例

弹性计算、按需灵活扩展和收缩是云计算的显著优势。在 Oracle 容器云服务中可以通过两个维度来扩展应用的运行环境:扩展运行容器的主机数量、扩展运行的容器数量。

首先,我们可以在 Oracle 容器云服务控制台中通过 Scale Out/Scale In 的方式增加或减少容器云服务的 worker 节点数量(即运行 Docker 容器的虚拟机节点数量)来实现应用规模的横向扩展或收缩。一个容器云服务环境最多可扩展到 50 个 worker 节点,如果收缩节点,最少可减缩至该容器云服务初始的 Worker 节点数量。不过,OCCS 不能像 Java 云服务那样通过增加虚拟主机的 CPU 和内存的数量来实现纵向 Scale up 扩展。通过 Oracle 容器云服务的控制台(即 Service Console,而不是 Container Console)进入一个容器云实例,单击右上角的图标后可在图 8-17 所示的弹出窗口中设置增加的 worker 节点数量。

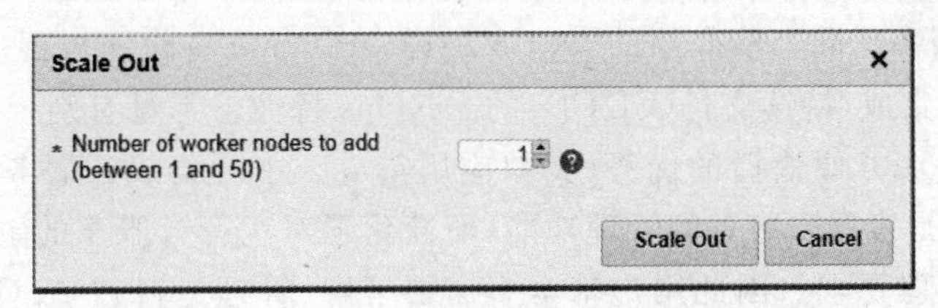

图 8-17 横向扩展

当确定了运行容器的虚拟主机数量后,可进一步设置将 Docker 容器运行在哪些主机节点上。在容器控制台中先进入 Deployments 页面,再进入一个服务或服务栈的详细页面。

此时单击图 8-18 中的 Change Scaling 按钮，然后在弹出窗口中设置希望运行的容器数量。在设置好扩展的容器数量后单击 Change 按钮，容器云服务就会在后台执行扩展操作。

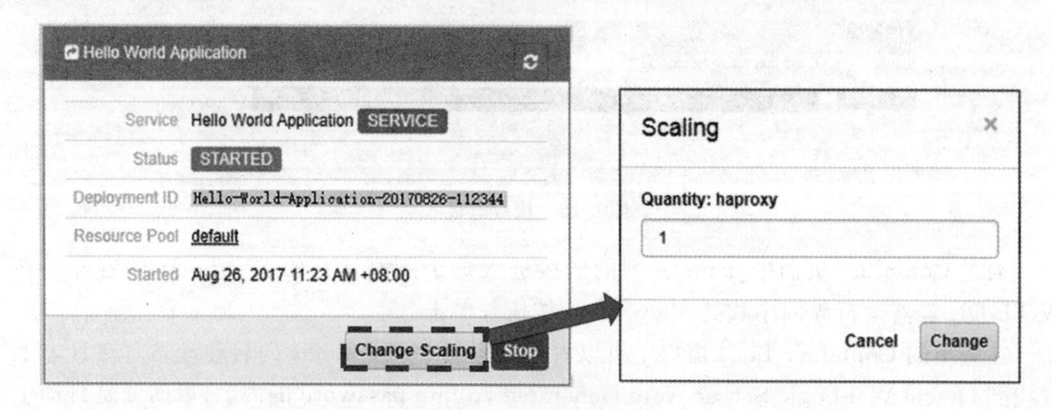

图 8-18 指定扩展数量

如果一切正常，容器云服务会在很短时间完成 Docker 环境的扩展。此时可以通过容器云服务的控制台查看该云实例的 Work 类型主机是否变多了。

8.2.5 备份和恢复容器云服务实例

为了避免由于文件损坏、误删除等情况造成容器无法运行，容器云服务提供了备份和恢复的功能。除了日常备份外，在升级容器云环境前容器云服务也会执行一次备份操作。

我们可以通过容器控制台上部的 Settings 菜单中的 Backup/Restore 进入容器实例的备份和恢复页面。Oracle 容器云服务的备份和恢复功能主要是针对容器实例的相关配置。这些被备份的 Docker 配置包括以下内容：部署、仓库、服务和栈。

不像 Java 云服务的备份是存放在 Oracle 的存储云服务上，容器配置被打包成 bin 文件并下载到用户本地由用户保管。在恢复容器环境时，容器云服务会用容备份文件中的所有配置覆盖当前运行环境的配置。因此为了保险起见，最好能在执行恢复前做一次备份。

8.3 应用容器云服务

Oracle 应用容器云服务（Application Container Cloud Service，ACCS）也是一种基于 Docker 的容器云服务。同上节介绍的 OCCS 一样，ACCS 支持快速容器供应、可同开发云服务一起提供持续集成/持续交付（CI/CD）的 DevOps 特性。不过有别于 OCCS，在使用体验方面 ACCS 具备更方便快捷的优势（类似应用集成云中的集成云服务的使用体验），即 ACCS 主要提供的是容器云服务的管理功能，而简化了对运行云服务的主机操作系统以及容器内部环境的管理要求。因此用户基本不需要了解、管理运行在 ACCS 底层的 Docker 容器的实例、服务和镜像等资源，只需要将打包好的应用部署到 ACCS 上即可运行。这一特点使 ACCS 比较适合那些需要小、快、灵应用运行环境的情况，例如移动应用中的抽奖活动，这些功能往往只在一定时段内针对某些客户才可用。通常可用微服务来实现这些功能，然后借助 CI/CD 工具（例如 Oracle 的开发者云服务）将应用自动部署到 ACCS 上运行。

如今，微服务在互联网应用中日益盛行，其不但具有快速灵活的特点，还具有不受开发语言限制的优势，因此用户可以分别使用更适合的技术来实现构成一个应用的多个微服务，例如使用 Node.js 实现异步处理微服务、使用 Python 实现复杂的算法微服务。为了为微服务提供多样性的运行环境，ACCS 内置了丰富的应用容器环境，参见表 8-3。

表 8-3　ACCS 预制的容器类型

技术类型	支持运行环境版本
Java SE	7/8/9
Java EE	7
Node.js	0.10/0.12/4/6/8
PHP	5.6/7.0/7.1
Python	2.7.13/3.6.0/3.6.1/3.6.2/3.6.3
Ruby	2.3.4/2.4.1/2.4.2
Go	1.7.6/1.8.3/1.8.4/1.8.5
.NET	1.1.2/2.0.0

在 ACCS 中既可以运行 WebLogic Server 作为运行容器，还可以运行其他容器，例如 Tomcat、Spring、Jerry 等。由于 ACCS 环境的小快灵特点，因此比较适合运行互联网应用，尤其是运行微服务。运行在 ACCS 的应用既可单独运行，还可访问其他 Oracle 云服务（例如，数据库云服务、集成云服务等），从而实现复杂的应用架构。此外，为了提高应用的扩展性和性能，ACCS 还提供应用负载均衡和数据缓存功能。

同时，作为持续集成和持续交付（CI/CD）的重要环节，ACCS 支持和 Oracle 的开发者云服务、开发工具 OEPE 和 JDeveloper 都可进行集成。这部分内容我们在介绍开发者云服务时再详细介绍。

本节首先向 ACCS 提供的容器部署一个使用 Node.js 实现的 HelloWorld 测试应用，然后再进一步介绍 ACCS 的管理功能。

8.3.1　准备应用

首先准备一个简单的 Hello World 的 Node.js 应用。

(1) 在一个空目录中创建两个文件，文件名分别为 helloworld.js 和 manifest.json。设置 helloworld.js 文件内容为：

```
var http = require('http');
var port = 8080;
var server = http.createServer(function(request, response) {
  response.writeHead(200, {"Content-Type": "text/html"});
  response.write("<html>");
  response.write("<head>");
  response.write("<title>Hello World Page</title>");
  response.write("</head>");
  response.write("<body>");
  response.write("Hello World!");
```

```
    response.write("</body>");
    response.write("</html>");
    response.end();
  });
  server.listen(port);
```

(2) 设置 manifest.json 文件内容为：

```
{
  "runtime":{
    "majorVersion":"6"
  },
  "command": "node helloworld.js",
  "release": {},
  "notes": "Hello World Nodejs Application"
}
```

(3) 用 Winzip 工具将这两个文件打包为 helloworld.zip(注意，不是对文件所在目录打包，而是直接对这两个文件打包)。

8.3.2 部署并测试应用

将准备好的应用部署到 ACCS 上。

(1) 登录 Oracle 公有云后在 Dashboard 中单击 Create Instance 区域，然后在弹出的 Create Instance 窗口的 All Services 中单击 Application Container 右面的 Create 按钮，此时界面会跳转到 ACCS 管理控制台的 welcome 页面。

(2) 先单击页面上方的 Applications 链接，然后再单击 Create Application 按钮，并在弹出窗口中选择 Node.js 的图标。

(3) 在 Create Application 弹出窗口中按照表 8-4 填写配置，其他都是默认即可。

表 8-4 应用配置参数

参　数	设　置
Name	HelloWorld
Archive	选择上一节的 helloworld.zip 文件
Instances	1
Memory	1
Node Version	6

(4) 单击 Create 按钮后 ACCS 会先在后台创建容器环境，然后将应用部署在容器中，最后启动应用。成功后便可以在应用列表中看到已经运行的 Node.js 应用，参见图 8-19。

(5) 单击图 8-19 中 HelloWorld 应用的 URL 链接(说明：ACCS 会自动将运行在 ACCS 上的应用映射到一个主机对应的地址上)，浏览器会跳转并显示“Hello World!”的页面。

(6) 重新打开 Hello World 应用的 helloworld.js 文件，将 Hello World! 一行改成以下内容：

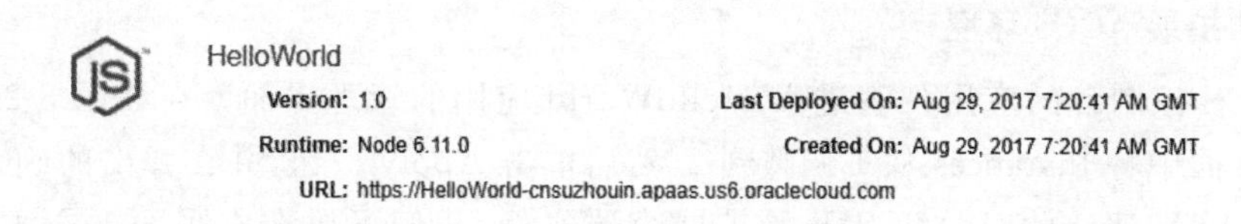

图 8-19 HelloWorld 运行状态

```
response.write("Hello World! Hello ACCS! ");
```

然后更新压缩文件 helloworld.zip。

(7) 从 ACCS 的应用列表中进入 HelloWorld 应用,然后再进入图 8-20 中的 Deployments 页面。

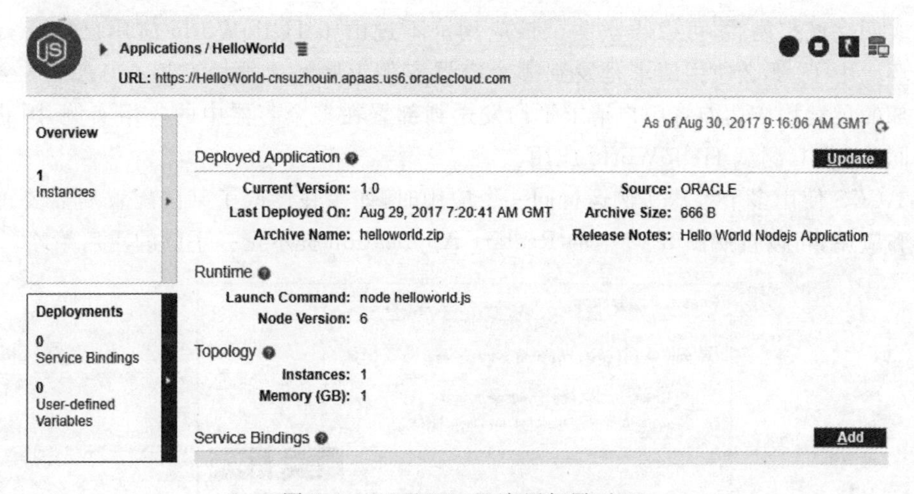

图 8-20 HelloWorld 应用部署页面

(8) 单击 Update 按钮后进入更新应用界面,然后选择 Archive 按钮上传刚刚更新的 helloworld.zip 文件,最后选择 Apply Edits 按钮提交更新。

(9) 在对 helloworld.zip 应用进行更新时,ACCS 会自动更新应用版本号。因此此时我们可看到 HelloWorld 应用的版本已经从 v1 升级到 v2。另外,也可以在 Deployments 页面中查看 Deployment History 应用经历的所有更新历史。

(10) 等应用更新完后再通过 URL 访问 HelloWorld 应用,此时可以看到页面显示已经变成"Hello World! Hello ACCS!"了。

从以上操作可以看到向 ACCS 的容器发布应用是一个非常简单的过程。除了可部署 Node.js 应用外,Oracle 还为每种支持的容器环境都提供了一个样例程序,因此读者可以在 ACCS 容器中逐一测试这些样例来了解如何使用相关技术开发和部署应用。

8.3.3 应用扩容和多实例应用环境

当应用的用户不断增加时,部署在 ACCS 上的应用性能会逐步下降,响应时间会不断上升。此时,我们可以扩展应用使用的 ACCS 容器环境,通过使用更多容器实例同时运行应用以实现横向扩展处理能力。

1. 手动扩展 ACCS 环境

在 ACCS 控制台的应用列表进入 HelloWorld 应用的管理界面。在如图 8-21 所示的 Overview 页面中将 Instances 从 1 调整到 2,然后单击 Apply 按钮,并在弹出的确认窗口再次单击 Apply 按钮。此时 ACCS 开始扩展容器实例,我们可以在本页面下方 In-Process Activity 中查看扩展实例的过程。

图 8-21 概要页面

当实例完成扩展后,可以再次测试该应用。不过由于 HelloWorld 应用已经运行在两个容器环境中了,那么应用请求是发到哪个容器实例上呢?无须用户担心,ACCS 会自动使用内部的负载均衡功能将用户请求平均发送到部署在多个容器中的应用实例,因此还可使用相同的 URL 测试 HelloWorld 应用。

当 ACCS 使用多个容器实例运行同一个应用时,如果在修改了某些配置后需要重新启动容器和应用,可以按照图 8-22 中的 Restart Application 提示选择不同的重启策略。

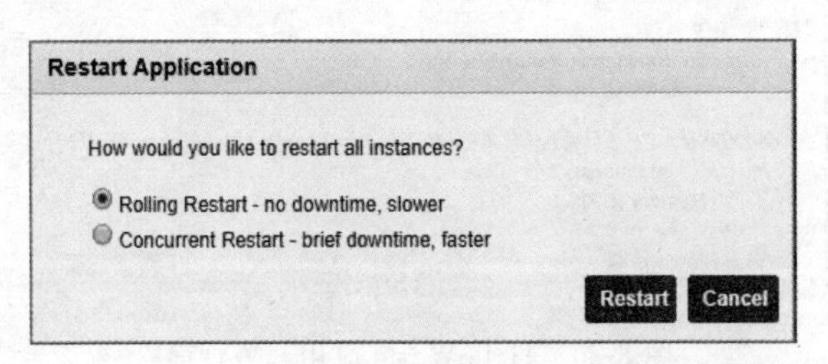

图 8-22 重启应用选项

(1) 滚动重启(Rolling Restart):ACCS 逐个重启容器实例。在重启某个实例期间,ACCS 内部的负载均衡会将用户请求转发到还在运行的应用实例,这样不会中断应用访问,但整个重启过程耗时较长。

(2) 同时重启(Concurrent Restart):ACCS 同时重启所有容器实例,因此会中断应用访问,不过重启过程耗时较短。

2. 自动扩展和收缩 ACCS

除了手动扩展 ACCS 环境外,还可根据应用运行情况以及容器的情况设置扩展规则,从而实现对应用实例使用的内存以及应用实例数量进行自动扩展和收缩。

在 ACCS 控制台中从☰菜单中单击 Auto Scaling,然后在 Autoscaling Rules 页面中单击 Create Rule 按钮。在 New Rule 对话框中,设置以下属性:

(1) Perform。

(2) GB Memory:设置每个应用实例使用的最大或最小内存。

(3) Cluster Size:设置扩展或收缩的最大或最小应用实例数。

(4) Aggregation:指定统计的最大、最小或平均值。

(5) Metric:按照内存大小或使用百分比确定内存使用率。

(6) Threshold：指定自动触发规则的值。

(7) Consecutive Periods：指定满足 Threshold 条件的持续周期数。

(8) Minutes：以分钟为单位指定每个周期的时间。

(9) Instances：指定是针对所有实例还是特定实例。

(10) Cool Down：以分钟为单位指定时间间隔，在此间隔内规则不会被再次触发。

单击 Create 按钮，此时新的规则会显示在 Autoscaling Rules 页面中。

在配置好自动扩展 ACCS 后，读者可通过测试工具(例如 LoadRunner、JMeter)对应用持续加压来验证 ACCS 自动扩展功能。

8.3.4 升级和回滚

Oracle 公有云的 PaaS 运行环境由两部分构成：云服务环境(例如数据库云服务、Java 云服务等)以及在云服务中运行的相关软件环境(例如 Oracle Database、Oracle SOA Suite 等)。

构成云服务环境的支撑软件是由 Oracle 开发维护的，这些软件功能会不断完善，因此有可能读者在阅读某些章节时会发现本书截图和实际界面有差别。Oracle 对云服务环境的升级通常是强制性的，这是由于升级不仅意味着可以使用更新更多的功能，还意味着环境更加安全可靠。在 Oracle 对云服务环境升级前会向用户的公有云管理员发送通知邮件，以告知维护操作的时间段。

Oracle 公有云服务实例内部的软件环境通常是由应用的开发商或维护方使用各软件的控制台来管理的。由于这些软件和应用相关度非常高，因此 Oracle 只是负责测试并认证这些软件在云服务中的兼容性，而由用户自行决定是否需要对这些软件进行更新升级。如图 8-23 所示，开始选择 Java SE 8 版本的运行环境。当 Java SE 8 发行补丁并经过 Oracle 测试认证后，可以在 ACCS 控制台的 Administration 页面中发现有可更新的补丁。

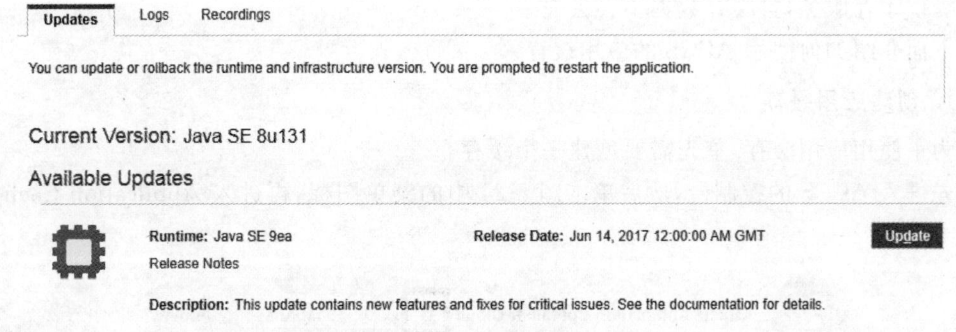

图 8-23 更新页面

在更新 ACCS 容器内的软件运行环境时，可选择如何更新多个容器环境：是并行同时更新还是逐个更新。在更新 Java SE 的版本后如果发现没有达到预期的效果，用户可以在页面的 Update and Rollback History 部分使用 Rollback 功能将相关软件的环境退回到更新前的状态。

为什么在 OCCS 中没有更新相关软件的提示呢？这是由于 OCCS 被 Oracle 归类为 IaaS 云服务，在管理分工方面由 Oracle 负责维护 Docker 容器以下的 IaaS 运行环境，而让用户自行安装、升级那些在容器中运行的 PaaS 软件(例如 WebLogic、Tomcat、Apache 等)。而同样是容器云服务,ACCS 则归属于 PaaS 云服务。在 ACCS 容器中运行的 PaaS 软件全部是由 Oracle 提供的经过兼容性测试的认证软件(有 Oracle 官方兼容性认证的好处是一旦这些软件在容器内运行有问题,Oracle 会提供技术支持服务),因此当这些软件有新的版本后,Oracle 会提示用户是否更新升级。

8.3.5 应用容器中的应用缓存

作为优化应用架构、提高应用性能的有效手段,缓存技术正在被越来越多的互联网应用所使用。Oracle 公有云提供了两种应用层面的缓存服务,一种是在 Java 云服务中提供的基于 Oracle Coherence 软件实现的应用缓存,另一种是在 ACCS 中提供的应用缓存,它也是通过 Oracle Coherence 软件实现的。

Oracle Coherence 是一种企业级分布式数据网格产品。Oracle Coherence 提供的是基于中间件的应用缓存服务,即数据缓存是在应用中间件一方,而并非是利用数据库的内存。除了利用内存加速数据读写速度外,Oracle Coherence 还支持事务处理和基于内存的并行计算,因此非常适合综合性的内存数据处理和计算要求。

ACCS 的应用缓存功能是使用 Oracle Coherence 实现的。为了达到简化操作和管理的目标,ACCS 对 Oracle Coherence 的管理操作和访问 API 都进行了高度封装,从而简化了用户使用体验。不过由于这种封装使得用户只能使用其最核心的数据缓存功能,而无法使用并行计算等高级功能。

由于当关闭或重启主机时保存在 Oracle Coherence 内存中的数据会全部丢失,因此为了确保能够持续不断地为应用提供缓存服务,ACCS 会将用户存储在缓存中的数据自动保存到多个 Coherence 缓存实例中。这样无论哪个缓存实例出现问题,其他缓存实例还可以继续提供缓存服务,且缓存数据不会丢失。

下面介绍如何使用 ACCS 的应用缓存。

1. 创建应用缓存

为了使用应用缓存,首先需要创建一个缓存。

先进入 ACCS 的控制台,然后单击图 8-24 中的菜单图标,再进入 Application Cache 菜单项。

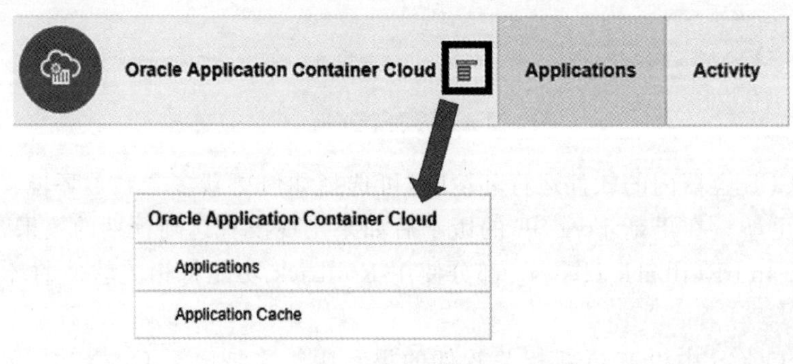

图 8-24 应用缓存

在 Application Caches 页面中单击 Create Service 按钮就可以创建应用缓存服务了。通过设置部署类型(Deployment Type)确定缓存节点数量和部署分布,部署类型包括两种:

(1) 基本(Basic):用一个容器存放缓存数据。

(2) 推荐(Recommended):至少用 3 个容器存放缓存数据。不但可以存放更多的数据,还提供高可靠性,可避免单个容器发生故障引起的数据丢失情况。

另外,还要设置缓存容量(Cache capacity)确定需要缓存多少有效数据。用来存放有效数据的缓存空间大小,即考虑数据冗余后的数据占用空间。当缓存容量不够用时,可进入应用缓存中的 Scale Service 菜单,对缓存进行容量扩容

2. 访问应用缓存

ACCS 为前端应用提供了两种访问应用缓存的接口:Java API 和 REST API。其中 REST API 的通用性更强,任何应用只要支持 REST 即可访问 ACCS 中的应用缓存。而 Java API 接口的使用过程更加简单,使用表 8-5 中的相关 Java 方法访问 ACCS 的缓存数据即可。

表 8-5　应用缓存 API

方　法	说　明
get(key)	获得关键字为 key 的缓存数据
put(key, value)	将关键字为 key 的缓存数据设为 value
putIfAbsent (key, value)	如果缓存中没有关键字 key 的数据或对应的缓存数据为 Null,则将关键字为 key 的缓存数据设为 value
replace(key,value)	如果缓存中有关键字为 key 的数据,则将其替换为 value
replace(key,oldValue,newValue)	如果关键字为 key 的缓存数据为 oldValue,则将至替换为 newValue
remove(key)	将关键字为 key 的缓存数据从缓存中删除
clear()	清除缓存所有数据

第9章

应用集成云

9.1 功能丰富的集成云

除了数据库云服务和 Java 云服务外，Oracle 公有云还提供了功能丰富的集成云来帮助用户解决应用资源的集成问题。如图 9-1 所示，Oracle 集成云包括以下领域的集成功能。

(1) 数据集成：数据集成的功能集中体现于 Oracle 数据集成平台云，它提供了 ETL、数据质量、数据治理、实时数据复制等功能。

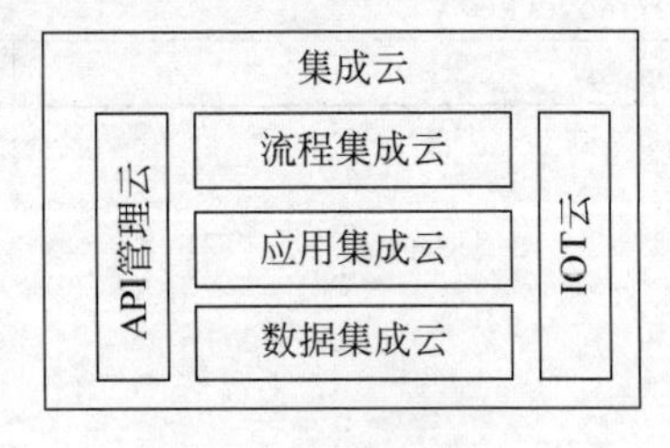

图 9-1 集成云架构

(2) 应用集成：负责整合不同应用间的功能，主要包括集成云服务(Integration Cloud Service，ICS)和 SOA 云服务(SOA Cloud Service，SOACS)。

(3) 流程集成：负责整合应用的业务流程，包括自动化和人工流程。流程集成是通过 Oracle 流程云服务实现的。

(4) API 管理：通常大多数的集成成果可以 API 的形式存在，API 管理的功能就是负责统一管理集成成果并统一访问这些 API。

(5) IOT：是针对物联网的云服务，提供基于数据驱动的物联网资源连接、集成和分析等功能。

在 Oracle 的集成云中包含以上多种类型的云服务，本章重点介绍与应用集成相关的“集成云服务”和“SOA 云服务”。其中集成云服务是专门为公有云环境提供的应用集成环境，集成过程具有配置简单、实现快速的特点；而 SOA 云服务则是大家比较熟悉的 Oracle SOA Suite 在公有云上的运行环境，它提供更加强大的应用集成功能，能够完成各种复杂的应用集成需求。

9.1.1 易用的应用预集成云环境

Oracle 集成云服务是一个非常易用的应用预集成云环境。之所以称之为预集成环境，主要体现在用户无须过多关注集成环境底层的运行环境、无须复杂的配置过程，即可完成对运行在用户数据中心的应用或运行在云上的应用进行集成，并能保证集成成果平稳可靠运行。

当用户使用 Oracle 集成云服务时会注意到在它的运行环境中看不到、也不需要配置对应的数据库、集群、计算服务的型号等资源。用户对集成云服务的所有管理过程都是在它的管理控制台上完成的，而无须像 Java 云服务那样要分别在云管理控制台、WebLogic 管理控制台、OTD 管理控制台等多个界面中进行分别操作。之所以这样，是由于集成云服务运行环境将所有构成组件都高度封装起来，不但降低了实现应用集成的技术门槛，同时还帮助用户降低维护管理的专业性和工作量。

虽然集成云服务的目标是让用户更多关注如何实现集成逻辑，而无须过多关注底层运行环境，不过在此还是向读者介绍一下其底层的运行架构。

如图 9-2 所示，一个 Oracle 集成云服务实例环境是由 4 个虚拟机组成的，分别运行名为集成云服务 XXXX(XXXX 为自动生成的 4 位数字)的 WebLogic 域和 Proxy 负载均衡。其中 WebLogic 域中的管理实例为 AdminServer，受管实例分别为集成云服务_server1 和集成云服务_server2。两个受管实例构成一个集群，每个受管服务实例分配了 8GB 内存，AdminServer 是通过对应虚拟机中运行的节点管理器(Node Mananger)远程管理受管实例的。

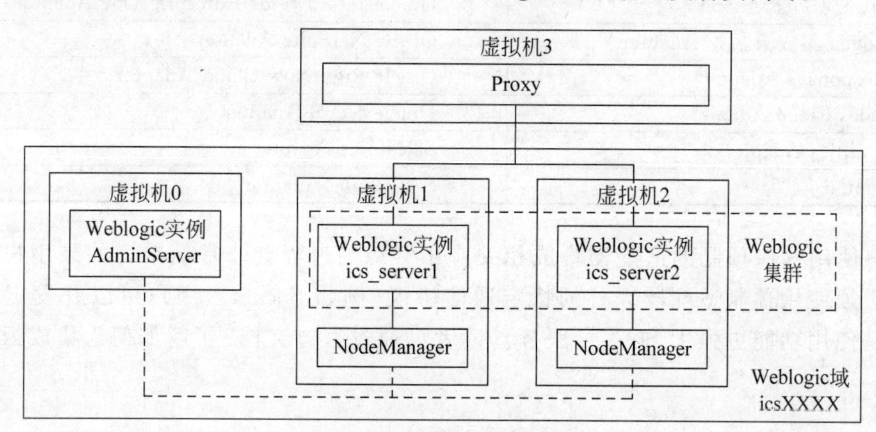

图 9-2 集成云服务架构

要实现应用集成，还缺少不了访问各种应用资源的适配器(Adapter)，Oracle 为应用集成云预置了大量的适配器。有了这些适配器，用户通过配置向导即可轻松集成现有应用的接口。截至本书发布，Oracle 集成云服务提供了表 9-1 列出的几十种适配器。

表 9-1 集成云服务支持的适配器列表

数据库类适配器	
Oracle Database Adapter	MySQL Adapter
Microsoft SQL Server Adapter	DB2 Adapter

续表

消息类适配器	
Oracle Messaging Cloud Service Adapter	Oracle Advanced Queuing (AQ) Adapter
JMS Adapter	
通用协议类适配器	
FTP Adapter	File Adapter
SOAP Adapter	REST Adapter
社交/生产力类适配器	
Adobe eSign Adapter	DocuSign Adapter
Concur Adapter	Eventbrite Adapter
Gmail Adapter	Google Calendar Adapter
Google Task Adapter	Microsoft Email Adapter
Microsoft Calendar Adapter	Microsoft Contact Adapter
Twitter Adapter	Facebook Adapter
Evernote Adapter	LinkedIn Adapter
Trello Adapter	Twilio Adapter
MailChimp Adapter	SurveyMonkey Adapter
商业软件或云专用适配器	
Oracle Commerce Cloud Adapter	Oracle CPQ Cloud Adapte
Oracle E-Business Suite Adapter	Oracle Field Service Adapter
Oracle Eloqua Cloud Adapter	Oracle ERP Cloud Adapter
Oracle HCM Cloud Adapter	Oracle JD Edwards EnterpriseOne Adapter
Oracle Logist 集成云服务 Adapter	Oracle NetSuite Adapter
Oracle Responsys Adapter	Oracle RightNow Cloud Adapter
Oracle Sales Cloud Adapter	Oracle Siebel Adapter
Oracle Utilities Adapter	Salesforce Adapter
SAP Adapter	SAP Ariba Adapter

用户使用这些预制的适配器集成相关应用资源的过程会非常简单。如果用户要集成的应用必须使用预制适配器以外的特定通信协议(例如 Socket),用户可以开发定制的适配器或是使用功能更强大 SOA 云服务。读者可通过官方文档[1]了解如何为集成云定制适配器。

9.1.2 集成云服务的相关概念和集成过程

为了使用集成云服务实现应用集成,需了解图 9-3 所示集成云服务的集成功能中相关集成概念、功能组件和集成过程。

(1) 连接(Connection):指的是集成云服务和被集成应用之间建立的通信通道,一个连接是适配器的一个实例。通过设置适配器的运行参数,就可在集成云服务和被集成应用之间建立连接。根据被集成应用在集成过程所处的不同角色,连接分为触发连接和调用连接。

① https://docs.oracle.com/en/cloud/paas/integration-cloud-service/cccdg/creating-custom-cloud-adapters-cloud-adapter-sdk.html

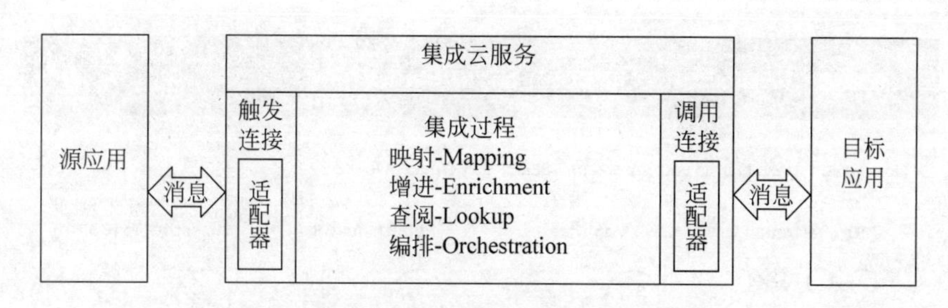

图 9-3 集成云服务的集成功能

(2) 集成触发方(Trigger)和被调用方(Invoke):在集成过程中主动触发集成过程的源应用是触发方,集成过程调用的目标应用是被调用方。

(3) 消息:从源应用接收或向目标应用发送的数据。

(4) 集成过程:配置连接,并根据业务需要把从源应用接收的消息经处理后发送到相关目标应用的过程。

(5) 映射(Mapping):将一种格式的数据转换成另一种格式的数据的过程。集成云服务主要通过 XSLT 技术实现数据映射。

(6) 增进(Enrichment):根据需要补充完善消息内容,例如在源应用发送的订单消息中没有客户等级信息,而目标应用需要该信息。此时可在集成过程中调用 CRM 应用系统以获取客户等级信息,并将其补充到原有消息中。

(7) 查阅(Lookup):在对消息的数据进行映射时,可通过使用可重用的查阅表将消息中的内容转成标准格式或内容。例如,将消息中的城市编号替换为城市名称。

(8) 编排(Orchestration):编排处理的应用间复杂消息处理、流转和分发过程,尤其适合多应用集成的场景。

(9) 包(Packages):可以将集成过程放在包中进行分组管理,例如,将包中的集成过程一起导入/导出。

(10) 代理(Agent):为能够更安全地集成那些运行在企业内网的应用,可使用部署在企业内网的代理环境。

传统的集成过程很多是通过编码实现的,而在 Oracle 集成云服务上进行的应用集成过程全部是在管理控制台上通过配置完成的。使用集成云服务实现应用集成主要包括以下步骤。

(1) 为源和目标应用创建连接(Connection)。

(2) 创建并配置集成(Integration),包括选择集成过程模式并配置映射、增进和查阅等操作。

(3) 激活集成过程并进行版本管理。

(4) 监控跟踪集成运行。

9.1.3 多样的应用集成模式

根据应用集成场景的不同需求、集成目标数量、集成目标交互方式、集成业务复杂度等差异,集成云服务提供了图 9-4 描述的 4 种常用的应用集成模式。

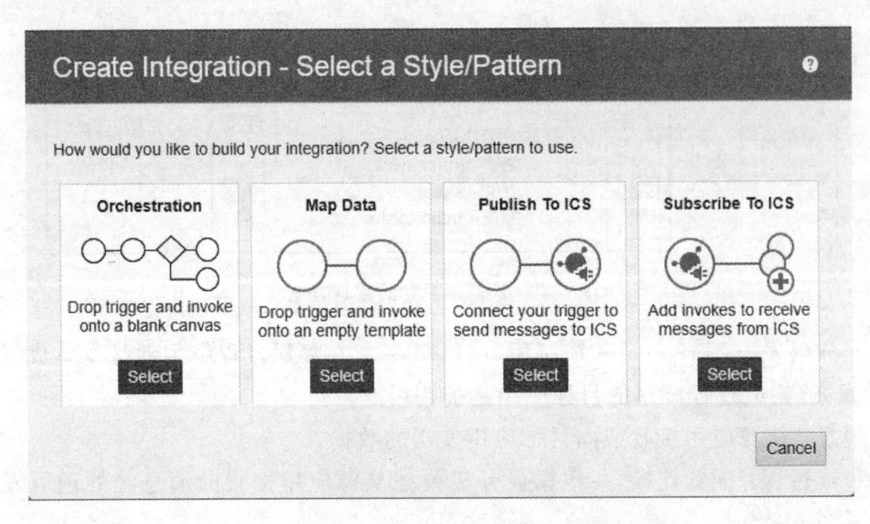

图 9-4　应用集成模式

(1) 映射数据模式(Map Data)：一进(源应用)一出(目标应用)的基本集成模式，通常也称为穿透模式。集成云服务在进和出之间通过映射进行数据转换，在内部是通过同步调用方式实现的。

(2) 编排模式(Orchestration)：集成云服务使用业务流程执行语言(Business Process Execution Language，BPEL)引擎实现复杂应用集成。编排模式能够同时集成多个应用，并支持在集成中循环处理消息、分支合并、异步通信、基于定时触发等众多复杂应用集成功能。

(3) 向集成云服务发布模式(Publish To ICS)：用来实现消息发布—订阅模式的发布端功能，即源应用将消息发送到集成云服务上。

(4) 从集成云服务订阅模式(Subscribe To ICS)：用来实现消息发布—订阅模式的订阅端功能，即目标应用从集成云服务上订阅并接收消息。

9.2 使用集成云服务

本节通过一个实例说明如何使用集成云服务实现应用集成，并在此过程中介绍集成云服务的管理控制台功能以及集成配置过程。

9.2.1 用集成云服务集成应用系统

1. 集成场景与架构

本节要实现的应用集成场景如图 9-5 所示，这是个典型的通过映射模式实现的集成场景。该场景用一个应用(Bill.war)来模拟电力公司的计费系统，它以 Web Service (BillService)的方式提供用户每月的账单服务。图中左侧“缴费通”应用的目标是为用户提供的一个统一的第三方公共缴费应用，即可以用它交水费、电费、交有线电视费等。我们的目标是使用集成云服务把缴费应用和计费系统集成起来，将计费系统的“账单服务”经集成云服务转成“缴费通”应用可以使用的统一标准的“客户账单服务”。为此，需在集成云服务中配置名为 CustomerService 的集成服务，该集成成果即为“缴费通”应用提供了“客户账单服务”。

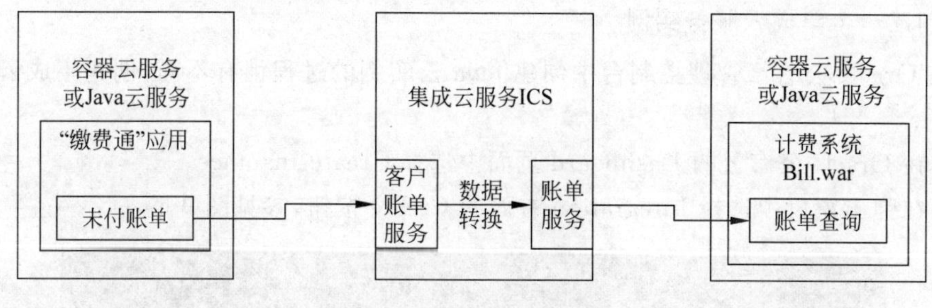

图 9-5 集成场景

在完成以上集成配置后，我们将向运行在集成云服务上的“客户账单服务”发送测试报文来测试其运行情况。此外，我们还将模拟集成运行时发生错误，从而了解集成云服务是如何处理应用集成中的异常。

2. 准备运行环境

为了使用集成云服务实现应用集成场景，需要准备以下环境：至少需要一个 Java 云服务实例或是一个包含 WebLogic Server 的容器云以运行被集成的计费系统应用；使用 SoapUI[①] 软件模拟“缴费通”应用发出的请求。

在准备好上述运行环境后，首先通过以下步骤将 Bill. war 应用部署在 Java 云服务（或容器云）中的 WebLogic 上。

（1）从本书提供的下载链接中下载本节目录中的 Bill. war 文件，它是用来模拟被集成的计费应用系统。另外下载 WSDL 文件，该文件描述了集成云服务提供的“客户账单服务”的 Web Service 接口规格。

（2）使用管理员登录运行在 Java 云服务（或容器云）的 WebLogic 控制台，先在左侧中进入 Deployments，然后单击右侧窗口中的 Install 按钮。

（3）在 Install Application Assistant 中找到 Upload your file(s) 链接并进入，然后单击 Deployment Archive 右侧的按钮，并在弹出窗口中找到本地 Bill. war 文件，然后单击 Next 按钮。

（4）在有 Locate deployment to install and prepare for deployment 提示的窗口中通过 Recently Used Paths 链接进入以下目录（可能域名部分会有差异），并确认该目录下有刚刚上传的 Bill. war 文件。选中该文件左侧选项，然后单击 Next 按钮。

```
/u01/oracle/user_projects/domains/base_domain/servers/AdminServer/upload
```

（5）单击 Next 按钮后再单击 Finish 按钮即完成 Bill. war 应用的部署。

（6）最后进入 Deployments 后确认 Bill 应用是 Active 状态。如果不是，可在 Summary of Deployments 中的 Control 一栏中选中该应用，然后选择 Start 按钮中的 Servicing all requests 选项即可。

① https://www.soapui.org

(7) 应用部署成功后可以通过访问 http://<public_ip>：8080/Bill/BillService?WSDL 地址获得“订单服务”的 WSDL。

3. 创建一个集成云服务实例

和在 Oracle 公有云管理控制台中创建 Java 云实例的过程稍有不同,创建集成云服务的过程如下:

(1) 在 Oracle 公有云的 Dashboard 页面中选择 Create Instance。

(2) 在弹出窗口中选择 Integration 右面的 Create 按钮,参见图 9-6。

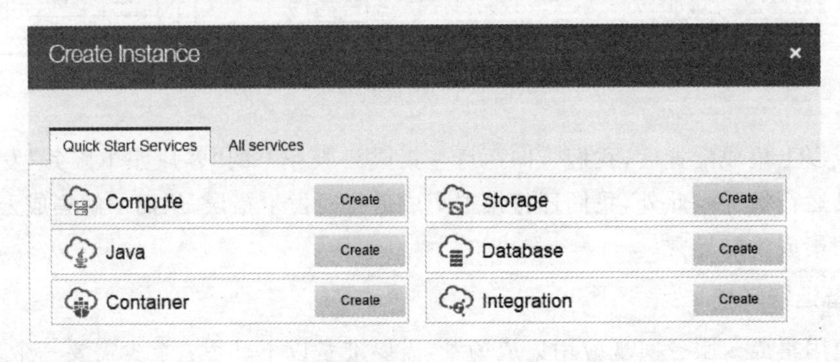

图 9-6 创建集成云服务

(3) 在 Create New Oracle Integration Cloud Service Instance 页面中提供实例名:myics。

(4) 单击 Create 按钮,并再次确认提交。

在完成以上操作后,稍后会收到成功创建集成云服务实例的邮件通知,届时就可以在 Dashboard 中看到 myics 的集成云服务实例了。

4. 配置账单服务连接

下面在集成云服务上配置被集成的账单服务。

(1) 登录 Oracle 公有云,从 Dashboard 中进入集成云服务。然后单击图 9-7 中的 Open Service Console 连接进入集成云服务的控制台。

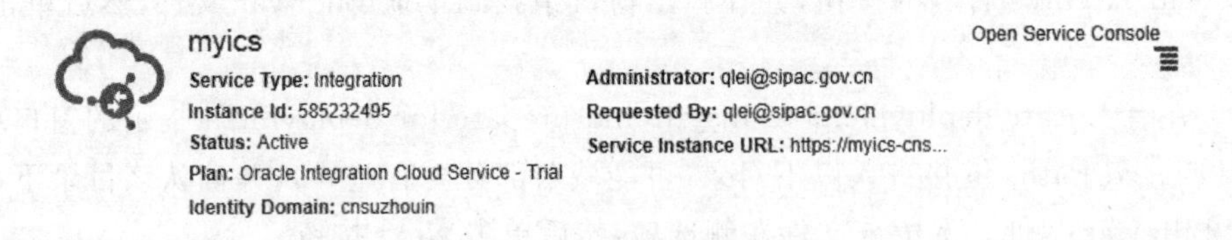

图 9-7 进入集成云服务控制台

(2) 在页面的 Connections 区域单击 Create Connections 后会跳转的新页面并弹出 Create Connection-Select Adapter 窗口。在列表区找到 SOAP 图标,然后单击下面的 Select 按钮。

(3) 在 Create New Connection 窗口中根据表 9-2 填写连接配置,然后单击 Create 按钮。

表 9-2 账单服务连接的配置

参 数	值
Name	BillService
Identifier	BILLSERVICE
Role	Invoke

在 BillService 的配置页面找到 Configure Connectivity 按钮并单击进入。然后在弹出的 Connection Properties 窗口中为 WSDL URL 提供上面验证过的订单服务的链接地址(即 http://< public_ip >: 8080/Bill/BillService? WSDL),然后单击 OK 按钮关闭窗口。

(4) 由于此实例不需要身份认证即可允许访问 BillService,因此单击 Configure Security 按钮,然后在 Credential 窗口中将 Security policy 设为 No Security Policy。

(5) 在 BillService 的配置页面上方单击 Test 链接测试该服务,然后在 Confirmation 窗口中单击 Validate and Test 按钮,集成云服务将验证 WSLD 的合法性并进行连通性测试。在通过测试后,集成云服务会提示 Connection BillService was tested successfully,此时 BillService 页面上方也会显示蓝色 100%的状态,而在 Connections 列表中也可看到其状态,如图 9-8 所示。

图 9-8 BillService 服务状态

5. 配置客户服务连接

如前面集成架构说明,CustomerService 是用来向前端应用提供的以客户为中心的服务,它提供的是 Web Service 访问接口。为完成客户服务连接的配置,我们重复上一小节中步骤(2)～(5)的配置过程即可,注意配置的差异如下:

根据表 9-3 创建客户服务连接。WSDL URL 选择 Upload File 方式上传,该 WSDL 文件在前面步骤中已下载到读者的本地目录了。

表 9-3 客户服务连接的配置

参 数	值
Name	CustomerService
Identifier	CUSTOMERSERVICE
Role	TRIGGER

6. 配置基于映射数据模式的应用集成

要实现的应用集成场景属于典型的穿透型集成,因此使用映射数据模式(Map Data)即可将"缴费通"应用调用的客户账单支付服务(CustomerService)转换为水电公司的计费系统的账单服务(BillService)。

(1) 在集成云服务的 Connections 页面中单击顶部的菜单图标,如图 9-9 所示,显示集成云服务的导航菜单。

ORACLE Integration Cloud

图 9-9 菜单图标

(2) 进入 Integrations 后可以看到一些示例。单击右上方的 Create 链接，在弹出窗口中选择 Map Data 下的 Select 按钮。

(3) 在新的 Create New Integration 窗口中将此 Integration 命名为 Customer2Bill，接受 Identifier 的自动命名 CUSTOMER2BILL，然后单击 Create 按钮。

(4) 此时页面会显示 Customer2Bill(1.0)的 Map Data Integration 配置界面，其中主区域为数据映射区，右侧为可用的资源区。

(5) 拖动在 Connections 中的 CustomerService 图标到主区域的 Drag and Drop an Trigger 上方，此时会弹出 Configure SOAP Endpoint 窗口。只需要把 What do you want to call your endpoint 设为 GetCustomerBill，其他都接受默认设置，最后单击 Done 按钮。

(6) 拖动在 Connections 中的 BillService 图标到主区域的 Drag and Drop an Invoke 上方，在弹出的 Configure SOAP Endpoint 窗口中把 What do you want to call your endpoint 设为 GetBillByMonth，其他都接受默认设置即可，单击 Done 按钮后主区域可现实如图 9-10 所示的集成拓扑。

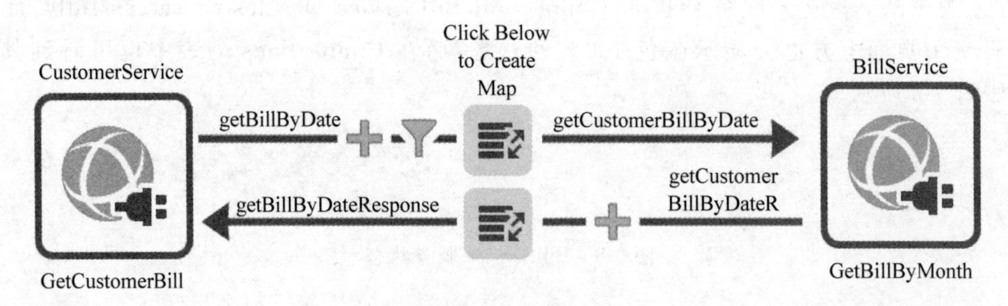

图 9-10 集成拓扑

说明：Map Data 模式可将启动集成的触发方 Trigger 和被集成的调用方 Invoke 的应用接口进行对接。如果两者的请求和响应的数据格式或内容不同，可以通过 Mapping 进行数据格式转换或通过 Enrichment 补充缺失的数据。

(7) 单击 Click Below to Create Map 下方的 Request Mapping 图标，然后单击加号“十”进入数据映射页面。

(8) 参照表 9-4，通过拖曳在左侧和右侧字段之间建立其映射关系，完成以后如图 9-11 所示。

表 9-4 映射对应关系

左侧(Source)	右侧(Target)
Cust-＞id	CustomerID
Date-＞year	Year
Date-＞month	Month

说明：集成服务是如何实现映射的？可以单击 CustomerID 上的链接，界面弹出 Build Mappings 的窗口，参见图 9-12。其中左侧是提供源应用的接口格式和可用的操作，右侧是经映射后的提供给被集成目标应用的接口格式，从中可以看出集成服务使用了 XSLT 技术实现数据格式转换。

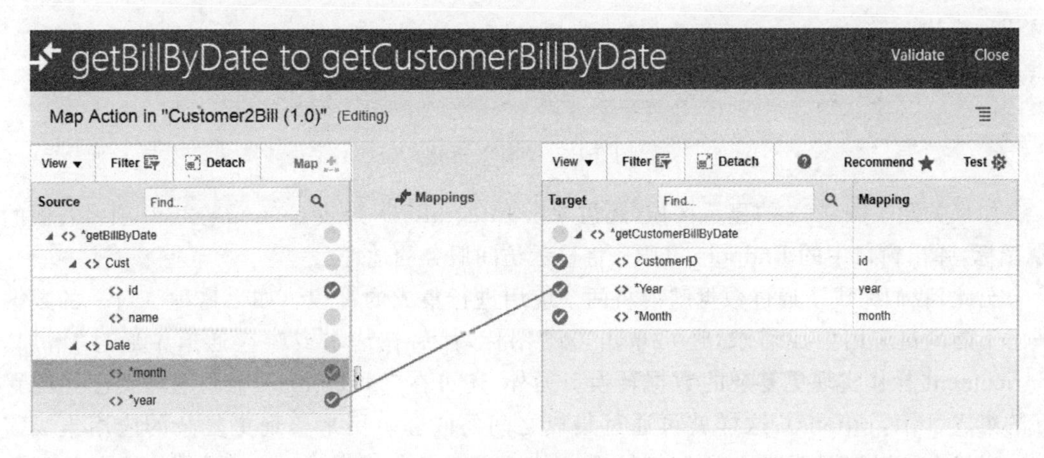

图 9-11 映射

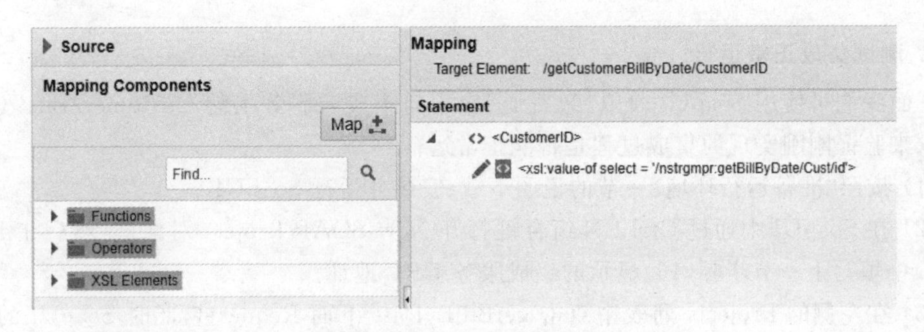

图 9-12 Build Mappings 窗口

(9) 在数据映射页面中可通过 Validate 来验证映射是否有效，另外还可单击 Test 按钮在 Test Mapper 窗口中对映射进行验证测试。

(10) 测试后可关闭映射页面，返回到步骤(4)中提到的 Map Data Integration 页面。

(11) 在代表响应结果的向右指向的实线上单击 Response Mapping 图标，通过"+"进入相应的数据映射页面。由于 Source 和 Target 的返回数据结构一样，因此只需要将左侧 getCustomerBillByDateResponse 下的 return 拖曳到右侧 getBillByDateResponse 下的 return 上并确认即可，然后保存并关闭此映射页面。

(12) 再次回到 Map Data Integration 页面，然后单击 Save 下方的 Actions 图标，并在弹出菜单中单击 Tracking。

说明：跟踪(Tracking)是集成云服务提供的对每笔流经应用集成的数据进行记录的功能。用户可以在集成云服务控制台的 Monitoring 中查看这些跟踪记录。

(13) 在 Business Identifiers For Tracking 窗口中将 id、year、month 拖到右侧 Tracking Field 上，最后单击 Done 关闭窗口。

(14) 在 Map Data Integration 页面单击 Close 并确认保存，退回到 Integrations 列表页面。

(15) 在 Integrations 列表中可以看到 Customer2Bill(1.0)的集成，其右侧有一个激活状态开关，需要把它打开，这个集成才真正在集成云服务上生效。

(16) 当激活 Customer2Bill 成功后，页面上方会提示如何访问该集成。可以单击图 9-13 WSDL 连接中的 URL 地址，由于该集成服务的接口为 SOAP 类型，因此会显示其对应的

WSDL 描述。

Integration Customer2Bill (1.0) was activated successfully. You can access it via https://myics-cnsuzhouin.integration.us2.oraclecloud.com:443/integration/flowsvc/soap/CUSTOMER2BILL/v01/?wsdl.

图 9-13　WSDL 连接

如果关闭了图 9-13 的显示区域，还可单击 Integrations 列表 Customer2Bill 项目右侧的 ❶ 图标，弹出窗口中的 Endpoint URL 将显示访问服务的地址。

至此，我们完成了通过数据映射将两个应用进行集成的过程。如果这种一对一的数据映射不能满足应用集成需求，还可单击“＋”图标，然后在请求或响应通道中通过“增加”Enrichment 操作实现更复杂的数据转换。另外，还可在 Enrichment 中调用其他已经配置好的集成(Integrations)，这样就可通过集成之间的嵌套引用来实现更复杂的应用集成需求。当然也可以使用更加灵活的编排(Orchestration)的集成模式来实现非常复杂的应用集成场景。

7. 测试集成正常运行

下面我们可使用 SoapUI 模拟“缴费通”应用向集成云服务上的 Customer2Bill 发起业务请求来验证刚刚实现的集成过程是否能正常运行。

(1) 按照“准备运行环境”一节的说明下载、安装并运行 SoapUI。

(2) 在 SoapUI 中通过 Ctrl＋N 组合键打开 New SOAP Project 对话框，然后在 Initial WSDL 中填写上一节步骤(16)显示的集成服务 URL 地址。

(3) 在左侧的 Projects 列表中双击 getBillByDate 下面 Request1，此时 SoapUI 的右侧区域会出现测试区。其中左侧显示的是要发送的请求报文，右侧为返回的结果报文。

(4) 参照图 9-14，首先将自动生成的 SOAP 请求报文中的“?”替换为测试数据，例如 id 设为 10000，year 设为 2017，month 设为 5。

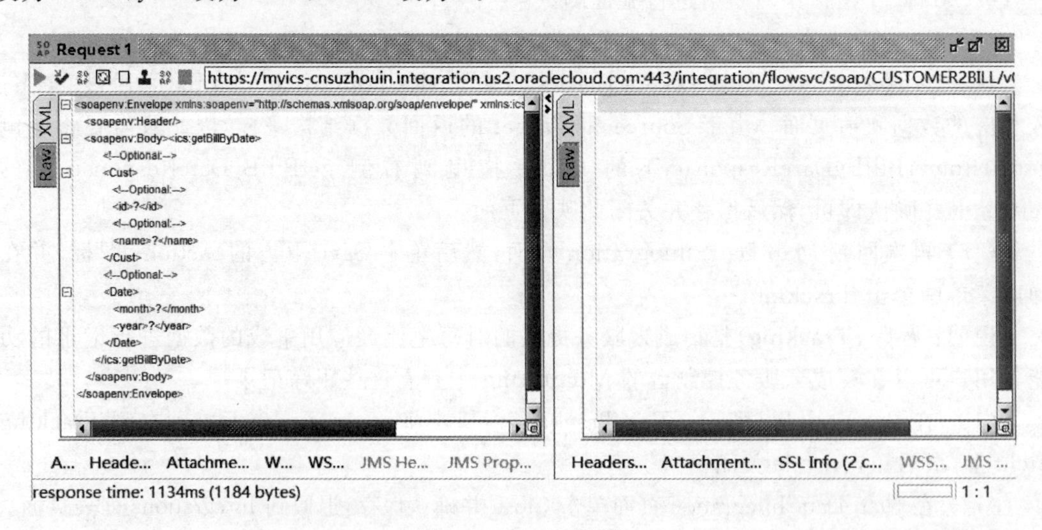

图 9-14　SOAP 测试

(5) 在 SoapUI 左侧的 Properties 窗口中找到 Username 和 Password 属性，然后填上登录 Oracle 云的用户名和密码。

(6) 右击请求报文，分别选择 Add WSS Username Token 和 WS-Timestamp。SoapUI

会自动在请求中增加响应的报文头。

(7) 单击图 9-14 中上面的绿色箭头按钮向集成云服务提交测试报文,正常情况下会在右侧响应区看到返回结果。

至此,我们已经成功验证客户端可以调用运行在集成云服务上的"客户账单服务",并且集成云服务通过 Customer2Bill 的集成过程成功调用了后台的"账单服务"。此外,在向集成云服务发送完测试报文后可以在 SoapUI 上看到结果。另外,我们还可在集成云服务的监控管理控制台中查看流经集成云服务的业务报文。

8. 测试集成运行错误

下面关闭 Bill 应用来模拟当集成云服务无法访问被集成应用的异常情况。此时集成云服务将记录出现的错误,并且将错误返给向集成云服务发起请求的客户端。

(1) 再次登录 Java 云服务(或容器云)的 WebLogic 控制台。

(2) 单击左侧 Domain Structure 中的 Deployment,然后在右侧 Summary of Deployments 选择 Control 标签,在列表中选择 Bill 应用左侧的复选框,然后单击 Stop 按钮并选择 Force stop now 选项。稍后 Bill 应用会由 State 状态会变成 Prepare 状态。

说明:此时被集成的 Bill 应用已经不能被访问了。如果希望恢复其使用,可再次选中它,单击 Start 按钮,并选择 Servicing all requests 选项即可。

(3) 再按照上一小节方法使用 SoapUI 向集成云服务的 Customer2Bill 集成发送一个重新生成的测试报文,此时可看到集成云服务返回的错误提示 SOAP 报文。其中,faultcode、faultstring、以及 detail 的 reason 说明了错误情况; location 说明了在哪里产生的错误; request_payload 记录了产生错误的原始报文。

除了在 SoapUI 客户端上看到返回的错误提示外,还可通过集成云服务的监控管理功能查看流经集成云服务的所有消息记录和错误信息。

9. 为应用集成创建新版本

在集成云服务中,我们可以在设计器(Designer)中的集成(Integrations)里使用数据映射、编排模式等实现应用集成过程。通常应用集成中的业务逻辑不会是一成不变的,因此需要通过修改集成的实现来体现需求的变化。为此,集成云服务提供了版本管理功能来跟踪集成实现的变化情况。

集成云服务用"主板本.次版本.补丁版本"标记集成的版本号。当集成过程发生较大变化时(例如消息内容发生了变化)应该升级集成的主板本号;而当集成逻辑没有本质变化(例如增加消息日志处理)时可以升级次版本;当修正了 Bug 后升级补丁版本号即可。在集成云服务中,当集成同时存在多个版本时,只有主板本不同的集成可同时运行处理请求,即如果主板本相同而次版本或补丁版本不同的同名集成,在同一时间集成云服务只允许运行一个主版本的集成。例如,当有多个版本的 Customer2Bill 集成时,可以同时运行 1.0.0 版和 2.0.0 版的集成,但是在 2.0.0 版和 2.0.1 版之间只能同时运行一个集成,当用户启动一个集成后另一个集成会自动停止运行。

下面介绍如何为集成创建新版本:

(1) 在集成云服务控制台中的设计器(Designer)中的集成列表中找到 Customer2Bill,单击右侧 Action 图标,然后在下拉菜单中进入 Create Version,此时弹出如图 9-15 所示

Create Integration Version 窗口。

(2) 将 Version 中的 01.00.0000 改为 01.01.0000 升级该集成的次版本号，然后单击 Create Version 按钮关闭窗口。

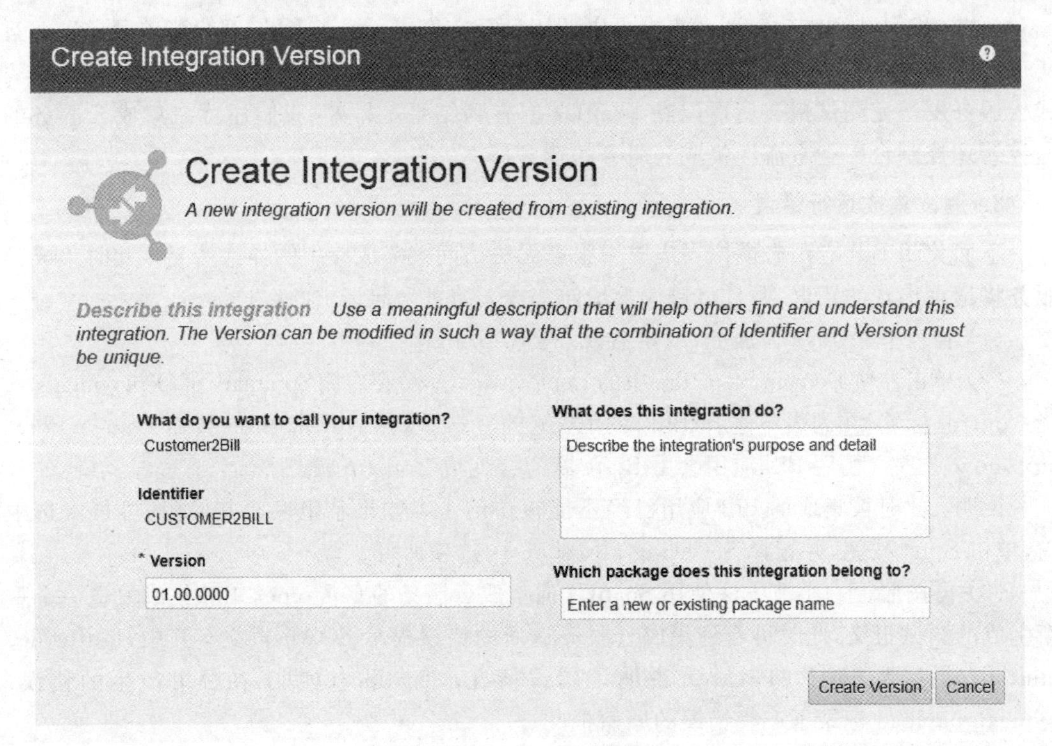

图 9-15 创建集成版本

(3) 返回集成列表，可以发现此时多了一行 Customer2Bill (1.1.0)，参见图 9-16。

图 9-16 集成列表

(4) 重复步骤(1)～(2)，再创建新版本 Customer2Bill (2.0.0)。

(5) 通过集成右侧的激活开关图标激活 Customer2Bill (2.0.0)，成功后可以看到它能和 Customer2Bill (1.0.0)的集成同时运行。

(6) 通过集成右侧的激活开关图标激活 Customer2Bill (1.1.0)，成功后可以看到同属于相同主板本的 Customer2Bill (1.0.0)被自动停掉了。

10. 通过导出/导入实现集成的迁移和备份

如果在 Oracle 公有云上有多个集成云服务的运行实例，例如一个用来作为开发测试环境、一个用来作为生产环境，用户可以使用集成云服务提供的导入/导出功能在不同的集成云服务环境之间迁移集成配置。在集成云服务中可以将配置好的应用集成资源打包导出成集成归档文件，然后再导入到另一个集成云服务的实例中。即便在公有云中只有一个集成云服务实例，用户也可使用导入/导出功能对生产环境的配置进行备份和恢复。此外，用户还可使用该功能将集成的相关配置导入到Oracle的开发工具JDeveloper中，从而实现离线开发集成过程。

(1) 首先进入Customer2Bill (1.0.0)的编辑界面，然后在Actions的下拉菜单中单击Export项目，此时会提示下载集成归档文件CUSTOMER2BILL_01.00.0000.iar。

(2) 下载后可以解压该文件并查看其中的内容，从中可以发现集成云服务会在导出Customer2Bill(1.0.0)时将所有其所用到的连接(Connections)配置一起导出。

(3) 回到集成云服务设计器的集成列表界面，确保Customer2Bill(1.0.0)是“非激活”状态。然后单击页面右侧的Import连接，在弹出的Import Integration窗口中选择刚刚下载到本地的CUSTOMER2BILL_01.00.0000.iar文件并单击Import按钮。由于此时集成云服务环境中已经有这个Customer2Bill(1.0.0)版本的集成了，因此会弹出Replace Existing Integration提示。选择Import and Replace按钮即可。

9.2.2 更多的设计模式和示例

本章前面介绍的Customer2Bill示例使用的是映射数据集成模式，在集成云服务上还可使用其他集成模式实现不同的集成需求。

1. 其他集成示例

为了能让用户在使用集成云服务时更容易上手，在集成云服务中为每种集成模式提供了示例，见表9-5。用户可以通过这些示例了解每种集成模式的实现构成。

表9-5 集成示例

集成名称	复杂度	说明
Echo	简单	通过REST触发的请求/响应编排模式
Hello World	简单	通过REST触发的请求/响应编排模式，并在其中发送通知邮件
Hello World Invoke	轻度	通过REST触发的编排模式，集成流程中外调了REST服务并记录日志
Hello World Data Map Invoke	轻度	通过REST触发的映射数据模式。此外，集成流程还外调了REST服务
File Transfer	中度	使用基于计划调度的编排模式，可定时从“/”目录读取文件并写入到“upload”目录
Incident details from Service Cloud	中度	从Oracle云中获取故障ID，并将故障描述返回给调用方

2. 编排模式

Oracle集成云服务使用了基业务流程执行语言(Business Process Execution Language，BPEL)的技术规范来实现集成编排模式。在编排模式中，用户可使用表9-6中的各项操作以实现一对多的服务集成、循环处理消息数据、异步通信回调、基于定时触发、错误捕获等各种复杂的集成业务逻辑。

表 9-6 编排模式支持的操作

操 作	说 明
Assign	赋值操作,将一个值赋给一个变量标识
Function Call	可以在集成中调用 JavaScript 方法
Logger	将消息记录到日志中
Map	映射数据,将一种数据格式转化为另一种数据格式
Notification	向指定的用户发送邮件通知
Scope	将若干操作或外调作为一组,以便整体控制错误
Stage File	在基于计划调度的集成中可用来在 Stage 区域处理文件,例如对文件进行压缩、解压缩、读取整个文件、按照块读取文件、写入文件等
Switch	在集成中实现有多个分支的路由。例如,如果在支付消息中指定的是用二维码支付方式,则集成会将支付消息路由给二维码支付服务;如果指定用网银支付方式,则集成会将支付消息路由给网银支付服务
For Each	根据指定元素进行循环处理。例如,当订单状态发生变化后,从客服系统中获取所有需要通知的邮箱,然后在集成云服务中逐一发送通知邮件
While	当条件满足时可一直循环执行相关的操作
Raise Error	人工生成失败错误消息并发供给集成云服务的错误诊断框架,以便在集成云服务的管理控制台中进行跟踪和处理。例如,当发现消息报文格式错误,可使用该操作记录错误报文以便事后进行跟踪和排查
Fault Return	向触发集成服务的一方返回错误消息,然后终止集成流程处理。例如,在上述例子中当发现消息报文错误后,在记录错误报文内容后,可提前结束集成处理并将错误返回给触发方
Callback	对于异步集成的情况,停止集成处理并通知集成的触发方
Return	正常结束集成处理流程,并返回结果
Stop	停止集成流程,但不会返回集成触发方任何响应
Wait	让集成流程延缓执行一段时间。例如,在基于文件的异步松耦合集成过程中,当集成还未获取响应结果时,可先暂停处理几秒钟,然后再尝试获取响应文件

下面通过集成云服务中自带的示例来了解编排模式。进入集成云服务的设计器页面,在集成列表中找到 Hello World 集成。进入后可以看到 Hello World 集成采用的编排模式界面,参见图 9-17。其中主区域为 BPEL 编排展现区,右侧有可用的 Invokes 和 Actions。当鼠标停在每个图标上方会自动提示该节点的编排摘要信息,也可以在弹出的窗口中查看和编辑集成逻辑。

下面了解 Hello World 集成的请求/响应消息格式和编排模式的处理过程:

集成入口是通过 REST 方式接收请求,并可接收 email 的参数,而返回格式为 json。

当 HelloWorld 集成接收到请求后通过 switch 分支节点判断请求中是否提供了 email 参数。如果 email 参数非空,则:

(1) 用名为 logIncoming 的日志活动向日志中记录以下字拼接的符串:

```
concat( "Hello World was invoked by ", name, ". Email will be sent to ", email, "!")
```

(2) 在 assignSecondaryTracking 赋值活动中将 email 参数赋值给 tracking_var_2 变量。

(3) 在 sendEmail 通知活动中向 email 中的收件人发一封邮件。

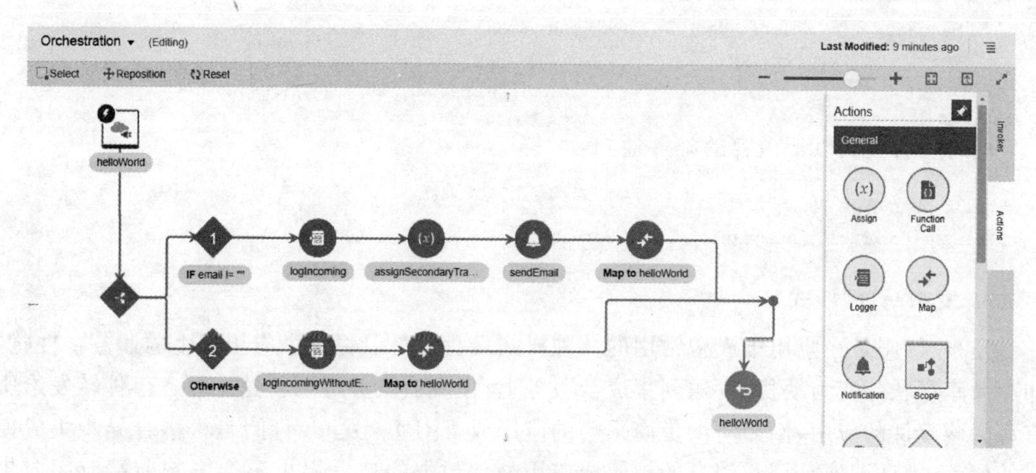

图 9-17 集成编排页面

(4) 使用数据映射活动将请求转换为响应格式。

如果 email 参数为空,则:

(1) 用名为 logIncomingWithoutEmail 的日志活动向日志中记录以下字拼接的符串:

```
concat( "Hello World was invoked by ", name, ".")
```

(2) 在 assignSecondaryTracking 赋值活动中将 email 参数赋值给 tracking_var_2 变量。

(3) 使用数据映射活动将请求转换为 json 的响应格式。

HelloWorld 集成向触发方返回 json 格式结果。

下面对 HelloWorld 集成进行测试。在测试前需要先将它激活。在浏览器中访问以下地址,如果需要则在认证窗口中提供访问集成云服务的用户名和密码:

```
https://public - ip/integration/flowapi/rest/HELLO_WORLD/v01/names/Danny
```

浏览器会收到以下结果:

```
{
  "Hello" : "Danny",
  "Message" : "\"Welcome to ICS!!!\"",
  "Email" : "\"Email address was not provided.\""
}
```

说明:在生产环境中为了安全,建议为每个访问集成的客户端创建一个只能访问服务的 Oracle Integration Cloud Service Runtime Role 用户。

在浏览器中访问以下地址(可将 xxx@xxx.xxx 换成读者的邮箱),如果需要则在认证窗口中提供访问集成云服务的用户名和密码:

```
https://public - ip/integration/flowapi/rest/HELLO_WORLD/v01/names/Danny?email = {x xx@xxx.
xxx}
```

浏览器会收到以下结果:

```
{
  "Hello" : "Danny",
```

```
    "Message" : "\"Welcome to ICS! Check your email.\"",
    "Email" : " xxx@xxx.xxx "
}
```

同时还会收到以下内容的邮件通知：

```
Hello Danny,
Welcome to Oracle Integration Cloud Service !
```

3. 发布/订阅模式

发布/订阅是在应用集成中常用的一种模式。我们可以将一个应用产生的业务事件(例如商品库存状态变为缺货)发送到集成云服务上，集成云服务可以将这个业务事件转发给所有订阅该事件的应用(例如向供货商采购的应用或 ERP)。发布/订阅是松耦合异步集成模式的代表，因此即便是订阅消息的被集成应用处理数据的速度慢也不会影响前端应用向集成云服务发送业务事件。由于集成云服务使用的是内部消息机制实现的发布/订阅模式的集成，因此对每次发送和接收的消息有限额限制，单个消息最大不能超过 10MB。

为了在集成云服务上实现发布/订阅，需要用到两个集成过程：向集成云服务发布(Publish to ICS)、从集成云服务订阅(Subscribe to ICS)。这两种模式的集成成对使用，要从集成云服务订阅消息就必须先向集成云服务发布消息。在集成云服务中使用了内部的消息机制来实现发布/订阅，并对之高度封装且简化了配置，因此用户无须配置底层的消息队列或主题，只需要配置和发布/订阅相关的连接及集成即可。

(1) 向集成云服务发布(Publish to ICS)：外部应用(如图 9-18 中的电子商务网站)将代表业务事件的消息(例如，缺货商品数据)发送到集成云服务上。由于集成云服务中存放的是原始数据，因此在这一过程中不能对消息进行映射转换。

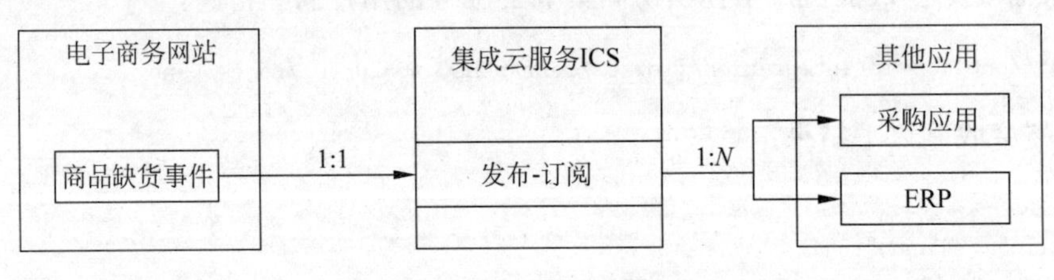

图 9-18　发布/订阅

(2) 从集成云服务订阅(Subscribe to ICS)：那些希望接收业务事件的应用首先向集成云服务订阅该消息，当集成云服务从消息系统中获得数据后向所有订阅该消息的应用发送数据。当配置订阅时，用户必须选择一个发送消息的发布集成，即说明想从哪个消息源接收数据。发布模式的集成和订阅模式的集成是一对多的关系，即一个发布模式的集成可以对应多个订阅模式的集成。可以在订阅模式的集成中使用数据映射操作，以将消息转换成订阅应用所能识别的数据格式。

9.2.3　集成部署在企业内网的应用

当需要集成部署在用户数据中心的应用时，用户需要考虑应用访问的安全问题。通常出于安全考虑，用户通常会把 ERP、HR 以及数据库等关键企业软件部署在自有数据中心的内网中运行。那么 Oracle 集成云服务如何集成那些运行在用户数据中心的应用呢？用户可以根据情况在以下解决方案中做出选择。

1. 连接代理

通常为了安全考虑，用户的核心应用或数据库都运行在防火墙内部，同时通过防火墙严格限制外部的入栈访问。连接代理（Connectivity Agent，或称为 On-Premises Agent，用户数据中心代理）是 Oracle 集成云服务为集成部署在用户数据中心的应用资源提供的解决方案。

如果不能在防火墙上为特定访问协议打开入栈端口，则可以使用连接代理。连接代理使用消息队列的机制模拟从 Oracle 集成云服务向用户数据中心应用发送入栈请求，整个过程是由如图 9-19 中的集成云服务和连接代理相互配合完成的，即集成云服务先把入栈消息放进连接代理的消息队列（在版本为 17.1.3 以前的集成云服务中使用 Oracle 消息云服务，从版本 17.1.3 开始使用集成云服务的高级消息队列），连接代理再从消息队列中取到入栈消息，最后推送给用户数据中心中被集成的应用。如果应用有响应，可按照上述过程将响应消息反向转发给集成云服务。

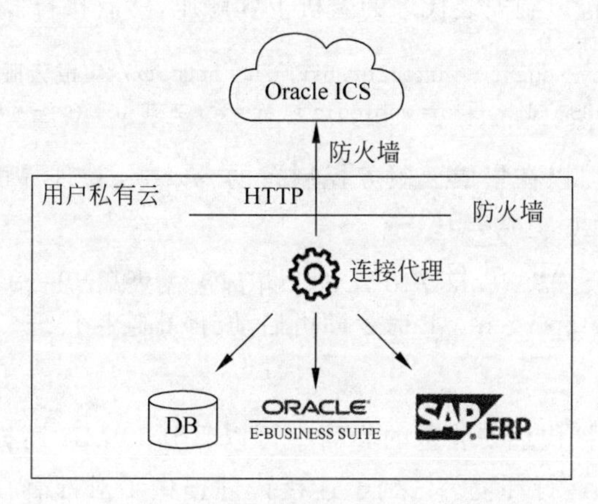

图 9-19　连接代理

由于所有连接代理都使用 SSL 协议和公有云通信，因此可以确保在网络上传输的数据的安全性。另外，这种机制不需要在防火墙上开额外的入栈端口，因此不会将用户数据中心内部应用系统暴露给外部系统，确保了用户数据中心应用的安全。

连接代理支持适配器发起的从集成云服务发向用户数据中心应用的入栈请求，这些适配器包括 File、JMS、Microsoft SQL Server、Oracle Database、Oracle E-Business Suite、SAP 和 Siebel。

连接代理支持适配器发起的从用户数据中心应用发向集成云服务的出栈请求，这些适配器包括 SOAP、File、Microsoft SQL Server、MySQL Database、Oracle Database、Oracle E-Business Suite、REST、SAP 和 Siebel

连接代理是需要用户自行下载并安装在用户数据中心中。用户可通过以下方法获取连接代理的安装包并安装运行。

（1）如图 9-20 所示，单击集成云服务首页中的 Create Agents 链接。

（2）在 Create New Agent Group 对话框中设置 Agent Group Name，然后单击 Create 按钮。

说明：代理是通过代理组进行管理的。一个代理组可以包括多个代理，这样做可以实

图 9-20 创建代理

现高可用的代理运行环境。另外,通常一个主机运行一个代理即可。

(3) 在 Agents 页面中单击右侧 Download 后选择 Connectivity Agent 即可下载。

说明:目前集成云服务提供 Linux 的安装包,且安装需要提前安装好 Oracle JDK 1.7 或 1.8。

(4) 将下载的安装包传到安装代理的主机上并解压,然后执行以下命令安装:

```
./cloud-connectivity-agent-installer.bsx -h=https://<集成云服务_HOST>:443 -u=<ICS_USER> -p=<ICS_PASSWORD> -au=weblogic -ap=<AGENT_USER> -ad=<AGENT_PASSWORD>
```

(5) 当安装结束后可以在集成云服务控制台的 Agents 管理界面中看到对应的 Agent Groups 的代理数量会由 0 变成 1。

(6) 进入安装目录< Agent_Home >/user_projects/domains/agent_domain,然后分别执行 startAgent.sh 和 stopAgent.sh 命令即可启动、停止连接代理。

2. 执行代理

在上一节的下载连接代理安装包的界面中可以看到 Oracle 还提供了一种称为执行代理(Execution Agent)的运行环境。区别于连接代理提供了对部署在用户数据中心中应用的访问通道(应用集成过程其实还是在集成云服务上运行的),执行代理是直接在用户数据中心中运行一套集成云服务环境,且所有集成过程都在执行代理中被执行。由于是在用户数据中心本地运行的一个完整集成环境,因此称之为用户数据中心集成云服务(On-Premises Oracle Integration Cloud Service)。

如图 9-21 所示,由于运行执行代理是一套运行在用户数据中心的集成云服务环境,因此其运行环境除了需要有 Java 和 WebLogic 运行环境外还必须有 Oracle 数据库来存放集成云服务的配置数据和监控管理数据。集成的配置和管理过程是通过浏览器访问本地集成云服务的控制台实现的。而在本地集成云服务运行期间,执行代理会将其运行状态同步到公有云的集成云服务中,以使公有云上的 Oracle 云服务管理员也可了解其运行状况。

那么已经有了公有云的集成云服务,为什么还需要用户数据中心集成云服务呢?用户数据中心集成云服务主要针对的是被集成应用全部运行在企业内网的情况。在这种情况下,使用用户数据中心集成云服务可在本地直接执行集成过程,而无须转到公有云上执行,因此集成执行效率会更高。另外,由于用户数据中心集成云服务和公有云上的集成云服务采用完全相同的技术架构和功能,因此如果未来需要将部署在用户数据中心的应用迁往公有云运行,那么可直接将用户数据中心集成云服务的相关配置导入到公有云集成云服务中

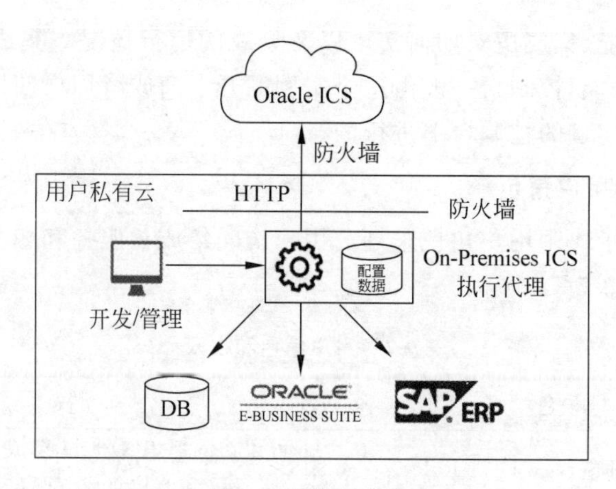

图 9-21 执行代理

即可，即快速实现集成配置的“提起和迁移”(Lift-and-Shift)。

3. 通过 VPN

在 Oracle 公有云和用户私有网络之间建立基于 VPN 的安全访问通道，使得 Oracle 公有云可以直接访问运行在用户私有网络的应用资源。这种实现方式完全是建立在 IaaS 网络层面的解决方案。

9.2.4 监控和管理集成云服务

在云环境管理的监控方面，Java 云服务、数据云服务、SOA 云服务等都允许用户登录到计算云服务虚拟主机的 Oracle Linux 操作系统中查看系统日志或监控系统运行情况。而集成云服务提供的是轻量简化的应用集成、管理监控的用户使用体验，用户只能使用浏览器访问集成云服务的控制台来完成对其运行环境的监控和管理。

1. 两层的管理控制

和大多数 Oracle PaaS 公有云一样，集成云服务也有两层的管理控制台，分别管理整体集成云服务环境和集成云服务实例内的环境。

第一层是集成云服务整体环境的控制台，用来管理整体集成云服务环境，通常由整个云环境的管理员负责维护。该管理员主要关注云服务环境的整体资源运行情况、计费情况，而无须关心应用集成是如何实现的。其中：

(1) 在 Overview 中提供集成云服务的生效日期、订阅服务、所在数据中心、身份域等常用信息；

(2) 在 Billing Metrics 中根据度量指标跟踪云服务的使用情况并可进行计费；

(3) 在 Resource Quotas 中跟踪集成云占用的资源配额情况，例如连通被集成应用的连接数；

(4) 在 Business Metrics 中按照集成云服务实例显示流经集成的消息总数量；

(5) 在 Status 中按照时间和集成云服务实例维度显示每个云服务的可用性情况(包括可用、计划内停机、计划外事故)。

另外，集成云服务整体环境控制台中还可统一管理其他集成云服务的用户。

第二层是集成云服务的实例控制台，用来管理集成云服务实例的内部环境。该层用户主要关注应用集成功能、集成逻辑如何实现以及集成的运行情况。集成实例的控制台包括集成设计器、监控等功能，控制台一般由这个实例的开发商或者用户使用。本章中大部分操作都是在集成云服务实例的控制台上进行的。

2. 集成云服务的用户角色

集成云服务提供了4种用户角色来划分用户访问集成云服务和相关资源的权限。这些用户角色的权限见表9-7。

表9-7 用户角色和权限

用户角色	权限
Oracle Integration Cloud Service User Role	可以访问所有Oracle集成云服务的功能包括创建、部署和监控集成、配置安全证书
Oracle Integration Cloud Service Monitors Role	只能监控Oracle集成云服务，不能修改任何配置
Oracle Integration Cloud Service Runtime Role	只能访问运行在集成云服务上的服务接口。通常用来提供给访问集成服务的应用端使用
Oracle Integration Cloud Service Administrator Role	用来下载用户数据中心集成云服务相关软件的用户

3. 监控集成云服务的运行情况

1）集成和消息跟踪

下面看看如何使用云服务实例控制台查看集成运行情况和流行消息情况。

（1）在集成云服务的控制台中可以通过单击顶部的菜单图标显示集成云服务的导航菜单，见图9-22，然后依次进入Monitoring→Dashboards菜单，此时页面右侧显示集成云服务的整体运行情况。

图9-22 集成云服务控制台

(2) 在 Integration Health 下拉菜单中还可以进入 System Health 查看集成云服务底层数据库、存储、消息等运行状态,见图 9-23。

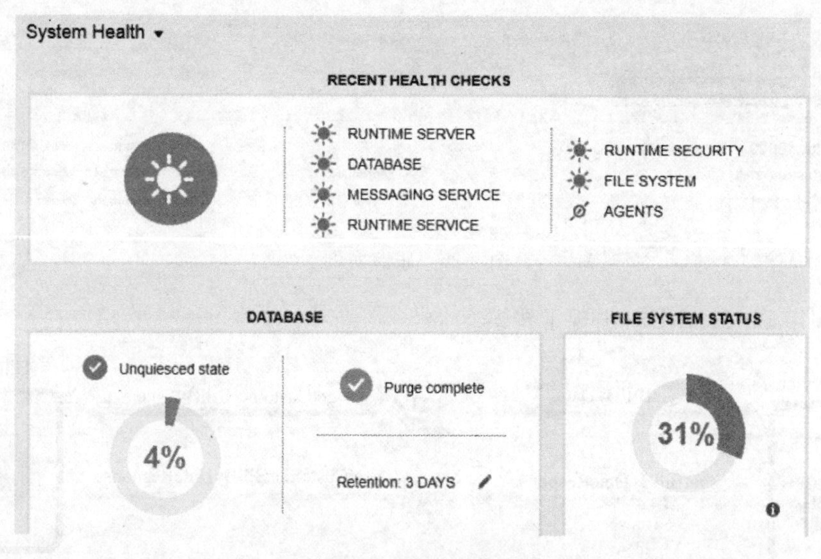

图 9-23 系统健康状态

(3) 在左侧导航菜单中单击 Integrations 后右侧即显示被监视的 Integration 列表和流经的消息数量。如果没有显示出 Customer2Bill,可尝试单击图 9-24 中的 Last 1 Hour 下拉列表,将显示的时间范围选长些。

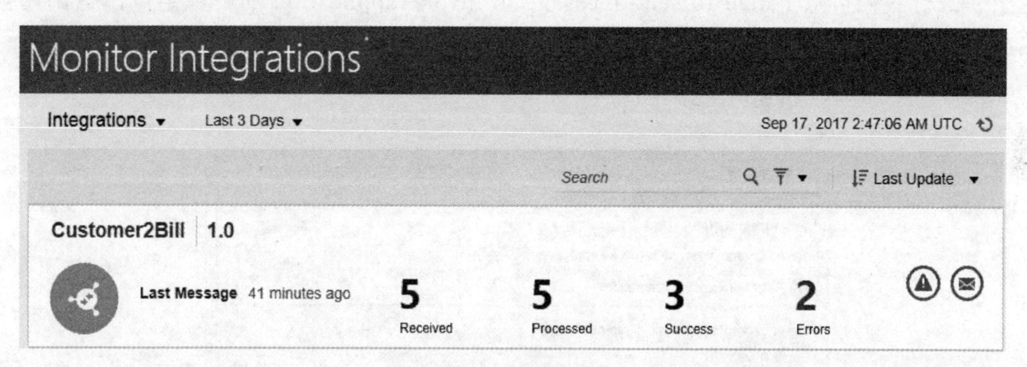

图 9-24 监控集成

(4) 单击图 9-24 中统计出的流经消息数字,此时页面会跳到 Track Instances 显示流经集成云服务的所有报文实例和运行跟踪记录,例如在集成云服务的实例号 800012、开始运行和完成时间、运行用时的信息。如果报文实例非常多,可以通过 Search 直接查找 10000 或者设置 Fileter 过滤条件查看流经集成云服务的报文实例。最后还可再单击图 9-25 中的 id: 10000 链接来查看更详细的报文流转界面。

2) 查看和处理运行错误

下面看看如何使用云服务实例控制台查看集成运行情况和流行消息情况。

(1) 单击进入左侧导航栏中的 Errors 查看集成云服务跟踪记录的错误。

(2) 单击 id 进入该错误查看其详细情况。可以从图 9-26 中的黑色线框定位到集成云

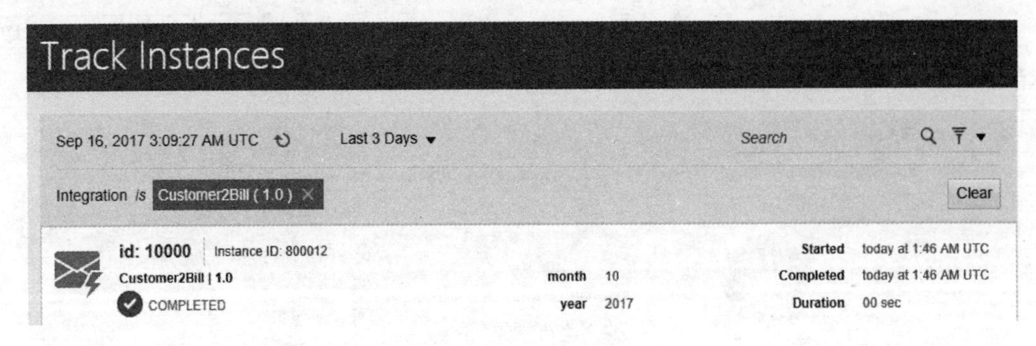

图 9-25 跟踪实例

服务是在调用 BillService 时出现了错误。

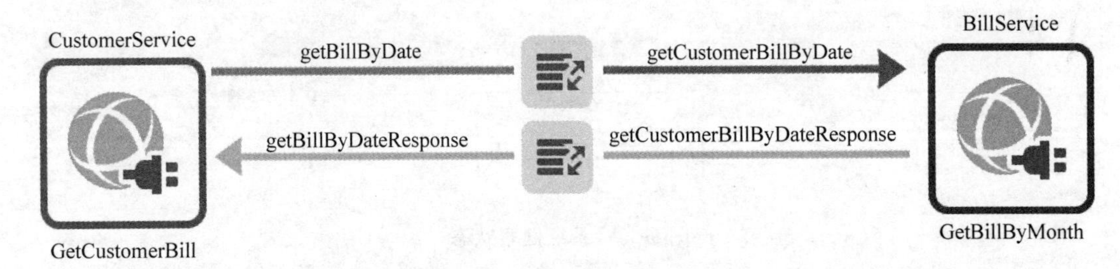

图 9-26 跟踪错误

(3) 在单击 BillService 的黑框区域后会弹出 Audit Trail 窗口说明错误是如何产生的，见图 9-27。我们可从 Failed to send message to invoke application 的解释定位出是调用被集成的 Bill 应用时出的错误。

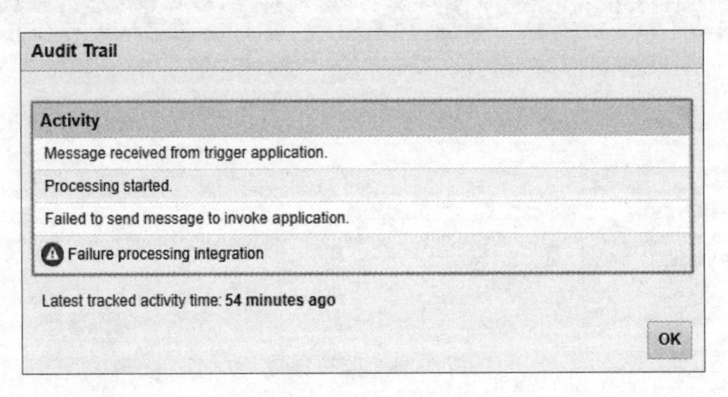

图 9-27 Audit Trail 窗口

(4) 关闭上述窗口后，通过图 9-28 上的 Action 连接在 View Payload 中可以查看引起错误的报文内容。

图 9-28 查看错误

(5) 如果一个使用同步方式实现的应用集成出现运行错误，集成云服务只能记录错误，而不能尝试重新提交报文。而如果一个使用异步方式实现的应用集成运行出现错误，集成云服务会保存错误报文，这对于处理并非由报文内容引起的错误非常有用（例如，出现被调用目标暂时访问异常等情况）。因为可以在被调用目标回复后，通过集成云服务的重新提交功能将这些报文再次尝试发给接收方应用。集成云服务支持重新提交单笔失败报文和批量失败报文。当提交重新提交的报文后，可以在图 9-29 的 Error Recovery Jobs 中查看重新提交的任务执行情况。

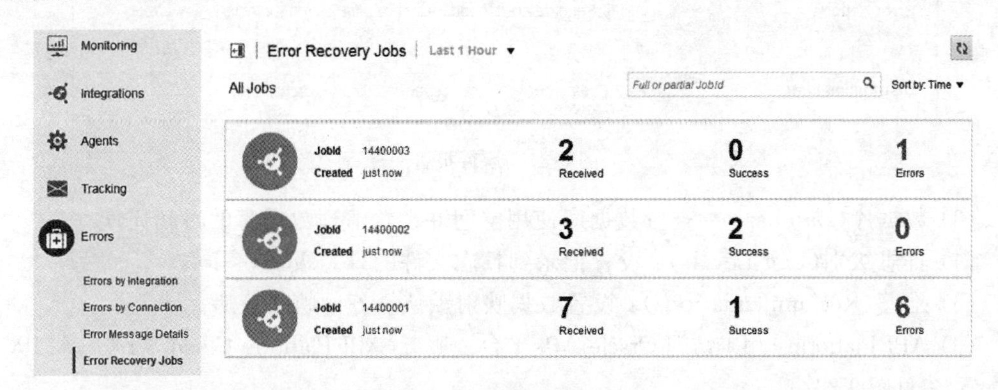

图 9-29　错误恢复任务

（6）对于异步实现的集成中出现的错误报文，除了可以重新提交错误的报文外，用户还可通过选择 Discard 放弃处理。对于那些经过重新提交后也无法发送成功的报文可以手动将其从集成云服务的错误跟踪中删除。

3）查看日志记录

集成云服务提供的是轻量级的使用体验，用户直接无法登录到后台的主机系统查看系统日志。不过我们可以在集成云监控页面的仪表盘上（图 9-30）查看集成云服务的运行日志记录。

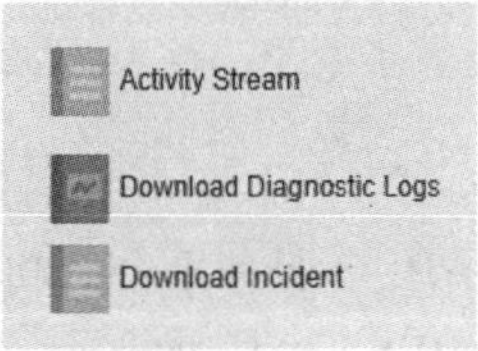

Activity Stream
Download Diagnostic Logs
Download Incident

图 9-30　集成云服务的日志记录

（1）Activity Stream：是集成中日志操作（Logger）记录的信息列表，可以通过它跟踪集成运行的轨迹。

（2）Diagnostics Logs：集成云服务的中间件运行环境是由 WebLogic Domain 提供的。此部分使用 WebLogic 的诊断功能并可将 WebLogic Server 的相关日志文件（包括服务器日志、服务器后台输出文件、Access 访问日志、诊断日志、审计日志和 Activity Stream 记录的日志）打包下载到用户本地，以方便用户进行分析和跟踪。由于这些诊断日志文件是按照 WebLogic Server 实例目录分组的，因此可以看出一个集成云服务环境是由三个 WebLogic Server 组成的，其中一个是 AdminServer 管理服务器，其他两个是 ics_server1 和 ics_server2 受管服务器。

（3）Incident：按照故障事件编号查找相应日志内容。

4. 管理集成云服务的运行环境

一个集成云服务云服务实例除了包含由一个 WebLogic 管理服务器和两个 WebLogic 受管服务器外，还包括一个数据库来保存该集成服务实例的元数据。我们可以在集成云服务导航栏中的 Setting 中查看并设置集成云服务的实例环境。

（1）证书（Certificates）：集成云服务使用的认证证书。

（2）通知（Notifications）：如图 9-31 所示，可按照设置策略将集成云服务的运行报告以邮件的方式发给指定用户。

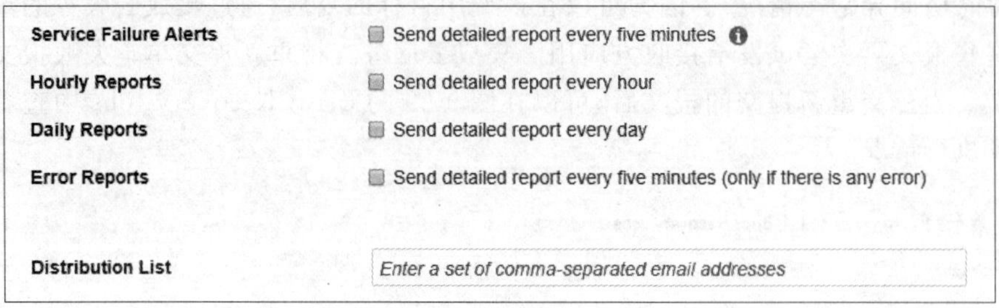

Service Failure Alerts	Send detailed report every five minutes
Hourly Reports	Send detailed report every hour
Daily Reports	Send detailed report every day
Error Reports	Send detailed report every five minutes (only if there is any error)
Distribution List	Enter a set of comma-separated email addresses

图 9-31 运行报告

(3) 数据库(Database)：查看数据库使用空间并设置清理数据库的时间周期。

(4) 日志级别(Log Levels)：设置记录到日志文件的日志级别。

(5) 推荐(Recommendations)：设置数据映射默认推荐的映射策略。

(6) API Platform：用来访问 Oracle API 平台云服务(API Platform Cloud Service,APIPCS)的配置,参见图 9-32。

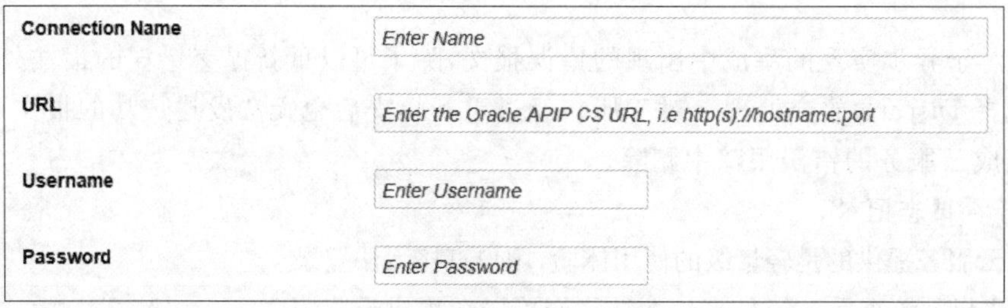

Connection Name	Enter Name
URL	Enter the Oracle APIP CS URL, i.e http(s)://hostname:port
Username	Enter Username
Password	Enter Password

图 9-32 配置 API 集成云服务

API 云服务平台的功能定位类似于 SOA 中的 UDDI 服务器,是用来统一发布、管理和访问 REST API 的平台。在完成上述配置后,集成云服务可自动将集成的 REST 接口发布到 Oracle API 平台云服务上。

9.3 使用 SOA 云服务

9.3.1 集成功能全面的 SOA 云服务

与上面介绍的集成云服务相比,在 Oracle 公有云的 SOA 云服务提供了功能更全的应用集成云环境。SOA 云服务提供了复杂应用集成所需的所有技术和功能,能够满足用户对部署在公有云或用户数据中心中的各种应用集成需求。使用过 Oracle SOA Suite 软件的读者应该不会对 SOA 云服务感到陌生,因为它实际是由以下多种应用集成软件构成,这些软件的版本为 12.2.1.2 和 12.1.3。

(1) Oracle Service Bus：提供面向 SOA 服务架构的服务总线,用来集成应用服务并在其间交换数据。

(2) Oracle SOA Suite：提供基于 BPEL 的复杂集成功能,并提供业务规则和工作流等核心功能。

(3) Oracle API Manager：提供统一的服务访问、服务安全、服务治理功能。

(4) Oracle Managed File Transfer：在集成应用间提供基于批量文件的数据交换功能。

(5) Oracle Real-Time Integration Business Insight：将应用集成相关的业务数据通过基于配置的图形化工具进行个性化展现。

(6) Oracle Business Activity Monitoring：实时监控并展现应用集成中的业务信息。

(7) Oracle Technology Adapters：提供了基于JCA(Java Connector Architecture)规范的通用应用适配器。

(8) Oracle Cloud Adapters：提供了Oracle SaaS应用集成需要的专用应用适配器。

(9) Oracle B2B：为集成贸易合作伙伴业务提供的基于消息或文档的可靠交换网关。

(10) Oracle Enterprise Scheduler：提供定时自动执行任务的机制和功能。

由于上述软件都是运行在Java云服务的WebLogic Server上，因此可以把一个SOA云服务环境看成是在Java云服务上运行的Oracle SOA Suite软件环境，它和直接在用户数据中心运行的SOA软件环境非常接近。因此大多数情况，用户可将部署在自有数据中心上的集成代码直接迁移至SOA云服务上，甚至还可实现部分运行在公有云上、部分运行在自有数据中心上的混合运行模式。另外，用户对SOA云服务的管理和操作也类似于自有数据中心的SOA运行环境，即使用Oracle公有云控制台和云管理员来管理SOA云服务实例，而该实例包括的WebLogic Server、Oracle Service Bus等运行环境还分别是用WebLogic Server的管理控制台、SOA的Fusion Middleware Control(SOA的管理控制台)管理的。

9.3.2 SOA云服务与SOA软件的功能差异

绝大部分SOA云服务提供的功能与用户自有数据中心中Oracle SOA Suite软件的功能是相同的，只有少量功能或使用体验有差异(见表9-8)。

表9-8 SOA云服务和用户数据中心SOA软件功能差异

比较项目	SOA云服务	用户数据中心的SOA软件
备份	公有云提供备份服务	用户手动备份
升级	公有云提供SOA软件升级服务	用户手动升级软件
集群	SOA云服务只可根据预制的虚拟机模板部署标准的集群环境	用户可客户化更灵活地集群部署拓扑
部署	只能用JDeveloper来开发，而部署资源需使用SOA管理控制台或WebLogic管理控制台	可全部在JDeveloper开发工具中直接部署应用
共享文件	由于使用共享文件受限制，因此将JMS和JTA日志保存在数据库中，而用户应用日志存放在虚拟机的主机中	使用共享文件不受限制
负载均衡	使用OTD实现负载均衡功能	使用Oracle HTTP Server实现负载均衡功能
高可用性	不支持主-备和主-主的OTD的高可用特性	支持主-备和主-主的OTD的高可用特性
节点配置	只能在模板中选择指定配置的节点运行服务实例	可随意配置节点的CPU和内存

由于在 SOA 云服务实例中运行的软件模块较多且比较消耗内存，因此 SOA 云服务实例只支持“内存密集型”的计算云服务型号，其支持的型号和和内存分配情况见表 9-9。

表 9-9 SOA 云服务支持的计算云服务型号和内存分配

型号配置	最小堆内存/MB	最大堆内存/GB	垃圾收集配置
OC1M	256	10	G1
OC2M	256	24	G1
OC3M	256	24	G1
OC4M	256	24	G1

9.3.3 创建一个 SOA 云服务实例

创建 SOA 云服务实例和创建 Java 云服务实例的过程非常相似，在此就不详细说明每一步的过程了，读者只需注意以下几点即可：

(1) SOA 云服务也需要配置存储容器以便进行备份。不过不像 Java 云服务的配置向导中有自动创建存储容器选项，在使用 SOA 云服务配置向导前需要手动创建用来备份的存储容器。

(2) 由于读者申请的 Oracle 公有云试用环境的可用资源是有限制的，最多提供了 5 个 OCPU 和对外公共 IP。如果资源超出上限，用户登录进 Oracle 公有云控制台后会收到通知提示，同时在图 9-33 中仪表盘上会看到提示。此时所有云服务实例(除了开发云服务)将暂停接受请求，直到超限资源降至上限以下才可恢复使用。因此在创建 SOA 云服务实例前需确认资源是否超限使用。如果 OCPU 或外部公共 IP 已经超限或所剩资源不多了，可以收缩 Java 云服务或数据库云服务的实例数，或是将以前创建的 Java 云服务实例删掉(由于在 SOA 云服务实例底层运行的就是 WebLogic Server，因此新建的 SOA 云服务实例可当成 Java 云服务使用)，或是收缩已有云服务实例中的集群规模。另外，如果已用的存储超限了，可尝试删除部分存储云服务中的文件，例如备份文件。

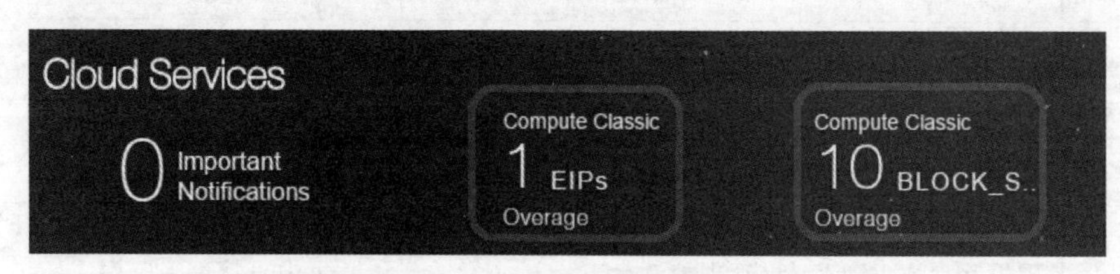

图 9-33 资源超限监控

(3) 在 Service Type 中有 3 种云服务类型：Integration Analytics Cluster 提供了 Oracle Real-Time Integration Business Insight 和 Oracle Business Activity Monitoring 运行环境，主要用来实现对集成过程的业务数据和业务过程进行实时、可视化的图形展现；MFT Cluster 提供 Oracle Managed File Transfer 云服务环境，用来实现基于文件传输的集成过程；SOA with SB & B2B 提供 Oracle SOA Suite、Oracle Service Bus 和 Oracle B2B 运行环境，可实现各类复杂的应用集成。选择最后一种即可。

在 SOA 云服务实例创建成功后，可以单击服务实例的☰图标，然后可从弹出菜单进入相关管理控制台。

9.3.4 用 SOA 云服务实现应用集成

由于 SOA 云服务和 Oracle SOA Suite 软件在功能方面差异很小，因此在本书中就不再一一介绍 Oracle SOA Suite 软件的概念和应用集成功能了。

下面通过一个示例介绍如何使用 Oraclc JDcveloper 向 SOA 云服务部署集成项目。本示例实现的集成场景和本章前面集成云服务的示例相同，即在 SOA 云服务中的 Oracle Service Bus 中通过 Web 服务集成后台的计费应用，并将集成成果以 Web 服务方式其提供给客户账单应用使用。

如果由于资源超限读者已经删除了运行 Bill. war 应用的 Java 云服务实例，可以将 Bill. war 重新部署到 SOA 云服务实例中，这是因为 SOA 云服务底层的运行环境和 Java 云服务一样，都是 WebLogic Server。

1. 安装 JDeveloper 12c 开发环境

由于 Oracle SOA Suite 软件包已包含对应版本的 JDeveloper 了，因此无须单独下载 JDeveloper，只需要下载 Oracle SOA Suite 12.2.1.2 即可。

(1) 确保要安装 Oracle SOA Suite 的主机上中已经安装了 Oracle JDK 1.8。

(2) 在该主机打开浏览器并进入下载页面①，然后接受 Accept License Agreements 选项。由于在写本章时，上面链接的网页显示下载的是 Oracle SOA Suite 12.2.1.3，因此可以直接通过链接下载 Oracle SOA Suite 12.2.1.2 的两个安装文件②③。

(3) 解压两个 ZIP 文件后可使用以下命令安装 Oracle SOA Suite 12.2.1.2。如果能通过安装前的环境检查步骤，则可进入安装过程。

```
java -jar fmw_12.2.1.2.0_soa_quickstart.jar
```

(4) 由于不是生产环境，因此可在“安全更新”步骤中去掉“我需要通过 My Oracle Support 接受安全更新”的选项。除此以外，其他步骤都可通过单击“下一步”接受默认选项即可。

(5) 在最后的“安装完成”界面中选择 Start JDeveloper 选项，然后选择“结束”按钮。

(6) 在打开的 JDeveloper 中进入 Help 菜单，然后选择 Check for Update。

(7) 在弹出窗口中选中图 9-34 中的选项，然后单击 Next 按钮。

(8) 选中 Extension SDK 选项后单击 Next 升级扩展包，最后完成即可。

升级后可以通过 JDeveloper 的菜单新建一个 Application。如果在图 9-35 中的对话框中能找到 Service Bus Tier 和 Service Bus Application，这就说明 JDeveloper 开发环境已经安装配置好了。

---

① http://www.oracle.com/technetwork/middleware/soasuite/downloads/index.html

② http://download.oracle.com/otn/nt/middleware/12c/12212/fmw_12.2.1.2.0_soaqs_Disk1_1of2.zip

③ http://download.oracle.com/otn/nt/middleware/12c/12212/fmw_12.2.1.2.0_soaqs_Disk1_2of2.zip

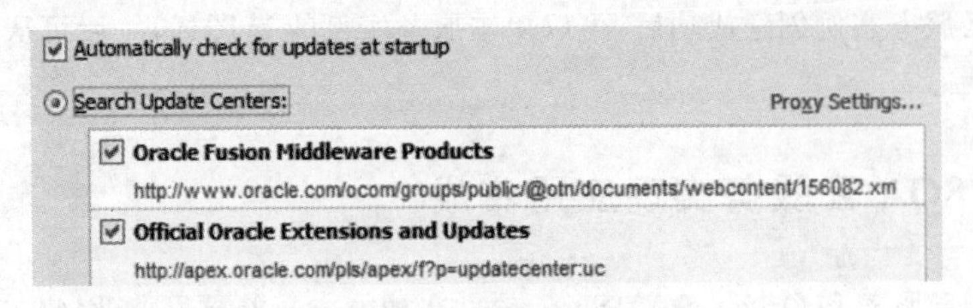

图 9-34　更新选项

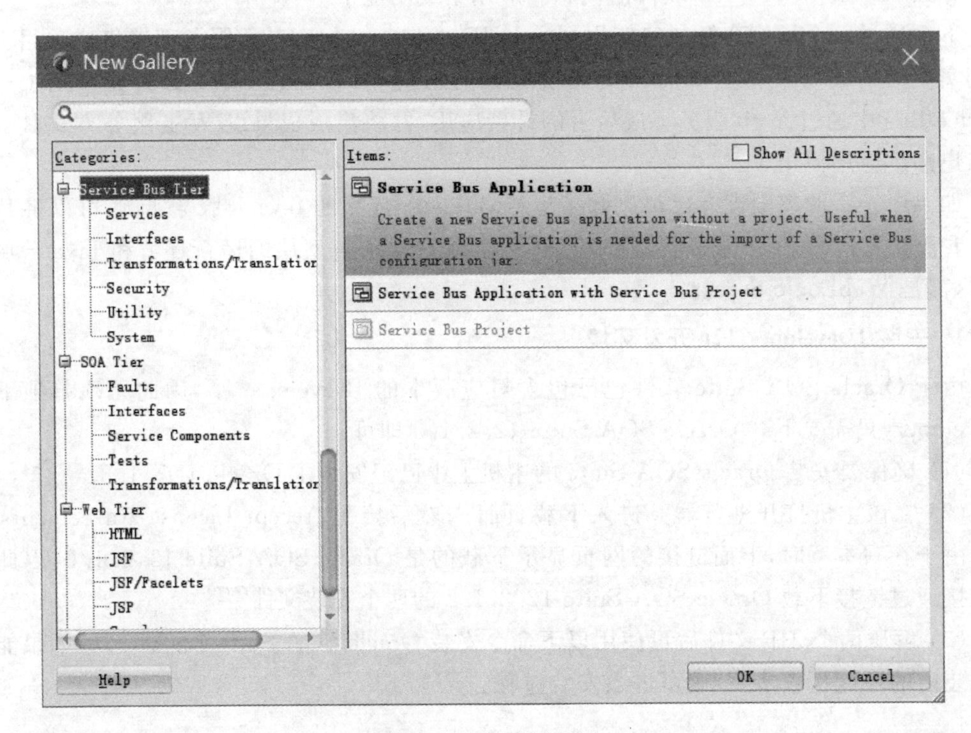

图 9-35　创建新应用

2. 向 JDeveloper 导入集成工程文件

本节不展开介绍如何使用 JDeveloper 实现应用集成。为了可以完成后续操作，读者可先下载已经打包好的集成项目文件 Customer2Bill. jar，然后导入到 JDeveloper。

(1) 在 JDeveloper 中新建一个 Service Bus Application。

(2) 通过 File→Import 菜单打开 Import 对话框，并选择 Service Bus Resources，然后单击 OK 按钮。

(3) 在新的对话框中的 Type 步骤确认选择的是 Configuration Jar，然后单击 Next 按钮。

(4) 在 Source 步骤中填入完整路径的 Customer2Bill. jar 文件名，再单击 Next 按钮。

(5) 在 Configuration 步骤中确认所有资源都被选中，最后单击 Finish 按钮。完成后可以在 JDeveloper 中看到 Customer2Bill 项目。

(6) 打开 Customer2Bill 项目中的 Bill. biz 文件，然后进入 Transport 标签页。将 Endpoint URLs 由 http://localhost: 7001/Bill/BillService 改为 https://< IP >: 7002/

Bill/BillService。其中< IP >为部署 Bill. war 的主机地址。另外，由于 Oracle 公有云默认使用的是基于 SSL 的协议，因此必须使用对应的 WebLogic Server 端口号 7002。

3. 连接到 SOA 云服务环境

要想从 JDeveloper 向 Oracle 公有云发布应用，首先要在 JDeveloper 上配置指向 Oracle 公有云的连接。

(1) 在 JDeveloper 中通过 Ctrl＋Shift＋G 组合键打开 Application Servers 窗口。

(2) 右键单击 Application Server，然后在下拉菜单中选择 New Application Server。

(3) 在 Create Application Server Connection 窗口中选择 Standalone Server 选项，然后单击 Next 按钮。

(4) 在 Name and Type 步骤中填写 Connection Name，例如 SOACS，然后单击 Next 按钮。

(5) 在 Authentication 步骤中填写本章创建的 SOA 云服务实例的 WebLogic 用户名和密码，然后单击 Next 按钮。

(6) 在 Configuration 步骤中填写 WebLogic Hostname 和 WebLogic Domain。可以在 SOA 云服务实例中打开 WebLogic Server Console 查看其运行的 IP 和 Domain 名称。另外，出于安全考虑，Oracle 公有云采用的都是 SSL 访问，因此需要选中 Always user SSL，然后单击 Next 按钮。

(7) 在 Test 步骤中 JDeveloper 会连接 SOA 云服务实例，等全部成功后单击 Finish 按钮。

(8) 配置成功后可在 JDeveloper 的 Application Server 的窗口中看到刚刚创建的连接。

4. 将应用集成工程发布到 SOA 云服务

一切准备就绪，下面就可以将基于 Oracle Service Bus 的集成工程发布到 SOA 云服务上了。

(1) 在 JDeveloper 中右键单击 Customer2Bill 项目，然后在下拉菜单中进入 Deploy 中的 Project1 项目。

(2) 在 Deploy Project 窗口中选择 SOACS 作为部署目标，并选择 Override write modules of the same name 和 Deploy to Cloud Server 选项，然后单击 Next 按钮。

(3) 在 Summary 步骤中单击 Finish 按钮后 JDeveloper 就开始将 Customer2Bill 项目发布到 SOA 云服务的 Oracle Service Bus 上。

(4) 当部署成功后可再打开 Service Bus 的管理控制台，此时可看到在图 9-36 中已经有刚刚从 JDeveloper 发布的 Customer2Bill 项目了。

5. 验证集成服务

最后使用 SoapUI 工具测试发布到 SOA 云服务的 Customer2Bill 服务是否可被正常调用。

(1) 首先需要配置 SoapUI 的 SSL 选项。进入 SoapUI 的安装目录，然后在 bin 目录中打开 SoapUI-5.3.0.vmoptions 文件。在最后一行上面增加一行，内容如下：

```
-Dsoapui.https.protocols=SSLv3,TLSv1.2
```

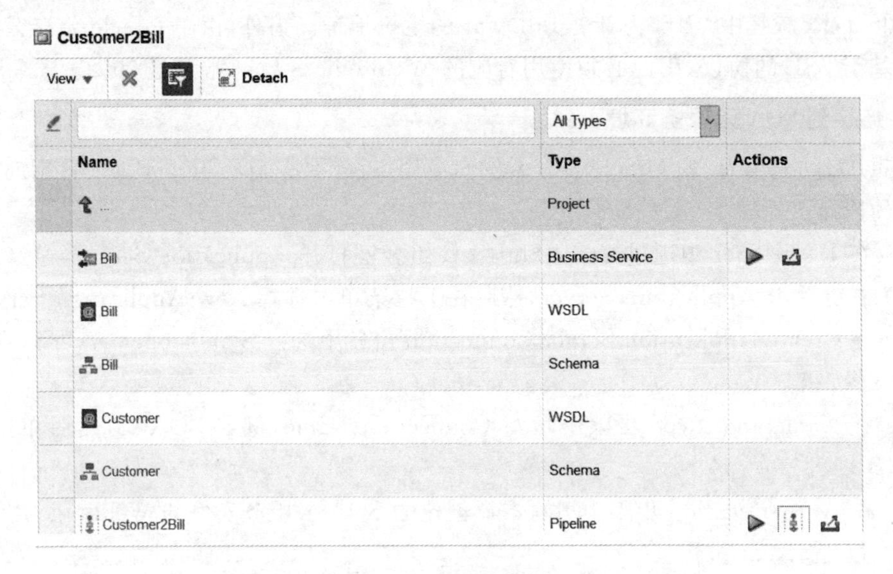

图 9-36 服务列表

(2) 关闭参数文件后重新运行 SoapUI。然后通过 Ctrl＋N 组合键打开 New Soap Project 对话框。在 Initial WSDL 中提供以下地址,其中< IP: PORT >是 Service Bus 控制台的地址和端口:

```
https://< IP:PORT >/Customer2Bill/Customer2Bill?WSDL
```

(3) 打开刚刚新建的项目,然后在左侧目录中依次进入 CustomerServicePortBinding→getBillByDate→Request1。

(4) 在打开的 Request1 窗口中将自动生成的请求报文中的"?"改成有意义的内容。

(5) 通过 Alt＋Enter 组合键向 Customer2Bill 服务提交 Soap 请求。正常情况下在窗口右侧可以看到返回的响应 Soap 报文。

至此,读者已经对如何通过 SOA 云服务实现应用集成有了一定了解。

9.3.5 管理 SOA 云服务环境

在本章前面提到过,从集成功能角度看可以将 SOA 云服务看成是"Java 云服务 ＋ Oracle SOA Suite 软件"的运行环境,因此在运行环境管理方面除了 WebLogic 控制台外还需使用 Service Bus 控制台、Fusion Middleware Control 控制台、SOA Composer 控制台等来管理相对应的软件运行环境。通过这些管理工具,SOA 云服务的管理员维护管理所有应用集成资源。由于这些管理功能和原有 Oracle SOA Suite 的管理功能无异,因此不再赘述,读者可以参考 Oracle SOA Suite 的产品文档。

另外,SOA 云服务管理员还可使用 SOA 云服务的管理控制台对云服务的实例进行启停、备份/恢复、扩展/收缩、补丁升级、资源监控等维护管理。由于这些管理操作和 Java 云服务的相关操作基本相同,因此就不重复介绍了。

第10章

开发者云服务

10.1 应用上云策略和方法

当用户使用公有云运行应用时，会面临很多事项需要考虑和规划。由于不同用户的应用环境、业务特点、战略规划等差别非常大，因此不同用户的应用上云过程也是不同的。每个用户应该根据实际情况制定适合的应用上云策略和过程。例如，已有数据中心的用户可以选择那些非核心、但消耗资源的应用上云，这类应用中最典型的就是统计分析类大数据应用。大数据应用上云后可以充分利用公有云弹性资源扩展、按需付费的优势，在业务高峰期可订阅更多的云计算和存储资源来加快大数据处理速度。另外，用户还可以借助公有云的开放互联网环境部署全新的数字化营销平台，来扩展最终用户销售渠道、整合上下游合作伙伴业务。

通常可通过以下两种方法在公有云上部署和运行用户的应用：

(1) 将现有部署在用户数据中心的应用环境整体或部分迁移到公有云上。这种上云过程的技术重点是迁移现有应用环境。如果原有应用是运行在裸机环境中，可以先将应用运行所依赖的数据库和中间件环境迁移到公有云上，然后再将应用迁移部署到公有云上。在本书的第6章和第7章中已经分别介绍了如何将Oracle数据库和WebLogic Server中间件运行环境迁移到Oracle公有云中。如果用户现有的应用环境是运行在VMWare虚拟机中，可使用前面介绍的Oracle Ravello云服务直接将VMWare虚拟机迁移到公有云上运行。

(2) 结合公有云的特点开发和运行全新的应用系统。在公有云中使用微服务技术实现应用已经越来越普遍。每个微服务具有运行独立性，因此针对每个应用功能对应的微服务可进行快速的更新迭代以迅速适应业务的变化。公有云随处访问的特性以及微服务架构对传统开发模式的冲击，使得应用开发团队分工协作和开发、测试、发布等过程管理就变得更加重要，因此需要一套针对公有云的应用开发、分工协作、代码管理、集成测试、问题跟踪、灵活发布的协作平台，这就是 Oracle 开发者云服务（Developer Cloud Service，DevCS）提供的核心功能。

10.1.1 Oracle DevCS 与 DevOps

DevOps 一词是 Development（开发）和 Operations（运维）合并后的简称，它是一种为实现软件开发和运维一体化的软件工程方法、过程控制以及相关的实践。如图 10-1 所示，DevOps 生命周期包括一系列过程：计划、编码、编译、测试、发布、部署、运维、监控。通过对 DevOps 中相关过程实现自动化集成和监控，可有效减少软件交付的人工工作量，提高交付迭代的效率，提高软件对业务需求更新响应的敏捷性。

Oracle 的公有云环境对 DevOps 提供了全面的支持，其中 Oracle DevCS 主要提供了面向开发人员的协作环境，支持从软件计划到发行部署的过程管理，而管理云服务（Oracle Management CS，OMC）则提供了对应用系统进行全面监控、诊断和优化的能力。

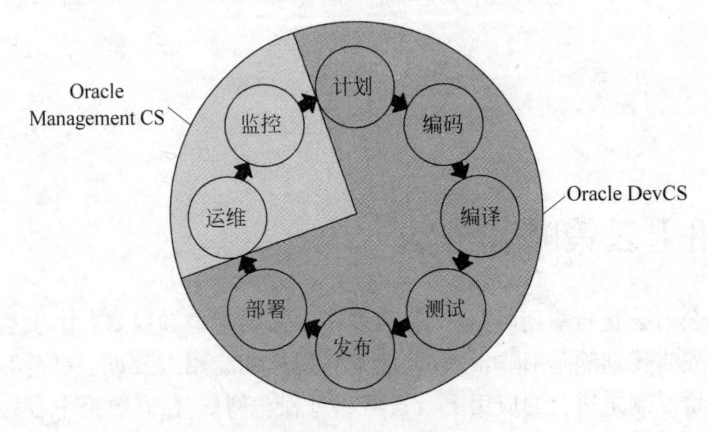

图 10-1　DevOps 生命周期

随着互联网业务向移动端的快速发展以及微服务架构的广泛使用，应用更新的规模从整个应用缩小到一个栏目页面或接口服务，应用功能迭代更新的速度也越来越快，从按月发布新版本到每天需要更新几次甚至上百次。由此，适用传统 ERP 的瀑布式软件工程再无法满足这种需要，而敏捷开发（Agile Development）、极限编程（eXtreme Programming）等软件开发方法应运而生，其中持续集成（Continuous Integration，CI）和持续部署（Continuous Deployment，CD）的核心理念就是快速软件工程的对快速迭代开发、持续部署和交付的集中体现。

作为 DevOps 的重要组成，Oracle DevCS 就是为开发团队提供的一整套敏捷开发协作云环境，支持对应用功能的持续集成、持续部署和持续交付，从而满足业务快速更新的要求。

10.1.2 Oracle DevCS 的主要功能

Oracle DevCS 提供给应用开发团队开箱即用的一整套云环境，支持敏捷开发、团队协作和持续集成、持续交付等功能，如图 10-2 所示。在 Oracle DevCS 中可快速实现应用、微服务等的功能开发、编译、测试、集成和部署。

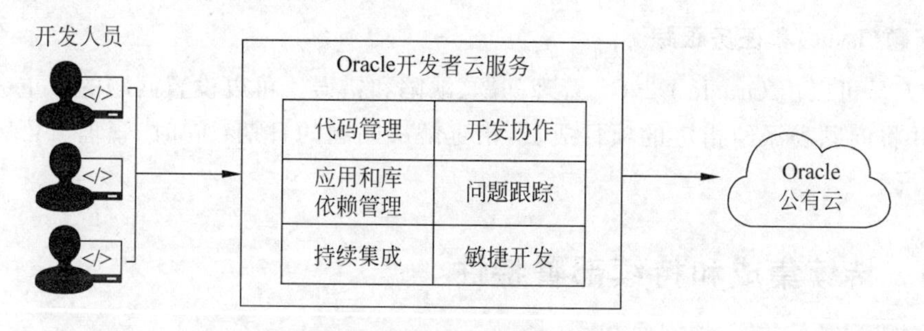

图 10-2 DevCS 主要功能

Oracle DevCS 提供以下丰富的开发、集成和协作功能。

1. 基于项目的资源管理和访问控制

Oracle DevCS 的管理员可以根据需要创建多个项目，项目可以是私有的，也可是公共项目。每个项目都可单独进行管理(包括版本、代码、协作、任务和问题跟踪等)和访问授权。项目管理员可以将 Oracle DevCS 的用户作为成员加入到项目中。项目成员可在“项目”页面中看到与项目相关的活动记录，同时还可通过“图和统计”页面了解项目的整体情况，包括“没有关闭的问题或任务”、项目成员发布的“请求”等情况。

2. 基于 Git 的版本管理和代码管理

Git 最早是用来管理 Linux 代码库，目前是使用最为广泛的开源分布式代码版本控制系统。Git 提供基于目录的仓储库(repository)来管理和跟踪代码版本。Oracle DevCS 使用内置 Git 来管理项目代码，支持创建仓储库、提交代码、管理分支等。Oracle DevCS 可以和外部的 Git Repository(如 Github)环境进行双向集成，支持从 Github 导入代码或向 Github 发布代码。此外，Oracle 的开发工具也都和 Oracle DevCS 进行了预集成，支持双向代码同步。

3. 基于 Maven 的应用依赖和运行库管理

Maven 使用项目对象模型(Project Object Mode，POM)来进行项目管理和自动化构建工具。Maven 可方便地进行代码编译、依赖管理、二进制库管理，它将这些过程规范化、自动化、高效化，可让拥有成百个代码文件或库文件的打包、编译、构建过程更简单而且更容易跟踪。

4. 基于 Hudson 的持续构建和集成

在如今的移动互联网时代，很多用户的项目每天都需要更新发布几次甚至上百次。对于一个多人参与的大型项目，需要不断地将每个人开发的代码集成进项目的整体代码中，即时编译代码并构建软件可确保能尽早地发现并解决问题。通过 Oracle DevCS 内置的基于 Hudson 的持续集成功能可监控代码库中的变化情况，并利用自动化构建功能快速进行软件发布。Hudson 最早是由 Sun Microsystems 开发的一种持续集成的开源工具，后来由 Hudson 衍生出 Jenkins，因此 Hudson 和 Jenkins 的主要功能完全相同。

5. 基于 Wiki 的项目文档协作

提供 Wiki 功能，以便让项目成员能够管理与项目相关的各种文档和相关附件。Oracle DevCS 支持 Markdown、Confluence 或文本风格的 Wiki 供用户选择使用。当项目成员编辑修改 Wiki 页面后，Oracle DevCS 能自动跟踪项目文档的历史版本。

6. 问题(Issue)和任务跟踪

开发人员可以用 Oracle DevCS 管理问题、缺陷和错误。可以设置问题的严重级别和优先级别，并将问题委派给指定的项目成员，指定解决问题的日期；同时，管理员可跟踪问题的解决情况。

10.1.3 持续集成和持续部署特性

在 Oracle DevCS 中不但提供了主流的软件代码管理、自动化编译和测试环境，还内置了 Hudson/Jenkins 的核心功能：持续集成(Continuous Integration，CI)和持续部署(Continuous Deployment，CD)功能。

1. 持续集成

持续集成功能是通过 Oracle DevCS 项目的构建(Build)功能实现的。在构建的配置中可以设置集成的触发方式，见图 10-3。其中：

(1) Based on this schedule：在指定的时间自动执行一次构建任务。

(2) Based on SCM polling schedule：在指定的时间检查一次代码库，只有当代码发生变更时才执行一次构建任务。

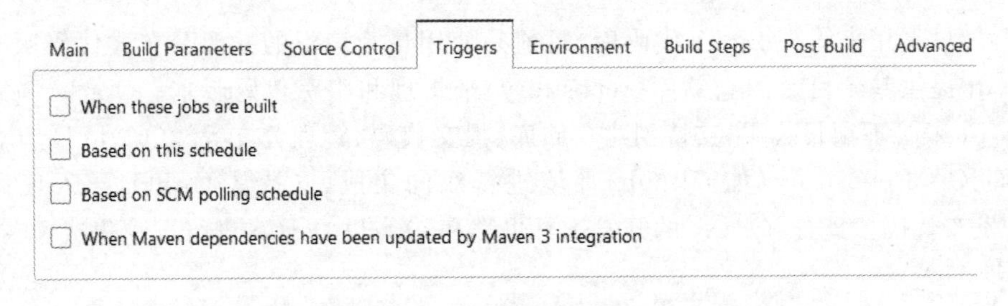

图 10-3 设置 Build 的 Triggers 属性实现持续集成

2. 持续部署

持续部署功能是通过 Oracle DevCS 项目的部署(Deploy)功能实现的。在配置 Deploy 时可以设置部署启动方式，如图 10-4 所示。

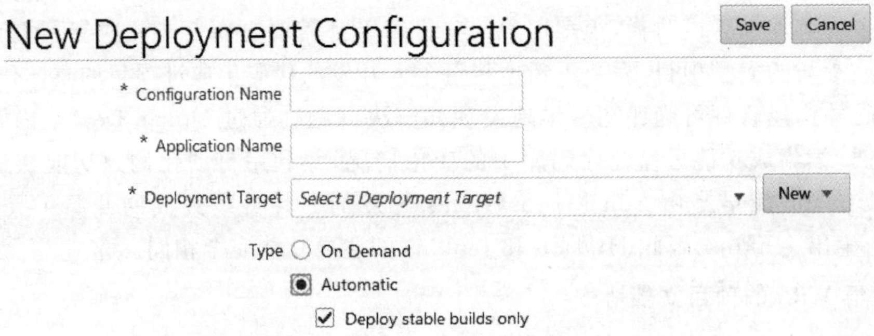

图 10-4 设置 Deploy 属性实现持续部署

(1) On Demand：需要用户手动部署某一个构建。

(2) Automatic：每次成功执行构建后便会自动触发部署操作，将这次构建部署到指定目标上。

3. CI/CD 构建任务的实现

在 Oracle DevCS 中，体现 CI/CD 的构建(Build)功能(图 10-5)和 Hudson/Jenkins 的相关功能(图 10-6)非常接近，熟悉 Hudson/Jenkins 的技术人员基本可以零学习成本掌握 Oracle DevCS 中的相关功能。

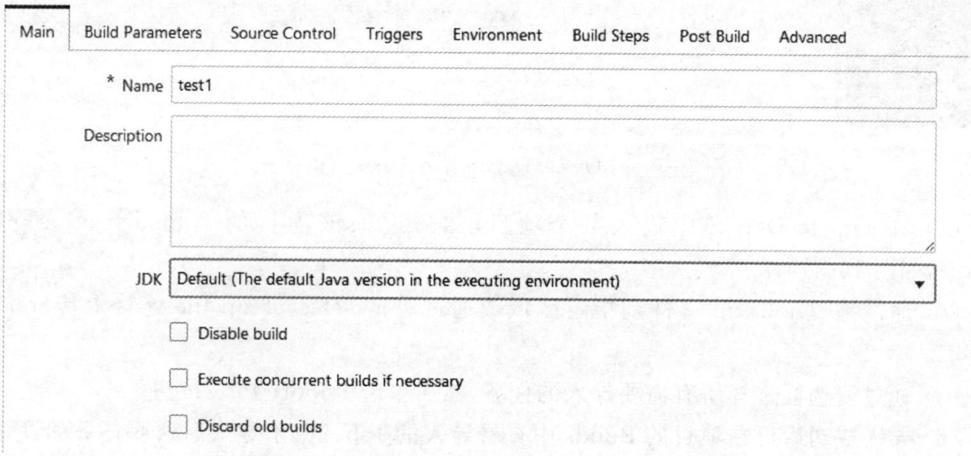

Main Build Parameters Source Control Triggers Environment Build Steps Post Build Advanced

* Name test1

Description

JDK Default (The default Java version in the executing environment)

Disable build

Execute concurrent builds if necessary

Discard old builds

图 10-5 Oracle DevCS 中为构建配置任务

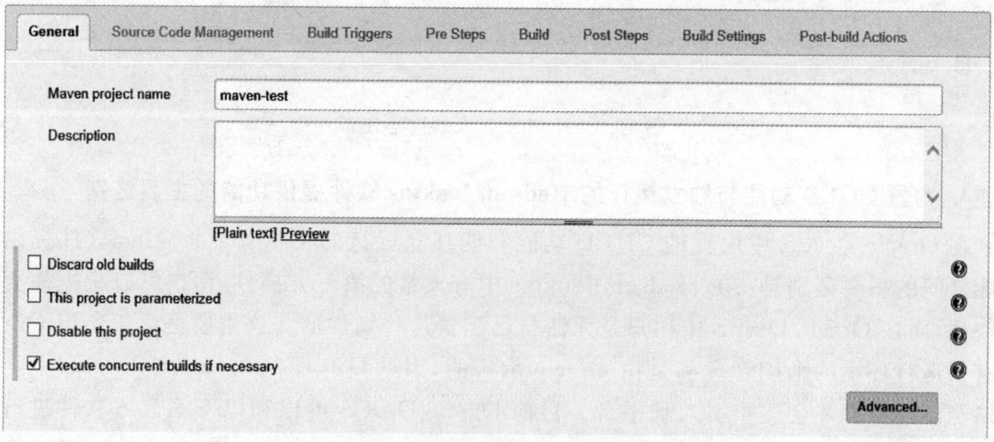

General Source Code Management Build Triggers Pre Steps Build Post Steps Build Settings Post-build Actions

Maven project name maven-test

Description

[Plain text] Preview

Discard old builds

This project is parameterized

Disable this project

Execute concurrent builds if necessary

Advanced...

图 10-6 Hudson/Jenkins 中为构建配置项目

用户除了可以通过在 Oracle DevCS 的 Build 中创建实现 CI/CD 的构建任务(Job)外，还可以将现有的 Hudson 的构建任务直接导入到 Oracle DevCS 中，如图 10-7 所示。在导入构建任务前首先需要确认用户现有 Hudson 的版本至少是 3.2.2，然后再通过以下步骤完成构建任务导入：

(1) 在用户现有运行 Hudson 软件的环境中进入 HUDSON_HOME/jobs 目录。

(2) 运行压缩命令生成要导入到 Oracle DevCS 中的任务文件 jop.zip。

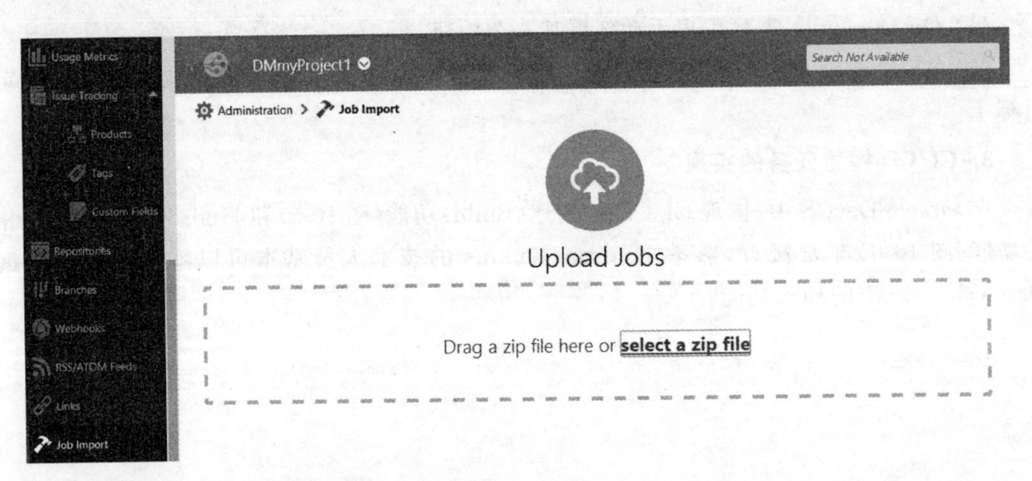

图 10-7　向 Oracle DevCS 导入 Hudson 的任务

(3) 在 Oracle DevCS 中进入某个项目，然后进入该项目的 Administration→Job Import，如图 10-7 所示。

(4) 通过拖曳 job. zip 文件到指定区域或通过单击 select a zip file 连接上传 job. zip 文件。

(5) 通过复选框选择所有需要导入的任务，然后单击 Import Jobs 按钮。

(6) 导入成功后可在项目的 Builds 中查看导入的 Job。由于导入后这些任务的默认状态都是 Disable，因此可逐个在 Job 的页面中使能(Enable)它们，如图 10-8 所示。

图 10-8　Enable 导入的构建任务

4. 内置 CI/CD 功能与独立运行的 Hudson/Jenkins 软件提供功能的主要区别

在 Oracle DevCS 中内置的 CI/CD 功能和能独立运行的 Hudson/Jenkins 软件提供的功能之间的主要区别是：在 Hudson/Jenkins 中有大量的第三方插件，用户可以根据需要下载使用，而在 Oracle DevCS 中用户是无法自己配置这些插件的。这主要是由于所有 Oracle 公有云运行环境的维护管理都是由 Oracle 承担的，因此只有那些在 Oracle DevCS 上经过严格测试的插件才会逐步引入到平台。目前 Oracle DevCS 可以和以下第三方软件进行集成，以实现和用户已有开发、测试环境的整合。

(1) 在自动化编译方面，Oracle DevCS 支持以下多种自动化执行脚本：Ant、Maven、Gradle、SQL Developer 命令、Node. js(包括 Grunt，Gulp，Bower)和 Shell 脚本。

(2) 在自动化测试方面，Oracle DevCS 支持以下测试环境和脚本：Selenium、JUnit 和 Findbugs。

(3) 在持续集成方面，Oracle DevCS 提供以下功能：Trigger(触发器)和 Schedule(日程计划)。

(4) 在自动化环境供应方面，Oracle DevCS 提供 PSM(Oracle PaaS Service Manager)

命令,可用来实现云环境的自动化供应。

(5) 在持续部署方面,Oracle DevCS 提供以下功能:创建部署配置和部署/重新部署/撤销部署。

(6) 在软件发行供应方面,Oracle DevCS 提供以下功能:软件发行版本管理和发行版本文档管理。

(7) Oracle DevCS 提供以下 Webhook 组件实现与外部环境的集成,从而对自动化编译和部署进行扩展:Generic Webhook、Git Webhook、Hudson/Jenkins Webhook、Hudson/Jenkins Build Trigger Webhook、Jenkins Merge Request Webhook、Jenkins Build Notification Webhook、HipChat Webhook、Slack Webhook 和 Oracle Social Network Webhook。

10.1.4 Oracle DevCS 和集成开发环境

Oracle 提供了 3 种集成开发环境(IDE),即 Oracle JDeveloper、Oracle Enterprise Package for Eclipse(OEPE)和 Oracle NetBean。它们都支持开发标准的 Java 和 JavaEE 应用,或是结合各种开源架构开发相关的应用系统。

(1) Oracle JDeveloper:源自 Oracle 公司,由于 JDeveloper 已经和 Oracle 融合中间件产品(SOA、数据集成、移动套件等)进行了高度整合,因此是基于 Oracle 产品进行各类应用开发、应用或数据集成的首选集成开发环境。

(2) Oracle Enterprise Package for Eclipse:Oracle 基于开源 Eclipse 定制的一个发行版,其功能和 Eclipse 完全兼容,因此适合大多数习惯使用 Eclipse 的开发人员。

(3) Oracle NetBean:源自 Sun 公司,作为免费开源的开发工具,它既支持开发标准 Java、JavaEE 应用,还可开发 PHP、C++等应用,因此开发异构应用的能力较强。

这 3 种工具都可和 Oracle DevCS 进行集成,从而为开发人员提供了从开发工具到开发协作的整体环境。

10.2 使用 Oracle DevCS

由于 Oracle DevCS 的功能非常丰富,涉及开发协作、持续集成,持续交付等众多功能,本节无法一一介绍。作为入门,本节主要介绍如何结合 Oracle DevCS、开发工具以及 Java 云服务实现应用开发、持续集成/持续供应等核心功能,以便让读者对 Oracle DevCS 的主要功能有基本了解,而其他 Oracle DevCS 围绕代码管理、敏捷开发等诸多功能可参见 10.3 节的内容。

10.2.1 创建一个新项目

首先在 Oracle DevCS 中创建一个名为 HelloWorld 的项目。Oracle DevCS 是通过项目来管理应用代码、库文件等相关资源的。一个项目是相关资源的集合,项目成员是能访问这些资源的人,项目成员可对这些资源可进行各种管理操作,例如代码更新、缺陷跟踪、编译打包。Oracle DevCS 对项目进行自动化后台管理,例如代码统计、资源监控等。

（1）可以从收到的公有云试用邮件中找到 Oracle DevCS 的地址。登录后即可进入如图 10-9 所示的 DevCS 环境。

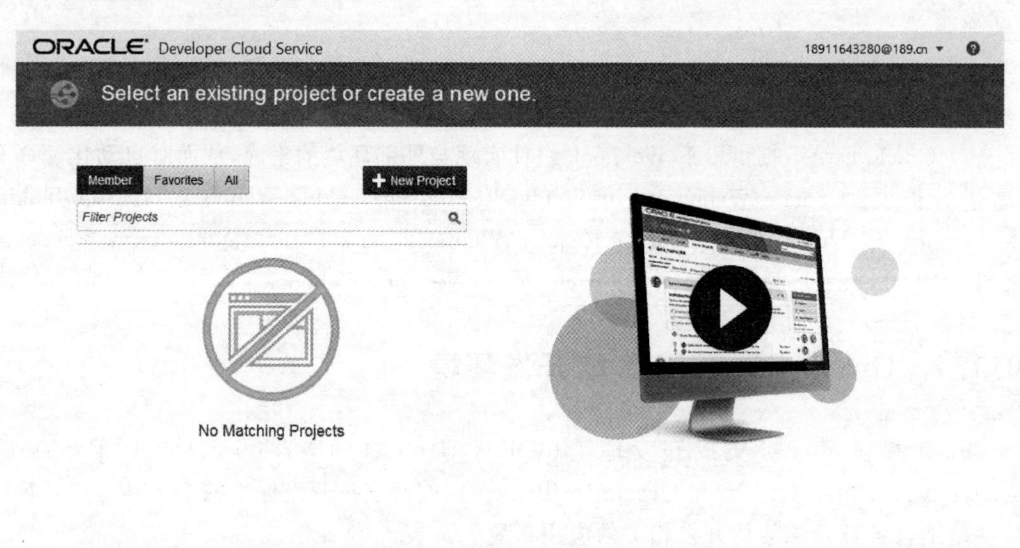

图 10-9　创建新项目页面

（2）单击 New Project 按钮，在弹出窗口中设置项目详细属性。将项目名设为 HelloWorld，Security 属性设为 Shared，然后单击 Next 按钮。Security 属性可设为 Shared 或 Private，Shared 表示项目相关资源，包括代码、Wiki、任务等，对组织内的所有人均可用；而 Private 则表示这些资源只对受邀的成员可用。

（3）如图 10-10 所示，在 Template 页面中设置项目模板。选择 Initial Repository，然后单击 Next 按钮。

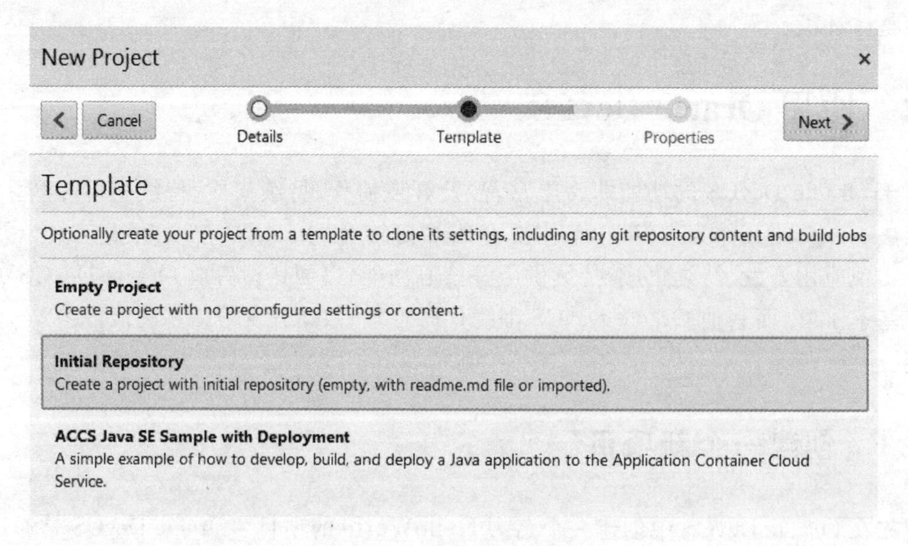

图 10-10　创建新项目页面

（4）由于是从零开始的新项目，在 Project Properties 页面中选择 Initialize repository with README file 即可，然后单击 Finish 按钮。

（5）如图 10-11 所示，此时页面会显示创建项目的过程，直至成功完成。最后我们可进入新建的 HelloWorld 项目。

图 10-11　项目创建过程

10.2.2　准备开发环境和 HelloWorld 应用

本节以 OEPE 为例说明如何将 IDE 和 Oracle DevCS 集成使用。如果想了解 JDeveloper① 和 NetBean② 和 Oracle DevCS 的集成细节，请参考相关说明。

（1）安装开发环境共有两种方法。第一种方法是在 OEPE 中内置了 Oracle 公有云集成插件，因此安装后可直接访问 Oracle DevCS。本章使用的是基于 Eclipse Mars 5.1 的 OEPE。读者也可下载最新版本的 OEPE③，下载后按步骤安装即可。如果在读者的环境中已经安装有 Eclipse 开发环境，则采用第二种方法，在 Help 菜单中选择 Eclipse Marketplace，如图 10-12 所示，然后通过搜索找到 Oracle Cloud Tools 插件安装即可。

（2）打开 OEPE 后通过 Ctrl＋N 组合键可打开新建项目窗口，找到并选择 Static Web Project，然后单击 Next 按钮。

（3）项目名设为 HelloWorld，其他步骤可直接单击 Next 按钮接受默认设置，直到完成。

---

① https://docs.oracle.com/en/cloud/paas/developer-cloud/csdcs/using-oracle-jdeveloper-oracle-developer-cloud-service.html

② https://docs.oracle.com/en/cloud/paas/developer-cloud/csdcs/using-netbeans-ide-oracle-developer-cloud-service.html

③ http://www.oracle.com/technetwork/developer-tools/eclipse/downloads/index.html

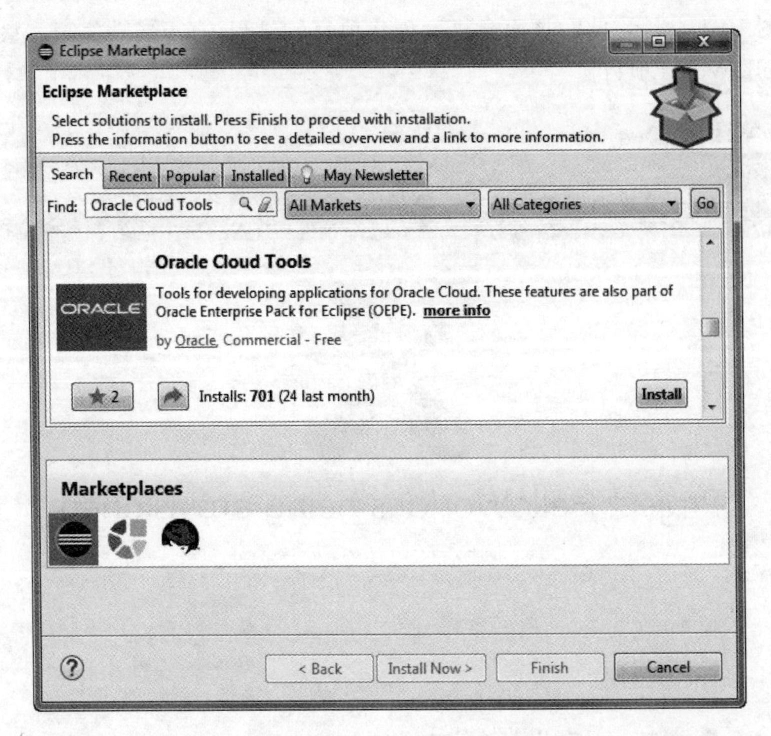

图 10-12　安装 Oracle Cloud Tools 插件

(4) 在 HelloWorld 项目中右键单击 WebContent 目录，并通过 New→HTML File 创建文件名为 index.html 的测试页面，见图 10-13，然后单击 Finish 按钮。

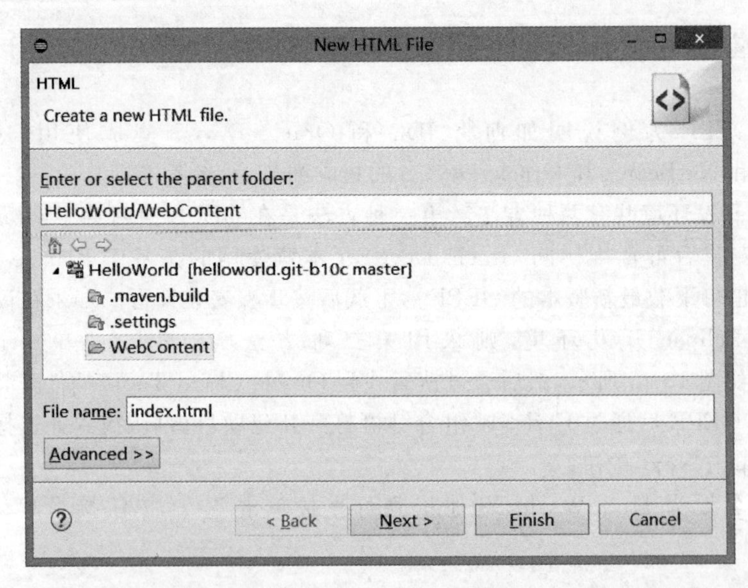

图 10-13　新建 HTML 文件

(5) 在 index.html 文件的< Body >区域中添加 Hello World，然后保存即可。

10.2.3 向 Oracle DevCS 同步 OEPE 项目代码

Oracle DevCS 使用 Git 仓储库管理项目代码，Oracle DevCS 的项目代码可以和 OPEP 开发工具进行双向代码同步。本节的操作是先在 Oracle DevCS 创建了一个空项目，再将其同步到 OPEP 中。然后在 OEPE 中开发代码，最后将代码同步回 Oracle DevCS 中。

（1）通过 Window→Show View→Other 菜单操作找到 Oracle Cloud 双击即可，如图 10-14所示。

（2）在 OEPE 的 Oracle Cloud View 窗口中单击 New Oracle Cloud Connection 图标，在对话框中填写对应的信息后 OEPE 就开始连接 Oracle DevCS。成功后会看到图 10-15 所示页面，打开 developer72937(后 5 位数字是随机产生的，读者环境会和截图有差异)目录后可以看到在 Oracle DevCS 中创建的 HelloWorld 项目，此时是空项目。

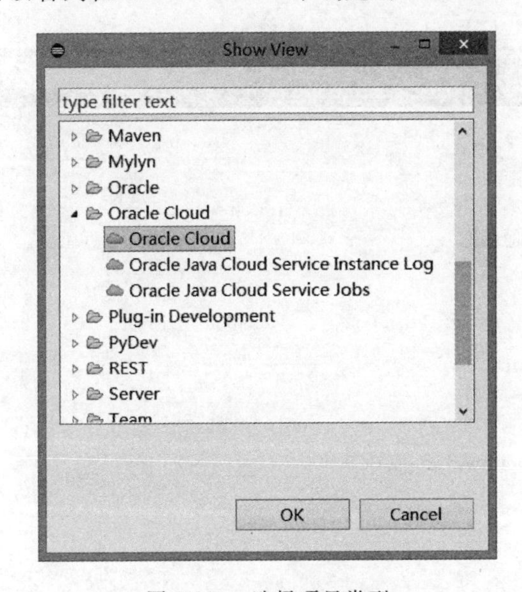

图 10-14 选择项目类型

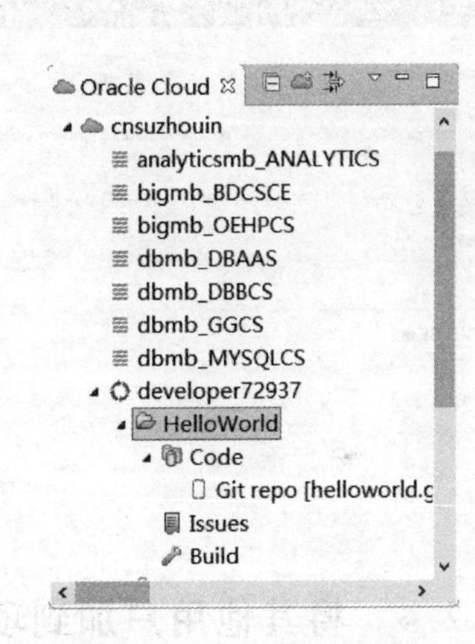

图 10-15 HelloWord 项目

（3）在 OEPE 中通过拖曳操作将 HelloWorld 项目拖曳到 Oracle Cloud 的 Hello World→Code→Git repo 上，然后在弹出的 Synchronize 窗口选中 Generate or update Maven artifacts for build in Developer Cloud 选项，并设置 Maven group Id 为 HelloWorld；同时选上 Create Hudson build job 选项，然后单击 Finish 按钮即可。

（4）在成功将 HelloWorld 项目同步到开发云后，OPEP 会弹出成功窗口。关闭窗口后，可以在 Oracle Cloud 窗口中进入 HelloWorld 项目，并可在 Eclipse Projects 中找到对应的 Web 应用代码，见图 10-16。

（5）此时可再转到 DevCS 的 Code 页面，可看到从 OEPE 同步到 DevCS 的 HelloWorld 项目代码，其中包括上一步创建的 index. html 页面。稍后，就能在 DevCS 的 Project 页面的 TODAY 区域看到 HelloWorld-build 成功的提示。另外，还可进入 helloworld. git 中查看项目，见图 10-17。

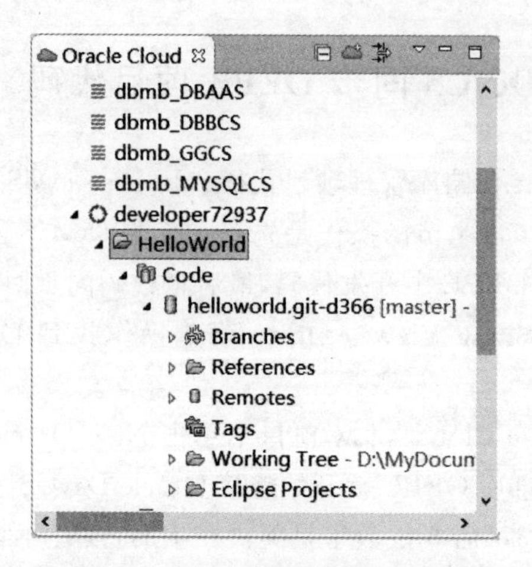

图 10-16　HelloWorld 项目目录

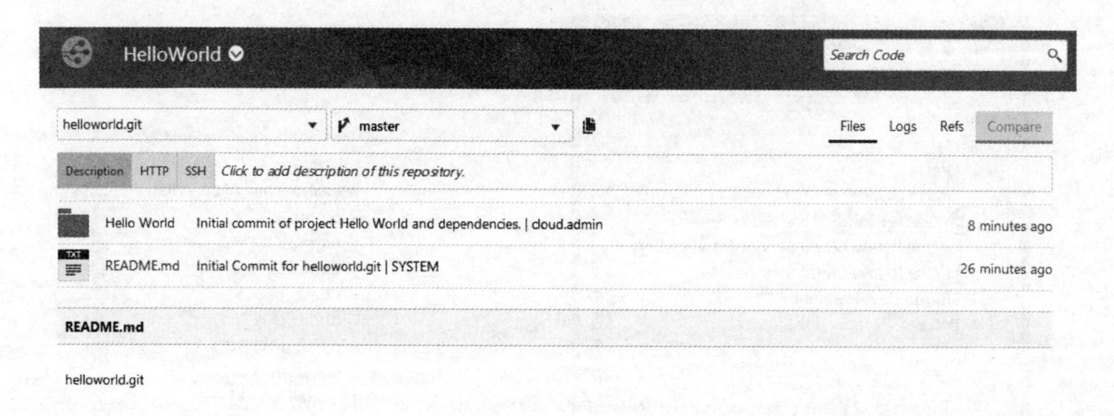

图 10-17　helloworld. git

10.2.4　将其他用户加到项目

刚刚登录开发云服务使用的是管理员用户，然而参与应用开发和管理的通常是普通用户，因此下面就将新建其他用户，并将用户加到其参与的项目中。

(1) 进入云管理控制台的 Users 页面，并单击 Add 按钮。

(2) 在图 10-18 的 Add User 的页面中提供 First Name、Last Name 和 Email 信息，然后在 Advanced Role Selection 的 Available Roles 中找到 Developer Service User Role，并加到 Selected Roles 中。

(3) 新建完用户后，还需要把用户加到特定的项目中。为此回到 DevCS 的 HelloWorld 项目，在页面右侧进入 TEAM 标签后单击 New Member 绿色按钮。

(4) 在弹出窗口的 Username 中填写刚刚创建的用户，然后单击 Add 按钮。

(5) 新建的用户会收到确认邮件。邮件包括用户名、临时密码和登录链接。登录后便可进入 My Oracle Service 页面，下面有 Oracle DevCS 的项目列表，单击进去即可看到 HelloWorld 项目和相关代码。

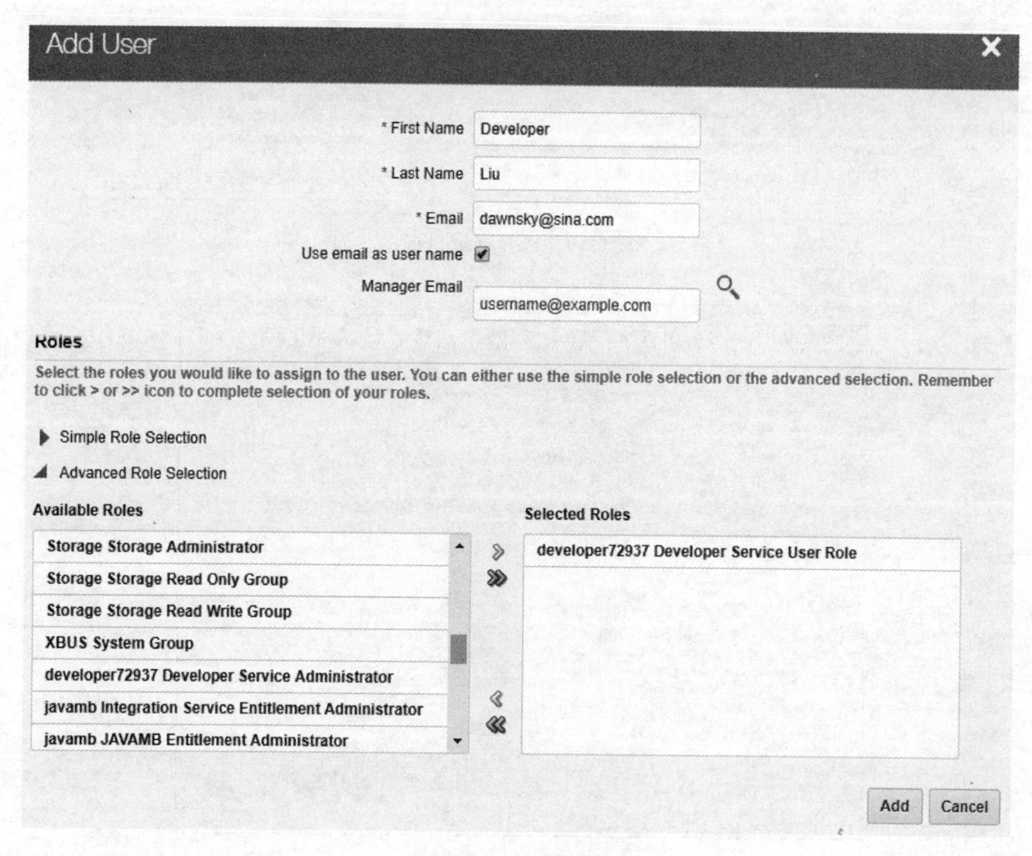

图 10-18 添加用户

10.2.5 将项目发布到 Java 云服务上

在 Oracle DevCS 中可以将应用直接部署到 JCS 或 ACCS，这个部署过程可以是按需手动部署，也可以设置成让 DevCS 自动部署。下面我们配置按需部署应用的过程：

(1) 在 DevCS 左侧黑色导航栏中单击 Deploy 后进入 Deployments 页面。

(2) 在 Deployments 页面中单击 New Configuration 按钮，创建一个新的部署。

(3) 在 New Deployment Configuration 的页面中将 Configuration Name 参数设置为 HelloWorld_Deploy，将 Application Name 设为 HelloWorld，并确认按照 On Demand 方式部署。然后单击图 10-19 中 Deployment Target 的 New 按钮，并从下拉菜单中选择 Java Cloud Service。

说明：Deployment Type 中的 On Demand 部署类型是通过手动执行 Redeploy 触发部署操作，而 Automatic 部署类型是在 DevCS 编译代码成功后自动触发部署操作。

(4) 在 Deploy to Java Cloud Service 的 Connection Detail 的步骤中，将在第 7 章中创建的 Java Cloud Service 实例信息填入图 10-20 中对应的配置，然后单击 Find Targets 按钮。

(5) 在 Deploy to Java Cloud Service 的 Available Target 步骤中，选择我们要部署的 WebLogic Server 目标，然后单击 OK 按钮回到 New Deployment Configuration 页面。

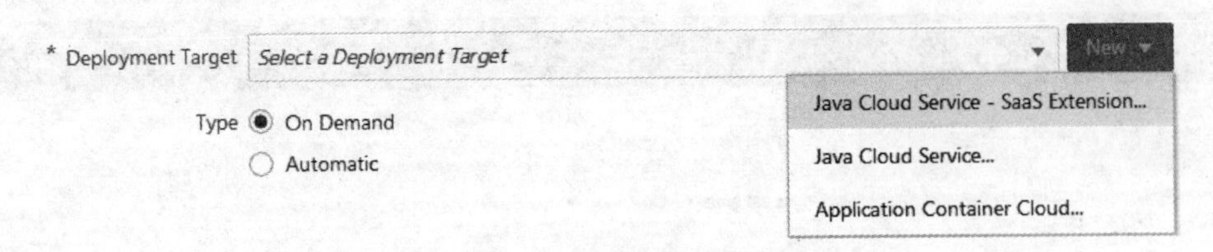

图 10-19 选择部署目标

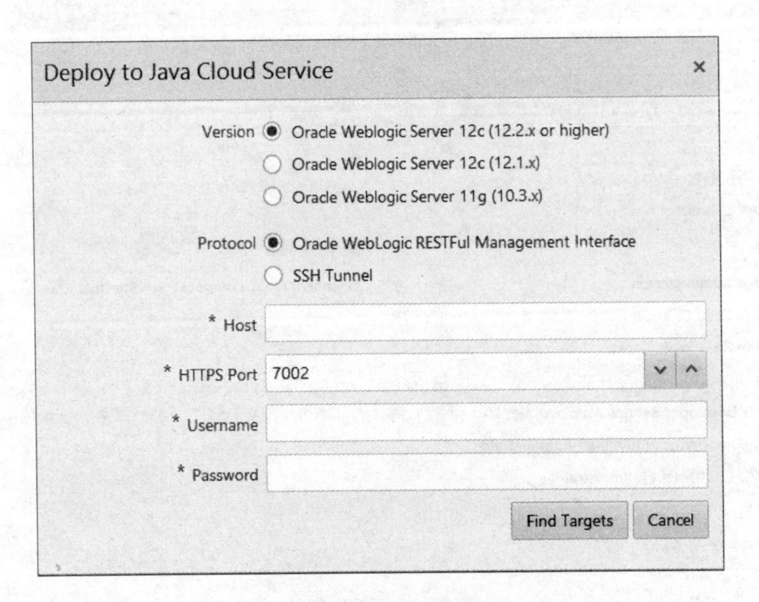

图 10-20 部署到 Java Cloud Service

(6) 在 New Deployment Configuration 页面中 Job 的下拉列表中选择 HelloWorld-build,其他选项接受默认即可。

(7) 单击 Save and Deploy 按钮后 DevCS 即开始进行部署。在 Oracle DevCS 的 Deployments 页面中可以查看到部署的进度以及可执行的操作。

(8) 最后可以通过浏览器访问部署到 JCS 的 HelloWorld 应用,确认部署成功。

10.2.6 实现持续集成和部署

上面实现的是由用户手动执行的集成和部署过程。为了实现自动化的持续集成和部署,只需要在 Build 和 Deploy 的配置上做简单修改即可。

(1) 在 HelloWorld 项目中进入 Build 中的 HelloWorld-build 的 Job。

(2) 单击 Configure 按钮进入任务的配置界面,再进入 Trigger 标签页。

(3) 选中 Based on SCM polling schedule 选项,并在 Schedule 后填写以下内容,代表每 5 分钟到代码库中检查一次代码是否有变化,如果有变化则触发一次构建过程:

```
*/5 ****
```

(4) 单击 Save 按钮保存 Job 配置。

(5) 在 HelloWorld 项目中进入 Deploy,找到上一步已经成功执行过的 HelloWorld_

Deploy。然后单击其右侧按钮并进入 Edit Configuration 页面。

(6) 在 Edit Configuration 页面中选择 Type 为 Automatic 选项,然后单击 Save 按钮保存配置。

(7) 在 OEPE 中修改 index. html 文件,然后将修改的文件推送回 Oracle DevCS。

(8) 稍后,首先可以在 DevCS 的 Project 页面的 TODAY 区域看到推送成功的提示,然后是 Build 成功的提示,最后是 Deployed 成功的提示。至此就完成了 CI/CD 的配置。

10.3 其他 Oracle DevCS 资源

Oracle DevCS 提供的是一套集规划、编码、编译、测试、发布、部署等诸多功能于一身的集成环境,无法在本书展开一一介绍其所包括的所有功能。特为希望深入了解和学习 Oracle DevCS 的读者提供以下资源:

(1) Oracle DevCS 的 Git Repository 操作①。

(2) Oracle DevCS 的敏捷开发功能②。

(3) Oracle DevCS 结合 OEPE 的开发过程③。

(4) 向 ACCS 容器中部署应用④。

(5) Oracle DevCS 和外部 Jenkins 集成实现 CI/CD⑤。

---

① http://www. oracle. com/webfolder/technetwork/tutorials/obe/cloud/developer/create _ populate _ gitrepo/create_populate_git_repo. htm

② http://www. oracle. com/webfolder/technetwork/tutorials/obe/cloud/developer/GettingStarted/GettingStarted. html

③ http://www. oracle. com/webfolder/technetwork/tutorials/obe/cloud/developer/UsingODCSwithOEPE/UsingODCSwithOEPE. html

④ http://www. oracle. com/webfolder/technetwork/tutorials/obe/cloud/developer/deploy_accs/deploy_accs. html

⑤ http://www. oracle. com/webfolder/technetwork/tutorials/obe/cloud/developer/JenkinsBuildWebhooks/jenkins_build_webhooks. html#section1s2

第11章

管理云服务

11.1 了解管理云服务

Oracle 管理云服务(Oracle Management Cloud Service,OMCS)是集监控、管理和分析于一体的新一代云服务管理平台,它能结合机器学习和大数据技术来分析监控数据,使运维管理更加智能和精确。针对客户的应用和基础设施,OMC 统一平台能帮助其改善 IT 稳定性、防止应用崩溃、增加 DevOps 敏捷性并增强安全性。

Oracle 管理云服务具有如下特性:

(1) 专为现今异构环境而设计,可监控部署在用户数据中心、Oracle 公有云和第三方云服务的应用。

(2) 建立在具有高吞吐量处理能力、水平可扩展的大数据平台上,并提供实时分析以及对技术和业务事件的深入洞察。

(3) 使用机器学习主动监控、实时分析所有 OMC 服务,并进行关联配置,自动分析所有的数据。

11.2 管理云服务套件

管理云服务套件实际上是由一系列管理云服务组成的,见图 11-1。这些管理云服务包括应用性能监控云服务、基础架构监控云服务、日志分析云服务、编排云服务、IT 分析云服务、配置和合规云服务、安全监控和分析云服务等,它们构成了完整的应用相关资源的监控、管理和维护平台。

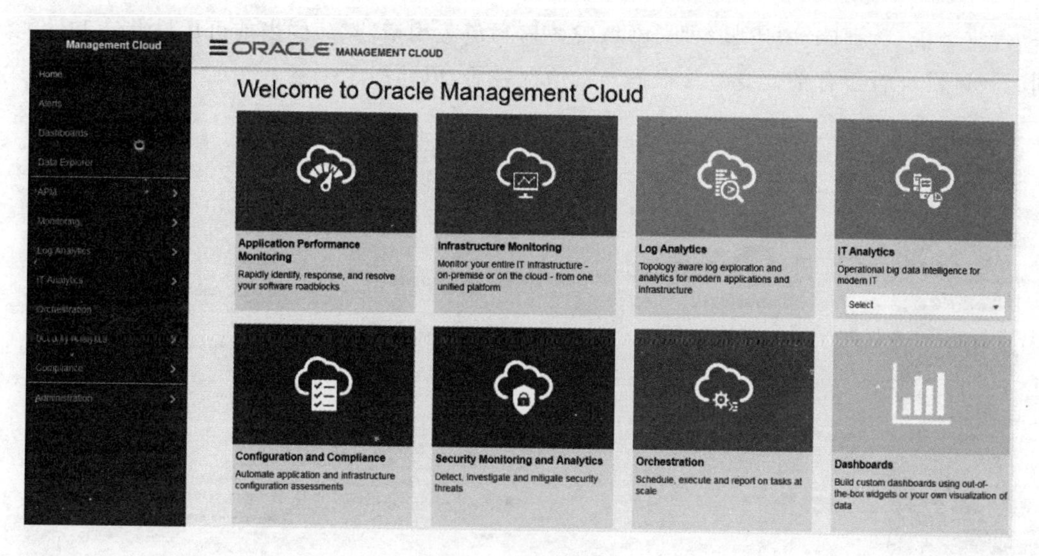

图 11-1 管理云服务

(1) 应用性能监控云服务(Application Performance Monitoring Cloud Service)为应用开发和运营团队提供了查找和修复应用程序问题所需的性能信息,见图 11-2。所有最终用户访问和应用程序性能信息(以及相关的应用程序日志)都会集中到 OMC 的安全、统一的大数据平台中。

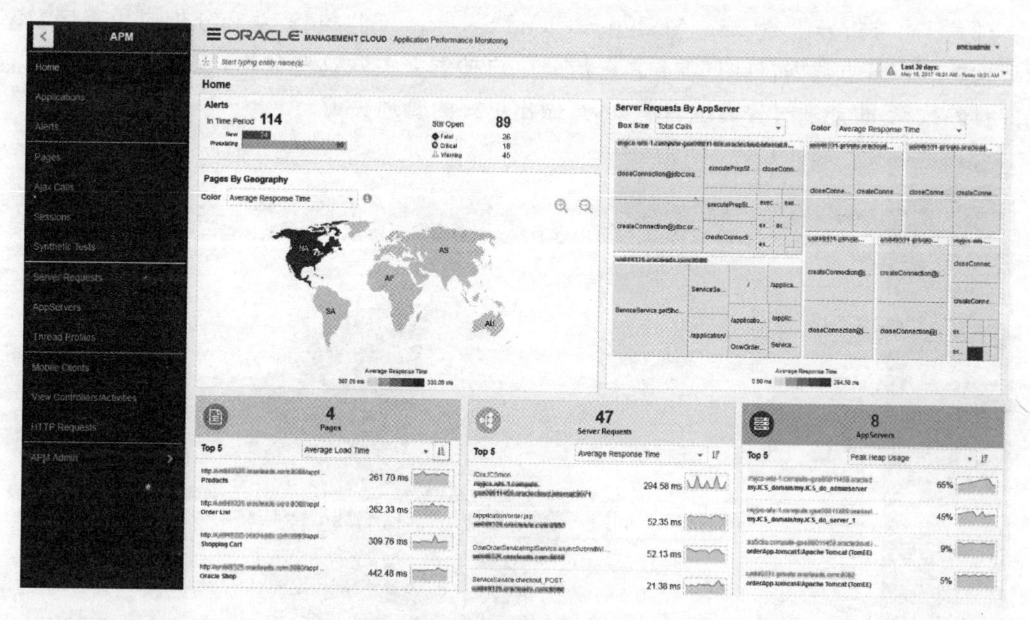

图 11-2 应用性能监控

(2) 基础架构监控云服务(Infrastructure Monitoring Cloud Service)提供了一个统一的监控平台,用以监控企业整个 IT 基础架构(包括企业内部部署或云中部署)的状态和运行状况,见图 11-3。通过对所有基础架构层进行主动监控,在 IT 基础架构出现问题时基础架构监控云服务可以及时提醒管理员,确保在影响最终用户之前对其进行故障恢复。基础架构监控云服务通过仪表板提供整个 IT 基础架构运行状况的整体视图,企业可以轻松监控所有层(主机、数据库、应用服务器、虚拟服务器和负载均衡器等)的当前可用性状态和性能，同时还可以查看所有基础设施并根据异常情况告警，以防患于未然。

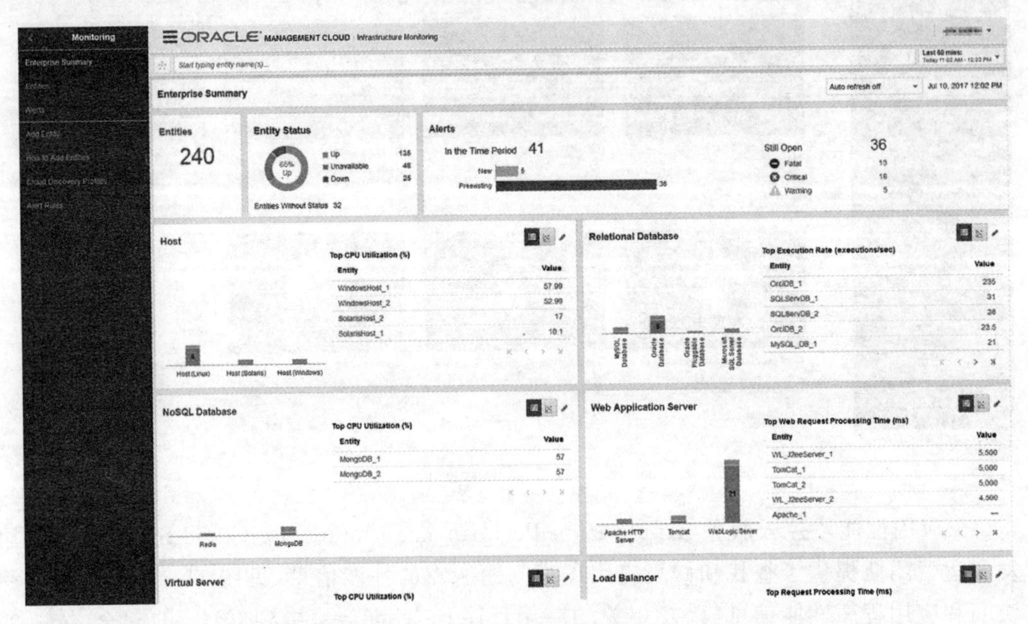

图 11-3 基础架构监控

(3) 日志分析云服务(Log Analytics Cloud Service)可监控、汇总和分析应用程序及基础架构的所有日志数据，见图 11-4 。它帮助用户搜索并关联这些数据，以便更快地发现问题并排除故障，也能通过提高运营洞察力，做出更好的管理决策。

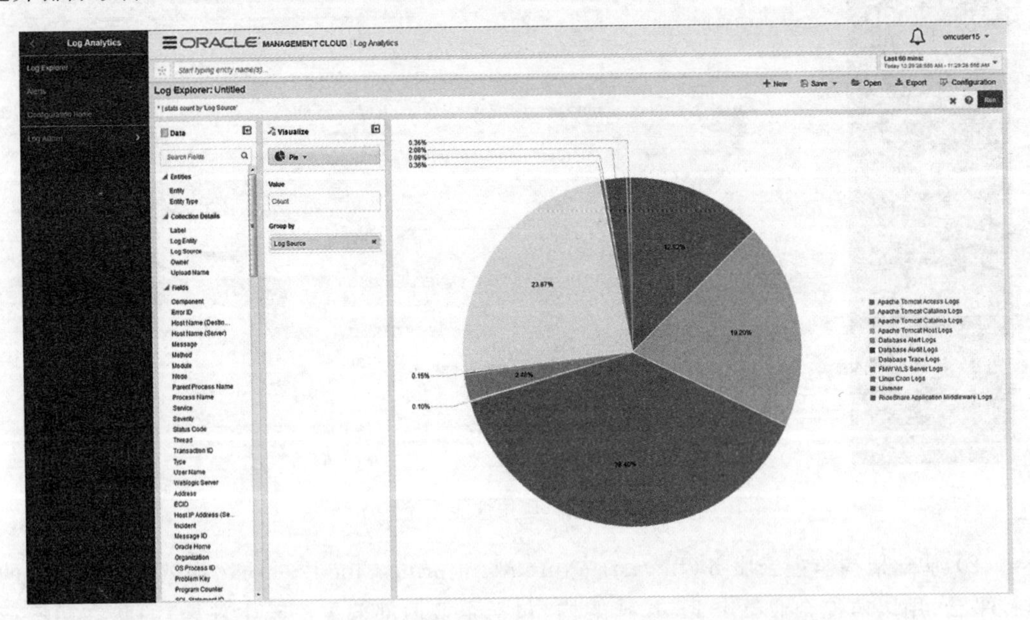

图 11-4 日志分析

(4) IT 分析云服务(IT Analytics Cloud Service)能够全方位地深入了解应用程序及基础架构的性能、可用性和容量，见图 11-5。它使得业务人员和管理人员能够根据全面的系统和数据分析对 IT 运营做出关键决策。用户可以通过识别系统性问题,分析跨应用程序层的资源使用情况,并根据历史性能趋势预测未来对服务的需求,从而提升运行能力。

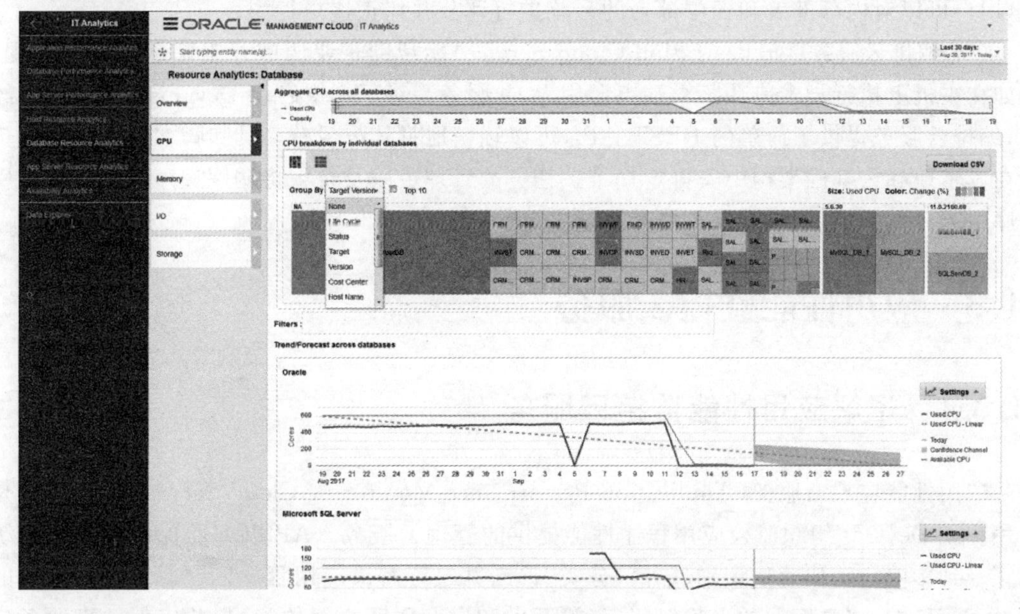

图 11-5　IT 分析

(5) 安全监控和分析云服务(Security Monitoring and Analytics Cloud Service)是一个集成的 SIEM(Security Information and Event Management)和 UEBA(User and Entity Behavior Analytics)平台,可有效保护企业的 IT 环境,抵御各类威胁,见图 11-6。安全监控和分析云服务可将通用数据提取与下一代分析相结合,以便在异构系统内部和云基础架构上实现早期检测,快速评估并智能修复威胁。

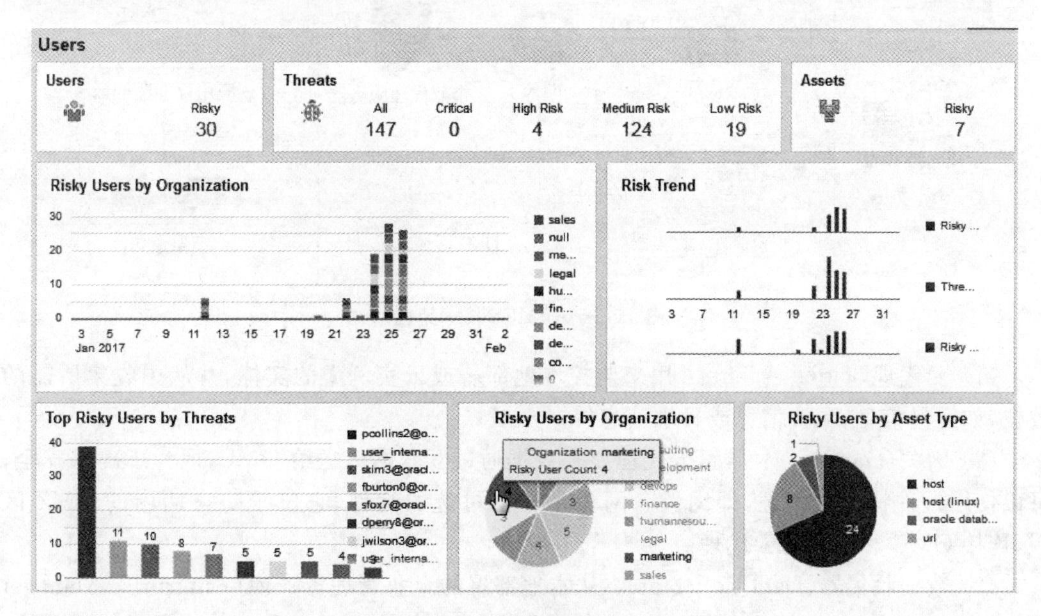

图 11-6　安全监控和分析云

(6) 配置和合规云服务(Configuration and Compliance Cloud Service)可帮助企业基于行业标准进行业务合规性功能评估,也能基于 REST 自定义规则。使用配置和合规云服务,用户可以对内部部署和云中部署的系统进行评分并纠正违规行为。

(7) 编排云服务(Orchestration Cloud Service)能帮助企业调度并跟踪运维管理流程,比如在主机上执行脚本或从某个端点调用 Web 服务。对于希望启动 DevOps 项目的 IT 经理,编排云服务提供了简单的 REST API,可以轻松地将其与现有工具和脚本集成。对于希望在其本地和云基础架构中安排定期维护任务的管理员以及希望将调度程序集成到其应用程序中的开发人员,编排云服务是其理想之选。

11.3 应用性能监控云服务

11.3.1 了解应用性能监控云服务

应用性能监控云服务(Application Performance Monitoring Cloud Service,APMCS)是为用户或 DevOps 组织监控应用程序性能提供的管理云服务。APMCS 能保证客户在系统真正受到影响之前快速地识别、隔离、分类、诊断并最终解决应用程序问题。在 APMCS 的帮助下,可减少修复问题的平均时间,消除开发和运营团队之间的障碍,并确保关键业务应用程序有更好的用户体验。

APMCS 组成部分和架构如图 11-7 所示,为了更方便地理解此架构图,首先介绍几个在 APMCS 中的概念:

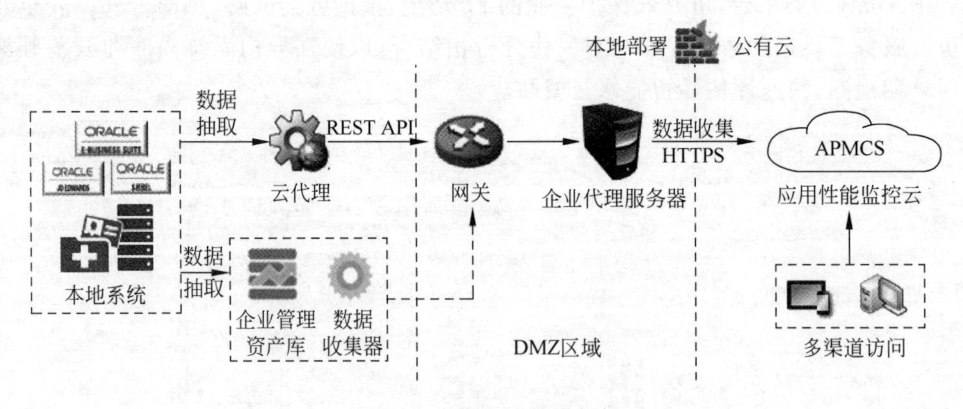

图 11-7 APMCS 技术架构

(1) 云代理(Cloud Agent):用来监控本地部署或云实例中的实体,并从中收集所需的数据,如度量信息、配置信息或日志信息等。

(2) 网关(Gateway):尽管云代理能将数据通过互联网传送给 OMC,但为了确保安全,可以使用一种特殊的代理,即网关。网关是一个可选的组件,它位于防火墙内的 DMZ 区域,连接 OMC 和本地的云代理。

(3) 数据收集器(Data Collector):从本地部署的企业管理资产库(Enterprise Manager Repository)中读取数据,然后将这些数据上传到 OMC 中。数据收集器是一个可选的组件,能部署在本地，并使用 SSH 和 SQL 来访问企业管理资产库。

（4）企业代理服务器（Corporate Proxy Server）：通常为保证安全，数据中心中都会配置防火墙和企业代理服务器，此时所有的交互都是通过企业代理服务器与 OMC 进行的。

用户可通过网络访问 OMC 下载对应的 Cloud Agent，并安装在本地局域网内的被监控应用服务器上。当应用服务器启动时，Cloud Agent 会将采集到的应用性能数据发送到内部的代理服务器上，然后通过 HTTP 协议传送到 OMC 上。OMC 将这些数据进行各种分析、关联、汇聚后展现在页面中。

APMCS 应用性能监控云服务具有如下的特征。

1. 针对应用的快速问题隔离

现今，应用程序已经当之无愧地成为了企业的核心，应用性能差就直接会影响到企业的市场品牌、知名度等。使用 Oracle APMCS 能及时提醒最终用户其系统的一些潜在问题，并提供信息以帮助其更快地解决应用程序问题。针对用户访问和应用响应，APMCS 提供如下监控和分析功能：

（1）监控所有网页的所有最终用户操作，包括用户每次鼠标的点击。

（2）跟踪不同服务器之间的事务，定位应用程序问题所在的位置。

（3）在应用程序性能的上下文中自动查看应用程序执行时间。

2. 应用深度可视化

若想交付给用户高质量的应用，需要深入了解应用的各个方面性能指标。当今的应用通常运行在一个分布式环境中、跨多个应用服务器及数据库，用户通过 Web 浏览器来访问。传统的监控管理工具无法快速、准确地发现性能问题，而 Oracle APMCS 可以快速定位应用在各个层面的性能问题。从终端用户的浏览器开始到客户端 Ajax 交互性能、再到跨多个服务端的请求性能，最后下钻到细粒度的应用程序代码级别，甚至可以查看到具体的调用方法和 SQL 级别操作的实际性能。通过利用这种自动化发现和高级报告功能，可以逐步地、系统地改进应用程序的性能。

3. DevOps 与 APMCS

如今，DevOps（Development 和 Operations 的组合）已经成为一个非常火的概念。DevOps 是一组过程、方法与系统的统称，用于促进开发（应用程序/软件工程）、技术运营和质量保障（QA）部门之间的沟通、协作与整合。

若想真正将 DevOps 应用到应用程序生命周期中，用户需要对运行的应用程序性能有及时和准确的可见能力。通过使用 Oracle APMCS，参与 DevOps 过程的人员可以基于上下文全面监控应用程序的性能。同时，运维团队和开发团队也可以通过分析应用程序请求、应用程序基础架构和应用程序日志来更快地解决应用程序问题。另外，用户还可以利用 APMCS 的 API 将关键应用程序性能指标纳入到自己的 DevOps 系统中，从而实现持续集成、持续部署和持续监控。

4. 低维护、低开销

APMCS 旨在易于使用，无须维护，无须配置，无须建模和最少的开销。用户只需专注于自己的业务和应用程序的性能，而不用去花时间维护这些基础架构。

表 11-1 中列出了不同的应用服务器平台部署监控后的 CPU 使用率变化情况。从表中

部署 Agent 前后 CPU 的变化可以看出，部署在用户应用服务器上的 Agent 消耗的资源非常低，因此 APMCS 可以在用户生产环境中进行大规模部署。

表 11-1 运行 Agent 的资源消耗

应用服务器平台	Oracle WebLogic		Apache Tomcat		JBOSS	
	无 Agent	有 Agent	无 Agent	有 Agent	无 Agent	有 Agent
CPU 开销	2.11%	2.73%	7.20%	8.40%	1.90%	3.23%

11.3.2 使用 APMCS 监控应用性能

IT 运维团队通常都会碰到过这样一幕，终端用户通常会抱怨某个 Web 页面响应速度太慢，可技术人员却很难定位到其根本原因，只能通过重启服务器来暂时解决此类问题，但治标不治本，不久以后故障再次出现。此时，我们需要一种更好的工具和方法来全面监控这些 Web 页面和接口，这些监控数据会帮助运维团队在最终用户遇到问题之前发现并解决相关性能问题。

下面首先监控一个有性能问题的模拟应用页面，然后使用 APMCS 跟踪应用性能瓶颈，最终锁定问题所在并进行应用性能优化。

1. 场景相关架构

Java Agent 收集应用的性能数据并将之发给 APMCS，用户可以通过 APMCS 的界面来实时监视应用程序的性能。Java Agent 能监控部署在各类主流应用服务器中的应用程序，包括 WebLogic、Tomcat、JBoss、WebSphere、Jetty、.Net 等。本文以基于 Windows 环境中的 WebLogic 服务器为例详细介绍安装和部署 Java Agent 的步骤。

图 11-8 描述了在 WebLogic 受管服务器上部署 APMCS 的 Java Agent 架构。为了实现本章的 APMCS 相关操作，读者可在自己的运行环境中（确保读者的主机可通过互联网访问到 Oracle 公有云）安装 Oracle WebLogic Server，并创建默认名为 base_domain 的 WebLogic 域（该域有两个受管服务器，即 Managed-server1 和 Managed-server2）。由于 WebLogic 域的所有服务实例都是运行在同一节点上，因此 APMCS 的 Java Agent 只需要安装一次就可以了。

2. 创建 WebLogic 域环境

首先需要新建一套 WebLogic 域环境。读者可参见第 7 章 7.5.1 节的内容创建本章使用的 WebLogic 域环境。其中需要注意的地方见表 11-2。

表 11-2 WebLogic 参数

参　数	参 数 值
域名称	base_doamin
两个受管 WebLogic Server 的监听端口	7003 和 7004

注意：*在创建 WebLogic 域的最后一步无须启动创建好的 WebLogic Admin Server，直接关闭对话框即可。*

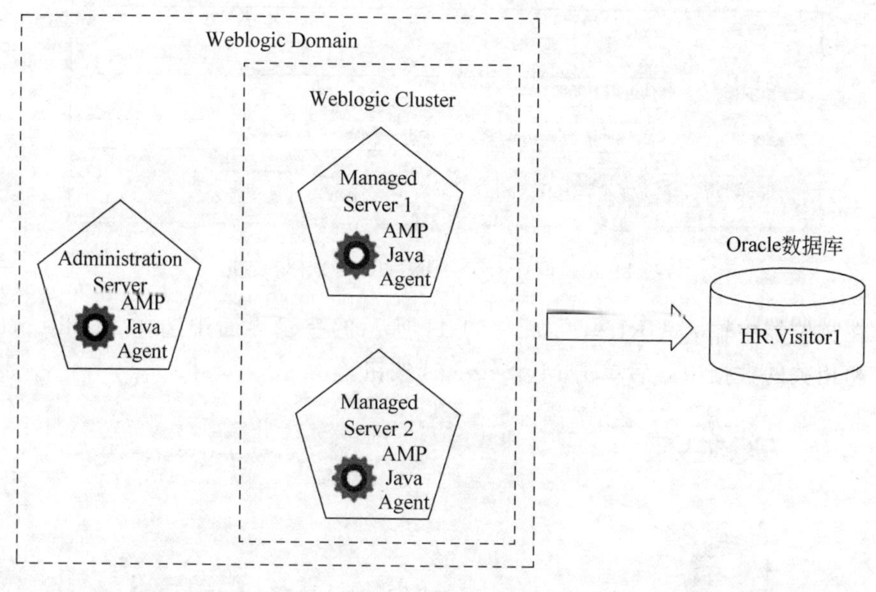

图 11-8 应用架构

3. 安装和部署 Java Agent

通过 APMCS 监控应用系统有两种方式：一种是通过 Agent 采集数据；另一种是在页面中注入相关 JavaScript 代码来采集数据。本节着重介绍通过 Agent 采集数据的方法。

(1) 首先要确定安装的目标机器上 WebLogic 版本，目前 APMCS 的 Java Agent 支持的 WebLogic 的版本如下：Oracle WebLogic Server 12.2.1、Oracle WebLogic Server 12.1.3 及 Oracle WebLogic Server 10.3.6(Oracle WebLogic Server 11g Release 1)。如果读者使用已有的 WebLogic，可以进入 weblogic 的安装目录%WLS_HOME%\server\lib，并用下面的命令查看其版本。

```
java -cp weblogic.jar weblogic.version
```

(2) 下载[①] cURL 工具，并将其解压到某个目录下，然后其下的 bin 目录添加到环境变量 path 中，见图 11-9。

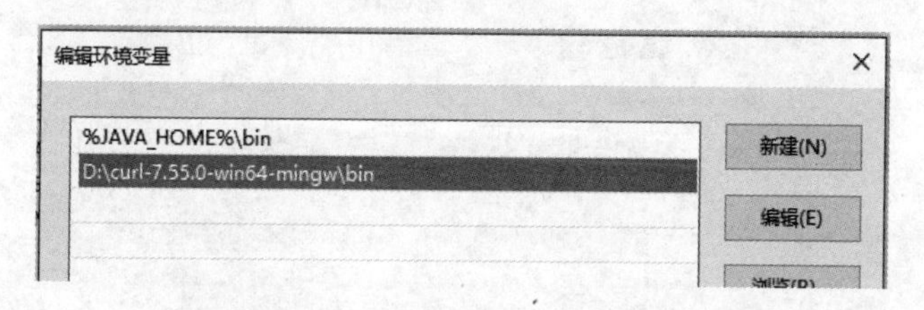

图 11-9 设置 path 环境变量

(3) 将环境变量 DOMAIN_HOME 设置为当前被监控的 WebLogic Domain 根目录，见图 11-10。

① https://curl.haxx.se/download.html

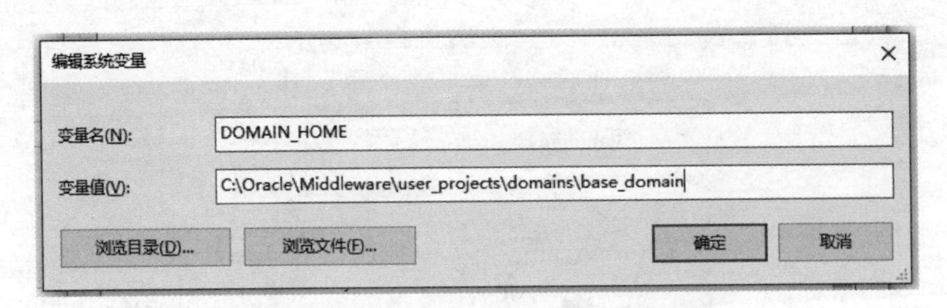

图 11-10　设置 DOMAIN_HOME 环境变量

（4）在浏览器中输入 URL[①]，在如图 11-11 所示的登录界面中选择 Traditional Cloud Account 和相关的数据中心后单击 My Services 按钮。

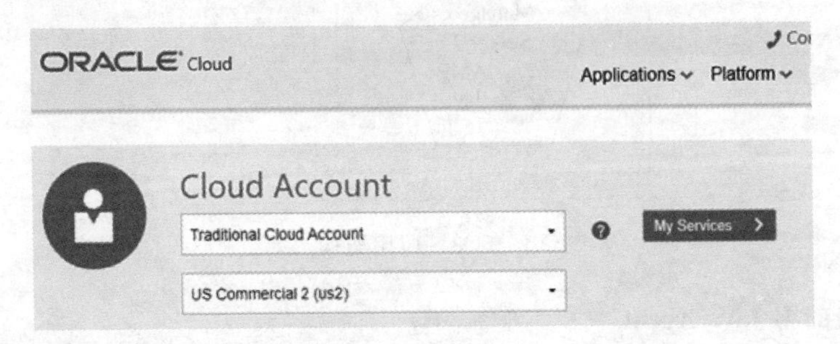

图 11-11　登录界面

（5）用申请的有效账号，包括 Identity Domain 以及对应的 Username 和 Password 登录 OMC 云服务，单击 Sign In 按钮。

（6）见图 11-12，在 Dashboard 页面中找到 Application Performance 云服务，然后单击 Open Service Console 菜单项。

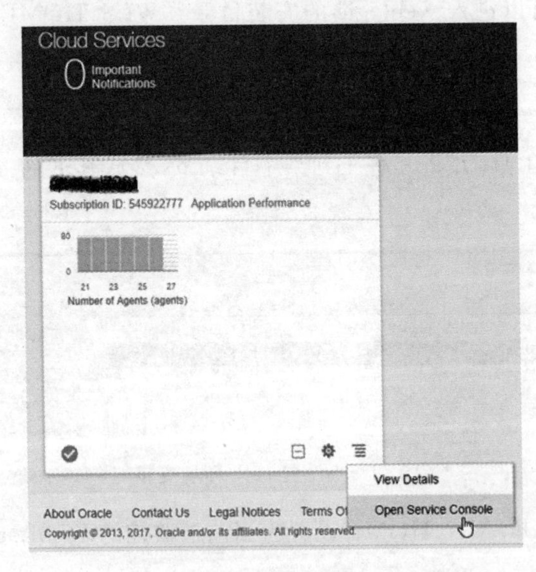

图 11-12　仪表盘

① https://cloud.oracle.com/en_US/sign-in

(7) 单击页面左上角的☰图标。

(8) 选择 Administration 菜单项,见图 11-13。

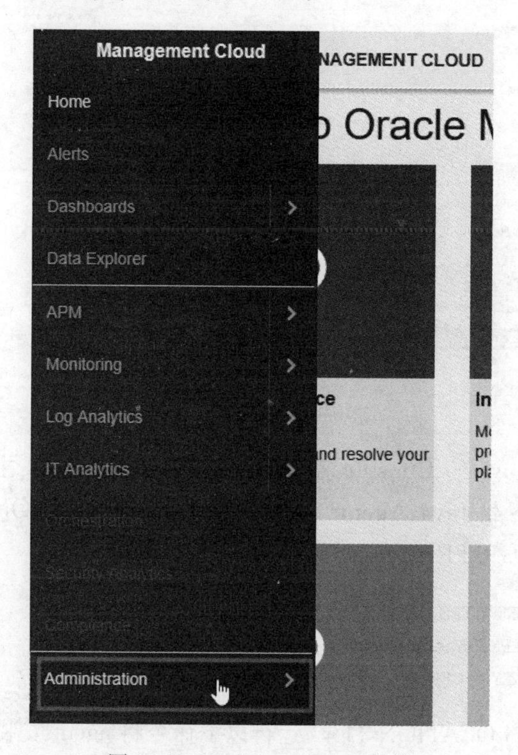

图 11-13 Administration 菜单

(9) 在其子菜单中选择 Agents 菜单项。

(10) 在页面中选中 Download 页签,见图 11-14,然后选择 Download 按钮。

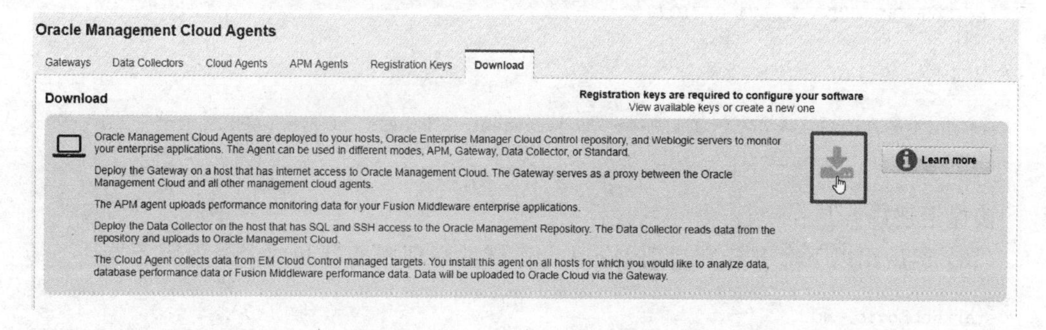

图 11-14 下载页面

(11) 下载的文件是一个 zip 包 AgentInstall. zip,其中包括 AgentInstall. sh、AgentInstall. bat 和 README 文件,分别能在 Linux 和 Windows 环境下运行,用于下载、安装和部署 APMCS 的 Java Agent。

(12) 单击图 11-14 下载页面中的 View available keys or create a new one 链接。

(13) 在图 11-15 所示的 Registration key 页面中输入 Name,并单击 Create New Key 按钮。

Oracle Management Cloud Agents
Gateways Data Collectors Cloud Agents APM Agents Registration Keys Download
Registration Keys
Enter Name to identify this Key
* Name apm_regKey Registration Limit 10,000 Create New Key

图 11-15 注册秘钥

(14) 记录下 Key Value 对应的字符串，见图 11-16。

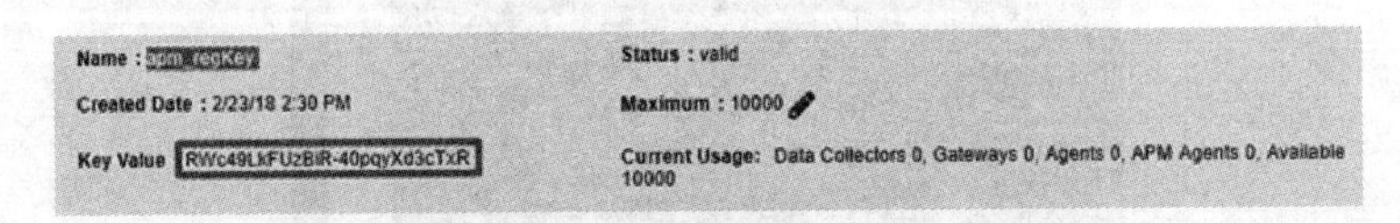

图 11-16 秘钥

(15) 然后在 Windows 的 Console 控制台中进入 Java Agent 主安装程序的解压目录下，运行如下一条命令下载 Java Agent。其中 STAGE_LOCATION 是设定的 Java Agent 下载目录，AGENT_REGISTRATION_KEY 是 key value 字符串。

```
AgentInstall.bat AGENT_TYPE = apm_java_as_agent
STAGE_LOCATION = C:\APMCSAgent
AGENT_REGISTRATION_KEY = <KEY> - download_only
```

(16) 进入 STAGE_LOCATION 目录，运行以下命令将 agent 安装到 weblogic domain 中：

```
ProvisionAPMCSJavaAsAgent.cmd /d %DOMAIN_HOME%
```

(17) 修改%DOMAIN_HOME%\bin\setDomainEnv.cmd 文件，将以下内容

```
set JAVA_OPTIONS = %JAVA_OPTIONS%
```

修改为

```
set JAVA_OPTIONS = %JAVA_OPTIONS% - javaagent:%DOMAIN_HOME%\APMCSagent\lib\system\
APMCSAgentInstrumentation.jar
```

确保上述内容是在一行。

(18) 然后用以下命令分别启动 WebLogic 域的管理服务器和两个受管服务器：

```
startWebLogic.cmd
startManagedWebLogic.cmd <managed - server - name> http://localhost:7001
```

稍后就可在 APMCS 中监控此 WebLogic 服务器了，此时在 APM 控制台上可看到 APM Agent 的数值发生了变化，见图 11-17。

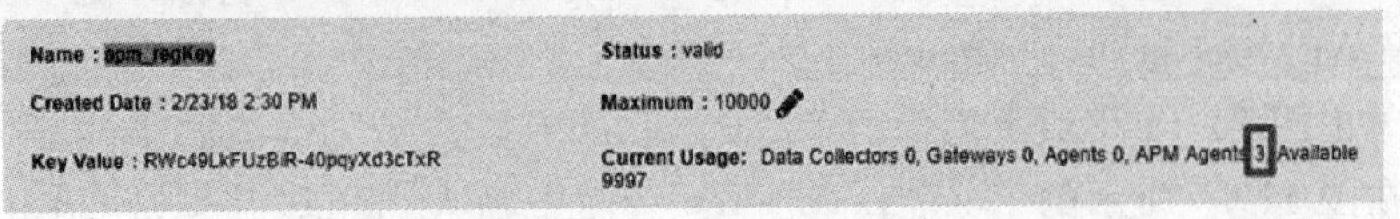

图 11-17 APM Agent

4. 创建 Oracle 数据库表

下面在 Oracle 数据库中配置应用需要的数据表。

(1) 首先确认在第 7 章中安装在读者本地的 Oracle 数据库中是否有名为“HR”的用户，如果没有就创建该用户。

(2) 使用 HR 用户登录，然后执行如下脚本创建需要的数据库表：

```
CREATE TABLE HR.VISITOR1
    ("ID" NUMBER(19,0) PRIMARY KEY,
     "ALLCOMMENTS" VARCHAR2(255 BYTE),
     "DATEVISITED" DATE,
     "NAME" VARCHAR2(255 BYTE)
    )
```

5. 部署并配置模拟应用

模拟的应用页面功能并不复杂，用户可通过页面提交数据，应用将数据写入后台 Oracle 数据库的 HR.VISITOR1 表中。下面我们将模拟的应用部署到 base_domain 上并完成相关配置。

(1) 由于模拟应用是使用 JDeveloper 开发的，因此读者需要下载 JDeveloper[①] 并在本地安装 JDeveloper 环境。使用的 JDeveloper 版本最低支持 12.1.3。

(2) 从“下载地址”链接中下载模拟的被监控应用 APMDemo.zip。

(3) 解压 APMDemo.zip 文件，然后使用 JDeveloper 打开 TestADF.jws 文件。如果读者使用的 JDeveloper 的版本高于 12.1.3，可能在打开后会提示升级应用配置。此时让 JDeveloper 自动更新应用配置即可。

(4) 在 TestADF 应用下双击 Model 项目，此时会弹出 Project Properties 对话框，见图 11-18。

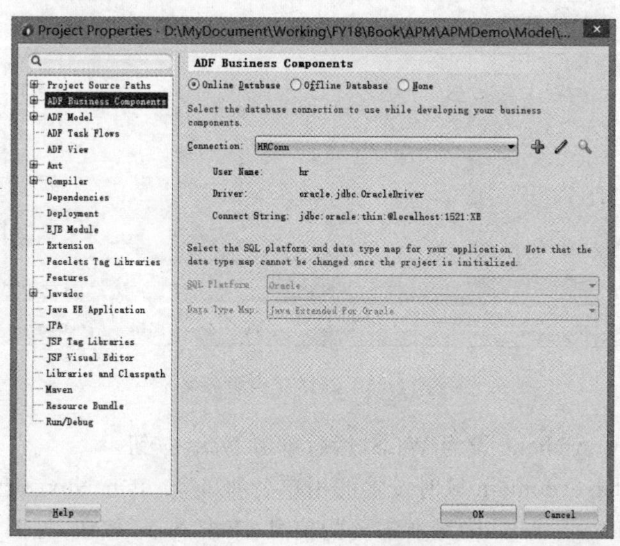

图 11-18　项目属性

① http://www.oracle.com/technetwork/developer-tools/jdev/downloads/index.html

(5) 单击菜单 Application→Deploy→APMDemo,见图 11-19。

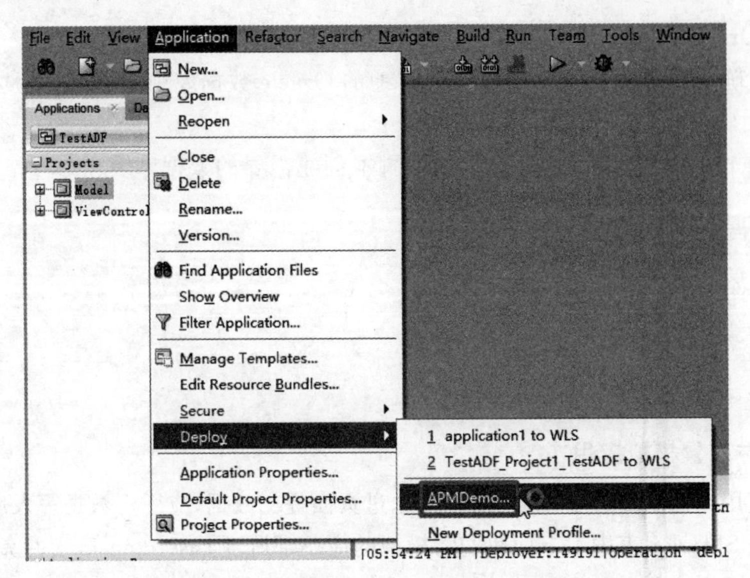

图 11-19 应用部署

(6) 在弹出 Deploy APMDemo 对话框中单击 Next 按钮。

(7) 单击新增按钮,新增一个应用服务器连接配置,见图 11-20。

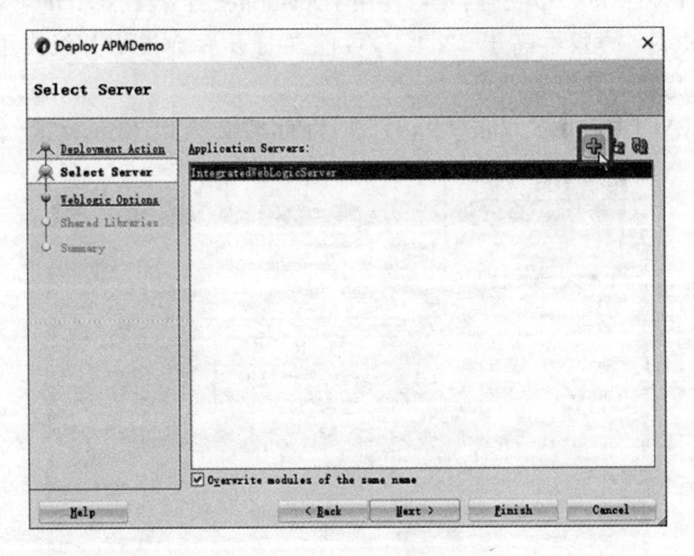

图 11-20 新增应用服务器

(8) 将 Connection Name 设为 WLS,然后单击 Next 按钮。

(9) 输入创建 base_domain 域时设置的用户名和口令,单击 Next 按钮。

(10) 输入访问 base_domain 域所需要的信息,单击 Next 按钮,见图 11-21。

(11) 单击 Test Connections 按钮测试新建的连接。如果全部成功后再单击 Next 按钮,完成新建服务器连接配置。

(12) 单击 Next 按钮,选中刚刚创建的名为 WLS 的应用服务器。

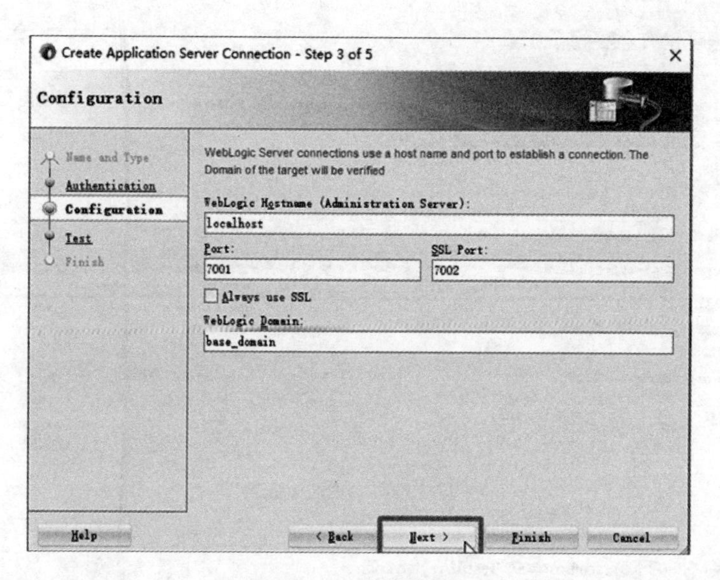

图 11-21 配置域信息

(13) 确认选择 Deploy to selected instance in the domain，见图 11-22，然后单击 Next 按钮。

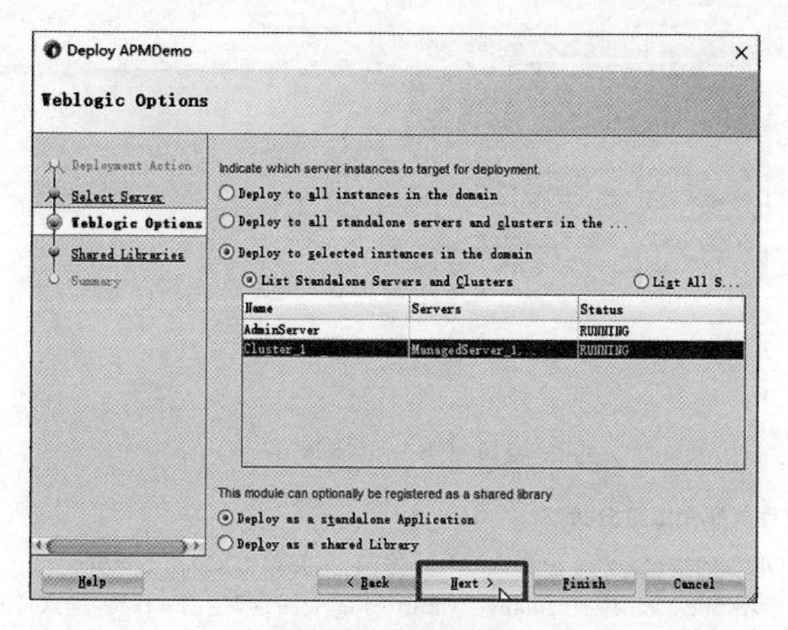

图 11-22 选择部署目标

(14) 最后单击 Finish 按钮关闭对话框，完成应用部署。这时可在 WebLogic 的 Console 控制台上发现 APMDemo 已被部署成功，见图 11-23。

(15) 可用浏览器访问 URL① 进入模拟应用的测试页面，见图 11-24。

① http://localhost:7003/TestADF-ViewController-context-root/faces/CRUDVisitor.jsf

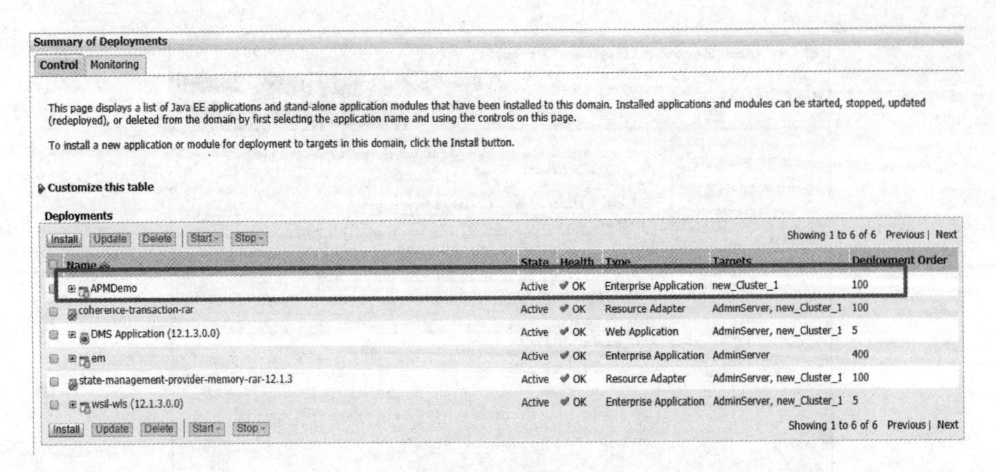

图 11-23　应用部署成功

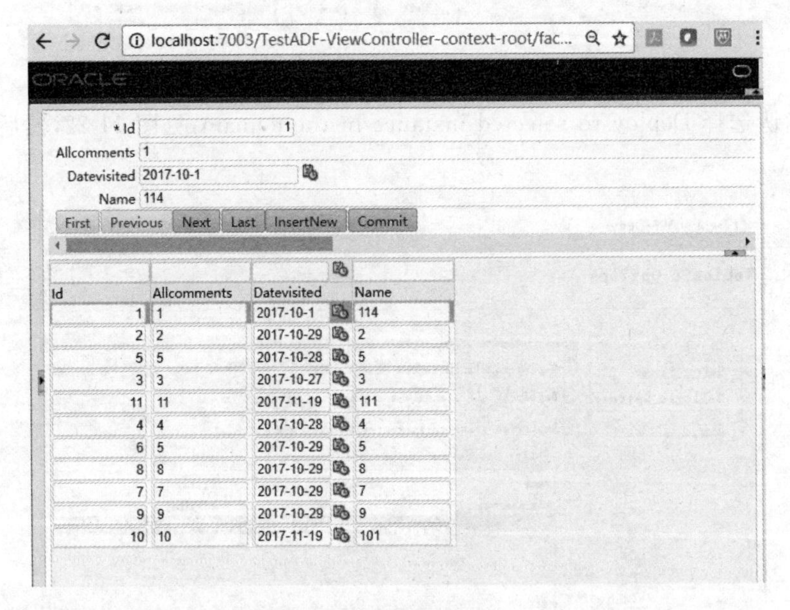

图 11-24　测试页面

6. 应用性能瓶颈跟踪分析

(1) 用 OMC 的账号/密码登录 APMCS 控制台，并单击 Open Service Console 按钮。

(2) 单击 Application Performance Monitoring 大图标，见图 11-25，进入应用程序性能监控页面。

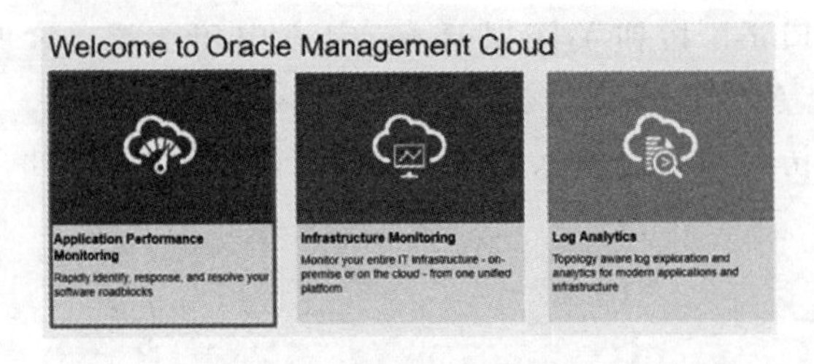

图 11-25　OMC 欢迎页面

(3) 在主页面中能查看到告警信息的数量、致命告警、关键告警和一般警告的数量，见图 11-26。

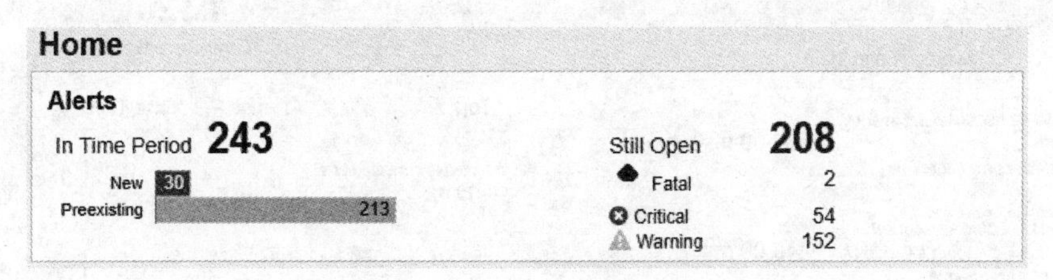

图 11-26 告警

(4) 应用服务器端的服务请求信息，包括平均响应时间、最大响应时间、调用次数、出错率等，见图 11-27。

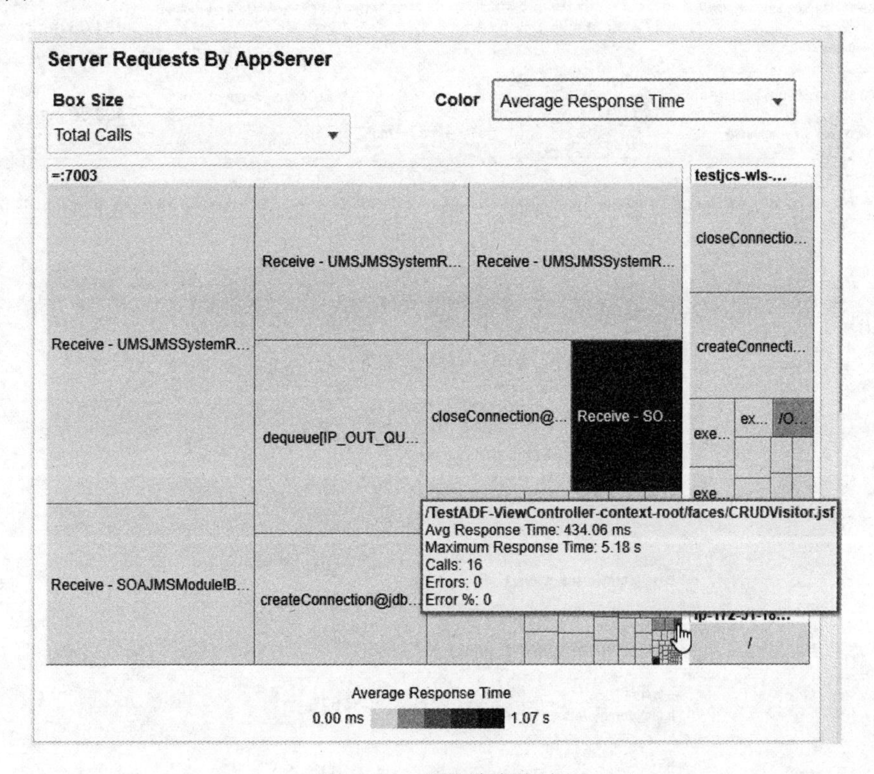

图 11-27 服务请求统计

(5) 针对页面的平均加载时间，显示 Top 5 的页面信息，见图 11-28。当然，除了平均加载时间外，还有最大加载时间、最小加载时间、查看次数、出错次数、出错率等。

(6) 显示服务端请求的详细信息，默认以平均响应时间倒序排序，显示 Top 5，见图 11-29。

(7) 显示应用服务器的峰值堆内存使用情况，显示 Top 5，见图 11-30。

(8) 在 JDeveloper 中打开 ViewController→ Application Source→ demo. view→ CRUDVisitor. java 文件。为了模拟该页面存在性能问题，可在 Commit 按钮的响应事件中添加一行语句 Thread. sleep(5000)，见图 11-31 中第二行，即睡眠 5 秒钟再执行提交数据库的操作。

6
Pages
Top 5 Average Load Time
http://192.168.56.131:8080/host-manager/
...
host-manager»/host-manager»n/a 534.00 ms
http://omcfrank115:8080/docs/appdev/
docs»Application Developer's Guide (7.0.70) - Table of Contents»n/a 448.00 ms
http://omcfrank115:8080/examples/jsp/jsp
...
examples»JSP 2.0 Examples - Hello World SimpleTag Handler»n/a 391.00 ms
http://192.168.56.131:8080/manager/statu
...
manager»/manager»n/a 172.00 ms
http://192.168.56.131:8080/examples/serv
...
examples»Sessions Example»n/a 148.00 ms

图 11-28 平均加载时间最长的 5 个页面

132
Server Requests
Top 5 Average Response Time
/console/console.portal
=:7001 1.07 s
Receive - SOAJMSModule!B2BEventQueue
=:7003 1.00 s
/TestADF-ViewController-context-root/fac
...
=:7003 858.00 ms
/TestADF-ViewController-context-root/fac
...
=:7003 434.06 ms
/TestADF-ViewController-context-root/fac
...
=:7003 408.50 ms

图 11-29 平均响应时间最长的 5 个页面

图 11-30 峰值堆内存使用最高的服务器

```
try {
    Thread.sleep(5000);
    System.out.println("================start");
    DCBindingContainer bindings = (DCBindingContainer)BindingContext.getCurrent().getCurrentBindingsEnt
    FacesCtrlActionBinding commitOpt = (FacesCtrlActionBinding)bindings.get("Commit");
            commitOpt.execute();
    System.out.println("================end");
} catch (InterruptedException e) {
    System.out.println(e.toString());
}
```

图 11-31 增加模拟性能代码

(9) 将改动后的应用再次部署到 WebLogic 服务器的集群中。

(10) 访问 URL[①],在页面中进行如下操作：先浏览 Visitor 的记录数据,然后新增一个新的 Visitor。此时 Agent 会自动将监控到的服务器端的增删改查等操作性能数据上传到 OMC 云服务器中,显示页面见图 11-32。

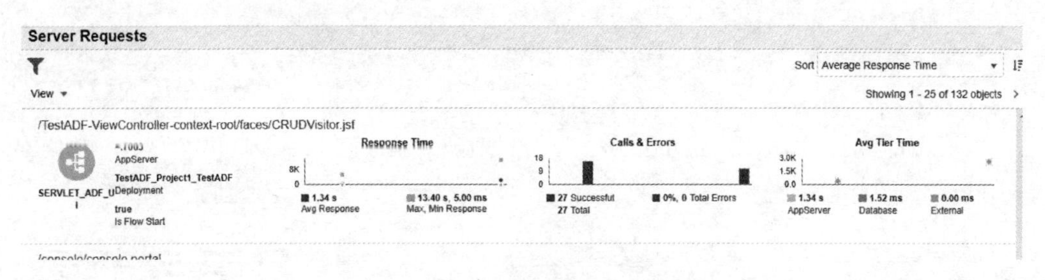

图 11-32　监控到的模拟页面性能数据

(11) 将鼠标移动到蓝色方块上时,会显示该页面的详细指标信息,包括页面的最大、最小、平均响应时间,发生的时间段,成功的调用次数、出错次数、数据库的操作时间等,见图 11-33。

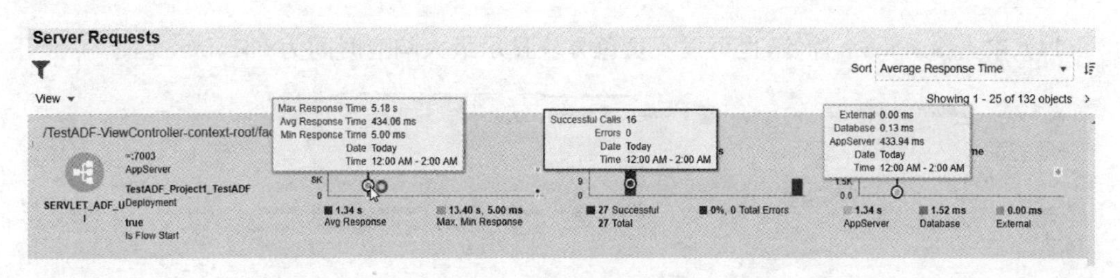

图 11-33　详细的监控数据

(12) 单击蓝色方块可显示更详细的指标信息,包括数据库 SQL 语句的执行效率等,见图 11-34。

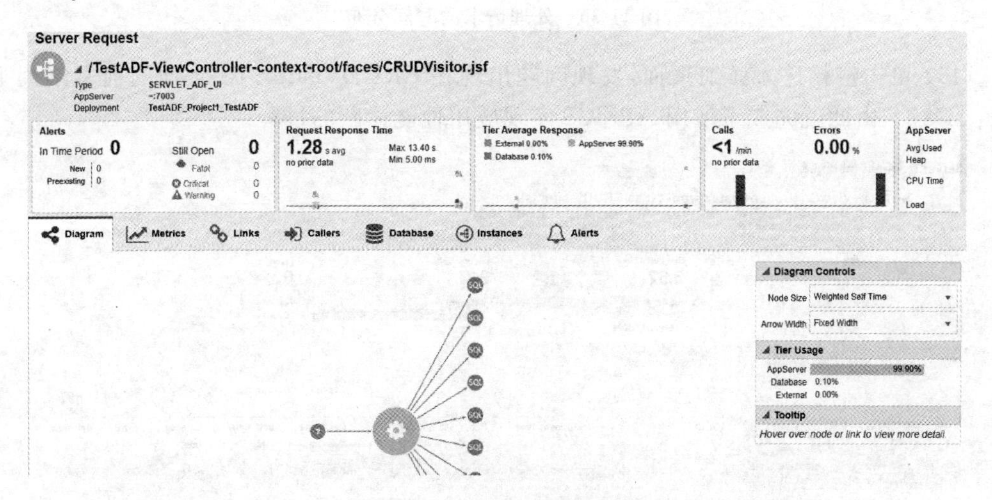

图 11-34　更详细的监控数据

① http://localhost:7003/TestADF-ViewController-context-root/faces/CRUDVisitor.jsf

(13) 鼠标可以移动到每一个 SQL 节点上查看底层的 SQL 语句及其执行情况，见图 11-35。逐一查看可以确认 SQL 语句执行没有性能问题，因此初步诊断性能问题可能出现在应用端上。其中黄色区域块显示 AppServer 使用率为 99.9%、Database 使用率为 0.1%，也说明了性能瓶颈可能出现在应用服务器上。

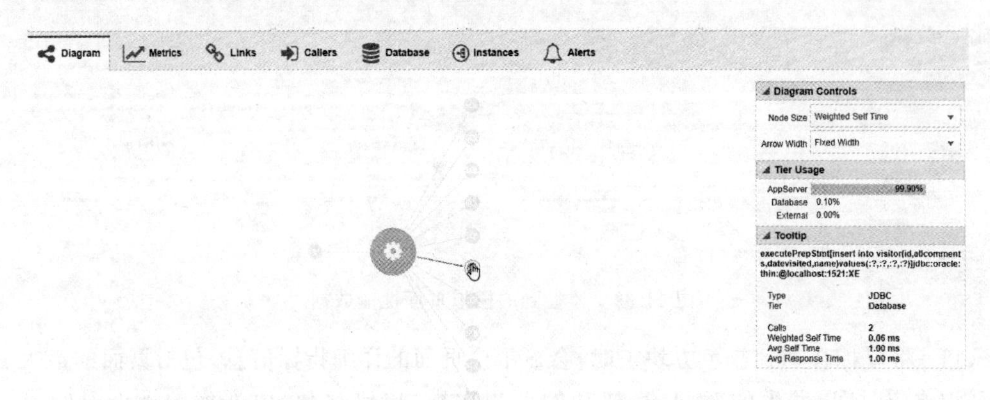

图 11-35 SQL 执行情况

(14) 单击 Instances 标签，也可发现黄色方块显示最大响应时间为 5315ms，见图 11-36。

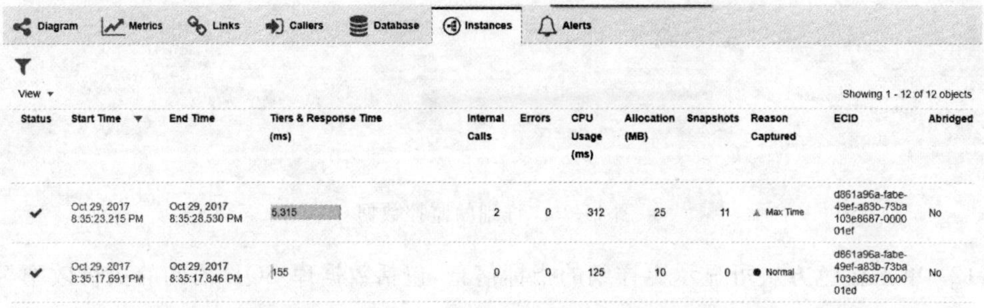

Status	Start Time	End Time	Tiers & Response Time (ms)	Internal Calls	Errors	CPU Usage (ms)	Allocation (MB)	Snapshots	Reason Captured	ECID	Abridged
✔	Oct 29, 2017 8:35:23.215 PM	Oct 29, 2017 8:35:28.530 PM	5,315	2	0	312	25	11	▲ Max Time	d861a96a-fabe-49ef-a83b-73ba103e8687-000001ef	No
✔	Oct 29, 2017 8:35:17.691 PM	Oct 29, 2017 8:35:17.846 PM	155	0	0	125	10	0	● Normal	d861a96a-fabe-49ef-a83b-73ba103e8687-000001ed	No

图 11-36 处理请求的时间分布

(15) 单击链接进入详细页面，发现问题出现在 CRUDVisitor.jsf 页面的前端调用上，见图 11-37。由此就完成了使用 APMCS 实现应用性能诊断的过程。

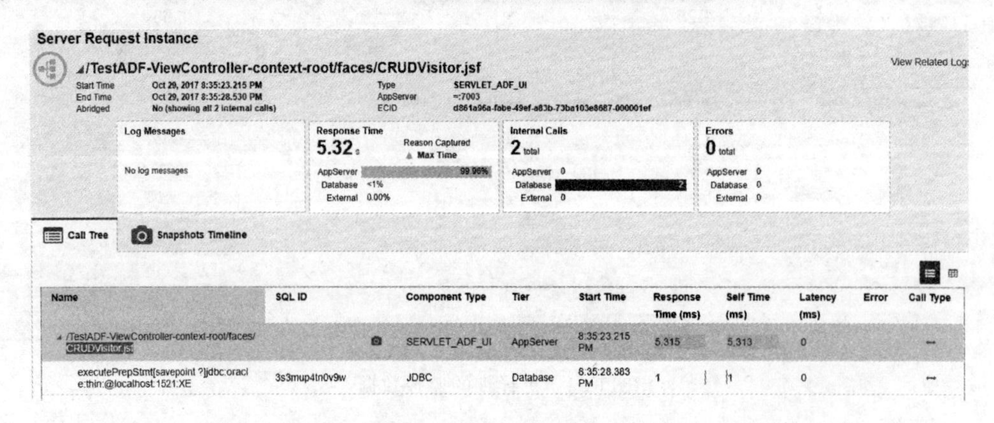

图 11-37 Call Tree 跟踪

(16) 最后可以将 CRUDVisitor.java 文件的 Thread.sleep(5000)语句删除，再将应用重新部署，并再次调用页面执行数据库表的增删改查动作。此时使用 APMCS 的相关功能可以看到应用的性能问题已经得到解决，见图 11-38。

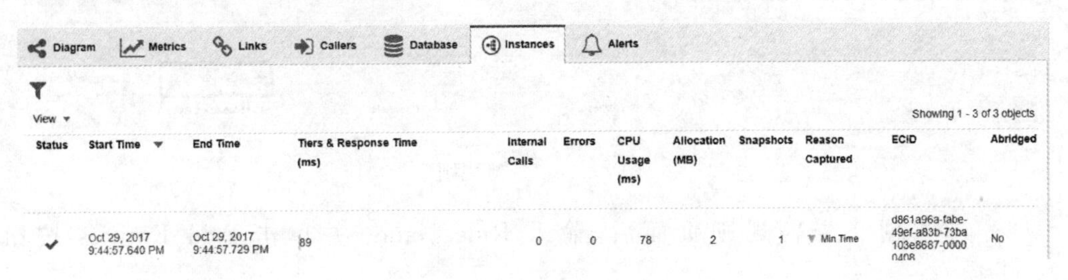

图 11-38　应用性能

7. 性能监控告警

告警机制是 APMCS 所提供的一个非常好的功能，用户能设定相关告警的阈值以及等级，系统会根据当前监控对象的状态(致命的、严重的、警告的以及关闭的)自动监测，一旦出现性能问题，会及时通知管理员。用户也可以通过告警页面查看告警信息。

(1) 单击云服务左上角图标，选择 Alerts 菜单，见图 11-39。

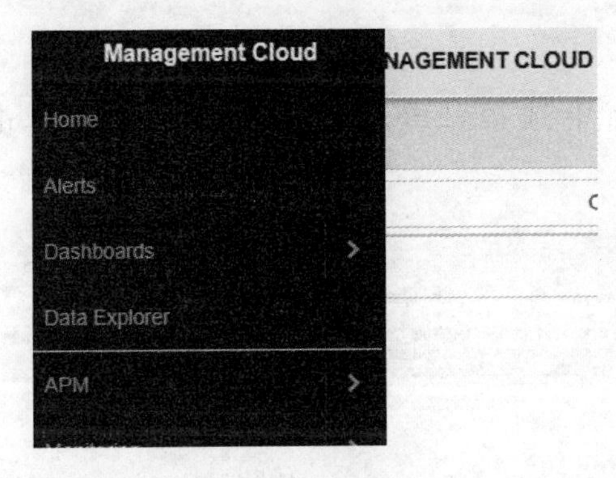

图 11-39　告警菜单

(2) 进入到告警页面，显示各类告警的数量，如致命的、关键的、警告的等，页面的下部还显示所有的告警信息列表，见图 11-40。

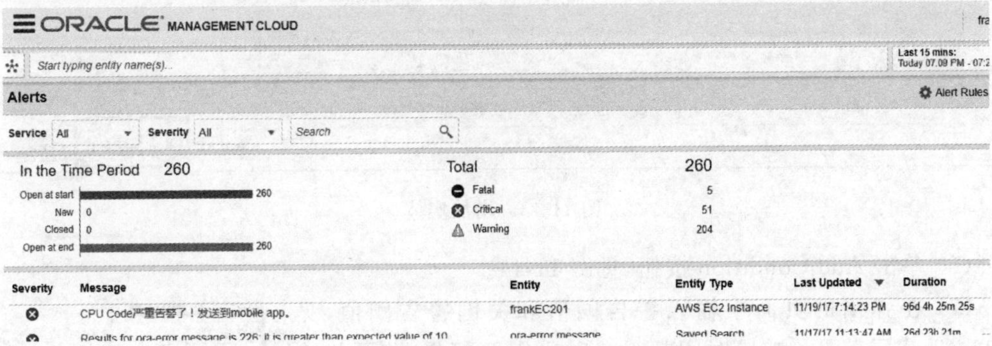

图 11-40　告警信息

（3）单击右上角的 Alert Rules 按钮进入到告警规则页面，并单击 Create Alert Rule 按钮，见图 11-41。

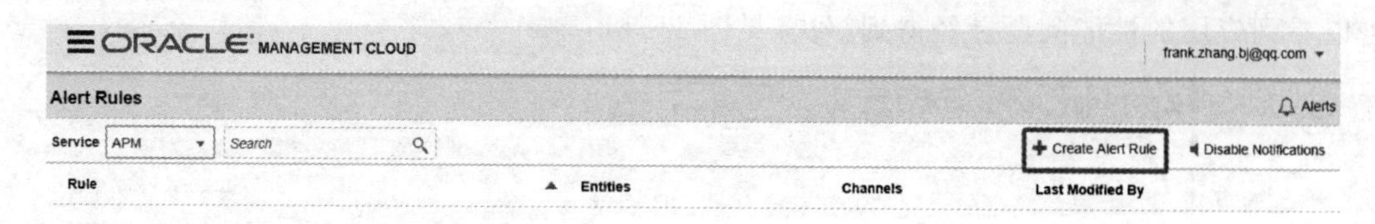

图 11-41　告警规则

（4）进入创建告警规则页面后，输入 Rule Name，并单击 Add Entities 按钮，见图 11-42。

图 11-42　创建告警规则

（5）在弹出的页面中选择 APMCS Server Request，单击 Add Selected 按钮，见图 11-43。

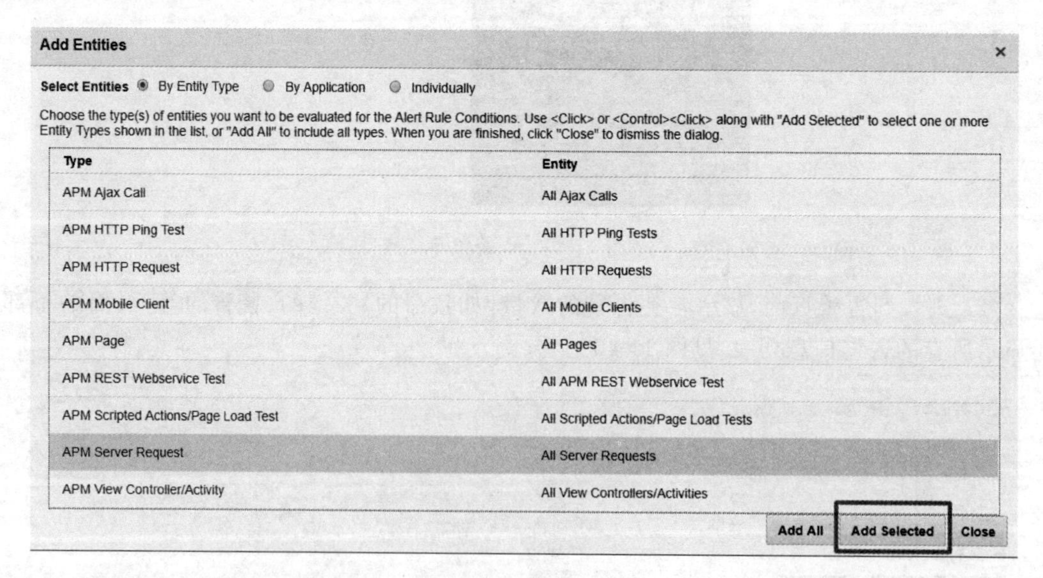

图 11-43　增加实体

（6）单击 Add Condition 按钮，见图 11-44。

（7）在弹出的页面中输入警告阈值和关键警告阈值，见图 11-45，表示若平均响应时间超过 1 秒则需要警告，若平均响应时间超过 3 秒则提示关键警告，然后单击 Add 按钮。

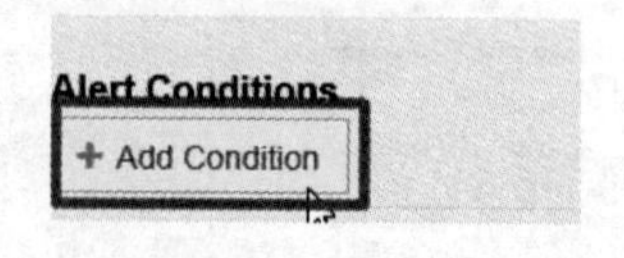

图 11-44　增加条件

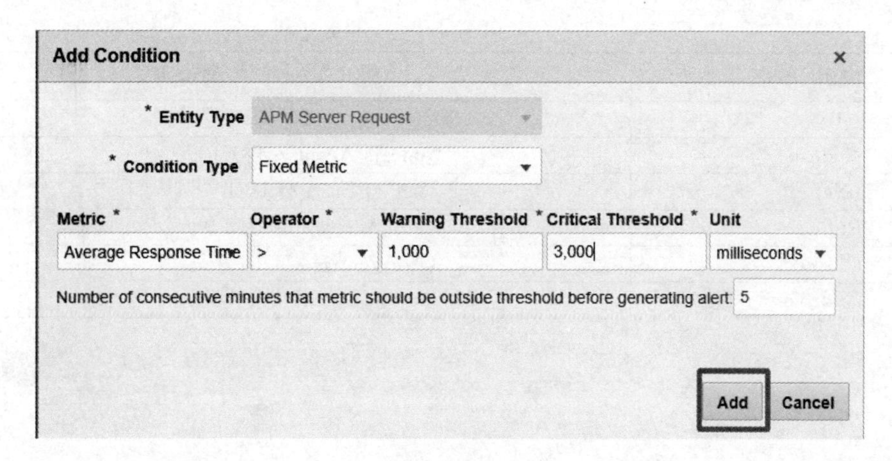

图 11-45　告警条件

(8) 在 Email Notification 中输入需要接收警告的管理员邮箱(可以设定多个管理员邮箱,之间用逗号隔开)。一旦第一次出现警告、或者严重程度变高、或者警告解除,则可通知对应的管理员。

(9) 然后单击右上角的 Save 按钮。

(10) 最后可以访问应用页面进行验证(可以使用响应慢的 CRUDVisitor. jsf 模拟页面)。一旦页面的性能下降至交互响应时间超过 3 秒,即会产生一条告警信息显示在告警页面中。

11.3.3　APMCS 支持的其他监控环境

APMCS 支持监控运行在多种环境的应用,如运行在 WebLogic、Oracle Service Bus、Oracle SOA、WebSphere、JBoss、Tomcat、Jetty、. NET、Node. js 等环境的应用,另外它还支持对运行在移动设备的客户端应用进行性能监控。

除了前面介绍的在 WebLogic Server 环境中安装 APMCS 的 Java Agent 外,读者还可参见表 11-3 了解安装对应的 Agent 来监控运行其他环境中的应用性能。

表 11-3　不同平台的 Agent 安装说明

应 用 环 境	APMCS Agent 安装说明
Tomcat	Tomcat Agent 安装 URL①
JBoss	JBoss Agent 安装 URL②
WebSphere	WebSphere Agent 安装 URL③

① https://docs. oracle. com/en/cloud/paas/management-cloud/emcad/setting-oracle-application-performance-monitoring-apache-tomcat. html

② https://docs. oracle. com/en/cloud/paas/management-cloud/emcad/setting-oracle-application-performance-monitoring-jboss. html

③ https://docs. oracle. com/en/cloud/paas/management-cloud/emcad/setting-oracle-application-performance-monitoring-websphere. html

续表

应 用 环 境	APMCS Agent 安装说明
Jetty	Jetty Agent 安装 URL[1]
Node. js	Node. js Agent 安装 URL[2]
. Net	. Net Agent 安装 URL[3]
Ruby	Ruby Agent 安装 URL[4]
iOS	iOS Agent 安装 URL[5]
Android	Android Agent 安装 URL[6]

① https://docs. oracle. com/en/cloud/paas/management-cloud/emcad/setting-oracle-application-performance-monitoring-jetty. html

② https://docs. oracle. com/en/cloud/paas/management-cloud/emcad/setting-APMCS-node-js-agents. html

③ https://docs. oracle. com/en/cloud/paas/management-cloud/emcad/setting-APMCS-net-agents. html

④ https://docs. oracle. com/en/cloud/paas/management-cloud/emcad/setting-APMCS-ruby-agents. html

⑤ https://docs. oracle. com/en/cloud/paas/management-cloud/emcad/deploying-APMCS-ios. html

⑥ https://docs. oracle. com/en/cloud/paas/management-cloud/emcad/deploying-APMCS-android. html